复旦大学进化生物学丛书

Plant Microevolution and Conservation in Human-influenced Ecosystems

人类干扰生态系统中植物的微进化与保护

[英] 大卫·布里格斯 /著

李 博　宋志平　杨 继 /译

李 慧　张亦默　李 骁

杨 继 /校

复旦大学出版社
www.fudanpress.com.cn

本书的翻译和出版得到国家重点研发计划
"生物安全关键技术研究"重点专项项目
(2017YFC1200100)的资助

总　序

　　进化生物学在最近 20 年经历了一个快速发展和变革的时期,成为当今生命科学领域发展最为迅速的分支学科之一。这场变革一方面体现在我们对自然界生命起源和进化历史有了更深入的了解,在基因组数据大量积累和从分子水平对生物发育机制进行研究的基础上,将形态发生(morphogenesis)与发育调控基因结合起来,在一定程度上阐明了不同生物类群形态进化的分子基础和机制,从根本上改变了传统的研究思路和研究模式,促进了生命科学中遗传、发育和进化的统一;另一方面,进化生物学在近 20 年来极大地拓展了研究领域,向具有广泛的社会实用性的方向转变,尤其在揭示人类重大遗传疾病的分子基础、传染性疾病暴发与病原生物进化变异的关系,以及生物对环境变化的响应和适应机制方面显示出巨大的潜力,表现出显著的社会效应。

　　自 20 世纪 50 年代起,著名遗传学家和进化生物学家谈家桢院士就开始在复旦大学从事生物遗传变异和进化研究,为复旦大学进化生物学学科发展奠定了坚实的基础,把进化的思想和视角渗透、融汇到生命科学各个领域的教学和研究中,培养了一批从事生物进化和生物多样性研究的杰出人才。2003 年,在谈家桢院士的积极倡导下,复旦大学成立了我国第一个生态与进化生物学系;2006 年,又组建了跨学科的"进化生物学研究中心",旨在充分发挥复旦大学的学科特点和优势,进一步加强培养从事生物进化和生物多样性研究的高层次人才,提升我国进化生物学研究的整体水平和实力。

　　编辑和出版《复旦大学进化生物学丛书》,系统介绍进化生物学的理论体系、研究方法和最新研究进展,以满足专业人才培养的需要,同时也是针对我国目前生物进化理论教育相对薄弱的现状,秉承"通达民情,化育人心"的教育传统,普及现代进化生物学知识,培养"进化意识",使在处理人与自然关系的过程中能自觉地、理性地调整我们的价值观念和行为,促进自然和人类文明的协同进化。

2008 年 5 月

人类干扰生态系统中植物的微进化与保护

日益增长的人类活动使地球生态系统逐渐被"驯化",新的选择压力作用于野生生物,并导致产生了"赢家"和"输家"。大卫·布里格斯(David Briggs)探讨了人类活动对不同植物微进化过程的影响,包括野生植物、杂草、入侵植物、野化和濒危物种等。通过分析世界各地的案例,他指出达尔文进化仍然在继续,并思虑我们能否通过管理来保护濒危物种和受威胁的生态系统,质疑受损的景观及其植物和动物群落在多大程度上可以按原样重建或恢复。在本书中,布里格斯对达尔文的许多重要思想进行了讨论,包括自然选择、物种形成、稀有物种的脆弱性、入侵种的影响以及气候变化对植物的影响等。这是一本能激发进化生物学、保护生物学、气候变化以及资源可持续利用等领域学生和研究人员思想的教科书,其特色主要表现在:

- 通过评价气候变化背景下新达尔文概念如何影响保护理论与实践,引导读者关注这一新研究领域的意义;

- 整合了与植物相关的遗传学、分子方法、气候变化、生态学和种群生物学等方面的基本背景信息,能为学生提供有用的指南;

- 涉及来自不同国家的案例研究,使本书具有全球性的意义。

大卫·布里格斯是英国剑桥大学沃弗森学院(Wolfson College)的退休研究员,曾在英国达累姆大学(Durham University)完成了其学士和博士学位;1961—1964 年,担任剑桥大学植物科学系的植物学研究助理;1964—1974 年,在格拉斯哥大学(Glasgow University)任讲师;1974—2001 年,又回到剑桥大学担任植物科学系的植物学讲师和标本馆馆长。多年来,大卫·布里格斯是剑桥大学负责植物园发展政策的特别委员会(Cambridge University Botanic Garden Syndicate)成员。他毕生的兴趣是保护生物学、进化生物学、遗传学以及分类学。在保护实践中,他曾是 Wicken Fen Committee of the National Trust 和 Milngavie Civic Trust 的成员,并担任 Cam Valley 论坛的主席,该论坛是保护 Cam 河及其洪泛平原和支流行动小组的一个活动。

序

    人们常常错误地认为,进化是发生在过去的事。然而,强有力的证据表明,由于人类活动引起了生境的破坏、破损、破碎化,以及生态系统特性的改变,导致植物面临新的选择压力,所以进化仍在继续之中。在一个陷入人类导致的气候变化的世界里,这样的选择压力可能会进一步增加,原因是现有的 65 亿(目前已是 70 亿——译者注)人口预测在 2050 年将增加到 128 亿(如果生育力水平维持现状)。

    在人类影响的景观中,基于植物看似成功或失败的状态,可将植物分为广义的两大类:有些植物属于"赢家"(如作物、杂草和入侵植物等);其他植物尤其是濒危物种是"输家"或"潜在输家",其可能的命运是灭绝。简单地说,有些植物在变化的环境中呈现选择优势,其种群保持稳定或增长;而另一些面临同样选择压力的植物将衰退,甚至面临灭绝的威胁。尽管有一些例外,但这两种进化命运在传统学术著作中通常被看作独立的主题。这里,我将赢家和输家的概念视为单一概念,通过这一种方式我们可以得到一些重要的新认识。

    本书的另一个关键点是基于我们对进化的认识来审视保护的成就。许多保护者认为目前主要的挑战是要说服普通大众和政党要员,让他们认识到生物多样性保护是重要的,应该且必须找到资源来确保濒危物种和生态系统的未来安全。然而,即便能确保大量的支持,在时下设计成功的保护对策和有效管理措施的过程中仍面临着一个关键的问题,即这些活动是否能成功?从本质上讲,保护者试图通过防止或改变人类活动产生的有害选择压力,以确保受威胁物种和生态系统的长期生存;他们的信条是只要重新给以适宜的土壤和生物环境,濒危物种种群的长期自我维持就能得以永续。从长远的角度看,保护活动的目标在多大程度上能成功?如果这些努力失败而且许多物种灭绝了,会对生物多样性和人类发展产生什么影响?生物多样性的丧失或潜在的丧失又是如何影响植物进化的未来?现在,尤其是 2009 年正值达尔文诞辰 200 周年以及《物种起源》出版 150 周年之际,是时候从达尔文进化的角度分析植物保护的理论与实践基础了。

    目前论述植物进化、保护以及环境问题与气候变化的优秀论著很多,本书参考了其中的一部分。这里,我并没有试图对这些重要领域做全面的覆盖,而只能通过适当的实例来考虑在遭受人类影响和管理的生态系统中,植物微进化和保护之间的联系。当然,最为理想的是将生物多样性的不同形式放在一起来考虑,但考虑到本书的范畴,这是不可能的。所以,本书的重点是野生的、引入的、入侵性的、野化的和杂草型的植物,同时考虑作物与杂草以及作物与野生近缘种之间的相互作用。珍稀濒危植物的命运也将占据非常重要的地位。

本书主要针对植物,但是鉴于保护生物学理论和实践主要来自动物学的研究,而且我们还得承认生态系统中的相互作用是多方面的,所以这里还会扼要地介绍一些重要的概念和来自动物研究的发现,这些研究将为植物的研究提供重要的范式。

写作本书的目的是为学习进化、保护以及气候变化等领域的研究生和本科生提供权威性和最新的教科书,同时探讨最近研究进展对保护践行者的意义。本书也是向对这一主题有真正兴趣的大众读者发出的呼吁。由于我心中的读者群非常广泛,所以书中我特意介绍了有关遗传学、景观生态学以及种群生物学的背景知识。由于本书涉及不同学科之间的复杂联系,所以我在书中提及了一些重要论文,以便读者能借此构建完整的框架。

在写作过程中,本书沿袭了 D. Briggs 和 S. M. Walters 所著的《植物变异与进化》(*Plant Variation and Evolution*)3 个版本(分别于 1969 年、1984 年、1997 年出版)的思路。我不仅介绍了该领域的一些新进展,而且还对该主题历史发展做出了批判性但扼要的说明,当然我将注意力放在了那些困难的和不确定的问题上。自始至终,本书的目的是希望能激发一种批评性的思维,这反映了我自己一贯不盲从、甚至对简单解释和建模的质疑态度。

致　谢

首先，我向剑桥大学植物园前任主任 Max Walters 致敬，他已于 2005 年 12 月 11 日与世长辞。他与我共同著有《植物变异与进化》的 3 个版本，他是一位最受尊重的同事和良师益友，鼓励着我写作这本书。我感谢 Max 和他的妻子 Lorma，他们给了我终身的友谊和良多的帮助，他们总是用香醇的约克郡茶欢迎、款待我和家人。

我感谢所有的老师、同事和朋友：Ada Radford（我的第一位生物学老师）、Donald Pigott、David Valentine、Harry Godwin、Harold Whitehouse、Percy Brian、Richard West、John Burnett、Jack Harley、David Lewis 和 Peter Ayres，是他们激励着我并给予我改变生活的机遇。

无论是在野外还是在边喝咖啡边讨论问题的过程中，我都会与我的许多朋友和同事广泛讨论有关微进化与保护的问题。值得我感谢的人很多，包括 John Akeroyd、Janis Antonovics、John Barrett、David Bellamy、John Birks、May Block、Margaret Bradshaw、Tony Bradshaw、Arthur Cain、Judy Cheney、David Coombe、Gigi Crompton、Quentin Cronk、Jim 和 Camilla Dickson、Jeff Duckett、Trevor Elkington、Harriet Gillett、Peter Grubb、Mark Gurney、John Harper、Joe Harvey、John Harvey、Peter Jack、David Kohn、Andrew Lack、Vince Lea、Elin Lemche、Roselyne Lumaret、Terry Mansfield、Hugh McAllister、Pierre Morisset、Gina Murrell、Peter Orris、Philip Oswald、John Parker、Joseph Pollard、Duncan Porter、Chris Preston、Oliver Rackham、John Raven、Tom ap Rees、Peter Sell、Alison Smith、Edmund Tanner、Andrew 和 Jane Theaker、John Thompson、Alex Watt、David Webb、John West 和 Pctc Yeo 等。

这里要特别感谢我在剑桥大学和格拉斯哥大学教过的学生，他们那些有关微进化和保护的挑战性问题激励了我写作本书。

我尤其感激 Joachim Kadereit、James Cullen 和 Suzanne Warwick，他们为本书的初稿提出了宝贵意见。我非常珍惜他们的友谊、专业的意见和鼓励。

我特别感激我的家人：我的父母 Mabel 和 Tom Briggs，以及 Nancy Briggs、Jonathan Briggs、

Nicholas Oates、Alastair Briggs、Françoise Etienne、Catherine、Miranda、Ella、Judith、Adrian Howe、Norman Singer 和 Geoffrey Charlesworth，是他们鼓励我写作本书。

如果没有我妻子的全力支持、忍受和无穷的奉献，这本书也不可能问世；她温和的脾气，以及始终如一的鼓励和帮助使我将写作计划付诸实践并得以顺利完成。我由衷地感谢她和我儿子 Alistair 的帮助，尤其是他们不辞辛苦地帮我检查手稿和阅读校样。

我也感激剑桥大学图书馆和中心科学图书馆的工作人员，以及剑桥大学出版社的编辑：Denise Cheuk、Shana Coates、Annette Cooper、Alan Crowden、Rachel Eley、Jacqueline Garget、Clare Georgy、Diya Gupta、Chris Hudson、Linda Nicol、Margaret Patterson、Jonathan Ratcliffe 和 Tracey Sanderson，他们给予了我很多的帮助、建议和鼓励。

缩　写

AFLP	扩增片段长度多态性(Amplified Fragment Length Polymorphism)
BDFFP	森林破碎化的生物动态项目(Biological Dynamics of Forest Fragmentation Project)
BGCI	植物园保护国际(Botanic Gardens Conservation International)
BP	距今(Before the present)
CITES	濒危物种国际贸易公约(Convention on International Trade in Endangered Species)
cpDNA	叶绿体 DNA(Chloroplast DNA)
EU	欧盟(European Union)
FAO	联合国粮农组织(Food & Agriculture Organization of the United Nations)
IPCC	政府间气候变化委员会(Intergovernmental Panel on Climate Change)
IPGRI	国际植物资源研究所(International Plant Genetic Resources Institute)
ISSR	简单序列重复标记(Inter Simple Sequence Repeat markers)
IUCN	世界自然保护联盟(International Union for Conservation of Nature)
MVP	最小存活种群(Minimum Viable Population)
ppb	十亿分之(Parts per billion)
ppm	百万分之(Parts per million)
PVA	种群生存力分析(Population Viability Analysis)
RAPD	随机扩增多态 DNA(Randomly Amplified Polymorphic DNA)
RFLP	限制性片段长度多态性(Restriction Fragment Length Polymorphism)
RSPB	皇家鸟类保护协会(Royal Society for the Protection of Birds)
SSSI	具特殊科学价值地点(Site of Special Scientific Interests)
STR	短串联重复(Short Tandem Repeat)
UN‐ECE	联合国欧洲经济委员会(United Nations-Economic Commission for Europe)
UNEP	联合国环境规划署(United Nations Environmental Programme)
WCMC	世界保护监测中心(World Conservation Monitoring Centre)

目　录

第1章　引言 ·· 1

1.1　人类的影响：对保护的意义 ·· 1

1.2　各章内容梗概 ·· 2

第2章　研究变化 ·· 6

2.1　定义术语和提出假设 ··· 7

2.2　实验和调查 ··· 7

2.3　达尔文的科学方法 ··· 7

2.4　实验设计的进展 ·· 8

2.5　实验设计的要素 ·· 8

2.6　准实验 ·· 9

2.7　"证据"与证伪 ··· 9

2.8　检验有关过去的假设 ··· 10

2.9　预测未来 ·· 10

2.10　证据的权衡 ··· 11

2.11　结语 ·· 11

第3章　植物进化的关键概念 ·· 12

3.1　达尔文关于物种进化的观点 ·· 14

3.2　后达尔文主义对我们理解进化的贡献 ································· 15

3.3　细胞遗传学研究 ··· 15

3.4　遗传信息的化学基础 ··· 16

3.5　基因突变 ·· 17

3.6　染色体变化 ··· 19

3.7　植物种群的微进化 ··· 19

3.7.1　种群 ·· 20

3.7.2　基因流 ·· 20

3.7.3　基因流与种群结构 ··· 20

3.7.4　种群内的偶然效应 ··· 21

       3.7.5　自然种群的稳定性 ·· 21

       3.7.6　动物与植物的相互作用 ·· 21

  3.8　植物不同于动物 ··· 22

  3.9　自然选择的不同模式 ··· 23

  3.10　r 与 K 选择 ·· 24

      3.10.1　r 选择 ·· 24

      3.10.2　K 选择 ··· 24

  3.11　适合度 ··· 25

  3.12　选择的中性学说 ··· 25

  3.13　后达尔文主义物种形成模型 ·· 26

  3.14　渐进物种形成 ··· 27

  3.15　物种形成与奠基者效应 ·· 27

  3.16　渐渗杂交 ·· 28

  3.17　同域物种形成 ··· 28

  3.18　多倍性的细胞遗传学 ··· 28

  3.19　多倍体的成功 ··· 30

  3.20　化石记录证据 ··· 30

  3.21　集群绝灭 ·· 30

  3.22　间断平衡论 ··· 31

  3.23　大陆漂移 ·· 31

  3.24　轨道变更 ·· 32

  3.25　结论 ·· 32

第4章　人类干扰生态系统的起源与范围 ······························· 34

  4.1　人类的起源 ·· 34

  4.2　人类对植物的利用 ·· 35

  4.3　接近 500 万：狩猎采集者 ·· 35

  4.4　接近 5 000 万：农业的开始 ·· 36

  4.5　植物驯化的过程 ··· 36

  4.6　接近 5 亿：自公元前 2000 年至公元 1500 年农业的扩张 ············· 37

  4.7　第一个 10 亿：从自给农业到经济农场(1500—1825) ··············· 38

  4.8　人口增至 20 亿：农业扩张的边界(1825—1907) ··················· 38

  4.9　从 20 亿到 65 亿：食物工业化生产的兴起(1927—现在) ··········· 40

  4.10　人类目前对生态系统的影响程度 ······································ 40

  4.11　人类的地貌活动 ··· 42

  4.12　与日俱增的环境忧虑 ··· 42

  4.13　防护性保护 ··· 43

4.14　资源的明智使用 ··· 43

4.15　对环境污染的关注 ··· 44

　　　4.15.1　大气污染 ··· 45

　　　4.15.2　温室效应与全球气候变化 ··· 46

　　　4.15.3　重金属污染 ··· 47

　　　4.15.4　氮(N)化合物 ··· 47

　　　4.15.5　磷(P)化合物 ··· 47

　　　4.15.6　农药 ·· 48

　　　4.15.7　不同来源的有机污染物 ·· 48

4.16　对生物多样性丧失的关注 ·· 48

4.17　应对外来生物的不利影响 ··· 48

4.18　水土流失与盐碱化 ·· 49

4.19　人口数量不可阻挡的增长 ··· 49

4.20　未来40～50年的人口预测 ·· 50

4.21　生态足迹 ·· 50

4.22　结论 ··· 51

第5章　人类活动对生物圈的影响 ··· 53

5.1　文化景观 ··· 53

5.2　是否还有荒野? ·· 55

5.3　荒野概念 ··· 55

5.4　荒野和"原始神话" ·· 55

5.5　大型动物的灭绝 ··· 56

5.6　文化景观与火 ·· 57

5.7　原始雨林有多"原始"? ·· 57

5.8　欧洲的荒野 ·· 58

5.9　海洋是荒野的神话 ·· 59

5.10　神话及其意义 ·· 59

5.11　第一批保护学家 ·· 59

5.12　人与自然 ··· 60

5.13　环境保护主义者眼中的人类活动 ·· 61

5.14　人类活动:生态位构建概念 ··· 61

5.15　自然的和受人类影响的生态系统 ·· 63

5.16　结论 ·· 66

第6章　分类 ··· 68

6.1　物种 ··· 68

6.2　关于物种的早期观点 ·· 68

6.3　物种概念 ··· 69

6.4　不同分类系统中物种的数目 ······································· 70

6.5　术语"物种"在保护生物学中的使用 ···························· 70

6.6　世界上究竟有多少种植物? ·· 71

6.7　本土种与外来引入种 ·· 72

6.8　物种身份的证据线索 ·· 73

6.9　证据评述: 判定本土与外来物种身份的标准 ··············· 77

    6.9.1　化石证据 ··· 77

    6.9.2　历史证据 ··· 77

    6.9.3　生境 ··· 77

    6.9.4　地理分布 ··· 77

    6.9.5　归化频率 ··· 77

    6.9.6　遗传多样性 ··· 78

    6.9.7　繁殖模式 ··· 78

    6.9.8　物种传入的可能方式 ··· 78

6.10　野生生物 ··· 79

6.11　野生和栽培植物 ·· 79

6.12　野化植物 ··· 80

6.13　杂草 ··· 81

6.14　入侵植物 ··· 82

6.15　濒危物种 ··· 83

    6.15.1　生境丧失 ··· 84

    6.15.2　种-面积曲线 ·· 84

    6.15.3　热带生态系统的物种数目 ·································· 84

6.16　分类学界开始意识到集群绝灭的可能性 ··················· 84

6.17　当前的灭绝速率与未来的前景 ································· 85

6.18　灭绝过程的时间框架 ·· 86

6.19　对灭绝威胁的评估 ··· 86

6.20　对气候变化下物种灭绝风险的评估 ···························· 86

6.21　对栽培植物和森林树木的威胁 ································· 87

6.22　结论 ··· 87

第7章　人为生态系统中植物微进化研究 ························· 89

7.1　自然选择 ··· 89

7.2　野生群体的研究: 部分早期实验 ································· 89

7.3　如何研究受人类影响生态系统中的自然选择? ·············· 90

7.4　植物研究中检测自然选择的方法 ································· 90

7.5 研究选择的重要方法 ⋯⋯⋯⋯⋯⋯⋯⋯⋯⋯⋯⋯⋯⋯⋯ 91

  7.5.1 同质园试验、耐性检验 ⋯⋯⋯⋯⋯⋯⋯⋯⋯⋯⋯⋯ 91

  7.5.2 交互移植实验 ⋯⋯⋯⋯⋯⋯⋯⋯⋯⋯⋯⋯⋯⋯⋯ 91

7.6 分子标记在微进化研究中的使用 ⋯⋯⋯⋯⋯⋯⋯⋯⋯ 92

7.7 微进化研究的评估 ⋯⋯⋯⋯⋯⋯⋯⋯⋯⋯⋯⋯⋯⋯⋯⋯ 96

  7.7.1 采样 ⋯⋯⋯⋯⋯⋯⋯⋯⋯⋯⋯⋯⋯⋯⋯⋯⋯⋯⋯ 96

  7.7.2 遗传差异 ⋯⋯⋯⋯⋯⋯⋯⋯⋯⋯⋯⋯⋯⋯⋯⋯⋯ 96

  7.7.3 生态背景 ⋯⋯⋯⋯⋯⋯⋯⋯⋯⋯⋯⋯⋯⋯⋯⋯⋯ 96

  7.7.4 对适合度的估计 ⋯⋯⋯⋯⋯⋯⋯⋯⋯⋯⋯⋯⋯⋯ 97

  7.7.5 变化速度 ⋯⋯⋯⋯⋯⋯⋯⋯⋯⋯⋯⋯⋯⋯⋯⋯⋯ 97

7.8 微进化与自然保护的关系 ⋯⋯⋯⋯⋯⋯⋯⋯⋯⋯⋯⋯⋯ 97

7.9 保护物种：基于"模式"概念的方法 ⋯⋯⋯⋯⋯⋯⋯⋯ 98

7.10 更改目标：保护进化潜能 ⋯⋯⋯⋯⋯⋯⋯⋯⋯⋯⋯⋯ 98

7.11 结论 ⋯⋯⋯⋯⋯⋯⋯⋯⋯⋯⋯⋯⋯⋯⋯⋯⋯⋯⋯⋯⋯⋯ 98

第8章 管理型草地生态系统中植物的微进化 ⋯⋯⋯⋯⋯⋯⋯⋯ 100

8.1 人为生态系统中的采食活动 ⋯⋯⋯⋯⋯⋯⋯⋯⋯⋯⋯⋯ 100

  8.1.1 管理型草地、牧场等 ⋯⋯⋯⋯⋯⋯⋯⋯⋯⋯⋯⋯ 100

  8.1.2 耕地 ⋯⋯⋯⋯⋯⋯⋯⋯⋯⋯⋯⋯⋯⋯⋯⋯⋯⋯⋯ 101

  8.1.3 森林 ⋯⋯⋯⋯⋯⋯⋯⋯⋯⋯⋯⋯⋯⋯⋯⋯⋯⋯⋯ 101

8.2 对牧场和干草进行管理的传统方法 ⋯⋯⋯⋯⋯⋯⋯⋯ 101

8.3 同质园试验中对放牧和干草生态型的早期研究 ⋯⋯⋯ 103

8.4 一个计划外"实验"的结果 ⋯⋯⋯⋯⋯⋯⋯⋯⋯⋯⋯⋯ 104

8.5 人工选择实验 ⋯⋯⋯⋯⋯⋯⋯⋯⋯⋯⋯⋯⋯⋯⋯⋯⋯⋯ 104

8.6 选择的实验研究 ⋯⋯⋯⋯⋯⋯⋯⋯⋯⋯⋯⋯⋯⋯⋯⋯⋯ 104

8.7 季节性生态型 ⋯⋯⋯⋯⋯⋯⋯⋯⋯⋯⋯⋯⋯⋯⋯⋯⋯⋯ 104

  8.7.1 4～8 个节间 ⋯⋯⋯⋯⋯⋯⋯⋯⋯⋯⋯⋯⋯⋯⋯ 105

  8.7.2 8～13 个节间 ⋯⋯⋯⋯⋯⋯⋯⋯⋯⋯⋯⋯⋯⋯⋯ 106

  8.7.3 11～16 个节间 ⋯⋯⋯⋯⋯⋯⋯⋯⋯⋯⋯⋯⋯⋯ 106

  8.7.4 15 个以上节间 ⋯⋯⋯⋯⋯⋯⋯⋯⋯⋯⋯⋯⋯⋯ 106

8.8 牧场与干草场生态型的比较研究 ⋯⋯⋯⋯⋯⋯⋯⋯⋯ 107

8.9 公园草地实验：黄花茅（Anthoxanthum odoratum）⋯⋯⋯ 108

8.10 草坪和高尔夫球场中的选择 ⋯⋯⋯⋯⋯⋯⋯⋯⋯⋯⋯ 110

8.11 温度控制发芽 ⋯⋯⋯⋯⋯⋯⋯⋯⋯⋯⋯⋯⋯⋯⋯⋯⋯ 111

8.12 早熟禾（Poa annua）的歧化选择 ⋯⋯⋯⋯⋯⋯⋯⋯⋯ 112

8.13 草坪与其他类型草地的比较研究 ⋯⋯⋯⋯⋯⋯⋯⋯⋯ 113

  8.13.1 草坪 ⋯⋯⋯⋯⋯⋯⋯⋯⋯⋯⋯⋯⋯⋯⋯⋯⋯⋯ 113

8.13.2 放牧区域 ·· 114

8.13.3 牛津干草草场 ·· 114

8.13.4 无规则放牧或收割的地区 ································· 114

8.13.5 交互移植实验 ·· 114

8.13.6 大车前 ·· 114

8.13.7 雏菊在移植实验中的表现 ································· 114

8.13.8 修剪样地和高草样地中蓍草的反应 ··················· 115

8.13.9 草坪杂草表型可塑性的重要性 ························· 115

8.14 干草转运而引起的草地基因流 ·································· 115

8.15 种子库 ··· 116

8.16 畜牧业中由种子传播引起的基因流 ·························· 116

8.17 结语 ··· 117

第9章 收获作物：耕地与林地 ··································· 118

9.1 耕地杂草种群：普适基因型或特化宗？ ··················· 118

9.2 作物拟态 ·· 119

9.2.1 营养体拟态 ·· 119

9.2.2 种子拟态 ·· 119

9.2.3 亚麻中的作物拟态 ·· 120

9.2.4 小麦中的作物拟态 ·· 121

9.2.5 水稻中的作物拟态 ·· 122

9.2.6 玉米中的作物拟态 ·· 122

9.3 生活史变异 ··· 123

9.4 与土地利用相关的生长策略 ···································· 123

9.5 与除草压力相关的生长速率 ···································· 123

9.6 春化与冬性和夏性一年生习性 ································· 125

9.7 成熟时机与作物收获的关系 ···································· 125

9.8 休眠 ··· 126

9.9 种子生产与土壤种子库 ·· 126

9.10 除草剂抗性 ·· 127

9.11 除草剂抗性的发生 ··· 128

9.12 抗性发展的速度 ·· 129

9.13 适合度：代价与收益 ·· 130

9.14 除草剂处理的取消 ··· 132

9.15 除草剂处理的效果：赢家与输家 ····························· 133

9.16 经除草剂处理后杂草种群发生怎样的变化？ ·············· 133

9.17 与现代农业实践相关的选择压力 ····························· 134

9.18　对农耕方式的差别反应 ·· 134

9.19　森林地区的赢家与输家 ·· 135

　　　9.19.1　森林砍伐 ·· 135

　　　9.19.2　开发利用 ·· 135

　　　9.19.3　片断化 ·· 135

　　　9.19.4　种群统计学变化 ··· 135

　　　9.19.5　生境改变 ·· 136

　　　9.19.6　环境恶化 ·· 136

　　　9.19.7　新树种与变种的引进 ·· 136

　　　9.19.8　驯化 ·· 138

　　　9.19.9　假设检验 ·· 138

　　　9.19.10　片断化效应 ··· 138

　　　9.19.11　砍伐对种群变异的影响 ·· 138

　　　9.19.12　花粉流 ·· 139

　　　9.19.13　种子基因流 ··· 139

　　　9.19.14　森林管理 ·· 139

　9.20　尾声 ·· 139

第 10 章　污染与微进化变异 ·· 141

10.1　污染效应研究的还原论方法 ·· 142

10.2　二氧化硫的污染效应 ··· 142

　　　10.2.1　多种来源 ··· 142

　　　10.2.2　"点源"污染 ·· 142

　　　10.2.3　抗性发生速度的研究 ··· 143

10.3　臭氧污染 ··· 145

10.4　臭氧抗性的进化 ·· 145

10.5　对重金属的抗性 ·· 146

10.6　自然存在的重金属高含量区域 ··· 147

10.7　人源性重金属污染源 ··· 147

10.8　土壤中的重金属 ·· 148

10.9　定义 ··· 148

10.10　检验金属耐受性 ·· 149

10.11　耐受性的遗传学 ·· 150

10.12　耐受性变种的起源 ··· 150

10.13　耐受性进化的限制 ··· 152

10.14　基因流和选择 ··· 152

10.15　重金属耐受性的形成速度：一系列证据 ·· 154

10.15.1　镀锌的网 ·· 154

10.15.2　炼铜厂 ·· 154

10.15.3　输电塔 ·· 155

10.15.4　输电塔附近的其他物种 ······························ 156

10.16　结论 ··· 156

第 11 章　引入的植物 ·· 158

11.1　"引种的过程" ·· 159

11.1.1　偶然阶段 ·· 159

11.1.2　实用阶段 ·· 159

11.1.3　美学阶段 ·· 160

11.2　建立种群：奠基者效应、基因流和多次引种 ·············· 161

11.2.1　归化种群的建立：奠基者效应 ······················· 161

11.2.2　引入物种的建立：克隆繁殖物种的奠基者效应 ······ 163

11.2.3　种群建立：连续的奠基者效应 ······················· 163

11.2.4　种群建立：原产地与入侵地的变异 ·················· 163

11.2.5　种群建立：分子标记方法的启示 ···················· 164

11.2.6　种群建立：追踪旱雀麦的扩散 ······················· 165

11.2.7　种群建立：引进种有多大比例变成入侵种？ ········ 166

11.3　植物引种：成功者与失败者 ···································· 167

11.4　一些物种被成功引入但未能成功定殖 ························ 167

11.5　引进物种的定殖：互利共生的重要性 ······················· 168

11.6　引入种群的发展：时滞期 ······································ 169

11.7　阿利效应 ·· 169

11.8　散播载体和新生境的可利用性 ································· 170

11.8.1　战时炸弹的破坏 ··· 170

11.8.2　道路的修建 ·· 170

11.8.3　铁路 ··· 170

11.8.4　水道 ··· 170

11.9　时滞期：未知的原因 ·· 171

11.10　植物归化种群中的自然选择 ··································· 171

11.10.1　在引入物种中进化出了自交可育变种吗？ ·········· 172

11.10.2　生态型分化 ··· 172

11.11　普适基因型 ·· 173

11.11.1　无融合生殖植物中的普适基因型 ···················· 173

11.12　与引入植物相关的动物种群的进化改变 ··················· 174

11.13　自然选择：哪些物种有可能成为成功的入侵者？ ········· 174

11.14　入侵植物的成功：与其他物种的相互关系 ·································· 175

　　11.14.1　天敌释放假设 ··········· 175

　　11.14.2　入侵性进化假设 ········· 175

　　11.14.3　空生态位假设 ··········· 176

　　11.14.4　新武器假设 ············· 176

　　11.14.5　干扰假设 ··············· 176

　　11.14.6　物种丰富度假设 ········· 177

　　11.14.7　繁殖体压力假设 ········· 177

　　11.14.8　协同进化假设 ··········· 177

11.15　引种的生态学后果 ·················· 178

　　11.15.1　直接影响 ··············· 178

　　11.15.2　间接影响 ··············· 179

11.16　尾声 ···························· 180

第 12 章　濒危物种：种群水平灭绝过程研究 ········ 182

12.1　衰退种群的一般模型 ················· 182

12.2　生境丧失和生态系统改变 ·············· 183

12.3　漩涡模型和文化景观 ················· 183

　　12.3.1　文化景观中的稀有物种 ······ 183

12.4　片断化种群的性质 ··················· 184

12.5　种群衰退到灭绝 ···················· 184

12.6　研究植物种群 ······················ 185

　　12.6.1　统计植物 ················ 185

　　12.6.2　土壤种子库 ·············· 186

　　12.6.3　种群统计学研究 ··········· 187

12.7　植物种群中花粉限制 ················· 188

　　12.7.1　传粉中断 ················ 188

12.8　植物中的阿利效应：雌雄异株和雌全异株 ····· 189

12.9　植物中的阿利效应：自交不亲和性 ········· 189

12.10　繁殖的气候限制 ··················· 191

12.11　灭绝漩涡：随机事件 ················· 191

12.12　漩涡模型：遗传效应 ················· 192

　　12.12.1　理想种群概念和衰退种群如何偏离"理想" ····· 192

12.13　小种群和片断化种群的遗传学 ··········· 193

　　12.13.1　广布种的遗传变异水平高 ···· 194

　　12.13.2　稀有种比常见种遗传变异性低 ·· 194

　　12.13.3　小种群往往遗传变异性低 ···· 194

12.13.4　种内遗传变异与种群大小正相关 ·································· 195

12.13.5　空间遗传变异式样反映衰退种群在时间上发生了什么 ·········· 195

12.13.6　衰退种群中适应性遗传变异下降 ·································· 195

12.13.7　衰退种群面临近交衰退增加的风险 ································ 195

12.14　种群多大才能确保长期生存? ·· 196

12.15　PVA 预测和保护 ·· 198

12.16　集合种群 ·· 198

12.17　结语 ·· 199

第13章　人类影响的生态系统中杂交和物种形成 ····························· 201

13.1　新物种是否会快速进化以取代那些即将灭绝物种? ····················· 201

13.1.1　少数派劣势 ·· 201

13.2　米草属中一个新多倍体的进化 ·· 202

13.3　威尔士千里光的起源 ·· 203

13.4　婆罗门参属新物种的进化 ·· 203

13.5　新同倍体杂交物种的进化 ·· 204

13.6　野生植物中近期多倍体的稀有性 ·· 205

13.7　人类活动打破生殖隔离将会发生什么? ·································· 205

13.8　杂交: 基因流的程度 ·· 205

13.9　杂交和基因渐渗: 使用分子标记检验假设 ······························ 206

13.10　鸢尾生态隔离的打破: 物种相互作用 ··································· 207

13.11　德国薅菜属植物的基因渐渗 ··· 210

13.12　引入种之间的基因渐渗: 杂交是否促进入侵性? ························ 210

13.13　杂交如何促进入侵性? ·· 211

13.14　引入真菌种间杂交所引发的入侵性 ····································· 211

13.15　种内杂交引发的入侵性 ··· 212

13.16　作物-野生种-杂草互作 ··· 212

13.17　微进化通过杂交在杂草中发挥作用 ····································· 213

13.18　作物-野生种-杂草互作产生新杂草 ····································· 213

13.19　杂交增加濒危物种灭绝风险 ··· 213

13.20　转基因作物与野生及杂草近缘种之间的互作 ····························· 213

13.21　杂草甜菜的微进化 ··· 215

13.22　转基因甜菜 ··· 217

13.23　将转基因保持在作物中 ··· 218

13.24　作物-杂草-野生种的杂种: 适合度估计 ································· 218

13.25　杂交和保护 ··· 219

13.25.1　异地保护 ·· 219

　　　13.25.2　从花园到野外的基因流 ·· 219

　13.26　杂交和基因渐渗导致的濒危物种灭绝 ·· 220

　　　13.26.1　米草的杂交渐渗 ·· 220

　　　13.26.2　杂交导致珍稀特有种濒危 ·· 220

　13.27　杂交种的保护 ·· 220

　13.28　结语 ·· 221

第14章　迁地保护 ·· 224

　14.1　植物园 ·· 224

　14.2　植物园的历史 ·· 224

　14.3　传统植物园：它们包含什么？ ·· 225

　14.4　植物园：维多利亚的遗产还是21世纪的挑战？ ·································· 226

　14.5　园丁与保护 ·· 227

　14.6　植物园中的迁地保护 ·· 227

　　　14.6.1　保护措施的迫切需要 ·· 227

　　　14.6.2　植物迁地保护的目标 ·· 227

　　　14.6.3　动物园和植物园 ·· 228

　14.7　植物园的固有局限性 ·· 228

　　　14.7.1　空间和资源 ·· 229

　　　14.7.2　连续性问题 ·· 229

　　　14.7.3　灾难事件 ·· 229

　　　14.7.4　档案和错误鉴定 ·· 230

　　　14.7.5　植物园中的植物病害 ·· 230

　14.8　迁地保护：野生物种的种子库 ·· 231

　14.9　微体繁殖 ·· 232

　14.10　其他类型的基因库 ·· 233

　14.11　栽培过程和种子库中的遗传变化 ·· 233

　　　14.11.1　"模式"途径 ·· 233

　　　14.11.2　样本收集 ·· 233

　　　14.11.3　在植物园中栽培野外采集的植物 ·· 235

　　　14.11.4　基因库：采样和更新过程 ·· 235

　　　14.11.5　重新评估基因库样本大小 ·· 236

　　　14.11.6　植物园中的野生植物：活植物面临的选择作用 ······················ 236

　14.12　整个生态系统的迁地保护 ·· 237

　14.13　植物园中的选择作用也能改变物种的繁殖行为 ·································· 237

　　　14.13.1　杂交 ··· 238

　14.14　在植物园中迁地保护植物取得了多大的成功？ ·································· 238

        14.14.1　短期成功 ……………………………………………………………… 238

        14.14.2　濒危物种特殊类群的迁地保护效率评估 ……………………… 238

  14.15　植物园和保护信息 …………………………………………………………… 240

  14.16　植物园中迁地保护的前景 …………………………………………………… 240

  14.17　迁地保护会引起驯化吗？ …………………………………………………… 241

  14.18　结论 …………………………………………………………………………… 242

第15章　就地保护：保护区内外 ……………………………………………………… 244

  15.1　对保护森林的公园的呼吁 …………………………………………………… 244

  15.2　早期的公园与"保护" …………………………………………………………… 245

        15.2.1　圣地 ……………………………………………………………… 245

        15.2.2　狩猎与森林保护区 ……………………………………………… 245

  15.3　森林保护以及风景名胜区保护 ……………………………………………… 245

  15.4　美国国家公园的建立 ………………………………………………………… 246

  15.5　国家公园的目标 ……………………………………………………………… 246

  15.6　人类排除的理念 ……………………………………………………………… 247

  15.7　转变目标 ……………………………………………………………………… 247

        15.7.1　控制捕食者 ……………………………………………………… 248

        15.7.2　动物饲养 ………………………………………………………… 248

        15.7.3　黄石公园放养鱼类 ……………………………………………… 248

        15.7.4　森林防火保护 …………………………………………………… 248

        15.7.5　森林防虫保护 …………………………………………………… 249

        15.7.6　自然调节的方针 ………………………………………………… 249

        15.7.7　自然管理 ………………………………………………………… 250

  15.8　欧洲国家公园与自然保护区的建立 ………………………………………… 250

  15.9　文化景观中自然保护区的管理：以维肯沼泽为例 ………………………… 251

  15.10　保护管理：达尔文主义视角 ………………………………………………… 252

  15.11　个别物种管理中的"诉诸先例"示例 ………………………………………… 253

  15.12　恢复传统管理 ………………………………………………………………… 254

  15.13　过去的生态系统管理 ………………………………………………………… 254

  15.14　恢复传统实践 ………………………………………………………………… 255

  15.15　保护管理者非传统实践的设计 ……………………………………………… 256

  15.16　实验在保护管理中的作用 …………………………………………………… 256

  15.17　呼吁基于证据的保护 ………………………………………………………… 258

  15.18　保护管理的冲突 ……………………………………………………………… 259

  15.19　"诉诸先例"是否足以确保文化景观中濒危物种与生态系统的存续？ …… 260

        15.19.1　水资源 …………………………………………………………… 260

15.19.2 污染 ·· 261

15.19.3 入侵植物 ··· 261

15.19.4 入侵病原体 ··· 262

15.19.5 引进的动物物种 ·· 262

15.20 国家公园与自然保护区：非法活动的威胁 ··· 263

15.21 结论 ··· 265

第 16 章 通过恢复与重新引入实现创造性保护 ·· 266

16.1 通过恢复项目实现的创造性保护：部分实例 ······································ 267

16.2 在创造性保护中应采用何种植物？ ·· 269

16.2.1 本土种群 ·· 270

16.2.2 使用不同种源材料进行恢复："混合"策略 ······························ 271

16.2.3 混合或匹配？ ·· 272

16.3 濒危物种的创造性保护 ··· 272

16.3.1 应建立多少种群？其空间配置应如何？ ·································· 273

16.3.2 地点准备与选择 ··· 273

16.3.3 种群规模的确定 ··· 273

16.3.4 回归的种群统计学成本 ·· 274

16.3.5 迁地与就地保护的协调努力 ·· 275

16.3.6 避免创造性保护的瓶颈效应 ·· 275

16.3.7 是否需要对恢复进行持续管理？ ··· 276

16.3.8 如何评估重新引入的成功率？ ··· 276

16.4 复杂生态系统：了解演替 ·· 277

16.5 保护恢复的宗旨与目标：不同观点 ·· 278

16.5.1 "再野化" ··· 278

16.5.2 文化景观的恢复 ··· 279

16.6 管理策略的变化：对微进化的影响 ·· 280

16.7 恢复与管理：荒野中的园艺学 ··· 280

16.8 结语 ··· 282

第 17 章 景观中的保护区 ··· 284

17.1 保护区设计 ··· 284

17.2 岛屿生物地理学理论在保护中的应用 ··· 284

17.3 片断化 ··· 287

17.4 片断化的影响 ·· 288

17.5 保护区周围的环境 ·· 288

17.6 边缘效应 ·· 289

17.7 迁徙廊道与保护区相邻 ·· 291

17.8　景观廊道 ……………………………………………………………………… 291

17.9　功能性廊道的证据 …………………………………………………………… 292

17.10　廊道作为保护区之间纽带的优势与劣势 …………………………………… 293

17.11　保护区与特殊物种的保护 …………………………………………………… 293

17.12　当今保护区与生物多样性"热点"的相对位置 …………………………… 294

17.13　公园、保护区与环境中的淡水生态系统 …………………………………… 295

17.14　海洋自然保护区 ……………………………………………………………… 296

17.15　结语 …………………………………………………………………………… 296

第18章　气候变化 …………………………………………………………………… 299

18.1　温室效应与气候变化 ………………………………………………………… 299

18.2　气候变化的直接观测 ………………………………………………………… 300

18.2.1　大气温度 …………………………………………………………… 300

18.2.2　高层大气 …………………………………………………………… 300

18.2.3　海洋温度 …………………………………………………………… 300

18.2.4　海平面上升 ………………………………………………………… 301

18.3　气候的长期变化 ……………………………………………………………… 301

18.4　人类活动对气候变化产生影响的可能性 …………………………………… 301

18.5　未来气候变化预测 …………………………………………………………… 301

18.6　评估未来的气候变化 ………………………………………………………… 302

18.7　结语 …………………………………………………………………………… 303

18.7.1　预测、确定性、证明 ……………………………………………… 303

18.7.2　气候变化怀疑论 …………………………………………………… 304

18.7.3　应对气候变化问题 ………………………………………………… 304

第19章　微进化与气候变化 ……………………………………………………… 305

19.1　对二氧化碳升高、气温上升和干旱的响应 ………………………………… 305

19.1.1　二氧化碳 …………………………………………………………… 305

19.1.2　上升的温度 ………………………………………………………… 307

19.1.3　干旱 ………………………………………………………………… 307

19.1.4　互作因子 …………………………………………………………… 308

19.1.5　呼吁更为广泛地采用交互移栽实验 ……………………………… 308

19.2　各类生命周期事件发生时间的近期变化 …………………………………… 308

19.3　物候——不同环境线索为关键过程提供诱因 ……………………………… 309

19.4　分布区的迁移——植被带和单个物种 ……………………………………… 309

19.4.1　分布范围的表观变化源于气候变化吗? …………………………… 311

19.4.2　人类活动引起的气候变化所导致的物种变化 …………………… 311

19.4.3　物候与分布区变化是微进化响应 ………………………………… 312

19.5　植物对于过往气候变化的响应 312

19.6　物种的适应与迁移：自然选择扮演着重要的角色吗？ 313

　　19.6.1　后冰期的迁移 314

19.7　对气候变化的微进化响应 315

　　19.7.1　祖先种群与后代种群的比较 315

　　19.7.2　人为选择实验 315

　　19.7.3　交互移栽实验 315

　　19.7.4　分子技术 315

　　19.7.5　动物的微进化变化 316

19.8　物种间相互作用与气候变化的影响 316

19.9　气候变化下的迁移：微进化的推测 316

　　19.9.1　植物物种的迁移能力不尽相同 316

　　19.9.2　有特殊生境需求的生态型与物种 317

　　19.9.3　入侵已占区域 317

　　19.9.4　入侵物种 317

　　19.9.5　协同进化下的互利共生 317

　　19.9.6　迁移的速率 317

　　19.9.7　单个物种与群落的迁移 317

　　19.9.8　由于气候变化导致物种消失而引发的现存群落的变化 318

　　19.9.9　人类干扰环境下发生的迁移 318

　　19.9.10　迁移与廊道 318

　　19.9.11　迁移可能带来的长期效应 318

19.10　结语 320

第 20 章　气候变化对自然保护理论与实践的影响 321

20.1　对建模的质疑 321

　　20.1.1　2007 年 4 月的《IPCC 第四次评估报告》 321

20.2　国家公园和自然保护区是保护工作的重点 323

20.3　高保护价值地区的气候变化 323

20.4　国家公园的使命 324

20.5　保护区及周边环境的管理与恢复 324

20.6　用于恢复和管理的植物材料的选择 325

20.7　撤销人为管理与恢复 325

20.8　濒危物种保护 325

20.9　保护区的重新配置 326

20.10　野生生物廊道 326

20.11　协助迁移的垫脚石地区 327

20.12　协助迁移 ··· 329

20.13　气候变化——我们对于警告的回应 ··· 332

20.14　人类适应——对受保护地区的威胁 ·· 333

20.15　结论 ·· 334

第 21 章　总论 ·· 336

21.1　微进化与保护：达尔文的见解 ·· 336

21.2　文化景观 ·· 336

21.3　保护策略 ·· 336

21.4　就地保护：保卫要塞 ··· 337

21.5　可持续发展 ·· 337

21.6　人类活动施加的选择压力 ··· 339

21.7　人类活动与驯化 ·· 340

21.8　在管理环境下维持物种的"野生"状态 ··· 341

21.9　从驯养到野化 ·· 342

21.10　人类、家畜、植物的协同进化 ··· 343

21.11　"文化追随者" ··· 344

21.12　人类会采取必要措施以控制气候变化吗? ··· 345

参考文献 ··· 349

第1章 引言

我生长在 Stocksbridge,这是英国谢菲尔德和曼彻斯特之间的约克郡内奔宁山脉的一个小镇。眺望河谷,尽是大型的钢铁厂、矿井、焦炉、鼓风炉、管道工程、轧钢厂,这些全是通过粉尘和烟雾对空气造成严重污染的工业。当地有一条小河,名为 Little Don or Porter,由于靠近这些污染源,因而受到了严重的污染。这里的矿渣、熔渣以及其他的污染物都堆积在厂、矿下方的林地中。20 世纪 50 年代,受工业污染影响的不仅是我们这个社区。事实上,污染的影响弥漫在整个南约克郡。

然而,Stocksbridge 有一个其他城镇不具有的重要优势。俯视河谷,其景象令人沮丧,但这并不是全部。眺过河谷,峰区国家公园(Peak District National Park)的峰、谷尽收眼底,能看到英格兰地区最美的景象,农场、粗放式牧场、林地、用于狩猎松鸡的高沼地以及为谢菲尔德地区提供饮用水的水库等镶嵌分布。

正是这样一个土地利用方式各异的景观,让我开始思考塑造这些工业景观以及国家公园中高沼地、林地和农场的历史和生态驱动力。我想起了一些过去的事。在我孩提时的一次小病康复后,我第一次读到了达尔文的《贝格尔号航行记》(*Voyage of the Beagle*)(Darwin,1839);后来,我祖父给了我一本用旧了的《物种起源》(这是 1901 年出版的大众版,所以只是该著的节选),从此开始我沿着达尔文的进化思想考虑环境问题。一生的志趣终让我写成了本书。

1.1 人类的影响:对保护的意义

正如 McNeill(2000)所指出,人类已经导致了我们世界的巨大变化。"在人类的历史长河中,我们已经对地球上的空气、水和土壤以及包括我们自身在内的生物圈进行了空前的改造。"自 19 世纪以来,资源保护者一直在试图阻止自然生态系统的丧失;在 20 世纪,他们竭力保护濒危物种,因为这些物种被视为是当代和将来生态系统的"输家"或"潜在的输家"。作为人类所导致的全球变化的后果之一,全球约有 10%的植物物种处在灭绝的风险之中(May,Lawton and Stork,1995)。然而,从我们对气候变化可能影响的最新认识来看,这一数字似乎还是非常保守的。在 IPCC(2007a—d)的最新报告中,科学家们预测,如果人类还是那么我行我素(不减少温室气体的排放),那么到 21 世纪末,生物圈大部分区域的地表温度将可能上升约 4℃(可能的上升范围为 2.4~6.4℃)。这种十分扰人的预测及其后果几乎天天在媒体上报道,也有不少专门讨论这些问题的重要书籍,书中更是涉及有关如何缓解这些灾难性变化的措施。我这里的目的是聚焦于人类活动引发的气候变化对植物微进化和保护的影响。

本书的第二个议题是要突出一个事实:在人类影响的生态系统中,植物不仅有"输家"或"潜在的输家",而且也有"赢家"。所以,McKinney 和 Lockwood(1999,p.450)指出:新的证据表明,大多数物种由于人类活动正在变得越来越稀有(输家),而且正在被为数不多而在人类改变的环境中迅速扩张的物种(赢家)所取代。Morris 和 Heidinga(1997,p.287)也有类似的观点:人类已经对世界的生物多样性造成了广泛且深远的负面影响;地球正在累积生态赤字(ecological deficit),当决算完成时,其会由于大规模的全球性灭绝而一笔勾销。不过,进化的分类账(evolutionary ledger)会呈现出另一种景象,对一些物种的不利条件常常给其他物种带来发展机遇。

第三个目的是要通过阐述"赢家"和"输家"的说法基本符合达尔文的概念,来强调达尔文进化思想的当代意义。在达尔文诞辰 200 周年和《物种起源》出版 150 周年之际(即 2009 年),进行这方面的综述是十分及时的。

我们可以将进化看作是过去发生的事情,也可以将其当作长期的过程(Stockwell, Hendry and Kinnison, 2003);但这可能会产生误导,因为达尔文在强调长期渐变重要性的同时,他相信自然选择一直在发生作用,故在其著作中写道(Darwin, 1901, p.60):

> 可以形象地说,在世界任何地方,自然选择无时无刻不在"细阅"哪怕是最微小的变异,摒弃不好的而保留并积累好的变异,不管在何处只要有机会,都会悄无声息地进行着……

后达尔文主义加深了我们对进化的认识,通过自然选择所发生的进化一直在持续着,这一事实得到了一些但不是全部保护主义者的认可。我们必须接受的是,世界的生物区系是由"进化所控制的",因为"进化不是自然界的珍品,而是一个我们必须知道的威力巨大的过程"(Palumbi, 2001, pp.92, 94)。同时,除了在地质史上曾经发生作用的气候和环境因子,人类活动是另一个确信带给生物以"新的"选择压力的因子。下面我们将看到,已有许多证据表明,在人类所干扰的生态系统中,已经发生了人源的微进化变化(anthropogenic microevolutionary changes)。

我个人对保护情有独钟,所以第四个目的是关注人类管理对保护区域的影响,包括对迁地保护园地和其他用于保护维持对象景观的影响。如果试图确保濒危景观、生态系统以及物种的未来,那么作为保护者,有必要从新达尔文主义进化理论的角度来认识其努力的意义何在;尤其是我们必须正视由保护管理导致某些形式的驯化的可能,这是微进化的范畴,达尔文曾为此作出了许多开创性的贡献。

第五个目的是要强调在人口增长、地球资源不断开发利用以及气候变化的共同影响下,生态系统和物种所面临的不确定性。人类对生物圈的控制和"自然"植被面积的不断萎缩均对未来生态学研究方向产生巨大的影响。特别值得注意的是,最近美国生态学会提出了"为了人类社会的改善,我们应该将生态学研究的注意力从传统的对未受干扰生态系统的研究过渡到人类影响下的生态系统的多学科研究"(Bawa et al., 2004)。该报告的原文请见网页(http://esa.org/ecovisions/)。

这些初步的观察引出了一系列重要的问题,并成为后续章节的基础。

1.2　各章内容梗概

第 2 章强调有关人类影响生态系统中微进化的知识可来自完全不同的研究领域,包括考古学、人类学、分子遗传学和生态学。为了判断这类证据的准确性,我们需要考虑它们是如何获得的以及它们的可靠性如何。可以这么说,本领域的许多进展都是通过对假设的检验和建模所获得。我将针对某些重要的基本原理进行讨论,涉及科学方法、"论据"的现状、"证明"某些命题和概念的可能性,以及大众对研究的反应等。

第 3 章将对达尔文自然选择的进化理论进行简单的回顾,同时还会对他有关驯化的观点进行介绍,因为这一主题与人类影响的生态系统密切相关;然后,阐述后达尔文主义在这些议题上的进展,重点关注在种群水平上的变化。除此之外,我还会介绍一些与自然种群的建成、存活以及繁殖相关的种群生物学概念;在后续章节里,我们将论证人类活动及其影响是如何改变或颠覆这些自然过程的。

本书的一个重要议题是人类影响下的生态系统中物种已经和正在进化的程度,所以第4章将对多个关键议题进行扼要的历史回顾。人(*Homo sapiens*)作为一个物种,是什么时候以及在什么地方出现的? 全球人口数量的增长速度如何? 何时何地狩猎生活方式让位于定耕农业(settled agriculture)? 农业何以得到发展? 地球上许多陆地和海洋生态系统是如何伴随日益增长的人口而发生变化的?

第4章以地球生态系统因人类活动所发生的剧烈变化为案例,说明人类活动对生态系统的影响,其时间尺度是以千年计的。整合各方面的证据,第5章阐述另一个不同但是相关的议题,即地球上还有原始的自然荒芜存在吗? 19世纪,保护运动开始萌芽;由于自然资源的过度收获以及许多生态系统的破坏与污染,致使人们着手去保护国家公园中尚存的"荒芜",后来扩展到自然保护区以及野生生物的避难所。保护者在其筹资和管理对策中采用了"荒芜"的概念,譬如在热带岛屿和雨林生态系统的保护中。然而,最近考古学和人类学的研究成就改变了我们对史前和近代人类对环境影响程度和规模的认识。许多尤其是热带的生态系统一度被视为自然的、未受破坏和原始的荒芜,而现在我们知道了,这些系统其实也长期受到人类定居和开发的深刻影响。事实上,无论是国家公园还是自然保护区,在开始建立时也都远不是没有"碰过的"原始的自然荒芜。另一个问题在这里也有所涉及。通过调查过去和现在人类对生物圈的影响,人们已经认识到,现在这种无节制的资源利用模式只有被"可持续发展"方式取代,人类的未来才可以得到保障。

第4、5章综述了人类影响全球自然生态系统的方式。有充分的证据表明,人类活动已经在不同程度上影响到了地球上所有的生态系统。世界人口已经超过65亿(目前已经超过70亿——译者注),如果有关世界人口和气候变化的预测不错的话,随着对自然资源利用的不断增加,生物圈的进一步改变是在所难免的。

了解微进化过程发生的"舞台"背景知识后,就可以介绍这个舞台上不同类群的"植物演员"了(第6章)。已有大量的工作试图确定全球范围内到底有多少物种面临灭绝。为了评估人们所认为的即将出现的大灭绝(mass extinction)(Myers and Knoll,2001)的规模,第6章将讨论分类学家已经成功命名的动植物物种到底有多少。初看起来,似乎可以简单地对每一个类群进行定义,但其实有许多困难。物种的概念是我们认识进化的核心,无论是保护理论还是保护实践在很大程度上都是基于对物种的考虑。现在,我们的问题是:物种在当代的景观中是如何进化的? 是否可以通过适当的方式防止这些受威胁的物种灭绝? 这些基本问题的核心是:物种是什么? 正如我们将要看到的,到目前为止还没有一个大家所接受的统一定义。

了解了当代的进化舞台以及这个舞台上的植物演员后,在此后多个不同章节中细数了植物种群的微进化证据。总的主题是通过无意或有意的方式,人类活动增加、影响、干扰、扭曲抑或降低了"自然过程",包括基因流、种子的传播、植物的定居以及繁殖。为此,我们首先在第7章讨论如何研究微进化过程,然后分析处在"新的"人类选择压力下的植物如何响应草地管理(第8章)、农业和林业收割(第9章)、环境污染(第10章)以及向新分布区的引种(第11章)。第12章继续讨论微进化的主题,但是将强调人类活动是如何导致许多物种种群萎缩的。

目前许多物种面临灭绝的风险,所以有必要考虑新物种将以多快的速度进化从而占领老物种的领地。第13章将分析当代的物种杂交和物种形成与由人类活动导致的地理和/或生态隔离破坏的关联性。同时,本章也会讨论栽培植物与杂草及野生植物之间的关系,包括野生和杂草物种与转基因作物之间关系的最新研究。

保障稀有物种和濒危物种命运的主要对策之一是对它们进行迁地保护,正如植物园和其他公园中的活体植物,以及基因库中保存的种子或其他繁殖体。第14章就是从微进化的角度讨论这种保护的优缺点。在这方面面临几个主要的问题,例如从长远的角度看,在植物园环境中能否维持受威胁植物种群的"野生"状态？在栽培条件下，物种是否会不可避免地发生遗传变化？种在植物园中的"野生"植物是否会无意被驯化？

还有一点也值得考虑。为了在植物园和其他公园中、在看似真实生态环境中有效地向公众展示受威胁植物群落以及所保护的珍稀濒危物种，人们常常会营造许多诸如池塘、湿地或草地等"野生环境"。同时，在世界的很多地方有一种很流行的做法，即建立野生生物公园，其中会种很多"野花野草"，使之看似自然环境。假如在向公园、保护区以及越来越多的保护地以外的地方引入植物"野生"种群的过程中涉及"野生"物种的播种和/或种植，是否会模糊公园和自然保护区的界限？保护区是否可能成为一些特殊类群的公园或事实上的动物园（de facto zoos）？保护区的管理是否会将野生物种当作特殊的作物？如果当作栽培植物的话，是否有驯化的可能呢？这种变化趋势可能给将来带来困难。如果"野生"植物被有意地种植，那么朝驯化的方向发生遗传变化的可能性很大，从短期来看，保护这些物种的目标得以实现，然而一旦管理措施放松或停止或环境条件变化时，保存下来的种质资源就会变得很脆弱。

保护者已经拥有丰富的维持和管理国家公园、自然保护区以及这些环境中所拥有的珍稀濒危物种和脆弱生态系统的经验。尽管保护者宣称在保护地中"野性"和"自然性"都在维持着，但是也有证据表明，这些地方也常常受到主动管理的影响，而不是让其成为真正的不受干扰的自然荒芜地（第15、16章）。这类管理可能涉及由专业人员所实施的正规的科学保护。然而，在一些其他的国家公园和保护区内，也可能存在大量非正式的、常常是非法的其他形式的管理，这与真正的保护无法比拟，涉及狩猎、伐木、用于农业目的森林砍伐以及采矿等。保护管理不仅要考虑到完整的生态系统，而且也要考虑到濒危物种的存活与繁殖。用达尔文的术语来讲，就是要甄别威胁濒危物种种群的因子，使管理能适用于消除这些不利因素的影响。所以说，管理就是要识别和去除对珍稀濒危物种有害的"不利选择压"（adverse selection pressures），从而使其种群能得以稳定或增长。保护者所付出的努力是否成功？保护地的划定和管理是否已经成功实现了保证濒危物种和生态系统存活的目标？管理实践还面对一些其他的问题。在保护实践中是否需要正规的设计实验，抑或"常识"就可以作为指南？是否有通用的原理来指导管理，抑或所有的保护地点都是独一无二的，因此需要独特的管理？经常性的快速干预预案对防止物种和生态系统的丧失是很重要的，这种危机管理的意义又何在？

最近几十年保护实践已经发生了一些重要的变化，如涉及生态系统恢复与重建、濒危物种种群再引入或补种的有意的人为干预（第16章）。再回到达尔文的主题：在这类富于创造性的保护计划实施的区域中，植物的微进化有什么意义？这样的努力在多大程度上可以成功呢？我们又用什么标准来判断生态系统的修复是成功的呢？另外，还有一些其他问题需要面对。能重建原始的生态系统或荒芜吗？是否可以通过种植项目的细心管理来相对快速地重建复杂群落（如森林和物种丰富的草地）？

我们将在第17章讨论在较大的景观尺度上，国家公园和自然保护区的大小、形状、分布、连通性或隔离程度对微进化的重要性。已有的公园与保护区网络能否为生态系统中植物物种的持续进化提供安全的场所？许多的保护区和公园都被设计成"要塞"区域，人类除了作为访问者是不让接近的。这样的设计有何后果？如果管理政策改变，即允许当地百姓接近这些区域并以可持续利用方式控制这些地方的资源，对保护有何影响？

保护管理常常涉及短期的危机管理，然而在实践中，正如Frankel和Soulé（1981）所指出，保护必须是长期的努力。在其有关保护的著作中，他们对保存（preservation）与保护（conservation）作出了重要的区分。保存"是为了个体或种群的维持而不是进化变化"（Frankel and Soulé, 1981, p.4）。与此相对，保护则"完全不同，主要是为了某些生命能以其自然状态存在，从而能像其祖先一样在整个进化时间中继续进化"（Frankel and Soulé, 1981, p.6）。在实际保护工作中，核心的问题常常是突发事件的短期危机管理，但是如果我们接受Frankel和Soulé的观点，我们就面临一个长期甚至是永远的忧虑，即使这一点没有被明确说明或认可。保护事业将依据这一非常具有挑战性的目的以及这一时间框架进行判断。由于保护的代价高昂,所以长远来看管理的实际意义是难以说清的,尤其当对每一个濒危物种单独考虑管理计划时,情况更是如此。如果对一个特定地区的整个生态系统用一个管理计划来通盘考虑保护管理,管理努力将会更加成功和经济吗? 除此而外,保护努力是否应该投向最靠近荒芜的地点? 是否应该把注意力均等地投向受人类影响的森林、草地、湿地、可耕地和城市中所发现的大量濒危物种的管理?

本书的最后 3 章(第 18 至 20 章)将从保护和微进化的角度讨论目前我们对全球气候变化影响的一些堪忧。预测气候变化将给植物带来新的选择压力。气候变化对目前的珍稀濒危物种有何影响? 气候变化会给目前保护在保护区和公园中的物种带来多大的风险? 保护者为了管理保护地的种群以避免气候变化的影响而花费大量的时间和金钱,他们会不会觉得自己处在一个易招怨恨的地位呢? 如果一些珍贵的动植物从保护区和公园中丧失,那么这样的地方会被遗弃抑或让其继续维持,而不管最终有什么野生生物能够出现在这里呢?

如果考虑到特定物种对气候变化的响应,那么物种是否有足够的遗传变异储备以满足就地(与气候变化相适应而且还改变与其他物种相互关系的)新变异体的选择? 对于那些处在目前地点但没有足够遗传变异来应答新出现的选择压力的物种,他们能自然地迁移到适宜气候区的可能性有多大? 如果面对气候变化,物种的自然迁移不可能的话,这些物种应该被人工转移到适宜的气候区吗? 在现实中,许多濒危物种不在保护区也不在公园,就目前所知,我们能保护好这些物种吗? 未来的前景又如何呢?

为了全面地审视微进化与保护的关系,第 21 章将把前面提出的问题放在一起来考虑。面对气候变化,人类是否能成功地作出一些必要的调整以限制温室气体的排放从而逃脱最极端的影响? 保护事业的重点需要根据日益增长的人类对生态系统的控制来重新评价吗? "要塞"保护区的概念一直饱受批评。可持续发展管理实践能成为濒危物种和生态系统成功保护的安全路径吗? 最后,如果保护事业陷于瘫痪,如果在未来几十年里大灭绝真正突发,那么人类控制生物圈对植物未来进化造成的长期影响是什么?

第 2 章　研究变化

要想严格地审视植物微进化与自然保护的联系,很有必要查阅议题广泛的公开资料。当前普遍被接受的微进化概念是靠生态学研究、同质园和其他类型的实验,以及各种使用分子标记的细胞学和遗传学研究来阐释的。就自然环境和保育环境下物种维持或灭绝而言,可以查阅同行评议的学术期刊文献和书籍,以及政府、国际机构、利益团体和专业保育工作者等提供的官方文件和统计数据。当然,也有大量的"灰色资料"(grey literature),由于机密性,这类资料是不公开的,例如,做出具有深远影响决定的顾问报告。同样,一些网络资源也可供参考。总之,有许多关于群落和濒危物种保护的知识,这些知识不仅来自栖息地管理的经验,也来自实验、野外观察、制图和调查。

现在,许多领域的技术突破极大地拓展了我们对环境问题的理解。仅凭现场勘查进行土地利用调查的工作有很大困难,但是航拍照片、卫星影像和遥感技术的广泛应用使之成为可能。Google Earth (http://earth.google.com)就提供了一个无与比拟的机会,使人们能够详细地了解人类活动对生态系统的影响(Biever,2005)。另外,在精确测量大气、水文、土壤和海洋关键理化性质方面也取得了重大进展,诸如评估污染物瞬时有效浓度等。

通过研究考古发现、历史文献、地图、老照片、勘探者的描述、腊叶标本和野外记录等,我们能够发现自然环境和生态系统的历史变迁,这也不断地颠覆我们对复杂环境问题的认识。

汲取了各种历史和其他材料,现在有大量内容广泛的环境史资料可供参考(Detwyler,1971; Goudie,1981;Worster,1988;Nisbet,1991;Pontin,1993;McNeill,2000)。例如,Williams(2006) 研究了世界范围内采伐森林的历史,其他学者则研究了区域的变化。例如,Whitney(1994)绘制了从 1500 年至今北美气温的变化过程;Worster(1992)结合牧场、灌溉和水资源状况对美国西部生态史进行了综述;Kirch 和 Hunt(1997)分析了太平洋岛屿的历史生态学(historical ecology)。有关历史生态学的研究主要横跨地中海(Rackham and Moody,1996;Grove and Rackham,2001)。英国乡村的环境历史则主要在 Hoskin(1977)的早期研究,如 *The Making of the English Landscape* 中有所体现。其他历史学家探讨了重大历史事件带来的改变。例如,Melville(1994)考察了 16 世纪墨西哥景观的变化: Valle del Mezquital 地区以密集型灌溉农业为主,土地利用方式的不同形成了斑块状的景观,西班牙殖民者在此强行集中饲养羊群,由于过度放牧,稠密的羊群区域退化成了以稀疏的豆科灌木占优势的沙漠。在较小区域中开展的细致研究也获得了一些重要发现。Rackham(1975)分析了剑桥郡 Hayley Wood 自然保护区的历史,Preston 和 Sheail(2007)则指出剑桥市内用于规划河堤的公共用地的变化。尽管这些区域具有永恒的特征能够反映它们过去是如何被利用的,但事实上,这些区域已经从不排水的、被牛啃食的牧场变成了具有多种用途(尤其是供娱乐所用)的区域,导致这种变化的主要途径是排水、挖矿、取沙、倾倒生活垃圾和清淤。研究也显示,大范围的平整土地还伴随着再次播种和植树。

以上描述都证实了乡村和农业景观的变化。依据大量的证据,辅以对污染物的测定,可以研究城市及其工业区的环境问题。McNeill(2000)参考了大量的历史事件,给出了一个关于大气和水体污染的重要综述。例如,密歇根湖遭受来自芝加哥城市排污的污染,这其中还含有地球上最大的畜牧场排出的污水。为了治理长期污染,人们改变了从南端注入密歇根湖的芝加哥河的流向,使其经芝加哥运河注入伊利诺伊河,最终汇集到密西西比河流域(Changnon and Changnon,1996)。McNeill(2000)描述了为控制污染而对泰晤士河和莱茵河等欧洲许多河流系统采取修复的细节,他还结合历史发展的背景,探讨了像印度和中国这些国家随着工业化发展河流污染加剧的情况。

2.1　定义术语和提出假设

尽管有许多来源广泛的证据可以用于评价有关环境历史、自然保护和微进化的问题,需要强调的是,这些证据必须经过仔细严格地分析。首先,关于概念和专业术语有不同的理解,正是由于这个原因,对于"物种"(species)、"荒野"(wilderness)和"生境退化"(habitat degradation)等概念和专业术语存在诸多争议。例如,Barrow(1991)考证了"土地退化"(land degradation)的概念,而 Grove 和 Rackham(2001)则讨论了"沙漠化"(desertification)一词的使用。另外,任何情况下检验关于特定研究的假设都是很重要的。Rackham(1990,p.341)提出考古学家和其他研究人员倾向"将家养植物和动物视为人工制品",还假定"砍倒树木就是砍伐森林";"树木且只有树木能保护土地免受侵蚀";"在家养动物出现之前没有明显的牧场;是山羊破坏了所有的植被。所有这些是理论,而非不言自明的道理,需要被验证,而不是被假定的"。

其次,必须评价历史文献的可靠性和图表、调查结果等的准确性,特别是所使用的方法论和取样方法的优劣之处、仪器的敏感度和研究中参数的分辨率的阈值。对已发表的图表信息的批判态度也是相当重要的。最理想的是,一套图表应该经得起他人用不同的方法确证。最后,对任何调查的结论做出批判性的评价是至关重要的。

2.2　实验和调查

首先需要考虑科学方法,特别是通过设计实验和调查来检验假设从而得出结论这一过程的科学水准。其次,由于微进化变化的观念包含了对过往证据的评估,那么如何证实关于近期和遥远过去的假设是可能的? 最后,考虑到本书的主要议题,还要评估未来的趋势,例如,所预测的全球气候变化对植物物种和群落将会产生哪些可能的影响? 如果不诉诸占卜和德尔菲神谕(Delphic oracles),预测将如何产生?

2.3　达尔文的科学方法

19 世纪,哲学家休厄尔(Whewell)提出了用以验证想法和概念的哲学基础。他写道:"我们能通过寻找一种'归纳契合'(conciliance of inductions)更多地了解自然,在这里各方独立的证据被置于一个共同的解释框架中。"(Costa,2003,p.1030)因此,Costa 提出《物种起源》通过古生物学、胚胎学、生物地理学和行为学的观察而不是合理的猜测建立了进化的事实。他还指出:"反过来,达尔文呈现了每一次观察记录,并启发读者去思考哪些假设提供了最令人信服的解释。"

但是,Mayr(1991,p.10)仔细研究了达尔文的研究方法后,提出:

总的来说,博物学家是描述者,但是达尔文同时也是一位伟大的理论学家……他不仅是一位发现者,也是一位有天赋的、不知疲倦的实验员,无论何时,他总是用实验来解决问题。

达尔文的研究方法是非常有趣的:

他的研究方法包括不断地重复观察、提出问题、建立假设或模型、通过进一步的观察来验证这一过程等。达尔文的推测是一个合乎逻辑的过程,给设计实验和收集深层次的观察数据提供了方向。这种方法他在用,每一个现代科学家都在用。我知道达尔文是坚持使用这种研究方法并取得巨大成功的先驱者。

达尔文强调假设在组织和指导工作中的重要性,这一观点在给 Henry Fawcett 的信中有明确的表述(Darwin and Seward,1903;引自 Mayr,1991,p.9):

大约30年前,多次谈到地理学家应该去观察而不是创建理论,而且我清楚地记得曾有人说,还不如以这种速度进入采砾坑去数卵石的数量并描述其颜色,如果观察是有用的,所有人都该看到观察之所见一定能支持或反对某种观点,这真是荒唐!

2.4 实验设计的进展

后达尔文时代,在实验和观察的设计和解释方面都有了巨大突破,特别是运用统计方法来分析实验结果。R.A. Fisher 长期在英国哈彭登的洛桑实验站(Rothamsted Experimental Station, Harpenden, UK)负责统计数据分析,他开发并首次将方差分析应用于野外实验设计和分析,这标志着他对该领域做出了开创性的贡献(Box, 1978)。Hald(1998)对数理统计发展过程中 Fisher 发挥的作用进行了评价,同时他也指出,Yate、Kempthorne、Cochrane、Box 以及其他许多人在实验设计的理论和实践中做出了重大贡献。

作为对本书中所涉及的已发表实验和调查进行评价的前奏,将简要介绍现代科学实验的要素(更多细节见 Montgomery, 1991;Sokal and Rohlf, 1993;Hicks and Turner, 1999),简单地说"实验是一种推论统计性的工具,在生物学研究中,关于大组(总体)的结论是从小组(样本)数据中得到的"(Zolman, 1993, p.13)。在野外,许多因素会对植物产生影响,通过实验可以更细致地研究一个或几个因素的影响。事实上,科学家常常采用还原法(reductionist approach),通过研究各个过程来分析整个复杂状况。

2.5 实验设计的要素

在一项重要研究中,Gauch(2003)思考了科学方法的发展过程和哲学性。他强调精心设计实验的重要性,并认为这些实验设计有许多共同的元素,但没有可以套用或标准化的方法。

纵观前人的研究,第一步就是提出假设,这些假设可以用各种不同的方式来验证。检验一个假设最有效的途径是一个创新而非呆板的过程。在设计实验时,要非常认真地筛选用于检验的关键因子,一些组的植物将会接受一个因子不同水平的处理(记为因子 A),而其他组(对照组,control group)将不接受因子 A 的处理,但有时这样的组也会被称为处理组(treatment group)。控制所有外部变量,降低实验误差,确保实验初始环境一致。须谨慎设计处理条件,以免被外部变量干扰(Sokal and Rohlf, 1993)。

每一个处理组和对照组都必须有重复实验,用以估计样本和总体的均值及实验误差,必须避免假重复(Zar,1999)。因此,如果意欲得出一个植物的总体情况,必须收集合适大小的样本,比如 25 个样本,而对一株植物测量 25 次是无效的。将材料分配给处理组时,必须遵循随机性,实验的顺序也必须是随机的。在设计野外实验和其他实验时,将一个实验分解为随机的区组可以确保处理的有效性。

统计分析是实验设计的一个组成部分,而不是数据收集后令人烦恼的杂事。Bland(1987)曾写道:"一个研究员背着 2 英寸厚的电脑打印的材料多次找到我,问我这些数据是什么意思。答案通常令人感到难过,因为有一棵树死亡了导致数据无用"(引自 Zolman,1993,p.6)。实验的下一步就是用合适的统计方法检验结果的显著性,这通常需要安装电脑软件包;须强调的是使用合适的分析方法,要留意数据的统计学特征,比如一套数据是否符合正态性分布。

很有必要理解假设的检验过程。以下是引自 Zolman(1993,p.23)的精彩阐述,值得充分理解。我们应该注意:

> 一个研究假设……不可能直接被检验。唯一支持研究假设的方法是拒绝零假设(H_0,null hypothesis),即实验处理无效……处理组均值等于对照组均值。因此,一个实验不能证明研究假设是正确的,但能在给定置信度内拒绝零假设……如果实验数据明显偏离零假设,那么拒绝零假设而支持备择统计假设(alternative statistical hypothesis),即处理组均值不等于对照组均值。"明显偏离"是用统计量(如 t 值和 F 值)规定的,统计量是基于小部分出现的次数计算的,如 20 次中出现 1 次($p < 0.05$)……但是,这个统计假设检验不能保证推断的正确性,推断误差是可以计算的。假设检验常有两种错误类型,错误 I 是拒绝了实际上成立的零假设;错误 II 是不拒绝实际上不成立的零假设。

进行实验分析时,避免过度推论是很重要的。例如,在一个经过深思熟虑设计的实验中,通过样本分析对总体做出估计是可行的,但是正如有些文献中所出现的,将结论推及至物种的所有种群是不合逻辑的,而且以一种过于简单的方式通过实验室结论推知野外情况时也必须非常小心。

2.6　准　实　验

Hicks 和 Turner(1999)指出,一些实验设计得不太令人满意。譬如,选择的样本中除了用于作处理组,还有用来作对照组,但是由于不清楚这些组别在实验之初是否相似,因此这样的实验设计可能是错误的。

准实验(quasi-experiment)的另一种形式是事后事实研究(ex-post-facto research)。事件发生后研究历史记录便于推测特殊因素之间是否存在相关性,例如吸烟与肺癌的因果关系。在分析这种数据时会获取非常重要的信息,那就必须考虑其他相竞争的假设(competing hypotheses)(Hicks and Turner,1999),我们将在后面的内容中深入讨论这一问题。

2.7　"证据"与证伪

使用科学方法的结果是允许在不确定的情形下做出决定,但是考虑一个假设的证据是否充分是很重要的。

哲学家 Cleland(2001)近期的一篇综述就谈到了该问题。科学归纳这个词要归功于 Francis Bacon,是指如果能够得到足够确定的证据,那么假设就能为科学大众所接受。这也正是达尔文在《物种起源》一书中所用的方法。然而,这是相当难的。正如 Cleland(2001,p.987)指出:

> 不巧的是,科学归纳与归纳法存在冲突:没有具体的证据能够建立一个令人信服的一般性结论……如果至少存在一个反例,那么这个一般性的结论就被证明是错误的。面对归纳,许多科学家接受证伪,也就是,尽管假设不能被证明,但能被反驳。

因此,像我们上面看到的,科学方法构建的假设被已存在的、从实验或经验观察获取的证据所检验,从而被拒绝或有条件地接受。然而,证伪的方法也存在问题。Cleland 指出:"不考虑其他已被广泛接受的理论,任何实际的实验环境包括大量的关于设备和背景环境的辅助假设。"每一位科学家都知道设备出故障、样品被污染等事情的可能性,以及辅助假设的优缺点。Cleland 还指出另一个与 Kuhn(1970)的发现有关的重要问题,即许多研究人员并不做证伪,而是尽力挽救他们的假设。"他们主要关心如何保护假设而不是客观地去反驳。"(Cleland,2001,p.988)

2.8　检验有关过去的假设

到目前,我们仍一直在考虑与现存植物和植被有关的实验研究问题。本书还谈及历史问题,所有或者绝大多数的证据来自过去的痕迹,有些案例还来自非常遥远的地质、考古或历史时代。Cleland(2001)再一次提供了有关方法的综述。首先,很重要的一点是,证伪的原则已经被许多力争阐释过的科学家所接受。考虑到卓越的地质学家 T.C. Chamberlin 的观点,Cleland 写道:

> 优秀的历史研究人员关注阐释多种竞争性的(而不是单一的)假设。Chamberlin 对检验这些假设的态度是精神上的证伪主义;每一个假设都经历了不同的独立的检验,希望能够有经得起检验的假设。然而,历史研究人员的实际行为表明他们只在寻找正面支持的证据。

从技术上看,这就是所谓的确凿证据(smoking gun),即"能从竞争性的假设中挑出一个对当前现象进行较好的因果解释的痕迹"(Cleland,2001,p.998)。

Cleland(2001,p.997)援引 Gee(1999)的话:"这些关于遥远过去的假设从未被实验检验过,因此这些假设是不科学的……从来就没有历史的科学。"在这篇综述中,Cleland 强烈反驳:"历史科学在方法论上劣于实验科学的论调是无法持久的。"

2.9　预　测　未　来

预测未来是有困难的。然而,面对诸如种群增长、未来食物产量、全球气候变暖等议题,科学家已经建立了有效的方法。以前只考虑一种可能的情况或预测一种结果,现在则用许多电脑模型模拟,这些模型是基于不同的假设,而且各种可能结果都被预测和评估。以气候变化为例,这类研究收集过去和现在的气候数据,以及物种和群落的行为及生态学数据,旨在提供判断气候变化带来可能影响的基准线。在许多案例中,预测的结果可以用实验来补充,例如,大气中二氧化碳浓度的水平在未来几年会继续上升,为了评价植物对这种变化的响应,可以用生长箱培养植物以比较环境中二氧化碳浓度升高后对植物的影响。

2.10　证据的权衡

许多证据帮助我们认识过去、现在和未来的变化。但是，非常有必要考虑人类的行为。正如上文提到的，科学的历史表明许多研究人员只在寻找证据来支持他们自己的理论。Thomas(1974，p.72)撰写了关于考古学家的著作，同时也展现了所有领域研究人员的行为，"学者依旧固执地热衷于'得意的理论'(pet theories)，遗憾的是，在考古学界一些争论更多的是坚持守卫以前的观点，而不客观地接受新数据"。

2.11　结　　语

不得不强调，有关考古学、历史学、生态学、自然保护和进化的调查结果在本质上是或然性的而不是提供证明。Carpenter(1996，p.126)明确指出了这一点，检验实验证据和历史信息的科学方法是：

> 构建假设，然后被拒绝(被证伪)或者有条件地接受实验或经验观察的证据。一个假设可能总是被不断增加的信息所证伪，在寻找真理的方法论中，信息包含了各种质疑、改变和可用性。

Holdgate(1996，p.100)把科学中的假设检验与"经过挑战后进化过程的调整"相联系。

当科学的结果传播给公众后，会发生什么？Caldwell(1996，p.395)注意到了一种转型可能会出现：

> 为了具有社会可信度和公众可接受性，要求一些确定性的假设是科学的。这些支持官方政策的断言可能超出了已确定的科学证据，甚至与"好"科学的发现相矛盾……确定性常常是默认的，而公正审慎的判断却成为不确定的。

确实，很多人，也包括自然保护者，"相信一个科学的'事实'即是被证明是正确的假设"(Jordan and Miller，1996，p.95)；他们认为"不能充分断言没有检验能够证明一个科学假设是真的"；事实上，"研究的主要功能之一就是找错"(Caldwell，1996，p.402)。在科学领域谨慎可能是一种习惯，但并非所有专家都是如此。Holdgate(1996)提到在科学家对他们的研究保持谨慎态度的地方，经济学家则对他们的预测充满自信，他还强调许多议案要求科学家提供"证据"，却也因无法做到这一点而被拖延。

一些案例中还存在更严重的情况。我们将在后面的章节中看到，气候变化反对者施用各种手段影响公众以保护其巨额利益。譬如，当越来越多的科学家一致认同气候变化形势严峻，他们却建议在这个问题上科学家联盟要分裂(IPCC，2007a—d)。报纸和其他报告报道了政客和其他人一直通过各种途径控制研究，还篡改向公众发布的信息。因此，除了否认气候变化的事实，一些政客和议员也在干涉公众对气候变化问题的认识和应对，这也阻碍了达成有关逐步控制和减少温室气体排放的国际协议(Oreske，2004)。

不同于本书其他章节以介绍重要的进化模型为主，下一章着重介绍一些关键的概念，这些概念广泛出现于自达尔文自然选择进化理论发表以来的大量研究中，且目前仍是我们认识的核心。同时，也会介绍一些出现在植物种群生物学研究中的重要概念。

第3章　植物进化的关键概念

我们目前关于植物进化的观点深深地植根于达尔文的自然选择进化论中。在达尔文与华莱士阐明他们的进化概念之前，人们认为物种是由于"神创"的作用被单独创建的。这些物种可以完美适应它们所处的环境，其形态学上的任何偏离都是意外事件的结果。物种在本质上是没有变化且不可变化的"理想型"。此外，世界也只不过是最近才被创立的。Archbishop Ussher 通过计算圣经中的世代，得出结论称地球起源于公元前 4004 年（Mayr，1991，p.16）。

对"神创论"的首次批判要早于达尔文的进化论（Briggs and Walters，1997），然而达尔文不仅仅提出了一个可信的进化机制，而且陈述了大量的证据，对这一先前处于正统地位的理论提出了强有力的质疑。博物学家华莱士独立得出了自然选择的概念，但是他的侧重点与达尔文不同（Sheppard，1975）。1858 年，在达尔文发布他的观点之前，华莱士曾经向他发送了一篇关于自然选择进化的论文。达尔文的朋友们 1858 年 7 月在伦敦组织了一次林奈学会会议，在会上宣读了华莱士的论文，同时请达尔文展示了其未出版手稿中的一些摘要，提出了自己的观点。由此，解决了自然选择学说优先权的问题。在会议结束后的几个月里，达尔文于 1859 年完成了他的巨著《物种起源》。这一概念的主要脉络为：

1) 达尔文发现植物和动物中存在两种变异，不连续变异（突变、畸形与跃变）以及微小的个体差异、偏移或修饰。达尔文认为个体差异在进化中是重要的。

2) 达尔文与华莱士都受益于 Malthus（1826）的观点，即由于有机体的生殖力，除非种群的生长受自然因素阻挠，它们的数量将呈几何级数增长（1、2、4、8、16 等）。达尔文在《物种起源》（Darwin，1901，p.47）中生动了描述了这一观点：

各种生物都自然地以如此高速率增加着，以致它们如果不被毁灭，则一对生物的后代很快就会充满这个地球，这是一条没有例外的规律……林奈（Linnaeus）曾计算过，如果一株一年生的植物只产生两粒种子（尽管没有植物如此低产），它们的幼株翌年也只产生两粒种子，这样下去，20 年后就会有 100 万株这种植物了。

值得一提的是，我们这个星球上生殖力最旺盛的生物可能是大马勃菌（*Lycoperdon giganteum*），其一个个体能产生 2×10^{13} 个孢子。如果全部萌发并直线生长，其总长度可以围绕地球赤道 15 圈（Ridley，2002）！

然而，在自然界中，种群的生长受到了阻挠。在《物种起源》中，达尔文根据自己的实验提出了一个恰如其分的例子：

植物的种子被毁灭的极多，但依据我所做的观察，在已布满他种植物的地上，种子在发芽时受害最多。同时，幼苗还会大量地被各种敌害所毁灭，例如，在一块 3 英尺长 2 英尺宽的土地，耕后进行除草，那里不会再受其他植物的抑制，当土著杂草生出之后，我在所有它们的幼苗上作了记号，发现 357 株中，不下 295 株被毁灭了，主要是被蛞蝓（slugs）和昆虫毁灭的。在长期刈割过的草地……如果让草任意自然生长，那么较强壮的植物逐渐会把较弱的植物淘汰掉……在刈割过的一小块草地上（3 英尺×4 英尺）生长着 20 个物种，其中 9 个物种由于其他物种的自由生长，都死亡了。

3) 在对证据进行大量验证后,达尔文认为成熟种群的数目更倾向于保持恒定。因此,存在阻挠种群继续增长的情形。那些存活下来的个体比种群中的其他个体具有内在的优势。

4) 经过自然选择保留下来的适应性强的个体将其内在的优势遗传给它们的后代。

5) 自然选择在后来的世代中一直在继续。但可能产生新的变异体取代原有有机体的地位。学术界对这些后续的阶段仍存争议,达尔文用自己的语言做出了最为精确的阐释(Darwin and Wallace,1859):

> 那么,在个体为生存而进行的斗争中,其在结构、习性或本能上的任何微小变异,只要能使该个体更好地适应新的环境,就会对它的活力和健康产生影响,这一点还值得怀疑吗?在斗争中它有更好的存活机会;而那些继承这种变异的后代,即使是非常微小的变异,同样将会有一个更好的机会。每年繁殖的数目比存活下来的数目多。从长远来看,在平衡中即便是最小的收益也能决定哪一个将死亡降临,哪一个将继续生存,让这种选择······持续 1 000 个世代,谁能说不会产生效果······

达尔文对进化中灭绝所扮演的角色非常了解(Darwin,1901,p.277):

> 自然选择学说是基于这样一种信念:即各个新变种乃至各个新物种都是通过比它的竞争者占有某种优势而产生和保持下来的,那些较为不利的类型的绝灭是不可避免的。

达尔文的自然选择进化学说与自然母亲照料世间万物的形象相去甚远。达尔文从不同视角看待生物有机体之间的关系,就如同他的生动比喻,这是"生命的战争";"自然的战役";"完美的力量均衡";"生命的抗争";"抗衡中的毫厘之差"和"生与死的较量"。

达尔文同时还在其自然选择学说中引入了另一个要素,即性选择。Jones(1999,p.81)提出了这一重要的观点:

> 性是自然选择的"交易场所"。两个"基因企业"的"合并",就如商场上两个合伙人的合作一样,很容易出现不和谐的声音。寻找到理想的"伴侣",打败竞争对手,经历交配与孕期的痛苦,将后代培育长大,这些都要付出巨大的代价,并且充满了危险。每一步都涉及相关各方投资策略的微妙差别。自然界中许多最吸引人的特性,如花朵、鸟语、山魈的屁股等都是为适应雄性个体竞争与雌性细胞结合的机会而产生的。

因此,性选择是"建立在雄性竞争或雌性选择基础之上的"(Rieger,Michaelis and Green,1968)。这也是在动物王国存在众多的两性异形的原因。

在自然选择进化论中,达尔文发现植物与动物驯化过程中人类的选择过程与野外的自然选择过程存在着惊人的相似。事实上,在《物种起源》第一章中,达尔文就对"人为"选择的作用进行了探讨,并指明了这一选择过程中有意识与无意识的要素。在讨论了各种动物的人工驯化之后,达尔文又对包括观赏植物与农作物在内的众多植物的驯化过程进行了阐述:

> 在植物中,通过最优良个体的偶然保存导致逐步改进的过程······同样可以清楚地辨识出来。我们现在所看到的诸如三色堇、蔷薇、天竺葵、大理花以及其他植物的一些变种,比起旧的变种或它们的亲本种,在大小和美观方面都有所改进。

通过分析家养植物与动物进化的证据,达尔文得出了结论(Darwin,1901,p.30):"选择的累积作用,无论是有条不紊地、迅速地应用,或是无意识地、缓慢地但更有效地应用,似乎都是主要的力量。"

在《动物和植物在家养下的变异》中,达尔文(1868)更详细地表明了他的观点。首先,他从历史的背景讨论驯化(Darwin，1905，vol.2，p.248)：

> 从人类文明最早期开始，人们在每个阶段都种植那些他们所知晓的最佳植物品种，偶然播种这些植物的种子。因此，从相当遥远的古代开始，人类就开始了选择。但是，没有预先设定优劣的标准，也不考虑未来。当今的人类仍然受益于先人数千年来的偶然和无意识的选择。

达尔文随后阐明了有意识选择的作用，"饲养者有着清晰的目标，或者保留某些已经显露的特性，或者创造其脑海中所规划的改进"(Darwin，1905，vol.1，p.260)。他同时还强调了无意识选择的作用与重要性，"我对这个术语的理解是……人类将其认为最有价值的个体保留，并淘汰那些最没有价值的个体，没有任何有意识地改变品种的意图"(Darwin，1905，vol.2，p.242)。达尔文进一步总结道："除了在有些情形下人类是有意为之，在其他情形下则是无意识的，有组织的选择与无意识的选择之间没有本质差异。"而且，"无意识的选择与有组织的选择是混合在一起的，几乎不可能将它们区分开来"(Darwin，1905，vol.2，p.243)。

本书关注在人类控制的生境中微进化的内容。在这些生境中，人类不仅仅对常见物种进行广泛管理，同时还对濒危物种进行保护。这些管理通常影响深远，并且可能永远不会结束。达尔文指出了人为选择尤其是无意识选择对植物的影响。人类的持续管理，尤其无意识的选择，是否会导致类似于驯化的遗传变化？这个悬而未决的问题将在本书的后续章节中讨论。

3.1 达尔文关于物种进化的观点

达尔文同样也对物种起源进行了研究。他借助图表(图 3.1)与辅助文本，分析了通过自然选择实现的物种形成的过程与时间尺度，并探讨了物种灭绝在进化中的作用。

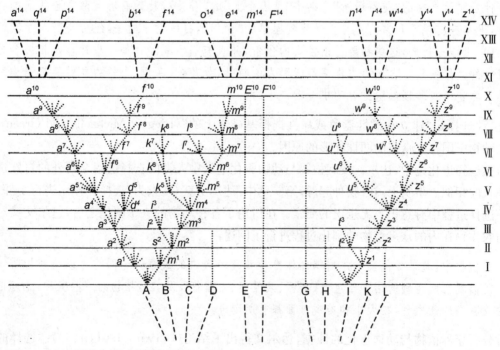

图 3.1 达尔文《物种起源》中假设的进化树，说明了通过自然选择实现演化的过程。如图表底部所示，在同一个属下最终出现 11 个(A—I，K，L)不同的物种。随着时间的推移，这些物种在罗马数字标记的列上出现分叉，每个代表着不少于 1 000 个世代。(Darwin，1859)

A 至 L 代表同一属下的不同物种,在基线上的间隔表明它们在形态学上的相对相似性与差异性。A(以及其他物种)的变异后代通过发散的虚线来表示。水平线表示 1 000 或更多个世代。只有那些"在某些方面有用"的变异体才会被"保留或被自然选择"。随着从 A 发出的虚线到达各个水平线,带数字的小写字母代表的后代显示出多样性开始增加。这一过程以类似的步骤重复至 10 000 个世代(在图表的顶部显示总计最高 14 000 个世代),最终从 A 演化出 8 个不同的种,以 a^{14} 到 m^{14} 表示。与之类似,最后一行的物种 I 经过 14 000 个世代,进化成了 6 个物种。后代渐变导致产生了新的变异形式。达尔文认为物种 I 的 6 个后代现在可能构成了两个亚属甚至是属,而物种 A 的后代则可能可划归截然不同的属甚至是亚科。与之相反,达尔文同时还承认物种可能会没有变化或只有很小的变化。因此,在经过 14 000 个世代后,物种 F 并未进化出一系列不同后代。

达尔文设计这个图表的目的是强调进化是一个循序渐进的过程,其不仅仅包括后代渐变,还包括绝灭。祖先物种与中间阶段的物种都绝灭了。然而,达尔文意识到,如果不存在竞争,"子代与亲代"可以和平共处。《物种起源》中不少有说服力的段落都以哪些变异体是"赢家",而哪些又是"输家"作为主题。达尔文明确阐述了种群数量较小的稀有类型是最脆弱的(参见第 12 章)。

3.2　后达尔文主义对我们理解进化的贡献

自然选择进化论是现代生物学的核心,大量的文献资料对后达尔文时代的进展进行了说明。为给后续章节的内容提供背景知识,此处列述了一些与本书主题,即人类影响生境中的微进化与保护相关的一些重要概念。

3.3　细胞遗传学研究

自达尔文的著作出版以来,我们对遗传机制的了解有了很大进展。达尔文的自然选择理论是基于:存活下来并比其他生物有更多后代的生物通常会继承它们亲本的特性。在达尔文撰写《物种起源》的时代,流行的是混合遗传的观点。达尔文在《动物和植物在家养下的变异》(Darwin,1868)一书提出了自己的观点,即"泛生论"(pangenesis)。达尔文假设携带遗传信息的"胚芽"(gemules)在生物内部流动,但 Galton(1871)所进行的对不同颜色兔子进行的交叉输血的实验未能证实这一理论。达尔文自己也进行了一些关于植物的杂交实验,虽然部分实验表现出了遗传分离,但达尔文未能发现遗传原理(Whitehouse,1973)。

孟德尔(1866)进行了遗传学奠基性的关键实验。然而,直到 20 世纪初,这项研究的重要性才被生物学家重视。在纯系繁育植株之间的杂交实验中,孟德尔通过分析豌豆 7 种性状的遗传式样,提出了基于"微粒遗传因子"分离学说,Johannsen(1909)在之后称微粒遗传因子为"基因"。孟德尔依据因子的作用将其分为显性或隐性。在大多数细胞中,每个因子都有两个拷贝,而配子中只有一个因子。

在 20 世纪早期,人们开始意识到基因是在染色体上携带的。Sutton(1903)提出了遗传的染色体学说。这一理论在对黑腹果蝇(*Drosophila melanogaster*)的实验中得到了证实(Morgan,1910;Bridges,1914,1916)。在接下来的数十年中,细胞学观测以及杂交实验使得对特定染色体不同基因的线性次序作图成为可能(参见 Whitehouse,1973)。到 20 世纪 40 年代,细胞核中染色体上呈线性排列的基因携带特定遗传信息的观点被广泛接受。然而,那时对这些遗传物质的识别仍然是个未解之谜,而且有人推测,只有蛋白质分子的化学多样性才足以携带必要的信息(Schrödinger,1944)。

3.4 遗传信息的化学基础

虽然 Miescher 在 1869 年首次发现了脱氧核糖核酸(DNA),但是直到 20 世纪中期,人们才了解,这是生命的基本分子,在其序列结构中蕴含了遗传信息,指导细胞生长、分裂、分化并繁殖。由于其特性与可变性,DNA 同样也是进化过程的核心。

1953 年,Watson 和 Crick 在对 Wilkins 和 Franklin 以及其他人的研究结果进行分析后,推断 DNA 是由两个通过氢键连接的互补多核苷酸链组成的双螺旋结构,此结构的关键组分为 4 个碱基。通过特定氢键的作用,腺嘌呤(A)总是与胸腺嘧啶(T)配对[A-T],而鸟嘌呤(G)则总是与胞嘧啶(C)配对[G-C]。在复制时,DNA 的双螺旋解开,碱基基于特异键的作用[A-T 与 G-C]实现自我复制(图 3.2)。因此,碱基序列以及母链中的遗传信息通常得到保留,没有任何变动。但是,有时碱基序列中会出现突变(参见下文)。

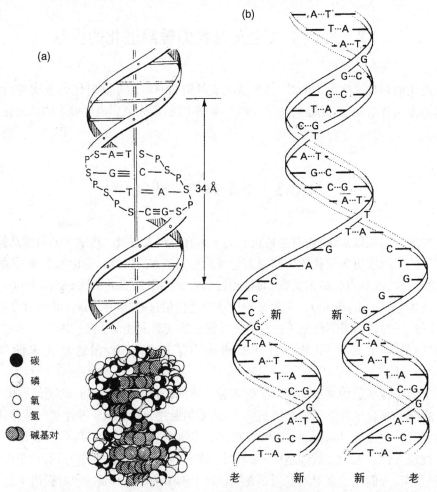

图 3.2 DNA 复制的结构与模式。(a) DNA 结构,显示互补链通过氢键结合到一起。腺嘌呤(A)总是与胸腺嘧啶(T)配对,而鸟嘌呤(G)则总是与胞嘧啶(C)配对。DNA 分子的骨架由磷酸(P)与脱氧核糖(S)构成。因此,DNA 分子是由很多被称为核苷酸的基本单位构成。每个核苷酸都由一个与脱氧核糖分子以及磷酸基连接的碱基构成。(源自 Briggs and Walters, 1997;Berry 之后, 1977)(b) DNA 复制(如 Watson 和 Crick 的建议)。互补链彼此分离以生成复制叉,每个都构成了互补子系链合成的模板。[源自 Watson J. D. (1965),《基因的分子生物学》;经 Addison Wesley Longman Publishers Inc.许可翻印]

DNA 是生物化学活动调节系统中的关键组分(图 3.3),其最重要的作用是将 DNA 中的信息转录至另一个核酸分子核糖核酸(RNA)中。RNA 转录(信使 RNA,mRNA)通过复制与 DNA 编码链上相同的碱基序列实现复制,只不过碱基胸腺嘧啶在 RNA 中被尿嘧啶替代。随后,mRNA 的核苷酸序列被翻译成蛋白质多肽链的氨基酸序列。携带氨基酸序列信息的遗传密码被从碱基序列上三个一组地读出来(参见图 3.4)。

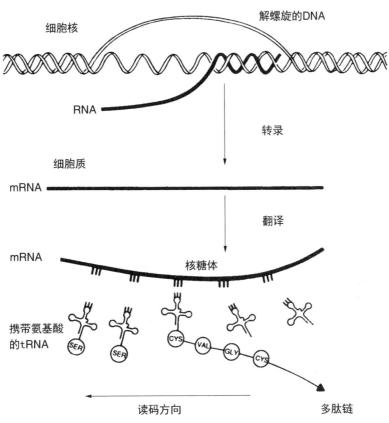

图 3.3　多肽生成中遗传信息的转录与翻译。DNA 上的编码信息被转录到 mRNA 上,信息的翻译在核膜外实现。当 mRNA 中的三联体密码子转换成 tRNA 中相应的反密码子时,氨基酸就组装成多肽。共计有 20 种此类 tRNA,每一种都携带有不同的氨基酸。〔源自 Crawford (1990),《植物分子系统学》;经 John Wiley and Sons, Inc. 许可翻印〕

3.5　基 因 突 变

虽然 DNA 分子可以被准确无误的复制,但也可能偶然发生突变。很多自然出现的氧化化学品与辐射源,如 X 光与紫外线等,则充当了诱变剂的角色(Sniegowski,2002)。

考虑到突变中所涉及的分子变化,DNA 的数量可能会增加,或序列可能会被改变。相对于亲本植物而言,DNA 突变序列可能会导致产生新的基因型,并且在个体发育过程中改变基因型与环境的交互作用,进而引起外观的变化(不同的表现型)。对突变体 DNA 碱基序列的调查表明,突变可能涉及一个或多个核苷酸序列的改动。研究发现,在某些突变体中,DNA 序列的变动可能会表现在一个或一组基因上,甚至涉及整个染色体的变化;部分涉及点突变、倒位或缺失的变化(如图 3.5 所示)。

第二位

第一位	U	C	A		第三位
U	UUU UUC Phe UUA UUG Leu	UCU UCC UCA UCG Ser	UAU UAC Tyr UAA UAG Stop	UGU UGC Cys UGA Stop UGG Trp	U C A G
C	CUU CUC CUA CUG Leu	CCU CCC CCA CCG Pro	CAU CAC His CAA CAG Gln	CGU CGC CGA CGG Arg	U C A G
A	AUU AUC Ile AUA AUG Met	ACU ACC ACA ACG Thr	AAU AAC Asn AAA AAG Lys	AGU AGC Ser AGA AGG Arg	U C A G
G	GUU GUC GUA GUG Val	GCU GCC GCA GCG Ala	GAU GAC Asp GAA GAG Glu	GGU GGC GGA GGG Gly	U C A G

图 3.4 遗传密码。所给出的三联体密码均为 RNA 的密码子,其为氨基酸组装成多肽提供模板。氨基酸使用 3 个字母的缩写表示,如 Met 代表蛋氨酸(Methionine),Val 代表缬氨酸(Valine)等。请注意,几乎所有的氨基酸都是由超过一个三联体密码子编码的。终止密码子标志特定蛋白质序列的结束。[源自 Kendrew (1994);经 Blackwell Publishing 许可翻印]

(a) 初始序列

..ATG GTG CTC AGC ATA GCT TAT AGC...
..Met Val Leu Ser Ile Ala Tyr Ser...

(b) 错义点突变

..ATG GTG **G**TC AGC ATA GCT TAT AGC...
..Met Val **Phe** Ser Ile Ala Tyr Ser...

(c) 插入导致移码突变并提前终止

..ATG GTG CTC AGC ATA GCT TA**T** TAG C...
..Met Val Leu Ser Ile Ala Tyr **STOP**

(d) 插入导致移码突变,形成改变的氨基酸序列且
提前终止

..ATG GTG C[**GA TAT CTC TGT GT**]T CAG CAT AGC TTA TAG C...
..Met Val **Arg Tyr Leu Cys Val** **Gln His Ser Leu STOP**

(e) 缺失导致移码突变

..ATG GT[G CTC AGC ATA G]CT TAT AGC...
..ATG **GTC TTA TAG C**...
..Met **Asp Leu STOP**

(f) 同义突变

..ATG GTG CT**A** AGC ATA GCT TAT AGC...
..Met Val Leu Ser Ile Ala Tyr Ser...

图 3.5 本图显示不同类型突变的效果。上面一行是三联体密码,第二行是对应的编码氨基酸。氨基酸使用 3 个字母的缩写表示,如 Met 代表蛋氨酸(Methionine),Val 代表缬氨酸(Valine)等。(a) 初始序列。(b) 由碱基替代而产生的点突变。(c—e) 由碱基插入或缺失而形成的移码突变。(f) 由于密码的冗余,碱基变化不引起氨基酸序列的变化,因此成为同义突变。[源自 Kendrew (1994);经 Blackwell Publishing 许可翻印]

3.6　染 色 体 变 化

突变有时会涉及含有线性 DNA 分子的染色体的变化(Cooke,1994;McVean,2002)。染色体的作用是通过有丝分裂将复制好的 DNA 传递到子细胞中。近年来,我们对染色体的了解取得了重大的进展。有证据表明,染色体存在分区的现象。例如,有些染色体可能部分或全部是异染色质,其中含有重复的 DNA 序列,即便含有基因,数量也极少。有缺陷的染色体分离可能会导致细胞中染色体的数目高于或低于正常值,也就是我们所称的非整倍性。

在进行变种或种比较时,核型研究可能会对我们有所启发,包括有些分裂中期染色体数目、形状、大小以及使用荧光着色剂姬姆萨和奎吖因显示的 G 带或 Q 带。

减数分裂是同源染色体配对,并进行交叉交换,进而形成单倍(n)体配子的过程。两个配子之间的融合还原了二倍体(2n)的染色体数目。通过研究相关植物的杂交种发现,通过减数分裂的配对行为导致的染色体结构的变化包括缺失、倒位与易位(图 3.6)。

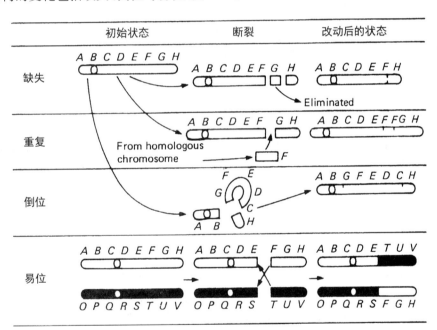

图 3.6　染色体断裂与重组形成的染色体的 4 种主要变化。[源自 Stebbins (1966);经 R. L. Stebbins 许可翻印]

此外,也可能产生染色体数目没有减少的配子,并导致产生具有超过两个完整的基因组的多倍体植物,此类植物在进化中的意义在下文中探讨。

3.7　植物种群的微进化

后达尔文时代的一系列进展为研究微进化带来新的视角,即"种群与物种生命周期内的遗传变异"(Pellmyr,2002,p.731)。Pellmyr 同时还指出,术语"宏进化"用于"描述物种及更高层面的分化式样,涉及关键创新性状的起源以及不同生物的物种形成速率",而"引起微进化的过程同样也可能对宏进化起作用"。

3.7.1　种群

在大部分情形下,术语"种群"意指在特定时间和地点某一物种的有机体的数目。然而,种群概念在变异研究中则相当不同,其意指"共享同一基因库的能进行交配繁殖的个体群"(Dobzansky,1935)。种群遗传学家将这类群体称为孟德尔或随机交配群体。这些种群是理论模型体系,其实际的范围在野外无从确定。最好的办法是检测成功实现受精的花粉的来源、其可能的目的地,以及种子与果实的传播式样。

3.7.2　基因流

基因流的概念指新的等位基因从某一种群传入其他种群的过程。在植物中,这包括通过风、水或动物而引起的花粉移动,或由于果实/种子散播而实现的个体迁移。

直到20世纪70年代,自然种群中的基因流才得以恰当研究。花粉在空气中广泛存在,而果实与种子有很多适合传播的性状。相关的研究结果支持基因流是广泛而有效的。然而,对花粉与基因流进行仔细研究的结果表明在农业与野生植物中的基因流受到很大的限制(Levin and Kerster,1974)。在这些实验中,人们对染色花粉的运动以及基因的行为进行了研究。正如下文所述,使用同工酶与DNA标记使我们对人类改变的生境中植物种群的基因流的了解大大增强。

3.7.3　基因流与种群结构

基于对基因流的研究建立起植物种群的一系列重要模型。首先,由于基因流是受限的,因此特定地理区域的植物物种是由大量的次级种群而非一个或多个在这一地区广泛分布的种群代表。这一结论来自多项对种群分化进行的理论与实验研究。由Wright(1951)设计的F统计被用于种群分化分析,其将总体遗传多样性区分为种群内部与之间的变异。F统计的理论框架以及估算方法不在本书的写作范围(参见Nei,1987;Excoffier,Smouse and Quattro,1992;Holsinger,Lewis and Dey,2002;Beebee and Rowe,2004)。Goodman(1997)与Beerli和Felsenstein(1999)提供了基于遗传标记进行F统计分析的相关计算程序的详细信息。

片断化种群的种群结构与基因流密切相关。其一个极端为"开放"种群,通过有效的花粉或种子流与其他种群联系,另一个极端则为"封闭"种群,无基因流出现,进而形成自我维持的隔离种群单元。为反映"野外"环境的复杂性,人们设计出一系列的模型,以研究从大陆种群向不同大小与形状岛屿的迁移。另一组模型则对"脚踏石"过程的迁移进行研究,在此模型中基因流只在相邻的两个种群中发生。

此外,Levins(1969)还提出了"集合种群"的概念,此概念用于描述"经历局部灭绝与再定殖"种群的空间结构(Whitlock and Michalakis,2002,p.725)。因此,相关物种可能在很多地点都有记录,但并非一直在这些地点出现。随着时间的流逝,其状态处于动态变化之中:局部灭绝伴随着源自邻近区域的再定殖过程。正如下文所述,集合种群模型得到了自然保护者的特别关注,因为其明确揭示了人类活动已经干扰并改变了先前连续的自然生境,只留下小块孤立的植被"碎片",而其中有很多稀有与濒危物种。

可以采用遗传标记来"推断"花粉粒与种子(有时为植物营养繁殖体)在种群内部与之间的移动;同样可以运用F统计来估算迁移率,因为该统计值与种群规模以及基因流水平密切相关(Sork et al.,1999)。然而,需要强调的是,这些对迁移率的估算值仅反映由具有共同祖先的个体之间的基因流所导致的历史进化速率(Steinberg and Jordon,1998),并不指示当前的基因流。

3.7.4　种群内的偶然效应

自然选择对种群的变异性有着非常深远的影响。然而,这并非需要考虑的唯一因素,偶然性也可能是重要的因素之一。植物与动物种群,尤其是小种群,经常会出现基因漂变的进程。在这一进程中,等位基因频率可能会意外地升高(Wright,1931)。这一过程可以使用带不同颜色的球的大样本来形象表示。从此种群中,随机采集一个小样本。相对于初始频率,较小样本中不同颜色的球出现的频率可能并没有代表性。如果随后将小样本扩充至初始数目,同时保持新的颜色频率并再次采集小样本,则可能出现另一个意外的频率变化。重复采样可能会导致某一颜色的球彻底消失,而其他颜色则固定或相对固定。这一简单模型显示了取样误差对等位基因频率的影响,并由此导致植物与动物小种群中的遗传变化。

在我们所称的瓶颈效应中,当较大的种群被削减为较小种群时,偶然效应通常起着相当重要的作用(图 3.7)。由于遗传漂变,基因频率可能会发生变化。稀有等位基因可能会变得更为常见,然而也有一些等位基因可能会丢失。在濒危物种日渐萎缩的种群中,变异性的丧失是自然资源保护者的一个关注焦点。然而,研究漂变很多困难,因为其主要涉及对那些假设不适应的选择性中性性状的调查。事实上,对任何性状做出不适应的判断都是困难的,漂变的效应不能孤立于自然选择之外探讨。

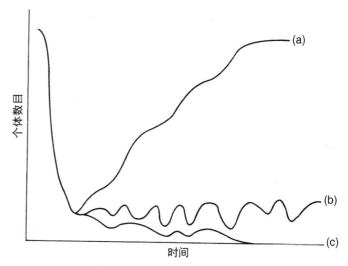

图 3.7　种群数目严重衰退的效应(瓶颈效应)。(a) 数量恢复:新的种群在表型上可能与原种群无异,然而有些遗传变异性可能会丧失;(b) 数目没有恢复;(c) 灭绝。[源自 Briggs 和 Walters (1997);经剑桥大学出版社许可翻印]

另外一个偶然作用的重要例子是"奠基者效应",即由一个或数个个体发展成一个新的种群。在长距离传播的情况下,新形成的种群可能距亲本种群较远,这些新的种群可能缺乏源种群的遗传变异性。

3.7.5　自然种群的稳定性

达尔文在其关于自然选择的概念中,提出了成年种群通常在数量上比较稳定的观点。但目前无论是在动物还是植物中,都有大量的证据表明自然种群并不稳定。实际上,它们可能会因气候因素、演替动态、病虫害、外来种引入等因素的作用,出现显著的波动。虽然仅在此处简单提及,但这一观点有非常重要的意义。自然或人类影响下的种群可能会在个体数量上锐减,有些种群可以从瓶颈效应中恢复,有些则无能为力。

3.7.6　动物与植物的相互作用

在《物种起源》中,达尔文提出了一系列动物与植物之间相互作用的例子。例如,他展示了在用苜蓿进行的研究中发现的一系列交互作用(Darwin,1901,p.53):

有几种三叶草(clover)必须依靠蜂类的访问完成受精……被遮盖起来的(红三叶草)头状花序不结一粒种子……只有土蜂才访红三叶草,因为别的蜂类都不能触到它的蜜腺……不同地方土蜂的数量是由田鼠的多少决定的,因为田鼠毁灭它们的蜜房和蜂窝。至于鼠的数量,众所周知,大部分是由猫的数量来决定的。因此,完全可以相信,如果一处地方有较多的猫类动物,那么经历与鼠再与蜂的相互作用,就可以决定那地区内花的多少!

达尔文的朋友 Thomas Henry Huxley(1906,p.244)认为此处还应该考虑"老处女"的因素,因为她们喜欢养猫。

生态学家总是对有机体之间的交互作用着迷,他们对野外所发现的食物链与食物网进行了详尽的研究,并对授粉、种子与果实的传播中植物/动物的相互作用,以及害虫、疾病与捕食性天敌的作用、各种互惠共生现象等进行了考察。正如下文章节所述,这些各种各样的交互作用是良好运转的群落的重要组成部分。有些成员之间的交互有着机会主义的因素,但其他的密切关系则是协同进化的产物。Thompson(2002,p.178)将协同进化表述如下:

> 受自然选择的驱使,相互作用的物种之间的互惠进化过程,包括发生在很多植物与其传粉者之间、捕食性天敌及被捕食者之间、寄生物与宿主之间的重要相互适应。协同进化将物种联系到一起,构成了地球上生命的基本结构。协同进化过程的一个主要结果是,大部分物种只特异地与少数其他物种进行相互作用。

3.8 植物不同于动物

微进化与自然保护理论及实践的进展在很大程度上来自对动物的研究。需要强调的是,植物与动物有着很大的不同。陆生植物通常都会植根在土壤中,即使环境变得不适宜、有害或受到污染等,它们也无法自行移动到别处。植物无法通过移动摆脱害虫与捕食动物,只能采用防御机制,包括物理防御(尖刺、刺毛等)和(或)化学防御。

植物有很多不同的生活型和生长习性。它们可能为一年生、二年生、多年生,短命或长寿。植物较之动物有着更强的表型变异型,这与它们的发育方式密切相关。因此,相比一棵长着两个树干的大树而言,一只长有两个脑袋的狗更加稀奇。很多植物都具有克隆性,它们通过营养繁殖进行扩张。除非出现突变,这些植物在遗传上是一致的。营养繁殖的范围与结果存在显著的种间差异。某些草本物种能通过地下(如根状茎)或地上(如匍匐茎)结构快速扩张。即便是大片的个体也表现得像一个植株。如果营养生长的联系被破坏,则形成分离的个体群。某些树木与灌木物种也能产生大块的无性繁殖斑块,如某些榆属(*Ulmus*)物种。很多水生植物都是无性繁殖,通常是正在生长的植物最终"分裂",其子植物随水流而继续单独存活。

克隆繁殖为在实验条件下研究植物表型可塑性提供了有效的手段。通过克隆繁殖产生的同一基因型的个体被用于不同生长条件的处理,结果显示高度、叶长等营养器官特性比花的特性具有更强的表型可塑性。此外,同一基因型在不同条件下所产生的种子/果实的大小与数量也可能有显著的不同。

在繁殖过程中,花粉通过风或水或者动物在植物之间传递。有性生殖的产物,种子/果实也由同样的媒介进行传播。在利用动物授粉或传播果实和种子的过程中,植物可能会向动物提供一些"奖励"或"假装"进行奖励来吸引动物。

在高等动物中,有着性别的区分,即雄性与雌性。与之相反,相对较少的显花植物为雌雄异体,大部分植物都为雌雄同体,即同时具有雄性与雌性的结构。此类植物利用不同的花结构以及时间/空间机制促进远交(基因型不同的个体之间的交配),而不是近交(自交或高度相关的个体的交配)。异交种反复进行近交会导致近交退化。连续的自体受精将产生纯系,在数个世代之后将出现缺乏活力或生育力虚弱的植物。将无关的植物进行杂交可以保存植物的活力与生育力,也就是我们所说的杂交优势。

植物具有多种多样的繁殖系统,但很多种群遗传学模型中假定的随机交配情形不一定存在。植物中存在 3 种不同的繁殖模式(Richards,1997)。

1) 部分植物依靠其遗传自交不亲和性系统自交不育。因此,不是所有个体都能与种群中的所有其他个体交配繁殖。自交不亲和等位基因是决定花粉与花柱自交不亲和性反应的关键因子。

2) 有些物种为自交可育,有时在密闭的结构中生成种子,如闭花受精的花。

3) 在其他植物中,繁殖可能通过无融合生殖实现,即没有受精作用,有性过程全部或部分缺失了。被称为无融合结籽的植物能产生正常的种子,但没有有性融合的过程。除非发生突变,它们的后代与亲本具有同样的基因型。在其他情形下,繁殖可能不通过种子实现:有些植物能进行营养繁殖,例如通过珠芽等方式。某些权威人士将这种繁殖方式称为营养性的无融合生殖。

对自然界植物的研究表明,很多物种在繁殖中采用不止一种前文所述的 3 种模式。显然,面临同质化的风险,植物有能力创造变异性,同时也可以几乎忠实地复制自己原有的基因型。例如,下述组合曾经被报道:雌雄分离(专性远交)+营养繁殖;远交+偶然的自体受精;不同比例自交与远交的混合繁殖;兼性无融合生殖(种子的生产同时包括无融合生殖与有性生殖)。

最后,植物与动物之间存在一系列其他的重要差异。首先,部分植物物种,包括农田中的很多杂草,在土壤中都有持久且生命力顽强的种子库。Thompson 和 Grime(1979)以及 Vighi 和 Funari(1995)发现了短暂种子库与持久种子库之间的区别。在短暂种子库中,种子的存活时间不会超过一年,而"新"的种子则在每个繁殖周期末进入种子库。相反,持久种子库中的种子在发芽前可以在土壤中存活两年甚至更长的时间。其次,某些物种在土壤中有大量以鳞茎或球茎中休眠分生组织以及根茎上的芽等形式存在的"芽库"(Harper,1977)。第三,在植物中种间杂交很常见;与高等动物相比,多倍性的发生概率也要高得多(物种有三个、四个或更多的染色体组,不同于二倍体中的两个染色体组)(Briggs and Walters,1997)。

3.9　自然选择的不同模式

根据我们目前对微进化的理解,进化生物学家发现对自然选择的模式进行区分是非常有帮助的,其中两种或全部 3 种模式可能同时发生(图 3.8)。不同的研究人员给出了不同的"术语":同义词使用小括号表述。下文主要介绍 Rieger 等(1968,p.398)的观点,并参照 Mather(1953)的术语进行整理。

1) 在稳定(向心、规范)选择中,种群中具有选择优势的遗传性变异类型被反复选择保留,伴随着周边其他变异类型被清除。"在已经达到高度适应的种群与稳定环境中,一些已经证明有适应性的基因型会在世代相传中得到保留。稳定选择并不会导致进化变化,但是却可以保持适应的现状。"

2) 如果环境中出现渐进的变化,则定向(渐进、线性、动态)选择可能会对某些特别的变异体有利,并导致基因频率的系统变动,进而形成或改变适应状态。

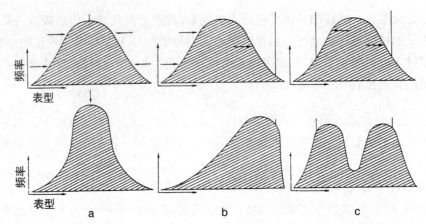

图 3.8 种群内的选择模式：(a) 稳定选择；(b) 定向选择；(c) 歧化选择(水平箭头显示选择的方向，下方的曲线表示种群对新的选择压力作出回应后出现的新变异类型)。[根据 Mather (1948)；源自 Rieger 等(1968)；已获施普林格科学与商业媒体的特别许可]

3) 在歧化(离心)选择中，会对占据异质环境的种群中多于一个的变异类型进行同时选择。例如，在某地点有两个彼此为邻的截然不同的生境类型，歧化选择作用于具有多态性的种群，结果导致各个生境都被不同的最佳适应基因型所占据。

3.10 r 与 K 选择

认识生态系统的动态特性并留意其持续演变，从裸地、到开放水域再到森林等，对于我们而言是尤为重要的。在考虑植物在开放性与封闭性生境中如何分配其能量与时间资源时，发现有两种不同的响应特性。这两种响应都涉及前文所述的主要选择类型(Harper，1977，p.760)。

3.10.1 r 选择

在被人类活动干预的开放生境中，大量的裸地可供植物生长。这种裸地在人类影响的景观中非常常见，从可耕地到废料堆以及过度放牧的区域。Harper 总结道：

> 在种群崩溃后的恢复阶段或由新物种入侵而导致的种群增长阶段，根据定义，个体不受邻近物种以及同种其他个体干扰。在种群增长阶段，选择能为下一代贡献最多后代的首要力量是其生殖力，而生殖力的效果因早熟而增加(前提是这些特性一代代传承下去)。

但也可能"选择分配更多资源给种子生产"或"不给竞争力相关属性额外资源"。

3.10.2 K 选择

然而，当生境慢慢被植物占据时，情况就开始发生变化。Harper(1977，p.760)评论道：

> 增长的种群可能会达到其中的个体相互干预的密度，随之而来的"生存竞争"为自然选择过程贡献了一个特殊元素，某一个体的后代是否可以存活，取决于其可以从竞争者那里获得的必要资源的份额。在这种情况下，与那些提升侵略性的因素(如高度、多年生或快速恢复株冠、大而少的种子等)相比，早熟性与强生殖力相对而言则不那么重要。在密集的群落里，在种内与种间的争斗中，生命周期长、幼年期持续时间长以获得竞争优势的个体更容易胜出。

木本和克隆生活方法具有选择优势。随着竞争的加剧,"生存竞争"不再青睐那些生殖力旺盛但生命短暂的植物,那些有着自私且保守的生长策略的植物则更容易生存。

3.11　适　合　度

对与自然选择相关联的术语进行定义是重要的。首先,选择优势可以定义为"某种基因型与另外一种显示出'选择劣势'且生产较少数目的可存活后代的基因型相比,在生存竞争中所体现出的优势"(Rieger et al., 1968, p.409)。适合度是"对特定基因型与种群中其他基因型相比的优势的度量,反映此基因型在下一代中更高的出现频率"(Kendrew, 1994, p.377)。Jones(1999, p.82)评论道:"进化论是一场两个科目的考试。要想成功就必须同时通过这两个科目。第一个科目的要求是存活足够长的时间,以便有机会繁殖后代。而第二个科目的要求则与后代的数目相关。"然而,Harper(1977, p.649)强调适合度不是对子代数量的衡量,而是对后代数量的衡量。因此,Harper 写道:

> 自然选择作用于种群中的个体,倾向于保留那些在下一代中贡献最多的个体与基因型。这一过程中导致贡献最多后代的类型的数量相较于其他类型个体的数量无情地增加。此处的关键词是后代——亲本对其后代的贡献。能产生大量子代的有机体不一定能留下大量的后代。

为了对选择进行定量测量,可以对选择因数(s)进行计算。即:

> 与标准基因型相比,特殊基因型的配子贡献率按比例降低,通常是最具有优势的。设具有选择优势的基因型的贡献值为 1,则选择淘汰基因型的贡献值则为 $(1-s)$。这表示了某一基因型相对于其他基因型的适合度(Rieger et al., 1968, p.400)。

3.12　选择的中性学说

在后达尔文时代,自然选择研究的一个新兴领域是有关在分子水平发生的事情。有关研究从根本上改变了我们对选择、种群变异性及其意义的认识(Kimura, 1983)。酶是 DNA 转录与翻译的产物。对组织提取物中酶的迁移性进行电泳分析表明,在种群中同一种酶可能有几种不同的形式,表现出较高水平的遗传多态性。这些观察结果出乎人们的预料。传统认为新等位基因可能通过突变产生,可能存在某种程度的变异性。通常假定最适合的等位基因将会被选择。然而,Kimura 认为,就选择而言,物种内大部分的变异性以及大部分的氨基酸变化都是中性的。不同等位基因(导致在电泳研究中产生不同酶变异体)对个体繁殖成功与否影响不大,甚至完全没有影响。此情形的示例参见下文。酶的代谢活性中心、彼此有一定间隔的两个氨基酸是必备的要素,然而从适合度角度看,这两个氨基酸之间是哪些氨基酸并不重要。换句话说,对于蛋白质活动而言,间隔序列是必不可少的;但是对于选择而言,哪个氨基酸填充此空隙并不重要(Alvarez-Valin, 2002)。

针对不同种群以及大量物种 DNA 变异性的研究为中性学说提供了支持。其意味着遗传密码中只有一小部分编码真正有功能的分子。此外,由于调控序列的存在,DNA 序列的其他部分似乎没有可以辨别的功能。在大量有机体的基因组中,存在大量寄生或自私的、聚合或分散的重复 DNA 序列。因此,中性进化模型认为物种之间以及种群之间的遗传差异大部分是由于对个体成功繁殖没有作用或基本没有作用的突变 DNA 序列的意外累积(Dover,1998)。由于中性突变以恒定的速率累积,其速度仅与恒定的突变率相关,因此这种累积过程被形容为"分子钟"。中性学说在进化学说中引起很大争论,尽管大家一致认为,随机因素与自然选择对于进化而言是重要的。目前对各种力量的相对贡献程度看法并不一致(Alvarez-Valin,2002,p.821)。

近来,对分子进化中性学说的批判性分析愈加激烈。目前有观点认为,那些以前认为的"垃圾DNA"并非完全不编码或没有功能,它们可能在细胞活动中发挥作用(Greally,2007)。这些研究来自对果蝇(*Drosophila*)的调查(例如,参见 Kondrashov,2005)以及人类基因组 ENCODE 试验项目(Birney *et al.*,2007),在本书中就不再赘述。

另一个引起进化论者浓厚兴趣的观点来自分子生物学的研究。DNA 有许多重复的片段。如果只存在一个拷贝,则突变可能是致命的;但如果还存在另外一个未受影响的拷贝,则突变可以是中性的。当一个拷贝的 DNA 序列关键部分"保持不变",以保证功能稳定性时,赋予其他重复拷贝在后续进化中分化出新功能的可能性。随着时间的推移,后代谱系会发生分化,也就是达尔文所说的"后代渐变"(descent with modification)。

3.13 后达尔文主义物种形成模型

正如我们所见,达尔文认为物种形成是一个渐进的过程而非一个骤变的过程。他认为,新物种的产生可能伴随亲本以及中间世代的灭亡。但是,如果亲本与亲本物种不存在彼此竞争,则可以在同一区域内共存。此外,由于来自大陆的长途散播,岛屿上同样也可能出现新的物种。例如,在乘贝格尔号的航行中,达尔文收集了嘲鸫(*Mimus*)的标本。著名鸟类学家 John Gould 对达尔文的标本进行研究,指出在加拉帕哥斯群岛的 3 个岛屿上,每个岛屿上都存在一个不同的物种。达尔文意识到,来自南美大陆的一个物种已经衍生出了 3 个子系物种(Mayr,1991,pp.5,22)。

在达尔文看来,衍生的物种可能会在与其亲本相同的区域产生并共存,即同域的。这导致达尔文与自然学家 Moritz Wagner(1868,1889)的激烈争论。后者坚持认为地理隔离对于物种形成是必要的。"不幸的是,Wanger 还糊涂地坚持,除非种群被隔离,自然选择不会起作用。"(Mayr,1991,p.33)

从一个共同祖先地理上隔绝的亚群分化成新种被认为是很多有机体物种形成的主要形式(Levin,2000)。在这个称为异域物种形成的模式中,地理隔离减少或阻止了杂种繁殖。分割的种群独立进化,并通过形成地理宗逐渐分化,最终通过隔离机制的进化形成新的物种。这一概念在 20 世纪 30 年代由 Dobzansky 提出,并随后被动物学家 Mayr(1942,1963)推广。

在这过程中有一系列的要点。在自 18 世纪以来的栽培实验中,我们得到了很多树木物种存在不同地理宗的证据(参见 Briggs and Walters,1997)。此外,在栽培实验中,Turesson(1930,以及本书前文所引用的论文)发现欧洲广泛分布的很多草本植物也都有不同的宗,他称之为生态型;在不同地区采集的样本中存在气候生态型差异,而在不同土壤上生长的种群中则存在土壤生态型差异。这些经典的研究激发了其他研究人员对树木(产地试验)和同质园实验中草本植物区域性变异体的形态学与生理学稳定性以及其他方面进行验证。毫无争议,最著名的是 Claisen 与其同事进行的大规模移植和细胞分类学研究。他们在加利福尼亚州对一系列物种的品种进行试验,例如腺毛委陵菜(*Potentilla glandulosa*)与蓍属(*Achillea*)物种(参见 Clausen,1951)。这些试验确定了地理(地方)宗形成的重要性,Turesson 称之为生态型分化。不同地理(地方)宗的界限及其特性引起了很多研究人员的兴趣,或许非常清晰的宗的证据只存在于某些情形下。由于多数种群分布在相当复杂的气候与土壤条件下,其形式比我们所发现的要复杂得多(Briggs and Walters，1997)。

3.14　渐进物种形成

在地理物种形成的模型中,长时间的连续隔绝使得独立进化成为可能。如果来自同一祖先(A)的衍生后代 A1 与 A2 重新占据了同一地区,则会发现它们已产生明显的遗传分化和生殖隔离,分化成两个来自同一祖先的衍生种。(在此我们是基于生物学种的概念,其他的物种概念将在第 6 章中探究。)

根据模型预测,在隔离进化过程中发生的遗传变异可能会导致杂交的合子前屏障。当来自同一祖先的长期隔离种群重新被放在一起时这一点就很明显。衍生种的交配(合子前)屏障可能是因为它们在一天中的不同时间或不同季节性成熟、占据不同的生态位、或与不同传粉者共同进化形成不同的花型。两个长期在地理上隔离的衍生种相遇时也可能检测到合子后隔离机制。由于遗传变化可能涉及染色体重构,因此无法形成杂种。或者可能会出现杂种,但随后或在 F$_1$、F$_2$ 等后续世代会表现不活性或杂种弱势。通常而言,生物物种被超过一种隔离机制分隔。此外,"杂交所面临的屏障并非同时出现的,如果要使杂交有效果,就必须克服一系列的阻力"(Briggs and Walters，1997，p.261)。

3.15　物种形成与奠基者效应

1940 年,Mayr 提出了地理物种形成的另一个重要因素,他称之为"奠基者原理",并将其与协同适应的基因综合体概念联系到一起。一个小的亚群(一两个或极少的个体)可能会被偶然隔离,由于取样误差,其与亲本种群相比只含有很少的遗传变异。这个新的小种群个体数量随后可能增加,并可能从因突变而扩张的奠基性基因子集中产生新的相互适应的基因综合体。实验与观察已经证明了一个或少量的奠基者长距离散播的重要性,尤其对于岛屿植物区系的发展而言(Levin，2000)。分子技术的发展也可能会使得对 Mayr 所设想的相互适应综合体的概念的验证成为可能。

鉴于隔离机制概念的当前状况,尤须注意的是,有些生物学家发现"机制"的概念包含了自然选择和遗传漂变很多不同的副产品,或许暗示着物种形成本质上不同于地理宗品种与亚种的形成,因此存在误导性。实验主义者仍热衷于这一领域的研究,但已转向对交配选择、杂种不活性等进行详细研究。

地理物种形成的过程表明,源自同一祖先的隔离种群终将步入发展成新物种的道路。然而,这个观点是不正确的。在环境变化的时期,如冰川作用或人类活动等,端始种可能会在进化的任何时期相遇,而已经出现的差别可能会消失。因此,在一段时间的隔离之后,同一物种的不同地理(地方)宗再次相遇时可能会自由杂交。长期隔绝的衍生种群可能会发展出部分隔离的机制,这些隔离机制可能会被强化,也可能会被瓦解(Turelli，Barton and Coyne，2001)。

强化是目前尚未被充分研究但值得探讨的可能性。可以使用一个简单的模型描述可能在植物中出现的情形。从共同的祖先(A)开始,两个长时期隔离的后裔(A1 与 A2)有共同的传粉者,但却有不同且交叠的花期,它们之间的杂种不育。A1 的花期从四月到五月;而 A2 的花期从五月到六月。在四月开花的 A1个体与在六月开花的 A2 个体不可能产生 A1/A2 或 A2/A1 杂种,但有潜力产生生育的后代。相反,在重叠花期所形成的 A1×A2 与 A2×A1 杂交则会产生不育的后代。因此,在下一代中,只出现早花的 A1 和晚花的 A2 的后代。当两个衍生种开始占据同一领地时,A1 与 A2 之间不完善的合子前隔离机制开始增强。这一理论模型已经得到了实验验证,并且在对玉米等的研究中得到了支持(Paterniani，1969)。

3.16 渐 渗 杂 交

经过一段时间的地理隔离,当来自共同祖先的后裔重新接触时,隔离机制有可能强化。但如果隔离机制发展得并不完整,且衍生种 A1 与 A2 处于复杂的生态环境中,它们之间存在的"遗传隔离"可能会通过杂交被暂时或者永久打破。Anderson(1949)推测这种可能性最可能发生在类似于由于冰期或人类活动的影响而形成的"杂交性"生境中(即生态系统发生动荡,一系列的不同生境正在/已经形成),在这种复杂的生态系统中,不仅仅是亲本,杂交后代也可能有选择优势。连续的杂交可能会形成杂种群,并通过回交,使某一衍生种的基因通过"渐渗杂交"的过程转移到另一个衍生种中。在隔离机制强化的情况下,两个衍生种作为独立的种共存:升级进化仍继续进行。在形成杂种群和渐渗现象下,可能出现暂时的或长期的隔离机制打破的情况:导致衍生种产生一定程度差异的物种形成过程被"降级"事件推翻。

3.17 同域物种形成

达尔文的模型是建立在其有关新物种的进化是基于细微遗传变化的缓慢积累这一思想基础之上的。现在有充分的证据表明,通过多倍化过程,在植物中发生同域物种形成过程的现象非常普遍。数年以前,Goldblatt(1980)预计至少有 70% 的单叶子植物为多倍体,而在双子叶植物中这一数字甚至更高,为 70%～80%(Lewis,1980)。这一结论的依据是染色体的数目,这一数目在很多属中都是一个最小值或基数的简单倍数。然而,某些属并没有低倍数基数的代表,现存物种只有较高倍性的染色体数目,它们被认为来源于古老的多倍体。例如,蕨类植物瓶尔小草(*Ophioglossum reticulatum*)2n = 1 440,人们认为其为 96 倍体。在有些显花植物中,也出现了相当高的染色体数目:双子叶植物木樨景天(*Sedum suaveolens*)2n = 640,大约是 80 倍体;而单子叶植物 *Voaniola gerardii* 2n = 596,大约为 50 倍体。很多其他的多倍体群含有多倍体系列中的每一种倍性,其中部分有可能是新近起源的。它们有可能在第四纪的气候骤变中发生了进化,只有那些能适应原地变化的环境或有能力"迁徙"到更适合自己的区域的物种才能存活下来。由于植物分布随着重复的气候扰动而变化,新的多倍体形成导致原来在异域环境中进化的物种变为同域分布。

近来对基因序列的分子研究提供了很多关于多倍性的新的认识,颠覆了我们对植物进化中多倍体频率与重要性的理解(Paterson *et al.*,2005)。对此,Soltis(2005)评论道,"近期基因组研究最令人吃惊的一项结果就是多倍体的普遍性。拟南芥(*Arabidopsis*)的小基因组可能是数轮多倍化过程衍生的产物(Vision,Brown and Tanksley,2000;Bowers *et al.*,2003)。稻(*Oryza*)也具有古老的重复基因组(Wang *et al.*,2005)"。这些发现迫使我们"接受所有的被子植物(甚至所有植物)都可能在某种程度上是多倍体这一观点"。

3.18 多倍性的细胞遗传学

在二倍体植物中有两个同源染色体组,由单倍体雄配子与雌配子结合形成,即 A＋A 配子融合形成 AA 二倍体,并随后生成配子 A。通过体细胞错分裂,或者由减数(A)与未减数配子(AA)融合生成同源三倍体(AAA)。同源四倍体(AAAA)或含有更多同源染色体组的多倍体同样也由未减数配子的融合生成。

在种间杂交之后,可能产生异源多倍体,即含有来自不同物种或属双倍染色体组(或更高倍数)的多倍体。基因组为 AA 与 BB 的二倍体可以生成多倍体 AABB。为进一步说明,图 3.9 显示了从一系列二倍体亲本中衍生的同源多倍体与异源多倍体。

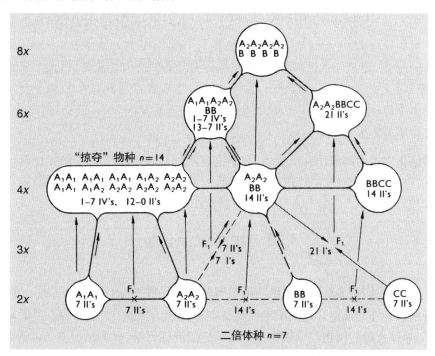

图 3.9　本图显示一个典型的多倍体复合体以及通过杂交和多倍化进化的不同途径。基因组使用 AA、BB 等字母表达,减数分裂时染色体的结合方式使用罗马数字表达,如未配对染色体——单价体使用"Ⅰ"表示,配对染色体——二价体使用"Ⅱ"表示,而 4 个染色体的结合——四价体则用"Ⅳ"表示。[源自 Stebbins (1971);经 R. L. Stebbins 许可翻印]

多倍体后裔实际上是新的物种,因为它们与其二倍体亲本是生殖隔离的。例如,二倍体物种 AA 与 BB 可以生成可繁殖的多倍体物种 AABB,此物种可进行正常的减数分裂染色体配对(A 基因组的染色体有配对对象,B 基因组也是如此)。将 AABB 与 AA 杂交产生三倍体 AAB;将 AABB 与 BB 杂交则产生三倍体 ABB。由于体内都有 3 组同源染色体,因此这些三倍体都是不育的。3 个同源染色体无法像二倍体那样正常配对,三倍体减数分裂过程中染色体配对都不正常。图 3.9 示通过染色体配对表达的多倍体复合体成员的基因组关系。

框 3.1　多倍体与近交衰退

　　Briggs 和 Walters(1997)对这一观点进行了探讨。他们指出:"在杂合的二倍体中,显性等位基因通常会掩蔽那些在纯合状态不利的隐形等位基因。"(p.143)他们还表明(p.341),反复自交会导致纯合的后代以及近交衰退……在基因型为 Aa 的二倍体植物中,自交所产生的后代的孟德尔比为 1AA∶2Aa∶1aa;其中 50% 的后代为纯合子。在基因型为 AAaa 的四倍体植物中,等位基因位于不同染色体上靠近着丝点的位置,4 条同源染色体随机配对分离,自交过程中的分离的比例为:

　　1/36 AAAA∶*8/36 AAAa*∶*18/36 AAaa*∶*8/36 Aaaa*∶*1/36 aaaa.*

　　依照孟德尔法则进行分离,但比率不同,只产出 1/18 的纯合后代;94.4% 为不同基因型的杂合子。可以构建自交持续数个世代且基因型频率不受选择影响的模型。可以发现,为了将最初全部杂合的种群中杂合子的比例降低至小于 1%,如果是二倍体,需要 7 代;如果是四倍体,则需要 27 代。

3.19　多倍体的成功

Soltis 和 Soltis(2000)对促进多倍体成功的属性进行了分析。他们得出结论:

　　基于有限数目的研究…… ① 在个体与种群水平,与二倍体祖先相比,多倍体都保持了较高的杂合性…… ② 与二倍体亲本相比,多倍体呈现出更少的近交衰退,因此可以耐受较高的自交水平(框 3.1 对此进行了分析)…… ③ 多数多倍体物种都是多系的,是从遗传学特性不同的二倍体亲本多次独立发生的…… ④ 基因组重排可能是多倍体的一个共同属性…… ⑤ 有些类群的植物可能是古多倍体。

除了通过多倍化实现的同域物种形成外,有证据表明同域物种形成也可能在染色体数目不发生变化的情况下出现。这些证据我们在下文中进行探讨。

3.20　化石记录证据

在后达尔文时代,我们很多对物种灭绝与形成理解的进展都来自对化石的研究。在化石记录中,我们可以找到集群绝灭事件的证据。大规模绝灭也是本书关注的焦点之一,因为人类活动对环境造成了从未有过的破坏,导致大量的植物与动物物种走向灭绝或濒临灭绝,很多保护主义者认为我们目前正处于另外一次集群绝灭事件中。此外,物种形成是否像达尔文所述,是一个连续渐变的过程? 是否在快速的物种形成时期中间穿插着长期变化不大的时期? 学术界对此一直争论不休。如果要对人类的影响进行恰当的评估,就有必要了解物种自然形成与灭绝的背景速率以及它们是连续渐进的还是骤变的。

3.21　集 群 绝 灭

在分析化石记录中集群绝灭的证据时,首先要明确这些证据大部分都是来自对动物的研究。Raup(1991)报告了化石记录中海洋无脊椎动物绝灭速率的研究结果。在大部分时间里,灭绝速率较低。但是,有证据表明在 4.43 亿年、3.64 亿年、2.48 亿年、2.06 亿年与 6 500 万年前发生了 5 次大规模的灭绝(MYA:数据源自 Willis and McElwain,2002,p.233),这些灭绝对脊椎动物与植物种群产生了扰动(参见下文)。每一次集群绝灭在细节上各不相同。最严重的一次集群绝灭事件发生在大约 2.48 亿年前二叠纪与三叠纪交替的时间。从化石记录上看,很多动物从地球上消失,包括"高达 90% 的骨骼化海洋无脊椎动物以及 54% 的全部海洋家族成员"(Willis and McElwain,2002,p.33)。

最近的一次集群绝灭发生在白垩纪与第三纪更替时(6 500 万年前),包括非鸟类恐龙的灭绝。Archibald(1997)指出,关于恐龙灭绝的理论高达 80 种之多,包括一些异想天开的说法(火星人将恐龙劫走而导致灭绝)以及一些目前无法考证的推测(由于瘟疫而死亡)。其他假说则推测与火山强烈爆发、海侵和(或)大气中氧气的减少等事件相关。然而,Alvarez 等(1980)提出,恐龙的灭绝是小行星撞击地球的结果,人们在墨西哥尤卡坦半岛的"希克苏鲁伯"(Chicxulub)发现了大小和年代与此相符的陨石坑,同时还有数个"灭绝情景"被提出(Hallam,2002),包括在小行星撞击地球后,引起了大范围的野火;

大量的烟尘阻挡了太阳能到达陆地与水域,进而减少了光合作用;沉积碳酸盐中大量二氧化碳释放导致大气中热量的保留,也就是温室效应;同时,可能从沉积的石膏矿床中释放出二氧化硫增加了大气中硫酸的含量,并导致了破坏性的酸雨。

关于 6 500 万年前的那次集群绝灭,很多科学家都认可行星撞击地球的理论。但是,在行星撞击地球之后,究竟发生了怎样的环境变化?火山以及海侵等其他因素的作用如何?这些问题目前仍处于激烈的争论中(参见 Glut,2000)。

在分析其他 4 次集群绝灭的原因时,有学者认为每一次都有一个外星物体降落到地球表面(参见 Raup,1991;Glen,1994)。然而,有证据表明,小行星的撞击并不都会引起大规模的灭绝。二叠纪的集群绝灭就没有行星撞击的证据,反而有大量异常火山活动的证据。科学家与非科学家们仍然对集群绝灭的原因和程度争论不止(Hallam,2002,以及引用的文献)。但在这些争论中通常都忽略了一个问题,即植物是否存在与动物一致的集群绝灭现象?Willis 和 McElwain(2002,p.236)近来对相关证据进行了详细的研究,得出结论称:“与动物的集群绝灭相比,植物化石记录中并没有明显的绝灭高峰期。”

3.22　间断平衡论

让我们将话题转到物种形成的速度与周期性上,Gould 和 Eldredge(1977,1993)对达尔文的“种系渐变论”提出了质疑,并提出了“间断平衡论”模型。该模型包含长时间没有或几乎没有变化的时期(静态平衡)以及物种数目发生快速变化的时期。

近期一份有关 58 个研究的综述得出结论:“古生物学证据压倒性地支持了这样一个观点,即物种形成有时是逐渐的过程,有时则是骤变的,没有任何一种模型可以准确刻画生命发展史中这一复杂过程的特性。”(Erwin and Anstey,1995)然而,这一综述并未考虑植物物种形成的历史。

Willis 和 McElwain(2002,p.288)分析了植物的化石记录并得出如下结论:

> 植物进化似乎集中于不同的地质年代中,而不是均匀地分布。即在相对短的地质时间间隔内,植物形态复杂性与总物种多样性集中增加;而在相当长的时期内,物种多样性则保持着相对稳定(就主要的进化创新而言)。然而,依照植物化石记录,植物起源的高峰与动物相比并不相符,动物起源的高峰多出现在集群绝灭事件之后。此外,植物灭绝的高峰至少与 5 次重要的集群绝灭中的 4 次不一致。

是什么机制驱动了植物的变化?大陆漂移似乎是其中的一个重要因素。

3.23　大 陆 漂 移

1915 年,Wegener 提出大陆板块并非一成不变的,而是随着时间的推移而不断移动。有些学者赞同 Wegener 的观点,但也有人表示怀疑。然而,到了 20 世纪 60 年代,随着板块构造理论的发展,地球科学家们的态度从不屑变成了认同。大西洋、太平洋与印度洋的大洋中脊提供了证据。基于海底扩张学说建立了大陆运动的合理机制。

地质学家发现,在大约 3 亿年前,各个大陆聚结在一起,形成一个超级的“泛大陆”。在大约 2 亿年前,各大陆板块以及各大洲开始因裂谷作用而分开。经历数百万年的漂移之后,各个大陆板块才有了现在的构造(Hallam,1973)。实质上,这是一个由完整大陆分裂成割裂的大陆板块的过程(每个"片段"都有其独立进化的生物区系)。数百万年之后,这些"片段"漂移到足够远的距离,使得自然的基因流变得不可能。因此,不同物种和生态系统在地理隔离的条件下得到了发展。在大陆漂移过程中,存在构造活动活跃的时期。在这些时期中,大气中二氧化碳的含量增加。部分大陆边缘以及其他位置火山岛链的形成同样可以用板块构造学说进行解释。目前我们对造山运动的过程、由海平面变化引起的海洋岛屿变化以及地球上很多隆起地区岛屿变化的理解也取得了进展。在从母体大陆分离相当长的距离后,这些岛屿和山峰被不同生物定殖,并成为地理上隔离的、独立物种形成事件的发生场所(Nunn,1994;Vitousek,Loope and Adersen,1995)。

3.24 轨 道 变 更

大陆漂移是认识植物物种形成样式的关键之一,而由轨道变更引起的气候变化同样也非常重要(Bennett,1997)。Willis 和 McElwain(2002,p.289)提出:"随着地质年代的推移,相关的计算表明,地球轴向倾斜和旋进的变化、绕日椭圆轨道偏心率的变化已经造成了地球所接收的太阳辐射总量以及不同纬度和季节辐射分布的变化。"这些被称为米兰科维奇(Milankovitch)旋回的变化在很大程度上造成了"大约每四十万年、十万年、四万一千年和两万三千到一万九千年由天文因素引起的气候周期性变化",导致产生无数冷/暖时期,包括"第四纪冰期/间冰期循环(过去的 180 万年),并且米兰科维奇旋回的'节奏效应'被认为是间断平衡说背后的驱动机制"。在循环周期的寒冷期,植物撤退到气候条件较为适宜区域的隔离"避难所",在地理隔离条件下发生物种形成。在较温暖的间冰期,部分物种可能已经适应了"避难所"并选择偏安一隅,有些则可能选择主动出击,收复部分或全部的"失地",还有一些物种则可能出师未捷便宣告灭绝。在迁移过程中,在寒冷期位于不同的"避难所"但遗传上一脉相承的植物可能作为不同的种重新相聚。如果物种分化不完全,则已出现的差异可能会在杂交中消失,但也可能随着隔离机制的强化进一步分化为完全的种(参见上文)。概言之,大陆漂移、相关的构造变化以及轨道作用导致了物种形成事件的间断性,而不是达尔文(1859)所构想的普遍渐进进化。然而,设计用于验证这些重要观点的试验是不现实的。但是,必须强调的是,在渐变论与骤变论的争论中,现有的证据支持达尔文微进化是连续进行过程的观点。因此,在不断变化的环境中,渐进变化将会永远发生。

3.25 结 论

达尔文与华莱士在 19 世纪中期提出的观点构成了目前进化论的核心。如上文所述,遗传学、细胞学与分子生物学研究结果大大丰富了我们的认识。渐进过程与骤变过程是同时存在的,随机事件也起着非常重要的作用。植物进化不是一个或少数适应性或表型可塑性强的物种侵占从热带到极地不同生境的过程。相反,植物和动物王国中的物种相当丰富。进化创造了数以百万计的物种,有些物种较其他物种有更广泛的忍耐性。

其次,不要以为上述进化概念与人文领域无关。诚然,对野生物种以及化石记录的大量观测与实验给我们许多启发。但正如后续章节所述,人类认知中的很多要素都来自对人类管理的物种与生境的研究。我们的进化概念很大程度上来自对耕作植物的研究、对污染地区选择作用的研究,以及对因人类打破地理和生态屏障而引起的种间杂交的研究等。

后达尔文时代的一个主要观点是人类活动及其对微进化的影响不仅仅局限于驯化。就植物进化而言,达尔文将选择分为自然与人为两个方面。显然达尔文并没有将人类活动视作自然选择的一部分,他将人类活动视作特殊的事件。在分析各种农作物、园艺栽培植物的起源时,达尔文提出了选择过程中有意与无意两种要素。在《动物和植物在家养下的变异》一书的序言中,针对驯化过程,达尔文认为"可以说人类正在进行一项大规模的实验"(Darwin,1868,引自1905版第一卷,p.3)。达尔文并未提及其他人类活动的结果以及它们是否构成选择性力量。

正如从下文可见,人类对微进化的影响范围已远远超越了对作物及园艺植物的驯化。由于人类活动给动物和植物带来了很多"无意识"和"偶然"的选择压力,如医学干预(细菌的抗生素耐性)、耕作方法(杀虫剂、除草剂、化肥等的使用)以及动物与植物对污染的反应,达尔文所构想的"人类实验"的规模正在不可估量地扩大。在这方面引入一些动物例子进行讨论是有帮助的。例如,由于有些个体比其他个体更容易被渔具捕获,鱼类群体的死亡率是有选择性的。实际上,在某些情形下,这些渔具是专门为最大的鱼类准备的。因此,刺网就充当了过滤器的角色,让大鱼留在网内,让小鱼逃出。Bell(1997,p.300)指出:"在下刺网的湖水中,特定年龄段的白鲑鱼(Coregonus)的体型更为细长,并且繁殖期提前,后代也更小。"渔网有效地发挥了大小选择性捕食的作用。在另一个众所周知的微进化案例中,澳大利亚维多利亚 Tahbilk 酒庄酒窖中黑腹果蝇种群幼虫对乙醇的耐受性比酒窖外的其他种群要强(详见 McKechnie and Geer,1993)。当今,全球遗传学家成为酒窖的常客,他们在那里研究乙醇脱氢酶多态性作用的生理和进化机制。人们使用杀鼠灵控制老鼠、野猪与吸血蝙蝠。1950 年,首次在英国境内对褐家鼠(Rattus norvegicus)使用。1958 年,在苏格兰低地发现了可遗传的杀鼠灵抗性。随后在 1960 年,在威尔士与英格兰边界地区也有同样的发现(Boyle,1960)。到 1972 年,在英国的 12 个地区发现了同样的抗性。在欧洲大陆(丹麦)和美国也发现了对杀鼠灵的抗性。种群研究表明了抗性的变异性。例如,在威尔士中部的 Forden,居住在谷仓的老鼠就显示出抗性的变异性,这与杀鼠灵对老鼠种群的周期性(而非连续性)使用有关。相反,在邻近树篱中的老鼠则很少甚至未曾受到杀鼠灵的威胁,因此选择具有强烈的异质性,彼此靠拢的种群有着非常不同的表型抗性水平。最后一个例子是 1908 年发现的对杀虫剂的抗性。人们发现,梨园盾蚧(Aspidiotus perniciosus)对石灰硫磺合剂有抗性。在 20 世纪,便宜的合成杀虫剂被越来越多地使用。首先是 1941 年开始实际使用的 DDT;随后,有机氯杀虫剂与有机磷杀虫剂研制成功。很多昆虫对这些杀虫剂产生了抗性(参见 Bishop and Cook,1981)。研究发现,这些抗性是由遗传因素决定的,有时仅涉及一个主要的基因。在少数情形下,这种抗性是显性的。有些昆虫被证实对超过一种杀虫剂有抗性,抗性能在不同位点独立发生。目前还发现针对特定的杀虫剂,同一物种的不同种群存在不同的抗性机制。此外,如果停止使用无效的杀虫剂,人们发现对曾经有效的杀虫剂有抗性的基因型与易感基因型相比处于选择劣势。因此,当选择压力降低时,抗性基因型出现的频率也随之减少。另一个生动的微进化案例是随着轮船被带到南太平洋戈夫岛(Gough Island)的小家鼠。现在,家鼠的数目已经超过了 70 万,并且已经适应了以一系列海鸟的雏鸟为食的习性,它们的数量已经超过了祖先的两倍(Wanless et al.,2009)。

最后,随着地球上越来越多的剧烈变化被发现,一些环境保护论者已将驯化的概念延伸到人类活动对生态系统以及整个景观的影响(Kareiva et al.,2007)。例如,Western(2001,p.5461)提出"人类对生态系统的驯化"以及"被驯化景观的扩张与强化"的概念。在接下来的两个章节中,我们将通过分析人类活动对生物圈的加速影响,对这些观念进行深入的探讨。

第4章 人类干扰生态系统的起源与范围

受人类干扰的生态系统是当代微进化的舞台,人类活动范围和强度的不断增加也是环境保护者关注的焦点。可以假设,人类活动的历史和当代影响众所周知,因此本书无需长篇累牍。然而,这样做可能无法为后续的讨论做充分的铺垫。因此本章对历史进行的简要回顾,并对下面3个主要问题进行探究:① 不可阻挡的人口增长对环境的影响;② 农业和技术的发展如何引发突然的以及渐进的环境变迁;③ 人类活动如何导致植物和动物在全球不同领域的广泛入侵。本章还将讨论公众对人类活动对地球植被、动物资源与土壤深远影响的关注,以及第二次世界大战后公众环境意识的增强,涉及人口增长(目前已经超过60亿且仍将继续增长)、生境破坏、自然资源的过度攫取、物种灭绝、污染的影响以及外来物种在全球范围内广泛引进导致的惊人结果等。

4.1 人类的起源

Weber(2005)指出,只有大约10%的美国人完全接受达尔文关于人类起源的解释,更多的人坚信世界及其植物与动物的渊源并不久远。Avise(2001,p.202)强调,进化事件的时间跨度相当大,而人类的进化则是相对而言较为新近的事件。他同时写道,如果将整个地质学的历史压缩到一个日历年,则地球上的生命在10月9日才出现。恐龙从出现到灭亡只用了4天的时间,即12月24日至28日。在这个生物多样性不断进化的奇妙阵列中,人类直到这一年的最后一天,也就是12月31日的晚上10点30分才出现,而耶稣基督的诞辰时间则为晚上11点59分56秒。人口数量的急剧增长则出现在最后一秒钟。

1871年,达尔文在对当时可用的证据进行详尽的分析后,公布了他对人类进化的观点(Darwin,1989,pp.631-632)。他得出这样的结论:

> ……人类起源于结构较为简单的形式。这个结论的基础永远不会动摇,其原因是人类与低等动物的胚胎发育以及结构与组成不胜枚举的高度相似性……就目前我们对整个有机世界的认识而言,它们的意义确凿无误。进化的原理是明确且可靠的……如果一个人不愿意像一个原始人一样,认为自然现象是不相干的,那他就不能再相信人类是单独创造行为的产物……人类与狗等其他哺乳动物的胚胎、头骨、四肢以及整个构造高度相似……这一系列的相似事实都最直观地表明,人类与其他的哺乳动物一样,都是同一祖先的后代……人类是旧世界中一种多毛、有尾巴的四足动物的后代,很可能是树栖动物。

现在,包括化石遗迹在内的各种证据都对达尔文关于人类早期历史的观点提供了支持。这些证据表明,解剖学意义上的现代人起源于10万多年前的非洲,并且在大约4万年前,在解剖学、习性以及语言等各方面成为真正意义上的现代人(Diamond,1992)。如今,现代人已经遍及地球的各个角落(图4.1),并且人口从最初的很小的数目发展到超过60亿。同时,人类对地球环境产生了深远的影响,地球表面的很多区域已经改变了原貌。

征服世界

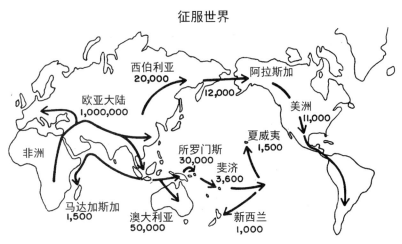

图 4.1　根据当前考古学证据绘制的从非洲起源的人类分布图。数字表示距离现在的估算年数。[源自 Jared Diamond (1992),《第三种黑猩猩：人类的身世与未来》；经 Random House Group，Ltd.许可翻印]

4.2　人类对植物的利用

在一本原创色彩相当浓厚的著作中,Evans(1998)认为,人口的增长历史与人类对植物尤其是食物的利用颇为相关。众所周知,估算史前人口以及历史上实际的人口数并非易事。人类只能尽可能精确地进行估算。我认为这本书关于地球变化简单描述的框架和支持论点非常有帮助。在此,我们主要关注当前植物微观进化舞台历史背景。关于环境保护主义历史根源和主要事件的详细信息可以参阅 Thomas (1956)、Detwyler(1971)、Holdgate(1979)、Goudie(1981)、Nisbet(1991)与 McNeill(2000)等的著作。

4.3　接近 500 万：狩猎采集者

在农业出现之前,人类种群或许规模小而分散,主要作为狩猎采集者觅食。在考古学家提供一些认识的同时,对采用这种生活方式的群体的历史和现状实地研究也有很多新的发现。在欧洲人到澳大利亚定居后的最近 200 年中,人们对至少 4 万～5 万年前进入澳大利亚并一直作为游牧狩猎采集者生活的土著人进行了研究,并得到了重要的信息(Diamond,1992)。从对非洲撒哈拉沙漠的昆族布须曼人 (Kung bushmen)、北美印第安人以及热带雨林的居民(Harlan,1995)的研究中同样获得了有启示性的认识。然而,有必要在这里进行提醒的是,当今仍然保留原始生活方式的土著居民可能并非古代狩猎采集者的完美模型,原因是他们中的很多已经部分或全部放弃了这种生活方式。

显然,当代的狩猎采集者对他们生活地区的植物与动物有着广泛的认知,并且他们的动物和植物食物来源更加广泛(O'Dea,1991;Harlan,1995)。人们对觅食性生活方式的效果有着很大的争论。对当代狩猎采集者的研究以及植物学家在土耳其、墨西哥、非洲等地进行的实验都表明,在某些情形下采集足够数量的食物可能很快就能完成,并且比耕作植物要耗费少得多的能量(Harlan,1975;Evans,1998)。还须强调的另外一点是,虽然澳大利亚的土著居民既没有驯化植物也没有进行耕作,但他们在澳大利亚的不同地区对植物种群进行大规模的操控。例如,这些土著居民采集薯蓣属(*Dioscorea*)山药的块茎,并利用其"顶部"进行移植,这样植物可以再次生长,并在稍晚的时候再次收获(参见Harris,1996)。同时,我们必须面对越来越强有力的证据,即在史前时期,狩猎采集者对植物与动物群落有着深远的影响,包括对某些动物的狩猎可能会导致灭绝(参见第5章)。在澳大利亚以及地球的其他地区,原始人对火的重复使用对植被带来了决定性的影响(Russell-Smith *et al.*,2007),用火的目的是要伏击动物,促进新草的生长以及食用植物种子发芽(Evans,1998)。澳大利亚的狩猎采集者同时还开挖沟渠以增加鱼类的供应量(Walters,1989),并且在干季将水引入森林中(Campbell,1965)。在北美的大平原上,狩猎采集者同样也使用火种、建造大坝、灌溉土地并进行播种(Steward,1934)。

4.4 接近5000万:农业的开始

在公元前8000年到公元前2000年的时期,人口数量增加到了大约5000万。这一阶段发生了剧烈的变化,在世界的不同地区,狩猎采集者的生活方式越来越多地被人们自发地抛弃,并逐渐转化成耕作植物与家养动物的定居农业模式。Pontin(1993)将其称为人类社会的第一次伟大转折(the First Great Transition)。

在地球的不同区域,不同的作物得到了发展。显然,存在适合的野生植物是这一进程的前提。几乎所有目前大规模耕作的作物都是在这一时期驯化的。我们对驯化作物起源与位置的了解大部分来自对植物遗骸进行的放射性碳年代测定(通常涉及显微镜检查法)。最近,考古学家对种内与种间的差异进行了调查。例如,玉米与木薯的淀粉粒就高度不同。此外,野山椒的淀粉粒长5~6微米,而栽培种的淀粉粒长度为20微米。

在20世纪50年代,人们认为对作物的驯化只在两个地区发生,即近东与美国(Schwanitz,1966)。现在,有证据表明植物的驯化至少发生在10个散布在全球的发源地中心,包括西非、中国、印度南部以及新几内亚岛。由于植物遗骸在热带地区很难保留,因此仍不清楚是否在这些地区也发生植物的驯化过程。总体而言,考古学者现在推断,旧大陆作物完全驯化的时间比我们认为的时间稍晚,而那些新大陆的作物则年代更加久远(Balter,2007)。例如,我们曾经认为,南瓜和玉米的驯化时间大约为5000年前。但是在墨西哥进行的研究证据表明,南瓜在大约10000年前已经被驯化(Dillehay *et al.*,2007);而玉米的驯化则出现在8000~9000年前(Matsuoka *et al.*,2002)。

有人认为,农业的发展是一个突然发生的过程。例如,Childe(1925,1952)认为,大约11500年前,受冰期末期剧烈的气候变化的刺激,在近东曾出现"新石器革命"(neolithic revolution)。还有人提出,在更新世末期二氧化碳含量的增加可能会消除植物生产力的限制因素,而这正是农业成功出现的刺激诱因(Sage,1995)。然而,其他的考古学家则认为驯化作物的起源是一个更为渐进的过程。实际上,部分学者并不认为在狩猎采集者与农业从业者的活动之间有明显的区别。Tudge(1998,p.4)大胆地提出,在至少40000年前,人类对环境管理的程度已可以使用"原始农民"进行表述;而在"新石器革命"的时候,农业已经成为"古老且完善的技艺"。

4.5 植物驯化的过程

达尔文认为驯化是一个过程而非一个事件。人类无意或有意进行的选择都会导致遗传变化,使得植物"能较好地适应耕作所创造的环境,但对野外自然生境却不适应"(Ladizinsky,1998,p.7)。从总体上看(但强调有很多例外),作物对耕地环境较好的适应性往往涉及不同物种的相同特征。Gepts(2004)

研究了植物的"驯化综合征",包括种子不脱落、休眠的丧失、矮小而紧密的生长式样、所收获部分大小与特性的增强、更倾向于自体受精、与防御相关的有毒化合物的消失或减弱等。

上述性状很多都是按简单的孟德尔模式遗传,但是也有一些性状受多基因控制。Gepts(2004,p.29)在对相关证据进行研究后,确认"在驯化等位基因中隐性突变占主导作用"。然而,人们也发现了一些显性的等位基因。其中一个例子是大麦。作为谷粒散播机制的一部分,野生大麦果穗成熟后会断裂,但栽培大麦由于在两个基因中的任何一个存在显性突变,穗状花序在成熟时依然保持完整,种子不会被散播(Nilan,1964)。这种遗传学变化有助于实现更有效的作物收割。就作物的遗传结构而言,目前发现重要的性状通常连锁分布在少数染色体上。Pernès(1983)认为"驯化基因的连锁"有重要的意义。尤其在与野生祖先种的杂交存在高度可能性时,"植物能保持驯化综合征中一些必要因素的内聚性"(引用源自 Gepts,2004,p.25)。

有关驯化的背景,有些学者认为最初的作物源自人类居住地和垃圾场附近自然生长的野生物种,而不是人类的有意栽培(参见 Abbo et al.,2005)。然而,在人类开始从事作物种植后,是否通过土壤处理、播种、收获以及种子精选等方法的重复使用,对驯化植物施加了强大和持续的选择,进而在作物与其野生近缘种之间迅速形成遗传隔离?目前有很多讨论。考古学证据表明,同一物种的野生植株与最初驯化的栽培品种通常混合生长。因此有学者认为驯化的过程可能比预测的更长,因为选择作用较弱,而且是间歇性的。由于作物被亲手采集,因此在经历数年的收成不好与食物短缺后,与收获相关的选择压力就会降低。此外,在接下来的一年中,如果前一年的收成全部被耗尽之后,人类可能会继续种植野生种子,而不是已初步驯化的种子。这些观察表明驯化过程中文化背景的重要性,这一观点得到了Rindos(1989)的大力支持。

在食用植物被驯化成栽培种后,人类在农田系统(通常与灌溉相关)的开发上投入更大的精力,食物的储存也有了进步。自此,人类对源自栽培种的食物的依赖性增加,而对野生食物的依赖性减弱。农业所带来的定居的生活方式促进了中东、墨西哥等地最初文明的发展,其特征为人类对自然资源的开采增加,以服务于居住地和交通的发展,这主要通过毁林开荒以及对水资源的管理等实现。

转向另外一个重要的问题,也是考古学者一直探讨的问题,即动物饲养与植物栽培哪一个更早。解答这个问题的证据来自从年代久远的沉积物中发现的骨头、植物遗迹(如碳化种子)以及其他人工制品。事实上无论对植物还是对动物而言,要把"首先"栽培的植物以及"首先"驯化的动物与它们野生祖先明确区分开来都是一个相当困难的问题。Ladizinsky(1998)认为某种形式的畜牧业可能在动物驯养前相当长的时间已经存在,或许比植物栽培更早,他假设人类早期可能通过饲养野生动物以备食物之需。Bohrer(1972)持有相同的观点。他认为在前农业时期,人类收获野生植物不仅仅是为自己准备食物,大量的采集与存储是用于为他们所捕获的动物提供饲料。因此,狩猎采集者对猎物随机或有计划的捕获让位于通过操纵生态系统实现的动物管理。在驯养的早期阶段,部分被"驯服"的动物可能扮演了宠物的角色。然而,只在被驯养的动物与其野生近缘种中彻底隔离时,才能算作真正意义上的驯化。家畜饲养导致与野生祖先的遗传隔离,很多野生祖先也已因人类活动而消失。Evans(1998)在对证据进行研究后,推断绵羊和山羊在新月沃土(中东的阿拉伯世界)被驯化的时间几乎与小麦和大麦同时。动物的驯化为人类提供了肉、奶、皮革、角、肥料、役畜与拖拉工具,对人类的定居生活作出了很大的贡献(Harris,1989,1996)。

4.6　接近 5 亿:自公元前 2000 年至公元 1500 年农业的扩张

在这一时期,农业从其起源中心开始扩张。在近东地区,也就是人们所称的新月沃地,农业沿着地中海沿岸传播到西班牙,并通过多瑙河传播到欧洲,在大约 5 000 年之前到达英国。农业扩张的其他分支包括向东传入印度以及更远,向南传入北非。扩张的速度非常缓慢。根据预测,"早期农业从希腊'行进'到斯堪的纳维亚花费了大约 2 500 年的时间,这几乎相当于 100 代人"(Paine,2002,p.20)。农业范围的不断扩张伴随着局部与地区性的毁林开荒以及其他重要的生态变化。

人们提出了两个农业实践扩张的模型。农业可能通过文化交流在不同的群体之间传递,或者农民在农业扩张过程中自发迁移。近年来开展了大量考古学研究,包括使用加速器质谱法精确测定种子年代、人类遗传性状的地理学调查,以及最近的对人类 Y 染色体遗传标记的研究(其提供了人类遗传迁移历史的信息,因为 Y 染色体是父系遗传)。在 Paine(2002)看来,现有证据表明农业的扩张不仅仅涉及与农业实践知识传播相关的文化传播,而且与农耕民族的自发迁移有关(Ammerman,2002;Paine,2002)。对这一复杂领域的研究仍然在进行中。

在工具使用方面,最早的栽培是用挖掘棍与锄头进行的。金属加工与畜牧业的发展使进行更有效的土壤耕作成为可能。在公元 6 世纪,牛拉重型犁的开发被认为是相当重要的技术进步。随着人口的增加,人们开始在山丘上采用梯田的耕作体系。随后,在中世纪的欧洲,出现了对食物生产意义更为深远的技术进步。带有朝向犁沟的犁板的马拉轮式犁可以在重黏土上进行耕作,因此被证实是一项重大发明。更多的作物被开发出来,如鹰嘴豆、菜豆、小扁豆等。同时,风力与水力的利用提高了谷物研磨等的效率。

农业的引进与扩张使得通过城市开发实现定居生活成为可能。此后,通过旷日持久的战争与军事扩张,大型帝国被建立起来(如波斯、罗马、阿拉伯与莫卧儿)。最初的"市场经济"(如威尼斯)被建立起来,开展跨越世界的贸易。所有这些发展也为外来物种的迁移提供了机会,或有意为之(如观赏植物引入),或无心为之(如混在作物种子中的杂质等)(Mooney and Hobbs,2000)。

4.7　第一个 10 亿:从自给农业到经济农场(1500—1825)

在这一阶段,欧洲的农业由封建制度下公共耕地的自给农业,发展到后来的经济农场。新发展的打孔播种技术取代了传统的撒播方式,这种变化有助于更有效的杂草控制。同时,系统性的植物种植开始起步实施,采用三叶草与黑麦草进行轮作。随着 18 世纪伊斯兰帝国的扩张,新的作物被引入欧洲,如无花果、酸橙、柠檬与橙子等。

大约公元 1500 年起,欧洲人开始走上了全球殖民化的道路。在中纬度地区,欧洲人在美洲、非洲与大洋洲建立了殖民地,以用于定居并开发利用土地及其生物和矿产资源。相反,在气候条件不太适宜的区域,如热带地区,建立了剥削殖民地。在这里,建立完全的欧洲社会的机会有限。因此,在欧洲管理下进行热带植物的种植,通常使用输入的奴隶劳动力(Christopher,1984)。

随着欧洲人在海外殖民地的扩张,作物的传播机会得到增加(如玉米、土豆、番茄等从新世界传播到旧世界),这一过程通常伴随着将野草、疾病以及外来动物物种、植物物种无意识地引入新地区。相距甚远的地块之间不同生物王国的隔离屏障逐渐被打破。在地理隔离区域中进化形成的植物区系和动物区系因为人类的活动而聚合到一起(Mooney and Hobbs,2000)。

4.8　人口增至 20 亿:农业扩张的边界(1825—1907)

在这一阶段,欧洲和北美洲的工业经济兴起,这是人类历史上第二次伟大的转折(Pontin,1991,

p.265)。随着人口数骤增至 20 亿,人类对各种类型农业生产的需求随之增加。

经过 15 世纪和 16 世纪在西非群岛(马德拉群岛、加那利群岛等)的早期实验,西印度群岛、中美洲、西非与北非以及远东等地区后期建立了大规模的种植业。在南非等国家中发展了生产羊毛、皮革、兽皮与鸵鸟羽毛等流行货的商业型畜牧业。技术的发展(如带刺铁丝网的发明、冷藏技术和冷冻肉的发展)促进了北美、南美、澳大利亚、新西兰与非洲等地牲畜饲养的进一步集约化发展。在其他草原地区,如美国、俄罗斯、加拿大、南非与澳大利亚等,随着大规模谷类生产的传入,地表景观发生了剧烈的变化。

在整个时期中,尽管很多国家都开始推行检疫规定,但不同大洲与岛屿生态系统中物种间的地理隔离仍以越来越快的速度被打破。例如,欧洲的草被出口到海外翻新的牧场,而澳大利亚的树则被引种到低产的森林地区(Christopher,1984)。在世界的很多地区,例如美国与澳大利亚,建立起许多引种驯化协会(Lever,1992)。人们开始有意地将物种引入过来,以确定它们是否有成为观赏植物、农作物或药用作物的可能,或是否会为林业、土地围垦、牧场等带来商业价值。正如下文所述,植物园在植物的迁移中扮演了关键的角色。例如,新世界中的橡胶通过英国皇家植物园邱园引入亚洲,并成为广泛的种植业的基础(Brockway,1979)。

很多观赏性物种同样也是通过植物园和动物园的活动而被广泛引进。由于海外并没有类似的"靶子",有些动物被引入遥远的地方,为从事相关运动的人员提供射击、追逐或捕杀的目标(例如澳大利亚的狐狸与野兔,以及新西兰的鹿)(Elton,1958)。有些放生则是非常怪异的。已经遍布美国的欧洲八哥在 19 世纪 90 年代由 Eugene Schieffelin 在纽约中央公园放养,其初衷是向游客介绍莎翁戏剧中所提到的所有鸟类(Lever,1992)。

有关殖民者改造其海外新领地的模式,Christopher(1984,p.4)提到殖民者在非洲:"如同在美洲与澳大利亚一样,通过尽可能打造与欧洲近似的景象,对景观进行改造。"因此,在帝国扩张的过程中,很多植物被从欧洲引入。达尔文(Darwin,1986,p.396)在记录他 1835 年 12 月乘坐贝格尔号航行中对新西兰怀玛蒂(Waimate)的考察时,写下了这样的强烈感触:

> 在途经数英里的无人居住的荒野之后,一栋英国风格的农舍突然出现在眼前,周围是整齐的田地,就如同巫师的魔杖一般,的确让人喜出望外……优良的大麦与小麦带着饱满的穗子傲然挺立,在另外一个区域,则是马铃薯和三叶草田……还有大片的花园,园内种植有英格兰出产的各种水果与蔬菜,很多都是适应较热气候的物种。比如说,芦笋、菜豆、黄瓜、大黄、苹果、梨、无花果、桃子、杏子、葡萄、甘蓝、醋栗、红醋栗、蛇麻草、用作篱笆的金雀花、欧洲栎,以及很多不同品种的鲜花……当我环顾整个场景时,我感觉这是令人钦佩的。这不仅仅是因为它生动地再现了英格兰风情,在夜幕降临时,驯养动物的叫声、玉米田、远处的树木似乎让它看起来更像是一个牧场,所有这些都可能被误认为是牧场的一部分。

英格兰景观元素还被尝试"移植"到印度的高山避暑地中。这些定居点可以使殖民者远离平原夏日的酷暑,在山间找到相对凉爽的舒畅。在这些"度假区"中,别墅和平房的设计给人一种身处英格兰的感觉。并且,它们都是以英国城镇(如列治文山、约克别墅、温莎平房等)或者英国植物(如橡树小屋、榆庄、紫罗兰谷)命名。这里大量种植着引入的"近似"物种,与喜马拉雅山丰富的开花灌木交相辉映(Christopher,1984,p.156)。

在 19 世纪和 20 世纪早期主要工业和城市发展时期(此时期由于化石燃料的焚烧、各种工业进程带来越来越多的环境问题),有重大意义的农业进步是人造肥料的开发。此外,使用化学品控制害虫与疾病也有了进展(Evans,1998)。生物控制的商业使用试验也在此时期完成。在 1889 年,人们通过释放澳洲瓢虫(*Rodolia cardinalis*)对柑橘属中的吹绵蚧(*Icerya purchasi*)进行控制;在澳大利亚,入侵性极强的刺梨（*Opuntia*）被从阿根廷引进的昆虫仙人掌螟（*Cactoblastis cactorum*）成功抑制。Evans（1998）同时还强调了俄罗斯与美洲新开发的农田在食物生产增长中的作用。在这一时期，人们开始在达尔文和孟德尔学说的基础上，对驯化的进化与遗传机制有了更为清晰的认识。

4.9 从 20 亿到 65 亿：食物工业化生产的兴起（1927—现在）

在这一时期，人类开始进行核能的开发，农业生产的机械化水平进一步提高，各种农用化学品（尤其是肥料与杀虫剂）开始密集使用（Blaxter and Robertson，1995）。耕地与牧场的开发更为彻底，农田得到了进一步的发展，主要以牺牲热带雨林为代价。在全球很多地区，干旱土地被种植很多外来物种，以实现造林的目的（di Castri，1989）。驯化出现了另一个高峰。"在距今 2 000 年前，目前栽培的作物中大约 90％已经实现了驯化。"与之不同的是，在 20 世纪，随着对大量淡水和咸水生物水产养殖的兴起，发生了新一轮的驯化。

从 1961 年到 1975 年短短的 15 年中，人口数量从 30 亿骤增到 40 亿。农业研究的国际化得到增强（Evans，1998），除了其他方面的发展外，还导致了"绿色革命"（Green Revolution）。借助矮型变种和恰当肥料的使用，使菲律宾等国的食物产量有了显著的增加。仅仅用了 10 年的时间（1977—1986），人口总数从 40 亿增加到了 50 亿。而在接下来的 12 年中（1986—1998），地球人口数量又实现了另外一个 10 亿的激增。在这一时期，发达国家通过对杀虫剂、肥料、灌溉水与生物控制的精心组合，发展了更为有效的农业系统（Evans，1998）。伴随着跨国公司的涌现和市场的国际化，在发达国家和发展中国家，与更加高效的机械化农业相关联的技术与组织结构的变革进一步提高了粮食产量，但也为此付出了代价。全世界范围内生态系统的威胁日渐加剧。例如，英国境内的丘陵地、湿地与沼泽地大量萎缩（Shoard，1980，1997），农田鸟类锐减。Tattersall 和 Manley（2003）同样指出："农业的两极分化（东耕西牧）使得土地上的绵羊数量翻番，田地的规模增加，但伴随着成千上万英亩绿篱的消失。"此外，"机械化"农业所生产的食物的"质量"在部分人看来也是一个重要的问题。这些顾虑导致了"有机"食物生产的增加，并促进了对现代农田景观中野生生物种群可持续维持之路的研究。

4.10 人类目前对生态系统的影响程度

显然，从山地的有利位置到飞机飞越的阿尔卑斯山，再到广袤的撒哈拉沙漠，并非地球上所有地区都平等地处于人类使用与开发的影响下。Nicholson（1970）指出了这样一个事实：地球上 2/3 的面积被水覆盖，而只有 1/3 是"固体的"。此外，陆地表面有 10％的面积被冰覆盖，还有 10％主要由沙漠构成。除了这 20％，无用面积还应包括 10％的寸草不生的山地与岩石区域，这些地方根本没有土壤或植被。

通过空中与地面测量，以及新近出现的卫星遥感技术，人们可以对地球上被人类活动改变的区域进行精确的测算，尽管要对"退化"或"侵蚀"的土地进行明确界定并非易事（Grove and Rackham，2001）。

Vitousek 等（1997）估算地球上可能高达 50％的陆地表面已经被改变或退化，而人类占用了地球上 39％～50％的生物生产力。他们还强调：

> 土地改造涉及一系列强度和结果都各不相同的活动。一方面，地球上 10％～15％的陆地

表面被耕作农业或城市工业所占据,6%～8%的面积已经被改造为牧场,这些都是被人类活动完全改变的系统。另一方面,每一个陆地生态系统都受大气中二氧化碳(CO_2)含量增加的影响,大部分系统都有被狩猎或者低强度资源开采的历史。除此之外,还包括草场和半干旱生态系统上牲畜放牧(有时已退化)以及森林木材的砍伐,它们代表了地球表面大部分被植被覆盖的区域。

家畜的作用不应被低估。从 1950 年到 1997 年,"世界上牛、绵羊、山羊、骆驼、马和猪的数目……从 23 亿头增加到了超过 40 亿头";并且"同一时期家禽生产的数量从 30 亿激增至 110 亿"(引自联合国粮食与农业组织的估算,Pond and Pond,2002,p.37)。

自然森林和其他的原始生境通常会被暴风雨、自然火灾等部分损毁或破坏。然而,随着时间的推移,这些区域有再生的可能性。人类活动也同样改变或破坏自然生态系统,但此时再生是不可能的。人类开采在地表留下的瘢痕可能持续数个世纪,但重要的是,我们应该了解植物重新定植的能力:很多人类并未刻意栽种或管理的人为景观被物种构成与原有自然植被不同的次生植被覆盖。

从人类对森林生态系统的控制可以看出自然生境变化的程度。链锯、推土机以及运输木材的重型机械的使用促进了对森林的影响,并伴随着将树木视作作物的栽培与管理。

在 35.4 亿公顷的林地中(约占地球陆地表面 1/3 的面积),大约 1.5 亿公顷为种植园,而另外 5 亿公顷则被分类为进行管理的商品及服务区域。然而,由于并未包括受本土园艺、狩猎与采集影响以及处于变化的火情间接影响下的大量面积,前述预测严重低估了受人类活动影响(通常为统治)的森林面积……自从农业文明出现以来,大约有 1/3(20 亿公顷)的森林面积出现萎缩,而且依旧以令人吃惊的速度被侵蚀。目前,人类对木材与燃料的开采速度为每年 50 亿立方米,并且仍以每年 1.5%(700 万立方米)的速度增加。此外,每年需要开发大约 1 000 万公顷的新土地(大部分通过森林的清伐实现),以保证在目前营养与农业产量水平上维持世界人口增长的需求。据估算,从 1980 年到 1995 年,每年平均有 1 300 万公顷的森林被清伐,而其中每年只有 130 万公顷被新植物恢复(Noble and Dirzo,1997)。

在很多地区,农业生产的增加面临很多压力,尤其是在热带与亚热带地区,因此更多的森林被砍伐,以让路于农作物。通过卫星影像,Miettinen、Langer 和 Siegert(2007)测绘出婆罗洲地区 60 万公顷被焚烧用于农业生产的森林。

在世界的很多地区,植被受到人类有意放火的严重影响。长期以来焚烧都被用作清伐森林的工具。在传统的草地、牧场以及石南荒原的管理中,也采用周期性控制焚烧的方法。此外,在战争中,火也被当作一种重要的武器使用。为了不将资源留给敌人,人们所信奉的信条永远都是"烧光并使其无用"。意外的火灾同样对生态系统有着深远的影响。Pyne(1982)在其著作中列举了很多破坏性的火灾的例子。例如,在 1942 年,由于阿拉斯加公路的施工,引发了严重的火灾:熊熊的烈火吞噬的面积差不多等于整个爱尔兰地区。然而,这场大火的记录在 1998 年被俄罗斯远东的火灾打破(Gawthrop,1999),那场大火毁灭了面积超过瑞士的森林。不单单是个别的大规模火灾,很多重复过火的区域也对人工生态系统变化有着重要作用,如欧洲地中海气候区域、南非、加利福尼亚州以及澳大利亚等。例如,在 2007 年那个半个世纪以来最炎热的夏天,希腊爆发了灾难性的火灾,超过 10%的森林被烧光(Smith,2007)。据称,部分火情是由于人为纵火造成的。很多自然保护区也未能幸免,包括 Taygetos 山,一处刚刚开始从 1998 年那场破坏性火灾中恢复元气的区域。一些濒危的动植物物种也受到了威胁。对此有两个主要的担忧。如果在冬季出现丰富的降雨,则火灾的环境危害可能会由于侵蚀而更加严重。此外,有非常强大的政治压力驱动把大量的沿海森林地区开发为旅游区。从长期来看,森林终究会从火灾中恢复。然而,鉴于目前这些地区的荒废状态,在政治上抵抗开发压力是否会更加困难?

人类同时通过火灾扑救政策影响着生态系统。在由于闪电袭击、意外或纵火犯蓄意放火的情况下,可以迅速地探测并扑灭火灾。在这些情况下,生态系统中将累积大量的可燃物负荷,随后可能会出现具有"轰动"影响的火灾,如1988年黄石国家公园的火灾(参见第15章)。

在面向农业的土地改造中,不仅仅森林被清伐,湿地中的水系也被排空。通过修建海堤与其他的防护建筑,沿海区域也被围垦用于农业。此外,在世界的很多地区,人类对河流进行引流并且修建大坝,以用于生活、灌溉与发电。总体而言,预计有"超过一半的新鲜、可用的径流水"被人类所利用(Vitousek *et al.*,1997)。地球上大约2/3河流的流动受到控制,修建了约36 000座大坝(Humborg *et al.*,1997)。美国境内只有2%的河流自然流淌。很多河流被非常密集地利用,以至只有很少的河水奔流入海,比如科罗拉多河、恒河与尼罗河等(Abramovitz,1996)。这一结果的根源是Gleick(2003)所称的"强硬路线"水资源管理方法,依靠大坝、河堤、防洪堤、沟渠、运河、管道、河水与污水处理装置等基础设施,并通过构建防波堤、堤坝以及屏障等设施对河流与海洋的洪水进行控制。此外,人类从地下抽取了大量的水(包括可再生的水和化石水)(Gornitz, Rosenzweig and Hillel, 1997)。这些管理对淡水水生和湿地系统有深远的影响。

4.11 人类的地貌活动

人类对地球表面进行的改造无处不在,以至地理学家对"人类地貌"进行了特别的研究(Gill,1996)。其中一些是源于农业生产的需要,体现了人类的辛勤劳动,如亚洲、南美洲以及地中海地区令人叹为观止的梯田等。大规模的灌溉系统有非常显著的影响,如俄罗斯的咸海水域大规模萎缩。城市开发也带来强烈的景观变化,如机动车道、运河、铁路、机场、码头、港口、小游艇船坞等的建造等。

如今,大量专用运土、钻探与采矿机械正日渐改变着地球的面貌。地下资源(如水、天然气、石油等)的开采可能导致沉降,进而引起景观的变化。矿产资源,如煤、矿石、石材、砾石、砂土等的开采与加工,形成了大量的露天矿,以及用于采集砾石、岩土、沙石的深坑。有时,地面景观上散布着巨大的垃圾堆,但人们越来越注意将其恢复至原貌,包括填埋生活垃圾,以及来自工业或电站的废弃物,并以表土覆盖。然而,由于这些废弃的材料有些是可能被回收利用的,所以人们对这种将有毒及其他废弃物进行"废坑填埋"的措施越来越关注。

4.12 与日俱增的环境忧虑

在本章的剩余篇幅里,我们将简要讨论环境保护主义的兴起,其对日益增长的人类对地球资源的开采进行最严格的审视,明确对环境有害的活动,提倡人类以更可持续发展的方式利用生物圈。从最早文明起始到当今的著作中,我们都可以发现人类活动对环境造成强烈影响的证据。在1945年之后的时期,基于对人类活动各个方面累积效果的研究,形成了综合的观点,其主要关注点体现在一系列相关国际组织的创建,如"绿色和平组织"(前身为1969年在温哥华创建的另一名称的组织)以及一些政治团体的建立,如德国的"绿党"(Die Grünen)等。很多国际性的环境问题正变得日渐明晰,在环境保护主义者的有效推动下,正如我们下文所述,人类已经采取相关的立法举措来应对众多的生态问题。

由此看来,对环境保护主义者的主要关注点进行分析是大有帮助的。

4.13　防护性保护

环境保护主义的兴起或许可以追溯至 18 世纪末期"浪漫主义运动"中相关观点的发展。Edmund Burke、Thomas Carlyle、Coleridge、Shelley 和 Wordsworth 是英国环境保护主义的关键人物；而在美国，Alexander Wilson、Emerson 和 Thoreau 则是有着深远影响的人物。这些思想者不认同当今主流的唯物主义，他们对人类对自然越来越强烈的控制提出了质疑。George Perkins Marsh 是早期自然保护运动中有着重要影响的人物，这从他的著作《人与自然》（又名《人类活动所改变的自然地理学》）中可以体现。环境意识觉醒的第一个成果出现在 1872 年，黄石公园雄伟壮观的地理环境被指定为美国的第一个国家公园。

声援在很多国家建立如黄石一样的国家公园是保护主义者的初衷。这些区域用于对风景壮丽的自然区域进行保护。在其他区域则关注对野生动物的保护。在所有的这些关注中，有人认为公园的设计不过是给富人提供运动场所而已，比如说，非洲和印度的一些狩猎公园只是上流绅士狩猎的场所（参见第 15 章）。

19 世纪末期成立了一些有不同环保使命的新组织。自然保护区的建立为受威胁的物种提供保护。在欧洲以及其他的发达国家，公众强烈要求在乡村建立保护区域并允许城市人进入。随着交通体系的不断完善，旅游业在 20 世纪得到了显著的发展，尤其是包含丰富生物多样性以及著名景观的沿海与山区（Lichtenberger，1988）。由于酒店以及用于旅游或夏冬运动的设施的兴建，很多风景名胜与生物多样性区域都被严重改变，甚至被破坏。随着摩托艇、高速汽艇竞赛、漂流、游绳、在滑雪道外滑雪等运动的普及，极限运动越来越受到人们的欢迎。富人们开始放弃以前经常拜访的旅游热点，进而在世界上寻找偏远的、以往只有探险队才能造访的新旅游目的地。很多海外游现在都贴上了生态旅行的标签，并承诺有益于当地或邻近区域的自然保护。人们热切希望具有高度生物多样性和处于自然保护区之外的农村地区加强对珍惜景观与野生生物的保护。然而，这是一个艰巨的任务。鉴于当前郊区休闲游的升温以及大量游客选择更遥远的旅游目的地，自然保护主义者指出了大量游客进入生态脆弱区域，尤其是国家公园、保护区和有高度保护意义的风景名胜可能带来的威胁。因为在很多人都很珍视他们所访问的景观的同时，有一些人则破坏了这些地区的静谧和美感，并干扰和破坏这些地区的野生动物，通过放火、非法倾倒废弃物、非法狩猎、违规携犬以及使用越野车辆等一系列不良行为。

4.14　资源的明智使用

在 19 世纪末期，越来越多的证据表明自然资源被过度开采，包括木材砍伐、捕鲸、大规模的狩猎、与毛皮动物及鸟类相关的时装贸易等。Christopher（1984，p.88）认为，殖民时期"对非洲商业开发的本质是强盗经济"。

与这一背景恰恰相反，在 19 世纪末期，美国开始出现第二轮不同理念的自然保护潮流，并提出了"进步时代保护"的概念，其与时任美国林务局负责人的 Pinchot 密切相关。Meine（2001，p.888）对其基本要素做了如下归纳：

　　森林不应被视作"封闭"的"保护区"，而应该是在最长时间为最多的人带来最大程度好处的"运转中的土地"……在实践中,这意味着森林应该由一些训练有素的专业人员管理;要依据科学的原理对森林资源的有效与可持续开发进行指导;从森林中获得的财富应进行符合公众利益的公平分配……功利保护主义的核心是可持续产量的概念。

这些观点被延伸到了除森林使用与管理以外的其他方面。Meine 提到了著名环境保护主义者 Aldo Leopold later(1933)的观点:"在进步主义保护的大旗指引下,野生生物、森林、牧场、水力都将被考虑……作为可再生的有机资源,如果采用科学方法利用,并且开采速度不快于恢复速度,则它们将长盛不衰。"(Meine,2001,p.889)

"进步时代"的观点有着长远的影响,不仅涉及国家控制的资源,还包括私人所有的资源。然而,在地球的很多区域,过度收获仍然在继续。依照食品和农业委员会 1994 年采集的数据,22%的已经发现的海洋渔业资源被过度开发或者已经废弃,超过 44%的资源已经达到了开发极限(Vitousek et al.,1997)。热带典型的林业实践造成了红木以及其他热带树木的过度开采。在很多地区,只剩下一些被农田"海洋"包围的"孤岛"。

20 世纪 80 年代,人们更多关注生态系统"可持续利用的研究"(Milner-Gulland and Mace,1998),可持续发展的概念开始成型。1980 年,这一概念被"世界保护战略"(World Conservation Strategy)采用,并被众多自然保护主义者接受。"通过引用两个被广泛接受的概念,得出一个几乎没有人可以辩驳的短语,或许鱼与熊掌可以兼得?"(Milner-Gulland and Mace,1998,p.7)Meffe 和 Carroll(1994,p.564)指出,人类需要依靠自然资本的收益而不是资本本身来生活。至于资源的明智使用,Milner-Gulland 和 Mace(1998,p.349)认为:"可持续发展的理想形式是对自然资源的开发控制在一个对生态影响相对小的层面上,同时实现丰厚的社会与经济效益。"在第 21 章中,我们将讨论可持续发展的概念在多大程度上是有益的。

4.15 对环境污染的关注

人类社会产生大量的废弃物和碎屑。气体和颗粒物质进入空气、水与土壤中,伴随大量的废水、家庭垃圾以及农田污水等。同样在金属、石油、天然气、煤与核能等的提取、精炼与使用中也会出现大量的工业与商业气体和废弃物,包括将它们用于运输、发电和制造各种用途的消费品时。

很多污染物都是自然产生的物质。例如,植物可能会暴露在岩石纹理中自然夹带的重金属之下。然而,人类的活动产生了某些"高于常规量"的气体、烟尘、有机化合物、含氮和磷的化合物等,以及在采矿、冶炼过程中产生的重金属,这些都对自然生态系统产生重要影响。此外,人们还设计出对生物圈而言"新"的化学品,如杀虫剂等。

在 20 世纪 50 年代至 60 年代,随着北美五大湖区主要污染的发现以及日本水俣湾水银中毒事件,对环境污染的担忧凸显出来。由于被击中的油罐或平台的溢油而造成的损失,如托雷·卡尼翁(Torrey Canyon)号在英国近海的事故以及联合石油公司在圣巴巴拉市近海的事故,引起了全世界的关注。同一时期,Rachael Carson(1962)出版了《寂静的春天》一书。在这本著名的书中,她强调了环境污染给人类带来的威胁。发达国家的环境变化引发了公众对污染威胁的关注,最终导致国际、国家以及地方层面的政治行动。

目前,已经采取了很多措施对发达国家的污染进行测量、监控与控制,对此已有一系列文献进行了综述(如 Holdgate,1979;Bell and Treshow,2002)。例如,我们对人为造成的大气污染的理解很多来自卫星携带仪器以及地面监测站和海洋监测船的测量结果。显然,污染是一个全球现象,某个国家所产生的排放将可能对地球其他地区带来影响。因此,发达国家主要通过立法控制污染。

为了控制制碱厂燃煤造成的污染,英国于 1863 年颁布了第一部控制法律(Ashby and Anderson,1981)。随后,更多的法规在欧洲与北美颁布并生效。从 20 世纪 60 年代以后,有效控制污染的压力与日俱增,因此签署很多国际性的协议,如海上倾倒的控制(1971)、通过河流排放的规章(1974)、损害臭氧层物质的排放禁令(1987)等。在发达国家,对污染的控制有众多的立法进行规定。总体上看,污染负担减轻了但未消除。需要注意的是,发展中国家很多地区不受限制的污染排放仍在发生。

正如本文后续章节所述,植物和动物已对这些新的或增强的人为选择压力(包括污染)作出了回应。我们在这里分析几种不同类型的环境污染。

4.15.1　大气污染

空气被许多化合物污染,例如臭氧(O_3),二氧化硫(SO_2),包括二氧化氮(NO_2)在内的氧化氮,氟化氢(HF),硝酸过氧化乙酰(PAN),无甲烷碳氢化合物(NMHC)或挥发性有机化合物(VOC),铅(Pb)、镉(Cd)和汞(Hg)等金属及其一系列有机化合物与颗粒(Frangmeier *et al.*,2002)。污染物可能单独、也可能组合发挥作用,还可能相互反应形成新的化合物,对人类、植物和动物带来不利或有毒效应。大气污染极为错综复杂。生态系统可能暴露于气体与颗粒的混合物中,污染物可能同时或渐次发挥作用。污染还可能表现季节效应。由于污染而变得脆弱的植物更容易受到霜冻的摧残,病原生物也可能通过污染造成的损伤进入体内。

在 20 世纪 70 年代,欧洲与北美的环保主义者呼吁人们关注在工业区、发电站、城市以及都市中心下风头出现的"酸雨"现象。调查发现,二氧化氮来自交通排放的尾气以及很多工业设施的气体排放。当这些燃料燃烧所排放的氮氧化物与二氧化硫以及大气中的硝酸(HNO_3)和硫酸(H_2SO_4)发生作用后,生成的化合物降落到地面,形成酸雨。同样,在某些地区,硫酸铵$[(NH_4)_2SO_4]$等酸性物质的"干"沉降也是酸雨形成的重要因素。

酸雨会被携带至几乎没有本地污染源的远方,有时会从一个国家到另外一个国家(例如,从美国到加拿大,或从工业化的欧洲到斯堪的纳维亚地区),并可能造成湖泊的酸化,导致鱼类资源的破坏或损失。在湖水呈现自然酸性的地区,这一问题尤为尖锐。同时,酸雨还可能破坏森林,导致树冠的稀薄与死亡,例如大量使用含硫煤的中欧地区下风口的森林。

然而,相关的实验与观测表明,很多污染物会造成树木的损伤,并可能导致树木更容易受到霜冻、疾病等的危害。不能简单地将任何树木的损害都归因于雨水中酸性的增加。酸雨可能与其他因素相互作用。例如,酸雨可以降低土壤的 pH 值,而铝与镁化合物的作用也可能导致树木的不良反应,地下水与土壤的酸化作用还可能增加有毒镉、铜等化合物的溶解度。现场研究发现,在部分地区出现树木死亡或生长不良,在不进行实验研究的情况下将这种破坏全部归因于酸雨为时过早,需要对其他因素进行调查。例如,树木病害可能导致树叶或树根的损坏;此外,还应考虑虫害与干旱等的作用。再者,对树木种群的统计也是一个需要考虑的问题,或许某片森林中多为已经开始衰老的树木。

在对酸雨的破坏效果进行限制的尝试中,美国和欧洲已经探讨了通过立法控制二氧化硫排放,但是氮氧化物的排放仍然屡禁不止。在世界的很多地区(如亚太)空气污染仍然处于未受控制的较高水平。

空气污染中另外一个重要的成分是由氮氧化物与碳氢化合物反应生成的臭氧(O_3)。这种气体对人类、动物与植物具有毒性。由于其在大气中的存留时间相当长(夏季 1～2 周,冬季 1～2 个月),其可能终年在大陆间运动。在 1860 年,地球表面臭氧的浓度为十亿分之十五到二十五体积比($15～25$ ppbv),而目前的浓度数值已经超过了 $40～50$ ppbv。有证据表明,很多地区的污染水平已经足以威胁农业与自然生态系统(Akimoto,2003)。

4.15.2　温室效应与全球气候变化

作为环境保护主义者有关人类活动对生物圈影响的主要关注点,温室效应已经被看作是对人类未来与地球生物多样性的头号威胁。在此,我们仅对此灾难性的问题进行初步讨论,第18—20章将对气候变化进行较详细的研究。

越来越多的证据表明,大气污染正在威胁全球气候(IPCC,2007a—d)。这种效应不仅仅来自热量的产生,而且来自由于大气组分的变化而导致的能量流的变动。地球从太阳获得热量。这些太阳能有些被云层与地球表面反射,有些则被温室气体(水蒸气、二氧化碳、甲烷与一氧化二氮)捕获,引起地球的升温,剩下的则逃逸到了太空中。

从工业革命的开始阶段,由于化石燃料的燃烧、森林的砍伐(影响约20％的温室气体排放)以及其他的人类活动,大气中的温室气体剧烈增加。这些气体的存留时间都非常长,通过数十年的累积,加剧了大气中的温室效应。例如,二氧化碳的含量从之前的280 ppmv增长到了超过379 ppmv,而其中一半的增长来自1965年之后。正如下文章节所述,其他的温室气体含量同样也有了明显的增长。在将温室气体增长归因于工业革命的同时,有人提出新的假说,认为8 000年前的新石器时代,焚烧森林等农业活动同样也显著增加了二氧化碳的含量,而约5 000年前,由于灌溉以及水稻栽培面积的增加,空气中的甲烷含量也有所增加(Ruddiman,2005)。

过去的气候已经发生了变化。展望未来,由人为活动产生的温室气体而引起的气候变化的程度将取决于排放是否可以减少至低于目前的水平。对全球变暖的分析表明,如果人类不采取任何措施,到2100年,地球表面的平均温度可能升高4℃(介于2.4℃至6.4℃之间)。依照目前的证据,人类影响的气候变化速度高于过去65万年中起主导作用的自然进程的效果。由此导致一系列极端的气候事件,比如更频繁的热浪、降水方式的变化、水平衡失调、干旱、极端降水以及相关的效应,如自然火灾、热胁迫、植被变化以及海平面升高等(Hannah et al.,2002;Akimoto,2003;IPCC,2007a—d),还有可能导致热带气旋以及其他暴风雨频率的增加(Webster et al.,2005)。除非温室气体的排放得到控制进而减少,否则可以预测温室效应将会给人类社会以及地球上的生物多样性带来灾难性的影响。

在部分怀疑论者仍对气候变化挑战的严重性持怀疑态度的时候,最近的IPCC报告表明,科学界对这些事件的严重性逐步达成共识。近期,对环境问题的关注显著增加。媒体不吝笔墨地对人类的环境影响进行报道,气候变化成为当今社会的一个主要话题。在世界的很多地区,国家与地方的政客们正努力将这种顾虑体现在实际行动上。然而,事实证明目前国际社会仍不可能针对引起气候变化的温室气体排放的控制达成有约束力的共识,何时才可以采取及时、有效的措施仍拭目以待。

对人为温室气体排放的控制实质上涉及大气中污染物的减少。从乘飞机旅行的角度看,"空域"似乎是一个国家的财产,而实际上大气是我们这个星球上每个国家居民共享的资源。局部地区产生的污染随着大气扩散到全球,并与其他的污染物混合。大气吸收污染物的能力看似是无限的,但事实并非如此。

可持续发展的方针可以应用于私人所有的局部资源或国家控制的地区资源,但是在处理"共享资源",如大气、渔业资源、超出地区限制的海洋资源等时,我们会遇到特殊且往往难以克服的困难。

Hardin(1968)在其有影响力的论文"公地的悲剧"中,对这些问题的根源进行了说明,涉及渔业资源、水资源的使用等,尤其是思想上的不一致。用Phillips和Mighall(2000,p.238)的话说,他认为:

　　……如果人类获准自由进入公共区域或使用公共资源,则这些区域和资源将很快毁于一旦。因为通常每个人都想最大限度地攫取自己的利益,而丝毫不顾及滥用可能会造成的破坏。大部分人会将其自己的眼前私利建立在牺牲长期资源保护以及其他人利益的基础上;大部分使用者都会尽可能多地开采资源,因为他们认为即使自己不这么做其他人也会这么做。

很多人都曾经思考过公共资源如何控制与管理的问题。对于渔业资源与水资源等,目前建设与资源使用者签订有约束力的协议,以共享和维持这些资源。然而,达成并执行这些"协议"通常是非常困难的,但也不是不可能的(Dietz, Ostrom and Stern, 2003)。

更大的挑战来自对大气污染尤其是温室气体的控制。对于生产者和当地人而言,将污染直接排入大气中与从根源上消除这些污染或将排放水平降至最低相比,成本要小得多。然而,从本质上看,地球的大气是地球上各个国家所共用的资源。要想实现对导致全球气候变化的温室气体排放的有效控制,就必须在国际协议下采取有效措施。这些问题将在本书的后续章节中详述。

4.15.3　重金属污染

重金属造成的环境污染由来已久,但是由于很多采矿区域现在仍然处于开采之中,通常很难确定古代采矿与采石的范围(Scarre, 1996)。然而,考古学家在欧洲南部、威尔士、阿根廷等地区发现了史前的铜矿(Sherratt, 1996)。重金属污染在很多地区都很明显,包括矿石开采、熔化、加工的地方,以及人类使用相关产品并最终抛弃的地方。

一系列金属(如钙、铜、钴、锌、锰、汞、铅、镍、铬等)以及砷和硒的化合物是人类影响下的生态系统中的主要污染物。然而,需要注意的是,部分元素(如铜与锌等)是植物生长必要的微量营养物,只有当环境中金属原子水平过高时才会成为有毒污染物。

4.15.4　氮(N)化合物

氮化合物作为污染物从人类定居点以废水、动物粪便与残骸等形式排放,也可能通过有意或无意的生物质和燃料燃烧生成。农业是氮污染的主要来源。为了保证机械化农业的产量,人类向农田中施用大量的含氮肥料。部分氮元素被作物吸收并收获,而部分则渗析进土壤,进入溪流和河水中,进而排放到湖泊、湿地和近岸海岸系统,对这些生态系统产生深远的影响(Scavia and Bricker, 2006; Schindler and Donahue, 2006)。总而言之,人类活动使得氮化合物排放到陆地生态系统的数量比工业化前的时代翻了不止一番。预计到 2050 年,氮的排放可能会达到工业化前水平的 3~4 倍。

含氮化合物同样会通过大气污染对自然与半自然生态系统产生影响。大量的氨从密集饲养的家畜的粪便中挥发。1900 年前,大气中所有来自欧洲和北美洲非森林地区的氮的沉降数量级是 $1\sim3$ kg·N·ha^{-1}·yr^{-1},而现在则高达 $20\sim60$ kg·N·ha^{-1}·yr^{-1}(Bell and Treshow, 2002, p.201)。

4.15.5　磷(P)化合物

磷化合物也被广泛应用于肥料中。据估计,目前全球范围内这类化合物的使用量是在自然生态系统中发现的水平的两倍。估计到 2050 年,磷的使用还会翻番。磷化合物比氮化合物的可溶性要差。尽管如此,通过淋洗、水污染、喷雾漂移以及包括灰尘在内的各种污染物在大气中的移动,这些化合物广泛散布到陆地与水生生态系统中。

由氮与磷化合物引起的污染可能是近距离的,但是也可能会传至更远且更广的范围,并对很多陆地生态系统带来深远的影响(如森林、沼泽、石南荒原等),尤其是那些氮与磷化合物本身较低的土壤中。例如,对英国草地的研究显示,氮沉积的增加与物种丰富性的损失有关联(Stevens *et al.*, 2004)。在水生生态系统中同样存在较大的变化，人为造成的氮和磷含量的增加，导致破坏性藻花的出现频率增加，其毒素会杀死很多水生生物。

4.15.6　农药

虫害与病害给食物生产带来严重的损失，其损失比例在全球范围内高达 40%，局部可能达到 70%。自从第二次世界大战以来，人类开发出了成千上万的合成化学农药，包括杀虫剂（30%）、杀真菌剂（19%）以及其他的杀线虫剂和杀蜘蛛剂配方（6%）。目前，世界范围内农药的使用量高达 500 万吨（Matson *et al.*，1997），它们被设计成针对某种目标植物或动物的"杀生剂"。然而，即便在使用中小心谨慎，这些农药仍然会不可避免地通过喷雾漂移或施用区域的径流影响到其他的非目标植物和动物。农药对人类与野生动物的毒性不尽相同，但是都可能会有烈性效果，尤其是残留性农药，其可能会进入食物链并以较高的毒性水平存在于鱼类和鸟类体内（Holdgate，1979）。

4.15.7　不同来源的有机污染物

对欧盟河流流域的广泛监控表明，各种人类活动造成了大量的有机化合物，如酚化合物、二噁英、合成雌激素与雄激素等。这些化合物给植物带来了直接或间接的影响，如有些有毒物质会出现诱变效应，而有些生态系统的扰动可能会通过干扰动物内分泌对植物产生间接的影响（Brack *et al.*，2007）。

4.16　对生物多样性丧失的关注

从 20 世纪 50 年代开始，人类对生境消失与生物多样性受到的威胁的关注日益增加。很多国家通过立法创建一些国家公园与原生态区域，同时设立自然保护区保护濒危物种。在 20 世纪 70 年代，人类开始对一系列灭绝或濒危的植物和动物物种进行科学的评估，并制定确保物种生存的措施。在 1975 年，由于意识到植物和动物野生物种被破坏性使用的趋势，世界自然保护联盟推动签订了《濒危物种贸易公约》，通过限制贸易为保护濒危物种提供了法律框架。

4.17　应对外来生物的不利影响

在地球的变迁中，家养动物和野生动物、作物与野生植物，以及观赏植物被人类有目的地传入世界的不同地区；其他的动物与植物、病原生物以及害虫，也被无意识地从原始自然生境携带到其他的大陆或岛屿。因此，在世界不同地区隔离条件下进化形成的有机体被传入新的区域中。部分但不是全部的传入是入侵性的，会对当地生态系统产生深远的影响。我们将在后续的章节中对外来生物进行详细讨论。在此我们引用了两个例子，以强调物种引入的重要性。外来引入植物已经占据了加利福尼亚州大部分热带稀树草原与草场，沿岸的生境中包含有许多外来引入物种（Bossard，Randall and Hoshovsky，2000）。反刍动物的病毒性疾病（牛瘟）于 1887 年传入非洲东北部厄立特里亚，展示了病原生物引入导致的破坏性影响。到 1900 年其传到非洲南端的好望角时，非洲大陆超过 90% 的牛群死亡。羚羊、长颈鹿、水牛以及角马都受到了感染，造成了当地食肉动物的饥荒，并对非洲南部的生态系统以及人类社区带来深远的变化（Bell，1987；MacKenzie，1987）。

4.18 水土流失与盐碱化

对耕地的传统管理导致裸露的土壤很容易受到风雨的侵蚀;同样,动物的踩踏和过度放牧可能导致草原土壤暴露在大自然的力量下。在这些情形下,随着表层土被吹走或冲刷,可能会出现严重的水土流失(例如,新西兰山地草场的过度放牧导致溪谷与峡谷严重的水土流失)(McCaskill, 1973)。被冲刷走的物质可能会在原地沉积,但在更多的情形下会被冲刷到河流的下游并且在很远的地方沉积,改变三角洲、河口与海岸线的地貌特征。

在人类发展早期,森林砍伐与农业的发展就引起了广泛的水土流失,早在公元前6000年,就导致了约旦境内村庄的废弃(Pontin, 1993)。反思基督诞生前一个世纪的希腊景观,Plato评论道:"与过去相比,现在剩下的就像是一个病人的骨架,所有肥沃而松软的土地都已经荒废,只剩下一副空骨架。"(Pontin, 1993, p.76)在中国的农业发展进程中,水土流失是一个困扰多年的问题。例如,黄河之所以称之为黄河,其原因在于森林砍伐与农田水土流失,导致河水中含有大量的泥沙沉积物。美国大规模的水土流失出现在20世纪30年代,其原因是大平原遭遇了严重的干旱。农业破坏了自然的草地植被,土壤被强烈的沙尘暴吹起。被卷走的土壤被吹到远至芝加哥地区,并在大西洋的船只上也有发现。

在季节性炎热干燥的地区,作物的生长受到气候条件的限制,近东地区早期的农学家们深知这一点。在干季种植庄稼需要储水进行灌溉。然而,在降雨稀少并且夏季极为炎热(高达40℃)的这一地区获得初步成功之后,由于蒸发造成了土壤表面盐分(往往还包含硼、硒以及其他有毒化合物)的积累(即盐碱化),作物的产量开始下降。小麦被证明对盐分比较敏感,因此被对盐分耐受性更强的大麦所代替。最终,土地变得无法耕种,必须在条件允许的地方开辟新田地。盐碱化是导致美索不达米亚地区以及其他近东地区古代文明衰退的主要因素(Jacobsen and Adams, 1958;Pontin, 1993)。在对一系列历史事件进行详细研究的过程中,Diamond(2005)分析了导致一系列社会衰退或消失的因素。他推断,包括土壤肥力在内的环境危机对部分社会的解体有重要的作用。考虑到在气候变化下可能出现的高温与降雨形式的变化所带来的挑战,需要指出的是,盐碱化仍是地球上很多地方农民所面临的主要问题,包括美国、印度、土耳其、澳大利亚与俄罗斯等。

对所有农民而言,在较长时间内保持稳定的农业生产是一个挑战。当前比较重要的一些策略来自古典时期。例如,在罗马作者加图(Cato)与哥伦梅拉(Columella)的著作中包含有对动物与绿肥重要性的第一手建议,以及休耕轮作的益处(Seymour and Girardet, 1986)。如今,我们可以选择不同的策略来设计管理体系,以将水土流失和盐碱化的影响降至最低,包括休耕期、在农田周围植树、使用绿肥、等高耕作法、不同耕作方法的组合、滴灌,以及用最低限度的犁耕和直接钻苗进行种植等。然而,考虑到气候变化的可能影响,保持土壤肥力、控制水土流失与盐碱化的老问题依然是与温度和降雨类型变化以及更多极限天气相伴随的主要挑战。

4.19 人口数量不可阻挡的增长

人类自从进化成功后,其数量就开始了不可阻挡的增长,随之而来的是地球生态系统的变化(Evans, 1998;Cohen, 1995, 2003)。环境变化表明,人口规模与环境影响之间存在明确的关系,这种关系是众所周知的。然而,由于牵扯到很多相互作用的因素,因此这个命题很难在统计上加以检验。分析人口增长的数据,需要在此强调前文所述的观点:所有关于过去、现在和未来的人口统计都是估计值。

Cohen(2003,p.1172)将这一趋势总结为:

> 地球上的人口从 1700 年的 6 亿到 2003 年的 63 亿,其间翻了十多倍……人类出现以后,一直到大约 1927 年,世界人口才达到了第一个 20 亿;而在接下来不到 50 年的时间又增加了 20 亿(截至 1974 年),第三个 20 亿只用了 25 年(截至 1999 年)。在最近差不多 40 年内,地球人口翻了一番。在 20 世纪下半叶之前,没有人曾经历过地球人口翻番的情况,而现在甚至有人见证了地球人口的 3 倍增长。

人口规模与可用食物之间的关系是一个很大的争论点,Malthus(1766—1834)对此做出了突出的贡献。近来,Boserup(1965)提出了一些宝贵的见解。本质上,这一争论围绕着食物供应与人口规模的精确关系展开:食物供应增加到何种程度会促进人口增长?反之,人口增加的压力到了何种程度将迫使人类寻找更具创造性的办法发展农业以增加食物供应?当然,食物供应只是影响人口增长与规模的众多变量之一。人口还与迁徙、饥荒、疾病、战争、宗教信仰、社交及性行为等因素相关。

4.20 未来 40~50 年的人口预测

环境保护主义者在强调未来人口增长潜力方面发挥了重要作用。人口增长将对生物圈产生重要的影响。关于未来人口规模的一个不确定领域是目前正处于人口高速增长期的国家如何实现"人口过渡"。Mace(2002,p.235)将人口过渡的特性表述如下:"(这)是指在全世界都观察到的现象,在这个过程中,曾经有高生育率和高死亡率的社会转变成低生育率的社会。这种向少生孩子的转变通常(但并非总是)与生活水平的提高以及死亡风险的降低有关,代表了一种剧烈的文化变化。"显然,考虑到世界各地这一变化的可能性以及其他不可估量的因素,不可能确切地预测未来人口数量。然而,"如果生育率保持在目前的水平,那么到 2050 年地球人口将会达到 128 亿,为现在水平的两倍"(Cohen,2003,p.1172)。

人口过渡的概念也对自然保护主义者产生了影响。展望未来,人们认为如果这种在很多社会已经出现的过渡阶段变得更广泛,人口数目将会降低,进而缓解对环境的压力。基于这一概念,自然保护区、动物园与植物园被认作是在暂时的人口寒冬中保护未来生物多样性的"诺亚方舟"(Soulé et al.,1986)。随着人口的减少,受到保护的生物多样性将会从其安全的避难所涌现,通过自然扩张,或者通过积极的恢复和重新引入收复失地。

展望将来,已经基于一系列假设对人口增长进行了估算,这些假设包括高、中、低变量和"一切如常"的模型(Young,1998;Cohen,2003)。他们并未对概念感到安慰。"根据中等变量(medium variant),到 2050 年,地球人口将从现在的 63 亿增长到 89 亿……到 2050 年预计 26 亿的人口增量将超过 1950 年的总人口——25 亿。"(Cohen,2003,p.1172)

4.21 生 态 足 迹

环境保护主义者试图通过"生态足迹"的计算将人类活动对生物圈的影响进行量化。早期的模型根据"生产人类消耗的资源并吸收人类产生的废弃物所需的总陆地与水域面积"来定义足迹(Rees，2001)。这些分析揭示出美国、欧洲、澳大利亚与日本等发达国家每个公民平均需要 5～10 公顷生产率高的土地与水域来支持其消费生活方式。相反，中国的生态足迹小于 1.5 公顷，而孟加拉国则仅为 0.5 公顷。显然，这些数据随着情况的变化而变化。例如，中国正处于大规模的工业发展之中，因此平均"生态足迹"将会增加。"生态足迹"的计算方法虽然有待改进，但是可以显示出不同生活方式的环境成本(Sanderson et al.，2002)。Rees(2001)对生态足迹的方法论、样本计算及其优缺点进行了完整的分析。在足迹计算方面我们取得了很多进展。近来，随着人类对气候变化的关注与日俱增(参见下文)，开始通过计算"碳足迹"来对每人每年所排放的二氧化碳数量进行估算。根据计算，每个美国人每年排放的二氧化碳大约是 20 吨，而在澳大利亚，这一数字是 18 吨，英国为 9 吨，瑞士和瑞典为 6 吨，中国为 3 吨，印度为 1 吨，埃塞俄比亚为 0.1 吨(数据来源：http://environment.independent.co.uk/climate change)。

考虑到不同足迹数据所暗示的资源分布的不均衡性，全球统计数据掩盖了世界不同地区的巨大差异。大约有 12 亿人生活在经济比较富有、更加发达的地区，如欧洲、北美、澳大利亚、新西兰与日本，剩下大约 49 亿人则生活在经济上相对贫困的欠发达地区(Cohen，2003)。Balmford 等(2002，p.953)引述 2001 年联合国人类发展报告，揭出一个令人吃惊的统计结果，即超过 12 亿人每天的生活成本少于 1 美元。鉴于未来地球人口有可能进一步剧烈增长，人类将会面临越来越严峻的问题，尤其是目前发展中国家仍有 8 亿人营养不足，有一些甚至仍然处于饥饿中；10 亿人缺乏安全的饮用水；24 亿人卫生条件不良；每年有 200 万到 500 万人死亡，数以亿计的人饱受由水传播的疾病之苦(Gleick，2003)。

对人口增长以及增加粮食产量必要性的预测必须与农业生产的预测相符合。Pimentel 和 Pimentel(2002，p.260)报告称："超过 99% 的食物来源于陆地，而只有不到 1% 的食物来源于海洋。"他们继续补充道："在世界范围内，用于生产的肥沃农田正在以惊人的速度萎缩……在过去的 40 年由于对土地的过度利用导致了全球大约 30% 的农田消失。""水土流失最严重以及贫瘠的土地正在被砍伐的林地和(或)边际地所替代。"实际上，对更多农田的需求是世界上 60%～90% 的森林遭砍伐的原因……世界人均农田面积正在减少，目前只有 0.27 公顷。这仅仅是被认为产出与美国和欧洲相似的多元化饮食所需的最小耕地面积 0.5 公顷的一半。其他国家的土地甚至更少。例如，中国的人均耕地面积只有 0.08 公顷，只有最低可接受水平的 15%。

让我们回到未来粮食生产的问题，Young(1998)综合分析了与人口增长相关的未来食物资源的 65 项估计。有些估算让人感到宽心。例如，农业效率的增加可以使谷物产量有高达 15 倍的增长；此外，如果可以避免收获后的丢失与浪费，则地球可以养活 100 亿～110 亿人口。事实上，有些人甚至计算地球可以养活高达 400 亿人口。然而，其他人则认为人口增长的放缓是重新回到食物与人口平衡的必然选择。

4.22　结　论

世界人口数量急剧增长，并且大部分分析预测这一趋势还将继续。有些人生活在富裕社会中，而更多的人则饱受疾病、营养不良以及缺乏清洁生活用水之苦。即便是在部分地区粮食有富余，在地球的其他部分人们仍然要面对饥饿。正如上文所示，人们针对人口增长与粮食供应的问题提出了很多模型。然而，由于并没有充分考虑正在出现的影响农业生产的交互因素，如转基因作物的发展以及推广等，这些预测可能很快过时。在本书编写之时，很多发展中国家都报告粮食价格飞涨与紧缺的问题。这些问题与收成较差(部分地区种植条件恶劣)、国内局势动荡、燃料与农药价格的提高、新兴经济体对肉类与粮食的采购增加(如印度、中国等)、粮食作物被用作生物燃料等因素有关。

在这一简单的回顾中,显然可以看出地球生态系统已经被人类以不可持续发展的方式所改变。在全球气候变化的背景下,由于增加的人口仍需对地球及其资源进行开采与管理,进一步的改变不可避免。环保主义者尽其所能鼓励人们对资源的明智使用,我们可能使用更可持续的方法对这些资源进行管理吗? 我们可以实现对温室气体的有效控制吗? 在后面的章节,我们将继续讨论这些问题。

考虑到人类对地球表面的改造程度,是否还有自然、质朴的生态系统幸免? 地球上还有荒野吗? 在下一章,我们将对这个重要问题以及人类在生物圈中的作用进行探讨。

第 5 章　人类活动对生物圈的影响

上一章对人类的起源、规模和不断激增的人口数量所带来的影响，以及环境保护主义的起源进行了综述。环境保护论倡导我们要极其审慎地开发地球资源，以期使人类对资源的利用更具有可持续性。本章将介绍一些其他有助于理解当代微进化事件的概念和观点。

5.1　文化景观

人类学家、考古学家和其他研究人员认同这样一种观点：人类是社会性的生物，世界不同地区具有各自特征性的"文化景观"（cultural landscapes），每一种"文化景观"都反映了产生它并生活于其中的人类的不同文明、习俗和艺术成就。如今，形成了一系列令人惊叹的文化景观，包括正在消失的狩猎-采集者聚居景观、众多不同的农业景观、城市景观和具有现代文明的城市工业景观。

最初，文化景观是伴随着作为狩猎-采集者的人类向远距离迁移而产生的，并逐渐被稳定的农业景观所代替；随后，丰富多样的文化景观不断形成。农业景观里许多显而易见的差异与农作物的种植相关，现行的农耕作业受过去不同区域的气候、土壤等因素影响。Grigg（1974）研究过不同农业系统的特征和分布，包括迁移农业（shifting agriculture）、水稻耕作、草原游牧、地中海农业、西欧和北美的混合农业、密集型制酪业、干旱区的大牧场经营、作物种植园和大面积谷物加工业，发现这些主要农业类型因地域不同都有各自衍变形式。

例如，亚洲、南美和西非的迁移农业就有不同的形式（Grigg，1974）。典型的迁移农业是在森林里清出的大片土地上进行短期耕作，然后休耕，使得灌木和树木大肆入侵，同时定居者迁移到新的区域。几年之后，农民迁移回来把休耕的土地清理并再次用于耕作。其他形式的迁移农业，如被农田环绕的村庄也形成了文化景观。对这些农田进行轮换使用而不在特定地块进行永久耕种和农作物轮作，使得每块地在种植庄稼一段时间后都有几年的休耕，期间树木和灌木侵占农田，把田地清理后可再次用于耕作。迁移农业促进了土壤肥力的恢复，也提供了一种控制杂草的手段。每种耕作系统有其不同的变换形式。

需要强调的是，当回顾了不同文化景观的历史后会发现，有些文化景观在相当长的时期内经历了渐进式的变化，而有些则发生了剧烈的突发事件，譬如，当一个地区的人们被另一地区人们征服后，战胜方会把自己的文化强加于战败方。在其他地区，定居点或许兴盛一时，但后来突然被放弃，历史学家可能将此归因于单一因素的作用。例如，在 14 世纪黑死病首次暴发导致欧洲部分地区超过 33% 的人口死亡，由于无人耕种，一些村落规模缩小或是被遗弃。在其他情况下，定居点失败或被遗弃可能涉及一些交互作用因子的影响，包括海岸带侵蚀、从贫穷或贫瘠土壤地区撤退、瘟疫、气候变化、作物歉收、土壤侵蚀、将耕地变为牧场用于放养羊群、村落占地用于开发城市周边的娱乐设施或大型公园等（Glasscock，1992；Davison，1996）。文化景观的进化，经历突然或渐进变化或被废弃，可能留下非常显著的痕迹——废墟、地标和各种不同的人工制品（图 5.1）。在其他情况下，遗留的文化景观可能很少或还被埋葬着，等待考古学家的关注。

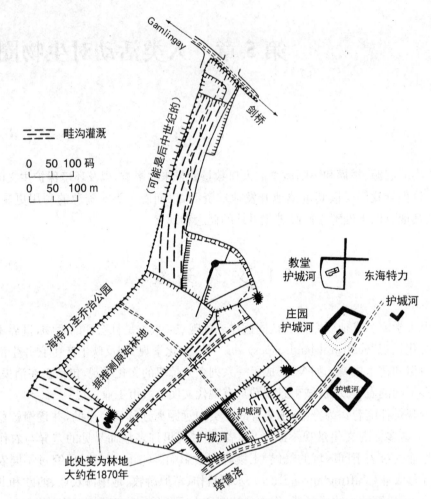

图 5.1 英国剑桥郡 Buff Wood 历史生态状况。该林地约 16 公顷,位于剑桥西部钙质巨石黏土土质的高原上,历史较为复杂。在推测为古老林地的原始核心区域外围是退耕还林形成的林地,自 1350 年以前由于人类定居减少这里多次发生林地的形成,该结论得到现有木材的典型特征证据的支持。这幅地图展示了次生林的土木工程和护城河以及畦沟灌溉,表明这里曾是农耕用地。〔经 Rackham(1980)同意重绘;关于 Buff Wood 的详细历史参见 Rackham(2003)的著作第二版〕

Atkins、Simmons 和 Roberts(1998,p.219)对文化景观做了如下总结:

在古老和复杂的社会里······景观是数百年或数千年小规模积累和改变的集合,有时会发生大尺度的变化,不断覆盖彼此。因此,景观是一种文化制品或结构,不仅记录了人类在伐木或排干沼泽时付出的体力劳动,还记载了他们思考、使用技术的方式,甚至社会和政治的结构。

景观不仅体现了当代的影响,还通过其中的元素在不同程度上反映了过去的变化,因此可以将景观变化比喻成"重写本",这是中世纪和近代早期欧洲人写在由动物皮制成的羊皮纸上的文件。尽管动物皮的特征导致羊皮纸上使用过的痕迹无法被消除,但由于纸张的昂贵使得羊皮纸要不断地被重复利用。这个羊皮纸的比喻对理解景观很有用。然而,现代化的技术如大型机械深耕作业,足以彻底消除"昨日景观"的遗迹(Atkins et al.,1998)。

人类总是爬到大树的有利位置或在山坡和高山上鸟瞰景观。现在,许多人有条件借助飞机、热气球、滑翔机等设备获得更大尺度的全景,因此也很容易确定广袤的文化景观,并思考这些景观的存在是以丧失自然群落为代价的事实。随着文化景观正在世界范围占据主导地位,关于是否还有荒野的问题日渐突出。

5.2　是否还有荒野?

19世纪和20世纪初期,美国农业和城市飞速发展到了必须采取措施保护国家公园里仅存的"荒野"(wilderness)之地的境地,依据1964年的荒野法案许多努力不断被付诸实践(Woods,2001)。

1872国家公园和1964荒野法案中提到的荒野概念被证明对在美国本土和更大范围的保护运动都是非常有影响的。1964法案(引自Woods,2001,p.350)的措辞如下:

> 与受人类及其劳作影响的景观不同,荒野是这样一个区域,那里的土地及其中的生物群落未受人类干扰,人类也只是其中的一位访客。对于荒野的进一步定义是……未被开发的联邦土地,保持原始的特征和影响,没有被永久性改良或无人居住,同时也是:① 受到保护和管理并维持其自然状态,总体上受自然力影响而人类影响甚微;② 能够提供独处或一种原始不受拘束的消遣方式的机会;③ 拥有至少5 000英亩土地或者面积足够大以便实施保护措施,也可以在不被破坏的前提下使用;④ 凝聚了生态学、地质学或其他科学、景观和历史的价值。

Woods(2001)在一篇关于荒野的重要综述中指出,在美国除了许多国家公园、禁猎区和鸟类保护区外,还有600多个已经申报的荒野区域。在世界荒野大会的推动下,全球范围内如澳大利亚、加拿大、新西兰和津巴布韦等地区的大片荒野也已经被指明。

旅行、游猎和远足探险的生态旅行者常使用荒野的概念。譬如,苏格兰被誉为"原始高地荒野"(Warren,2002,p.3),这里的保护组织定期拨出资金用以维护被人类破坏的荒野。该词也被广泛用于公众宣传材料和保护文献中,例如,保护国际(Conservation International)出版的一书——《荒野:地球上最后的野生区域》(Mittermeier *et al*.,2003),描述了分布在热带雨林、湿地、沙漠和北极冻原的37个荒野,面积均超过10 000平方千米,原始植被覆盖率达到70%。令人惊讶的是,部分荒野已发现有人类居住,其中一些地方每平方千米人口密度不足5人。

荒野的概念引发了许多非常有趣的问题。在对美国荒野法案的评论中提及这样一个事实,"如果我们把荒野定义为未被践踏、未被影响、未被定居和无人类的自然"(Woods,2001,p.355),那么由于人类影响如此广泛而深刻,以至于荒野实际上是不存在的。

5.3　荒　野　概　念

顾及不同的意见,有必要更加审慎地认识"荒野"的概念。首先需要注意的是,许多语境中"荒野"一词并没有被清晰地定义,像其他意思相近的概念——"原始环境"、"原始森林"、"自然世界"、"未被破坏的生境"和"野生自然"等。

追溯"荒野"概念的起源,Oelschlaeger(1991)曾提出随着"驯养"和"野生"的差异的出现,"荒野"就伴随着农业的产生而出现。这些概念也被用来指动物、植物和土地。"野生就是未被驯化的、处于被管理的田地和林地之外的。"(Adams,2004,p.102)

5.4　荒野和"原始神话"

荒野的概念被传播到海外。根据Nash(1982)的描述,当第一批欧洲人到达美国时他们认为自己已经到了荒野,"没有文明,只有野兽和野人居住的地方"。殖民者"看到了美国和澳大利亚的景观,没过多久,开放的未被使用且未被定居的非洲大陆也被发现"。这些地方似乎缺少行动有效的人类定居,因为土地都没有明显改良的迹象……以土著欧洲人的观点来看,澳大利亚本土就是一个荒野,是要被定居的,要被欧洲农民和他们带来的牲畜和技术开化的(Adams,2004,p.103)。

Denevan(1992,p.369)曾写过一篇散文,作为哥伦布到达美洲500周年纪念,文中详细地描述了他称之为"原始神话"的荒野,并断言:"在1492年,美洲是一个人迹罕至的荒野,一个几乎察觉不到有人类干扰的世界。"Denevan认为,这个神话"在很大程度上就是19世纪浪漫主义和尚古主义作家如W.H.Hunson、Cooper、Thoreu、Longfellow和Parkman,以及画家如Catlin和Church创作的作品"。

但是有大量证据表明,早在16世纪初期几乎美国所有的土著景观都已受到人类的影响。实际上那里人口数量巨大。Denevan估计哥伦布到达美洲时大约已有5 400万居民(北美洲大约400万;墨西哥和中美洲大约2 000万;加勒比海大约300万,南美洲大约2 400万)。由于人类活动导致"森林组成改变,草场出现,野生生物被破坏,在一些地方土壤侵蚀严重。土木工程、道路、田地和定居相当普遍"(Denevan,1992,p.345)。

从较长的时间尺度看,在15 000年前,除了最荒凉的地区外,人类已经在地球上各个角落定居。考古学家在世界各地的研究发现,人类对史前的影响很可能是巨大的,例如,一些权威人士认为人类与某些史前动物的灭绝有关。

5.5 大型动物的灭绝

早在1875年,Alfred Russel Wallace发现(Wallace,1876,p.150):"我们生活在一个缺乏动物的世界,所有体积最大的、最凶残的、最强壮的动物都在最近消失了……这种现象不只发生在一个地方,而是出现在几乎地球表面一半的区域。"起初他认为灭绝是冰川期冰河作用所致,但是逐渐明朗的是,许多大型动物在那个时期存活下来了,而是在以后才灭绝。Wallace(1911)更加肯定,灭绝是由于人类的影响造成的。

考古学家用放射性碳测年法对已灭绝的大型哺乳动物骨骼化石研究发现,在第四纪冰期末期,世界各大洲丧失了85个属的大型哺乳动物。地质学家和考古学家长期致力于确定这种大型动物灭绝的原因,而且研究仍在继续(见Martin and Klein,1984,关于灭绝原因的综述)。总之,尽管"区域性灭绝事件常与气候变化有关……但尝试用综合性的处理方法,把更新世晚期灭绝事件的强烈程度、时间和特征与世界性气候变化模型融合在一起是非常困难的"。从全球范围看,与全球气候变化相比,更新世晚期的灭绝事件似乎与史前迁移和人类活动更相关(Martin,1984)。人类迁移和大型动物灭绝的巧合证明了人类对史前过度捕杀所造成的恶性影响是应负责任的,这一观点也为研究过去发生的事件提供了重要线索。因此,根据Martin的研究,大约距今11 000年前,人类跨过白令海峡(当时这里曾是一个陆桥)进入新大陆并在此迁移扩散,新大陆大型动物的灭绝就发生了。在马达加斯加鸟类和哺乳动物的灭绝及新西兰巨型恐鸟的灭绝就发生在人类到达之后。

一些研究人员把灭绝过程视为快速的"闪电战",但是最近利用放射性碳测年法对骨骼的研究发现,加利福尼亚一种不会飞的海鸭(*Chendytes lawi*)的灭绝经历了较长的时间(Jones *et al.*,2008)。许多考古学家也猜测更新世的灭绝事件可能不仅与人类过度捕杀有关,还可能由于人类活动对重要生境的破坏(Miller *et al.*,2005;Grayson,2008)。

5.6　文化景观与火

越来越多的证据显示,北美洲、澳大利亚和世界其他地区的狩猎-采集者通过使用火对自然生态系统产生了深刻的影响。譬如,在澳大利亚,植被受到原始的"火棒耕作"(firestick farming)的深刻影响,土著民用火伏击动物,加速牧草再生,促进可食用植物种子的萌发(Evans,1998)。反复使用火种已经对广袤的澳大利亚稀树草原(savannah)产生了巨大影响,也对那些试图管理火和保护生态系统的人们带来了许多困难,特别是在聚居密集的区域(Russell-Smith et al.,2007)。

Krech(1999)对北美洲印第安人使用火的证据作了综述,其中写道,他们在捕猎时燃烧森林以驱赶和围困动物,用火来促进禾草和大型动物适口的其他牧草生长,提高浆果、种子、坚果和其他食物的产量,驱逐不受欢迎的异类和敌人,作为沟通的信号,去除森林中低矮灌木以利于行走,以及捕杀蚂蚱作为美餐。Sauer(1950,1958,1975)认为新大陆大草原的形成更可能是人源性的而不是因气候产生的。据说,美国东部大草原在 5 000 年的时间里是由印第安人每年焚烧草原来维持的。目前很清楚,森林可以在草原地带生长,因为自 19 世纪禁火令开始实施,在威斯康星州、伊利诺斯州、堪萨斯州和其他地方许多草地都被森林取代了。关于人类在世界各大洲主要草场进化和维持中的作用还在争论中(Anderson,2006;Behling et al.,2007)。

5.7　原始雨林有多"原始"?

Denevan(1992,p.373)在研究人类对美国森林的影响时写道:"不论是在 1492 年或 1992 年,热带雨林因其原始而久负盛名,但是积累的证据显示亚马逊流域和其他区域的森林在形式和组成上都受到人类的影响。"在 1957 年第 9 次太平洋科学大会(Pacific Science Congress)上,Sauer(1958,p.105)挑战了著名热带植物学家 Paul Richards 的观点,此人坚信直到最近热带森林才被人类大面积定居,而且史前人类并没有比其他动物对植被产生更大的影响。Sauer 则认为:"印第安人的火烧、火烧后临时性的农田和对植被组成的操纵深刻改变了热带森林。"Balée(1987,1989)和 Uhl 等(1990)支持这一解释,他们认为亚马逊流域的森林是"与文化及人类有关的","这些森林的大部分区域似乎展示了过去人类的干扰效应"。近期考古学的研究支持了雨林也受人类影响的观点。尽管如此,"野生自然"(wild nature)一词常用于描述生物多样性高和受保护的生态系统,比如被认为是物种多样的原始热带雨林。潜在的假设是这样的区域仍然是原始的或相对未被人类活动干扰(例如 Balmford et al.,2002)。

但是,在阅读过考古学家的证据后,Willis、Gillson 和 Brncic(2004,p.402)得出了不同的结论。更多的证据表明:"所谓的'原始'(virgin)雨林可能不像最初想象的那样原始,而事实上经历了巨大的史前改变。"因此,作为早期文化景观的一部分,亚马逊、刚果和印度-马来西亚地区许多被认为是未被干扰的雨林也都被史前人类活动深刻影响过。

来看看这些地区,在亚马逊分布有超过 50 000 公顷肥沃的黑土地(terra preta),这些土壤的形成归因于史前火烧和农业活动(大约 2 500 年前)。在巴西 Upper Xingu 地区存在史前定居(追溯到公元 1250—1600 年),表明这里曾对景观进行集约化管理和开发,并以农耕用地和公园用地替代了森林。在公元 1600—1700 年,人口减少导致大面积的森林再生,留下了荒野的遗迹。

多学科研究揭示了在非洲刚果盆地低地存在相似的情况。大量石器、油椰子果实、底土碳层、陶器碎片和香蕉植硅体(能正确鉴别硅碎片)表明,大约在 3 000 到 1 600 年前这里发生过砍伐森林、定居和农耕,而当人口数量急剧下降时,森林得以恢复。在中非西部开展的考古学研究表明,大约在公元前650 年炼铁炉可能对森林产生了严重的影响,因为需要伐木来获取碳和熔炼(Willis *et al.*,2004)。在刚果发现了许多被视为"原始的"森林类型,而这些森林现在被认为是次生演替的结果(van Gemerden *et al.*,2003)。

印度-马来西亚雨林遭受的史前改变发生的时间似乎更早(Willis *et al.*,2004)。各种证据表明在巴布亚新几内亚出现的文化景观可以追溯到大约 7 000 年前,泰国低地雨林可能早在 8 000 年前就被人类管理了。生态学、考古学和口述历史的证据表明,大约在 150 年前所罗门群岛上出现人类定居和繁衍,但是当人口数量下降和不断迁移时,许多树木再生,森林开始复苏,这些森林被认为是发生了典型的次生演替。Willis 等(2004)得出结论,对于许多热带森林,认为由于过去人类活动导致土壤流失的程度太小以至于不会产生重大影响的观点是不能被接受的。"原始"森林的存在看似证明森林生态系统的适应性和可再生能力,然而各种证据表明在人类迁移或人口数量骤减之后,次生林的恢复是需要时间的。

5.8 欧洲的荒野

在 1970—1971 年,Netting(1981)基于对 Vispertal Törbel 村的详细考察,对瑞士阿尔卑斯山海拔1 500 米处的土地利用进行了深入的研究,指出拥有"野生的"未被触及的自然景观影像的旅行者必须接受这样一个事实:除了高峰外,瑞士景观的所有角落都已被人类操控,而且是被村民有意识地影响,主要包括耕作、放牧和割草。深入的研究展示了村民复杂而又无处不在的活动,无论近处或远处,在其生活环境周边的自然资源都曾被广泛利用。

野外工作发现,村落土地大部分用于收集干草:对低洼的草地定期施肥,通过一系列灌溉渠道供给水分,还有春秋季牲畜的啃食。羊群多分布在崎岖多石的山坡上,这里的草地被用于定期放牧。只要坡度允许,高山草甸的干草也会被刈割。夏季高纬度地区人们通过放养牛群获得牛奶以制备奶酪。在村落附近受保护的地方,种植果树收获苹果、榛子、李子和胡桃,还有野草莓、松子(产自五针松)和许多草药。在过去,通过种植棕榈和亚麻来获得家用纺织物;在阶梯式的护土墙内,菜园被仔细耕种和施肥。除了悬崖峭壁,一切都显得井然有序,驯化有序。每一块田地、沟渠和定居点都有地名。森林覆盖山坡,可以保水固土,减少雪崩灾害。野外实验表明,落叶松和冷杉因砍伐而变得稀疏,同样也受到了保护。通过抽签分配即将被砍伐的树木,伐下的枝干和松枝被收集用作燃料,大量枯枝落叶和死亡未倒伏的枝干也被收集后在周日由森林管理员贩卖。Netting 描述了一个几乎可以自给自足的群落,一个除了葡萄园应有尽有的村庄!尽管没有葡萄园,但是沿着 Vispa 山谷有成片的葡萄。这幅画面展示了一个非常适应高山地区的文化景观,在村庄的各个地方有大量的干草仓库,屋子里有储藏室和地窖,可以用来贮藏冬季和抵御灾害使用的干草、谷物、食品和酒水。

在欧洲,不少文化景观之间可能还存在野生未受影响的区域一直是大量研究的主题。有证据表明,许多被认为是自然的、有濒危动植物物种的地方已受到人类开发。例如,在回顾了斯堪的纳维亚半岛的植被历史后,Faegri(1988, p.1)写下:"几乎所有的植被类型都由人类创造或改变,只有少数或还未定论的例外。"Faegri 强调了我们生态认识一个深刻的转变:"前几代人看到的'自然景观'实际是土地利用早期类型的遗留产物。"

再看一看苏格兰的情况,为了扩大牧羊规模,当地人开展了"高地清除"(Highland Clearances)运动,对此 Hunter(2000,p.6)指出:"被当今保护学家所赞颂的高地荒野,并不是自然的,而完全是 19 世纪地主人为作用的结果,他们将人类从这个生活了一万年的高地生态系统中驱逐出去。"集中研究了广泛的证据后,Bennett(1995,p.36)得出了"整个苏格兰景观都是由人类创造的"结论(见 Hunter,1995)。

因此,纵览被开发的世界各地,自然植被网络中农耕土地岛屿和斑块的概念都不得不放弃。研究表明人类影响存在梯度变化。当考虑任何一个被认为是原始植被的区域时,第一印象可能具有欺骗性,因为考古学家和历史生态学家提供了大量的证据,揭露人类对生态系统的影响。

5.9　海洋是荒野的神话

荒野的概念不仅被用于陆地,还被用于海洋。Jackson(2001,p.5411)给出了如下重要的评价:

> 一直以来海洋是荒野的神话使得生态学家忽视了过去几个世纪由于过度捕捞和来自陆地的人类输入造成海洋生态多样性大量丧失的问题。直到 19 世纪 80 年代,珊瑚礁、海藻林和其他海岸带生境在科学杂志和教科书中还被认为是"自然的"或"原始的"群落,很少或根本没有提及大型脊椎动物丧失或被污染的广泛影响。

基于涉及 20 个海洋生态系统的 17 个全球数据集制作并于近期出版的地图显示了人类活动的影响日益加剧(Halpern *et al.*,2008)。

5.10　神话及其意义

重新审视美洲原始神话的起源,Denevan(1992,p.379)认为早期调查者"没有意识到对当今学者而言显而易见的人类影响"。而且,很显然许多目击者在美国和其他地方看到的荒野并不是第一批欧洲殖民者看到的景观,而是此后 1750—1850 年间的景观,是 1492 年后期从旧大陆传来的天花和麻疹等疾病导致人口骤减,新大陆的植被开始恢复而形成的景观。

有关原始荒野的最新研究成果对环境保护意义重大。正如 Denevan(1992)指出的,美洲景观遗留了印第安文化的印迹,1492 年以后,"常见的欧美景观开始植入,而不是重新创建新的景观"。他还强调如今正在被保护的或倡议要保护的以免受人类干扰的景观中,很多都已不再是原始的景观,其中已经蕴含了相当长期的经人类改造的历史。因此,很重要的一点是,世界各地的保护学家正在试图保护他们认为是荒野的景观,而越来越多的证据显示这些陆地都是或曾经是文化景观。

5.11　第一批保护学家

对史前土著人类活动的研究使我们发现土著人是第一批保护学家,这一观点在保护文献中很普遍。譬如,Sale(1990)声称:"新大陆的人们与自然和谐共处,并有意识地不去改造周遭环境,他们还采取某种方式维持田园生态平衡。相反,欧洲人受物质欲的驱动,崇尚一种无情的土地伦理观念。"(引自 Butzer,1992,p.347)

Krech(1999,p.212)曾仔细考究过"生态印第安人"(The Ecological Indian)这一概念。针对更新世灭绝事件,他参阅了关于北美土著人对环境影响的可用证据,涉及火的使用,捕杀鹿、海狸和水牛,以及农耕导致土地退化,并得出如下结论:

> 土著人显然对他们居住的环境了解甚多……20世纪以前,在没有西方影响下他们采取西式保护的证据很多。一方面,土著人清楚地知道什么样的行为产生什么样的结果:例如,如果在特定时间火烧草地,他们可以在一个季节和一年后为水牛提供一个良好的生境。根据已有知识,他们有意识地促进可食用植物和动物的持续生长,印第安人留下了可利用的动植物物种、栖息地和相关的生态系统,为此,他们也被称为"自然环境的保护者"(conservationists)。但从另一方面看,许多土著人采用的使水牛跳崖(buffalo jump)而将其捕获的方式、各种用火方式、售卖海狸皮和鹿皮等等,也使得他们不能被称为环境保护者。

5.12 人 与 自 然

谈到荒野及其保护,还有一个重要的话题值得思考,那就是通过驱逐人类来保护荒野区域引发的许多关于人与自然之间关系的问题。正如第4章提到的,达尔文认为人类是进化的产物,也是物种之一,是自然的一部分。由此推出,人类是自然世界的一部分,逻辑上人类的任何行为都是自然的,包括通过开发农耕用地、管理草地和森林及兴建城镇等将荒野变为文化景观的活动。

但是,很多环境保护者并不赞同这一观点。事实上,他们将自然世界和人类活动区分开来,而且这样的观点已有很长的历史,在犹太-基督教(Judaeo-Christian)的传统里,正如《创世记》(Genesis)里讲的,人类被创造并置于一个预先设定好的自然世界里,也就是说,人类与自然是相互分离的,是万物的中心,任何一切事物都是为人类服务的(Gruen and Jamieson,1994,p.15)。在创造宇宙万物的时间顺序里,人类有其确定的位置和宿命,"要生养众多,遍满地面,治理这地"(《创世记:第一章》)。

"自然"和"自然的"这两个词的用法很复杂。Willianms(1980,p.67)对此问题质疑:

> 一些人看到一个词后想到的第一件事就是去定义它。词典也就产生了……尽管给事件和影响赋予特定且简洁的名字或多或少是可行的,但是对于更加复杂的概念这样做是不可能的,也是不恰当的。对于这些概念,重要的不是其具有某个合适的含义,而是要考虑含义的历史背景和复杂性:有意或无意地对概念进行不同的使用。

因此,"自然的"一词就有了许多具体的抽象的含义。

二元思想将自然与人类割裂开是很常见的。两者间的差别常常被提取出来,人类或文明与自然之间的分裂就形成了。这种人类中心说或一个中心的观点与18世纪及19世纪的启蒙运动和浪漫主义运动关系尤为密切(Williams,1976,p.188)。自然与人造之物截然不同,"自然意味着'乡下'(countryside)和未受破坏的地方、植物和除人以外的其他生物","自然就是非人类创造的"。在英国出现许多景观公园,地主在他们的大庄园里重新布置和改善自然景观,造成自然与文化之间的差异也越来越大。

环境保护论者常常看到人类与自然敌对,而不是作为自然的一部分。因此,19世纪,Marsh(1864)在公开反对人类毁灭性的行为时写道,人类是"自然和谐的破坏者",20世纪许多人也声称,"人类在远离自然"(例如,Pontin,1993)。

在植被分类中,植物生态学家设定了不同的类别:自然的、半自然的和人为创造的栽培景观。由此,自然与人造的差异就产生了。譬如,Tansley(1945,p.1)写道:"所有植被都是自发产生的,但是与完全自然的、不受人类影响的植被不同,在人类设定的环境下长出的植被是'半自然的',而播种的庄稼和种植园则是人类特意创造的。"Tansley 还用"半野生"(half-wild)和"野生"(wild)来描述英国植被(Tansley,1945,p.1)。Rackham(2001,p.675)也用半自然来形容那些"尽管是野生的、不是被播种或种植的,但其特征是受人类影响的植被"。

5.13 环境保护主义者眼中的人类活动

关心物种保护的人常关注人类活动产生的破坏性影响,如 Diamond(1989)所述的"邪恶四重奏"(Evil Quartet),包括生境破坏和碎片化、过度捕杀和捕捞、入侵种的影响,以及由此而导致的"灭绝链"(chains of extinctions)。但是,Western(2001)认为这种分析不能充分反映人类的动机,"我们是故意或无意地造成了以人为中心的环境? 这些环境是人类的目标吗? 生态学家不考察原因就很快得出结果,认为是我们不考虑后果而破坏了自然。但那真是我们的错吗?"

5.14 人类活动:生态位构建概念

从实用角度看,人类有意并成功地将自然生态系统的"荒野"改造成了满足我们需求的具有生产力的"人类景观"(humanscapes)。从进化的角度重申这个命题,把人类活动视为进化的策略以保证生存和繁衍成功是可能的(并且我认为这是必要的)。例如,Laland(2002,p.821)认为从传统上讲:

> 适应被视为自然选择铸造生物去适应已经存在的环境"模板"(template)的过程……但是,生物在不同程度上选择自己的栖息地,选择并消耗资源,产生废弃物,建设他们自己环境中的重要成分(例如巢、窝、洞、路、网、蛹、坝和化学环境),破坏其他成分以为后代创造环境。因此,生物不仅适应它们所处的环境,而且在一定程度上构造它们的环境(作者强调)。

这样一个过程被称为"生态位构建"(niche construction)(Laland,Odling-Smee and Feldman,1999;Odling-Smee,Laland and Feldman,2003),可以用蚂蚁、蜜蜂、蜘蛛、黄蜂、白蚁等的行为来阐释。

很明显,人类也在构建自己的生态位,但是与蚂蚁和白蚁相比,人类的成就是巨大的,有时甚至是宏伟的。Laland(2002,p.822)总结为"很少有物种像人类一样改造他们的环境",人类文明的发展已经进一步扩大了其对生态位改造的能力。因此:

> 人类的发明和技术对环境有重大的影响;人类通过农业和工业制造了新的可利用的资源;通过保健、药物和生育控制人口规模和结构;引起大面积环境的恶化。这些都是改变自然选择压力的潜在因素。促成生态位构建的文化过程可能对人类数千年或数百万年的进化产生关键性作用。

Western 认为,在思考人类对环境的影响时,区分故意的和无意的影响是有益的,但是要承认区分这两类影响则是有困难的(表 5.1 和表 5.2)。

表5.1　有意改变的生态系统的一些特征

自然资源的高度获取

食物链缩短

食物网简化

生境同质化

景观同质化

除草剂、农药和杀虫剂的过量使用

非太阳能的大量输入

营养物质的大量输入

土壤特性的改变

水循环的改变

生物和物理干扰体系改变

人口、食物和服务的全球性流动

源自 Western(2001);经美国科学院允许重绘。

表5.2　人类活动对生态系统的负面影响

生境和物种丧失(包括保护区)

生态梯度消失

群落交错带减少

α多样性降低

土壤动物丧失

捕食-被捕食、食草-食肉和宿主-寄生生物网简化

关键种丧失导致的生态系统内部调节能力弱化

化肥、农药、除草剂和杀虫剂的副作用

外来种尤其是杂草和害虫的入侵

抗性菌株的增殖

新的烈性传染病暴发

野生和驯养物种遗传丧失

可更新自然资源的过度收获

土壤表面过度暴露和反射率升高

侵蚀加剧

营养泄露和富营养化

驯养和商业废物污染

有毒物质和致癌物释放的生态学后果

大气和水体污染

岩石圈、水圈、大气和气候的全球性变化

源自 Western(2001);经美国科学院允许重绘。

考虑有意识活动的影响,Western(2001,p.5459)指出:

人类景观最普遍最古老的特征源于有意识的策略,这些策略主要为了改善食物补充、供应、安全和舒适——或许也是为创造我们需要的景观。驯养物种、开垦农田、种植作物以及建筑庇护所和定居都是最明显的人类有意识的活动,每一个活动都经历了数千年。

所有这些努力"都是有意识的策略以促进生产和繁衍。作为一个进化策略,我们成功占用资源,改造景观以满足自身需求都是非凡的举措"。考虑 Western 有意识改造的观点,我们能看出人类通过各种途径从植物、动物和他们的生物学过程中收益。作判断时,不仅要考虑显著的眼前收益,还要考虑生态系统提供的必要服务(Balmford *et al.*,2002)。这些收益包括"海产品、木材、生物燃料及工业产品和药物的前体"(Daily and Dasgupta,2001),也包括许多非常重要且复杂的无法提取的服务,如天然的害虫控制、土壤肥力的更新、流域保护和水质净化、海岸带和河流稳定、作物传粉等(Daily and Dasgupta,2001)。已经很清楚,植物群落可能对改善区域和地方气候有至关重要的作用,但是探讨其在当地、区域和全球尺度上对气候的影响和控制还需要更深入的研究。譬如,在亚马逊,"植物在清晨的蒸腾作用对大气湿度有贡献,这种作用在下午暴雨天气会下降,有利于保持空气湿度和较低的表面温度"。因此,"通过森林蒸腾作用,50%的年平均降水量得以循环。亚马逊的森林砍伐显著地降低降水,以致在大规模伐木后森林不能再生"(Daily and Dasgupta,2001,p.353)。植物和动物群落的服务功能还包括提供生活所需要的、源于自然的美学和文化、智力和精神价值(Daily and Dasgupta,2001,p.357)。

再回到 Western(2001)关于人类对生物圈的综述,他还列出了许多无意识活动的副作用(表 5.2),这些副作用导致了不同尺度的综合后果,如野生生境和物种的丧失、土壤侵蚀和造成土地退化的沉积,还有大气、土壤和水体的污染。

5.15 自然的和受人类影响的生态系统

人类与生物圈的相互关系可以从另一个角度来理解。在本章结尾处,有必要谈谈生态系统概念的发展。Odum(2001)分析了我们对生物与其环境之间相互关系了解的历史,指出是生态学家 Tansley(1935)首次引入了作为自然世界功能单位的生态系统概念,其包含了研究区域中所有生物之间及其与周围物理和非生物环境间的复杂动态关系(Virginia and Wall,2001)。在图 5.2a 中,用方框表示生态系统,其中自养生物(植物和某些细菌)将光能储藏在有机质中,符号表示自养生物和异养生物(以其他生

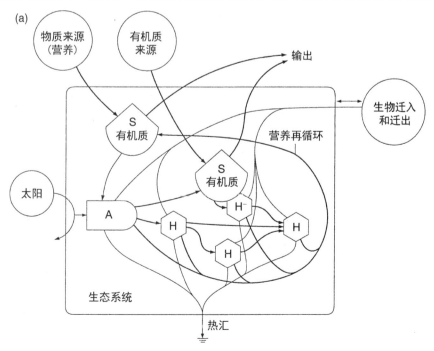

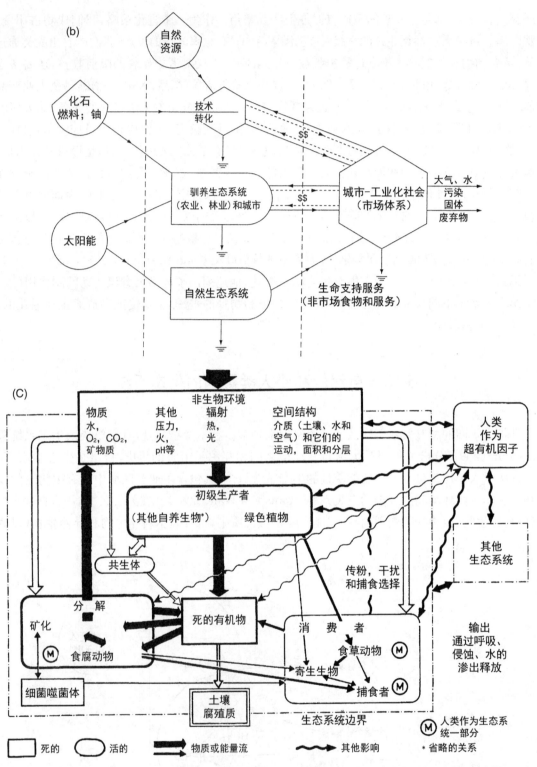

图 5.2 （a）一个自然生态系统图解,示其内部动态包括能量流动、物质循环和贮藏(S)及自养(A)和异养(H)食物网。自然生态系统由太阳能驱动。人类作为该系统中的异养生物之一,但不特别列出。（b）人类占优势的技术生态系统。该生态系统与自然生态系统的不同之处在于它使用化石燃料、核能等作为能量来源,产生了大量的污染物和废物,尤其是在人口种群密度高的区域,如城市(源自 Odum, 2001;经 © Elsevier 允许重绘)。（c）表示一个完全自我调节的生态系统如 Ellenberg(1988)设想的林地、草场或者湖泊。这里,"人类"在生态系统中的作用被突出了。通过食物选择,人类深刻地影响食物链。作为"超有机因子"(superorganic factor),人类能够"有意识或无意识地影响生态系统各个部分"。〔经 Ellenberg(1988)和剑桥大学出版社允许重绘〕

物为食,依赖于外源有机碳,包括人类)间的食物关系,以及能量流、物质循环和贮藏。生态系统可被看作是一个很方便的研究区域,出于不同目的,生态学家可以细致研究大的或小的区域,例如包括了黄石国家公园、附近的大提顿国家公园和国家森林接壤部分的大黄石生态系统(图5.3);或者,在与此完全不同的尺度上,生态学家还可以研究黄石某个湖泊的生态系统。

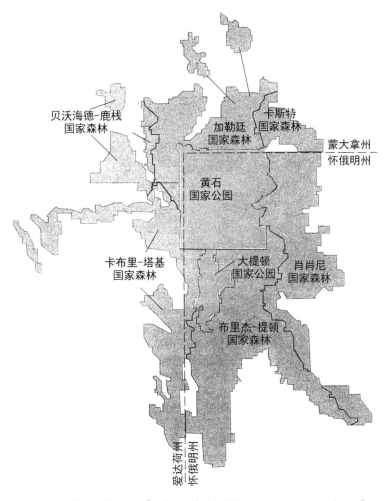

图5.3　大黄石生态系统。[经黄石国家公园翻译处(Anon.,2004)允许重绘]

　　在本书前面部分我们已经讨论了人类改造地球的程度。自然区域正在丧失:人类主导的景观在广大范围内占优势。对人类活动重要性的认识已经导致对Odum所说的人类技术生态系统广泛存在的认同(图5.2b),或许有人认为这个时刻姗姗来迟。被驯化的生态系统(农耕用地,管护林和城市工业区等)已经成为地球上主要的土地利用形式,这些被高度管理或设计的生态系统与其他正在退化、被遗弃的生态系统相伴。由于人类造成的污染和废弃物排放,包括陆地和水体的所有生态系统都受到不同程度的影响。此外,新能源——太阳能、化石燃料和原子能技术,提供了驱动城市、工业和农业所需的能量。Odum(2001)探讨了自然与人类技术生态系统(techno-ecosystem)共存的关系。但是,这一观点可能受到挑战。生态学家走遍世界各地试图找到真正的自然区域,然而完整的未受人类影响的自然生态系统几乎没有。未来人类活动影响不断加剧,将有更多的生态系统被有目的地开发、驯化和管理;即使在相对无人区,动植物群落也会不经意地被人类所影响,比如污染。除非首先把温室气体排放量控制住并使其降低,否则像所预测的那样气候变化将会有增加趋势(包括温度、降水格局的改变及更多的极端天气事件)。因此,对于大多数或者全部的研究领域,明确地承认人类对生态系统的影响是非常重要的。

例如,图 5.2c 以图解方式展示了适合中欧森林文化景观的模型。

5.16 结 论

首先,人类活动已经改变了地球表面的大部分区域,影响到地球的每一个角落,不同的学术团体设计了一系列模型来阐释这些变化——文化景观、构建的生态位和人类技术生态系统。许多环境保护论者强调将自然与人类活动分开,而其他人则将人类视为自然进化的结果和正在进化的一部分。

其次,在人类学家、考古学家和其他研究人员的努力下,我们对过去发生事件的认识有了较大进步,这种进步也弱化了对许多所谓荒野区域是"原始"的观点的认同。然而,不得不承认的是神话总是有强大的说服力,也很难被科学进步所取代(见 Callicott and Nelson,1998)。Scott(2001)指出许多神话都是关于热带雨林的,其已成为所有"绿色"运动、环境保护主义者、深层生态学者,以及整个欧洲和北美新时代人们的目标。热带雨林常常被描述为是"原始的"、非常古老的(有数千年或百万年的历史)、未受干扰的,代表了"真正荒野的大教堂","去破坏最后残余的伊甸园的古老和谐是人类最大的罪行"。但是,Scott 也指出绝大多数"热带森林存在不足 12 000 年",而且许多都已被人类砍伐和烧毁。他认为"热带雨林"是北方新殖民主义的神话,这一神话已经通过权力和教育在世界范围传播。在他看来,"在环境历史和争论中,这就是僵化思想(*idées fixes*)存在、盛行和威胁的好例子"。

基于这些观察,一个很重要的问题值得去思考:是什么影响我们去判断什么是自然的或原始的? Jackson(2001,p.5411)给出了答案:"我们如今对什么是自然的理解是基于以牺牲历史视角为代价的个人经验",而且"我们通过组织和过滤理解创造出一个模型来认识世界"。Jackson 认为这一问题在 Magritte 称为 *La Condition Humaine* 的绘画作品中得到很好的阐释。Schama(1995,p.12)描述这幅画是"叠加了它所描绘的观点,使得画与观点是连续而不可区分的"。援引 Magritte 的话,Schama 继续说:

> "即便这幅画是我们内在经历的一个精神缩影,但我们仍孤立去看它,而不考虑我们自己。"Magritte 说,对于我们无法理解的东西在我们能够恰当地辨明它的形式之前需要一个设计,更不用说从感知中获得快乐了。正是文化、习俗和认知成就了这种设计。

因此,对于特定景观特征的起源和重要性不同观察者可能得出不同的结论。譬如,Fairhead 和 Leach(1998,p.2)研究西非森林-草原斑块时发现,当地村民并不认为森林斑块是破坏的结果,而是"森林自己形成的或他们祖先留下的"。但是,其他人特别是殖民者则对此有不同的解读,认为森林片段是被破坏的结果,稀树草原也由此而产生。那么,树木丛生的岛屿是荒野正在被破坏的证据吗?

在考虑特定植被区域所谓"荒野"状态时,谨慎的基于证据的方法似乎是合适的。Rackham(2001,p.675)作了令人钦佩的论断:

> 世界上一些生物多样性与"原始森林"有关,而其他生态系统在此之前本应不受人类干扰。随着考古学研究揭示了更多的关于过去人类活动的广度和持续性,这种生态系统类型在不断萎缩。世界上绝大多数景观源自人类活动和自然过程的长期而复杂的相互作用。

再次,Vitousek 等(1997,p.499)考虑了人类活动的意义后强调我们对生物圈的管理越来越多,并总结道:

> 人类在地球上占优势就意味着我们不能逃避责任。我们的行为正在导致地球生态系统发

生快速、新型和重大的改变。面对这些变化,我们要维持种群、物种和生态系统的存在,保持食物流和生态系统为人类提供的服务功能,就必须在可预见的未来实施主动管理。相比于保护"野生"物种多样性和"野生"生态系统功能,还没有更加明确地阐述人类对地球的主导程度,这也要求越来越多的人类参与到管理中来(作者强调)。

最后,有些人认为随着野生生境的丧失,对荒野的保护必然要失败(Woods,2001);另一些人则认为必须努力重建荒野环境(Callicott,1991;Nelson,1996;Callicott and Nelson,1998)。在本书后面部分,就一系列"荒野"和文化景观的恢复工程而言,我们也会探讨在多大程度上这些努力已经成功。

第4章和第5章对正在进行的植物、动物微进化的变化阶段提供了简要概述。下一章将主要关注生态系统中的植物,也会强调植物-动物之间的相互作用,讨论在当代进化事件中起主要作用的不同植物类群。植物如何被简单地划分——杂草、入侵种、濒危种等,以表明它们在人类社会中的作用,这就决定了它们是如何被对待的,以及人类对它们有意或无意施加的选择压力。

第6章 分类

世界已被人类的活动改变,在当今世界生态系统的进化大剧中,人类无疑仍然处于舞台中心。在本章中,我们将介绍进化剧中不同类别的植物,包括本土的、野生的、农作物、杂草、引进的、入侵的、野化的和濒危物种。从表面上看,将这些植物鉴定为不同物种以及确定它们所属的类别并非难事,但是当我们面对下列问题时,就会出现种种复杂局面。物种究竟是如何定义的? 地球上总共有多少种植物? 如何区分本土物种与外来物种? 自然资源保护者是如何定义野生生物的? 栽培植物、杂草或入侵物种到底有多少种? 面对不同种类的环境变化和干扰,目前有多少物种正濒临灭绝? 当前生物的灭绝速度是否比以往要快? 人们对濒危物种数目的观点是否一致? 是否有证据表明自然保护者是在夸大其词?

6.1 物　　种

在任何有关进化的考虑中,物种的概念都是核心。保护的理论和实践在很大程度上是基于此进行。不同类群植物(包括野生、栽培等)所包含物种的数目被广泛讨论。然而,在对这些估算进行考虑时,必须面对一个重要关切。Rojas(1992)对此表述很直接,他认为:"物种是什么? 如何去界定? 它们代表什么? 这些问题目前并没有统一的认识。"

6.2 关于物种的早期观点

植物对人类生活的作用如此重要,以至很早以前世界各地的人们就创造了不同的植物命名体系,而详细的命名、描述与分类法则源自欧洲民间的分类学(Briggs and Walters, 1997)。在林奈(Linnaeus)的时代,植物分类学得到了很好的发展,因此当前分类系统中的很多要素都是在信仰特创论与物种不变论的时期设计和发展起来的。这些早期的研究方法与当今分类学研究之间存在着一定的连续性。植物标本是对植物进行命名、描述和分类的关键要素,并辅以栽培植物以及野外采集植物的信息。物种依照形态学标准进行定义,其假设是同一物种的各成员有共同的特性,以及不同物种之间在形态学上是不连续的。

在后达尔文时期,人们的观点有了深刻的变化。物种不是固定的,而是处于不断演变之中。生物学家持续关注微进化的形式和过程。对进化关系的研究则让我们对祖裔关系有了进一步了解。显然,某些物种的变异样式非常复杂。这些研究为试图进行物种命名的研究人员提供了丰富且不同的资料来源。因此,对于那些经过充分研究的类群而言,分类学家可以利用化石证据、生态学和地理学资料、交配实验、自然杂交、染色体数信息、生物化学资料等进行综合研究。目前,基于分子方法的研究日趋普遍。依据遗传标记"条形码"来区分不同的物种,这一前景的确令人振奋。研究表明叶绿体 *matK* 基因可能是恰当的"条形码"标记(相关研究的报告以及先前文献的完整细节参见 Lahaye *et al.*, 2008)。当然,这些额外的信息目前仅限于相对少数植物,而地球上庞大植物区系的大部分物种都还没有被检验。

6.3　物　种　概　念

在研究进化过程中,不同植物学家出于不同的目的对物种进行了定义。如第 3 章所述,从繁殖行为上看,生物学种可定义为"实际或潜在杂交繁殖的自然群体,并与其他群体间存在生殖隔离"(Mayr, 1942)。在文献资料中还可以发现其他的物种定义。从生态学角度,物种可定义为"占据某一适应带的谱系(或密切相关的谱系集合),此适应带与其范围内的其他谱系不同,且此谱系与其范围外的所有其他谱系独立进化"(van Valen, 1976)。对于进化论者而言,进化物种概念可表述为"有独特进化作用(生态适应性)和进化趋势的独立谱系"(Simpson, 1961;Wiley, 1981)。关于物种还有很多其他的定义,包括内聚种、谱系种以及表型种概念。

针对关注进化过程的研究人员提出的不同物种定义,Levin(2000,p.9)写道:

> 鉴于进化过程是普遍的,由于其祖先、潜能和进化历史不同,其结果也是特殊的……我们必须谨记,物种的概念只是一些概念……它们的作用在于将多样性打包成不同类别。任何试图将生物多样性简单地与单个物种概念相关联的努力都是徒劳的。

因此,在标本室中进行分类学研究的植物学家,与其他在野外或实验室中对植物进行研究的学者,从不同视角对物种问题进行探究。由此不难看出,物种"仅在名称上是等同的,在很大程度上可看作是为识别方便而设立的带附加名称的类别"(Stace, 1980)。

对此目前有不同看法。部分植物学家(同时也是单纯的现实主义者)认为物种已经存在于自然之中,等待人们去识别;其他的植物学家则持相反的观点。确切地讲,他们认为物种是在寻找的过程中"创造"出来的(Briggs and Walters, 1997)。在过去经验的指导下,我们学着去识别并界定物种。物种并非有待我们去识别的实体,而是我们用于进行实用分类的类别。因此,单纯的现实主义者面临的问题是:在某个特定的地区或类群中到底存在多少个物种?与之相反,其他人需要考虑的问题则是:在一组特定的材料中"可以方便地识别多少物种"(Gilmour and Walters, 1963,以及文中引述的参考文献)。显然,在同样一组标本中,具有不同哲学观的植物学家可能会识别不同数目的物种。

在讨论棘手的"物种"问题时,参考达尔文在《物种起源》最后一章中阐述的观点(1901,p.399)是非常有帮助的。

> 当我在本书中提出的观点、华莱士(Wallace)的观点以及关于物种起源的类似观点被公众认可时,我们依稀可以预见在自然科学史上将会有重大的革命。分类学家可以像现在一样继续开展他们的工作,并且不必再为这种或那种是否为真正物种的阴影所困扰。我确信,并且基于我的经验判定,这将不会是轻微的缓解。关于大约 50 种英国悬钩子属植物是否是好种的无休止争论也将画上句号。分类学者所做的只是决定(这点并不容易)任何类型是否足够稳定并且与其他类型有明显区别,进而能确定一个界限;如果有明确界限,那就要再看其差异是否充分重要,值得给予物种的名称。后一点将远比现在所认识的情形更加重要;因为任何两个类型的差异,不管如何轻微,只要没有中间过渡型能将它们混淆,大多数博物学者就会认为这两个类型都足以提升到物种的地位。从此以后,我们将不得不承认物种和特征显著的变种之间的区别仅在于:变种通常被认为目前仍有中间类型将它们联系起来,而物种却是在以前有这样

的联系。因此,在不拒绝考虑任何两个类型之间目前存在着中间过渡类型的情况下,我们将被引导更加仔细地去衡量、更加认真地去评价它们之间的实际差异量。十分可能,现在被认为只是变种的类型,今后可能被认为值得给予物种的名称;在这种情形下,学名和俗名就一致了。总而言之,我们必须用博物学者对待属那样的态度来对待物种,他们承认属只不过是为了方便而做出的人为组合。这或许不是一个愉快的展望,但是我们至少不会再徒劳地去探索物种这一术语没有发现的或不可能发现的要义了。

6.4　不同分类系统中物种的数目

生物学家不仅对物种的内涵有不同的观点,而且同样关注分类学实践如何影响特定地区中所识别的物种数目。这一点可用《欧洲植物志》来加以说明(Tutin *et al.*,1964—1980)。Walters(1995,p.365)写道:"在《欧洲植物志》中对物种数目的早期预计总数为 1.6 万至 1.7 万。"这个数据根据欧洲各个国家所识别的物种数目综合而来,事实证明有些夸大。《欧洲植物志》中最终包含的物种数大约 1.13 万,并非所有在欧洲植物区系中被命名的物种都被《欧洲植物志》收录。Walters 解释道:

> 在整个 19 世纪以及 20 世纪早期,植物学家提出了许多存在于欧洲各民族国家的植物区系。然而,他们的观点太过狭隘。这种受限的观点……呈现出两种趋势:一方面他们试图将各自国家的本土物种与邻近地区的物种同等看待,但通常都是无效的;但另一方面,更为严重的是他们过于热心地将分布广泛的物种与可变物种"细分",以至于一些新近识别的分类群被描述为相关国家的地方性物种。令人吃惊的是,民族主义的热情竟能扭曲分类学的框架。

Zapałovicz 在 1911 年所描述的来自波兰喀尔巴阡山脉的 *Dianthus polonicus* 提供了一个很好的案例。在《欧洲植物志》中,此分类群被视作是广泛分布的可变物种丹麦石竹(*Dianthus carthusianorum*)的同物种变异体。

Walters 所引用的例子证明了将先前被认为分离的分类群进行"归并"的过程。["分类群"(taxon,复数为 taxa)的定义为任何等级的分类单元。]然而,目前看来在很多情形下物种数目由于细分而增加,尤其是那些存在疑问的"临界群",如悬钩子属(*Rubus*)、羽衣草属(*Alchemilla*)、花楸属(*Sorbus*)与蒲公英属(*Taraxacum*)等。在对这些类群的早期分类学处理中,仅有部分"物种"被识别。但是,随着后来的仔细研究,这些物种通常被细分为若干地区性的"小种"。这类分类学家是作为"细分派",而不是"归并派"。显然,分类学家对所研究类群"归并"或"细分"的程度将决定某一地区"物种"的总数量。

6.5　术语"物种"在保护生物学中的使用

"物种"及它们的命运是自然资源保护者所关注的焦点(Rojas,1992)。生物多样性的丧失通常表述为濒临灭绝"物种"的数目或集中某个"物种"所受到的威胁上。自然保护区和其他保护区的管理通常围绕它们所含有的濒危"物种"进行。此外,物种丰富性区域、生物多样性热点、特有性中心以及更新世避难所(在上一个冰期后物种存活下来的地区)的概念都基于"物种"分布和数目展开。在解释这些概念在自然保护中的重要性时,重要的是要明确植物物种概念的复杂性和不确定性。考虑到植物物种通用概念的缺乏,有必要尽力确定地球上植物物种的数目。

6.6　世界上究竟有多少种植物？

到 18 世纪，很多植物物种已经被命名，而且也有一些分类法被提出。然而，信息是分散的，而且信息识别的困难性成为一个尖锐的问题。"这是林奈（1707—1778）所处的境地，这个充满能量的瑞典人有着一种天生的狂热，他的使命就是记录造物主的创造。为此，他夜以继日地工作。"（Davis and Heywood，1963，p.16）1737 年，林奈完成了对所有接收到的植物的属的描述。1753 年，在《植物种志》（*Species Plantarum*）中，林奈对大约 1 000 个属下的 6 000 个物种进行了详细论述。随着世界上越来越多的区域被探索，植物学家们所描述的物种数目也越来越多。

Roos（2000，p.57）针对当前主要植物类群中已识别的物种数目提出了一份非常实用的概述，并且对未来需要开展工作的规模进行了预估（表 6.1 与表 6.2）。同时，他还提供了对温带和热带估算物种数

表 6.1　植物物种多样性：已知与预估

分类群	已知多样性（种）	预估多样性（种）	已知比例（%）
绿藻[a]	14 200～16 250	34 000～124 000	11～48
红藻[a]	2 500～6 000	5 500～20 000	12.5～100
假菌界[a]	13 400～14 100	118 200～134 700	10～12
原生动物[a]	2 650～3 050	5 500～13 000	20～55
苔藓植物[b]	16 500～17 000[c]	20 000～25 000[a]	68～85
蕨类植物[d]	10 500～11 300[c]	12 000～15 000[e]	70～94
裸子植物	766[d]	835[ef]	92
被子植物	220 000～231 000	275 000～290 000	76～84
双子叶植物	170 000～178 000[cdg]	210 000～220 000[ef]	77～85
单子叶植物	50 000～53 000[cdg]	65 000～70 000[d]	71～82

[a] John（1994）；　　　　　[b] A. Touw 博士［Rijksherbarium/Hortus Botanicus，莱顿大学（RHHB），pers. comm.］；
[c] Wilson（1988）；　　　　[d] 世界保护监测中心（WCMC）（1992）；
[e]（同时）基于 Roos 外推法对于马来群岛物种丰富性的估计（Roos，1993）；
[f] Woodland（1991）；　　　　[g] Heywood（1978）；
源自 Roos（2000）；经伦敦林奈学会许可复制。

表 6.2　植物物种多样性（热带与温带地区）

分类群	已知多样性（种）	预估多样性（种）	已知比例（%）
藻类	36 000	165 000～290 000	12～22
茎叶植物	252 000	308 000～330 000	76～82
热带[a,b]	162 000	208 000～230 000[c]	70～78
温带[a,b]	90 000	100 000	90
合计	290 000	475 000～620 000	47～61
热带	超过 2/3 的世界物种多样性存在于热带生态系统中，但只有大约 1/3 的物种得以描述（总计 1.5×10^6）		

[a] Koopowitz 和 Kaye（1990）；
[b] Raven（1988）；
[c] Roos（1993）；
源自 Roos（2000）；经伦敦林奈学会许可复制。

目的比较。有证据表明,全世界超过 2/3 的植物物种存在于热带生态系统中,但只有大约 1/3 的物种得以命名和描述。就茎叶植物(显花植物、球果植物、蕨类等)而言,温带植物区系中大约 90% 的物种得到了记载,大部分信息都可以在当地和地区的植物志中获得。相反,Roos(2000)预计只有 70%～78% 的热带物种被描述。他同时还指出,现有的热带植物分类学信息"难以获取",因为它们分散在不同的出版物中,提供关于特定区域或类群综合信息的出版物少之又少。

虽然该书主要是关于植物,但对地球生态系统中到底有多少生物物种的思考是重要的。通过采用不同的方法得到几种估计,包括动物区系和植物区系中已知种与未知种的比例(Stork,1997,p.47)。例如,在有些众所周知的动物类群(哺乳动物、鸟类等)中,热带物种的数目是温带物种的大约两倍。如果其他生物也是如此,由于人类目前已经描述出大约 150 万物种,其中 2/3 位于热带,那么全球物种的数目大约为 300 万。Stork 同时还对真菌的数目进行了估计。Stork(1997,p.49)引用了 Hawkesworth(1991)的工作。Hawkesworth 发现,在深入研究的区域,维管植物与真菌物种的比例介于 1∶1.4 与 1∶6.0 之间。假定全球有大约 27 万维管植物物种,Hawkesworth 推断"保守估计全球大约有 150 万真菌物种(包括底土层中未研究物种的数量)"。其他学者则基于研究较为深入的生态系统中不同大小的生物的数目来估算全球的物种数目。动物学家随后利用这些比例结果,对那些体型较大动物物种已经被充分研究、但较小生物相对研究不足区域物种的数目进行了估计(May,1990)。进一步的研究还包括在特定区域对生物进行采样,随后使用外推法对全球物种数目进行估算。这些研究中最著名的是 Erwin(1983)对巴西 *Luehea seemannii* 树冠中甲虫多样性进行的研究。在树下安装收集装置,然后使用喷雾机向树冠中喷射强力杀虫剂,随后计算专门寄居在树冠中的甲虫和节肢动物的总数。鉴于热带树木的物种数目大约为 50 000,且每种树木都有自己特异性的昆虫,在为森林地面上的节肢动物物种数目留有余量后,Erwin 通过外推法计算出全球热带节肢动物的物种数目约为 3 000 万。显然,热带森林中存在着大量的昆虫物种,这个观点在苏拉威西岛等世界其他地区的密集采样研究中也得到了验证(Stork,1997)。人们对关于昆虫物种有"3 000 万"的这个假设进行了严谨的审视,很多动物学家对使用外推法得到的结果表示怀疑(参见 May,1990;Stork,1997)。通过提供相关证据,Stork(1997,p.61)总结道:

> 全球物种为 3 000 万或更多的估算似乎站不住脚,更有可能的总数为 500 万与 1 500 万之间。如果要选择一单个数字,则 Hammond(1992)所提出的 1 250 万物种目前看来更加合理。然而,这个数字可能会被随时增加或减少。

在讨论两个主要的项目时,Stork(2007)指出,大规模的采样可能会增加我们的认识。

大约"180 万到 200 万个名称已被分类学家使用"。然而,考虑到实际分类学中模式标本定位的困难性等问题,"实际物种数目可能为 140 万到 160 万"(Stork,1997,p.43)。显然,要对地球上的生物多样性进行描述和命名,大量的分类学工作是必不可少的。目前地球上的哺乳动物和鸟类动物已经被充分研究,我们还需对陆地生态系统中的昆虫、真菌、微生物以及海洋环境中的藻类、环节动物、软体动物和节肢动物进行大量的分类学研究。令人遗憾的是,专门的分类学家目前凤毛麟角,尤其是在热带国家(Gaston and May,1992)。由于很多生态系统都受到了威胁,在未来对分类学研究加大投入势在必行。否则,很多物种可能在被发现、描述并命名之前即宣告灭绝。在对植物物种概念的复杂性进行分析后,我们对本书中所提及的其他有重要性的类别进行探讨。

6.7 本土种与外来引入种

在撰写植物志时,生物学家通常要努力确定所涉及物种是本土物种还是外来引入物种。如果需要识别某一地区生态系统的自然组成并确定物种的自然分布区,则必须了解本土物种与外来物种的区别。此外,这些信息不仅为研究随时间推移发生的生态和分布变化提供基准,而且为识别已经或即将成为珍稀濒危的本土物种提供依据,通常需要对这些物种采取保护措施以防止其灭绝。自然资源保护者深知,必须采取特别的措施,以确保地方特有的濒危物种的未来,这些物种只局限分布于特定地理区域,不在其他地区自然存在。本土物种是指通过自然传播方式占据某一区域的物种,这些物种有别于在人类活动中有意或无意引入的其他物种。然而,自然资源保护者显然不仅仅关注本土物种,他们还采取了到位的管理以保护随农业发展从近东传播到整个欧洲的物种,如中欧的福寿草(*Adonis aestivalis*)、火焰侧金盏花(*Adonis flammea*)与麦仙翁(*Agrostemma githago*)等(Scherer-Lorenzen *et al*.,2000,p.352)(表6.3)。

表6.3 典型杂草特性

1. 在多种环境下的发芽能力

2. 种子不同步发芽(内部控制)与超强的寿命

3. 从营养期到花期的快速生长

4. 只要生长条件许可,连续生产种子

5. 能自花传粉,但并非完全自交或无融合生殖

6. 在进行异花授粉时可以利用非专性访问者或者风

7. 在有利的环境条件下,种子产量很高

8. 在不同环境条件下都能产生种子,有耐性和可塑性

9. 有适应长距离或短距离扩散的能力

10. 如果为多年生植物,可进行旺盛的营养繁殖和再生

11. 如果为多年生植物,具有脆性,不易从地面上连根拔除

12. 具有通过特殊方式进行种间竞争的能力(莲座型叶丛、蔓延性生长、种间化学物质等)

根据 Baker(1974)的定义,源自 Holzner 和 Numata(1982);数据使用获得《生态学与分类学评论年刊》(1974)的许可(www.annualreviews.org)。

6.8 物种身份的证据线索

在研究物种身份时,植物学家还综合考虑了地质学家和考古学家的研究结果。此外,各种类型的书面或其他形式的记录也被证明是非常重要的。Mack(2000)全面论述了有助于了解外来动物、植物和病原体入侵发生和过程的各种证据。在框6.1中,我们对 Mack 的分析做了进一步的延伸:同样的证据能为识别哪些种是本土种、哪些种在衰退,以及哪些种倾向于灭绝提供宝贵的线索。

框6.1 确定不同物种"状态"的证据

1 早期的观察和关注

● 在贝格尔号的航行中,达尔文(1839,pp.454-455)评论了本土和外来植物区系。

● 1865年,伟大的环境科学家 Olmsted 针对"最近休耕"的约塞米蒂山谷发布了一份报告。报告称:"除非采取措施,其植被将很有可能被来自欧洲的常见杂草所淹没。"(源自 Bossard *et al*.,2000,p.15)

● Bean(1976,pp.360-363)说明了19世纪对加利福尼亚州沿岸红杉(*Sequoia sempervirens*)与巨杉(*Sequoiadendron giganteum*)进行的砍伐。1878年在英国皇家科学院(Royal Institution)的演讲中,Hooker 提出了很多植物学家的顾虑:这些尊贵树木的命运已经注定,在其生长最繁茂的地区,最近至少新成立了5家锯木厂,

其中一家在 1875 年至少砍伐了总计约 200 万英尺的巨杉……加利福尼亚森林正以令人吃惊的速度遭到破坏,除非亲眼见证否则难以置信。幸运的是,Hooker 的预言并没有成真。在公众的抗议之下,这些树林得到了保护。目前,它们被划到了自然保护区中。

- 在英国,从 19 世纪 40 年代起,许多植物学家表达了他们对采集者掠夺式采集方式的担忧(参见 Allen,1980,1987)。
- 在对当今植物采集的评估中,部分物种可能会急剧减少甚至濒临灭绝的观点得到了赞同(Norton et al.,1994)。

2 植物标本

被晾干、装裱并使用标签标记的植物材料可以提供某一物种曾经在特定时期及特定地区存在的证据。植物标本通常包括采集自不同时期的植物体,标本可以用于绘制点图以及其他类型的地图,以显示入侵物种的抵达和扩散时间,以及很多稀缺物种的分布及减少情况。Mack(2000)明确阐明对植物标本记录的解释包含着某些假设:① 日期最早的植物标本是否代表此植物在新地区首次出现的日期?如果标本采集很全面,且很频繁,则这可能是一个现实的假设。但是在植物学家很少造访的区域,植物标本记录可能无法准确表示某一物种初次抵达新地区的准确时间。② 那些不引人注意的物种可能会很容易被忽视,某些植物在一年的某些时间可能表现得不明显(Rich and Woodruff,1992)。③ 在物种抵达某一区域之后,便在此区域持续存在,并可能不断扩大范围。④ 不能因为没有特定物种的植物标本记录,而假定在此区域物种未曾存在。

3 以往的独立证据

Mack(2000)提出,测绘记录中有时也包括植物清单,如与铁路建设相关的土地用途变更等;此外,有时人们会对最近扩散的杂草种群的重要性进行专项研究。

- 在 19 世纪末期,俄罗斯蓟(Salsola iberica)给南达科他州和北达科他州带来了严重的威胁,因此人们进行了一项调查,以确定俄罗斯蓟的分布及其蔓延的严重性(Dewey,1894)。
- 当地的植物志对了解外来植物的出现以及扩散的日期有极大的参考价值。例如,在对华盛顿南部哥伦比亚高地外来物种的研究中,Mack(1984)对分别出版于 1892 年、1901 年、1914 年和 1928 年的 4 本植物志中的信息进行了研究。
- 英国有编写各郡植物志的传统。对于大多数的郡而言,连续的植物志从历史发展的角度提供了在特定区域内发现的所有物种的综合清单。郡内任何物种的减少或灭绝都将被记录;同样地,新的外来物种(部分后来成为入侵物种)的抵达等也将记录。
- McCollin、Moore 和 Sparks(2000)对北安普郡的两份植物志中所记载的植物信息进行了分析,分别是 Druce (1930)基于 1876 年及以后自然历史协会记录的绘图以及 Gent 和 Wilson(1995)的植物志。截至 1995 年,在 Druce 1930 年所记载的物种中,有大约 100 种已经灭绝;同样,有很多未被 Druce 收录的物种后来被传入,但是未能继续生存;但也有一些物种成功地成为入侵者,如排水沟边的 Impatiens capesi 与 I. glandulifera,铁路两侧的 Pilosella aurantiaca ssp. aurantiaca;路旁的 Conium maculatum、Lactuca serriola 与 Heracleum mantegazzianum;娱乐场与教堂院落的 Veronica filiformis;以及冬季为除冰雪而撒盐的道路两侧的喜"盐雾"物种 Cochlearia danica、Puccinellia maritima 与 Aster tripolium 等。自从第二次世界大战以来,这些物种在含氮量高的土壤中的数目有了显著的增加,这也反映出化学肥料的使用越来越多(McCollin et al.,2000)。
- 米德尔塞克斯郡面积较小,但包括了伦敦中部的大部分地区。《米德尔塞克斯郡植物志》(Trimen and Thiselton-Dyer,1869)中包含了许多的早期记录。Kent(1975)发现,在过去的几个世纪中,共计 78 个本土种和归化种已经灭绝,而很多物种的数目正在急剧地减少。究其原因,物种的丧失是由于伦敦近乎无情的增长造成。Kent 同时还记录了对该郡植物物种清单的补遗,共计包括 100 种外来物种,比如大约 1919 年从皇家植物园——邱园逃逸出来的北美物种显脊雀麦(Bromus carinatus)以及在第一次世界大战中被作为饲料引进的 Epilobium adenocaulon。部分引进物种得到了快速增长,如原产于西西里岛的 Senecio squalidus 从牛津植物园逃脱,然后沿着大西部铁路线一直扩散到伦敦中部,并随后扩散到英国的很多其他地区。
- Crompton 和他的同事制作了在线的《剑桥郡历史植物志》,其中包含了自 1538 年起出版以及未出版的关于剑桥郡不断变化的植物区系的历史记录,其中包括剑桥郡第一部植物志——1660 年由 John Ray 编著的 Catalogus Plantarum circa Cantabrigiam nascentium,也包括该郡后期分别出版于 1785 年、1786 年、1793 年、1802 年、1820 年、1860 年与 1939 年的植物志的信息,以及 Perring、Sell and Walters(1964)的作品,同时还包括出版与未出版的植物标本来源和信息的素材。
- Dirnbock 等(2003)在对智利胡安费尔南德斯群岛鲁滨逊岛上的入侵物种对本土植被的威胁进行评估时,采用了一系列的历史信息。他们得出结论,在这个位于智利国家公园内的著名小岛上,124 个本土物种中有很多种被外来物种的入侵所威胁,尤其是红刺头(*Acaena argentea*)(最早报告引入年份为 1864 年)、*Aristotelia chilensis*(1864年)、*Rubus ulmifolius*(1927 年)与 *Ugni molinae*(1892 年)。

4　点图与其他基于网格的调查

Walters(1957)报告了来自德国法兰克福附近城市吉森的 Hoffmann 教授的开创性工作。Hoffmann 绘制了可能是第一张显示 Kissingen 地区 *Prunella grandiflor* 与 *Dianthus carthusianorum* 本土分布的点图,或许他也是使用网格法对接骨木(*Sambucus ebulus*)的分布进行研究的第一人。随后的基于网格的调查方法的应用建立了很多区域植物分布图集,如大不列颠和爱尔兰(Perring and Walters, 1962)、德国(Haeupler and Schoenfelder, 1989)以及荷兰(Van Der Meijden, Plate and Weeda, 1989)。这些工作作为历史基准信息具有不可估量的价值。

- 对本土和外来植物物种不断变化的命运进行逐个单元评估的重要限制:① 不是所有网格的访问频率和强度都相同;② 某些物种只有在一年中的特定时期才显现(Rich and Woodruff, 1992)。这些限制条件一旦被发现后,可以通过仔细搜索加以克服,近期对英国植物区系的研究就是这么做的,其产生了全面、深刻的数据集。
- 在有重大意义的《不列颠和爱尔兰植物区系新图谱》(Preston, Pearman and Dines, 2002)中提供了大量不同时期基于系统调查的历史信息,证明了植物区系中本土以及外来物种的分布发生了大量的变化。一些物种扩大了它们的分布范围,如外来物种大叶醉鱼草(*Buddleja davidii*)与 *Lysimachia punctata*;而其他物种则严重萎缩,如田野毛茛(*Ranunculus arvensis*)与 *Scandix pecten-veneris*。
- 在确定特殊物种的状态时,进行仔细搜索发挥了重要作用。在美国欧洲小檗(*Berberis vulgaris*)是小麦秆锈菌(*Puccinia graminis*)的中间宿主。1918 年,美国联邦政府启动了一项调查,对超过 180 万个农场进行检查,并清除所有发现的小檗属(*Berberis*)植物。
- 伴随着搜索的进行,有些先前被认为已经灭绝的物种被重新发现。特氏粉叶草(*Dudleya traskiae*)仅在加利福尼亚沿岸的一个小岛上被发现,虽然有着乐观的名字(有永远生长之意),但人们相信此物种已经灭绝(最后一次发现是在1968 年)。然而,在 1975 年,在减少了外来野兔的数目之后,人们又发现了几棵植株(Lucas and Synge, 1978)。一年之后,在一处野兔无法攀爬的峭壁上,人们又发现了另一个种群。

5　间接方法

遥感技术(航空摄影与卫星成像)使更多的方法成为可能,尤其是在对假设结论进行实地调查中(参见 Mack,2000,p.158)。

- 在对澳大利亚北部地区的外来入侵种刺轴含羞草(*Mimosa pigra*)的群体进行研究时,航空摄影技术的作用得到了验证(参见图 6.1)。

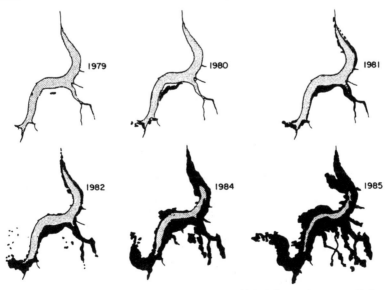

图 6.1　澳大利亚北部地区阿德莱德河泛滥平原刺轴含羞草(*Mimosa pigra*)的分布:航摄照片证据。[源自 Lonsdale (1993);经英国生态学会许可翻印]

- 使用人造卫星定位及跟踪(SPOT)卫星图像,并辅以地面调查,1994年人类对维多利亚湖的水葫芦蔓延进行了试点研究(Anon.,1995)。
- 在很多情形下,使用当前可用的卫星成像技术可能无法区分本土物种和外来物种。人类有意从澳大利亚引进至佛罗里达沼泽草地的入侵物种白千层(*Melaleuca quinquenervia*),其光谱特征与本土植物就没有明显的区别。
- 然而,随着航空摄影学的发展(红外技术的使用),对佛罗里达沼泽地的4个主要入侵种[澳大利亚白千层属灌木(*Melaleuca*)、巴西胡椒木(*Schinus terebinthifolius*)、木麻黄(*Casuarina equisetifolia*)与蛇藤(*Colubrina asiatica*)]的蔓延范围进行预测已成为可能(Welch, Remillard and Doren, 1995)。

6　固定样地

对固定样地的反复检查可以获得濒危物种、入侵种与生态系统的其他成分竞争互作的相关信息(参见White的评论,1985,其中引用了A. S. Watt的开创性研究)。Mack(2000)强调,固定样地将为研究全球气候变化的影响提供宝贵的信息。

- Anable、McClaren 和 Ruyle(1992)对75块样地进行研究,以检验自1959年起莱赫曼画眉草(*Eragrostis lehmanniana*)在亚利桑那州的蔓延。这种草被特意引进至圣塔丽塔试验场大约200英亩的区域,现在已经蔓延并覆盖了85%的样地,面积为20 200英亩。
- 新西兰有一个覆盖超过3 000块草地的样地网络,*Hieracium lepidulum*在南阿尔卑斯山地区的入侵行为被明确地记载(图6.2)。

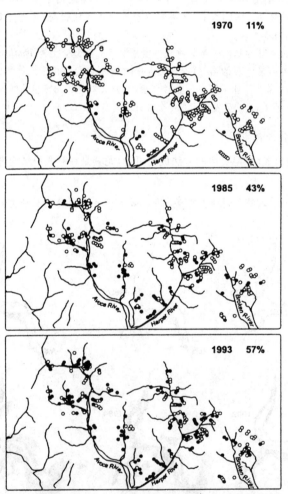

图6.2　*Hieracium lepidulum*在新西兰南阿尔卑斯山东侧山脉的入侵路线。数据来源于1970年、1985年和1993年固定样地的研究记录:黑色的圆圈表示山柳菊(*Hieracium*)的存在;而白色圆圈则表示物种不存在。[源自Wiser等(1998);经美国生态学会许可翻印]

6.9　证据评述：判定本土与外来物种身份的标准

1985 年,Webb 提出的关于假设物种是本土种的标准非常有帮助。其论文虽然针对英国和爱尔兰的植物,但是其所表述的一般原理在全球范围内适用。Webb 认为与自然传播的媒介(动物、风、水等)相比,人类已成为传播尺度大不相同的传播媒介。

> 在人类还是猎人或食物采集者的时候,其可能将种子从一个地方带到另外一个地方,就像熊或猿那样。但是,一旦人类开始放牧耕作,其对植物地理学的影响骤然增加。人类不再是自然的普通一员,而成为一个独特的现象——独一无二的类型。(Webb,1985,p.231)

Webb 检验了假定本土身份的 8 大标准。

6.9.1　化石证据

在世界上一些研究充分的地区,人们已经发现了化石花粉、树叶和果实等。这为某些物种的自然状态提供了有利的证据。例如,有明显的证据表明,犬毒芹(*Aethusa cynapium*)、龙葵(*Solanum nigrum*)、苦苣菜(*Sonchus oleraceus*)等之前被认为是从外地传入的杂草物种,实为不列颠的本土物种。在后冰期时期,很多现在我们称之为"杂草"的物种很有可能实则是在"滑坡、冰碛、海滩、沙丘和类似的生境"等天然裸露地表上生长的植物,它们从这些地表入侵最初的农业场所,因此被认为是杂草(Salisbury,1964,p.24)。

尽管在有些情况下我们可以确认某一物种的本土身份,但其他物种的状态仍然无法确定,原因是我们无法准确鉴定特定地层中所有的化石植物;此外,必须强调的是,在没有化石保留的地方,物种的身份无从确定。

6.9.2　历史证据

尽管没有人类史前运动导致植物引入的直接记录,但早期的记录和植物标本可以作为最近植物迁移的证据。正如第 11 章所述,事实证明,我们可以对那些侵入北美、澳大利亚、新西兰等地并威胁本土植物区系的外来物种的抵达时间和扩散动态进行估计。

6.9.3　生境

如果某一物种仅在人造生境中生长,则其很有可能为引进物种;反之,仅在自然生境中生长的物种,则很有可能是自然物种。然而,某些外来植物已经侵入了一些半自然区域,比如英国境内的彭土杜鹃(*Rhododendron ponticum*)。此外,此标准的使用需要首先解决一个重要的问题:何为自然生境?正如上文所述,几乎所有的生态系统都或多或少受到了人类活动的影响。

6.9.4　地理分布

如果某一物种在"邻近"的地区被视作外来物种,则有很好的理由接受该物种是邻近地区的本土物种。

6.9.5　归化频率

在特定区域本土身份的确定还需要考虑此植物在其分布范围的其他部分的行为和生态特性。

6.9.6　遗传多样性

Webb 认为遗传变异的方式能帮助判定一个物种是本土植物或外来植物。一个新的种群通常是基于一个或少数几个个体建立起来的,因此遗传多样性贫乏(参见第 11 章)。相反,本土物种则具有丰富的变异。然而,正如以下章节所述,缺乏变异性本身并不能作为确定身份的证据,因为很多被认定为本土的珍稀濒危物种会由于遗传侵蚀而导致缺乏变异性。

6.9.7　繁殖模式

我们可以假设,本土物种(尤其是岛上的物种)主要通过种子繁殖。与之相反,某些外来物种则完全进行营养繁殖,例如在很多剑桥草坪上可以发现的从高加索山脉传入的丝状婆婆纳(*Veronica filiformis*)就不通过种子传播。借助割草机上携带的碎片,单一基因型的克隆个体在割草过程中在花园间传播(Lehmann,1944)。然而,并非所有的营养繁殖物种都是外来物种,如本土山地物种珠芽蓼(*Polygonum viviparum*)与胎生高羊茅(*Festuca vivipara*)便是通过胚芽(可采摘的珠芽或新梢)繁殖。

6.9.8　物种传入的可能方式

如果某一物种被断定为外来物种,则需要给出物种传入的可能方式。

据 Webb 的推断,在英国相当多的传入物种(通常被称为外来物种)被认为是本土物种,反之亦然。判定物种状态的另外一个标准是由 Preston(1986)提出的物种与寡食性昆虫的关系。例如,Coombe(1956)展示了"物种专一"的昆虫在野凤仙花(*Impatiens nolitangere*)上的出现可以被用于区分本土物种的地区(北威尔士与英格兰西北)和从花园逃离的外来物种的英格兰北部地区。但是,外来植物也可能被相关本土物种的昆虫所接收,比如小花凤仙花(*Impatiens parviflora*)。同时还需要意识到,传入新地区的外来植物可能会伴随有其本土的昆虫,如英国境内的满江红属(*Azolla*)与剑叶花属(*Carpobrotus*)物种。

欧洲的外来植物被区分为 3 个不同的组。在大约公元 1500 年之前定殖的古代植物(archaeophyte)或多或少与本地物种一样呈连续分布的状态。在公元 1500 年之后传入或在公元 1500 年之前仅为零星存在的物种被 Preston 等(2002)称为新引入植物(neophytes)。很多新引入植物都源自近东以及"新世界",这反映出欧洲人在公元 1500 年后的殖民主义步伐。针对很多传入的植物形成稳定定殖种群的情况,需要区分第三种类型,即临时物种(casuals)。临时物种为不能在野外存活超过 5 年的外来物种,只有通过反复引入才能成为生态系统的长期成员。目前,我们所采用的是 Preston 等人确定的日期和定义。Heywood(1989,p.33)则提出了"古代植物"(archaeophyte)与"新引入植物"(neophytes)不同的使用方式。在 *MedChecklist* 中,古代植物定义为"在 15 世纪末之前"传入的植物(Greuter,Burdet and Long,1986),而 Webb(1985)则提议将"公元 1550 年前后"作为分界线。部分作者将古代植物视作本土植物区系的一部分,比如 *MedChecklist* 中。"新引入植物"的用法也有所区别。例如,在研究以色列的外来植物时,Dafni 和 Heller(1982)将"新引入植物"用于新近传入的物种。

显然,确定某一物种是本土物种还是传入物种是困难的甚至是不现实的。此外,我们还必须面对更复杂的关系。即使某一物种为某一特定地区本土物种的结论有可靠的证据支持,但是如果认为此特定地区中该物种的所有种群都完全是"本土的"则可能是不正确的,因为很多物种的植物体和(或)种子都在世界范围内广泛传播。例如,很多在英国本土生长的树木、灌木和草本植物都是从欧洲大陆引进并在英国境内栽植。在杂草方面,Salisbury(1964,p.28)针对外来物种同样也强调了这一点:

很有可能……存在反复不断地补充,或许还有重新引入,这很可能会带来与已经存在的植株在生理上或形态上不同的株系……因此,现有的杂草,即便是它们从属于同一物种,也不得被视作与过去的杂草完全一致。

要想确定某一特定物种的状态,就必须对其进行单独的调查。不同身份植株之间的相互关系也必须予以考虑,原因是当非本土种群出现时,本土与外来植株可能会在共同生长区域发生杂交。

6.10 野 生 生 物

全球自然保护工作的一个重要焦点在于对区域内野生生物的保护。哪些植物和动物物种应被定性为"野生"?

1945 年 Tansley 出版了他的名著《大自然的遗产:呼吁有组织的自然保护》。Tansley 对战后英国的顾虑主要来自对本土植被、乡野风光未来的担忧,尤其是对野生生物这一被他谨慎定义的类别的保护。他对野生生物的定义虽然仅针对英国环境,但是却有着更为广泛的意义。首先,他指出:"很多人对野生生物的定义只是针对体型较大的野生动物、鸟类,有时也包括鱼类。"但是,Transley 的定义则更加综合(Tansley,1945,p.4):"本书中所提及的'野生生物'意指所有无需人类协助而自行维持的本土动物和植物。"因此,野生植物即那些能依靠自身的力量传播、定殖和繁殖的植物,不同于那些依赖于人类精耕细作或传播的植物。Tansley 并没有将"野生生物"的概念限定为本土植物和动物,因为在他的定义中,还包括"那些在本国已经站稳脚跟并且自由繁殖的外来物种"。因此,很多被刻意或在不经意间被传入英国的物种,如果通过繁殖独立性试验,则都可以被视作野生生物。

野生生物为在没有人类帮助下自我存续的生物的子集,这一概念是 Tansley 定义的基调。然而,由于人类的活动已经导致大量的野生生物濒临灭绝,因此需要更多的自然保护行动,以鼓励、保护并真正确保它们可以继续存活于世。通过国家公园、自然保护区、花园以及更广泛的农业和郊区景观管理,人类通常会刻意地控制/调节野生种群的数量,有时甚至提供法律保护。如后续章节所述,如果没有人类的保护与管理,某些野生生物可能无法继续存活。

6.11 野生和栽培植物

针对 Tansley 关于"野生生物"的定义,我们必须意识到要将我们已使用数千年的植物严格按照野生、栽培或驯化植物进行分类是有困难的(Harlan,1975)。例如,研究表明,在史前阶段,大量的植物被用作食物(Renfrew,1973),而其他的植物则进一步提供了有价值的资源,如纤维、医药植物等(Dimbleby,1967)。

在对当今世界进行考虑后,Solbrig(1994,p.18)总结道:

人类社会所依赖的植物和动物物种的数量非常有限。20 种植物和 5 种动物就占据了人类生存和食物国际贸易 90% 的份额。3 种谷类作物(小麦、水稻和玉米)提供了 49% 的人类热卡摄取量。如果我们将此清单扩大到 100 个物种,则我们将涵盖 98% 的重要经济作物和动物;如果扩大到 1 000 个物种,则此清单将包括绝大部分家养及对人类有用的动植物,除了一些观赏植物和民间的药用植物。

在进行独立的估算中,Heywood 和 Stuart(1992,p.103)认为:"人类栽种了 5 000 种植物物种,而从野外采集的数目则至少为此数字的两倍。"其他的估算也得以发布,例如,Vietmeyer(1995)认为被用作食物的植物高达 20 000 种。

目前并没有关于作为观赏植物而被栽培的物种的完全清单或数据库,有两个文献来源表明了花园中种植的物种的庞大数量。Griffiths(1994)在《花园植物索引》中列述了约 60 000 个分类群,而《欧洲花园植物志:欧洲户外以及玻璃温室中栽培植物的识别手册》则提供了超过 17 000 个物种的信息(Dr J. C. Cullen,个人通信)。此外,这份栽培物种的清单还必须加上通过植物育种、杂交等开发出来的大量栽培变种。例如,目前在英国市场上可以买到大约 55 000 个有名称的栽培变种(The Plant Finder: Anon.,1997)。这个数据并不能准确反映栽培变种的总数,例如,英国皇家园艺协会(Royal Horticultural Society)已经登记有 20 000 种杜鹃花属(*Rhododendron*)的栽培变种(Dr J. C. Cullen,个人通信)。

在实践中试图将植物简单地区分为"野生"和"农作物"会遇到很多的问题,因为"农作物"意指有所收获的所有植物,并未包含这些植物已被驯化的意思。Harlan(1975)提出了一系列处于野生植物与栽培植物之间的"中间状态"的有趣例子。在西非,油棕(*Elaeis guineensis*)是一种非常有价值的树木,其主要出现在与刀耕火种农业相关的轮作地区的野生林地中。在进行焚烧开荒之前的砍伐中,人们保留了棕榈树,因此形成了茂盛的植物群。这是一种从未被刻意用种子种植,但却生产重要产品的物种。经过自然选择的作用,具有薄壳多油果仁的变种被用于提取棕榈油,而那些壳壁非常厚、很难提取棕榈油的树木,则被用于榨取汁液以酿造棕榈酒。由于这一过程将导致树木的死亡,进而减少厚壁果仁类型树木在种群中的数量。

在美拉尼西亚,西谷柳子(*Metroxylon sagu*)髓中贮藏的淀粉可以食用,其有野生和驯化的变异体。野生植物的生长受到人类选择的影响,那些有刺的变异体在幼树的时候被有选择地砍伐,剩下的几乎是清一色的无刺树木(Harlan,1975)。

在地球上,有很多"野生"物种也作为农作物被定期地收获;其他的则被用作"应急",如在饥荒或食物匮乏时期(Etkin,1994)。实际上,在英国"很难将任何物种作为从未被利用的物种而忽略其用途"(Raybould,1995)。

6.12 野 化 植 物

当栽培植物在农田环境之外回归"野生"状态时,有时也会出现非常复杂的情形(Raybould,1995)。例如,在秘鲁的尤拉部落(Yora),人们发现了"野生香蕉"。这些野化的群体可能来自从栽培地冲刷至下游河岸的根状茎(Hill and Kaplan,1989)。

Raybould(1995)描述了英国境内几种不同类型的野化作物。在有些情形下,这些植物种群可能非常短命,例如由散播到其他地区的谷类植物种子所生长的植物。然而,在其他情形下,能形成持续生存的种群,但是它们是否能完全自我维持仍不得而知,如油菜等。在很多情形下,难以区分同一物种的栽培变种与非栽培野生祖先,如牧草与豆科作物等。因此,野化种群的发展程度并不明确。同样,区分野化种群和本土种群也可能是困难的。Raybould(1995)对英国海崖上发现的甘蓝(*Brassica oleracea*)种群进行了探讨,这些种群可能是不列颠群岛的本土自然种群,但也可能是从罗马传入不列颠群岛的栽培甘蓝的野化种群。最终,Raybould(1995)发现很多传入花园并得到栽培的观赏植物都是来自英国乡村的野化物种,如杜鹃花(*Rhododendron ponticum*)、日本节草(*Fallopia japonica*)、具腺凤仙花(*Impatiens glandulifera*)

与大猪草（*Heracleum mantegazzianum*）等。

在世界范围内,野化植物是很多生态系统的重要组分。一个众所周知的例子是全球广泛种植的朝鲜蓟(artichoke)的野化形式。在贝格尔号的航行中,达尔文报告称,在其从布兰卡港到布宜诺斯艾利斯的陆地旅行中,他发现了阿根廷潘帕斯草原上的大量种群:"大面积的土地(可能有数百平方英里)都被大量这种带刺的植物所覆盖,人或野兽根本无法进入。在这些巨大的河床形成的起伏平原上,任何其他物种都无法生存。"同样的情况也发生在加利福尼亚,该物种在 19 世纪 60 年代被引进。Kelly(2000,p.141)报告称,20 世纪 30 年代该物种覆盖了超过 150 000 英亩的牧场,这是对达尔文所观察的有利佐证。在 15 世纪,食用朝鲜蓟的栽培似乎从那不勒斯地区扩展到地中海地区更广泛的区域。朝鲜蓟(*Cynara scolymus*)通过营养繁殖生长,可形成大型的无刺可食用头状花序。由食用朝鲜蓟的种子萌发形成的新的植株回归野生状态,呈现出多刺的形态。地中海地区的移民将这一食用植物带到了很多国家,随后野化的种群从栽培环境中逃脱产生,如在阿根廷的潘帕斯地区。

6.13　杂　　草

Harlan(1975,p.85)指出术语"杂草"包含着一种价值判断:"杂草为没有利用价值或观赏价值,在野外茂盛生长,且被认为会占据地面或影响优良植物生长的草本植物。"(Murray *et al.*,1961,《牛津英语词典》)对于其他人而言,目标则是要用生物学术语定义杂草。Harlan 和 de Wet(1965)认为杂草是"在受人类干扰的生境中繁茂生长的不受欢迎植物"。Radosevich、Holt 和 Ghersa (1997)援引 Zimmerman(1976)的观点,认为"杂草"是具有下述特征的植物:① 占据受干扰的生境;② 非原有群落的成员;③ 在当地产量丰富;④ 几乎没有经济价值(或进行控制代价较高)。

在讨论杂草的定义时,Holzner(1982,p.4)提出,某些生态学家将杂草视作"具有特殊能力的殖民植物,能利用人类对环境的干扰"。这显然适用于耕地等区域,但是并没有充分涵盖种植园、经营性森林、草场、水生生境等更广泛范围的杂草。因此,Holzner(1982,p.5)提出了一个更广义且宽泛的定义:"杂草为适应人造生境且在其中干扰人类活动的植物。"

关于杂草物种的数目,Holm 等(1977a,b)判断全球范围内被认为是不受欢迎杂草的物种数少于250 种。但是,在某一局部地区,通常有大量并不需要的物种生长。

区分不同类别的杂草被证明是有帮助的(King,1966;Holzner,1982,p.6)。农田杂草为在各种耕耘土地(如用于植物根茎、蔬菜或谷类作物生长的耕地)上生长的杂草。农田杂草同时还包括在甘蔗、茶和咖啡等果园、花园和种植园中发现的杂草。不同的农田杂草在不同类型耕耘土地上有不同的选择优势。对于那些频繁耕作的地区,一年生物种可能占统治地位,但同时也有可能出现一些非常顽强的多年生杂草。在有寒冷季节的气候带,耕作过程(犁地、播种、施用农药和化肥、收获等)的时机对物种构成有重要的影响。

在种植园和果园作物的管理中,耕作活动可能不那么频繁,多年生植物甚至是木本植物则可能是严重的杂草。在部分国家中,果园/森林/放牧用地与耕地之间的区别非常明显;但在另外一些国家中,在果园/种植园中可能分散着一些小块的耕地或牧地,或形成包括树木在内的不同生活型物种复杂的多元文化。例如,在亚马逊地区有各种不同的农业实践。Miller 和 Nair(2006)将这种农业体系描述为"从在宅园和田地中慎重实施的树木栽植到对栽培物种和野生物种自生幼苗的管理"。这些实践导致复合农林系统的不同配置,如家庭花园与树木/庄稼组合体、果树与休耕地混合的果园等。

荒地杂草是那些在垃圾堆、路边荒地以及铁路沿线等人类干预区域生长的杂草。这些高度异质的人造生境以严重的间歇性干预为特征,并可能涉及植物、动物、农业和工业废弃物倾倒。如果这些场所存在于农业用地网络中,荒地生境则将成为农田杂草的蓄水池。在那些新近被干预的区域内,一年生的先锋物种可能会占支配地位;但是,如果这些区域在一段时间内没有人为干扰,则早期或晚期演替出现的多年生植物(包括灌木和后来生长的树木等)可能会立足。

在各种草地(放牧地、牧场、草甸与草坪等)中,也存在有代表性的"杂草"。森林也需要与杂草作斗争。在树苗培育区域通常出现一年生杂草,但当树苗被移植之后,在树龄更长的植物中,则会频繁出现多年生灌木、藤蔓以及木本杂草。在世界的某些地区,存在寄生的杂草。在水体、河流与渠道中还发现了一些有经济意义的杂草。水生群落的物种构成在很大程度上受可能出现的水体污染程度和成分的影响,如工业和农业化学药剂的污染等,包括外来物种在内的很多物种有能力在为灌溉和运输而挖掘的运河连接的河流系统中广泛传播。

6.14 入 侵 植 物

入侵物种(动物、植物与微生物)可以改变自然及半自然生境,以至威胁本土物种以及生态系统。据估计,入侵物种现在"统治着地球3%的无冰区域"(Mack,1985)。"某些地区大片土地以及水体完全被外来物种所统治,如加利福尼亚牧场的矢车菊(*Centaurea solstitialis*)、美国西部山间地区的旱雀麦(*Bromus tectorum*)以及很多热带湖泊与河流中的水葫芦(*Eichhornia crassipes*)等。"(Mooney and Cleland,2001,p.5446)Cronk 和 Fuller(1995,pp.1-2)将入侵植物定义为"在自然或半自然生境中自然传播(没有人类的直接协助),导致生态系统组成、结构以及生态系统过程发生明显变化的"外来物种。在这个背景下,他们将自然或半自然定义为"具有一定保护意义的动植物群落,在人类干预活动较少或人类干预有助于保护野生物种群落的地区"。为此,Cronk 和 Fuller 试图将农田以及其他人为干预程度较大区域的"入侵"植物与杂草明确区分开来。然而,从文献资料中显然可以看到,其他人对"入侵"的使用则没有那么精确。例如,Mooney 和 Hobbs(2000,ⅹⅲ)将外来物种定义为"损害生态系统多样性或生态系统过程及服务功能的物种"。他们的下述表述引起了人们对该领域常用术语的思考:"这些入侵者有很多名字,比如外来物种、异域物种、有害生物、杂草、引入物种、非本土物种等。"然而,我们需注意的是,不是所有的入侵物种都是外来物种。在人类干预的生境中,本土物种在某些情况下也可能成为入侵物种,其中一个典型例子是包括英国在内的世界各地的凤尾草(Green,2003)。

目前并没有一份综合性的世界范围入侵物种的列表。Daehler(1998)根据 16 份出版的论文与书籍,并参照"当地资源管理机构"的网站,整理出一份有 381 个物种的数据集,其包含了全球各生境中的"入侵物种",并试图"在全球范围内均匀采样"。

考虑到本书的侧重点,指出入侵植物已经侵入了很多国家公园这一事实是重要的,如澳大利亚北部的卡卡都国家公园(Cowie and Werner,1993)、特内里费的泰德国家公园(Dickson,Rodriguez and Machado,1987)、克鲁格国家公园(Macdonald,1988)、加拉巴哥群岛的高地(Macdonald,Ortiz and Lawesson,1988)以及加利福尼亚州约塞米蒂国家公园(Underwood,Klinger and Moore,2004)。

关于特定区域入侵植物的其他描述包括,Mooney 和 Drake(1986)对北美和夏威夷地区生物入侵进行的调查;Mooney 和 Hobbs(2000)对北非、德国、新西兰与智利入侵植物进行广泛调查的章节。另一个非常有价值的文献资料提供了破坏加利福尼亚州荒地的 78 个入侵物种的详细说明(Bossard *et al.*,

2000)。Cronk 和 Fuller(1995)提供了选自世界各地的具有启发性的入侵植物事例以及一些实用的清单。

除了关注入侵物种的数量外,还需明确每一个入侵种都对各地植被产生重要影响。例如,Heywood (1989)强调了巴哈马群岛中 *Casuarina littorea* (Correll,1982)和牙买加 *Andropogon pertusus* (Adams,1972)的不成比例的影响。1960 年,银胶菊(*Parthenium hysterophorus*)这一来自德克萨斯州的物种因为广泛散播的草种不纯而被意外引进埃及,并且大肆扩张(Boulos and el-Hadidi,1984)。

6.15 濒 危 物 种

有几种不同的方法可以帮助确定濒危物种的数目。其中一个最重要的方法就是许多生物学家观察到的小岛上的物种数比大岛少。MacArthur 和 Wilson(1967)在其岛屿生物地理学研究中,对岛屿物种多样性分布的一般规则进行了探究。由于人类活动已经导致了很多自然生态系统的衰退和碎片化,保护学者开始对"岛屿"生境表现出兴趣。例如,那些曾经大片连续蔓延的自然森林,如今往往成为被浩如烟海的农田所包围的"孤岛"。直观而言,森林生境的大量消失可能会导致物种的灭绝。

岛屿生物地理学的核心是种-面积关系,May 等(1995,p.13)对其特性作了如下的表述:

> 种-面积关系是一种经验法则,其是基于在群岛中单个岛屿上发现的特定分类群(甲虫、鸟类、维管植物等)物种数目(S)与岛屿面积(A)相关性的大量研究而得出的。岛屿可以为海洋中的现实岛屿,或淡水湖或孤立山顶的虚拟岛屿。通常,S 与 A 的双对数坐标图显示为一条直线,因此其关系可以表示为:$S = cA^z$。式中,c 为常量,参数 z 的大概范围为 0.2~0.3 (MacArthur and Wilson,1967;Diamond and May,1976)。这个近似法则通常表达为:如果合适生境的面积减少至原始数值的 10%,则物种的数目将会减半。

Wilson(1992,p.280)采用种-面积关系来确定热带雨林中物种的损失。在计算中,需要首先预估热带雨林中物种的数量,随后估计森林砍伐的速度(Cleuren,2001)。针对 Erwin 与其他学者给出的约 1 000 万种的较高的估计,Wilson 给出了较为保守的估计。对森林的流失有各种估计。Wilson 使用每年 1.8%的数值,推断出每年有高达 27 000 个物种将会灭绝。

这一数值与"正常背景"灭绝速率相比有何差别?假设一个物种的典型寿命为 100 万年(Wilson,1992,pp.132 - 141),则可以得出这样的结论:如果热带森林中有 1 000 万个物种,则每年的背景灭绝速率将会是 10 个物种。依照 Wilson 的预计,每年将会有 27 000 个物种灭绝,这是个发人深省的危险数字。其他保护学者同样也进行了预测,他们对物种灭绝速率的估计甚至更高。例如,Myers (1979,p.31)推断:"很有可能,在 21 世纪的最后 25 年,我们将亲历一个涉及 100 万物种的灭绝浪潮。"

然而,Mann(1991)认为:"集群绝灭的末日预言是建立在有适度科学支持的假设基础之上的,还有待商榷。"基于种-面积关系计算灭绝速率的假设又是什么呢?Reid(1992)、Heywood 和 Stuart(1992)、Pimm(1998)与 May(1995)等人对 Mann(1991)所提出的很多观点进行了审视。

要想确定灭绝速率,必须对下面 3 个参数进行精确的估算:生境流失的速率、种-面积曲线的形状以及在待研究生态系统中所发现的物种的绝对数量。但是,对这 3 个参数进行精确估算存在着困难。

6.15.1　生境丧失

大部分试图估算热带雨林物种灭绝的计算都用到了对由伐木或毁林造田等威胁导致的生物多样性生境丧失的预估(Whitmore and Sayer，1992)。在卫星遥感技术出现之前，及时、客观地确定某一特定地点大范围森林覆盖率是不现实的。如今，借助遥感技术，我们可以对森林破坏速率进行各种估算。在估算中存在的一些问题也凸显出来。森林类型多种多样，而且封闭森林与开放森林的区别也不甚清晰。此外，很难将自然从人类干扰中分离出来。在数个世纪中，人们一直在热带雨林中从事轮作农业，正如Ellenberg(1979)所描述的那样。近期，某些热带地区的人口压力导致了轮作农业周期的缩短，又称"刀耕火种"。这种更频繁的干扰对生物多样性的破坏尤为严重，因此受到了自然资源保护者的强烈谴责。在思考人类对森林的影响时，我们必须面对第5章提出的重要问题，究竟还有多少森林是原始的，也就是没有被人类活动所影响的？

人类对森林的"暴行"导致了不同的结果。毁林指砍伐森林并将土地用作他途，通常是农业。然而，被清理出来的土地进行一段时间的农作物种植之后，就会被废弃并重新发育成森林。此外，原始森林进行伐木后可发育为次生林，二者的结构以及物种构成可能不同。在对卫星影像进行分析时，我们面对大量土地利用问题(参见 Whitmore and Sayer，1992)。

热带生态系统的复杂性引发出另外一个问题。通过岛屿生物地理学研究而得到的认识来自对被水围绕的不同大小的岛屿的研究，对陆生植物和动物而言这是不利的环境。森林碎块等同于岛屿吗？显然，状况会更加复杂(Mann，1991)。历史悠久的森林碎块可能被"敌对的"农业开发所包围，但是这种环境对于森林植物而言并非完全不可模仿，部分树木可以在农田环境下存活或再生。在其他情形下，老龄的林"岛"可能与大片新生的次生林接壤或接近。

6.15.2　种-面积曲线

种-面积关系表明面积的增加将会伴随着物种的增加。然而，如果采样区域面积越来越大，将会发生什么？或许种-面积曲线的上半部分将会持平。如果这样，则较大面积的流失可能不会伴随着大规模物种流失(Mann，1991)。

6.15.3　热带生态系统的物种数目

正如本章前文所述，没有人知道地球上到底有多少物种。但是，热带生态系统具有最丰富的生物多样性是明显的，而我们只能猜测其中所包含的物种数目。Mann(1991)指出："那些推断地球上半数的物种将会灭亡的人现在面临着一种尴尬的境地，那就是预测大量人类从未见过的物种即将灭绝。"

6.16　分类学界开始意识到集群绝灭的可能性

在分类学与其他生物学文献中零星有关于地方特有种和其他植物物种面临威胁以及灭绝情况的观察记录，但是从1968年至1974年，英国皇家植物园(邱园)的 Ronald Melville 博士开始对植物濒危物种的信息进行汇总。1970年1月，Melville 发布了第一本关于植物的《红皮书》(第5卷：被子植物)。1974年，基于这个有远见的创造性研究，世界自然保护联盟(IUCN)组建了一个由专业研究人员构成的网络，即濒危植物委员会，他们编辑了濒危物种的红色数据表。专家们从不同地区采集信息，并据此出版一系列数据红皮书，同时在位于英国剑桥的世界保护监测中心(WCMC)建立信息数据库。物种被划归不同的类别(此措辞源自 Lucas and Synge,1978;表 6.4)。

表 6.4　IUCN 分类。下列类别很多年来一直被自然保护学者用于不同目的,包括数据红皮书的准备等。在经过重重争论之后,目前已经公布了一份新的清单(Anon.,1994),其目的旨在通过一些量化方法的使用,对各类别(灭绝、野外灭绝、极度濒危、濒危、脆弱、低风险)进行更客观的规定。这包括对当前以及未来情况的估计:(a)种群规模;(b)占地面积;(c)种群数目。对未来风险的估计在特定时间框架下进行。鉴于我们对濒危物种的不完全了解以及克隆生长和种子库等的复杂性,这些新的类别在多大程度上是可行的还有待观察

EX:灭绝物种

E:濒危物种
濒临灭绝的分类群以及如果不利因素继续存在其将无法存活的分类群。包括数目锐减至临界水平或生境急剧减少以至被认为有灭绝风险的分类群

V:易危物种
如果不利因素继续存在,则在不远的将来将被归入濒危类别的分类群。包括大部分或全部种群都在减少,或种群严重衰竭或虽然种群数量丰富但受多个因素威胁的分类群

R:稀有物种
虽然目前不处于濒危或易危状态,但仍然存有风险的种群较小的分类群

I:未定物种
虽然处于濒危、易危或稀有状态,但是没有足够的信息判定其类别归属的分类群

nt:目前并非处于稀有和(或)受威胁状态的物种

源自 Briggs 和 Walters(1997);经剑桥大学出版社许可翻印。

6.17　当前的灭绝速率与未来的前景

Smith 等(1993)对世界保护监测中心(WCMC)所保存的关于灭绝与濒危动植物物种的累积记录(约从公元 1600 年开始)进行了检查。虽然某些物种有化石资料,但是我们无从知晓在史前时期以及这些记录保存之前的历史时期究竟有多少物种已经灭绝。在这段时期中,人类的活动造成了大量的生境变化,例如数千年之前地中海地区的森林砍伐。

Simth 等人依照地理区域对记录的动植物灭绝的物种数目进行了审查。考虑到全球范围内可能的物种总数,这些数字有些偏低。例如,包括物种丰富的亚马逊盆地及其热带雨林在内的整个南美地区,有记录的灭绝只有 21 次(2 种动物与 19 种植物)。这一数据可以反映出相对而言近期人类对森林的破坏和(或)灭绝记录的缺乏。岛屿区域与大陆区域记录的灭绝数目有相当大的不同。这一数据可能反映出很多岛屿也暴露在引起灭绝的外力作用之下。然而,由于夏威夷等岛屿被密集调查,而其他岛屿的信息相对缺乏,这可能会导致结果的偏差,其他地区的数据也有可能失真。在撒哈拉以南地区有 45 种植物已经灭绝,但是所有有记录的灭绝都发生在南非(Smith *et al.*,1993)。

考虑到未来的灭绝速率,Smith 等(1993)强调了由野外研究人员所造成的在分类学和地理覆盖上的差别。人类对鸟类、哺乳动物了解较多,对裸子植物与棕榈等种群的研究比很多其他种群要密集,因此所得到的知识也更多。因此,目前尚不清楚这些数据是否反映了针对不同类群"不同的研究努力"或不同地区中因不同的经济发展水平而带来的不同威胁。从这些数据的表面数值来看,在 20 世纪 90 年代处于威胁下的植物物种的百分比为 9%。如果与基于背景灭绝速率(参见前文)的较小估算值相比,

此数据高得令人担心。然而,Smith 等(1993)认为 9%的数值仍然是低估了的。

6.18　灭绝过程的时间框架

Heywood 和 Stuart(1992)提出了关于灭绝过程的一个非常重要的观点,其依据是 Reid(1992)基于种-面积关系对热带森林生态系统物种灭绝速率进行研究得出的谨慎结论。Reid 推断:“如果森林的流失继续加剧,则到 2040 年,17%~35%的热带森林物种将趋向于最终灭绝,进而达到平衡的数目。”Heywood 和 Stuart(1992)同意 Reid 的谨慎措辞“趋向于最终灭绝”。显然,如果某一物种的整个生境被完全且不可逆地破坏,则此物种可能会立即灭绝。然而,在其他情形下,灭绝的过程会持续相当长的时间。Heywood 和 Stuart(1992, p.102)指出,地中海地区有大约 2.5 万个植物物种,其中 1/4 为地方特有种。尽管物种从数千年前就开始受到各种压力,但很少有物种被报告灭绝,相当大数量的物种处在濒危之中。可以推断这些濒危物种正处于通往灭绝的道路上,它们可能“趋向于最终灭绝”。然而,逆转这一过程的可能性究竟有几分? 是否某些物种在通往灭绝的道路上已经走得很远以至于它们的命运已经注定? 在后面的章节,我们将继续讨论这个问题。

6.19　对灭绝威胁的评估

Heywood 和 Stuart(1992)对使用岛屿生物地理学的平衡理论估算灭绝威胁持批判态度,他们认为,“对灭绝速率的预测几乎是不可能完成的任务”,并且“我们似乎对任何关于物种灭绝速率的预测都缺乏足够的信心”(Heywood and Stuart, 1992, p.108)。此外,该理论并不能预测哪些物种可能面临风险,因此对种群和生态系统的管理设计作用有限。

他们还强调了另外一个相当重要的观点:不管这些关于物种灭绝预测的科学准确性或可能性如何,“他们都发挥了宣传环境的重要作用”。热带雨林中动物与植物普遍灭绝的可能性被公众所认同,并且引发了大量的自然保护活动。然而,有些人怀疑环境保护者对即将到来的集群绝灭的预言是否是谎报军情(Mann, 1991)。毕竟,Mann 曾指出:

> 有一个令人不安的环境劣化的事例,波多黎各的一个岛是为数不多的保留长期生物记录的热带地区之一,但其原始森林在世纪之交时已经被完全破坏。然而,并没有出现大规模的灭绝情况。尽管在 60 个鸟类物种中有 7 种灭绝,这是一个痛苦甚至是难以接受的结果,但毕竟算不上是一场生态灾难。在 90 年代后的今天,波多黎各再一次被茂盛的树木所覆盖。

Heywood 和 Stuart(1992)通过分析由灭绝速率预估的困难而引发的实际问题,指出:自然资源保护者应当做出“科学上站得住脚”的仔细而谨慎的阐述,因为“错误的幅度太大将会损害保护活动在政治舞台上的可信度”。

6.20　对气候变化下物种灭绝风险的评估

至此,主要讨论了有关植物濒危种的历史举措。实质上,WCMC 所保存的关于个别物种的数据集都是由不同国家的地区性专家编制的,这些专家对造成濒危的不同因素进行了检验,并使用公认的标准对风险等级进行逐个物种、逐个国家的判定。这些早期分析提供了关于个别国家或地区的信息,而非物种整个分布区或生物群区的信息。这些专家考虑了生境破碎与流失、过度收获、污染、外来物种等主要因素的效应。

　　然而,更复杂和困难的时期还在前面,因为如果在分析中考虑到另外一个迄今被忽视的因素,即气候变化,那么物种风险评估所面临的问题将会呈数量级增长。正如下文章节所论述,气候变化的程度取决于温室气体的排放是否继续增加、保持稳定(或减少),最为关键的是温室气体排放的水平。全球平均温度是否将升高 2℃?我们是否注定要生活在一个更炎热的地球上?基于不同假设的模型对特定地区的气候进行了一系列的预测,进而对物种的命运进行了一系列的预测。

　　掌握气候变化对物种和生态系统造成的威胁的程度是重要的。据预测,气候变化将会引发气温的升高、降雨形式的变化以及极端天气现象的出现频率增加等。鉴于这些变化,很多评论者都预测未来将会有更多的植物和动物物种面临更为严峻的灭绝威胁(Lovelock, 2006;Meyer, 2006;Lynas, 2007)。鉴于这些因素的不确定性,显然不能对未来究竟有多少物种将会处于濒危状态给出明确的看法,这一数字取决于国际社会是否对温室气体进行有效控制,以及变化的气候与人口水平、未来资源利用等因素的相互作用。WCMC 在生物多样性风险研究中具有极为重要的地位,主要提供判断保护措施有效性以及对未来趋势进行预测的"基准"数据集,因此希望 WCMC 能够得到足够的支持,以进行相关信息的采集与分析。

6.21　对栽培植物和森林树木的威胁

　　对野生植物多样性的威胁受到自然资源保护者的高度关注。然而,还存在其他关于生物多样性和遗传变异丧失的紧迫问题。为提供更为全面的表述,这里简要说明几个问题。优良的农业与园艺栽培变种的研发和广泛栽植已经导致了某些历史栽培变种、地方品种的流失,并对农作物的野生近缘种产生威胁(Colwell, 1994)。此外,时尚的变化导致了一些旧有的观赏植物栽培变种被忽略并且可能丧失;优良树种或作物的推广种植往往也会带来相关物种变异性的缺失。通过种子库的建立,对这些植物材料未来发展的保护工作取得了卓越的进展(参见第 14 章)。

6.22　结　　论

　　从以上简短的概述中可以清楚地看出,微进化和保护研究中涉及的类别的划分远非简单。我们面临的是由野生(本土)-杂草-作物-野化类型组成的复杂的连续体,越来越多的证据表明,物种不能简单地划归到单一的类别中。植物物种在进化过程中可能扮演多个角色。例如,在某些情形下,栽培植物被荒废并成为野草。马唐(*Digitaria sanguinalis*)是一种曾经在欧洲种植的植物,但后来成为一种杂草(Harlan, 1975);甜菜(*Beta vulgaris*)在不同情形下可以被分别归类为野生植物、农作物或杂草。实际上,正如下文所述,在很多区域中作为农作物的甜菜与作为杂草的甜菜共存共生。

　　Dudley(2000, p.53)提供了另一个多重"角色"的代表案例。芦竹(*Arundo donax*)被某些管理机构视作源自地中海区域的植物,然而有证据表明其来自印度次大陆。"芦竹在很早的时候传入北美,到1820 年,其已经在洛杉矶河流域大量生长,并且被收获用于屋面材料和饲料。"目前,这种植物被在商业种植园中栽植,为木管乐器提供簧片。这种植物不仅被当作农作物种植,在一些花园中还被视作观赏植物;此外,它还经常被作为控制侵蚀的植物被种植。更为复杂的是,在加利福尼亚州的很多湿地、河槽、泛滥平原中发现了大量的入侵种群,而这些种群都是"从人类管理的生境中逃离并扩散的植物"。由于此植物在北美不能形成能育的果实,主要依靠根茎与植物碎块进行营养繁殖并发展成大量的入侵种群。我们因此处在一个尴尬的境地:在很多地方芦竹属(Arundo)被作为一种农作物精心栽培,而在其他地方则作为观赏植物或控制侵蚀的植物而种植;同时,在其他的地方,人们大面积的喷洒除草剂对其野生种群进行控制。

界限模糊的农作物/杂草分类还有其他的例子。Harlan(1975,p.68)写道:

> 有些人眼中的杂草对另一些人而言可能是庄稼。对于加利福尼亚州的小麦种植者而言,野生燕麦可能是一种严重的滋扰;但对于海岸以及山麓小丘放牧的牧民而言,它可能是极为重要的草料。对于德克萨斯州的棉农而言,约翰逊草(Johnsongrass)可能是一种令人生厌的野草,但是对于他的邻居而言,则可能是宝贵的干草草料……人们可能在某块田地中费力地对付狗牙根(Cynodon dactylon),而在另一块田地中则故意种植其改良品种,并且精心照料在房前屋后(如草坪)的另一个品种。

不仅仅不同的群体对杂草有着不同的价值判断,人们的观点也可能随着时间而改变。自古以来,追求高产量的农夫都试图对农田中的杂草进行最大限度的控制。而如今,通过采用现代集约型农业技术,如选择性除草剂、留茬地在收获后的直接种植,越冬播种(通常为秋天)取代春季播种等,长期留茬地现在正在越来越少。因此,在欧洲的很多地区,在冬季月份留给野生农场鸟类的食物越来越少,而农场物种的数目也有了明显的减少。为了对英国境内的鸟类提供更多的食物,英国皇家鸟类保护协会(RSPB)正在一个实验农场开展实验,以对保留不施用农药的小块土地的效果进行研究。由于这些区域没有喷洒除草剂,更多的杂草种群得以生长,而它们的种子为农田中的鸟类提供了食物来源。从某种程度上说,这对人类是一种两难境地:未来的鸟类保护可能包括鼓励某些杂草的生长,并将其作为农田生态系统中的一种有价值的附属作物。有证据表明,世界范围内的农业扩张伴随着鸟类区系的重要变化,并导致很多物种消失或锐减,因此这些有想象力的措施显然是必要的。令人担忧的是,Teyssedre和Couvet(2007)预计从新石器时代到2050年期间的农业扩张中,将会有27%～44%的鸟类物种消亡。

根据本书之前章节所描述的变化,人类活动正在或多或少地对世界生态系统带来影响的论断是可以接受的。某些植物的地理学分布区域、种群数目以及个体数目(杂草、入侵物种)得到了增长;相反,其他的物种则得到了限制,并且受到了灭绝的威胁。本书的主要假设为:这些变化都是受人类活动影响越来越严重的生态系统中微进化的结果。在接下来的章节中,我们将对这一命题进行更严谨的论证。

第7章　人为生态系统中植物微进化研究

本书的前述章节有着特殊的目的。第3章概述了人类目前对植物进化悠久历史认识的相关概念。第4章表明,在地质学时间中,人类出现为较晚的事件,但人类对地球生态系统的影响非常强烈,并且势必还会继续增加。人类活动对生态系统的影响的例子屡见不鲜,这些相互作用是如此的明显,以至于无需文献佐证。然而,如前文所述,有证据表明人类活动对生物圈的累积影响,不管是直接抑或间接影响,通常都没有被充分估计。此外,植物与人类相互作用的复杂性显而易见,由此而区分为很多不同的类别。为了便于进行有用的分组,某一物种通常根据不同的情形被归于不同的类别(第6章)。

关于植物进化不同方面的论文有成千上万。有些论文对植物与动物的早期进化进行了研究,而其他的则对地球上数以百万计的物种随时间的进化形式和过程进行了论证。本书聚焦于植物进化与人类活动的关系,因此只对植物进化的专题资料子集进行研究,换言之,只关注那些专门研究人类影响微进化的资料,包括物种选择、驯化、基因流、杂交、物种形成等。

7.1　自　然　选　择

达尔文对当代进化过程是否可以被察觉的观点提供了一个很好的出发点。Robson 和 Richards(1936,p.182)的表述反映了20世纪30年代的情形,强调达尔文在出版《物种起源》时,并未提供"在自然界检测到选择过程"的证据。自然选择被认为:它的实际发生还没有得到证实。简言之,此观点可以表述为:选择在驯养物种中发挥了显著作用,类似的结果、过程与条件可以在自然界中发现。换句话说,此证据是间接证据而非直接证据,其主要依据是人为与自然选择间的类比。

达尔文是否对自然选择可否觉察提出自己的观点?根据 Sheppard(1975,p.22)的记载,E.B.Ford 教授曾说:"查尔斯·达尔文在与其儿子伦纳德的交谈中称,如果相关资料可以被恰当的收集,则这些数据也许不超过50年就能显示进化改变的过程。"

很多学者对达尔文的进化论相当尊重,他们认为对自然选择进行实验或其他形式的论证是不必要的。然而,为了让怀疑论者信服,显然需要进行合理的观察与试验,以对支撑我们进化观点的最基本的概念进行验证。

7.2　野生群体的研究:部分早期实验

令人惊讶的是,在《物种起源》出版后仅几十年的时间,人类就对野外的自然选择进行了初步的调查。Robson 和 Richards(1936)对1898—1932年间所有可能的证据进行了评述,包括 Kellogg(1907)与 Plate(1913)的研究。有关自然选择的早期研究主要针对动物物种,主要研究案例为保护色与警戒色以及拟态等。

我们有必要思考 Robson 和 Richards(1936)在做出评论时所处的环境。有些生物学家是坚定的达尔文主义者,然而,另外一些学者则是物种形成"突变"理论的支持者。根据"突变"理论,物种的形成是一个突然的过程,随后便是物种的稳定期(De Vries,1905;Bateson,1913)。新变异体的突然出现为这一概念提供了支持,例如月见草属(*Oenothera*)植物。如第 3 章所述,现在清楚物种的进化同时包括渐变和骤变的事件。然而,在 20 世纪 30 年代,达尔文关于物种始终处于渐变过程的观点受到了严重的质疑(Huxley,1942)。

为打消这一怀疑,Robson 和 Richards(1936)对认为可以证明野生种群自然选择的 19 个案例进行了研究。Robson 和 Richards(1936,p.310)最终认为,所采用的采样方法有严重的问题,而且实验设计也有缺陷。此外,"观察资料本身的真实性令人质疑",并且"有的时候不充分的证据被用于支持某些拟态、保护色等现象的适应性起源"(pp. 187-188)。因此,两人做出了如下的总结,"发生自然选择的直接证据非常不充分,不能让人信服"(p.310)。

50 年之后,发表了另一篇有关自然选择的综述,其中包括了动物与植物(Endler,1986)。此时,关于野外自然选择的研究取得了重要的进展(参见 Ford,1971;Sheppard,1975;Berry,1977;Roughgarden,1979;Bishop and Cook,1981;Bradshaw and McNeilly,1981)。这些进展是在 Fisher(1929)、Haldane(1932)、Wright(1931)等人(参见 Provine,1986,1987)提供的理论框架下取得的,其为现代新达尔文主义观点的发展奠定了基础。

7.3　如何研究受人类影响生态系统中的自然选择?

正如前文章节所述,生态系统的概念设想为物种间的相互关系,正如它们在食物网中的相互作用以及对气候和土壤因素等的响应。假设一个自然森林包含数百个相互影响的不同物种一起考虑。在考虑不同个体相对适合度的情况下,尝试用自然选择论者的术语来描述这些相互作用将给我们带来无法想象的挑战。在之前的章节中提出了这样一个命题,人类活动造成了额外的或变化了的选择力。因此,对于那些已经掌握的错综复杂的关系,人类的活动可能通过改变某一变种相对于另一变种或某一物种相对于另一物种的适合度,使关系变得更加复杂。毋庸置疑,人类可以用各种各样的方式改变生态系统,并引发各种可能的相互作用。

鉴于这些复杂性,运用达尔文适合度的观点对整个生态系统进行分析显然是不现实的。这个问题可以使用还原论者的方法来解决,也就是在受极端人类生境干预因素(包括土地用途的变更与环境污染)影响的生态系统中研究一个或多个物种/种内变异体的反应。在这些条件下,"有耐受力"的物种/变种/基因型存活下来,并且在极端苛刻的环境下繁殖;而同样环境下的"脆弱"物种/变种可能死亡或几乎无法存活,并且无法或基本不可能繁殖。因此,对极端条件下遗传性多态性进行研究,我们有可能对不同类群适合度、变化速度或生境变化反应的差别进行估计(Bradshaw,1971)。

我们对微进化认识的很多进展来自对动物种群的研究。一些针对污染、杀虫剂以及狩猎等因素响应的典型研究案例对植物学研究有参考价值,因此将在下文中相应的位置提及。例如,在动物中发现了对杀虫剂有抗性的种群,据此可以推测,伴随着除草剂的使用,植物中也会出现类似的植株。

7.4　植物研究中检测自然选择的方法

如下文所述,对具有适当遗传多态性性状的植物种群进行研究最具有启迪作用。Endler(1986)在其有关植物与动物研究的综述中,列举了 10 种直接或间接检测自然选择的方法。基于 Endler 的卓越工作,我们介绍 3 种用于研究受人类影响的植物种群的方法。

1) 在经历由人类活动所导致的逐步的、快速的、暂时的、连续的急性或慢性干扰之后,如割晒牧草、放牧以及包括使用除草剂在内的野草控制等,基于不同类型的观察与试验,对选择进行研究或推断。人文景观的特性是不同土地使用方式的嵌合体,如牧地/耕地/受管理的林地等,可以对这些区域不同景观斑块中物种/种内变异体经历的歧化选择进行验证。

2) 遗传统计学与队列分析。基于被"标记"的个体,对相当长时期内具不同性状的亲本与其后代的命运进行研究。目的是对物种的建立、存续、育性、交配以及繁殖能力进行研究。通过这种方法,我们可以预计不同性状个体的适合度的差别。

3) 龄级或生活史阶段的比较可以说明自然选择的作用,如幼体与成体的比较、繁殖个体与非繁殖个体的比较等。

7.5　研究选择的重要方法

7.5.1　同质园试验、耐性检验

在同质园试验中种植不同来源的植物,以对形态学性状和生命周期特性进行验证,据此已获得了大量有价值的信息;水培或简单的试验条件则被用于测量个体对某些重要环境污染物(如除草剂)的耐受性/敏感性。在进行同质园试验设计和分析时,需要考虑一系列的问题。在同质园栽培中仍保留的差异有多少是由遗传决定的? 这个问题需要利用与栽培试验同时进行的杂交试验来进行阐述。此外,我们必须了解来自不同种源植株的差异可能是由于母体效应引发(Roach and Wulff, 1987;Mousseau and Fox, 1998),这些效应可能源自很多物种的种子与果实有大量营养储备。某些产生种子的植株可能患病、营养不良或受损,则它们提供给种子的资源可能较生长良好且无病的植株少。由于幼苗与植株的早期生长很大程度上取决于种子中的营养储备,因此在生长早期植物之间的差别可能由于母体效应造成。通常假设在肥沃土壤中,母体效应可能在植物成熟后消失,但这可能是不正确的。

7.5.2　交互移植实验

交互移植实验对自然选择的研究具有特殊的意义。这种研究变异模式的方法有着悠久的历史(Briggs and Walters, 1997)。假设在同一地区或相邻地区有两种完全不同的生境(a 与 b)。对这两种生境中一个物种的初步耐受性试验可能揭示两个变种(A 与 B)都最适合其各自的生境(A 在 a 中,B 在 b 中)。为验证这一假设,从野外采集 A 与 B 的植物,然后将它们种植在同样的环境中,以将遗留效应降至最低(参见下文)。随后,将 A 与 B 的完全复制个体分别种植到两种不同的生境 a 与 b 中,并对植物的生长与繁殖进行密切监控,对环境 a 中 A 与 B 的行为以及环境 b 中 A 与 B 的行为数据进行比较。通过这种方法,可以对各变种在本土生境中有更高适合度的假设进行验证。

此类实验的设计必须相当谨慎。需要采用对植物进行标记的方法,或者可采用带有不同基因标记的株系(如 *Trifolium*)(Harper, 1977)。为提供实验素材,很多植物物种可以进行无性繁殖,保证除突变外子代个体的基因型都与亲本个体相同,并用于研究不同环境对基因相同的植株的影响。通过选择大小、活力以及营养储备相同的繁殖体保证无性繁殖材料的一致性是非常重要的,因为如果所用材料的

这些参数不同,则它们在实验条件下的差异生长将不会反映出其基因的差别,而受到不同初始条件的影响。为把可能的"遗留"效应降至最低,在进行无性繁殖之前,通常将不同种源的植株在共同的环境下种植一段时间。

除此以外,在农作物试验过程中人们发现,不管实验所用地块如何仔细选择,在肥力与排水等方面都会有差别。为解决这些差异,在设计合理的农田试验中,通常在随机选择的地块上进行试验,其目的并非是忽视土壤的差异性,而是将其纳入考虑并且对差异的效果进行估计。此外,作为设计实验的一部分,需要考虑进行恰当的统计学分析。

在同质园实验的过程中,实验素材可能会受到昆虫、真菌等的攻击,实验人员必须决定是否对任何侵扰进行控制。如果采取措施,则实验中的所有植株都必须使用同样的方式进行处理。由于用于实验的不同植株可能对疾病或害虫有抵抗,因此通常都不使用农药。然而,在这种情形下存在一种风险,即整个实验可能会覆灭或者严重受损,以至无法提供对待研究假设进行验证所需的信息。

还必须再强调另外一点。在科学研究中,经常假设如果一项实验被重复进行,则会获得同样的实验结果。然而,在同质园实验以及在户外进行的实验中,情况并非如此。每年降雨、霜冻、温度等都不尽相同,因此可能在不同年份会获得不同的结果(参见 Warwick and Briggs,1979,p.530)。

7.6　分子标记在微进化研究中的使用

运用分子方法可以获得使用其他方法无法获得的宝贵认识。正如下文章节中的例子所展示的,运用分子方法进行研究所提供的有关基因流、奠基者效应、杂交、物种形成等信息,改观了我们对人类干预生境形式和过程的认识,并增加未来发展的潜力。

不同的分子标记已用于植物研究。提供详细信息不在本书的范围,但本书列述了部分要点。包括实验步骤在内的更多信息请参阅 Avise(1994),Karp、Isaac 和 Ingram(1998)以及 Baker(2000)。表 7.1 概括了用于评估遗传多样性的不同分子方法的特性(Frankham et al.,2002)。

表 7.1　评估遗传多样性的不同分子方法的特性

方　法	样品来源	非损伤性采样	成　本	开发时间[a]	遗传特性
电泳	血液,肾脏,肝脏,树叶	否	低	无	共显性
微卫星分析	DNA	是	适中	大量	共显性
DNA 指纹	DNA	否	适中	有限	显性
RAPD[b]	DNA	是	适中偏低	有限	显性
AFLP	DNA	是	适度偏高	有限	显性
RFLP	DNA	否	适中	有限	共显性
SSCP	DNA	是	适中	适中	共显性
DNA 测序	DNA	是	高	无	共显性
SNP	DNA	是	适度偏高	大量	共显性

[a] 指开发此方法所需的时间以便用于濒危物种基因分型分析;

[b] 有时 RAPD 的重复性存在问题(详见下文正文)。所有其他方法的重复性都非常好;

源自 Frankham、Ballon 和 Briscoe(2002);经剑桥大学出版社的许可翻印。

1) 人们对用于分子研究的植物材料的采集表现出了极大的关注。采集用于 DNA 分析的植物样本的不同方法参见 Hyam(1998)。很多研究人员采用 Chase 和 Hillis(1991)的方法，其将所采集的样本在硅胶中立即干燥，在使用前存放在冰箱中。如果样本中富含多聚糖和(或)某些次生代谢物，如多酚、萜烃以及树脂等，则必须采用特别的提取方法(Rueda，Linacero and Vázquez，1998)。Zhang 和 Hewett(1998)评述了从保存的材料中提取 DNA 的方法。

2) 分子研究运用了凝胶电泳技术。在特定 pH 值条件下，可以使用聚丙烯酰胺或琼脂糖胶，在有电场的环境中对酶或 DNA 片段进行分离。一般而言，大分子的移动速度比小分子要慢。虽然某些方法采用了放射性标记技术，但 DNA 片段的分离式样通常通过染色在凝胶上显现。

3) 微进化研究经常分析同工酶，其为"结构不同但具有相同催化功能的酶系统的不同分子形式"(Müller-Starck，1998)。这些变体源自 DNA 序列的碱基变化，并导致酶氨基酸序列的变化。这些变化可能会形成静电荷和(或)空间结构有差异的分子，因此有不同的电泳迁移率。特定酶基因座位的等位基因变化通常可以在不同个体/种群样本的电泳中显现：不同的

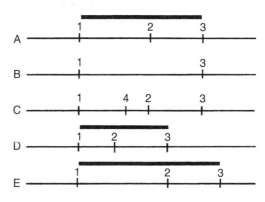

等位基因由不同迁移率的分子代表。如果同工酶是由相同基因的不同等位基因编码，则此种酶被称为等位酶。使用淀粉或聚丙烯酰胺凝胶加缓冲液对磨碎的、新鲜植物材料进行电泳。在电泳之后，酶的位置可通过提供酶的专一性底物/染色剂显现。等位酶研究有多种优势，因为其是共显性标记，可精确区分纯合与杂合的基因型，因此可以对杂合性、基因多样性以及基因分化进行测定。同工酶有其自身的局限性，本质上是对遗传变异性非随机样本进行的研究，仅可检验少量的水溶性酶类。使用常用的方法不能将非水溶性酶与附着在结构上的酶进行采样。此外，由于无法区分在同样染色位置上的两个不同的酶，只能区分 DNA 中发生核苷酸替代并影响迁移率的酶。

4) 运用从细菌中获取的一个或多个限制性内切酶可以将 DNA 切割成不同的片段。各种酶有特定核苷酸序列识别位点并切割双链 DNA (Baker，2000)，该特性成为很多研究中所采用的限制性片段长度多态性(RFLP)方法的基础。图 7.1 显示出限制酶切位点中一个碱基的改变如何引起多态性，以及如何在琼脂糖凝胶上显示。RFLP 技术的成本适中，且遗传是共显性的，对任何物种而言仅需适当的时间来完善研究技术 (Frankham et al.，2002)。

5) 一些分子标记分析方法利用了 DNA 的其他特性。例如，在有引物(与单链 DNA 特定靶标部位互补的 DNA 片断)、DNA 聚合酶以及恰当

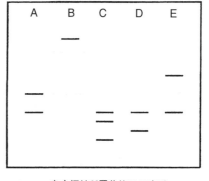

━━━━　杂交探针所覆盖的DNA序列
──┼──　限制性内切核酸酶的限制酶切位点

图 7.1 RFLP 分析。上图：限制性内切酶所消化的染色体断片。数字指示不同的切割位点。条形标记指示被杂交探针覆盖的区域。与 A 相比，B 显示出因一个切割位点(2)的缺失而产生的多态性；C 为由于新的切割位点(4)的创建而产生的多态性。D 与 E 显示两个切割位点(1+2)之间由于缺失(D)或插入(E)而导致的 RFLPs。下图：基因组 DNA 依照前文所述被消化、电泳分离并转移到膜上与探针杂交后显示的结果。[源自 Karp 等(1998)；经查普曼和霍尔公司许可翻印]

的核苷酸的存在的情况下,将会发生 DNA 复制。图 7.2 显示,如何运用取自水生栖热菌(*Thermus aquaticus*)的耐热性 Taq DNA 聚合酶进行聚合酶链式反应(PCR),扩增靶向 DNA 片段或基因。水生栖热菌生活在温泉中(Birt and Baker,2000)。通过 PCR 方法进行扩增已被用于随机扩增多态 DNA(RAPD)技术的开发。RAPD 通常采用"随机选择的 10 碱基引物",且无需知道基因组中特定的引物位点。一个引物可以与靶 DNA 中的多个位点互补杂交,提供有间隔的"标记"的双链片段,其通过 PCR 反应被复制。多个扩增循环的产物可以通过电泳分离出不同长度的 DNA 片段。RAPD 技术的费用适中偏低,且开发时间有限(Frankham *et al.*,2002)。然而,由于 RAPD 是显性标记,此方法不适用于种群遗传研究,因为无法区分纯合子与杂合子。此外,主要的顾虑是 RAPD 谱的重复性。在针对此问题的一项研究中,从一种杨属植物的两个克隆中提取的 DNA 连同两个引物被送往 9 个实验室进行研究,所有的化学物都从共同批次获得,具体实验步骤也相同(Jones *et al.*,1998)。结果显示在实验室之间缺乏重复性。实际上,研究人员断定,即便是在单一的实验室条件下,化学物、设备与人员的变化也使获得可重复的结

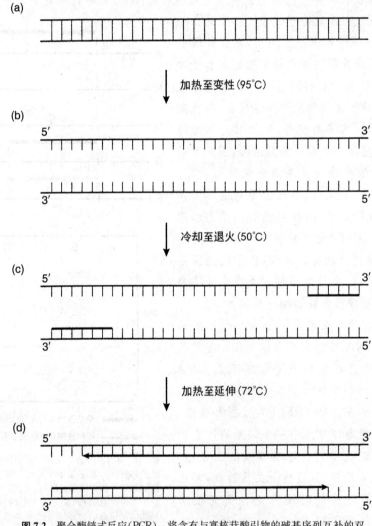

图 7.2 聚合酶链式反应(PCR)。将含有与寡核苷酸引物的碱基序列互补的双链 DNA 加热至足以使得两条链分离的温度。新生成的单链 DNA 的冷却可以使引物在互补链上各自的结合部位退火。随后将温度增加至 Taq 多聚酶的最佳活性温度,进行引物延伸。重复的温度循环将实现扩增产物的几何增加。
[源自 Baker(2000);经 Blackwell Scientific 许可翻印]

果变得困难。尽管如此,由于代价相对较低,很多实验室人员都采用了这种方法。

6) 此后进一步发展出了扩增片段长度多态性(AFLP)方法。本方法的相关流程在图7.3中表示。

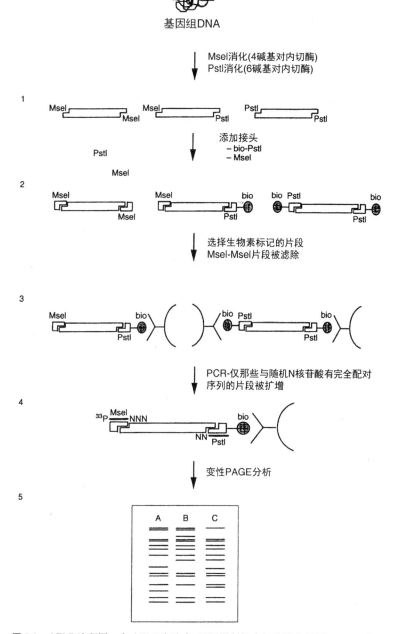

基因组DNA

↓ MseI消化(4碱基对内切酶)
 PstI消化(6碱基对内切酶)

1

↓ 添加接头
 − bio-PstI
 − MseI

2

↓ 选择生物素标记的片段
 MseI-MseI片段被滤除

3

↓ PCR-仅那些与随机N核苷酸有完全配对
 序列的片段被扩增

4

↓ 变性PAGE分析

5

图 7.3 AFLP流程图。在 AFLP 方法中,运用限制性内切酶消化基因组 DNA 获取 DNA 片段,在末端加上接头(步骤 1)。随后通过 PCR 选择性扩增复杂混合物中的限制性酶切片段(步骤 2—4)。运用聚丙烯酰胺凝胶电泳(PAGE)检测扩增片段的长度多态性。[经查普曼和霍尔公司许可,自 Karp 等(1998)翻印]

AFLP 方法利用 Taq 酶的热稳定性,从经限制性内切酶切割的基因组 DNA 片段混合物中选择性扩增限制性酶切片段子集(Matthes, Daly and Edwards, 1998)。AFLP 技术的花费适中偏高,需要有限的时间对某一物种进行开发,且其遗传表现出共显性(Frankham *et al.*,

2002)。由于在 PCR 反应中只需要很少量的 DNA,因此这种方法有其自身的优势。AFLP 方法的重复性在一个合作项目中得到了研究,这个项目包括 7 个实验室。这些实验室严格按照相同的程序、使用同样的 DNA 并采用与其他实验室相同批次的化学物进行研究。研究结果表明,AFLP 方法具有高重复性(Jones *et al.*,1997)。此外,该方法只需要少量的材料:只需一根发丝上的 DNA 就可以完成扩增。然而,我们必须正视 PCR 方法中的一个严峻的潜在问题,即由于污染物 DNA 可以与目标 DNA 一同复制,因此必须严格避免污染。

7)目前已经开展了植物分子生物学各个方面的研究。被称为小卫星的 10～100 碱基对(bp)重复序列已在部分研究中发现。同样,对由 1～10 碱基对组成的短串联重复(STRs)或简单序列重复(SSRs)的微卫星也进行了研究(Scribner and Pearce,2000,p.236)。Bruford 和 Saccheri(1998)以及 Baker(2000)对这些有时候大量存在的重复序列用于群体遗传学或保护生物学基因指纹分析的状况进行了详述。同样,测序设备(如人类基因组项目中所用的机器设备)使得单个基因以及整个基因组(如拟南芥、葡萄、水稻)DNA 序列的确定成为可能。

8)叶绿体中含有多拷贝的、由大约 100 多个基因组成的环状 DNA(Dyer,2002)。由于雌配子相对较大且提供了合子中全部或几乎全部的叶绿体,因此叶绿体 DNA 是母性遗传的。植物细胞中同时包含线粒体,其中也包含 DNA,其遗传方式也是从母方继承(Randi,2000)。

7.7　微进化研究的评估

在理想的状态下,微进化方式与过程的所有要素都已通过精心设计的实验和观察得到研究。然而,正如下文章节所述,目前已发表的研究仅包括不同阶段的调查报告。局部不完整的研究仍然有价值,它提出了有研究意义的新领域,对具体事例进行了有价值的汇总有助于整体概念的建立。在很多情形下,自然选择论者对环境变化效应的解释进一步发展,但缺乏必要的实验调查。我们应识别这些情形的真实面目,并对那些假设进行严谨的试验。因此,如果可能,要超越对一些案例故事的收集,而开展一些深入的研究。正如我们所见,在某些情形下已经进行了综合的研究。然而,仅有少量的微进化情形有充分的调查。在设计、解释和发表自己的实验结果时,需要考虑很多重要的问题。

7.7.1　采样

采集符合条件的样本(且数量充分)对于调查和实验而言是非常重要的。采样可以是随机的、间隔的或有计划的。必须设计恰当的采样策略,以对待研究的假设进行检验(Briggs and Walters,1997)。

7.7.2　遗传差异

自然选择驱动的进化是基于个体间的遗传差异。杂交和子代分析提供了研究重要形态和行为性状遗传基础的重要方法。为证实自然选择的作用,有必要通过恰当的杂交实验确定任何已发现的差异都具有遗传基础。尽管在某些案例中,人们发现了相对简单的孟德尔遗传情形;而在其他的案例中,则表现为研究难度更大的、更复杂的多基因系统。在很多案例中,确立了重要性状的遗传性,但是遗传控制的精确机制仍未解决。

7.7.3　生态背景

显然,对待研究生态系统的生态学特征有详细的了解是至关重要的,必须对环境中重要因子的时间与空间分布以及生物活性进行研究。如果某一特定的因子被认定是重要的,则应对其进行论证。例如,对铜污染在被污染区域创造了新的选择压力的假设进行验证时,首先必须确定铜的数量足以产生毒性且对待研究植物有影响;随后需要进行耐受性试验,以确定是否该区域所生长的植物较未污染地区的植物有着更高的铜耐受性。运用相对简单的水培实验就可以对铜的影响进行检验,并研究在自然和污染土壤中耐受性物以及敏感植物的反应。

7.7.4　对适合度的估计

从表面上看,对适合度的估计以及检验随时间而发生的变化似乎是相对简单的事情。然而,在现实中对植物所进行的这些调查困难重重(参见 Christiansen,1984)。

对适合度的估计需要同时对生存与繁殖进行研究,并需对其后代的数目进行估计。生存情况是可以测定的一个特性,但前提是可以清楚地界定一个个体。这对于笔直生长的树木或草本而言是简单的。但是很多植物(包括树木、灌木以及草本物种)具有克隆生长的习性:在地表匍匐生长,或利用地下部分从定植向周边扩散。这些无性繁殖的克隆可能断裂成很多子克隆,并继续不断地扩张。在这些案例中,对繁殖的测量将变得更加困难。

正如前文所述,不同植物物种有不同的繁殖系统。有些为自体受精,有些则自花不育,也有一些物种进行专性或兼性无融合生殖。在异交中,部分个体可能将花粉提供给种子亲本,任何种子亲本也有可能将花粉提供给数个其他的植物。要进行"完全"的估计,有必要确定这些繁殖的相互关系,并了解需确定适合度的植物之间性状差异的遗传学基础。另一个复杂的因素是,很多植物都有重叠世代,这大大增加了估计其适合度的复杂性。除子代的数目外,对适合度的研究还需要提供每一代后裔数目的相关信息,这也增加了研究的难度。鉴于这些问题,不难理解为何很多研究都没有通过对配子、合子、成体以及后代的数目与特性的研究来进行"完全的"适合度的预测。相反,人们对适合度的构成进行预测。即便如此也绝非易事。例如,可能无法对某一体型很大的植物在某一时期内成熟的种子进行计数。很多的调查都涉及对种子/果实数目的估计,由于这牵扯到合理采样,因此必须仔细进行。另外一个特别的问题来自对密集种群中植物的密度效应(Begon,1984)。有时一个或数个个体在种群中占优势地位。因此,对个体适合度的估计将与种群平均适合度的估计完全不同。

7.7.5　变化速度

正如我们所见,植物的调查记录为判定植物微进化的速率以及事件发生的日期提供了有价值的信息。例如,有日期信息的生物学记录和植物标本有助于我们对外来物种历史的理解。在一个较长的时间范围内,几条证据线索可以表明景观变化的程度、细节与演替细节,如考古学证据;第四纪研究中对泥炭以及其他沉积物中的花粉、种子以及其他植物遗迹的分析;植物残留物的放射性碳年代测定;地名;地图;文件资料;地表;年轮;卫星、飞机以及其他摄影影像;野外调查记录与植物标本信息;各类型植被固定样方的长期监测等。

7.8　微进化与自然保护的关系

在接下来的几个章节中,我们将对人为生态系统中微进化证据进行分析,并对主要自然保护问题进行评论。尤须强调的是,很多自然资源保护者尚未意识到从微进化中获得的认识对珍稀濒危物种的有效保护有潜在的帮助作用。微进化研究将种群作为研究的关键单位。与之相反,很多自然主义者则将物种作为自然保护的重要"单位",其目标是在自然保护区和国家公园中进行有效物种管理。

7.9 保护物种:基于"模式"概念的方法

自然资源保护者似乎更容易接受物种"模式观点"。模式的基本含义是物种有一个"种群内所有成员所共享的、不变的、普遍的或理想的式样(即底图)"(Davis and Heywood,1963,pp.9-10)。从历史上看,在物种层面"模式的表达是对变异性,或至少是其重要性的否定"。现实情况是,一些已经出现的种内变异被早期的模式学家所接受,但通常被视作是偶然的或不重要的,是气候或生境对上帝所创造的物种底图的作用,是自然界的瑕疵。"18世纪植物标本数量的不充足很大程度上是由于这一狭隘的观点造成——人们认为随便一份样本就足以代表整个物种。"

Rojas(1992)认为部分自然资源保护者持有"模式"观点。在思考物种保护的要求时,他们通常依据物种整体的信息开展工作,并没有意识到物种通常是遗传多变的实体,由一系列具有局域适应性的种群构成。

7.10 更改目标:保护进化潜能

在我看来,自然资源保护者在开展工作中应考虑我们目前所掌握的对物种及其进化的认识。新达尔文主义的重要观点是进化发生于特定生态系统背景下的种群中。物种的持续存在和进化是通过种群中的个体体现出来的。如果物种无法生存并走向灭绝,则此过程在种群中发生。自然资源保护者对"物种"灭绝的关注应着眼于种群层面发生的事件,并考虑相互作用的物种的特性以及它们所生存的生态系统其他方面的因素。要致力于了解灭绝过程,并据此思考如何采取保护措施。还有一点至关重要。如果要让一个濒危物种长期生存下去,则必须改变对其进行保护的观点,而将重点放在如何维护此物种的进化潜能这一更困难的概念上。物种要想有一个光明的前景,则必须保持其在自我维持的种群中进化的能力。因此,保护管理的出发点必须是保持此物种在自我维持种群中应对生境变化的能力。如下文所述,如果濒危物种要继续生存,则其种群必须发生一些进化变化以对人类活动作出反应,尤其是人为因素引起的气候变化。同时还有另外一个要求,即物种进化潜能的保持还必须包括与濒危植物物种协同进化有机体的生存,例如,在授粉与果实散播过程中的动植物相互作用以及真菌与植物的共生关系。

7.11 结 论

采用一系列方法对在极端环境中生长的植物种群进行数十年研究的结果证明,对人为影响而引发的微进化的各个方面进行调查是可行的。下文的章节将对各种不同的人类土地利用区域的微进化证据进行分析,并详述各种调查结果对植物保护的重要性。相关的章节组织如下:作为草场管理的区域(第8章);耕地与林地中耕种农作物的场所(第9章);污染区域的植物种群(第10章);受外来生物影响的地区(第11章)以及衰退的种群(第12章)。

在很多案例中,分子研究大大加深了我们的认识。近来,人们强调获得更深入认识的潜力。Kreitman和Rienzo(2004,p.300)探讨了自然选择在中性变异模式上留下独特的特征,且这些特征与携带有利突变的位点紧密相连的可能性。对于模式植物拟南芥(*Arabidopsis thaliana*)的分子研究改观了我们对物种遗传结构的认识。此外,对那些通常进行自施肥(self-fertilising)物种的不同生态型的比较表明,通过"基因组序列的精细基因分型"可以识别其具有不同的标记类型(Shindo,Berasconi and Hardtke,2007,p.1043)。这些DNA标记显示出"自然选择的信号"。目前已进入进行深入的进化遗传学研究的阶段,运用同质园试验、耐受性试验以及相互移植等传统方法对不同生态型的适应度进行比较。对于这一快速发展领域的可能性的进一步探讨请参见:Edelist等(2006)对向日葵生态分化的微卫星信号的研究,Harris和Meyer(2006)以及Mattiangelli等(2006)对人类适应的调查,Kreitman和Rienzo(2004)对果蝇(*Drosophila*)的研究,以及Ellegren和Sheldon(2008)的研究评论。

第8章 管理型草地生态系统中植物的微进化

8.1 人为生态系统中的采食活动

基于各种人类管理下的草场(干草、牧场、草坪和体育运动草皮)以及耕地和森林的研究,人们加深了对植物微进化的认识。然而,初看之下,虽然管理方法大相径庭,但都涉及选择性食草性的问题。

8.1.1 管理型草地、牧场等

在这些生境中,人类或者直接从草地进行收获(割晒牧草或收集饲料),或者通过对驯养、半野生和野生动物的管理间接收获成果。从植物的视角来看,通过收割和放牧而实现的收获过程是大不相同的。Harper(1977)清楚地表述了这一观点。他指出,在修剪或割草时,草地的某些部分可以说是被均匀地移除。与之相反的是,放牧活动则是"补丁"状的,而且动物的行为也不尽相同。"母牛用舌头卷起一束牧草,然后将其拔出;绵羊使用它们的下颌门牙与上颌的肉垫咬食树叶;兔子则用上下颌的牙齿将树叶咬断。"此外,Harper还明确表明,草地中没有被啃食的部分仍然受到牧养动物的影响,这种影响来自动物的尿液和粪便,以及它们对植被的踩踏。"除了行走、奔跑和跳跃外,牧养动物经常性地在牧场上坐卧和抓刨"(Harper, 1977, p.449)。

食草动物不仅以不同方式取食,更为重要的是它们食草行为的选择性。所有的植物,不管其为野生或处在人类管理下,都是食草动物的目标。有充分的证据表明,在植物进化过程中,其防卫和威慑机能也随之进化(Pollard,1992)。这种机能表现为不同形式。例如,有的植物有令人反感的味道或者其组织中含有有毒的化合物,有些植物的外表则有防护措施,如坚韧的树叶、棘、芒、刺毛、腺毛等。食草动物的体型各异,从昆虫到大象都是食草动物。调查研究表明,某些防卫仅对昆虫和软体动物有效,而不能阻挡较大动物的食草行为。上述现象都在对英国威尔士管理型牧场白三叶(*Trifolium repens*)的研究中得到证实。研究表明,白三叶(*Trifolium repens*)生成 HCN 的能力具有遗传多态性,某些基因型(HCN+)可从破碎的树叶中产生 HCN,而其他的基因型(HCN−)则不具备这种能力;同样,三叶草在叶片斑纹上也具有遗传多态性(基因型的范围从没有斑纹的叶子到带有倒 V 形白色或彩色斑纹的变异体)。对绵羊食草习性的研究表明,当动物面对各种叶子斑纹形态时,他们更倾向于选择食用不带斑纹的叶子或者具有较为普遍的斑纹变种,此为避稀选择(apostatic selection)的一个示例。没有证据表明绵羊主动回避 HCN+基因型。此外,HCN 的生成与斑纹的缺乏无关。与之相反,在受控条件下的实验研究以及在具有不同无脊椎动物环境中的交互移植实验表明存在选择性取食行为,产氰(HCN+)植物较之非产氰(HCN−)变种更少被取食。

家畜的选择性食草行为对植物群落构成和结构有重要的影响。有证据表明,在过度放牧地区,口感差的物种有显著的增加。例如,在被从养兔场逃脱的野兔过度啃食的地区,叶片口感差的物种、带有刺毛或荆棘的物种可能会占据统治地位(Rackham,1986)。另外一个例子是在斯大林时期,大群的绵羊被沿着俄罗斯-格鲁吉亚军事通道一路驱赶,一直到格鲁吉亚共和国高加索山脉的亚高山草甸中。于

是,这一地区的植被被大量地啃噬,导致多刺的 *Cirsium obvalatum* 与口感不好的阿尔泰藜芦(*Veratrum lobelianum*)的数量显著增长。在过度放牧区域不适口物种的存在却有着令人惊讶的副作用。很多"美味"的物种藏身于这些不适口的物种中,在不适口物种的庇护下,其规模和繁殖能力以及适应性得到了提高(Callaway, Kikvidze and Kikodze, 2000)。

8.1.2　耕地

耕种农业同样也涉及选择性"食草"问题,不仅仅是庄稼,杂草也如此。对杂草的控制包括翻耕掩埋,通过焚烧、挖掘、拔除、碾压、锄草、修剪、覆盖和使用除草剂等方式进行灭杀,以及通过休耕等耕作策略的使用缩短或干预其生命周期等。尤需注意的是,有时除草过程仅包括去除地面以上的部分,而植物可能再一次从地下的无损部分再次生长。在其他情形下,除草的目标是完全破坏杂草植物,虽然最终的结果可能并非如此。

8.1.3　森林

受人类影响的森林地区微进化模式和过程将在下一章中简述。在此,需要强调的是,对树木的砍伐同样也可被视作选择性食草的一种,因此对物种有不同潜在影响。人为干预对树木生长的所有阶段都有影响,从种子/果实、树苗、小树到成材的大树。森林资源管理包括很多干预活动,如选择性焚烧、清理、放牧、环剥、砍伐、去顶、修剪、打枝或使用其他树木替换等。

为了方便起见,将放牧地管理(本章)与耕地/林地(第 9 章)的管理效果分别论述。然而,我们需要强调发达国家之前农业实践的互联性(某些实践在当今的发展中国家依然通用)。例如,有时可以允许家畜啃食耕地中的残茬;此外,由于家畜可食用带有树叶的嫩枝,因此瑞士(Ellenberg, 1988)和斯堪的纳维亚(Emanuelsson, 1988)的居民采集树枝作为饲料。同样,在各种有树草地中,放牧和森林管理是合并在一起的(Rackham, 1987)。此外,作为中欧和其他地区的传统,人们从草地和石楠丛中收集草皮作为动物的草垫,在与粪便混合之后撒在耕地里,以提高土壤的肥力(Ellenberg, 1988)。

8.2　对牧场和干草进行管理的传统方法

人类对放牧地的管理已经有上千年的历史,例如狩猎-采集者使用火对各种生态系统中野生动物的数量进行控制。后来,如第 4 章所述,人类对生态系统的干预因要为家畜和动物提供饲料而增长。在世界不同的地区,人们开发出了多种复杂的管理体系(Prins, 1998; Bakker and Londo, 1998)。此外,在欧洲的很多地区,人们有进行季节移牧的惯例,牲畜在夏季与冬季的放牧地之间进行长距离迁徙(Rinschede, 1988)。这种管理或许可以追溯至新石器时代(Poschlod and Wallis DeVries, 2002),并随后在比利牛斯山脉和中欧的高山地带流行开来(图 8.1)。例如,有记录记载,自 15 世纪至 19 世纪,在弗兰哥尼阶侏罗山脉的较高海拔地区,有大量的羊群被放养。在冬季,这些动物在人类的驱赶下,长途跋涉数百公里到多瑙河和莱茵河河谷等气候相对温和的地区。此外,在肉类可以被冷冻之前,将牲畜长距离迁移并非是稀奇的事情。例如,有记录证明,人们将动物从德国西南部驱赶至 600 多千米外的巴黎屠宰(Poschlod and Wallis DeVries, 2002)。

管理不仅仅涉及放牧区域,此外,人们还采集草料(尤其是干草)以保证动物在冬季或干季可以生存。"干草"一词的英语"hay"源自撒克逊语言,很多含有"maed"或"hamm"等语素地名都表明此地曾经有干草草地的存在。然而,在北欧,割晒牧草有着悠长且连续的历史,或许可以至少追溯至青铜器时代

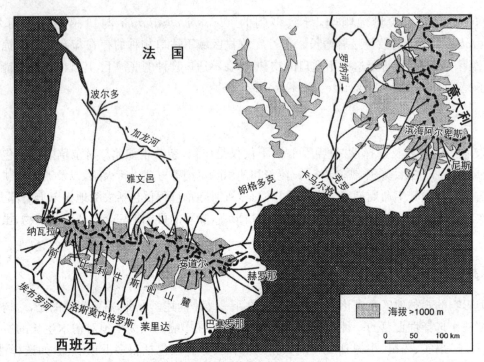

图 8.1 阿尔卑斯山脉和比利牛斯山脉地区传统的季节性移牧路线。[源自 Rinschede（1988）；图片的复制已获得 Rowman&Littlefield 出版公司的授权]

（约公元前 1000 年）。此结论是基于对不同年代厌氧沉积物中所保存的植物材料的分析（包括树叶、种子、花粉等），后期则主要基于对相关资料和地图的研究。在最早的地点（如瑞士的湖泊沉积物）已经发现了草地物种，但通常我们无法判定史前时期草地和牧场的分化程度。在北欧，古罗马时期的证据更为有利并且具有说服力。例如，通过对英国罗马井的内含物的分析，人们发现了与在德国莱茵兰（Rhineland）多尔马根（Dormagen）罗马马厩发现的烧焦杂草中相同的物种成分，而长柄大镰刀这一切割干草的主要工具也在其他地方被发现。

对长期受到不同人类影响（放牧或制草）的草地而言，从微进化的视角审视这其中的胜利者和失败者是重要的。在分析英国的土地使用问题时，Rackham（1987，p.332）清楚地阐明了此举的必要性。

> 将草地划分为草场和牧场与全年饲养动物的需求有关。在拖拉机被发明之前，所有的乡村小区以及几乎每一个农场都有耕地与家畜。一年之中的大部分时间，牲畜都可以在牧场上放养。但从 1 月到 4 月的这段时间，由于没有牧草生长，对牲畜而言是一个要挨饿的时期。而在这段时间，马和牛需要辛劳地拉犁耕田，因此必须养得膘肥体壮，而不仅仅是为了存活。于是，人们就有了储存干草的惯例。所以，作物生长最茂盛的草地就被用于干草的储备。

然而，为动物提供充分的牧草在很多地区是个棘手的问题。例如，定居美国东北部的欧洲殖民者要面临长达四五个月之久的严冬，据估算需要为每头母牛准备大约 2 吨的干草，这相当于 1～2 英亩牧场的产量（Whitney，1994，p.250）。在英国，割晒牧草从六月末七月初就开始进行，在某种程度上说时间是固定的，以便农夫可以在第一季谷物作物成熟前完成牧草的割晒（Greig，1988；Feltwell，1992）。欧洲已经发展出很多不同类型的草场。干草的重要性不言而喻，在被收割之前，任何牲畜都不得在干草草场上放牧。此外，在欧洲的很多地区，人们从干草棚中收集草籽，并将其播洒在现有的干草草场上，以增加产量。这一传统一直延续至 20 世纪（Poschlod and Wallis DeVries，2002）。此外，人们还设计了很多特别的系统，以增加干草产量。例如，在阿尔卑斯山脉和意大利，人们通常会建造灌溉系统，以缓解季节性的干旱,并为草场增加营养。在英格兰,人们精心设计出带有灌渠的浸水草甸,这被称为"英国农业最高的技术成就"(Rackham,1987,p.338)。对浸水草甸的管理非常复杂。Rackham 描述为:"在下游地区的常规做法是在冬季对草场进行灌溉,在 3 月停止灌溉,并让绵羊(此时羊快要产羔了)在草地上吃草;在 4 月末让羊群离开,并在接下来的两个月使其成长为成熟的干草。"

很多管理型草场和牧场都通过翻耕、再播种和肥料的使用得到了"改良"。通过种植青贮饲料,人们更频繁地对草地进行收割。还有一部分草地被改造成耕地。出于经济因素的考虑,很多季节性的移牧已经成为历史。例如,在德国西南部,大部分牧羊人现在已经放弃了将牲畜迁徙至冬季放牧地区的做法。人们在夏季牧场附近建造了牲畜厩舍(Dolek and Geyer,2002)。传统的季节性移牧并不经济,因此很多地区开始植树造林,一些传统的放牧及干草草场逐渐被放弃。这些变化导致很多物种丰富且具有很高保护价值的草地已经消失或者被破坏(Wallis DeVries,Poschlod and Willems,2002)。正如 Poschlod 和 Wallis DeVries(2002,p.368)所描述的:"剩下的钙质草场目前正处于被集约管理的农田、森林和道路的步步紧逼中,原本成片的牧场和绵羊的领地现在已经分割成了孤立无助的小块。"此外,很多阿尔卑斯山草地生态系统已经成为综合的景观经济体系,冬季运动和休闲的比重日益增加(Allan,Knapp and Stadel,1988)。

然而,在阿尔卑斯山的很多地区,这些改变受到了抵制,并且进行了针对传统做法的保护管理。正如 Rackham(1987,p.340)所描述的:"从多芬(Dauphiné)到斯洛文尼亚,草场和牧场是一种常见现象而绝非例外,那里有匍匐风铃草、牛眼菊、轮峰菊、天竺葵以及很多伞形科植物和兰花,将草地点缀得熠熠生辉。"他同时还道出了关键问题:"这些植物并非杂草:阿尔卑斯山的农夫至少和我们一样是娴熟的畜牧业者,他们认为只有不到十种干草不宜供牛食用。"这些传统的处在人类管理下的区域为有启发性的微进化研究提供了场所。

8.3　同质园试验中对放牧和干草生态型的早期研究

Gregor 和 Sansome(1927)以及 Stapledon(1928)从英国境内多种不同生境中采集了鸭茅(*Dactylis glomerata*),这些生境包括干草草场、牧场、荒地与悬崖等。然后将这些植株种植在有间隔、无杂草的花园中,以确认是否在栽培过程中,原有的生长习性和行为仍然得到了保留。由于植物都是单独生长的,因此生长习性的差异可以充分体现出来。有 6 种主要的生长类型:松软干草、稠密干草、丛生高草、散养草场和稠密草场。Stapledon 发现,在传统的放牧牧场有大量的倒伏型干草,而那些体型较高的则通常花期较早。

经过在一个(有时为数个)植物园进行克隆移植实验后,有性物种的各种生物和季节性生态型被描述出来。此外,在无融合生殖物种中也发现了生物生态型[如 Turesson(1943)对羽衣草属(*Alchemilla*)的研究]。根据这些早期观察,Bradshaw(1963a,b,1964)与 Walters(1970,1986)通过植物园实验对侏儒羽衣草属进行了研究。他们发现,在栽培中,来自北英格兰地区的羽衣草属植物(*A. minima*)仍然表现为侏儒型,并且多有枝杈,因此假定这些物种在放牧绵羊的牧场具有选择性优势;而在这一生境中,其他适应干草草场的较高的物种(如 *A. Xanthochlora*,*A. glabra*)则无法开花。栽培实验同时还表明源自法罗群岛的 *A. faeroensis*(var. *pumila*)的侏儒习性仍然存在,这些变异体被认为在绵羊密集放牧的草场具有适应性(Walters,1970)。这些实验可以作为在人为管理生境中存在选择的证据,在其他资料中还可以找到更多的直接证据。

8.4　一个计划外"实验"的结果

在美国马里兰州南部进行的一项早期实验很有参考意义(Kemp，1937)。与其他很多关于微进化的研究一样,这一例子显示出"计划外实验"对揭示微进化形式和过程的意义。土地的所有者在一区域播种草料和豆科作物,随后将其分成两块: 将其中一块用作干草场,避免牲畜进入;另一块则用作密集放牧的牧场。3 年之后,Kemp 从这两个地块中采集了草地早熟禾(*Poa pratensis*)、白三叶草(*Trifolium repens*)和鸭茅(*Dactylis glomerata*)的样本,并将其移植到实验园中。在栽培过程中,来自"干草"草场的相当大一部分样本保持了其笔直生长的习性;与之相反,在密集牧养区域的样本则呈倒伏状的侏儒型。据此推断,对地块的不同管理给来自同样种子的植物施加了不同的选择压力,而其效果仅仅 3 年就体现出来。

8.5　人工选择实验

一系列的人工选择实验同样可以证明选择的力度和速度。在这些实验中,将来自相同种源的种子在一系列不同的条件下进行播种(示例参见 Briggs and Walters，1997)。

例如,在实验田中播种黑麦草(*Lolium perenne*)和梯牧草(*Phleum pratense*)生态型变异体的混合种子,随后将这些实验田用作干草场或放牧场,进行为期 4 年的管理(Sonneveld，1955)。4 年后从不同地块分别采集有根分蘖种植在实验园中。研究发现,花期早的变异体在干草场地块占支配地位,而花期晚的变异体则在密集牧养地块占支配地位。

在另外一个实验中,Charles(1966)准备了黑麦草栽培变种的混合种子,其中花期早的变异体和花期晚的变异体数目相同。混合种子中还包括两种苜蓿的变异体。这份混合种子的再抽样本被分别种植在 10 处,其海拔和土壤环境各不相同,并采用不同的方法进行管理: 其中 7 处处于不同的放牧强度下,而另外 3 处则用于干草生产(放牧之后)。Charles 同时还考虑了野生草种入侵试验草场的可能性,并采取措施加以避免。在不同年份,从各个地块存活下来的植物中采集样本,并将其移植到同质园中,以判定花期早的黑麦草的百分比。在第二年,3 个用作干草的地块中,有两处花期早的类型有显著的增加。

8.6　选择的实验研究

在同质园实验提供大量有价值信息的同时,这种实验模式也受到了质疑,原因是实验环境过于单一,没有其他植物的竞争。因此,很多研究只是对彼此间隔开的植物在单一无杂草地块上的行为作了报告。对选择过程的更直接理解来自在人类管理群落中不同地点种植植物的实验(参见 Bennington and McGraw，1995,以及文中所引述的参考文献)。

8.7　季节性生态型

在风铃草属(*Campanula*)、小米草属(*Euphrasia*)、猪殃殃属(*Galium*)、山罗花属(*Melampyrum*)、

疗齿草属(*Odontites*)与鼻花属(*Rhinanthus*)等属植物中,存在季节性的品种,如花期早的品种(夏季开花)与花期晚的品种(秋季开花)。在这些物种中,部分为半寄生植物,这些植物通过根附属物从其他物种中部分汲取食物来源。有时这些变异体有特定的分类,而在其他情形下只是称呼它们为种内变异体(Sterneck,1895;Wettstein,1900)。Wettstein 认为这些变异体在历史上在人造生境中产生,每年的定期割草是强烈的选择压力。而其他人则持不同的观点。例如,Soó(1927)认为在人类活动的影响之前,生态型就已经出现。Krause(1944)对此表示赞同,他表明阿尔卑斯山地区对干草场和放牧场管理的历史长度(在某些地区大约为 400 年)不足以实现季节性品种的进化。

Rhinanthus alectorolophus 与 *R. glacialis* 为阿尔卑斯山地区不同类型草地上生长的一年生高度多样化半寄生植物。Zopfi(1993a,b,1995)重新验证了对这两种植物的研究结果。对瑞士东部 *Rhinanthus alectorolophus* 样本的调查揭示了存在 7 个不同的表型组,将这 7 种种子播种在 4 个地点的不同类型的草地上;同时将部分种子播种在苏黎世植物园有不同宿主以及没有宿主的花盆中。这些研究提供了关键特性"稳定性"的信息,尤其是与节间数目相关的花期信息。研究证明,节间数与环境条件无关,但与花期有着近乎完全的相关性。因此,生态型的差别主要体现在营养期的长度:一个额外的节间的差异将会导致大约 4 天的花期"延迟"。从种子萌发并在不同条件下生长的植物的开花习性差异的维持表明相关性状是遗传的。

在对这些结果进行判读时,Zopfi 对不同管理模式的草场上的 7 种生态型进行了描述(图 8.2)。这些生态型可分为 4 组。

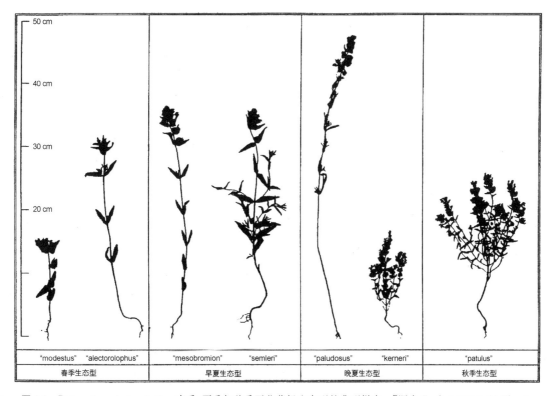

图 8.2 *Rhinanthus alectorolophus* 春季、夏季与秋季开花草场生态型的典型样本。[源自 Zopfi(1993a);经 Elsevier 许可从《植物志》中翻印]

8.7.1　4~8 个节间

在生长季节较短且牧草收割较早的阿尔卑斯山区域,生长着一些花期非常早的变异体。这些变异体被视作是由干草收割时间驱动的针对较短营养生长期和快速繁殖进行定向选择的结果。

8.7.2　8～13 个节间

这些花期较晚的植物在收割期晚两周的低海拔地区发现,草场管理使得这些植物在开花之前有一个较长的生长期。

8.7.3　11～16 个节间

这些变异体生长在秋季收割的干草草场,这里伴生种的竞争相当激烈。在初夏时节进行放牧活动的牧场发现了一种 R. alectorolophus 的特别生态型,此时其籽苗仍然非常小。较晚的花期具有显著的适应意义,使植物在放牧活动停止后成熟。

8.7.4　15 个以上节间

此生态型出现在初夏密集放牧的区域,此时 Rhinanthus 属植物处于其莲座型叶丛习性的保护下。在传统的放牧期结束后,植物在秋天开始结籽。

考虑在 R. alectorolophus 中所发现的不同生态型的起源,这些变异体有可能在人类管理出现之前的自然生境中就已存在。然而,人类活动干预之前的草地的范围和种类并不清楚。人工草场管理的精确条件不可能在自然植被中被"复制"。虽然家畜牧养可能在某种程度上模仿自然食草动物的食草行为,但割晒牧草完全是一种"人造"的生境,在野外环境中不存在类似过程。

Zopfi 的透彻研究表明,精确适应各种人类管理草场类型是 R. alectorolophus 季节性生物宗存在的最好解释。由于割晒牧草带来了选择压力,因此牧草收割的时间是最重要的因素。因为割草涉及全部或大部分地上部分,这限制了草场上植物生长和繁殖。其他的重要因素还包括对在密集生长草场上植物对光的反应程度、Rhinanthus 属植物与宿主植物生长节律的协调以及牲畜牧养的影响。Zopfi 对所有不同的草场类型进行了分析,认为在不同人类管理草场地区都存在针对营养生长期长度的非常强烈的定向选择。然而,鉴于花期对草场管理的重要性,在同一地区内也存在很强的稳定选择。

在过去,某些管理机构认为在人类管理的草场中没有足够的时间供季节性的生态型进化。考古学家的研究则提供了可能的时间框架。有证据表明,Zopfi 所研究的区域内最早的人类管理的牧场或草地的历史可能不超过 1 000 年。此外,一年收割两次的施肥草地等其他草场的历史可能不超过 200 年(Zoller, 1954)。Zopfi 指出,其他物种的选择实验显示基于不同种源材料在几个世代内可选择早花与晚花的变异体,如荠属(Capsella)(Steinmeyer, Wohrmann and Hurka, 1985)以及黑麦草(Lolium perenne)(Breese and Tyler, 1986)。总之,R. alectorolophus 是一个在花期性状方面有丰富变异的物种,Zopfi 怀疑只有一个或少数几个基因与变异相关。因此,这些基因型可能迅速出现。此外,R. alectorolophus 的生态型在阿尔卑斯山众多与外界隔离的谷地存在表明这种变异可能独立地发生了数次。

再简要介绍对 Rhinanthus glacialis 的研究。总共选择了 7 个不同类型生境的 14 个瑞士种群(Zopfi, 1995)。与上述关于 R. alectorolophus 的研究相似,将不同变异体的种子播种到自然种群中,同时将植物种植在苏黎世植物园存在/不存在宿主的环境中。花期早的 R. glacialis 变异体出现在山地的干草草场中;而花期晚的变异体则出现在低海拔的管理型草场中。此研究同时考虑了权衡的概念(Stearns, 1992)。"如果一种性状的改变所引起的效益需要以另外一种性状的改变为代价,则需要进行权衡。"在对所有的变异体进行形态学比较研究后,Zopfi 提出在高寒草甸早花和早果的适应是以植物高度的降低、节间少而长以及枝杈、开花与结籽的减少为代价的。

Zopfi 同时还对 *R. glacialis* 季节性生态型的进化历史进行了分析。他假设自然生态型分化发生在冰后期，并产生了适应不同海拔的气候生态型以及分布在酸性与石灰岩草场上不同的土壤生态型。随后，人类对草场的管理引起了近期的生态型分化，这种分化反映出对割晒牧草的日期以及相关区域放牧程度的反应。

8.8　牧场与干草场生态型的比较研究

针对在牧场和干草场生长的长叶车前（*Plantago lanceolata*）的研究为了解草地微进化的式样和过程提供了更深入的认识。一系列统一的同质园试验不仅证明了独特生态型的存在，而且表明变异的遗传学基础。van Groenendael(1986)在两个反差强烈的生境类型（干草场与放牧地）中设置了永久样方并进行了种群统计研究。在很多精心设计的实验中，对截然不同的研究样地的选择是一个特点。预计 r 选择在开放型放牧地中占支配地位；相反，在稠密干草场草地上，K 选择将占支配地位。

调查显示，生态型分化不仅仅包括形态学上的差异，同时还包括与两个截然不同的生境（即干燥的沙丘草场与干草草场）相关的生活史特性。在至少长达 3 个世纪的时间里，沙丘区域都是牛与马的公共放牧地。因此，开放的植被将会受到踩踏与啃噬。van Groenendael(1986)发现在此地区长叶车前是一种具众多扁平小叶的平卧莲座型生态型变异体，在短的直立花葶上有大量小型球状花序，带有很轻的种子。种群统计研究表明，种子处于先天性的休眠状态，因此土壤中存在相当规模的种子库。主要的发芽期为春季。在此生境中，幼苗与成熟植株的死亡风险相当。莲座型叶丛寿命较短，在第二年开花。

对比研究区域为干草场，其特征为高地下水位、较高植物的传统收割（一年一次，在 7 月初进行）。此生境中的长叶车前生态型变异体具有直立的莲座型叶丛（侧面没有），几片较大且挺拔的叶子，长而直立的花葶上有较大的花序和较重的种子。种群统计研究表明，这些种子在秋天快速发芽，而不形成种子库。幼苗死亡的风险比成熟植株要高，初次开花需要数年的时间。与放牧区域相反，其成年植物的寿命较长，可以反复开花并且成功结籽。

van Groenendael(1986)的实验提供了对协同适应性状（Stearns，1976）概念的检验，此概念是基于对不同生境会带来不同生存、生长与繁殖"问题"的认识提出。对放牧地与干草场长叶车前生活史相关协同适应性状的研究结果为 Stearn 的模型提供了强有力的支持，人类管理生境中不同的选择外力催生不同的变异体。

van Tienderen 和 van der Toorn(1991a，b)的研究使人们对选择力量的作用，尤其是割晒牧草的影响有了更深入的认识。研究选择了荷兰的 3 个场所，每个场所都有其特异的车前草生态型变异体：① Bruuk收割较晚的泥炭土干草场；② Heteren 收割较早的黏土干草场；③ Junne 进行牲畜放牧的砂土放牧地。

为检验在"本土"与"外来"场所不同生态型变异体的存活情况及行为表现，进行了交互移植试验。将 3 种变异体的种子分别播种在各个试验场，然后从每个试验场收集无性繁殖材料，并将此材料移植到每个现场中。实验的设计允许在 3 个不同生境中同时对 3 个不同生态型的表现进行评估，每个现场都提供一个本土生态型用户两个外来生态型的比较。在实验期间，继续在各个现场进行传统的草场管理。

部分植物在实验过程中死亡，通过繁殖存活下来的植物存在变异性，此结果与预期相符。由于数据集并不均衡，给正式的统计分析带来了困难。但从生物学的角度看，3 种生态型的营养器官特征、开花时间等分化明显，这确认了 van Groenendael 的研究结果。尤其是在收割较早的干草场生长的植物开花时间比收割较晚的干草场要早，而在放牧地上生长的植物花期最晚。

克隆移植实验表现的比较分析如表 8.1 所示,本土种群的表现设定为 100%。总体而言,本土种群的表现远远优于外来移植种群。移植种群需要克服一系列的困难,如存活、营养生长与繁殖等。在存活方面,外来种群的得分比那些用于成功开花与繁殖的严苛试验的植物要高,后者的分数则要低得多。在最后一道坎,即种子产量上,外来种群表现差于本土种群,此为适合度的一个关键指标,所有外来种群的种子产量都比本土种群要低 40%~95%。

表 8.1 长叶车前(*Plantago lanceolata*)在收割较早干草场(Heteren)和放牧地(Junne)交互移植的表现。为进行比较,将植物在"本土"现场的表现设定为 100%。"外来"移植植物的表现没有"本土"植物好。尤为重要的是,移植到干草场的来自放牧地变异体未能繁殖,原因是其开花与结果的时间较晚,而在其成熟到可以繁殖之前就被较早的割晒牧草行为所破坏

生　　境	常规干草收割		牧养牲畜的牧场	
克隆材料的来源	放牧地	干草场	放牧地	干草场
营养生存	70	100	100	90
成功开花	52	100	100	60
至少一个成熟的穗状果序	50	100	100	30
总种子产量	3	100	100	40

数据集来自 van Tienderen 和 van der Toorn(1991a, b)的实验;源自 Briggs 和 Walters(1997);经剑桥大学出版社许可翻印。

更详细的繁殖研究显示出在割晒牧草时 3 个种群的表现。在收割较早的干草场,本土车前开花最早,大部分的穗状花序都有时间成熟并且结籽。然而,来自收割较晚的干草场的变异体则不那么成功:在收割较早的干草场,当干草收割开始时,此变异体才刚刚开始开花。因此,在干草收割日期,大部分的种子都没有完全成熟,而这种干草生态型则可以适应其本土生境的较晚收割日期。来自放牧地的植物在干草收割之前未能开花,它们在此季节较晚的时间开花。

本研究的结果与 *Rhinanthus* 的研究结果相似,在后者的研究中发现了超过一个干草生态型。在车前中显然也存在着两种干草生态型,每种都适应其本土生境的割晒牧草管理。当然,可能还存在适应不同收割日期的其他干草生态型。

8.9 公园草地实验:黄花茅(*Anthoxanthum odoratum*)

如果反复从一个场所收集干草,则土壤肥力可能流失且干草产量下降。传统而言,干草场都位于泛滥平原上,冬天的洪水可以为草场补充养分。放牧地则使用富含营养的水进行灌溉,并且动物的粪便为其提供了养分。然而,在 19 世纪中期,农业学家开始对使用人造化肥是否可以增加干草的产量产生了兴趣。

Lawes 和 Gilbert 于 1856 年在英国洛桑(Rothamsted)进行了经典的公园草地试验,以验证化学肥料对干草作物的效果。所选择的试验地点为至少有一个世纪历史的草场。将草场划分为单独的样地,并进行不同的处理。通过对作物样本进行称重并确定样本的构成,就人造肥料与自然肥料对干草产量的效果进行比较。

很快证明,人造肥料的确可以增加产量。幸运的是,这项实验被坚持了下去。尤其是对于使用硫酸铵处理的样地而言,化肥处理的一个效果就是土壤的酸化(原始 pH 值大约为5.7)。1903 年,为了中和日渐增加的酸性,对每一块样地的南面一半的部分定期施用石灰。1965 年,此实验的样地被进一步分成 4 个小块,其中 3 个小块进行不同的石灰处理,第四个小块进行无石灰"控制"。随着时间的推移,物种的构成

发生了变化。未施用化肥的样地的干草产量最低,但是物种却最为丰富。施用化肥的样地产量较高,但是具有较少不同的物种。如下一章所述,这一研究结果对于物种丰富草场的保护管理有着特殊的重要性。

让我们再来看看那个已经存在超过 140 年的试验场,其差异是显而易见的,尤其是收获之前不同样地和子样地之间产能、植物高度与物种构成的差异。在经历不同处理的样地和子样地之间存在清晰的界限分割,不同处理之间的"过渡"区域不超过 30 cm。这表明,在水平样地中所施用营养物几乎没有侧向运动。

包含各种不同处理方式的公园草地实验为我们研究微进化提供了一个难得的机会。选择黄花茅(*Anthoxanthum odoratum*)进行研究,原因是此物种在施用与未施用石灰的样地中广泛分布(Snaydon,1976)。从不同样地采集样本并将其在统一的植物园中进行种植,发现了不同的形态学差异,来自植被较高样地的植物长得比来自植被较低样地的植物要高。据此推断,这种关联差异是适应性的。

此外,检验植物对不同土壤营养素的反应程度(图 8.3)。来自施用石灰的样地(pH 值为 7)的植物比未施用石灰的样地(pH 值为 4)的植物受营养液中钙浓度的影响要大。植物的生长状态与源样地的pH 值($r=0.9$)以及钙的浓度($r=0.8$)有关(Davies and Snaydon,1973a,b)。对不同土壤营养因子的反应程度的实验非常有启发作用。公园草地实验中的土壤具有不同的磷酸盐水平。在使用从不同磷酸盐状态的样地中获取的黄花茅进行的沙培实验中,植物对所施用的磷酸盐的反应程度与其源土壤中可萃取的磷酸盐的含量相关($r=0.70$)。从更广泛的施用磷酸盐浓度的范围看,植物的反应与其来源土壤的 pH 值更为密切相关(Davies and Snaydon,1974)。

酸性土壤的可溶性铝含量比石灰性土壤要高。从未施用石灰(酸性更强)的样地所采集的黄花茅样

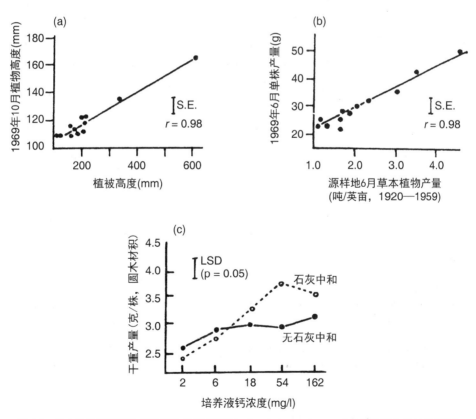

图 8.3 采自洛桑公园草地实验样地的黄花茅(*Anthoxanthum odoratum*)在植物园生长结果[源自 Snaydon(1976);翻印获得作者的许可]。(a)植物高度与源样地植被高度的关系;(b)植物重量与源样地产量的关系;(c)施用石灰与未施用石灰样地中钙对植物干重的影响。(Snaydon,1970,1976;Snaydon and Davies,1972;Davies and Snaydon,1973a。同时参见 Davies,1975,钾与镁的反应程度;Davies and Snaydon,1974,磷酸盐的反应程度)

本比从施用石灰的样地所采集的样本对高浓度铝的耐受能力更强(Davies and Snaydon，1973a，b)；同时，研究了施用不同浓度钾对植物生长的影响(Davies，1975)。鉴于所有这些实验的结果都清晰地表明黄花茅样本的反应程度与其源样地的草皮及土壤条件密切相关，且不同的土壤类型是出自对原先一致的区域进行的不同处理，因此推论出实验过程中这些样地导致了歧化选择。

公园草地实验的研究同时还对基因流有某种意义的启发。这主要通过使用一种检验基因流的标准方法以及上文列述的检验选择的方法实现，即将成熟植物与其幼苗的变异性进行比较。从样地交界处采集的植物及其后代的高度、产量以及其他特性都不相同，表明在不同样地中生长的植物之间存在杂交受精的现象，但是此现象仅在边界周围大约 2 米的范围内才比较突出。

此外，进行了交互移植实验(Davies and Snaydon，1976)。首先将从不同样地采集的克隆材料种植在统一的实验园中，以将携带效应降至最低。随后，将克隆材料移植回公园草地实验中。实验的设计允许对各样地中本土与外来种群的存活情况以及表现进行测量。研究发现，植物在其本土样地中生长最为苗壮，在施用石灰和未施用石灰的子样地中，外来物种的相对适合度仅分别为 0.59 与 0.75。

Davies 和 Snaydon(1974，p.705)在对实验结果进行思考后得出下述结论："各个种群似乎都实现了适应其源样地环境的生态进化。"总的说来，"种群间的形态学和生理学差异与其源样地环境变量的差异密切相关。"Davies 和 Snaydon 在对其在 1906 年所做出的向部分子样地施用石灰的决定进行思考后，推断黄花茅在实验的不同部分所表现出来的差异源自"在 65 年之内完成的进化"且"距离小于 30 m"(Davies and Snaydon，1974，p.705)。

这一结果促使我们对人类管理区域的进化改变速度进行的思考。1965 年进行的石灰处理所导致的近期变化为研究微进化速率提供了理想机会。这一新的状态使得将长达 100 年没有施用石灰的子地块的材料与自 1965 年开始进行石灰处理的邻近地块的材料进行比较成为可能。将采集的样品种植在有间隔的试验园中。对植物进行为期 3 年的研究，并对 21 个性状进行测量(包括形态学、产量、抗病性等)。研究发现，仅仅在 6 年之后，从未施用石灰子样地与最近施用石灰子样地的植物之间发生了显著的遗传变化(Snaydon，1976)。

这种非常有想象力的典型"农业"实验为了解黄花茅在人类管理环境下微进化的形式和过程提供了很多信息(Snaydon，1978)。可以预料黄花茅所经受的选择压力对实验中的其他物种同样起作用。初步研究结果显示在公园草地实验中其他物种也发生了相似的变异，包括黑麦草(*Lolium perenne*)(Goodman，1969)以及绒毛草(*Holcus lanatus*)与鸭茅(*Dactylis glomerata*)(Remison，1976)。同时，药用蒲公英(*Taraxacum officinale*)中也发现显著的适应性差异。Richards 在样地中发现了 12 个小种，较高的小种出现在植株最高的干草场，而最扁平的莲座型小种则出现在植被最矮小的样地(参见Thurston，Williams and Johnston，1976)。

公园草地实验和其他微进化研究的成果给物种丰富牧场的保护管理提出了一个尖锐的问题。在整个欧洲，由于耕作、再播种以及定期施肥以允许青贮复种，导致了很多干草草场的消失。这种管理虽然实现了高产量，但却导致草地上物种的匮乏。如果要对剩下的物种丰富的传统干草草场连同其中各具特色的漂亮植物与蝴蝶等进行保护，则必须依照过去原有的方式进行管理，尤其是割草、施肥与灌溉的日期等，而不是采用某些通用的"标准"干草处理方式，在"夏天的某个时间"进行割草(Feltwell，1992)。

8.10 草坪和高尔夫球场中的选择

从干草草场收割的草本植物是极具价值的作物。然而，在世界上有大面积的草场被精心管理并清理,但那些"作物"被丢弃或者仅仅用作覆盖料,真正有价值的是剩下的草皮,如花园、公园与运动场的绿地。据估算,整个美国有大约 3 100 万英亩的草坪。在世界范围内,同样也有大量的运动场。例如,全球共有超过 3.1 万个标准长度高尔夫球场,其中大约 2.3 万个位于美国,6 000 个位于欧洲。

绿地一直是公园设计不可或缺的一个元素。在英国,现代意义上的草坪或许出现在都铎时期。直到 Budding 发明割草机(参见图 8.4)和马拉割草机械发明之前,人们使用长柄大镰刀修剪草坪或采取放牧的方式保持草的长度。绿地可能由经过长期管理的放牧地演变而来,但是传统的草坪通常铺有来自沿海放牧草地的草皮。然而,在近期人们采用播种生长缓慢的耐磨性草种的栽培变种来培养草坪。目前越来越多的草皮被作为经济作物种植,这些草皮被挖起并运送到准备好的地点进行铺设。因此,草坪已经从豪华古宅的华丽装饰演变为花园里令人赏心悦目的元素。在现实中存在着各种的草坪,或破旧、或荒废、或古老、或尊贵。但是,即便是最古老的草坪也无法媲美延续数个世纪的干草草场。

图 8.4　Budding 发明的剪草机,1830 年左右获得专利。这 3 幅割草机广告反映出"割草机的社会进步,操作者从当初的农夫变成对自己郊区别墅进行美化、举止优雅且从容淡定的绅士"。(源自 Thacker,1979)

对于大部分草坪管理人员而言,他们的目标就是保持一块没有杂草的草坪。然而,在很多草坪中都会有杂草出现,而草坪的反复修剪对于植物生长而言是一种极端的环境。人们对植被进行反复修剪,以保持 0.5 厘米的草皮高度。此举旨在避免裸露区域并且经常对草坪进行修补或再种。物种的构成由除草剂施用进行控制,并且受肥料的使用以及灌溉的影响。

8.11　温度控制发芽

Wu、Till-Bottraud 和 Torres(1987)对加利福尼亚州戴维斯市立高尔夫球场的研究揭示了早熟禾(*Poa annua*)种群的遗传差异。研究现场为一个有约 20 年历史的高尔夫球场。在该地区内,新的高尔夫球场在近五六年受到了早熟禾入侵的严峻挑战。此物种主要进行近亲交配,但实验表明其同时还存在部分异交。受人类活动尤其是机器割草的影响,在高尔夫球场内部以及之间很有可能出现通过种子实现的基因流。

在加利福尼亚州,降雨集中在 11 月至次年的 3 月。夏季则比较干燥,在 5 月至 9 月的这段时间几乎没有降水,因此必须对高尔夫球场的某些部分进行灌溉。早熟禾(*Poa annua*)作为一种杂草出现在构成高尔夫球场的所有 3 种草场类型中。

1) 球穴区,修剪至 0.6 cm 高的绿地,在干季每天或者更为频繁地灌溉,以维持比赛场地;

2) 球道,一周修剪两次,高度保持在 2.5 cm,每周只灌溉两到三次。

3) 障碍区,偶尔修剪,从不进行灌溉。

在 Wu 等(1987)所进行的一项实验中,从所有 3 种草坪类型中采集种子。发芽实验表明,3 个种群在高温(25℃)下的反应各不相同。障碍区种子的平均发芽率普遍较低且低于 30%,其平均值为 5%。与之相反,球穴区种子的发芽率高于 60%,而球道种子的表现更为多元。此行为的遗传性通过对 3 种种群植物间的多系杂交后代试验进行确认。

在实验中所发现的发芽行为的遗传分化样式可以通过与草皮灌溉处理的关系进行解释。在障碍区,由于没有灌溉,在干燥的夏季幼苗不可能成活。发芽由温度控制:高温将抑制发芽的过程,而在预计可能会下雨或者植物有机会完成完整生命周期的时期,低温将诱导发芽的过程。因此,障碍区的野草通常都是一年生的,这是干湿季交替的选择结果。与之相反,球穴区被经常灌溉,因此即便是在夏季的高温下,由于有有利的水分条件,种子仍然可以发芽。这些区域种子发芽大多不受温度影响。然而,为何选择的强度不足以导致产生完全由具备此种发芽行为的个体构成的种群,目前仍不明确,或许不同变异体对其他选择压力(如割草/竞争/除草剂等)的反应是非常复杂的因素。最后,球道种群是包含不同早熟禾变异体的混合物,这或许是由于处于浇灌强度居中的异质环境中。

这项研究为我们提供了在没有自然副本的生境中微进化过程的认识。研究证据表明,分化可能很快就发生;此外,在每块球穴区都会发生独立选择,这些球穴区是整个高尔夫球场中独立的"岛屿"。

Lush(1988a,b)对澳大利亚墨尔本一个高尔夫球场球穴区内早熟禾与其他物种[尤其是匍匐翦股颖(*Agrostis stolonifera*)]的生态关系进行了研究。

8.12　早熟禾(*Poa annua*)的歧化选择

Warwick 和 Briggs(1978a,b)对剑桥大学植物园旁边一个草地保龄球场上生长的早熟禾的分化现象进行了研究。球场始建于 1928 年,在 1938 年更换了新草皮。草皮的高度为 0.5 cm。草地保龄球场的周边为花坛,在保龄球场草皮与花坛中都发现了早熟禾。

存在两种早熟禾的变种:① 笔直生长的早花短命植物;② 开花与结果都相对较晚的匍匐或半匍匐多年生植物。为确定变异体在研究区域的分布,对保龄球球场草坪和花坛中生长的植物进行了 3 次采样,并将其移植到有土的花盆中,栽培 7 个月以判定其生长习性。所有在保龄球场草坪上生长的植物在采集时都呈匍匐状;在栽培过程中,有 95%~98% 保持了其匍匐状,而 2%~6% 的物种变得笔直,证明它们为拟表型植物(即它们是模仿匍匐变异体的不可遗传的变形体)。在含有两种变异体的花坛中所采集的植物样本中,匍匐状与直立状植物的比例约为 1:2。对酯酶同工酶的研究表明,并没有能区分匍匐状与直立状个体的条带。然而,在匍匐状与直立状类别中存在异质性,两个类别都包含一系列不同的基因型,且在家系中发现有分离现象。

早熟禾主要为自体受精,为检验来自保龄球球场和花坛的材料的形态学和生命周期特性,将直立与匍匐植物的花序套袋,以产生自交种子,然后按家系萌发、生长。同一家系后代表现高度的同质性,直立与匍匐植物保持着它们截然不同的生长习性,其营养期的长度也有显著的不同。直立植物开花较早,为 45~63 天(从播种到开花平均为 55 天),而匍匐状植物开花较晚,为 70~89 天(平均为 80 天)。

观察表明,定期性的去叶是草坪的主要选择作用。将匍匐状与直立状的克隆材料种植在花盆中,为模拟割草环境,每周将植物修剪到 2 cm 的高度。收集修剪下来的碎片并晾干,以对干重的累计损失进行估算。不进行修剪的对照植物用于模拟花坛的环境。在修剪状态下,匍匐状植物比直立状植物更容易生长并开花,其相对于直立植物的选择系数介于 0.53 到 0.68 之间;与之相反,在对照条件下直立植物有选择优势,其相对于匍匐状植物的选择系数为 0.77。

除了常规的修剪外,保龄球草场还要受到踩踏的压力。为模拟踩踏的效果,使用机械足对种植在花盆中的来自保龄球草场的匍匐状植物以及来自花坛的直立状植物进行轻重不一的踩踏模拟(Warwick,1980),保证模拟踩踏用的金属在从 5 cm 的高度落到植物上时提供与标准人体重(70 kg)同等的压力。研究发现,遗传性匍匐状变异体对踩踏的耐受能力要比直立状植物强,其相对于直立状植物的选择系数对于繁殖特性而言尤其高(0.79)。在考虑实验条件是否可以精确模拟草地上的踩踏时,Warwick 认为,虽然机械足可以充分反映人足的踩踏压力,但是其无法模拟人类在踩踏动作中伴随的旋转扭曲动作。

早熟禾成熟个体的变异性支持了在草地保龄球场-花坛环境中存在歧化选择,遗传性匍匐状植物在草坪中有选择优势;同时,少部分植物具备表型可塑性,可以通过表型模拟呈现匍匐表型。与之相反,在花坛的杂草环境下,直立状植物从发芽到结果有较快的发育过程,具有选择优势。如果每个地点的选择压力都很强,则可以推断,匍匐状植物在草坪上的结籽能力最强,而直立状植物在花坛的结籽能力最强。然而,同时还必须考虑基因流的问题。

对草地保龄球场早熟禾的研究还涉及对球场和花坛土壤种子库的分析。这些种子库包含本地产生的种子以及通过种子传播来自其他地方的种子。通过让土壤样本中的种子萌发生长来分析各个地点直立状与匍匐状变异体的种子库种群特点。研究发现,保龄球场草坪与花坛土壤中的潜在种群比实际的成熟种群具有更高的变异性,这一证据有力地支持了歧化选择的模型。至于每个地点内的变异形式,草坪边缘土壤中直立状植物的出现频率要比草坪中心高,其原因可能是在赛季末对破损的草坪边缘进行重新补种时,早熟禾被作为杂质引入;此外,种子同时还可能通过鞋袜被携带进草坪中,而且更有可能出现在草坪边缘而非中心。起初并不理解为何在花坛的种子库中会存在大量匍匐状植物的种子。但是园艺实践的研究表明,赛场修剪所产生的含有匍匐状植物种子的覆盖料可能会被定期倾倒进花坛中,从草坪修剪物产生的堆肥也有可能被用于花坛。

8.13　草坪与其他类型草地的比较研究

剑桥是一个遍布草坪的城市,其中最著名的是国王学院、基督学院和圣约翰学院历史悠久的草坪以及皇家植物园等。尽管一代代的园艺工执着地在庭园与花园中维护较矮的草皮,但是草坪中仍然有一些杂草生长。正如我们所见,割草与踩踏给植物带来了极端的选择压力,学院草坪上的杂草在生态型上是否产生了分化?

从草坪中采集 5 个杂草物种的样本,并与从下述其他类型草地上采集的同一物种一起,进行为期两年的比较栽培,其他类型草地包括:密集放牧区域、季节性收割或放牧的草场以及不用作放牧或割草的未知区域(Warwick and Briggs,1979,1980a,b,c)。在采样点处,植物的表型有显著差异,其中部分变异体保持了其特殊性,而其他变异体则在生长反应的过程中表现出表型可塑性的重要性。我们首先考虑有明显区别的变异体。

8.13.1　草坪

可以预期,侏儒状或匍匐状的植物在草坪上有选择优势。部分雏菊(*Bellis perennis*)(国王学院)、夏枯草(*Prunella vulgaris*)(圣约翰学院)、欧蓍草(*Achillea millefolium*)(国王学院、圣约翰学院)和大车前(*Plantago major*)的侏儒或匍匐变异体在栽培中保持了其特性。

113

8.13.2　放牧区域

牛津的波特草原(Port Meadow)有悠长且连续的放牧牛马的历史,或许我们可以推断自然选择更倾向于有匍匐或侏儒习性的植物。在栽培中,大车前表现出匍匐生长习性与短花茎的特点;与之相似,侏儒状欧蓍草也被发现。

8.13.3　牛津干草草场

正如上文所述,早花的变异体在干草草场具有选择优势。从 Yarnton 和 Pixey Meads 有悠久历史的传统管理型干草草场采集夏枯草和长叶车前(*Plantago lanceolata*)的样本,通过栽培发现了这两种植物的早花变异体。

8.13.4　无规则放牧或收割的地区

从这类地区采集的样本经栽培后并未发现侏儒状或匍匐状的变异体。

在持续多年保持草坪、牧地或干草草场的环境中所出现的截然不同的变异体揭示了选择的重要性。然而,在试验中欧蓍草、雏菊、夏枯草和长叶车前的反应都表明表型可塑性的关键作用。对于夏枯草而言,我们的研究结果与 Nelson(1965)类似。Nelson 发现,在草坪上生长的某些匍匐状植物是遗传性的,而其他的则是拟表型,在栽培过程中长得较高。

8.13.5　交互移植实验

种植园试验和耐受性试验(修剪与模拟踩踏)为研究草坪杂草提供了大量的证据。然而,这些研究的实质是对放牧与踩踏效应的模拟。来自草坪和其他类型草地的植物在现实草皮中的情况如何?为此,人们利用大车前的移植幼苗以及雏菊和欧蓍草的无性繁殖材料进行了实验。

8.13.6　大车前

首先,在模拟草坪割草的修剪实验中,来自草坪的匍匐状植物能产生成千上万的种子,而来自路旁的直立状植物则受到了严重的伤害,并且丧失了其全部的繁殖结构。这些反应在何种程度上能体现在被修剪并且有高大植物生长的现实草皮中的状况?

在定期修剪的高草皮样地上进行交互移植实验,在修剪处理条件下来自草坪植物仍然保持了很高的结籽率。然而来自路旁的植物的行为完全不同于来自修剪环境的植物,其在此生境下几乎无法结籽,此反应可能与叶及花葶的柔韧性以及"现实"草地中相邻物种的缓冲效应有关。在高草样地中,路旁的植物比草坪植物有更高的繁殖能力。在被修剪和收割的样地上,来自草坪植物相对于路旁植物的选择系数高,介于 0.78 到 1.0 之间;在修剪实验的对照以及所有的高草样地中,路边植物相对于草坪植物的选择系数高(介于 0.74 与 0.77 之间)。因此,大车前的实验结果与前文所述的早熟禾类似。修剪、踩踏和交互移植实验证明,与那些未受到极端草坪管理的草场上的直立状变异体相比,大车前的匍匐状草坪变异体能更好地耐受草坪环境。

8.13.7　雏菊在移植实验中的表现

在一项实验中,将取自草坪以及其他类型草地的植物种植到定期修剪至 2～3 cm 高度的草坪中,没有证据表明雏菊的样本表现出同样的适应性。然而,实验发现了 4 株短花葶(花与结果的结构靠近地面)植物：其中 3 株来自长期处于良好管理下的草坪(一株来自皇家植物园,另外两株来自国王学院),另外一株来自牛津的波特草地。可以从不同角度解释为何"缺乏适应性的雏菊"可以在草坪上存活。草坪表面可能并非十分平坦,因此植物的顶部可能免遭修剪;此外,即便从种子成功生长的植物在密闭的草皮中数量较少,但有些植物碰巧做到了。由于没有使用除草剂或者人工除草,即使其花和果的结构在修剪中被频繁移除,它们也能通过旺盛的营养繁殖形成克隆斑块。

8.13.8　修剪样地和高草样地中蓍草的反应

在对修剪样地与高草样地进行的克隆移植试验中,没有证据表明来自草坪或牧场的植物(在标准栽培中明显地表现为侏儒型)在无性繁殖和传播方面比其他植物更为成功。此外,从未进行修剪的现场采集的个体在草坪样地中的成长也很成功。因此,此物种表现为截然不同的草坪生态型的观点没有得到支持;很多基因型在严苛的反复修剪条件下仍能继续生存。在维护良好的草坪中鲜有结果的情况,但无性繁殖是至关重要的。对不同基因型单个克隆的扩散速率进行研究,结果显示采自草坪的植物与来自其他类型生境的植物之间不存在统计学上显著的差异,也没有高草草地生态型的存在证据。

8.13.9　草坪杂草表型可塑性的重要性

移植实验在很大程度上确认了植物园试验的结果。某些物种表现出适合草坪环境的品种的分化,而其他物种则可以被视作移植的机会主义者,他们通常通过无性繁殖和表型可塑性存活和扩散。鉴于可塑性在微进化中的意义,Bradshaw(1965)提出了一个重要的观点:如果可塑性需要更少的能量,或者从可塑性衍生出的灵活性与基于有限可变性的遗传适应有同等的适合度,则在物种内不会发生选择并导致遗传分化。

8.14　干草转运而引起的草地基因流

除前文报告的有关基因流的研究结果外,对一种番红花(*Crocus scepusiensis*)种群的研究也提供了很多重要认识。其花的颜色表现不同变异,有 4 种不同的变异体(花型)——带有橘色或白色柱头的紫色或白色花。在一项为期 5 年的调查中,研究人员对波兰喀尔巴阡山脉 Gorce 山区这些颜色变异体的分布进行了研究(Rafinski, 1979)。番红花的分布看似局限在山毛榉或云杉森林之中的目前或曾经用于干草场或放牧地的人造草地中。种群的大小相差巨大,从很小的分散碎片到由无数植物组成的庞大种群。调查显示,花型的出现率不随着年份而变化,即使在彼此间隔较小的种群中,柱头颜色的出现频率也有相当大的差异,例如间隔一条树带或一条小溪的种群。然而,在其他的情形下,变异形式与地形或生态因素没有任何关联。

颜色变异对微进化的意义可能与虫媒适应性相关。然而,Rafinski 认为,柱头颜色的变异可能是非选择性过程的结果。该物种通过种子或者球茎进行繁殖。种子体积较大,无明显的传播附属物。Rafinski 认为,奠基者效应以及人类管理草场中散播的种子是种群变异的主要因素。在番红花结果时,从林间空地采集含有番红花种子的干草,并沿着林间小路运输。有些被洒落在路旁,进而形成了孤立的番红花种群。在特定场合出现哪一种花型是一个概率问题。其他的因素也非常重要。例如,有些番红花种群在生长季早期就从积雪中绽放出来,而在其他有不同小气候的地区,降雪时间长,因此开花时间晚。这种开花特性的差异可能会影响此自花传粉物种颜色变异体之间的基因流。我们目前对花色变异性和多态性的遗传基础认识尚不完全,Rafinski 的研究表明了奠基者效应对本物种种群变异性的潜在重要性,并且强调了在景观中对草地管理的人类活动的作用。

8.15 种 子 库

对土壤中有活力种子组成的持久性地下种子库已开展了一系列研究(Harper,1977;Thompson, Bakker and Bekker,1997)。例如,受管理的干草草场中每平方米可能有 38 000 粒种子(Chippindale and Milton,1948)。近期的研究表明,在那些被荒废或用作他途的草地或石南荒原中,持久性土壤种子库中的种子密度正在减少(Bossuyt and Hermy,2003)。正如下文所述,土壤种子库的潜在损失对规划生境恢复项目以及珍稀濒危物种管理具有深远的影响。

8.16 畜牧业中由种子传播引起的基因流

有证据表明在半自然草场和石南荒原生境中,物种的丰富性正在减少,这很大程度上是生境破碎造成的(Brunn and Fritzbøger,2002)。然而,土地用途的变更以及先前农业用地的荒废也不容忽视。在过去 200 年内,畜牧业发生了巨变,这导致了在农业环境中种子扩散的机会减少。例如,在过去的 200 年中,丹麦借助牲畜迁移实现的种子传播在 3 个空间尺度上发生了变化(Brunn and Fritzbøger,2002)。

1) 1~10 km 的范围。在中世纪的共同耕地系统中,有大面积的疏于围栏的土地;在一年的大部分时间,家养动物都不断地在牧场、石南荒原、茬地、休耕地之间迁徙。有些放牧是在共有地进行,环境可能比较均一或混杂有赤杨林、矮林与乔林以及石南荒原或干/湿草地。人们采集干草、石楠、稻草、树叶与嫩枝喂养牲畜,动物排泄的粪肥被施用在农田中。这些在以前欧洲非常普及的公共土地体系因圈地运动而被荒废或修改,农田与森林被围栏所包围,这一进程大约 1760 年在丹麦出现,并在 1810 年接近尾声。在 19 世纪,出现了在畜舍中饲养的牲畜。

2) 在圈地运动之前的时期,家畜在范围为 10~50 千米的不同环境中迁徙,包括将动物驱赶至遥远的牧场、共有地、石南荒原、林地或盐沼等。"森林放牧"对于 16 世纪至 18 世纪家猪的发展尤为重要。大群的牲畜被驱赶至远处橡树或山毛榉林,在那里以橡树果实或山毛榉坚果为食,一直持续到圣诞节的屠宰。圈地运动限制了森林中的放牧行为,但是却使得家猪的圈养成为可能。

3) 从中世纪后期开始,越来越多的活的牛与马被出口至数百公里之外的德国以及低地国家。动物每天大约要行进 10 千米,有的时候在路上进行喂养。在 1847 年之后,随着铁路的兴起,牛、马等动物的长途驱赶越来越少。

在研究伴随牲畜迁移的种子传播而引起的基因流时,发现在丹麦和欧洲的其他许多地方,由于集约化畜牧业以及无牲畜的集约化农场的发展,3 种空间范围的牲畜迁移急剧减少,这种减少很可能对很多物种种子与果实的传播产生影响。正如 Brunn 和 Fritzbøger(2002)所言:"丹麦(半)-自然生境中所生长的植物物种中,有相当大的比例(超过 2/3)都可以在牛羊的肠道中生存,或可以附着在这些哺乳动物的毛皮上。"同样,在集约管理的农场,野生鸟类与哺乳动物种群的数目通常也在减少,这可能会导致由"野生动物"实现的种子与果实传播的减少。

在丹麦,由于驯养动物迁移的减少而对种子传播的影响可以在某种程度上被鹿群的增加所弥补。

然而,Brunn 和 Fritzbøger(2002,p.431)在对当前的畜牧业实践进行思考之后,得出了这样的结论:"家畜的活动自由受到了严重的限制。"现在,家畜的运输都通过卡车进行。他们在分析中进一步指出:"动物蹄子与皮毛上所黏附的泥土中所夹杂的种子同样可以附着在鞋袜与车辆上,因此与汽车运输相关联的种子传播的距离可能比动物传播有了量级的增长。"然而,他们推断:"机动车运输的急剧增长可能不能完全替代家畜在半自然生境中植物传播者的角色。"因为通过汽车的传播主要限于道路边缘的杂草物种(另见 Hodkinson and Thompson,1997)。

8.17　结　　语

实验研究提供了在不同类型人为草地中与特定生境相关的植物遗传变异的有力证据。在公园草地、保龄球草场和高尔夫球场等不同类型草地毗邻的区域,如果进行截然不同的草场管理,则会导致歧化选择并分化产生适合当地环境的种群。相关的研究同时还对基因流以及适合度的构成进行了检验。部分研究还对进化的速度进行了估计,在某些案例中显示有很快的反应。对草原生态系统的研究表明生态型分化以及表型可塑性是植物适应性反应的两个重要组成部分。其他的草场物种则基于土地用途进行研究:例如,细弱翦股颖(*Agrostis tenuis*)(Bradshaw,1959a,b,1960)、洋狗尾草(*Cynosurus cristatus*)(Lodge,1964)、鸭茅(*Dactylis glomerata*)(van Dijk,1955)、*Euphrasia* spp.(Karsson,1976,1984)、奇尔特恩龙胆草(*Gentianella germanica*)(Zopfi,1991)、牛防风(*Heracleum sphondylium*)(Jaeger,1963)、黑麦草(*Lolium perenne*)(Gregor and Sansome,1927)、百脉根(*Lotus corniculatus*)(van Keuren and Davis,1968)、疗齿草(*Odontites lanceolata*)(Bollinger,1989)、梯牧草(*Phleum pretense*)(van Dijk,1955)、洋委陵菜(*Potentilla erecta*)(Watson,1970)、鼻花属鼻花(*Rhinanthus serotinus*)(Ter Borg,1972)和白蓝禾(*Sesleria albicans*)(Reisch and Poschlod,2003)。

随着农业的进步,很多地区饲养和待出售家畜的迁移逐渐减少,果实和种子(可以在牛、羊、猪等动物的消化道中生存的物种)的本地与跨地区传播也大大减少。虽然这方面人类影响的传播在很多地区逐渐减少,但随着贸易全球化的进程,动物与植物也被广泛传播至新区域。与植物引进形式和过程相关的微进化研究详见第 13 章。另外,第 13 章还包括对于自然保护结果的评估。

在下一章中,我们着重分析耕地与森林人文景观中的微进化形式和过程。

第9章 收获作物：耕地与林地

在《动物和植物在家养下的变异》（*The Variation of Animals and Plants under Domestication*）一书中，达尔文（1905，vol.390）对 Loiseleur-Deslongchamps 在其著作《健康谷物的美味》（*Les Cereales*）中提出的问题进行了探讨。由于谷类作物在人工驯化的条件下进化，或许入侵作物生长的农田的杂草也发生了变化。达尔文对这一观点的态度以及其自己的谨慎论断颇为有趣。

> Loiseleur-Deslongchamps 称，如果我们的谷类作物因为栽培而在很大程度上改变，则通常与这些谷类作物一同生长的杂草也会随之改变。但这一论断表明选择原理已经被完全抛在脑后。H. C. Watson 先生和 Asa Gray 教授在与我的交流中，认为这些野草并没有变异，或者至少目前没有发生任何明显的变异。但是谁敢说它们没有像小麦亚变种的个体一样发生变异呢？我们已经发现，在同一块田中种植的纯种小麦会出现细微的变异，这种变异可以被选中并单独繁殖，有时会出现更明显、Shirreff 先生所证实的值得广泛栽培的有价值的变异。除非对杂草的变异性和选择给予同等的关注，否则它们在无意栽培环境中恒定性的争论没有意义。

目前，有充分的证据表明耕地中的野草与作物共同进化（Barrett，1983）。Wulff（1943，p.106）对此提出了两个观点。

> 在人类有意种植的植物以及那些始终伴随特定作物的野草中，发现同样的生物学特性和形态结构变化是非常重要的，这要归功于人类不自觉的栽培活动。有些杂草在人类不觉察的情况下可能会逐渐变成人类栽培的直接目标。

通常而言，对耕作环境的管理旨在通过恰当的杂草控制、土壤肥力的维护以及充分的供水为庄稼提供均一的生长条件。在实现这些目标的过程中，农业发生了很多变化。在大部分区域，迁徙耕作被放弃，取而代之的是长期的定居农业。采用小农农业的模式，很多地区的农业继续依赖传统灌溉、梯田耕作、施肥、休耕与轮作等，并采用人工除草以及劳动密集型脱粒和风选。然而，随着机械化的发展，化肥、除草剂的使用，新的作物品种的引进，新的或改良的脱粒方法的推广，种子精选、区域灌溉、等高耕作、控制水土流失的少耕管理系统以及集成农业中有针对性的杀虫剂使用等，传统的方法正在逐渐被淘汰。但是，也存在一些与现代农业方法相反的"回归运动"。例如，不使用人造化肥以及化学农药的有机农业正在增加，同时人们正努力消除当代农业对野生生物的不利影响。目前认为耕地管理方式的进化给杂草施加了很大的选择压力。那么，杂草是如何应对的呢？

9.1 耕地杂草种群：普适基因型或特化宗？

鉴于杂草物种强大的定植能力以及其广泛的生态耐性，人们提出了两种不互斥的模型。在很多情形下，选择倾向于有高达尔文适合度的"基因型"；但是，很多杂草物种可能包含与特定作物共同进化的特化宗,有时称为作物生态型。这里考虑耕地微进化的 3 组具体案例,包括作物拟态、生活史进化(包括种子休眠)以及对除草剂的反应。

有些物种可能不仅仅包括栽培品种,而且还包括可以与其杂交的同种野生和(或)野化变异体。因此,这些类群的微进化受到种内杂交频率和结果的影响,并影响作物-野生-野化复合体的进化。在本章中列述了部分作物与杂草杂交的案例,关于本话题更详细的讨论请参阅第 13 章。

农田杂草的选择过程研究可以分为两个大类。在部分情形下,通过比较栽培、野生与野化变异体的形态学和行为特征,推断具有遗传多态性的杂草不同种内变异体的适合度;而在其他的研究中,则试图分析不同农田杂草物种的变化的命运。

1) 作物拟态

杂草与作物的生态要求、生长习性、生活史、开花与结果特性越接近,对杂草的控制就越困难。关于协同进化的证据很大程度上来自历史、分类与分布研究的间接证据,同时辅以部分遗传学与栽培实验。在很大程度上,促进变异形式发展的选择过程为传统的耕作方法。在世界上很多地区仍保留有传统的农业,但在有些地区,传统农业已经被现代农业所取代或改进。

2) 生活史变异与休眠

对那些不仅作为杂草在农田生长,而且在自然生境中广泛分布的物种和种群的特性已通过实验开展了一系列比较研究。

3) 除草剂抗性

由于现代集约型机械方法取代了使用简单工具进行人工除草的做法,加之除草剂的广泛使用,对野草的控制效果提高。由人类活动而引起的无意达尔文选择最全面且"有说服力"的证据来自除草剂对不同杂草物种以及种内变异体的研究。

9.2　作物拟态

9.2.1　营养体拟态

从作物中除草的做法可以追溯到农业的出现(Vavilov,1951;Barrett,1983)。手工除草是最古老的方式,但对撒播作物的效果不如行播作物。在 Jethro Tull(1733)将播种机完善之后,行播成为可能,同时行间的野草可以使用锄头清除。Salisbury(1964)认为这种新的耕作法开始减少了毒麦(*Lolium temulentum*)的数量。毒麦是曾经非常普遍的耕地杂草,但现在在英国已经很少见(参见 Radosevich *et al.*,1997,p.21)。

要想进行有效的除草,首先需将杂草从作物中分辨出来。在很多情形下,这都不是一个问题。但是有些杂草物种在其所生长的作物中表现营养体拟态。杂草的幼苗与作物非常相像,以至无法将其从作物中区分。因此,早期通过双手或者锄头进行的除草效果不佳。如果杂草继续生长至开花结果,则其很容易与作物分辨。但是,在后期不会再进行人工或工具除草,因为这将大大影响作物的产量。

9.2.2　种子拟态

很多杂草种子可能会在不经意间与作物一起收获。为去除这些杂质,人们发明了一些传统的风选方法。将混合物抛洒到空中或强制通风气流中,较重的作物果实保留,较轻的杂草种子与谷壳被剔除。

然而,有些杂草的种子与作物的种子有近似的风选特性,因此这些拟态种子继续混杂在种子中,表现出一种选择优势,这些种子随后可能与作物种子一道被种植到下一块田地中。据此,农民通过风选进行剔除的方法就是一种无意识的选择外力。营养性拟态产生的种子可能不与作物相像,但由风选导致的选择更倾向于那些形状、大小、密度与重量近似作物的种子。在世界的很多地区,作物的风选被更有效的种子精选技术代替,如筛选等。为了去除或减少苜蓿中混杂的菟丝子(*Cuscuta* spp.)种子,人们将作物与铁屑混合,铁屑将附着在菟丝子较为粗糙的种皮上,随后使用磁铁将其从种子较为光滑的苜蓿中分离(Radosevich *et al.*,1997,p.123)。

如下文所述,由于现代种子精选技术的流行,一些曾经很好地适应传统风选模式的杂草种群正濒临灭绝或已经灭绝。在传统耕作中曾经的"胜者"如今也未能摆脱失败的命运。目前已经对数种使用传统耕作方法种植的作物中作物拟态现象进行了调查。在欧洲的很多区域,亚麻种植已经成为历史,这导致了地区性的特化杂草区系的消失(如参见 Kornás,1961)。

9.2.3 亚麻中的作物拟态

Zinger(1909)与 Sinskaia 和 Beztuzheva(1931)对亚麻荠属(*Camelina*)的作物拟态进行了研究,而Tedin(1925)的遗传学分析则将此形态学研究的价值大大提升。下文概述了两人的广泛发现,并辅以Stebbins(1950)关于作物拟态论述的素材。在相关表述中采用了过去时态,原因是所有在 70 多年前研究时所涉及的耕作技术很有可能已经被废弃。

Camelina sativa subsp. *linicola* 是只在亚麻田中发现的杂草变异体。这些植物的外形及繁殖特性与亚麻极为相似,种子大小与亚麻很像,果实也很难开裂,因此种子被夹杂在亚麻作物中收获。有人认为,夏季一年生 *C. sativa* 从相关的冬季一年生*C. microcarpa* 演变而来(图 9.1)。*C. sativa* 与*C. microcarpa* 都是杂草植物,有考古学证据表明这两种植物在早期都是人类栽培用作油籽的植物。

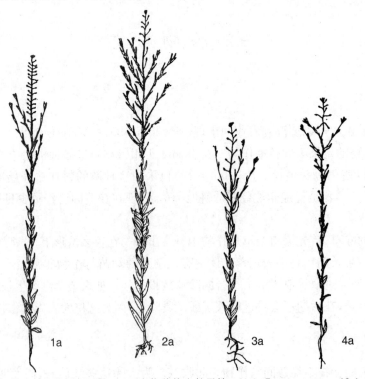

图 9.1 亚麻荠属(*Camelina*)4 个物种的生长习性:(1a) *C. microcarpa*;(2a) *C. pilosa*;(3a) *C. sativa*;(4a) *C. sativa* subsp. *linicola*。(源自 Stebbins,1950)

亚麻植株高大笔挺,阴影稠密。为对亚麻所产生的选择外力作出回应,C. sativa subsp. linicola 在从 C. sativa 进化而来的过程中,模拟亚麻形成了挺拔无分枝茎。在最初,这种反应可能源于表型可塑性,并生成近似于亚麻生长型的拟表型。这一假设的证据来自对 C. sativa 在与亚麻一同生长时产生"近似亚麻"拟表型的研究。然而,由于 C. sativa subsp. linicola 在离开亚麻生长时同样保持了其"类似亚麻"的生长习性,因此它显然已发展成为一个遗传性适应变异体。

C. sativa subsp. linicola 同时模拟了与其共同生长的特定亚麻作物的繁殖行为,在相同的时间开花结果。因此,在俄罗斯北部种植亚麻用于采集纤维的区域,linicola 结果的时间较早;而在种植亚麻用于油料的南部区域,其模拟了亚麻结果较晚的习性。同时,还有另外一个重要的适应情形,linicola 的果荚不裂开。结籽的同步性以及果荚不开裂的特性保证了其种子可以与亚麻一同收获。在传统实践中,对收获的亚麻种子进行风选处理,以剔除其中的杂草种子和杂质。研究证明,亚麻拟态的种子与作物种子具有同样的尺寸/重量。因此,风选过程虽能从亚麻中去除部分杂草种子,但是 linicola 种子和亚麻种子会被吹到同样远的距离,因此无法被剔除。从局部地区来看,亚麻种子的大小不尽相同。而一个有趣的现象是,linicola 同样也有着不同的变异体,以适应与其共同生长的亚麻的特性。这些研究结果表明了 linicola 在亚麻拟态中的精确性。此外,对心皮形状与种子大小关系的大规模地域格局的遗传学分析表明,不同的杂草变异体有其独立的原产地。

亚麻荠作物拟态的结果不仅仅如此。进一步的研究表明,某些古老的亚麻栽培变种果荚开裂,在成熟前即被收割用于榨油。在这些亚麻田中发现了开裂的亚麻荠变异体,其种子不会混入亚麻收获,而是掉落在田间。

其他一些野草物种也伴随着亚麻生长,包括 Agrostemma linicola、Eruca vesicaria、Lepidium sativum、Lolium remotum、Polygonum lapathifolium、Silene gallica、S. cretica、S. linicola、Sinapsis alba 和 Spergula arvensis。亚麻菟丝子(Cuscuta epilinum)种子较小,但是在与亚麻共同生长时,会出现有较大种子且结籽两次的变异体(Wickler,1968)。上述杂草有一部分模拟亚麻植物或种子特性,但是这种拟态的范围目前仍不明确。

9.2.4　小麦中的作物拟态

考古证据表明,麦仙翁(Agrostemma githago)这一可能源自地中海东部的物种,在伴随人类至少4 000 年的时间中,一直作为谷物种子的杂质存在(Firbank,1988)。在某些仓库中,麦仙翁的种子非常常见,如罗马的粮店、污水坑和垃圾堆。此物种不仅仅以大粒种子变异体(macrospermum)出现在谷类作物田中,而且也出现在前苏联的亚麻田中(变异体 linicola——有较小但几乎光滑的种子)。

人们已经对麦仙翁作为小麦与黑麦的种子杂质进行了相对详细的研究。报告称,年轻的植株"令人吃惊地与生长中的谷类相似",或许是另外一个作物与杂草之间拟态的例子(Firbank,1988)。麦仙翁在谷物收获时结果。蒴果在干燥后开裂,但是有些种子体积过大无法离开蒴果或仍然牢固地附着在其中。毫无疑问,这种种子存留的现象是人类无意识选择的结果(Firbank,1988),导致很多种子与谷物一同被收获。由于麦仙翁种子的大小/形状/重量与谷物近似,使用过去的脱粒与风选方法无法将其剔除。因此麦仙翁种子继续作为杂质存于谷物种子中,并且随后与谷物一同被种植在他处。由于不能将杂草的种子与谷物的种子进行区分,因此对麦仙翁的控制是不现实的。

然而,在 20 世纪早期,人们采用了更为精细的种子精选方法。由于通常在土壤中没有持续的麦仙翁种子库,1910—1960 年的这段时间,麦仙翁种群锐减(Svensson and Wigren,1983)。因此,麦仙翁这一曾经在谷类作物中肆虐的杂草现在变成了一种稀有植物。需注意的是,物种的减少出现在除草剂的使用之前(Thompson,1973a,b)。

鸦蒜(*Allium vineale*)是另外一个表现出作物拟态的物种,但是其拟态是通过气生的珠芽实现的。在英国,这一物种的繁殖几乎完全靠营养繁殖方式实现,即通过地下的鳞茎进行;同时,其还可以生产气生的珠芽(Richens,1947,p.209)。目前已经发现了在花葶上带有花、花与气生珠芽混合物或仅有气生珠芽的个体。Richens报告称,每个花序可以生长出大量的气生珠芽(高达300),且"它们与小麦谷粒的大小大致相同且同时成熟,以保证当这种植物在谷物作物中生长时,珠芽可以容易地当作种子混在谷粒中传播"。Scott(1944)确认,在谷类作物中,珠芽与作物同时成熟,并且位于地面以上相似的高度。此外,它们与谷物的大小和密度近乎相同。由于大量的珠芽可以在地下生长并且有长达2~6年的休眠期,即便使用种子精选的方法也很难对此种杂草进行控制。

黑种草(*Nigella arvensis* ssp. *arvensis*)是另外一种分布与数量受作物拟态和现代种子精选方法影响的物种。此物种早在9世纪就在瑞士被发现,并且之前在欧洲的耕地(尤其是谷类作物田地)上作为杂草广泛分布(Strid,1971)。虽然以植物标本室标本为基础的记录有局限性,但从不同年代的文献资料中已看出其分布变化的总体趋势。在1890—1929年这段时间中,此物种的数量开始减少,尤其是在北部以及大西洋地区,现在此物种只在巴尔干半岛较为普遍。Strid认为此物种的减少主要是由于3个因素。黑种草种子曾经是谷类作物中常见的杂质,但是随着脱粒与种子精选方法的改善,这些杂质的数量开始减少。此外,黑种草在夏末秋初结果。由于谷类作物有早收的趋势,此种杂草可能有在结果之前就在谷物收获中被收割的风险。最后,除草剂的使用增加了对物种的压力。所有因素的共同作用导致了很多种群的灭绝。或许,黑种草的生长将最终被限制在地中海东部地区,那里很有可能是其生长并传播的发源地。

9.2.5 水稻中的作物拟态

稗草(*Echinochloa crus-galli*)是一种广泛分布的多型杂草,在水田和旱地(非灌溉)水稻种植中,发现了一系列不同的稗草作物拟态。传统意义上的水稻种植为在小块田地中伴有密集人工除草的栽培,这种模式目前仍然存在。稗草的水稻拟态有与水稻相似的生长型,两者都有直立生长的分蘖和叶子;而稗草的其他变异体则有下垂的叶子以及松弛、匍匐的生长习性。除草行为是一种强有力的选择因素,这种选择倾向于在水稻移植与后续生长中都不容易与生长中的水稻区分的变异体,这种变异体很有可能源自亚洲"原始的"劳动密集型农业。

对野生以及拟态稗草变异体进行比较栽培,发现水稻拟态变异体有更重的种子、更弱的休眠、更强的发芽同步性、更大且更有活力的幼苗,并且可以在灌溉土壤的厌氧条件下生存。繁殖方面,拟态稗草的花期通常与水稻作物的花期一致。在传统的体系中,很有可能部分稗草种子与水稻作物一同收割,而其他的则散落在稻田中。目前,在加利福尼亚等地,水稻的种植更为集约,人工除草这一主要的选择压力已经不复存在。然而,稗草的拟态变异体仍然存在并且继续通过种子传播。

Ling Hwa和Morishima(1997)在研究中对24个在农田或农田附近作为杂草生长的杂草稻株系进行了检验。其中的一个种群为低种子脱落的作物拟态,通过与作物一同收获和播种存活。由于低种子脱落是栽培水稻的典型特征,因此认为该杂草稻变异体可能是古老栽培变种,其他的杂草稻种子脱落特征与野生稻相似,种子有很强的休眠特性,这些种群或许是野生与栽培变种杂交的产物,或者是远系栽培变种的杂交产物。第三组杂草形式来自长江流域下游,可能是栽培变种与一种目前已经灭绝的野生稻的自然杂交产物。由于当代集约化农业方法的推广,杂草稻种群正在减少。

9.2.6 玉米中的作物拟态

墨西哥野玉米(*Zea mexicana*)是一种多变物种,其不仅仅可以适应自然生境,而且还可以以作物拟态的方式存在于美国中部以及墨西哥的玉米地中。墨西哥野玉米与玉米可以完全杂交,这种杂交对其拟态的精确性大有帮助。例如,如果某地栽培的玉米在叶子或茎干上有淡红色的色素沉着,则野玉米也会进化成同样的颜色。对这些玉米的拟态杂草进行控制的方法主要是将其从庄稼中割除,但通常用于喂食家畜,因此种子可能会随着粪便再一次回到土地中(参见 Wilkes,1977)。

9.3　生活史变异

有很多具遗传多态性物种不仅有适应耕地环境的杂草变异体,而且有适应不同自然生境的生态型变异体。对不同变异体的比较栽培非常有启发作用,其向我们展示了不同生活史和形态学特征在不同生境中的适应意义。

关于杂草的研究证据表明,选择更倾向于那些在生长和繁殖中能保持与作物同步发芽、生长并收获的个体。如前文关于作物拟态的事例所示,杂草种子夹杂到收获的作物种子中,并且连同作物种子一起播种,进而滋扰下一个栽培周期的作物。如果种子可以在收获之前或期间脱落到土壤中,非拟态杂草同样也可能有很高的适合度。相反,如下文所述,在荒地或其他半自然生境中生长的种群,其面临的选择压力非常不同。

9.4　与土地利用相关的生长策略

对常见植物杂草与非杂草生态型的比较栽培实验通常可以表明其生活史的主要不同(Cavers and Harper,1964,1966,1967a,b;Harper,1977)。其中的一个典型例子为对皱叶酸模(*Rumex crispus*)的研究。基于同质园的栽培实验为我们提供了形态分化与生活史差异的有价值的信息(Akeroyd and Briggs,1983a,b)。皱叶酸模是一个在遗传学上非常多变的物种,在形态学上表现为生长在荒地生境以及栽培环境下的截然不同的变异体;此外,此物种同时还生长在海滨的半自然生境中,尤其是卵石海岸和滩涂。相关实验表明,从种子可以发育形成 3 种形态学上截然不同的变异体,表明遗传学特性也不同。很多内陆植物都是一年生植物,部分(并非全部)在第一年开花后死亡。相反,在沿海区域以及河漫滩(如蒙默思郡 Tintern Abbey 市 Wye 河的两岸)生长的植物仅在第二年(或者更晚的时间)开花。不同变异体的花期也不尽相同,内陆与滩涂区域的植物花期较早,而沿海区域的植物花期较晚。这 3 种变异体开花习性的适应意义或许可以通过在不同类型生境下选择压力的不同来解释。花期早的一年生变异体在经常处于除草压力下的农田或荒地生境中有选择优势,而寿命较长的多年生变异体则在幼苗成活困难重重但无杂草控制措施的半自然生境具有选择优势。Baker(1974)发现刺缘毛莲菜(*Picris echioides*)也具有类似的形式,在悬崖或盐沼的边缘生长有古老的多年生匍匐状自交不亲和变异体;相反,在麦田中生长有较高大的一年生自交亲和植物(Baker,1954)。

9.5　与除草压力相关的生长速率

人类活动不仅包括对作物蔬菜单一品种的栽培,而且还包括构建较大规模的观赏性植物园。在传统的正规花园中，植物在没有野草的环境下生长。在此情形下，除草可以被视作一种极端的食草行为，整个植物都被移除。虽然有些花园看似没有野草，但是深入研究表明有些野草季节性地生长并结籽。在进行密集除草的花园中，选择更倾向于那些可以迅速传播的变异体。

这种可能性的证据来自一系列的研究（Briggs，Hodkinson and Block，1991）。在荠菜（*Capsella bursa-pastoris*）的栽培实验中，Sørensen（1954）发现丹麦 Rolighedsvej 皇家农学院花园中的植物比从其他场所采集的种子发育形成的植物更快开花。Imam 和 Allard（1965）对加利福尼亚州的野燕麦（*Avena fatua*）变异体进行了研究，并发现那些在除草压力环境下采集的种子比在有较小或没有野草控制的地点采集的种子更快开花。在栽培试验中，Sobey（1987）发现从北爱尔兰贝尔法斯特花园采集的繁缕（*Stellaria media*）种子发育形成的植物的开花时间比采集自苏格兰阿伯丁郡 Hackley Head 海鸟群落的种子要早 11 周，该研究结果确认了 Vegte（1978）对荷兰地区繁缕耕作与海岸变异体的初步调查。Meerts（1995）对从被经常除草和较少干扰与踩踏区域采集的一年生野草萹蓄种群进行了栽培试验。他发现，较之从较少干扰区域采集的基因型，从有除草压力区域采集的材料生命周期较短、花期较早且分配给繁殖的生物量较多。此外，从受踩踏区域采集的植物有着一个显著的生长习性，即较小的节间以及较短的茎。然而，严格控制形态学与行为的观点被拒绝了。Meerts 推断，物种复合体已经"进化出'双重'的适应策略，即遗传多态性与高度的表型可塑性"。

人们对欧洲千里光（*Senecio vulgaris*）的生长速度进行了密集的研究。Kadereit 和 Briggs（1985）发现从剑桥大学植物园采集的瘦果（果实）所培育的植株，除显示出一定程度的变异性之外，较之在除草压力较小的区域（耕地、荒地等）或无除草压力的区域（砾石海岸）采集的植物，其初次结果的时间要早。Briggs 和 Block（1992）在植物园中进行了进一步的调查，发现大部分从种子亲本培育的后代（18/20）在发育速率方面表现为自交系。为检验种系之间生长速度的差异，将 6 个自交系分别种于室外施肥和不施肥的土壤，以及温室施肥的土壤中。实验结果显示各种系的生长速度与初次结果的顺序不是固定的，相对适合度可能因不同的季节与土壤肥力而变化。对一个一年四季都能繁殖的物种来说，发育速率的变异可能是维持花园中物种变异性的一个重要因素。然而，其他因素对生命周期长度的影响也是重要的，如除草效果的时空变动、天敌、害虫以及病害的影响等。例如，研究发现真菌病原体可以影响生命周期的长度［*Erysiphe fischeri*（Ben-Kalio and Clarke，1979；Harry and Clarke，1986）；*Botrytis cinerea* 和 *Puccinia lagenophorae*（Paul and Ayres，1986，以及文中引用的参考文献）］。

Theaker 和 Briggs（1992，1993）将研究延伸至欧洲千里光（*Senecio vulgaris*）的生活史变异，通过对不同场合所采集的种子样本进行栽培试验，发现采集自牛津、剑桥与邱园等除草良好环境下的植物，其在生长中都早熟。然而，每个植物园的种群都不是同质的，存在一定程度的生长速度变异。相反，在同样的实验中，来自东英格兰海边的植物的生长速度相对较慢，且没有证据表明存在种群变异，表明源于奠基者效应的基因漂变可能非常重要，或者选择更倾向于很小范围的变异体。此外，在萨福克郡的 Shingle Street，有证据表明存在明显的本土差异。在栽培实验中，来自卵石海岸的植物明显区别于来自附近农田的植物，前者有匍匐状的习性，其茎干基部的节间更为集中，并且有大量的不定根以及明显锯齿状并微带淡灰绿色的叶子和多毛的瘦果（Theaker，1990）；相反，来自 50 米外田地的种群，其植物则更加高大，从生长到结果时间更短，不定根较少且瘦果的毛更少。

对不同类型土壤中生长的欧洲千里光自交系进行研究，Theaker（1990）在发育成熟时间方面发现了明显的母体效应，但这些效应仅在生长于贫瘠土壤的植物中显著。此外，这些实验确认了早期有关发育速度不固定的调查结果，且物种有非常强的形态可塑性。在适宜的条件下，一株植物可能会生产成百上千的瘦果；相反，在相当贫瘠的土地上，匍匐状植物仅生长一个头状花序，并且几乎没有瘦果。

上述是有关没有舌状花的欧洲千里光（*Senecio vulgaris* var. *vulgaris*）的变异性研究结果。同时对有短小舌状花头状花序的欧洲千里光的典型形态学变异体(ssp. *denticulatus*)进行了研究(Kadereit，1984)。这种变异体是一种冬性一年生植物，在大西洋-地中海地区的山区分布。在地中海以外的沿海地区，ssp. *denticulatus* 的种子休眠更强烈，并且需要比 *S. vulgaris* var. *vulgaris* 长得多的时间完成整个生命周期，而 *S. vulgaris* var. *vulgaris* 全年都能开花结果。有人提出 var. *vulgaris* 的荒地和农田杂草变异体从与 *denticulatus* 相似的祖先发展而来(Kadereit，1984)。然而，情形可能更加复杂。Theaker(1990)的初步研究证明，*S. vulgaris* 的部分海岸变异体(分类学上为 var. *vulgaris*，原因是其缺乏舌状花的头状花序)同样有种子休眠以及冬性一年生的习性。

9.6　春化与冬性和夏性一年生习性

我们对不同类型一年生生命周期遗传基础的认识来自对拟南芥(*Arabidopsis*)的研究。Jones(1971a，b，c)对来自不同类型生境的拟南芥的生长速度进行了研究。分别从处于定期除草选择压力下的花园、没有除草压力的半自然区域以及荒地采集样本并进行种植。该荒地是废弃的铁轨，先前进行野草控制，但在研究时被杂草植物占据。各样本的表现反映出各区域选择压力的差异。从频繁进行除草的花园所采集种子长出的植物，从发芽到结果的发育速度要快得多，并且无需或仅需很少的春化处理。因此，在每个生长季可能生长不止一代。相反，从半自然生境中采集的样本则表现为冬性一年生植物，在次年春天开花之前，需要一个相当长的寒冷(春化处理)时期。从目前荒废的铁轨上采集的样本显示出混合的变异体。

拟南芥一直以来都是研究生理行为分子-遗传基础的重要材料。关于春化的研究表明，Frigida(*FRI*)与 Flowering Locus C(*FLC*)两个基因在确定春化需求时协同作用。对于一系列夏性一年生生态型的研究表明，这些生态型是通过 *FRI* 基因的不同突变从冬性一年生生态型演变而来。进一步的调查表明，有着快速生活周期的夏性一年生变异体同样也可能通过 *FLC* 基因的不同突变从冬性一年生独立演变而来(Michaels *et al.*，2003)。考虑到拟南芥种群中所发现的不同生活周期的适应意义，证据表明冬性一年生变异体在北纬地区有选择优势，而无需春化处理的变异体在温和气候区域具有选择优势。然而，这并不是所有的结论。对一系列样本的研究表明花期与冬季温度以及花期与海拔之间并无关联。在冬天非常恶劣以至种子只能在春天发芽的地区，似乎无需春化处理的早花期特性更具有优势。此外，在耕地杂草的进化中这是非常重要的，夏性一年生的生活史在农业/园艺条件下显然具有适应意义，由于杂草控制、收获日期、作物管理等的作用，强烈的选择压力倾向于可以快速繁殖的变异体，尤其是在夏季干旱的区域。

9.7　成熟时机与作物收获的关系

作物——包括干草(如前文所述)和耕作作物的收获时间给杂草带来的严峻的选择压力。关于耕作作物收获，Salisbury(1964)在其初步研究中提出，在收割机推广之后，矮型的毒欧芹属(*Aethusa*)与窃衣属(*Torilis*)植物成为谷物田中具有选择优势的物种。在收获之前，这些变异体生长高度保持在收割的高度下，随后在开放的茬地中开花并结果，而在其他的荒地生境中存在这些物种的高大变异体。

对美国数个州金色狗尾草(*Setaria lutescens*)的研究提供了与苜蓿相关的生长习性变异的例子。Schoner、Norris 和 Chilcote(1978)发现了加利福尼亚州的匍匐状变异体(约 50 cm)以及其他州较高的变异体(85～115 cm)。有趣的是,在加利福尼亚州作物的收割更加频繁(周期为 21～28 天)。因此,选择更倾向于匍匐状生长习性。

9.8 休　眠

在杂草生命周期中还有另外一个关键要素。很多在耕地生长的杂草物种都产生休眠种子,有些物种的休眠性表现出遗传变异。因此,对杂草与非杂草变异体的比较研究揭示了休眠与萌发行为主要差异的适应意义(参见 Harper,1977)。

其中的一个例子来自 Cavers 和 Harper(1966)对皱叶酸模(*Rumex crispus*)的研究。他们将种子播种在不同地点,发现在农业和受干扰荒地生境中的植物具有多种类型的种子休眠,这导致间歇式的种子发芽。因此,在实验进行的两年内,在内陆研究场所的土壤种子库中始终储备有生命力的种子。这种习性具有适应意义,使得皱叶酸模种子在休耕或荒废的土壤中保持,并在下一轮作物种植或受干扰时发芽。相反,在其本土生境中播种的长寿命沿海变异体的种子在最初的几个月就发芽,表明在这些半自然的生境中存在不同的选择因素。

野燕麦(*Avena fatua*)是另一个具有休眠和非休眠种子变异体的物种。Jana 和 Thai(1987)进行了一项实验。在实验区播种有同样数目的真实遗传休眠/非休眠变异体种子。从 1978—1985 年,对实验田分别进行连续的作物种植,以及一年耕作与下一年的夏季休耕组成的两年轮回种植方式。他们发现,休眠种系的数目在有夏季休耕制度的土地上有了明显的增加。

9.9　种子生产与土壤种子库

很多耕地杂草都有很强的种子生产能力,并且种子在土壤中的寿命相当长(Radosevich *et al.*,1997,pp.124 - 125)。例如,每株毛蕊花(*Verbascum thapsus*)可以生产大约 223 200 粒种子,这些种子的寿命可能长达 100 年。对皱叶酸模(*Rumex crispus*)的预测为每株29 500 粒种子,种子寿命为 80 年。在农田土壤中通常有一个较大规模的有生存力的休眠种子库。太阳光只能穿透土壤大约 1～2 mm 的厚度,对于土壤种子库中很多小种子的杂草物种而言,即便是被浅埋也能诱导休眠。很多杂草物种需要阳光才能发芽。因此,当很多杂草物种的种子被携带至土壤表面后,在温度与湿度等因素有利的情况下,阳光将会触发种子的发芽。从长期进化上看,此习性可以被视作那些无法在较深的土壤中发芽的小种子植物的选择优势(Pons,1991)。然而,此机制对更为近期的微进化有着特殊的意义。一个持久的土壤种子库与阳光触发的发芽可以被看作很多成功生长的杂草物种的众多进化"策略"之一,不仅仅是在耕地等人类对土壤特性进行定期干扰的区域,还包括废弃地、荒地、垃圾堆等。

对洛桑实验站土壤的研究揭示了在耕作区域土壤种子库的规模。在这项自 1843 年开始的长期的实验中,每年都会有冬小麦播种。通过土壤种子发芽实验,预计土壤种子库中包含 47 个不同物种的种子,密度大约为 34 000 粒/cm²。值得注意的是,在全部的种子中,有 2/3 为罂粟属(*Papaver*)物种。这项实验还对通过不同耕作措施进行杂草控制的效果进行了分析,发现在进行不同栽培处理的样地之间存在差异。休耕能减少杂草种群以及进入种子库的杂草种子数量。然而,在洛桑实验站的实验中,在样地进行两年的休耕之后,种子库中的种子总数仅减少了 6%。单个物种的种子库也有所减少,但是并不明显。例如,*Scandix* 的种子数量较之前的密度仅减少了 5%(Harper,1977)。

因此，需要进行非常密集的处理，以减少种子库的规模。例如，反复的耕作可以减少种子库中有存活能力种子的数目（Chancellor，1985）。然而，需要进行长达5个月的每周或隔周耙地，以根除阿拉巴马州农田中的香附子（*Cyperus rotundu*），原因是该物种不仅仅产生地下块茎而且产生种子（Smith and Mayton，1938）。

9.10 除草剂抗性

据估算在1830年，1英亩谷类作物的栽培和收获需要花费58个小时，而150年之后，只需要2个小时（Kirby，1980）。由于农业机械化的发展以及杀虫剂的广泛使用，农业出现了令人惊叹的革命。在除草剂被推广之后不久，有学者预言杂草中将出现对除草剂的抗性（Abel，1954；Harper，1956），这种预言基于昆虫与真菌对杀虫剂抗性的进化研究作出。很快，除草剂的使用引发了某些杂草物种的抗性。对此现象的研究提供了人类管理环境中微进化变化的一个最直接且最具说服力的事例。

有机杀虫剂被大规模工业生产首次出现在20世纪30年代。法国生产出了二硝基邻甲酚（DNOC），而在加利福尼亚州人们发现2-(1-甲基-正丙基)-4,6-二硝基苯酚（DINOSEB）是一种谷类作物有效的除草剂。随后在英国，对植物激素的调查引发了2-甲基-4-氯苯氧基乙酸（MCPA）与2,4-二氯苯氧基乙酸（2,4-D）的开发。在20世纪50年代，众多的除草剂被开发出来。现在世界上有超过250种基于20种有机结构的植物毒性化学药剂（Vighi and Funari，1995，p.54）。

各种配方的除草剂可以在耕作周期的任何时间对杂草进行灭杀，从播种前（或种植前）到播种后的各个时期，除草剂的药效可以在作物发芽之前或之后显现。除草剂的范围与特性请参见Zimdahl（1999）。部分除草剂在与叶子或幼苗接触时发挥作用，而另一些则是被吸收后在植物体内运输时发挥作用。此外，有些除草剂的药效很短，但其他（残留除草剂）则可能在土壤长时间发挥效力。种植者有不同的类型可以选择。除草剂的浓度如果足够高，将会损害并杀死所有的植物。因此，农田所使用的除草剂的浓度的设计应足以杀死野草，但对作物的副作用应尽可能小。除草剂的使用通常不在种植周期内进行。但是，在很多情形下，对杂草的控制必须在作物生长的同时进行。在此情形下，通常使用喷雾设备将除草剂直接喷洒到杂草上，并使其远离植物株冠。喷雾器的设计将除草剂从待处理区域"逃逸"到周围植被的可能性降至最低。此外，在商业上，人们使用配方"安全剂"，通过增强解毒作用或与同一靶点的竞争性拮抗对作物进行保护（Vighi and Funari，1995，p.62）。飘散到邻近半自然植被的除草剂喷雾漂移是一个严重的自然保护问题，这不仅仅涉及贴近地面的施用，还包括使用飞机或直升机对大块田野进行除草剂喷洒。

杂草的经济影响不容易被量化，但是我们可以进行各种估算。例如，美国农作物生产的总损失价值预计为74 680亿美元（Charadattan and DeLoach，1988）。令人诧异的是，苋属（*Amaranthus*）植物的影响超过此数据11.9%的份额，狗尾草属（*Setaria*）的比例则为9.8%。大部分的除草剂被用于农作物生产。然而，在美国超过23%的除草剂被用于工业场所、停车场、路旁、铁路、体育与休闲区域的"杂草控制"。在前述很多区域，人们进行了完全根除杂草的控制尝试，其原因是代价低廉且效果长远。三嗪类通常是除草剂的首选（参见Powles and Shaner，2001，p.15）。最近，出于此化学剂安全性的顾虑，三嗪类的使用有所减少。在森林、湿地、水生生境、牧场、草场与海岸群落等的管理中，通常使用一系列的除草剂进行喷雾处理。在自然保护管理中，除草剂也被广泛使用，但通常都处于争议之中，如对入侵物种的控制（Vighi and Funari，1995，p.62）。

9.11　除草剂抗性的发生

微进化观点下的胜者与败者来自对除草剂抗性的研究。除草剂西玛津在 1956 年面世,在 1968 年(Ryan,1970)人们在华盛顿州发现了欧洲千里光(*Senecio vulgaris*)对此有抗性。1993 年,据报告有57 个杂草物种对三嗪类有抗性,包括单子叶植物与双子叶植物。此外,64 个物种对其他 14 种除草剂中的一种或多种具有生物型抗性(Radosevich *et al.*,1997,p.94)。目前报告有超过 250 个关于除草剂抗性的案例[最新清单请参见国际抗性杂草调查(www.weedscience.org),包括 6 个对目前广泛使用的除草草甘膦的抗性](Baucom and Mauricio,2004)。虽然表现出抗性的物种数目正在增加,但占地球上植物群总数的比例仍然很小。此外,在 76 个被视作世界上危害最严重杂草的物种中,大部分目前都没有体现出除草剂抗性(Heap and LeBaron,2001,p.16)。有除草剂抗性的杂草不仅仅出现在耕地、果园、牧场、种植园与森林中,同时在路旁、铁路与工业区等非农业环境中也有存在(Heap and LeBaron,2001,p.7)。杂草除草剂抗性很大程度上是与发达国家农业生产相关的现象。在发展中国家,经济条件以及劳动力的廉价限制了除草剂的发展,但是也有一些有抗性物种被报告。随着除草剂越来越多的使用,预计将会有更多的抗性案例被报告。由于高额的费用会严重限制除草剂种类的使用,因此阿特拉津等价格较低的除草剂在杂草控制中被反复使用。

关于抗性与耐性的术语尚无统一的定义,两者经常互换使用。抗性(很多专家所偏爱的术语)与敏感性相对应,"指先前对除草剂敏感的杂草种群耐受某一除草剂,并且能在施用除草剂的农业环境下以正常速率完成其生命周期"(Heap and LeBaron,2001,p.2)。抗性与耐性是非常实用的分类,然而Cousens 和 Mortimer(1995)提出了一个很重要的观点,即对除草剂的响应是一个连续的过程,从敏感或不耐受到耐受再到抗性。包括作物在内的某些物种对特定除草剂表现出某种程度的自然耐性,这些耐性是本身固有的,可使得某些植物在施用除草剂之后继续生存与繁殖。此能力并不牵扯选择或基因操作,有自然耐性的植物能够承受一定程度的损害但不影响其适合度,其中的一个例子是玉米栽培变种对用于杂草控制的三嗪类除草剂的耐性。

对抗除草剂植物的研究显示出抗性反应的两个重要类型:一是交叉抗性,"单个抗性机制对多种除草剂产生抵抗";二是多元抗性,即"存在两种或多种抗性机制"(参见 Powles and Shaner,2001,p.3)。

对除草剂抗性的遗传学研究显示出很多不同的情形(表 9.1)。在很多情形下包含一个显性的或半显性的等位基因;而在其他情形下,抗性受多基因系统的控制。对三嗪类除草剂的抗性存在另外一种形式,即通常是母性遗传的(参见下文)。

表 9.1　杂草除草剂抗性的遗传

（a）孟德尔遗传		
除 草 剂	杂　　草	基因数目
阿特拉津	苘麻(*Abutilon theophrasti*)	1 个半显性
绿麦隆	大穗看麦娘(*Alopecurus myosuroides*)	2 个加性
二氯苯氧基苯氧基丙酸	多花黑麦草(*Lolium multiflorum*)	1 个半显性
噁唑禾草灵	野燕麦(*Avena sterilis*)	1 个半显性
吡氟禾草灵	野燕麦(*Avena sterilis*)	1 个半显性
吡氟氯禾灵	黑麦草(*Lolium rigidum*)	1 个半显性

（续表）

除草剂	杂草	基因数目
甲磺隆	毒莴苣（*Lactuca serriola*）	1个半显性
百草枯	金盏草（*Arctotheca calendula*）	1个半显性
	香丝草（*Conyza bonariensis*）	1个显性
	Conyza philadelphicus	1个显性
	加拿大蓬（*Erigeron canadensis*）	1个显性
	鼠麦草（*Hordeum glaucum*）	1个半显性
	大麦草（*Hordeum leporinum*）	1个半显性
氟乐灵	狗尾草（*Setaria viridis*）	1个隐性

（b）数量遗传		
除草剂	杂草	遗传力
燕麦灵	野燕麦（*Avena fatua*）	0～0.63
草甘膦	田旋花（*Convolvulus arvensis*）	加性
西玛津	欧洲千里光（*Senecio vulgaris*）	0.22

根据 Cousens 和 Mortimer（1995）以及后来的 Darmency（1994）进行改编；经剑桥大学出版社许可翻印。

对除草剂抗性的潜在生理机制进行了广泛研究，其可能包括强化的代谢解毒作用、对除草剂的螯合作用或对除草剂生化/代谢特性的修饰等（参见 Radosevich *et al*.，1997；Cobb and Kirkwood，2000）。例如，小麦中的单加氧酶可以对几种除草剂进行解毒，这些除草剂被用于控制缺乏这种能力的杂草（Vighi and Funari，1995，p.60）。然而，大穗看麦娘（*Alopecurus myosuroides*）这一麦田主要杂草的抗性已经进化，抗性生理学基础分析显示，该物种的解毒能力显著增强。这可以被视作协同进化的例子，其形式为小麦中解毒酶的生物化学拟态。因此在英国，这种草对大多数用于控制小麦野草的除草剂都具有交叉抗性，即"单个抗性机制对多种除草剂产生抵抗"（Heap and LeBaron，2001，p.2）。

一个涉及结合部位变化的抗性的例子来自三嗪类除草剂，如阿特拉津、西玛津等。三嗪类的抗性由于与光合作用中光系统 II 相关的 D1 蛋白质除草剂结合区域的变化而产生（Trebst，1996）。分子与生物化学分析表明抗性涉及叶绿体基因 *psbA* 点突变，导致其编码的 D1 蛋白中苏氨酸被甘氨酸替代（Preston and Mallory-Smith，2001）。与野生型叶绿体相比，抗性植物中突变基因的存在减少了大约 1 000 倍的电子转移。叶绿体基因通常是母性遗传，对三嗪类的抗性也是如此。因此，在很多物种中，由于叶绿体通过卵而非花粉传递至下一代，因此除草剂抗性基因流通常通过种子而非花粉进行（Vighi and Funari，1995，p.59）。然而，三嗪类抗性并非总是通过母体继承，在早熟禾中偶然发现通过花粉传播三嗪类抗性（Darmency and Gasquez，1981），而在苘麻中，发现阿特拉津抗性由单一的部分显性的核基因进行控制（Anderson and Gronwald，1987）。

9.12 抗性发展的速度

表 9.2 显示出除草剂大规模推广的时间以及抗性出现的日期。抗性生物型因随机突变而出现（Vighi and Funari，1995，p.5）；对特定除草剂的抗性通常在此除草剂被连续使用 5～20 年的情形下出现（Cousens and Mortimer，1995）。

表 9.2 **(a)** 除草剂抗性物种数目的增加[参照 Holt 和 LeBaron (1990);源自 Cousens 和 Mortimer (1995);经剑桥大学出版社许可翻印]

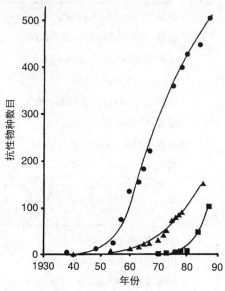

节肢动物(圆形);植物病原体(三角形);野草(长方形)

(b) 在部分杂草物种中预计通过自然选择出现除草剂抗性的年数

物　　种	化学选择试剂	识别抗性的年数
地肤(*Kochia scoparia*)	磺酰脲	3～5
野燕麦(*Avena fatua*)	禾草灵	4～6
多花黑麦草(*Lolium multiflorum*)	禾草灵	7
黑麦草(*Lolium rigidum*)	禾草灵	4
欧洲千里光(*Senecio vulgaris*)	西玛津	10
大穗看麦娘(*Alopecurus myosuroides*)	绿麦隆	10
狗尾草(*Setaria viridis*)	氟乐灵	15
野燕麦(*Avena fatua*)	野麦畏	18～20
垂花飞廉(*Carduus nutans*)	2,4-D 或 MCPA	20
大麦草(*Hordeum leporinum*)	百草枯/敌草快	25

Maxwell 和 Mortimer(1994) © 1994,摘自《植物的除草剂抗性》,S. B. Powles;经 Taylor and Francis Group, LLC 许可翻印。

　　为了减少有利于抗性形成的选择压力,农业学家建议对一系列生化作用机制不同的除草剂进行轮流或同时使用,并配合使用轮作或机械除草。农学家们希望用这种方式延迟特定除草剂抗性的出现时间,以及在使用超过一种除草剂的情况下,交叉与多重抗性的出现(Vighi and Funari,1995,p.61)。

9.13　适合度:代价与收益

　　鉴于在很多常见杂草中都出现了有除草剂抗性的变异体,因此需要考虑这些变异体一旦产生将在农业环境中永远存在。然而,种群中可能发生的变化与相关植物除草剂抗性的"代价与收益"有关。在使用除草剂 A 处理的土地上,有抗性(R)的变异体显然具有选择优势,能在敏感(S)变异体接受一定剂量除草剂的作用被杀死的情况下,继续生长并繁殖。因此,具有除草剂耐性的变异体有更好的适合度。然而,研究发现抗性中包含代价的问题,这可以通过在没有除草剂的生境中分析 R 与 S 植物的相对适合度进行预估。在这种情形下,欧洲千里光(Senecio vulgaris)S 植物的生长和活力超过了三嗪类抗性(R)植物(Weaver and Warwick,1983)。基于对相同物种的研究,Gressel(1991)得出结论,当与 S 个体竞争时,R 个体的适合度会降低 10%～50%。鉴于适合度的不同,Cousens 和 Mortimer(1995)指出,在叶绿体内囊体膜上,有除草剂抗性的植物可能“由于对除草剂结合部位的改变而导致电子转移系统的效率降低”,“抗性的取得降低了光合势,进而减少了活力和整个生态适合度”。

部分物种甚至对 1971 年才面世的、用于控制多年生入侵杂草的广谱非选择性除草剂草甘膦产生了抗性,而这种除草剂在人类管理系统中正逐渐占主要地位(Baucom and Mauricio,2004);目前已经在圆叶牵牛(Ipomoea purpurea)中对与该除草剂抗性相关的代价/效益关系进行了研究。从美国佐治亚州的种群中采集种子并萌发成植株进行分析,研究表明对甘草磷的基因抗性已经出现。为估算耐性所涉及的“适合度代价”,对有耐性与无耐性植物进行比较显示,在没有草甘膦的情况下,有耐性种系的结籽率减少了 35%。这个代价暗示,在没有除草剂的情况下,有抗性的变异体具有选择劣势,随着时间的推移,这些变异体可能会在种群中消失。然而,考虑具有抗性的杂草种群动态的一般模型,有几个因素是非常重要的。

1) 虽然普遍认为除草剂抗性是有代价的,但是否总是如此仍不明确。例如,有报告称一些物种 R 与 S 变异体的适合度没有区别(Holt,Powles and Holtum,1993;Warwick and Black,1994;Jasieniuk,Brule-Babel and Morrison,1996)。或许我们可以质疑这些估计并没有完全反映现实情况,理由是这些估计基于生命周期中某一阶段的适合度,而这个阶段是没有竞争的;另外,对于适合度的估计通常是基于基因背景几乎确定不同的“野生”R 与 S 植株做出。此外,适合度并非一个静态的量值:R 与 S 植物可以在种群中杂交;且种群间的基因流可能会带来新的基因型。尽管可以通过对携带不同等位基因的不同野草等基因系进行比较,就除草剂抗性对适合度的影响进行更为精确的分析,然而这种植物材料通常是不可得的。

2) 考虑到野草的生活史,是否 R 与 S 的所有个体都平等地暴露于除草剂中? 除草剂的施用有时仅限于作物生长季节。然而,野草可能在一年的其他时间繁殖,在不施用除草剂或者上一次施药的效力完全消失的时候进行(Cousens and Mortimer,1995)。

3) 是否田地被均匀地施药? 是否还有对有些杂草除草剂的施用未达到最佳剂量的小区域?

4) 针对特定除草剂的 R 与 S 基因型的种群动态,考虑是否要施用其他除草剂是非常重要的。如果需要施用,则应以何种频次进行?

5) 除草剂抗性在新的独立场所出现的频率如何? 对非常庞大的种群连续长期地使用一种除草剂是否将不可避免地导致除草剂抗性在新的独立场所的进化? 或是抗性的进化并不频繁,新发现的抗性种群是来自其他场所的基因流? 在对相关文献进行审阅之后,Powles 和 Shaner(2001)推断三嗪类的抗性出现在广泛散布的场合,且大部分都表现为独立的进化事件,而不是有抗性种子的传播。然而,三嗪类抗性在停车场、道路两侧、通道与铁路种群中的出现有可能是车辆携带的种子传播造成。

在其他案例中也有证据表明抗性独立发生。在 1987 年,在美国 6 个不同的州出现了地肤对磺酰脲类除草剂的抗性变异体,同样的情况在加拿大也有出现。由于抗性变异体的出现几乎是同步的,且其出现的地点也相距甚远并没有共同的农业关联,因此除草剂抗性很有可能是独立的多境起源。同样,在 20 世纪 80 年代,在德国、西班牙与英国,出现了大穗看麦娘植株对替代的尿素类除草剂的抗性。该物种自然传播有限,也不太可能混杂在谷物种子中传播。因此,多境起源可能是合理的解释。近期的研究对大穗看麦娘除草剂耐性的进化提出了新的证据。在法国,这一物种是大量存在于谷类作物田中的植物。自 20 世纪 80 年代以来,乙酰辅酶 A 羧化酶抑制除草剂就一直用于对这种野草进行控制,但是出现了有抗性的变异体。这种变异体是由于乙酰辅酶 A 羧化酶(ACCase)基因突变而引起的显性性状。基因序列研究表明,该基因存在 7 个因点突变而产生的等位基因,5 个各不相同的氨基酸替代被识别。事实证明,使用分子方法可以确定这些不同的抗性变异体在整个法国境内的分布情况。在另一个平行研究中,对 Côte d'Or 地区除草剂抗性等位基因的详细分布进行了研究。通过对来自 243 块田地共计 13 151 个植株进行基因分型,对花粉传播进行检验(Chauvel,1991)。研究发现,超过 70% 的花粉传播距离小于 1 米。然而,基因流可以从供体植株传播超过 60 米。似乎通过自然花粉流进行的长距离抗性等位基因传播非常少。此外,种子的自动散播距离也非常有限,大部分种子可以从其母体植株传播至 50~60 cm 开外的地方(Colbach and Sache,2001)。Menchari 等(2006)根据该物种的基因流特征以及等位基因局部分布的特性,推断抗性的产生是突变体在多处独立发生的。他们同时还作出结论,通过基因流实现的自我扩散是有限的,在不同农场或农场群中发现的抗性等位基因的分布样式表明联合收割机与拖拉机在 8.3~22 km 的距离对种子随机传播的重要性。通常情况下,农业机械在这个距离的属地范围内工作,在这个距离之外发现的相同的突变体多认为是源于独立的突变事件。这些结果为研究微进化提供了非常重要的启发,显示了农场规模可能导致不同除草剂情境的镶嵌分布,进而引发抗性突变的多境起源,而农业机械的使用范围则会影响突变体的传播。

另外一个证据链来自对澳大利亚黑麦草异地同型的研究。此物种的抗性式样非常复杂,包括多重抗性与交叉抗性。表明不同种群有不同的抵抗除草剂的机制,对抗性的多重、多境独立起源假设提供了支持。

6) 土壤中是否有持久的种子库? 对草甘膦有抗性的圆叶牵牛的种子可以在土壤中存活至少长达 7 年,这将影响种群中抗性/敏感变异体的平衡,因此具有重要的缓冲作用(Baucom and Mauricio,2004)。

9.14　除草剂处理的取消

当停止施用 R 基因型抗性特异的除草剂时会发生什么? Grignac(1978)发现不再施用甲氧隆后,对其有抗性的早熟禾的抗性在很快的时间回归较低的水平。

在英国剑桥,人们对有三嗪类除草剂抗性的欧洲千里光群体进行了研究。从 20 世纪 80 年代开始,剑桥市议会的绿化承包商们就开始使用除草剂控制城市街道、栏杆下以及街道设施中的一年生以及多年生杂草,以保持城市的清洁。由于其高残留性(可在土壤中残留超过 1 年的时间),三嗪类(阿特拉津/西玛津)被广泛应用(www.extoxnet.orst.edu)。在 1988 年,对西玛津有抗性的欧洲千里光在城市的数个地点被发现,包括两座油库。几乎在同样的时间,在 Harwich 炼油厂也发现了同样具有西玛津抗性的欧洲千里光,而油料正是沿着陆路从这里运往剑桥。另外,对西玛津有抗性的种群在剑桥大学植物园西侧的观赏植物栏杆下 Hobson 小溪附近也有发现。

在考虑 Hobson 小溪附近的农药污染问题后,市议会在 1988 年终止了西玛津除草剂的使用,改为使用草甘膦。然而,在 1991 年,在栏杆处仍然发现有对西玛津有抗性的欧洲千里光变异体(Briggs *et al.*, 1992)。Mount(1992)进行的调查确认了这些抗性植物的存在。然而,到 1999 年,再对该地生长的成熟植株及幼苗进行试验时,并没有发现抗性变异体(Scott, 1999)。这些调查结果表明,在没有施用西玛津的条件下,选择更倾向于 S 植物,而不倾向于 R 变异体。R 植物消失的时间范围反映出欧洲千里光瘦果在土壤种子库中只有很短的存活时间(Grime *et al.*, 1989)。这些调查结果与 Conrad 和 Radosevich(1979)的模型一致,他们根据适合度估计预测,欧洲千里光的抗性能在 9~10 代的时间从 98％下降到几乎完全敏感的水平。Hobson 小溪种群的抗性在 1991 年曾经高达 100％。由于欧洲千里光每年可以生长 2~3 个生命周期,因此有足够的时间发生改变。然而,在植物园附近的区域,对三嗪类的抵抗并未完全消失。在 1999 年的调查中,在 Panton 街附近曾经受"三嗪类威胁"的区域,仍发现了一种有抗性的变体。

9.15 除草剂处理的效果：赢家与输家

对杂草物种除草剂抗性的研究充分显示"自然选择在行动"。据此,如果将欧洲千里光对三嗪类有抗性与敏感的瘦果在有阿特拉津/西玛津存在的条件下发芽,则两组幼苗都能在子叶阶段成功成长。然而,当 R 幼苗能继续生长并产生新叶时,S 幼苗在除草剂的影响下,则无法恰当地进行光合作用,因此在子叶中储存的营养被耗尽之后死亡。

9.16 经除草剂处理后杂草种群发生怎样的变化?

通过设计的实验可以发现自然选择的作用。由于除草剂可以进行有效的杂草控制,目前有大量可接受的证据表明在农业景观中、在除草剂使用过程中自然选择也在起作用。

杂草区系如何应对化学防治? 对杂草区系的变化已开展很多研究。但由于农业实践的复杂性以及杂草的变异性,特定除草剂的确切效果并不总是很清楚。然而,已经注意到一些一般的趋势。

1) 由于不同的杂草物种对除草剂的敏感程度不同,反复施用可能会造成物种多样性的减少(参见 Ashton and Crafts, 1981; Ross and Lembi, 1985; Devine *et al.*, 1993)。

2) 在一年生杂草被使用除草剂强烈控制的区域,杂草植物区系中包含较高比例的多年生物种。

3) 双子叶杂草与单子叶杂草的相对丰度可能发生变化。例如,英国在谷物地中反复施用 2,5 - D 对双子叶杂草进行控制,导致很多敏感的阔叶杂草的减少与燕麦以及黑草(*Alopecurus myosuroides*)的增加(Fryer and Chancellor, 1979)。德国也报告了类似的调查结果(Bachthaler, 1967)。

4) 在分类学上与作物有关的杂草物种比无关联物种更难被除草剂控制。因此,某一地点杂草谱的分类学特征将发生改变,与作物同属一个科的杂草的比例相较于分类学上无关的物种将有所上升(Radosevich *et al.*, 1997)。例如,禾草状的黍型杂草[假高粱(*Sorghum halepense*)、马唐(*Digitaria sanguinalis*)]在施用阿特拉津的玉米地中的重要性增加,而羊茅状杂草(*Alopecurus mysuroides* 和 *Avena* spp.)在施用生长素类型除草剂的麦田中的数量得到了增加(Vighi and Funari，1995，p.59)。另一个例子是氟乐灵在西红柿与马铃薯杂草控制中的使用。这两种作物都是茄科作物，且相对而言没有受到除草剂的影响。然而，当其他的杂草被成功控制后，反复施用除草剂导致了茄属杂草的增加。

9.17　与现代农业实践相关的选择压力

农业实践一直处于不断变化中，评估现代农业生态系统改变对杂草物种施加的新选择压力是重要的。Clements 等(2004)以及 Murphy 和 Lemerle(2006)已经对这个涉及新耕种方法的问题进行了探讨。基于对各种状况进行深入思考，他们认为通过分析特定农业措施对杂草物种频率变化的影响结构，可以推断明显的选择压力，从而揭示赢家与输家。

1) 很多作物现在的种植密度都比以往要高。这为卷茎蓼(*Polygonum convolvulus*)与猪殃殃(*Galium aparine*)等攀爬杂草提供了选择优势，但代价是蓟(*Sonchus asper*)等莲座物种的减少(Håkansson，1983)。

2) 休耕仍然是目前耕作系统的一部分。此外，实验室与田间试验表明，可以使用切割、砍伐、锄头等机械设备，以及丙烷气焚烧、液氮与二氧化碳冰冻、土壤微波加热等方式对野草进行管理(Lampkin，1990)。在农场实际操作中，与动物放牧相关的牧场休耕有时被整合到轮作体系中(Liebman，Mohler and Staver，2001)。

3) 为减弱尤其是在干燥天气中发生的侵蚀的影响，并对野草进行辅助控制，在收割后，作物的残株得到保留，以将对土壤的干扰降至最低。在该系统中，某些物种的残留物会释放一些对其他植物有毒的化学物质，在短期影响物种的赢家与输家(Liebman *et al.*，2001)。

4) 随着保护性耕作(不耕或减少频繁耕作)在北美与其他地区越来越多的被采用，地上杂草丛生加剧，二年生杂草物种也有所增加，如小飞蓬、翼蓟与欧薯草。此外，由于没有耕作操作，种子在土壤中的埋藏深度更浅。这些变化带来了新的选择压力。定期的耕作为杂草入侵提供了开放的作物播种环境；相反，对同一土地的保护耕作则促进封闭植被的形成，并增加种间的相互作用。研究这些强烈的耕作变化对杂草种群微进化变化的影响是一件非常有趣的事情(Murphy *et al.*，2006)。

5) 化肥的使用。在洛桑实验站进行的长期试验表明，在高氮的环境下，长毛箐姑草将会有选择优势，而天蓝苜蓿(*Medicago lupulina*)与问荆(*Equisetum arvense*)等植物则更适应低氮样地的环境(Moss *et al.*，2004)。在其他的研究中，高营养补给庄稼将生长得更为稠密，更适宜长毛箐姑草与藜(*Chenopodium album*)等可以耐受荫蔽的野草物种。在这种情形下，卷茎蓼与猪殃殃等具有选择优势，原因是这些植物可以攀爬到作物株冠以争取更多的阳光。

6) 收获的机械化。小种子的杂草物种可能在联合收割中具有选择优势，原因是它们的种子可以与谷壳一起被联合收割机排出。相反，其他杂草物种较大的种子可能会混入作物中。同时，人们还设计出收集谷壳(其中包含杂草种子)的机器，之前它们都被抛弃在联合收割机后面。

9.18　对农耕方式的差别反应

鉴于耕作制度的复杂性，Murphy 和 Lemerle(2006)强调将特定"选择因素"的效果区分开来是不容易的,只有通过更深入的观察与监测才可能得到更深刻的认识。在思考当前农业实践的影响时,必须考虑很多的变量,包括场地历史、过去与现在种植的作物、特定区域的杂草植物区系(尤其是种子库中包含的物种)以及所采用的耕作体系、肥料和杂草管理制度等;此外,还必须考虑土壤因素与气候变量。

9.19　森林地区的赢家与输家

耕地和放牧区域并不是提供作物的全部的生态系统。在全球范围内,人们对森林地区进行开发,以提供不同产品以及植物、动物、真菌等的狩猎场。森林生态系统的微进化已经被人类活动以各种不同的方式所影响,并具有高度的地区/地点特异性。在这里,基于 Ledig(1992)的精辟评述,简要介绍涉及赢家与输家的问题与假设。

9.19.1　森林砍伐

在某一地区,将森林砍伐提供耕地的做法对物种/变异体的生存有着深远的影响。例如,在 1900 年,针叶树与硬木森林覆盖了埃塞俄比亚 40％的区域,但在 1985 年保留下来的原生林只有 2.7％。

9.19.2　开发利用

人类很多活动经常对森林造成"破坏",包括战争和收获行为等。例如,Thucydides 记录到:"在公元前 435 年,狄摩西尼点燃了斯法克蒂里亚(Sphacteria)的森林,目的是在伯罗奔尼撒的战争中驱赶斯巴达人。"(Ledig,1992)在越南战争中,美国陆军也向(占据整个国家陆地面积大约 10％的)森林中喷洒了除草剂。森林开发可能导致特殊树种的局部灭绝。例如,刚松(Pinus rigida)曾经是楠塔基特岛上广泛分布的薪材,但现在已经绝种。在其他的情形中,物种虽然得到了存活,但收获的方式将确定谁是赢家或输家。采伐范围的一个极端是部分有经济意义的体型较大的树木被选择性砍伐;另一个极端是整片森林都被完全砍伐。因此,在 19 世纪美国北部第一波白松(Pinus strobes)开采热潮中,人们精心挑选树木进行砍伐,并用于船桅的制作。相反,在全球范围内,通常进行清场伐木,只留下一些很小且无用的畸形病树,对地表植被造成剧烈破坏。此外,如果被砍伐的地面被焚烧,则可能引起植物区系的显著改变。收获后的赢家与输家将由物种生物特性、母树的位置、后续的土地利用以及是否允许次生林的发育决定。那些没有商业价值被保留下来的树木可能成为该地区植被恢复的种子来源,或者种子可能来自邻近的林地或孤独的树木。在次生林地的结构方面,尤需注意的是,虽然有些森林树种很少或不具备复原的能力,但其他物种的个体不会因砍伐而致死,可以从树桩或地下部分重新生长(图 9.2 与图 9.3)。

9.19.3　片断化

森林砍伐和开发通常会导致森林"片断化",而这些变化可能对树种以及生态系统中所有其他相关物种的微进化产生显著影响,尤其是与种群规模缩小相关的片断化将通过基因流流失或限制、近亲繁殖以及遗传漂变等效应导致遗传变异性流失。如果保留下来的树林面积非常大,但彼此在遗传学上隔离,则有可能在长期进化过程中导致种群分化。

9.19.4　种群统计学变化

从原始森林(具有龄级多样性)转变为管理型次生林可能会引起强烈的种群统计学效应。选择性砍伐可能会改变森林的种子雨。在清场采伐后,同类植物的大量定殖将导致相对均一的龄级,以至在砍伐

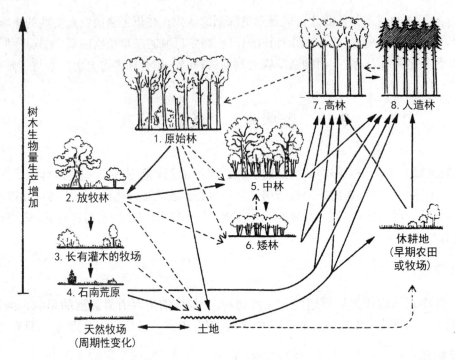

图 9.2　中欧地区因放牧、耕作或林业引起的原始森林的转化〔源自 Ellenberg（1988）；经剑桥大学出版社许可翻印〕。Troup（1952）与 Watkins（1998）对欧洲森林不同地区管理历史进行了探讨。对美国森林开发与管理的历史分析参见 Williams（1989）的论述。

前后生态系统中不同物种的比例有根本性的不同。总体而言，平均树龄将可能会下降（图 9.2、图 9.3 与图 9.4）。然而，必须对各种情形进行仔细的分析。灌木林被反复地砍伐，而那些灌木基株的大小则可能表明它们已经有年头了。

9.19.5　生境改变

生境的变化可能会引起先前在生态上隔绝的物种之间的杂交。因此，在加拿大沿海各省长达 3 个世纪的砍伐与焚烧之后，在沼地与河谷中的红杉（大量砍伐树木）与黑云杉之间出现了大量的杂交现象。对火的控制同样对森林结构与动态产生重要的影响。松树有些物种对火具有适应性，它们的松果被树脂所密封，仅在受火烤后种子才会从松果中脱离；北美油松等物种具有遗传多态性，其变异体可生产密封（晚熟型）或未密封的松果。根据模型预测，在受人类活动影响的次生群落中不同变异体的比例会受到火的频率的影响。执行防火制度的森林中，未密封变异体的比例增加。然而，在频繁焚烧的森林中，密封的变异体则非常茂盛。

9.19.6　环境恶化

Ledig（1992）对确定树种中赢家与输家的多重因素进行了识别。在本书中，我们将在下文章节中对这些因素进行探讨，包括大气污染物、重金属污染、外来食草动物、虫害与病害等。

9.19.7　新树种与变种的引进

在森林管理中，本土或外来物种都可能被种植。在某些情形下，本土物种与外来物种间会发生杂交。生态型分化在树木中得到了很好的阐释，本土物种非当地株系对研究微进化和保护有重要意义。例如，在美国雷德伍德国家公园的早期管理中，使用飞机撒播来自其他地区的北美红杉、花旗松和北美云杉（*Picea sitchensis*）的种子。

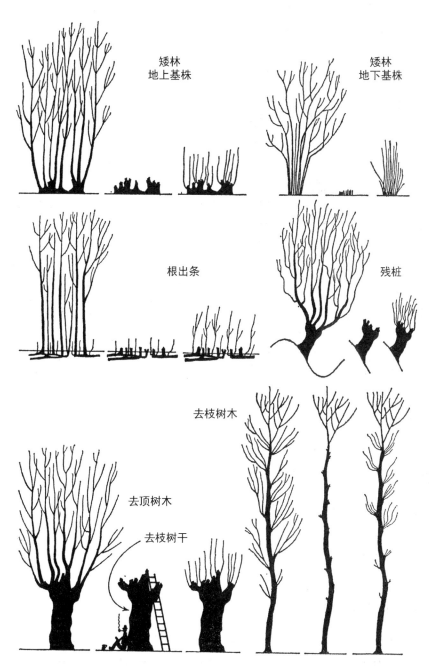

图 9.3 英国境内对木材树木进行管理的不同方法。在每种方法中，在图中分别显示树木
或树群被砍伐前、砍伐之后以及砍伐一年之后的情形。所有图示的比例尺均相同。从受
管理的树木与灌木生长的新枝可以吸引大型的食草动物。因此，在传统的管理中，使用沟
渠等方式将矮林与家畜以及其他牲畜隔离。去顶系统可以确保树木在家畜与野生食草动
物能够到的高度的上方重新生长。因此，通过树林牧地的开发，提供一个兼具放牧与木材
生产的综合用地。去枝树木提供碎片供牲畜食用。[源自 Rackham (1986)；Rackham 对
林地管理系统进行了进一步的详述。经 Rackham (1986) 的许可翻印；《英国景观中的树
木与林地》由 Orion 出版集团下属部门 J. M. Dent 出版]

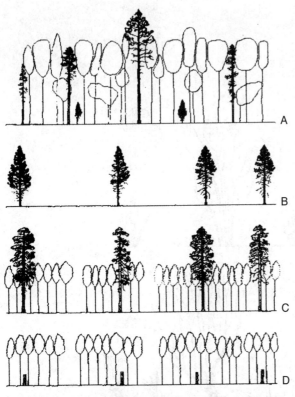

图 9.4 人类活动对林地遗传结构有重要的影响。新英格兰北美白松的变化模型。(A)定殖前夹杂松树的森林。(B)毁林造田,在围栏以及林地上仍保留松树。(C)在耕地荒废之后,广泛分布的树木后代填补空缺。(D)对次生林的管理包括高龄树木的移除,包括早期入侵的提供种子的母株。〔源自 Ledig (1992);经 Blackwell 出版公司许可翻印〕

9.19.8　驯化

Ledig 认为很多森林树种,尤其是在种植园中生长的物种,都得到了有效驯化。他将从野生到驯化看作是一个连续过程,在这个过程中通过定向选择获得所需的性状。Ledig 同时指出,在很多情况下,人们通过种子选择、苗圃中对幼苗的培养措施以及成熟植物的间伐与收获等行为进行无意识的"选择"。此外,有清晰的证据表明,有些树木与地表植被物种未能在特定的森林管理体系下生存(如在英国某些矮林中的蕨类植物物种);而其他的则被作为杂草通过人工或除草剂的使用被剔除。

9.19.9　假设检验

Ledig 的评论中提出很多想法。然而,直到近期,假设检验的进程是缓慢的,唯一的方法是开展杂交实验并对后代进行分析。然而,分子工具的发展使得在较短的时间框架内进行关键的调查成为可能。下文为部分相关研究案例,详情参见 Finkeldy 和 Ziehe(2004)、Degan 等(2006)、Hosius 等(2006),以 及 Mathiasen、Rovere 和 Premoli (2007)。

9.19.10　片断化效应

对位于佛罗里达州南部湿地松(*Pinus elliottii* var. *densa*)残留种群的样本进行详细的研究。由于伐木、土地开垦与飓风破坏,种群已片断化。运用微卫星标记对种群的结构进行了研究(Williams *et al*., 2007)。在所有的森林碎片中,并没有发现任何的基因侵蚀证据。但是他们强调,由于该物种是长寿的,必须考虑种群基因结构可能发生改变的时间框架。

9.19.11　砍伐对种群变异的影响

在对亚马逊雨林中一种由昆虫授粉的树木的研究中,研究人员使用微卫星标记来显示选择性伐木的短期遗传效应(Cloutier *et al*., 2007);另一个相关研究是用 RAPD 标记对马来西亚 *Scaphium macropodum* 种群的研究(Lee *et al*., 2002);对两个"受控"的未砍伐区域以及在已砍伐区域进行重新栽培的两块样地进行遗传变异分析。假设所有的样地在砍伐前后具有相同的遗传性,有清楚的证据表明,相对未砍伐区域,其中一块再生林样地发生了显著的遗传侵蚀。在对糖槭(*Acer saccharum*)的研究中,对原始林种群以及砍伐后重新移植的种群的遗传变异进行检验,发现在砍伐区域遗传变异性显著降低,由此得出结论:"即使是一次大规模砍伐也会改变森林树种的遗传变异水平和分布。"(Baucom, Estill and Cruzan,2005)

9.19.12　花粉流

运用微卫星DNA标记对非洲桃花心木因砍伐而引起的花粉流变化进行研究,以对父子关系进行验证(Lourmas et al.,2007)。研究发现了长距离传粉的证据,自花传粉率较低(低于2%)。限制再生的主要因素是砍伐区域内部及周围结籽树木的数目。

9.19.13　种子基因流

使用微卫星标记对西班牙海岸松(Pinus pinaster)种群的母体-幼苗关系进行匹配,该物种的种群目前呈小块分散分布(Gonzales-Martinez et al.,2002)。结果显示出"在母树周围15米的半径范围内,母体与后代的匹配率超高"。这些研究结果显示了该种子相对较重的物种受限的种子流。后代变异性的样式与其成熟树木存在差异。"动物媒介的二次传播"与地中海地区苛刻的气候造成的死亡率被认为是重要的因素。

9.19.14　森林管理

在澳大利亚森林中,对康西登桉(Eucalyptus consideniana)等物种的再生管理主要采用两种方法——清伐并进行飞机播种,以及在砍伐区域留有选定的树木作为种子亲本(母树系统)。对这两种系统中重新生长的树苗样本使用RFLP与微卫星标记进行研究(Glaubitz, Murrell and Moran, 2003)。结果表明,在母树系统中更容易出现基因侵蚀。

9.20　尾　声

人类活动导致农村和城市土地使用的复杂镶嵌,包括耕地、草坪、花园、牧场、林地景观等。越来越多的证据表明,在这些"新"生态系统中所采用的不同管理体系带来了有意或无意的选择压力,进而决定了植物在选择中的赢家与输家。然而,值得注意的是,在农村与城市景观中存在暂时被忽视或荒废的土地以及垃圾堆等。某些在其他区域被集约管理排除在外的物种有可能在这些场所中找到栖身之地。

本章侧重于阐述农村生态系统。然而,近期的研究引起了人们对城市中植物快速进化可能性的关注。在法国的蒙彼利埃有众多的行道树,每棵行道树都被一小块土地所包围。但是,由于这些区域经常被人类干预,几乎不生长多年生的杂草。这些小块土壤被一年生外来物种Crepis sancta所占据。这种植物在头状花序中生长有两种类型的果实——带有冠毛的中心果,结构轻便适合传播;周边果实,重量较大,不自行传播。为研究该物种传播生物学特性,从农村与城市种群中分别采集样本,并种植在相同环境中(Cheptou et al.,2008)。研究结果表明,城市种群非自行传播果实的比例比农村种群要高。本质上,该物种的道路生境由一系列的小"岛屿"构成。果实与种子的传播总是要付出"代价"。如果发生果实的大量传播,则该物种在岛屿体系中几个季节的持续性可能会受到威胁。因此,相关证据与选择倾向于城市地区低传播水平的假说一致。据估计,这种果实传播的快速进化可能来自5~12代的选择。

较之森林地区,有关耕作与放牧群落的研究更为广泛。有证据表明作物与杂草之间存在协同进化。然而,必须谨慎阐释作物与杂草之间相互影响的关系。在干草草场,可以将禾本科植物视作作物。但是在这片植物种类繁多的草地上其他物种的状态如何? 其他的物种是否只是响应干草收获日期而协同进化的"杂草"? 这样的解释可能过于简单化,因为干草草场中很多非禾本科植物都是作物的一部分。正如上文所述,阿尔卑斯山区的农夫非常重视夹杂着非禾本草本植物的干草。在这种情形下,现实的做法是将整个干草草场作为一个与特定的人类管理呼应的完整的协同进化生态系统考虑。然而,将这一思路拓展到实际情况中进行的研究尚不充分,生态系统协同进化的模型可以结合农村景观的其他要素进行有益的探索。

就农村景观中的植物物种而言,有可能确定选择中的赢家与输家。然而,随着时间的推移,物种的状态可能会发生改变。同样,种内变异体的状态也有可能发生变化。农业与农村实践活动永远处于不断发展中:在某一情境下成为赢家的物种/种内变异体可能会迅速成为输家。正如我们所见,这在模拟作物种子形态的杂草中尤为明显。随着新的种子精选技术的发展,这些物种的命运充满变数。

目前,对基于普适基因型适应放牧与耕作景观中复杂环境的观点鲜有证据支持。(但本书下文中对这一观点进行了进一步的思考。)相反,大量研究证据支持在人造生态系统中很多植物广泛存在不同的种内遗传变异宗(即所谓的"生态型")。这些调查结果强调了种群概念的重要性。案例研究揭示了特定情境的历史以及独特的遗传模式和过程。尽管只有一部分物种被全方位研究,但是微观进化过程具有普遍性,生态型分化也是一个普遍存在的现象。对于所关注或重视的物种,需要重申物种模式概念的风险。在这种思维下,单一种群的成员被认作代表一个完整的物种。此外,在考虑再次引入时(参见第16章),必须在株系的选择上格外留意。例如,草场的管理有明显的地点特异性,并引发不同种内生态型的进化。因此,对于大部分物种而言,没有哪一种单独的"干草"生态型可以适应不同环境和不同管理模式。

第8章与第9章对处于人类不同管理下的各区域(干草场/放牧地、除草/不除草区域等)微进化的形式与过程进行了介绍。正如上文所述,越来越多的证据表明选择倾向于特定生境中的不同变异体,这种适应包括与营养期/花期长度相关的生活史性状。在某些情形下,杂交实验证据表明这些性状是遗传性的。例如,Comes 和 Kadereit(1996)对欧洲千里光的变异体 *Senecio vulgaris* var. *vulgaris* 与 *Senecio vulgaris* ssp. *denticulatus* 进行杂交,var. *vulgaris* 与 *denticulatus* 相比显示出早熟的花期。对 F_2 表型的分析表明,开花习性的偏离形式分离模式可以通过单个主基因的差异来解释,该控制发育速率的基因可能与 *Arabidopsis*(早期开花基因:*elf 1—3*)中所发现的基因同源。

在过去的10年内,人们在精确模拟环境因素的受控实验室条件下,对拟南芥的开花习性进行了研究,并取得了重要的进展。相关结果不属于本文详述的范围,但 Roux 等(2006)以及 Jaeger、Graf 和 Wigge(2006)进行了颇有益处的回顾。Roux 等(2006)强调了两个观点:拟南芥有"可以检测环境与内部信号的复杂遗传网络";花期变早的微进化变化可能涉及"有限数目"的基因。拟南芥的研究结果在多大程度上适用于其他物种尚待考证。拟南芥很多基因的测序为研究其他物种基因序列与开花习性提供了方便。例如,对荠菜(拟南芥的近亲)生态型变异体的分子研究揭示了不同地区与生物生态型中适应性开花习性的遗传结构(Slotte *et al.*,2007)。

一些研究已经揭示了赢家与输家是如何在污染生态系统中出现的,下一章我们将对这些研究进行分析。

第10章　污染与微进化变异

正如前面几章所谈到的,达尔文并没有在《物种起源》一书中给出关于自然选择的直接证据。在后达尔文主义时代,出现了许多可以用"选择"来解释的植物变异式样,但是在野生种群中仍然很难找到自然选择的证据。19世纪50年代,在空气污染和重金属污染方面开展了细致的工作,并提供了许多研究彻底且证据确凿的发生在动植物上的自然选择案例(Antonovics,Bradshaw and Turner,1971;Taylor,Pitelka and Clegg,1991;Macnair,1981,1990,1997;Shaw,2001)。

Bell和Treshow(2002)论述了人们关注污染效应的悠久历史,比如日记作家John Evelyn于1661年出版了著名的《驱逐烟雾:笼罩伦敦的烟气的不便》(*Fumifugium: Or the Inconvenience of the Aer and Smoake of London Dissipated*)一书。随着19世纪工业革命的步伐加快,乡镇和城市空气质量明显恶化。欧洲和北美的城市化和工业化不断发展,经常出现树木和其他植被死亡或损伤的情况,特别是在乡镇和城市,以及熔炼厂、工厂和工业设施附近。人们还发现地衣是极其灵敏的空气污染指示生物(Bates,2002)。

在这里,我们主要谈论污染施加给植物种群强大选择压力的观点。关于这个问题最早发表的著作中就有Dunn(1959)的文章,文中记载了烟雾对洛杉矶高地公园(Highland Park)中双色羽扇豆(*Lupinus bicolor*)加利福尼亚种群的影响,8个种群分别采自加利福尼亚的不同地方,其中1个种群采自城市未被占用的空地,实验表明烟雾对一些但不是全部的植物有害。目前,在理解烟雾起源、化学成分和对植物破坏性方面有了重要的进步(Bell and Treshow,2002)。基于取得的进展,反思他早期的研究结果,并结合在加利福尼亚理工学院埃尔哈特植物研究实验室培养箱中的栽培实验,Dunn得出结论,双色羽扇豆的一些变种对烟雾敏感而另一些则有抗性,洛杉矶本地种群"对烟雾抗性更高,而且开花和结实比加利福尼亚其他地方的亚种更成功",一些加利福尼亚种群"会直接被杀死,强烈表明在相当长的时期里烟雾是一种微妙的选择剂"。他还指出:"因此,我认为大城市里各种气体烟雾都可能对本地植物种群产生选择作用。"

突变可能是由人类活动导致。民用和军用放射性物质及核电站事故导致高剂量放射物的泄漏,1986年4月乌克兰切尔诺贝利发生的大爆炸就是泄漏事件之一。一些杀真菌剂、除草剂和其他化学物质也是空气和/或水体污染物,都可能导致基因和染色体损伤(Sharma and Panneerselvam,1990),这些损伤可以通过生物检测试验查明和测量。譬如,研究发现五大湖区域的银鸥在"钢铁厂附近突变率升高",该结果通过比较在乡下无污染区和在哈密尔顿港钢铁厂下风向的污染区饲养的实验鼠的突变率得到证实(Somers *et al.*,2002)。

动物试验会引起许多伦理问题。在一篇综述论文中,Grant(1994)援引了用洋葱(*Allium cepa*)、拟南芥(*Arabidopsis thaliana*)、紫鸭趾草(*Tradescantia*)、蚕豆(*Vicia faba*)和其他物种做研究的案例,提出了在生物测定中使用植物的强有力的理由。例如,选择花的颜色是杂合体的紫鸭趾草作为供试材料,蓝色是显性性状,而粉色是隐性性状。可以通过雄蕊筛查,包括检查雄蕊毛细胞研究体细胞突变,以查明是否有"粉色的"突变细胞。土壤、水体和空气中的化学污染和放射性污染的影响可以通过比较无污染的对照组与从遭受污染地方获得的克隆材料的雄蕊毛突变速率来获得。利用这种方法已发现在亚美尼亚的氯丁二烯橡胶植物周围的空气有基因毒性效应（Arutyunyan *et al.*，1999）。对照组和污染组紫鸭趾草花芽减数分裂的细胞学分析也是一种方法，用以研究各种污染是否会增加种系染色体突变，可通过染色体畸变特别是微核的形成来辨别。放射物诱导的突变研究中也常引入生物检测技术，在毁坏的切尔诺贝利核电站周围严重污染的禁区生长一季的小麦中就发现了复杂的种系突变（Kovalchuk *et al.*，2003）。

10.1　污染效应研究的还原论方法

Dunn 的实验是关于烟雾中混合污染物（臭氧、过氧硝酸盐等）复杂效应的最早研究之一，突变分析也常用于考察多种污染物影响生态系统的情况。

在受污染地区微进化研究中，科研人员会采用"还原论路径"探讨单一气体污染物（如二氧化硫、臭氧、氮氧化物、微粒等）的生物学效应。在时间和空间两个方面污染模式知识的不断积累以及敏感探测设备的开发都有利于这方面的研究（Bell and Treshow，2002）。

为检测植物对高活性污染物二氧化硫的响应，人们搭建了环境可控的通道。Horsman 等（1979a）详细介绍了由多个风扇驱动的通道系统，系统中空气被风扇牵引通过一个放有实验植物的可照明的隔间中。利用复制的通道系统分别检测从实验室外吸入的环境空气（含有 SO_2）以及经过活性炭过滤的"干净空气"的效应。这个领域的实验常常采用短期高剂量 SO_2（急性的）熏蒸或低剂量长时间的慢性熏蒸。此后，箱顶开口的箱子和其他类型的熏蒸箱也相继被开发出来（见 Bell and Treshow，2002）。

10.2　二氧化硫的污染效应

10.2.1　多种来源

目前发现一个黑麦草商业品种 S23 比采自东兰开夏郡（East Lancashire）Helmshore 重度污染区的同种其他野生种群对 SO_2 污染更敏感（Bell and Clough，1973；Bell and Mudd，1976）。从利物浦受污染区采集材料进行研究，以威尔勒（Wirral）轻度污染区采集的材料作为对照，进行两种不同类型处理：SO_2 浓度为 $2\,600\ \mu g/m^3$ 长达 2 周（急性），以及 SO_2 浓度为 $650\ \mu g/m^3$ 长达 8 周（慢性），结果显示来自利物浦的材料有较高的 SO_2 耐受性（Horsman *et al.*，1979a，b）。

10.2.2　"点源"污染

一些研究比较了采自工业 SO_2 污染点源附近和来自"清洁区域"的种群抗性/敏感度。Taylor 和 Murdy（1975）发现，生长在美国乔治亚州一个有 31 年历史的煤-火电厂附近 700 米区域的鹭嘴草（*Geranium carolinianum*）种子长成的植物，比未污染区域的植物有更高的 SO_2 耐受性。另一研究发现，田纳西州 Copper Basin 重度污染的熔炼厂生长着耐受 SO_2 的一年生北美独行菜（*Lepidium virginicum*）。有趣的是，经过熏蒸，来自"清洁区域"对污染敏感的种群比耐受性的植物有更高的种子败育。

另一项系列研究发现，位于阿斯肯（Askern）一家工厂附近的许多物种都比远离此处的轻度污染区域的植物有更高的耐受性（Wilson and Bell，1986），在这个点源，SO_2 污染来自无烟燃料的制造过程。

10.2.3　抗性发生速度的研究

表 10.1 总结了不同研究成果，包括伦敦市中心寺庙和法院不同年龄草坪上的禾草类物种（追溯至约 1770 年、1875 年、1946 年、1958 年和 1977 年）（Wilson and Bell，1985）。

表 10.1　二氧化硫耐受性发生速度

物　　　种	地　　点	环境 SO_2(ppb)体系	时间(年)
Lolium perenne	Helmshore，UK	30~60(冬季)	<150
Festuca rubra			
Dactylis glomerata			
Holcus lanatus			
Phleum bertolonii			<25
Lolium perenne	Manchester，UK	44~67(一年)	<17
Festuca rubra	Askern，UK	46~53(一年)	<50
Dactylis glomerata			
Holcus lanatus			
Trifolium repens			
Festuca rubra	London，UK	75~250(一年)	<34
Agrostis capillaris			<22
Lolium perenne	Manchester，UK	44~67(一年)	3.5(急性)
Poa pratensis			4.5(慢性)
Phleum pratense			4.5(急性)
Lolium perenne	Liverpool，UK	75~250(冬季)	200?
Lepidium virginicum	Copper Basin，TN，USA	>500 3 小时 最大值,25％天数	<75
Geranium carolinianum	Newnan，GA，USA	未具体说明	<31
Bromus rubens	Nipomo mesa，CA，USA	900(平均最大值,每天的浓度)	<25

改自 Bell、Ashmore 和 Wilson(1991)；经 Springer Verlag 允许重绘。

多个研究的证据表明，SO_2 浓度低至 30~45 ppb 时就足以产生危害，并可作为筛选抗性物种的选择压力(Bell *et al*.，1991)。相关研究人员指出："大多数情况下，很难精确确定抗性进化的时间尺度。"

然而，在曼彻斯特飞利浦公园的一个实验说明抗性可以在短期内形成(Ayazloo and Bell，1981)。这个实验于 1975 年设置在英国 Sports Turf 研究中心，目的是选择适合在高浓度 SO_2 污染区域作为运动草坪草种的物种或品种。Ayazloo 和 Bell(1981)从实验样地取样，表 10.2 列出了对 5 个物种研究的详细结果。由于禾草植物是多年生的，从 1978—1982 年每年都能取样，而且这些活的植物材料"代表了不同年份"的样品，因而可以用于耐受性比较实验。

假如在实验中二氧化硫的选择压力起了作用，那么种群很可能随时间变化而发生改变。检验此观点是可行的，因为 Ayazloo 和 Bell 能够通过萌发原始种子获得未被选择的种群作为对照。表 10.2 展示了不同年份不同物种被处以急性 SO_2 熏蒸后叶片损伤的比例。为了追踪种群的变化，他们还检验了特定年份的样品与原始种群的差异。

表 10.2 来自飞利浦公园(P.P.)实验的不同年份样品经急性熏蒸后叶片损伤比例,对照组(O.S.)为原始种子萌发的植物(详细内容见文中描述)

物　　种	种群	1976: 损伤 (%)	1978: 损伤 (%)	1979		1980		1981		1982	
				SO_2 ($\mu g \cdot m^{-3}$)	损伤 (%)	SO_2 ($\mu g \cdot m^{-3}$)	损伤 (%)	SO_2 ($\mu g \cdot m^{-3}$)	损伤 (%)	SO_2 ($\mu g \cdot m^{-3}$)	损伤 (%)
Lolium perenne	O.S.	20.5	23.5	4 184	9.7	4 568	42.8	5 038	4.8	2 749	5.5
	P.P.	18.5	20.1		4.3[b]		33.0[a]		4.9		4.8
Lolium multiflorum	O.S.	50.7	48.0	4 087	20.0	4 503	56.0	4 762	7.3	5 098	23.6
	P.P.	52.5	44.7		14.9		64.1		12.1		18.8
Poa pratensis	O.S.	6.1	9.4	4 032	3.4	5 317	44.5	4 149	12.7	未熏蒸	
	P.P.	5.6	8.8		4.4		35.0[a]		10.7		
Festuca rubra	O.S.	4.5	4.4	5 139	4.1	5 816	24.5	3 949	9.9	3 040	17.6
	P.P.	4.4	3.9		8.1		20.7		9.7		23.2
Phleum pratense	O.S.	59.8	67.0	3 924	5.8	5 052	67.2	4 641	4.6	3 409	29.8
	P.P.	61.4	62.5		9.0		54.3[a]		0.8[a]		35.5

[a] $P < 0.05$;[b] $P < 0.01$。
引自 Wilsont 和 Bell(1985);经 *New Phytologist* 允许重制。

　　1979/1980 年多年生黑麦草对 SO_2 耐受性的差异在统计学上达到了显著水平,而 1981/1982 则没有出现显著差异。1980 年的草地早熟禾(*Poa pratensis*)和 1981 年的梯牧草(*Phleum pratense*)的耐受性都在当年显著升高,但是这种影响仅维持在当年。由此得出结论:这 3 个物种对 SO_2 伤害的抗性可以在 4～5 年内快速发生,"期间每年空气中 SO_2 平均浓度为 40～60 ppb"(Bell *et al.*,1991,p.46)。Ayazloo 和 Bell 得出结论:"到 1982 年,3 个物种对急性伤害的抗性似乎都消失了。"对该区域污染记录的调查为抗性丧失提供了一个解释:"当地空气污染监测数据表明这种抗性丧失与飞利浦公园 SO_2 平均浓度显著下降至 23～30 ppb 有关。"因此,随着 SO_2 的选择压力显著降低,"抗性能力较低的个体具有竞争优势,在清洁的空气中它们始终比抗性个体生长得快"(Bell,1985)。植物 SO_2 耐受性的变化也因此被用于审视 1970 年通过的《洁净空气法案》(*Clean Air Act*)的后果(Bell *et al.*,1991;Bell and Treshow,2002),其也受到另一个著名研究的影响,即随着烟尘排放水平的下降,工业区内变黑的桦尺蠖(*Biston betularia*)频度随之而发生了变化(见框 10.1;Majerus,1998)。

框 10.1　桦尺蠖(*Biston betularia*)工业黑变病(解释摘自 Majerus,1998)

　　桦尺蠖有两个截然不同的专化型:一种是 *typica* 专化型(Forma *typica*),表现为带黑色斑点的白色翅膀,由隐性等位基因控制;另一种是 *carbonaria* 专化型(Forma *carbonaria*),呈现黑色的翅膀,由显性等位基因控制。这种夜间飞行的桦尺蠖在白天栖息于树冠和树枝上,容易被鸟类捕食。*typica* 专化型因其具有隐蔽的体色,在附着有地衣的无污染区域具有选择优势。相反,由于地衣因污染(特别是二氧化硫污染)而死亡,树木也被煤烟覆盖而变黑,*carbonaria* 专化型变种在污染区域就具有选择优势。因此,桦尺蠖被捕食的程度取决于其躲避鸟类的隐蔽效率。Kettlewell 和 Tinbergen 在最初怀疑鸟类捕食和隐蔽作用的背景下,他们在野外拍摄到了鸟类选择性地捕食被引入污染和无污染环境中的两类桦尺蠖,并对所谓的隐蔽开展了细致的研究,发现隐蔽作用是非常有效的(细节见 Majerus,1998)。鸟类视觉的灵敏度与人类的不同,所以不能用人眼准确判断不同背景下"保护色"的隐蔽程度。有个非常重要的问题仍需要解决,隐蔽中的保护色只有在昆虫栖息于合适的颜色或质地的背景下才会有效,那么,翅膀颜色的基因和行为性状之间就可能有联系。许多研究分析了不同区域种群的遗传变异（包括中间变种"*insularia*"专化型的出现和遗传学），以及基因频率不仅受选择性捕食而且受迁移影响的事实。*Biston* 的研究引人注目，在连续记录后发现，以前城市和工业区黑色变种的频率高，而在 20 世纪 50 年代由于旨在降低空气污染的法律通过后，环境发生巨大变化，黑色变种的频率缓慢下降，所以，在 1959 年样区黑色变种的频率约 90%，而到了 1995 年同一地方的黑色变种频率不到 20%。

10.3　臭　氧　污　染

在研究微进化变化对臭氧污染响应的案例之前，需要强调一些观点，下面的内容摘自 Ashmore (2002) 的综述论文。臭氧不是直接作为污染物排放到大气中，正如化学烟雾研究所揭示的，这种高毒性气体是复杂光化学反应的产物，伴随着烃和氮氧化物发生光化学反应而产生，作为污染物主要来自汽车尾气和其他燃烧装置，原子氧产生后与氧气结合就形成了臭氧。

世界很多地方臭氧浓度非常高，导致许多不同农作物受损和减产。臭氧在大气中可以远距离扩散，如果浓度达到临界值，大范围的敏感植物可能会受损伤。因此，臭氧是一种看不见的却很重要的污染气体，不仅危害乡镇和城市，也危害农业、草地和森林生态系统（Davison and Barnes，1998）。

臭氧对植物的危害不易被察觉，但也可能出现明显的损害症状，比如叶片黄化、出现斑点和斑块，损伤也可能严重到导致植物提前衰老或死亡。在美国和欧洲，报道过臭氧污染造成作物和树木损伤（见 Ashmore，2002），在其他地区如中国台湾、印度西北地区、墨西哥城，以及埃及也有作物遭受损害的报道（Marshall，2002）。许多地方还没有报道臭氧的危害，农村臭氧水平可能足够高以至于造成破坏，如在亚洲和南美的部分地区。现在有大量文献研究臭氧对欧洲和北美森林的影响，例如，田纳西州大烟山国家公园（Great Smoky Mountains National Park）47% 的野黑樱树（*Prunus serotina*）受损（Chappelka *et al.*，1997）。

现在用灵敏性高的设备可以精确测定臭氧含量。另外，萝卜和烟草栽培品种因其极强的敏感性（如烟草 Bel－W3）或弱敏感性（如 Bel－B 和 Bel－C；Heggestad and Middleton，1959）可被用于半定量检测臭氧污染程度。熏蒸箱也可以用来重复测定植物对臭氧的敏感性（Reiling and Davison，1992，1994，1995）。

10.4　臭氧抗性的进化

植物对臭氧的抗性已经在美洲山杨（*Populus tremuloides*）的研究中被发现。种植在一些国家公园里的杨树属无性株系经常暴露于高浓度的臭氧环境中，它们对臭氧的响应有差异：一些树不受影响，而另一些则出现明显的叶片损伤（Berrang，Karnosky and Bennett，1988，1991）。损伤最大的无性株系通常来自臭氧浓度较低的公园。

以多年生的大车前（*Plantago major*）为材料也开展了广泛的研究，并发现该物种是一个合适的实验材料（Reiling and Davison，1992a，1994）。为了研究在英国的变异式样，收集了受不同浓度臭氧污染的 27 个大车前种群的种子（Reiling and Davison，1992b），在环境可控的生长箱里对这些幼苗每天施加 7 小时 O_3 浓度为 70 nl·l^{-1} 的处理，设置 2 个重复，另有 2 个生长箱充入经木炭过滤的空气（$O_3 <$ 10 nl·l^{-1}）作为对

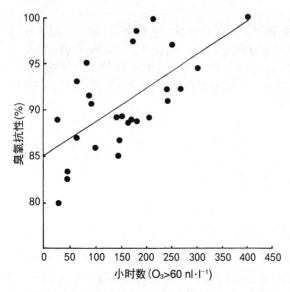

图 10.1 英国 27 个大车前种群对臭氧的抗性与每个采样点臭氧暴露指数的回归关系。1989 年（种子采集前一年）每小时平均臭氧浓度超过 60 nl·l⁻¹ 的次数来计算。$r = 0.631$，$P < 0.001$。[Reiling 和 Davison (1992b)；经 *New Phytologist* 允许重绘]

照，实验历时 2 周。图 10.1 显示了在不同种群中发现的抗性（以处理/对照的平均相对生长率乘以 100 表示），并与种子采集前一年种群在采集点经历的臭氧暴露情况进行对比（图片来自英国 Warren Spring Laboratory 监测网络）。抗性与臭氧浓度之间的回归是显著的（$P < 0.001$），来自英国南部的植物抗性最强，它们经常暴露于作物 UN‐ECE 临界点以上浓度的臭氧中（Nebel and Fuhrer，1994）；抗性较低的种群多来自英格兰和苏格兰北部阳光较少、较凉爽的地区。

另一个同时开展的研究调查了欧洲不同地方的车前属种群对臭氧的抗性，这些种群也受到不同浓度臭氧的影响（Lyons，Barnes and Davison，1997）。该实验与早期在英国的研究都认为，英国和欧洲其他地区当前环境臭氧浓度足以推动植物抗性的进化，但是仍存在一些未解决的问题。

为了认识这些结论的微进化意义，还开展了其他一些研究。1985—1991 年从约克郡/德贝郡采集了 3 个种群，在这段时期，臭氧污染一直在变化，20 世纪 80 年代中期，浓度相对较低，但在 1989 年和 1990 年污染特别严重，"臭氧浓度超过 60 nl·l⁻¹ 的小时数比前两年高 3～4 倍"（Davison and Reiling，1995，p.337）。

不同时期采集的 3 个种群中有 2 个种群对臭氧抗性显著增加，这些变化是否反映了种群内发生了选择？或者这些结果是否说明新的具有更高抗性植物的出现？

为了评估这些结果的显著性，还需要补充一些研究。分子标记方法（RADP 和 inter-SSR 标记）证实了"后来的个体是前几年该地遗传变异的集合"，说明臭氧抗性的变化不是由于更多抗性基因型的迁入，"可能是当地已有种群基因型被选择的结果（原位选择）"（Wolff，Morgan-Richardson and Davison，2000，p.501）。

这里还存在一个重要的问题：车前对臭氧的抗性是在野外被选择的并可遗传的性状吗？对 Lullington 荒地（有抗性的）种群和一个敏感种群（Bush）进行人工选择，试图筛选出抗性更高和更敏感的家系（Whitfield，Davison and Ashenden，1997），结果出现了两种截然不同的响应，从 Bush 筛选出显著高抗性的家系和从 Lullington 荒地筛选出抗性弱化的家系都是有可能的，这些结果说明植物对臭氧的抗性是可遗传的。

10.5　对重金属的抗性

对微进化的深入理解源自植物对重金属耐受性的详细研究。在科学发展的历程中，新领域的早期研究常常不被重视，重金属耐受性研究就是这样。Prat(1934)开展了这一领域的第一个实验，在人工污染的土地上，采自铜矿区的 *Melandrium silvestre* 要比采自无污染区域的植物生长得更好，他认为矿区的种群已经进化出了耐受性。20 世纪 50 年代，Bradshaw 研究生长在矿区污染区的细弱翦股颖（*Agrostis capillaris* 和 *A. tenuis*）时"再次发现"这种现象（见 Bradshaw，1952，1976）。

Bradshaw 和同事对重金属耐受性早期研究的背景非常有趣。首先,20 世纪 50 年代,许多植物生态学家的主要目的是试图理解自然植被的格局和过程,因此,在矿区、废弃熔炼厂、运行的和废弃的工业区开展类似的研究是罕见的。但是,在这些区域研究微进化有很大的优势,金属污染的矿区常常是种极端环境,仅有少数物种可以在此存活,矿区废弃物通常呈酸性,有机质含量很低,而且植物可利用的重金属毒性极高。另一个优势是重金属污染持久,即便是在废弃的矿区也是如此,而且许多研究地点污染与未污染区域分界相当明显。因此,研究基因流和选择等微进化的关键过程是可行的。还有一点,由于许多研究地点完全是近期才开发出来的,矿区、熔炼厂和工业区的详细历史都很清楚,便于研究进化变化的速率。追踪微进化研究的各个领域,已有上百篇文章发表,其中不乏重要的综述(Antonovics *et al.*, 1971; Bradshaw and McNeilly, 1981; Baker, 1987; Shaw, 1990; Macnair, 1993)。在这里,我们主要探讨重金属污染区域“赢家和输家”的概念。

10.6　自然存在的重金属高含量区域

首先,需要强调的是重金属天然存在于某些地方的基岩中,或者被搬运不同地区的地表物质里。重金属进入生态系统是伴随着火山活动以及借助尘埃扩散、从岩石淋溶到土壤和水体过程而发生的。富含金属的区域像岛屿一样,在各个区域边界的土壤性质梯度变化较大。从长期看,重金属裸露的岩面上常常定殖着地方特有种或者生态型,形成了生物多样性较低的独特植被类型,其中有些植物能够超强富集重金属。基于 4 种不同类型的岩石,地点特异的地方变种和区系特征如下:

1) 超碱性植物区系分布于世界许多地方,生长在富含铬和镍,但缺乏钼、氮和磷的土壤中(Brook, 1998)。

2) 在欧洲、美国和扎伊尔含硫化铜/铅/锌矿物的地区。

3) 美国和澳大利亚富含硒的地区。

4) 富含铜和钴的地区,如扎伊尔(Brooks and Malaisse, 1985)。

分子研究正在揭示极端土壤类型自然定殖进化的历史。譬如,中欧拟南芥(*Arabidopsis halleri*) cpDNA 的变异表明重金属耐受性变种从非耐受变种开始发生了几次独立的进化(Pauwels *et al.*, 2005)。

除了这些天然存在的地区,人类采矿活动加剧了多种来源的有毒金属对生态系统的污染,有时污染是慢性的。这种污染是一个积累的过程,给未经历过金属污染的地区提供了从头进化的机会,这些地方的重金属含量可能比原本有重金属的土壤中的含量要低,但却足以对植物产生显著性的选择。

10.7　人源性重金属污染源

1) 森林和化石燃料燃烧导致大气重金属污染。

2) 采矿、熔炼、精炼、贮存和加工金属产生灰尘和由空气传播的污染,以及留下的尾矿、矿渣场、有毒废液和各种工业垃圾。由于现代露天采矿技术的大规模应用,一些生长在天然裸露岩面、具有高度专一性的地方特有植物区系包括超级富集者正在濒临灭绝,例如扎伊尔东南部沙巴区的铜/钴植物区系(Brooks and Malaisse, 1985)。矿物、精炼的碎金属和加工好的金属产品通过航运输送到世界各地,导致原初矿坑的长距离污染。

3) 冶金学的研究始于公元前 8 000 年,但是最早的矿井已经很难追溯,因为这些矿井作为金属矿床已被多次开采(Muhly,1997)。考古学证据表明,古代近东(the Near East)使用的第一种金属是铜。在安纳托利亚东南部,早在公元前 8 000 年就有天然金属矿床,铜被加工成珠子、钩子和别针。公元前 6 000 年在安纳托利亚中部的 ÇatalHöyük 发现了铜渣,表明这里已经出现熔炼。在美索不达米亚北部发现了 7 000 年的铅手镯可能是由熔炼的矿物制造的。此后,用来生产青铜的铜/锡合金制备剂在大约公元前 3 000 年被普遍使用。考古发现,史前铜冶金学大约在公元前 5 000 年后半期传入爱琴海、巴尔干半岛和欧洲东南部,超级富集生物的分布为此提供了证据:① 在德国长期废弃的罗马矿和前罗马矿及英国(如德贝郡和 the Mendip Hills);② 在扎伊尔前殖民的矿坑;③ 中国古铜矿(见 Brooks,1998)。

4) 生态系统中的重金属可通过大气扩散和生物输入造成污染,生态系统中重金属来源较多,包括人类使用金属及其复合物(Friedland,1990;Seaward and Richardson,1990),如为防止腐蚀对铁制品镀锌;作为杀虫剂,在果园和苹果种植园使用铜复合物(Seaward and Richardson,1990;Ernst,1998),而且污染会随着作物改变而愈加明显。

5) 重金属可能大量出现在添加到土壤中的农业生产产品中,如化肥、碎石灰岩、矿渣、污物和市政排污。用污染的水灌溉也能导致土壤重金属污染,如日本农耕土地用铜矿排出的水灌溉。火力发电站产生的飞灰也可导致污染;家用和工业废弃物燃烧造成空气重金属污染,而且剩余的烟含有金属成分(Seaward and Richardson,1990)。

6) 污染也会随着含金属物质和商品被倾倒在废弃物填埋场和其他地方而发生。即使开发污染材料的"循环"使用也会产生新的污染中心,就像在荷兰用熔炼废弃物做修路材料一样(Dueck,Endedijk and Klein-Ikkink,1987)。

10.8　土壤中的重金属

重金属进入土壤后会发生什么取决于土壤化学成分间的相互作用(见 Friedland,1990)。这里要强调几个关键的问题。重金属在碱性土壤中形成难溶物,不易被植物利用;在酸性土壤中则更易溶解,而且有毒金属能吸附在土壤矿物组分上。此外,重金属与有机物的亲和性很强,通过螯合作用、配位作用和吸附作用形成复合物(Friedland,1990)。因此,痕量金属可能主要集中于含有机质土壤的上层。

土壤化学性质复杂,评估不同金属污染总水平和可被植物根系吸收的重金属含量是非常重要的。有许多用于分析重金属不同组分的方法,下面依次使用的提取剂被认为可以提供对不同馏分中重金属的估计:H_2O-水溶性的;KNO_3-可置换的;$Na_4P_2O_7$-有机键;HNO_3-硫化物;$HNO_3+H_2O_2$-残余部分(见 Miller,McFee and Kelly,1983)。

10.9　定　义

Baker(1987)发现重金属是环境中的胁迫因子,可导致一系列生理反应包括植物活性降低,在极端案例中植物不能存活和生长。他谨慎地定义了几个重要的概念。敏感性(sensitivity):"用于描述可导致植物损伤或死亡的胁迫效应。"抗性(resistance):"指植物对重金属胁迫的反应,有了抗性,植物能够存活、繁殖,并对后代做出贡献。"对重金属的抗性可由两种策略实现:一是回避(avoidance),即植物通过外部保护免受胁迫影响;二是耐受(tolerance),即植物能经受内部胁迫而存活。耐受性是特殊生理机制赋予的,其保证即使在高浓度潜在毒性物质存在时植物也能发挥正常功能。研究证实了这些生理机制的存在,它们能够赋予特殊基因型耐受性,并可遗传,但不被敏感基因型共享。

10.10　检验金属耐受性

许多研究表明,在世界各地新建的矿区和工业区重金属对土壤的污染是持久且慢性的,现存的大多数植被遭受损害或死亡(Bradshaw and McNeilly,1981),只有少数物种中的一些个体可以生存或由邻近种群入侵进来。表 10.3 列举了一些污染区和未污染区的土壤污染水平。

表 10.3　不列颠群岛一些矿区和正常土壤的化学性质分析

地　点	pH	Pb	Zn	Cu	N	P	K
Minera, Clwyd	7.3	14 000	34 000	625	164	97	1 960
Y Fan, Powys	4.5	42 400	6 700	376	122	245	3 400
Parys Mountain, Gwynedd	3.6	327	124	2 060	88	141	2 670
Goginan, Dyfed	5.4	16 800	2 700	134	120	103	458
Ecton, Staffordshire	7.2	29 900	20 200	15 400	110	116	825
Snailbeach, Salop	7.2	20 900	20 500	25	100	110	1 780
Darley, Derbyshire	7.3	6 000	4 600	80	32	93	1 550
Normal soils	4.5~6.5	2~200	10~300	100~200	200~2 000	200~3 000	500~3 500

数据为风干后土壤总含量,$\mu g \cdot g^{-1}$。
引自 Bradshaw 和 McNeilly(1981);经 Cambridge University Press 允许重制。

在污染的土壤里播种可以在小范围内重现耐受性的进化。污染会导致大多数物种幼苗死亡,而在某些物种中,尽管死亡率很高,但仍有少数个体可以存活并发育成熟,显示出明显的达尔文适合度(Darwinian fitness)差异。一个按照上述思路进行的耐受性检验展示了这些植物个体比一般种群在污染土壤中有更高的金属耐受性。Bradshaw、McNeilly 和 Putwain(1990)认为这种筛选实验提供了"一个非常简单的进化'自制'试剂盒"。

虽然一些研究已利用矿区和正常土壤开展重金属耐受性实验,但被污染的土壤中经常含有多种有毒金属。为了理解特定地点植物对一系列金属耐受性/敏感性的式样,必须依次检验植物对每种金属的响应,这些响应用耐受性指数(tolerance index)表示。Wilkins(1957,1960,1978)设计的在含重金属溶液和对照溶液中培养并测量根生长的实验可以计算耐受性指数。

耐受性指数＝金属溶液中根的生长/对照溶液中根的生长

使用简单的测试溶液是可以理解的,因为使用含有植物生长所需各种养分的水培溶液会导致重金属的沉淀,如磷酸盐、硫酸盐等。因此,许多研究设置在硝酸钙溶液里以磷酸盐或硫酸盐形式加入单一浓度重金属离子,其浓度为每升 0.5 g 或 1 g,对照溶液中仅含有等浓度的硝酸钙。但是,考虑到这种检测溶液是营养贫瘠的,并会影响幼苗生长,一些研究人员选择完全培养液而不添加磷酸盐和硫酸盐以防止沉淀(见 Baker,1987)。其他人坚持使用简单的检测溶液,但是会考虑浓度梯度,由此得出的结果已经接受了较为复杂的方法如回归或概率分析的检验。

这种实验的另一个方面也必须接受检验。计算耐受指数时,一些研究人员用平行的方法,即在含有金属和不含金属的溶液中同时测量重复个体的生长,这种方法要求检测植物的无性株系。还有人用一种需重复较少的顺序方法,先在对照溶液中测量生长,然后在含金属溶液中测量伸长。然而,这种方法需要假定植物生长速率是恒定的,但事实上是不可能的。

检验金属耐受性的实验还有很多。例如,测量受试液中花粉管的生长。在锌和铜耐受性上,异株蝇子草(*Silene dioica*)、白麦瓶草(*S. alba*)和猴面花(*Mimulus guttatus*)花粉生长指数与传统方法测定的根生长指数之间有较好的一致性(Searcy and Mulcahy,1985a,b,c)。

10.11　耐受性的遗传学

耐受性的遗传差异在对许多物种的研究中均有发现(Macnair,2000),用耐受性模型指数和简单的重金属盐溶液中植物生长状况来评估。早期研究多关注禾草类植物,这些植物可以进行营养繁殖,产生足够的重复试验材料,而且杂交品种的每个花也仅产生一个种子。相反,其他物种如狗筋麦瓶草(*Silene vulgaris*)和猴面花的每个杂交花上会产生较多的种子,为研究遗传分离(genetic segregation)提供了更大的家系。

在耐受性和敏感性植物的杂交系中,常常检测到耐受性的连续分布,并在早期重金属耐受性的综述里,这些分布被认为是多基因遗传的产物。近期发表的一些研究结果显示,一个或少数主要基因参与砷、镉、铜和锰的耐受性,有些研究发现个别基因起修饰作用(Macnair,1993,p.547)。

矿区和其他地方的土壤常遭受不止一种有毒金属污染。图10.2展示了金属出现情况和狗筋麦瓶草一些种群的耐受性研究结果。Macnair(1993,p.550)对结果进行如下解释:

> 尽管植物种群对过量金属表现出耐受性,但它们在一些情况下也会表现出对特定金属高水平的耐受性不能用该金属含量水平升高来解释。例如,Imsbach 种群所在的土壤中锌含量非常低,却对高含量锌具有耐受性;所有矿区种群似乎对镉都有耐受性,即使镉含量很低;许多种群对钴和镍的耐受性增加。这些现象表明对铜耐受性的选择同样会增加对锌、镉、钴和镍的耐受性,而对锌、镉和铅耐受性的选择也导致钴和镍耐受性的产生。

对于不同的金属是否存在独立的耐受机制,或者对一种金属的耐受性能否自发地赋予对其他金属的耐受性,这些问题还有待深入研究。

10.12　耐受性变种的起源

首先,金属耐受性变种可能已在自然界裸露岩面上长期存在,在污染的矿区发现的变种正是它们的后代。但是,这一解释不适用于曾经是正常的却遭受二次污染的地方。

其次,许多研究人员建议金属抗性植物可能随矿工的活动和/或矿石运输而扩散(见 Ernst,1990)。譬如,在南威尔士尾矿上发现了新世界铜藓剑叶藓(*Scopelophila cataractae*),这个物种仅生存于高于平均铜含量的基质上(Corley and Perry,1985)。

第三,重金属耐受性变种可能存在于"正常"种群中。一些研究证实了这个可能性(Gartside and

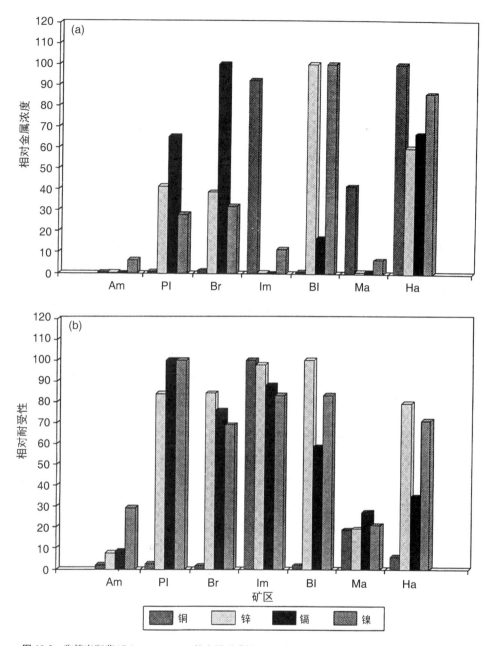

图 10.2　狗筋麦瓶草（*Silene vulgaris*）的金属耐受性：（a）各研究地点金属离子的相对可利用浓度；（b）6 个欧洲种群相对金属耐受性。在两幅图中，对于每种金属而言，规定含量最高的种群为 100，其余种群以此为标准计算相对值。[引自 Macnair（1993）；图中数据采自 Schat 和 ten Bookum（1992），经 *New Phytologist* 允许重绘]

McNeilly，1974；Walley *et al.*，1974；Wu *et al.*，1975）。例如，从未受铜污染的矿区收集匍匐翦股颖（*Agrostis stolonifera*）多个种群各采集 2 000 颗种子并种植在铜污染的土壤中（Wu *et al.*，1975），尽管大多数植物死亡，但仍有 5 株对铜有中等耐受性的植株存活。Gartside 和 McNeilly（1974）对 8 个物种的种群进行过筛选，发现来自铜矿的 2 个物种中的一些个体具有耐受性。

　　由于同一物种的重金属耐受种群常分布于不同的地方，很可能每个种群都有独立的起源。这个进化式样的证据来自对丛生毛草（*Deschampsia cespitosa*）的研究，其分布于加拿大萨德伯里和 Cobalt 富含重金属的土壤中（Bush and Barrett，1993）。从这些污染区域和未受污染的区域采样，检验同工酶变异（9 个酶系统-19 个同工酶位点）。Bush 和 Barrett 得出结论："这些结果证实了预测，即在受污染生境的定殖降低了基因变异的水平,特别是那些新近建立的种群。"而且,"在一些酶系统内,独特的等位基因能把 Cobalt 和 Sudbury 种群区分开,为两个矿区金属耐受性种群的独立起源提供了证据"。

Schat、Vooijs 和 Kuiper(1996)研究了起源于德国和爱尔兰金属丰富区的 5 个种群及阿姆斯特丹狗筋麦瓶草非耐受种群的遗传学特征。通过杂交实验发现在 5 个耐受种群中存在两个不同的锌耐受相关主基因位点。由于德国和爱尔兰种群具有共同的耐受基因,可以推断这些大范围地理隔离的种群一定是"当地没有耐受性的古老种群独立平行进化的结果"。

10.13　耐受性进化的限制

研究表明物种对金属污染的敏感性是有差异的(Baker and Proctor,1990)。一些物种似乎本身就具有耐受性,而另一些总是更敏感。这一结论可由以下事实得出:"至少在溶液培养中,不同物种的正常种群对低含量金属的耐受性指数明显不同。"(Macnair,1997,p.6)但是,在判断物种对重金属响应时,确定在各个生态系统中是否存在生理毒性水平是很重要的(Macnair,1997,p.6)。金属耐受性的发展将依赖于两个因素——物种本身耐受的程度和正常种群中耐受个体的频度。

需要强调的是耐受基因可能不总是低频率的。Meharg、Cumbes 和 Macnair(1993)研究英国西南矿区的绒毛草(*Holcus lanatus*)种群时发现高含量的砷以及高频率的耐受植株(92%~100%);同时还发现,未受污染土壤上的种群可能具有高的耐受砷的频率(平均 45.3%)。扩大地理范围发现,英国南部种群普遍对砷具有耐受性,但具体原因还不清楚。

Baker 等(1986)研究了另一个重要现象:有迹象表明金属耐受性是可诱导的。这一结论源自对空气污染或矿区绒毛草、细弱翦股颖、丛生毛草和紫羊茅(*Festuca rubra*)对镉耐受性的研究,实验还包括被研究植物对金属的耐受性是否稳定。把耐受植物种植在正常土壤中是否会改变耐受性状? 研究表明,在温室正常土壤中种植一段时间后,无性株系的平均耐受性下降 13%,其中绒毛草具有最大的"表型调整能力"(phenotypic adjustment)。此外,还发现来自未污染土壤的绒毛草对镉的耐受程度可在一定程度上被诱导;尽管这些表型适应的生理基础还不清楚,但如果它们在野外存在的话,那么对于在污染地区的早期定殖非常重要。

10.14　基因流和选择

牧场里出现的污染矿坑形成的岛屿为研究花粉基因流和选择等微进化过程创造了机会。在 Drws-y-Coed 铜矿区对细弱翦股颖的经典研究中,McNeilly(1968)研究了来自矿区和邻近牧场两个样带的成熟植物及其后代的变异(图 10.3)。一个样带沿着狭窄的冰川山谷朝着盛行风的方向延伸,另一个样带垂直于前一个样带。来自矿区的成熟植物有更高的耐受性指数,而牧场植物耐受性较低。对于后代,由于基因流从邻近牧场的植物传入,由矿区种子长成的后代比亲本耐受性更广泛,这种差异可由矿区对耐受性的高选择压力来解释。

研究来自牧场的后代耐受性发现,它们比自己亲本有更高的耐受性,说明矿区花粉借助风媒传播使得铜耐受性基因得以传播,并与邻近牧场的种子亲本受精,造成远离矿区的后代比其亲本植物耐受性要高。可见,牧场存在不利于金属耐受性的选择。这些格局可以用繁殖时期受盛行风影响的基因流,以及在矿区和牧场与耐受性相关的强烈的歧化选择来解释。当发现耐受性是需要付出代价时,歧化选择的

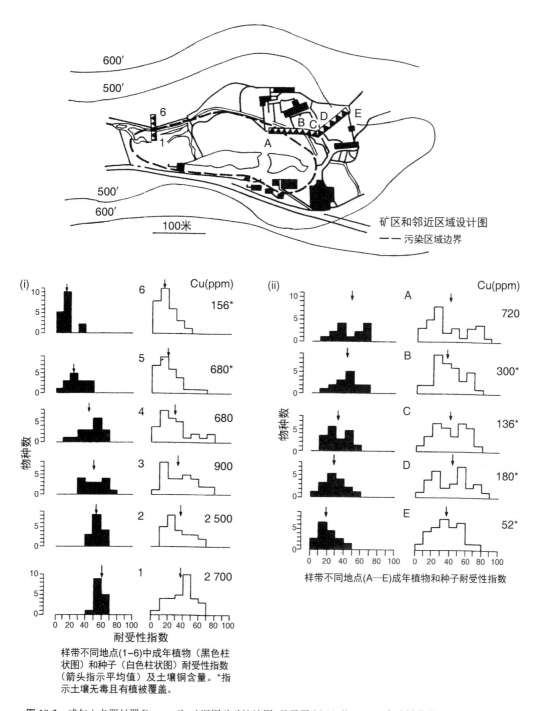

图 10.3　威尔士卡那封郡 Drws-y-Coed 旧铜矿矿坑地图,显示了 McNeilly(1968)实验样带位置。用水培技术研究细弱剪股颖两种材料(成年植物和由不同个体产生的种子)的铜耐受性指数,两条样带分别为样带 i(1—6)和样带 ii(A—E)。矿区的成年植物比矿区附近未污染牧场的植物有更高的铜耐受性。从野生种子长成的幼苗比成年植物具有更广的变异谱,这种式样在样带 A—E 中很明显,因为在铜敏感的植物后代中发现了大量来自矿区的铜耐受性基因。这个实验结果与强烈自然选择压力下有性繁殖产生变种的观点一致。唯一存活并成熟的个体很可能是在污染区域对铜有耐受性的个体和牧场无耐受性的变种,在未受污染的土壤中后者的竞争力比铜耐受性植物更高。[引自 Heredity(McNeilly,1968);经作者允许重绘]

驱动力就变得清晰了。因为植物能够在铜污染的土壤中生长,所以在污染严重的土壤中金属耐受性变种比不耐受植物有更高的适合度。事实上,不耐受植物可能根本无法存活。但是,在正常土壤中,金属耐受性物种生长较慢,竞争力较弱(Cook,LeFèbvre and McNeilly,1972;Hickey and McNeilly,1975)。因此,当生长在正常土壤中时,耐受性植物表现出适合度的降低。这种代价可被视为用于耐受性机制的能量消耗,导致了较低的生长速率和较低的生物量(Wu,1990,p.277)。这些代价如何在生理层面上产生值得深入研究。本书不探讨金属耐受性的生理基础,包括菌根真菌的作用。耐受性机制涉及在细胞和组织水平金属的螯合和分区,以及从根部到苗的延迟转运(Ernst,1998;Broadley et al.,2007)。许多定殖在金属污染土壤中的植物其根部都有菌根真菌,这种关系对于金属耐受性所起的作用越来越受关注(见 Meharg,2003;Gohre and Paszkowski,2006)。耐受性生理学另一个有趣的领域涉及某些金属耐受性变种或物种从土壤中富集高浓度金属的能力,这些植物能够从工业和城市污染的土壤中去除重金属(Schnoor et al.,1995;Brooks,1998)。这些研究的进一步发展将是利用植物对一系列化学污染物包括金属、碳氢化合物、杀虫剂、溶剂和爆炸物的"降解、同化和解毒"对污染区域进行植物修复(Susaria,Medina and McCutcheon,2002)。

10.15　重金属耐受性的形成速度:一系列证据

在相当一部分研究中,已经探讨了微进化变化发生的速率。

10.15.1　镀锌的网

1936 年,剑桥大学的 A.S. Watt 博士在萨福克 Lakenheath Warren 一个长期实验中使用镀锌的网来防止兔子进入永久样地(更新于 1958 年)。意识到锌会通过雨水从镀锌装置中淋溶出来,Snaydon 发现在网下方锌含量达到毒性水平,此处生长的野山羊茅(Festuca ovina)和绒毛剪股颖(Agrostis canina)比附近未污染地方的种群有显著高的锌耐受性。由于附近没有天然的锌污染源,当地锌引入的时间可以确定。很显然,在大约 25 年里,锌耐受种群从头形成(详细信息见 Bradshaw,McNeilly and Gregory,1965,p.334)。

10.15.2　炼铜厂

1900 年前后,利物浦附近的 Prescot 兴建了一个炼铜厂,造成以前无污染区域的空气中出现铜污染。在厂区附近污染最严重的地方几乎没有物种生存,试图在此修建草坪也不很成功。在这里开展的详细研究有助于理解 70 多年铜污染的形成,以及 3 个不同年龄草坪里西伯利亚剪股颖(A. stolonifera)对铜耐受的快速进化。

在研究开始前的 15 年,在污染的土壤上铺草皮修建起了最老的草坪(到处都种植)。新草皮处于来自精炼过程产生的铜污染影响之下;当研究开始时,新草皮所在地污染指数在 14 年里已达到 2 600 ppm。草皮中西伯利亚剪股颖对铜的平均耐受性约 42%,但是大量数据表明该种群的耐受程度有一定的变异性。最大的铜耐受性看似尚未在该种群中形成,因为矿区植物对铜耐受性一般为 70%,而矿区附近未污染牧场种群铜敏感植物的耐受性约 5%。这个老草坪的草皮由细弱剪股颖和西伯利亚剪股颖组成,由于定期割草坪,通过种子繁殖似乎在很大程度上被限制或终止,任何"新"个体的建立都将依靠附近种群种子基因流。

第二个草坪已经存在了 7 年,是通过在已经污染的土壤(铜含量 4 800 ppm)上反复播种商业草种而形成的。现在这片草坪上只有西伯利亚剪股颖能存活,有大量裸露的地表。这里植物平均铜耐受性为32%。据推测在播种的源种群植物中只有铜耐受变种能够在有毒土壤上度过苗期。15 个克隆被用于进一步研究,发现草坪上克隆的大小与铜耐受性指数之间在统计学上显著相关:克隆越大,耐受性越高。这一结果说明选择包含了两个时期的过程,即苗期和成年时期。

对生长在精炼厂附近草坪边界上的西伯利亚剪股颖种群也进行了研究。这个草坪由各种禾草和非禾本科的草本植物组成,自从新的精炼厂建起后,这里污染长达 4 年,铜含量也上升至 1 900 ppm。西伯利亚剪股颖的平均铜耐受性为 21%。该种群的铜耐受性正在进化,但是尚未达到年龄更老的草坪铜耐受性的水平。

在 70 年里,Prescot 的铜耐受性发生了进化。在研究德国 Datteln 新建的一个锌和镉熔炼厂附近的植被时发现了更快的进化,这里细弱剪股颖暴露于强烈的污染仅 5 年就出现了锌耐受性(Ernst,1990,以及文中引用的参考文献)。

10.15.3 输电塔

交织在现代景观中的钢铁输电塔都镀了锌以防被腐蚀。锌会随雨水淋溶到土壤中,如果塔下是高pH 土壤可能对植物没有损害;相反,如果地质、土壤结构和化学因素导致形成酸性土壤,锌污染会对已经存在的植物造成危害(Harris,1946)。持续的锌污染是否为锌耐受性的进化选择提供了极端环境?对北威尔士 9 个输电塔腿下酸性土壤上生长的细弱剪股颖的研究揭示了这种可能性。塔架代表了正常土壤和植被中一系列独特的重复污染岛(Al-Hiyaly *et al.*,1988)。

首先,确认了塔架下的区域是被锌高度污染的。在塔腿附近污染程度最高,但是对一个塔架进行仔细研究发现,污染的分布有偏斜,说明污染受到了盛行风和坡面的影响(图 10.4)。

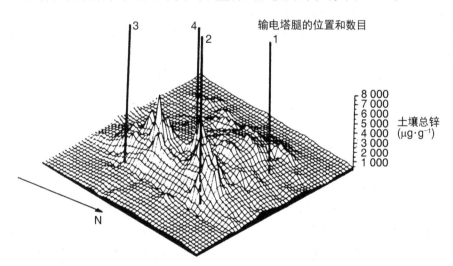

图 10.4 北威尔士输电塔下方 399 个土壤样品总锌含量。平滑数据通过采样范围的扩充(×2.5)所得,中值通过平均而产生。[引自 Al-Hiyaly、McNeilly 和 Bradshaw (1988);经 *New Phytologist* 允许重绘]

通过测定乙酸可萃取锌的含量估算可能对植物产生影响的有毒金属的量,在输电塔下方的土壤中检测到了最大值。把一个正常的细弱剪股颖商业变种的幼苗种植在从输电塔下收集的土壤上,确认了土壤的毒性,相比于生长在非输电塔下对照土壤上的植物,生长 12 周的植物干重明显下降。

从输电塔收集锌耐受植物,并在距塔至少 50 米外的地方收集对照植物,在含有重金属的简单溶液和不含重金属的对照溶液中测量根的生长,结果发现生长在塔下的部分植物耐受锌的能力与锌矿区的植物一样,而其他植物耐受性较低或与对照组植物没有差异。

输电塔下细弱剪股颖耐受性的进化是一个积累的过程。输电塔表层结构中的锌通过雨水淋溶作用在土壤里长期积累,但是没有统一的式样。证据表明,不到 30 年的锌污染已经产生选择压力足以激发植物种群中锌耐受的进化。但是相比于矿区,这里的锌耐受进化还处于初期,一系列有效的重复区域显示进化还没有达到一致的终点,每个塔下变化的范围是不同的。由于每个塔下土壤中锌含量不同,因此出现耐受性不同的个体并不奇怪。

10.15.4 输电塔附近的其他物种

对输电塔下其他 4 个物种——西伯利亚剪股颖、黄花茅(*Anthoxanthum odoratum*)、丛生毛草和野生羊茅做了进一步研究,发现这 4 种植物对锌有不同程度的耐受性。

综合所研究物种的变异式样,得到了一些重要发现:

1)输电塔附近的草地有许多物种,但是仅一小部分在输电塔下生长。

2)尽管黄花茅和野生羊茅在所有输电塔周围都常见,锌耐受个体仅出现在局部地方,而不是所有研究地点。

3)输电塔下方没有发现丛生毛草,这可能与周围该物种的缺失有关。

4)输电塔周围所有草地上都有西伯利亚剪股颖,而且塔下方最多,但不是所有塔下都有。

Al-Hiyaly 等(1988,1990,1993)由此得出结论:耐受性进化相关基因并不是普遍存在于周围植被的所有物种中。基于这些结果和其他的研究,Bradshaw(1984a,b)明确阐述了遗传停滞(genostasis)的概念。由于发生金属污染,自然选择开始发挥作用,但是具有耐受能力的种群是否出现取决于受影响的种群中是否存在合适的遗传变异。如果金属耐受基因在塔架周围地区物种种群中不存在,那么"由于缺乏合适的变异,进一步的进化将停止,这种由缺乏合适的遗传变异而导致的进化保守性就是遗传停滞。金属耐受性为此提供了绝佳的证据。没有证据显示金属污染区域以外的物种也在发生耐受性进化,这些物种似乎一直没发生变化。遗传停滞是对所有没发生进化的地方的唯一合理解释"(Bradshaw *et al.*,1990,p.531)。

遗传停滞的假设在细弱剪股颖的实验中也得到了检验。实验选取了 5 个输电塔,在其中 4 处(组 A)下方发现了不同程度的锌耐受性植株,而在第 5 个塔下方没有发现锌耐受性植株(ZK-180)。从每个塔周围未污染的牧场上收集种子,分开种植以检验是否存在耐受锌的幼苗,在组 A 中锌耐受性植株比例显著高于 ZK-180。实验的第二个部分从 5 个种群中挑选了 4 个生长健壮的种群,用以检验选择和杂交是否导致锌耐受性增加。实验过程中每个地方的植物都分开放置,在花期保持不同家系的隔离,杂交仅发生在同一种群的个体间,也就是所谓的多系天然杂交。实验进行 2 个周期,4 个种群中有 3 个种群出现了显著的耐受性增加的现象,但是 ZK-180 没有出现对选择的响应。由此可知,输电塔 ZK-180 下种群缺乏锌耐受性是由于塔附近的种群中缺乏合适的基因变异,这与人为选择和杂交实验中显示一定锌耐受性水平差异的其他 3 个地方的情况截然不同。实验提供了遗传制约限制进化的明确证据(Bradshaw,1984a,b),突出了与基因变异模式随机性相关的微进化过程的随机性。

10.16 结 论

与污染相关的微进化式样和过程研究已取得了显著的进展,这些成果是对草地、耕地和林地生态系统研究的补充和拓展。随着 SO$_2$ 和 O$_3$ 污染愈加严重,以及矿区、精炼厂和输电塔周围重金属污染不断恶化,快速的定向选择正在发生。由于英国推行降低有害气体排放的法律,在飞利浦公园 SO$_2$ 污染案例中发现了反向选择的影响。在矿区和牧场并存的地方已开展了深入的歧化选择(disruptive selection)和基因流分析,对重度污染区域(如矿区和输电塔下方)的研究为不同地方发生独立进化提供了证据,这些地点的物种和种群具有合适基因变异,但并不是所有的物种和种群都能对选择压力作出响应。随着 Prescot 精炼厂附近污染加重,只能找到少数几个物种,在污染最严重的地方仅有一个物种能够生长,代表了金属耐受性的基因型。

　　本章聚焦在空气和重金属污染,为了保持内容的完整性,在此介绍其他对污染响应的微进化案例。许多国家易遭受严寒天气,把岩盐(氯化钠)和砂粒的混合物撒在路面上可防止结冰,由此产生了许多值得关注的生态学后果:生长在路边的物种可能会遭受季节性的严重损害,而且覆盖植被的道路边缘也可能被滨海物种入侵(Scott and Davison,1985);在常见的物种中,盐耐受性变种可能被选择下来(Briggs,1978;Kiang,1982)。对路旁生境的研究也证实了存在其他的选择压力。在战后时期添加剂包括四乙基铅等物质作为抗爆剂被加入汽油中,造成排出的烟雾中含有大量的铅复合物,对城镇和高速路边缘的植被造成污染。(发现铅复合物的毒性后,许多州的监管机构禁止使用含铅汽油。)在含铅汽油广泛使用的年代,一些研究发现路边的长叶车前(*Plantago lanceolata*)和狗牙根(*Cynodon dactylon*)对铅的耐受性要比远离路边的种群高(Wu and Antonovics,1976)。

　　审视一下微进化研究的更广泛意义,我们就会清楚,植物种群对人类活动导致的极端新环境的响应超过了表型可塑性和发育灵活性(developmental flexibility)所能适应的范围,这些响应依赖于种群是否包含合适的基因变异库。通过遗传潜力来利用新环境并做出响应的物种将是赢家,而那些缺乏必要变异的物种将可能失败。从表面上判断,对输电塔下植物生长的研究不能提供有助于有效保护的普适性原理,但事实上并非如此。正如下面要讲的,如果要保护变化世界里的濒危物种,那么保护者必须充分理解微进化研究的意义。

第11章 引入的植物

尽管植物中存在长距离扩散现象(Ridley,1930),但是人类的介入导致了外来物种在全球范围内异常扩散。由于偶然或人类有意的引种,许多物种已经或正在被运送到世界各地的新地区,而且远远超出了自然扩散的程度。在新的生境中,一些物种成功定植,另一些则失败了。

有许多有关引进物种的重要文献综述,包括入侵种(Gibbs and Meischke,1985;Drake et al.,1989;Williamson,1996;Mooney and Hobbs,2000;Sandlund,Schei and Viken,2001;Sax,Stachowicz and Gains,2006)。这些文献涉及内容广泛,包括引种带来的经济损失以及控制入侵种的方法。有关农药或生物方法控制入侵植物的内容将在第15章介绍。

这里,我们主要关注植物以及与物种引进成败相关的微进化问题。鉴于动物、真菌和其他微生物的引进也会对生态系统中土著植物产生影响,因此本章也附带了相关的参考文献。接下来,我们将重点讨论以下问题:植物是怎样被引种到新地区的?其中有多少已经作为功能种群成功定殖?物种引入成功受哪些因素影响?哪些因素决定引进是否会转变成入侵?是否有证据显示引入种在新生境中发生了进化?从更广泛的角度看,引入种是如何影响并改变生态系统的?

在开始论述之前,有必要追溯一个曾令达尔文着迷的故事,以便能更好地界定本章中的关键概念。为了获取资料,达尔文与众多博物学家联系,许多来往信件显示出他对引入植物的浓厚兴趣,尤其是那些入侵种。达尔文自然选择进化理论是基于对物种自然增长控制的前提,因此他对增长快速的归化种非常感兴趣。这些引入种是以某种方式从影响本土种的自然控制中释放出来的吗?同时,他还提出了非常重要的微进化问题:这些引入种是否被吃掉或被其他因素控制?种群数量的增加是否像他的自然选择进化理论预测的那样以其他种为代价?

达尔文曾饶有兴趣地谈及英国康河(River Cam)水生伊乐藻(*Elodea canadensis*)的引种和扩散问题(Preston,2002)。1842年,在英国贝里克郡 Duns Castle 发现了伊乐藻,1847年又在 Leicestershire Market Harborough 附近的 Foxton Locks 运河的池塘中发现。起初,伊乐藻被认为是土著种,由 Babington(1848)命名为 *Anacharis alsinastrum*,但是后来的研究发现它是偶然从加拿大被引入的。Foxton 运河系统是英国水道的核心,伊乐藻通过相互连接的水道扩散。关于康河伊乐藻入侵的问题,已发表的资料显示,来自 Foxton 的植物材料被种于剑桥植物园,1848年园长将一些植物材料放在了流经植物园的 Hobson's Conduit 中。这条人工水道的水源自 Gog Magog Hills,供城镇用水,最终汇入康河。1851年,少量的伊乐藻已经从这个水道扩散至康河,但到了1852年,伊乐藻扩散数英里,阻塞河道以及码头和水闸的入水口,妨碍驳船,干扰划船、游泳、渔民作业和排水(Preston,2002)。由于伊乐藻是雌雄异体,在入侵初期只发现了雌株,数量惊人的种群均是通过营养繁殖进行扩散的(Simpson,1984)。1855年3月26日在给 John Stevens Henslow 的信中,达尔文感谢剑桥的前任老师送给他一份伊乐藻的活体标本,这也正是他随后种植和研究使用的材料(Darwin,1985)。随后,在1860年4月2日,达尔文又写了另一封信询问康河伊乐藻的入侵过程(Darwin,1985)。"亲爱的 Henslow:

> 自从你来到这里之后,我发现 Babington 的一个声明,他认为伊乐藻不像第一次引入时那

么常见了。我想确认是否如他所说,是什么原因破坏了伊乐藻的生长? 最后,在任何特定地方或池塘里,有什么植物几乎或完全被它取代?"

Henslow 带领学生到野外调查,并将调查结果告诉了达尔文:"在我首次观察到伊乐藻的一两年后,这种植物生长很好。"针对达尔文的最后一个问题,Henslow 写道:"就我的回忆而言,在我们考察过的溪流中,原本生长旺盛的小水毛茛变种(*Ranunculus aquatilis* var. *fluitans*),似乎已经被伊乐藻取代了。"(Darwin,1985)

后来的调查显示,康河的伊乐藻种群"在最初爆发式地扩张后开始下降"(Preston,2002),这种增长和下降的式样在英国和其他国家如新西兰水生物种的引进过程中也有发生(Cook and Urmi-König,1985)。

11.1　"引种的过程"

第 6 章曾提到史前时期的引种事件,但是对具体引种时间、植物或种子数量等信息没有准确而详尽的记录。当有了文字记载后,一些早期重要的记录得以保存下来。在公元前 1500 年,哈谢普苏女王(Queen Hatshepsut)将香树从庞特(Land of Pund)运到埃及(Hodge and Erlanson,1956)。由于近代人类的迁徙,例如欧洲殖民,越来越多的直接证据能够揭示引种过程,并可以用于研究外来植物。其中,关于北美洲的证据就更多了,Mack 和 Lonsdale(2001)定义了 3 个有重叠但不相互排斥的引种阶段。

11.1.1　偶然阶段

自 1500 年起,移居到北美洲的人们带去了他们自己的谷物种子,由于当时种子清选技术落后,谷物种子中常常夹带了杂草种子。在入境的寝具、干草、饲料和动物皮毛上也发现了种子。有时,早期引种的证据出乎意料,譬如,一些欧洲物种(如牻牛儿属植物、马耳他矢车菊、黑芥)是依附在土坯砖中而被引入的,这些砖块正是 18 世纪在墨西哥和加利福尼亚第一批建造西班牙建筑时使用的(Hendry,1931)。据推测,许多物种是通过干的、湿的船只压舱物被引入的。对压舱物进行适当的检查就能发现里面有哪些植物繁殖体。Nelson(1971)曾检查了俄勒冈州 Linnton 的压舱倾倒物,发现了 93 个本地未知的植物物种。在历史上,与目前的状况一样植物偶尔扩散时有发生,可以是伴随着原材料如圆木、羊毛等的运输,或者蔬菜、种子、水果、矿物、矿石和煤炭等的进出口贸易而进行。最近发生的意外扩散的例子,应该包括随"运回的军事设备"进入北美的独角金(*Striga*)(OTA,1993)。

11.1.2　实用阶段

Mack 和 Lonsdale(2001)认为,殖民者在新大陆定居后,常常有意引种一些他们认为是有用的物种。在这个"新土地"上,殖民者有时不愿吃土著民的食物,他们便会进口许多食物和药材的种子。另外,殖民者认为本地的牧草不太适合带来的家养牲畜,于是引种了许多植物作为牧草。就这样,西班牙和葡萄牙的殖民者就把非洲草,如巴拉草(*Brachiaria mutica*)、糖蜜草(*Melinus minutiflora*)和天竺草(*Panicum maximum*)带到了南美洲(Parsons,1970)。

随后,澳大利亚政府也实施引种,目的是为了增加饲料产量和土壤中的氮含量。许多引种的植物变成了杂草,还导致经济损失。Lonsdale(1994)写道:"1947 年至 1985 年间,澳大利亚引种的 463 个非土著植物里只有 21 个植物被推荐作为有用的饲料牧草。"这些引种的植物中,有 60 个归化成为杂草,其中就包括那 21 个牧草中的 17 个(Lonsdale，1994；引自 Mack and Lonsdale，2001，p.98)。作者指出，在澳大利亚(可能还有其他地区)把不适口的植物列为饲料牧草，如毛蔓豆(*Calopogonium mucunoides*)或简单放弃实验田而不销毁实验所用植物材料的行为都会增加植物归化的可能性。

再来看看另一类引种。为了克服土著植物生长缓慢或其他不良性状，人们引入一些生长快速的木本植物。大规模种树是一个非常古老的实践活动。譬如，早在公元前 255 年，地中海地区就种植能作为木材的树种和作物(Richardson，1999，p.238)；早在 14 世纪，葡萄牙种植针叶树来稳固海岸带的沙丘，随后这种方法传遍欧洲其他海滨区域；17 世纪，在南非开普地区的荷兰殖民者为了缓解木柴短缺而引种了外来植物，如金合欢(*Acacia saligna*)、*Hakea suaveolens* 和海岸松(*Pinus pinaster*)，如今这些植物已经变得极具入侵性(McNeely，1999)。在殖民时期，人们还引种植物作为树篱，比如，从美洲经斯里兰卡引种至印度的马缨丹(*Lantana camara*)，如今在印度及其他地区广泛入侵(Cronk and Fuller，1995)。

欧洲有着悠久的植树历史，以至于 20 世纪在世界许多地方农林业大规模种植外来植物。Richardson 和 Higgins(1999)描写过智利、巴西、阿根廷、澳大利亚和新西兰大力发展种植园，引种了许多松属植物，特别是辐射松(*Pinus radiata*)。温带地区大规模地种植了一些其他植物，包括冷杉属、桉树、山毛榉属、落叶松属、栎属、云杉属、杨属和黄杉属等，这些种植园大多使用传统的种植和管理方法。尽管全球范围内种树是很普遍的，但因用途不同会采用不同的方案种植数以百计的树木和灌木，有的为了美化花园，有的为了供给食物、木材、木柴和饲料，有的作为防护带、遮阴或防风，有的为了加固稳定和重新利用废弃和受损土地，还有一些作为多种种植体系的一部分，引种豆科树木和灌木就是为了利用固氮作用来提高土壤肥力(Hughes and Styles，1989)。

虽然种植树木和灌木提供了有价值的产出和服务，但是，许多物种逃逸出人为管理的生态系统，变成了自然和半自然生境中的入侵种。在商业化的林业产业中使用的许多优势树种比如金合欢属、松属和桉属都变成了入侵种。Richardson(1999，p.244)写道："林业中使用的 2 000 多种树种中，135 种(约占 7%)杂草化了。"而且，"在入侵植物数据库列出的 653 种中，34 种(约占 18%)是为满足林业需求而引种的，另外 49 种(27%)的引种是出于其他目的"(Binggeli，1996)。

有一个例子能够很好地展示功利性种植的后果。为了消减风浪、稳固河流，美国西南部干旱土地上引种柽柳属植物。现如今，这些植物已经成为恶性入侵植物。到 20 世纪 80 年代末，超过 150 万英亩的河岸生境被它们所占据(DiTomaso，1998)。

关于引进种的公共政策和意识可能发生变化了。譬如，20 世纪初为了在湿地中开垦农用地，在佛罗里达州"晒出大沼泽地"(drying out the Everglades)引种了白千层(*Melaleuca quinquenervia*)和肖乳香(*Schinus terebinthifolius*)。1936 年用飞机播撒了白千层的种子(见 Cronk and Fuller，1995)，有些人认为这些努力是成功的，另一些为了保护佛罗里达大沼泽地的人则不这么看。许多现代管理的宗旨是保护世界上著名的自然湿地生态系统，管理者不可推卸的任务就是控制这两种危险性的入侵植物。肖乳香大约 80 万英亩，白千层大约 50 万英亩，可见，任务是相当艰巨的(Cox，1999，p.116)。

虽然世界上许多蓄意扩散的植物涉及商业化的植物，但必须强调在很多情况下植物园参与接收、栽培、重新分布到殖民地领土上(Cronk and Fuller，2001)。例如，伦敦邱园的皇家植物园负责一个巨大的网络，便于大英帝国和英联邦各个植物园开展植物互换(McCracken，1997)。

11.1.3　美学阶段

殖民者一旦在新大陆定居，就预示着一个引种植物的新时期到来了(Mack and Lonsdale，2001)。在确保了对生存至关重要的植物之后，殖民者将注意力转向了观赏性植物。证据显示，他们希望自己周围遍及来自家乡的熟悉的植物,这也由于园艺贸易变得越来越可行。有研究发现,自 18 世纪末以来,世界各地的新定居者会从欧洲商人那里买下作物、蔬菜和药草的种子(Mack,1991)。19 世纪,为了满足对观赏植物的巨大需求,英国、德国和日本的种子商会提供内容越来越丰富的植物物种和栽培种名录(Mack and Lonsdale,2001)。许多植物作为国外的观赏植物被引入后在野外成功存活,例如,在新西兰,大量外来植物从植物园逃逸到北部的滨海土著森林(Sullivan,Timmins and Williams,2005)。在 19 世纪,欧洲有许多园艺市场收集海外的植物种子,这个基于园艺目录的新兴观赏植物繁荣国内贸易正是英国和欧洲其他国家入侵种泛滥的重要原因之一(Dehnen-Schmutz *et al.*,2007)。

时至今日,人们仍在为了欣赏而引种植物。植物园里观赏植物的数量与日俱增,例如在新西兰超过 1 万种的植物是园艺植物(Bryant,1998)。特别是许多植物明知具有入侵性但仍被允许自由交易。例如,最近 Mack 报道了具有入侵性的肖乳香,以及可能有害的杂草物种毛蕊花(*Verbascum thapsus*)和菊蒿(*Tanacetum vulgare*)就可以在美国种子商那里买到(Mack and Lonsdale,2001)。

11.2 建立种群:奠基者效应、基因流和多次引种

人类的活动使得植物能够扩散到新的地方,有时甚至是不同的大陆。模型预测,如果一个或少量个体在新的生境形成克隆,就会出现单代瓶颈(bottleneck),产生一个相对于亲本群体遗传上衰弱的新群体(Frankham *et al.*,2002)。这种奠基者效应(founder effects)导致基因多样性丧失,因为一些遗传变异不会在后代中出现。

由于瓶颈效应(bottleneck effects)和奠基者效应的存在,一个物种在新环境能否建立种群,在很大程度上取决于其繁育系统。Baker(1955)提出了一个重要的概念来解释这一问题,即著名的 Baker 定律(Stebbins,1957)。Baker 认为,在自交亲和的物种中,一个单一的繁殖体就足以在新生境中建立有性繁殖的群体;但是,对于自交不亲和的物种,至少需要两个个体几乎同时到达同一个地方才可能繁殖后代,合适的传粉者也是必要条件。Baker 定律已被证明是考虑归化种定殖的重要模型。

此外,在自然克隆种群的早期发育阶段,与初始定殖有关的问题和随机因子都是非常重要的。如果经历几代后新种群数量仍然很小,或许具有严重的瓶颈效应,遗传漂变就会发生。在繁殖阶段,亲本配子中等位基因的组成和相对频率可能在后代中消失,因为每个后代只从亲本随机遗传了等位基因中的一条。只是因为偶然,一些等位基因,特别是稀有的等位基因,可能会因此而丢失(Frankham *et al.*,2002,p.178)。

在分析潜在奠基者状况,尤其是几代之前发生的事件时,要充分意识到其他因素也会影响变异性。在归化植物较小的奠基种群中,相关个体间的交配是必然的,从长远看,由于存活率下降和败育,近亲繁殖会导致变异丧失(Frankham *et al.*,2002)。在种群建立和随后的发育过程中,自然选择也是一个非常重要的影响因素。目前已对归化种群开展了细致的研究,但在其他研究中只涉及较小的样本,随着对物种繁育行为的认识愈来愈深入,我们将更清晰地了解种群的建立。

11.2.1 归化种群的建立:奠基者效应

许多地方所进行的关于引入物种定殖种群的研究都涉及奠基者效应(见 Bossdorf *et al.*,2005,综述),比如苘麻(*Abutilon theophrasti*)(Warwick and Black,1986)、细野燕麦(*Avena barbata*)和毛雀麦(*Bromus mollis*)(Clegg and Brown,1983)、灯芯草粉苞苣(*Chondrilla juncea*)(Burdon,Marshall and Groves,1980)、刺亦模(*Emex spinosa*)(Marshall and Weiss,1982)、芦苇(*Phragmites australis*)

(Saltonstall，2003)、狗尾草（*Setaria* spp.）（Wang，Wendel and Dekker，1995）、假高粱（*Sorghum halepense*）（Warwick，Thompson and Black，1984）、独脚金（*Striga asiatica*）（Werth，Riopel and Gillespie，1984）和苍耳（*Xanthium strumarium*）（Moran and Marshall，1978）。

研究一个和多个奠基者效应的历史是很有意义的。以生长在北美洲大西洋海岸低营养沼泽中的著名捕虫植物紫瓶子草（*Sarracenia purpurea*）为例，Schwaegerle 和 Schaal（1979）研究了俄亥俄州 Licking 县 Cranberry 岛沼泽中的种群的遗传变异；19 世纪 30 年代，在这里建造了一个人工湖 Buckeye 湖，并形成一个占地 17 英亩遍布泥炭藓的小岛；1912 年，俄亥俄州大学的一名研究生 Freda Detmers 把一个不明来源的紫瓶子草标本引种到该岛上；70 年代，大约经历了 15 代的繁殖，紫瓶子草的种群增长至 10 万株个体。Schwaegerle 和 Schaal（1979）通过检验 8 个同工酶系统研究了这个种群和其他种群的基因变异：

> 通过比较该物种的所有种群发现，Cranberry 岛上紫瓶子草的种群遗传多样性较低，只发现一个多态位点，而所研究种群平均位点数为 2.5。岛上每个个体所有位点的平均杂合度是 0.042，比物种平均值（0.089）低了 50%。Cranberry 岛上种群由一个奠基者形成的独特历史引导我们将遗传多样性降低归因于极端的奠基者效应。

但是，Cranberry 岛上种群的变异水平并没有显著低于所有研究的其他种群：在 10 个所研究的种群中有 4 个种群也表现出了变异性降低。Schwaegerle 和 Schaal（1979）认为，由于该地区复杂的后冰期定殖历史，这些种群可能也受到奠基者效应的影响。另外，遗传漂变也可能起着重要的作用，特别是当种群非常小而且存在地理隔离时更是如此。

紫瓶子草是一个广为人知的植物，曾一度在欧洲绝迹，但是通过在植物园和自然生境中种植，它的种群已得到恢复。例如，1906 年，通过种植加拿大来源的种子和根茎，紫瓶子草在爱尔兰 Roscommon 的 Termonbarry 沼泽旺盛生长；从 20 世纪 30 年代到 60 年代，在其他地方也开始恢复紫瓶子草的种群（详见 Taggart，McNally and Sharp，1989），其中 6 个地点（包括 Coolatore，Co. Westmeath）的植物直接取自 Termonbarry 沼泽，第 7 个地点的植物是从 Coolatore，Co. Westmeath 移栽到 Woodfield，Co. Offlay。一些移栽是出于对 Termonbarry 沼泽种群命运的担忧，因为商业化使用已经导致沼泽的面积从 35 公顷降至大约 10 公顷。Taggart 等（1989）调查了 Termonbarry 沼泽和上述 7 个地点中的 5 个地点（这里的种群存活至 20 世纪 70 年代）的种群遗传多样性，研究了 25 个同工酶系统，其中 14 个同工酶提供了有效的信息。总体遗传变异性偏低，在北美种群的范围内。关于卫星种群的变异性，Taggart 等（1989）认为现有种群中的 4 个种群都是在移栽的少量植物（2～4 株）基础上形成的，他们认为根据后代种群中较低的多态位点数量，以及相比于来源种群 Termonbarry 沼泽种群等位基因在卫星种群中的缺失，可以推知这种移栽方式造成了严重的奠基者效应。

19 世纪，紫瓶子草的种子也被带到了瑞士，大概在 1900 年，一个未知来源的克隆在 Tenasses 泥潭沼泽高地定植。历史证据显示，1950 年左右，这个克隆的一个个体被移栽到了 30 公里以外 Lausanne 附近的低地酸性沼泽（现在已经形成郁闭的种群）。Parisod，Trippi 和 Galland（2005）使用 RAPD 分子标记研究了亲本种群（目前>25 000 株）和后代（大约 120 个个体）的遗传变异，结果发现，尽管 2 个种群有部分同样的分子标记，但是它们表现出明显的分化，很可能是经历了一个瓶颈，并由于奠基者效应导致等位基因频率发生了改变。然而，他们也注意到，由于生境差异较大，也可能是其他选择压力导致了这样的结果。

大叶牛防风（*Heracleum mantegazzianum*）株高 3.5 米，是从高加索地区引种到英国植物园的，它已在许多地方，尤其是河流附近垃圾区成为归化种。Walker、Hulme 和 Hoelzel（2003）利用微卫星

DNA 标记在该植物中检测到大量遗传变异,发现来自不同河流系统的种群间变异远大于种群内变异,可能与最初大量引种或多次引种有关。最近在捷克的研究证实了过去航拍照片在评估该物种区域扩散历史的价值(Müllerova et al.,2005)。其他的研究也揭示了更多关于独活属物种的入侵问题。现在已确证,至少有 3 种入侵性的独活属植物曾在 19 世纪从亚洲西南部被引入欧洲。Jahodova 等(2007)研究了物种间的种群变异和遗传关系,通过分析所有可用的数据,他们得出结论:"绝大多数入侵种群并没有受到遗传瓶颈效应的影响",在它们随后快速进化阶段,遗传漂变和种间杂交在一些种群中发挥了重要的作用。

11.2.2　引入物种的建立:克隆繁殖物种的奠基者效应

虎杖(Fallopia japonica)曾作为园艺植物被引种到英国,尽管是雄性不育,但虎杖已成为恶性杂草。Hollingsworth 和 Bailey(2000)曾收集了 150 个来自英国的虎杖样本以及 16 个来自欧洲和美国的样本,用 RAPDs 技术对 DNA 提取物进行分析,研究了虎杖的遗传变异,结果发现所有样本产生同样的基因条带。虽然这一结果不能提供遗传背景完全一致的证据,但已足以证明在欧洲和美国不同地点归化的植物是营养繁殖且来源相同。在英国自然种群中雄株的缺失是说明入侵种中奠基者效应重要性的又一个案例。

11.2.3　种群建立:连续的奠基者效应

粗叶悬钩子(Rubus alceifolius)原产于越南北部至爪哇境内,现在已被引种到马达加斯加和印度洋的其他岛屿,在 La Réunion 等地方,它成了恶性入侵杂草,最近这种植物又被引种到澳大利亚的昆士兰州。通过研究粗叶悬钩子分布范围内不同地点的种群遗传变异,可以推测出引种的时间顺序(Amsellen et al.,2000)。使用 AFLP 分子标记方法对 DNA 样品进行分析发现,该植物在原产地具有非常高的遗传变异。相反,除了马达加斯加岛,其他地方的种群遗传变异程度非常小。粗叶悬钩子的繁殖生物学还有待进一步澄清,特别是进行营养繁殖和有性繁殖的程度,以及该物种是否进行无融合繁殖。已有证据表明:

> 在印度洋其他岛屿(Mayotte,La Réunion,Mauritius)上采集的种群具有一个独特的基因型,与马达加斯加岛上的种群基因型非常接近;昆士兰州种群也具有一个独特的基因型,与 Mauritius 岛上的种群一致。由此可见,粗叶悬钩子首先被引种到马达加斯加岛,并有可能经历了多次引种,随后又从这里被引种到了其他地方。可能正是这种相继嵌套的奠基者效应导致了基因多样性的持续降低。

尽管引种的准确时间尚不清楚,但仍可以推测粗叶悬钩子归化种群的微进化历史。人们不知道这种植物是如何扩散的,但作者认为,繁殖体是由鸟类携带传播的,而种群扩散"更有可能是人类所为"。

11.2.4　种群建立:原产地与入侵地的变异

一些物种被引入到新的生境后其种群变异的程度要小于原产地种群的变异程度,而有些物种并非如此,引进种群表现与原产地种群相似水平的变异,例如,加拿大的阿披拉草(Apera spica-venti)(Warwick,Thompson and Black,1987)、加利福尼亚的野燕麦(Avena barbata)(Clegg and Allard,1972)、澳大利亚的毛雀麦(Bromus mollis)(Brown and Marshall,1981)和车前叶蓝蓟(Echium plantagineum)(Brown and Burdon,1983)、美国东南部的大葛藤(Pueraria lobata)(Pappert,Hamrick and Dovovan,2000)、加利福尼亚的车轴草(Trifolium hirtum)(Jain and Martins,1979)以及澳大利亚

的地三叶（*Trifolium subterraneum*）（Brown and Marshall，1981）。研究这些案例是很有意义的。

11.2.5　种群建立：分子标记方法的启示

历史证据不足以展示引种的全过程，但是这些证据却为分子生物学研究提供了突破口。分子生物学研究可以鉴定出原产地种群中的新基因型，并检验在入侵地是否也存在同样的基因型。因此，分子生物学方法（包括同工酶研究）与历史信息和标本记录结合就可以明确物种的迁移历史。

最近一项对葱芥（*Alliaria petiolata*）的研究有助于深入了解自体受精引入物种的遗传变异性（Durka *et al.*，2005，pp.1696-1697）。葱芥分布于欧洲森林边缘和潮湿林地，19世纪作为烹饪调味品和药用资源被引种到北美洲，随后严重入侵林地生境。从美国威斯康星州向东到纽约、从田纳西州到加拿大的安大略湖共采集了26个入侵种群，同时从瑞典到意大利、从英国到捷克共采集了27个土著种群。欧洲的样品被归为6个区域：英国，欧洲北部、中部、中南部、东部和南部。用微卫星分子标记方法研究了这些种群的遗传变异，结果显示，相比于来自欧洲的种群，入侵种群在遗传上有较小的变异。"与可能的种源区域相比，入侵种存在大量的变异，但是没有检测到瓶颈效应……在引种地，种群较高的等位基因多样性说明存在多次引种。"长期以来，进化生物学家对揭示入侵物种地理种源有着浓厚的兴趣。这些入侵种来自原产地的哪些地方？在入侵地微卫星标记的式样告诉我们，葱芥很可能来自欧洲的3个地区：不列颠群岛、欧洲的北部和中部。

有关北美入侵种群心菜（*Lepidium draba*）的定殖过程也有了清晰的研究（Gaskin，Zhang and Bon，2005）。心菜是自交不育的（Mulligan and Frankton，1962），分布在巴尔干向东至俄罗斯南部以及亚洲西部和中部。Gaskin等（2005）研究了高度多态性的叶绿体DNA（cpDNA）的变异程度，由于叶绿体DNA是母系遗传，因此只适用于追踪种子的传播，而不用于花粉。研究的叶绿体DNA是*trnS*和*trnG*基因之间的一段序列。为了对变异进行地理比较，采集了来自亚洲（186个）、欧洲（188个）和美国（360个）的植物，发现了41个单倍型。结果显示，入侵到美国的种群等位基因丰富度占原产地的66%，说明存在多次引种或者同时从多地引种。心菜很可能是夹杂在苜蓿或者苜蓿草籽中被从欧洲和中亚带到了美国（如Brown and Crosby，1906），这一观点得到Hillman和Henry（1928）研究的支持，他们发现从土耳其运输来的苜蓿种子中40%都混有心菜。叶绿体DNA分析结果还显示了美国种群遗传变异的式样。较低水平的区域结构表明第一次定殖后发生大规模扩散。在局域水平上，常发现变种的混合种群。由于心菜种子没有明显的自行扩散的途径，可以推测农业实践决定了这种植物的分布。美国种群中有些变种并未在原产地种群中出现，也就是说，它们不太可能在欧亚分布。由此产生了一个问题，即对"原产地"的定义。这种由人类活动导致植物扩散很难去寻踪植物自然分布的原产地。心菜的研究就证明了这一点。心菜是否原产于欧洲南部？或者大约公元前2000年前，从东方买来苜蓿时就引入了心菜？

荠菜（*Capsella bursa-pastoris*）是地球上最常见的物种之一。Neuffer和Hurka（2009）通过采集欧洲592个种群的9000个植株、北美从加利福尼亚向东到纽约、从密苏里和弗吉尼亚到不列颠哥伦比亚和阿拉斯加88个种群的2700个植株，利用3个多位点等位酶系统研究它在北美的定殖历史。对于荠菜到北美的早期历史尚不清楚，但是DNA信息提供了一些参考。总的来说，北美种群的基因型比欧洲种群的基因型少了大约50%，基因型的分布信息说明北美种群是经历了20次独立的引种过程。有关引进的地理路线，具有特殊的等位酶标记的基因型被证明是地中海区域的特征，以伊比利亚半岛最为常见。值得注意的是，这些变种在加利福尼亚和南美洲曾经的西班牙殖民地也有发现。这一结果证明西班牙殖民和谷物、饲料等物品的带入导致了荠菜在加利福尼亚自南向北的定殖。此外，等位酶在北美温带区域的分布式样也支持了另一场殖民浪潮的观点：荠菜在北美自东向西的定殖很可能是由欧洲其他国家的移民带来的。Neuffer 和 Linde(1999)用同工酶和 RAPD 分子标记、交互实验分析和栽培实验进一步研究了加利福尼亚种群的叶形、开花行为和共分离式样(patterns of co-segregation)。这一研究的结果不仅证实了前期的结论,还发现南部种群开花早的变种具有的特殊的多位点同工酶基因型(MMG)与推测的西班牙原始种群共享,这就证明了在殖民时代引种的重要性。北部晚开花的变种中没有 MMG 基因型,说明它们是从北欧经由美国东部传入的。与殖民历史结合,Neuffer 和 Linde 认为,1848 年淘金热是该物种在新生境扩散和定殖的另一个重要时期。大量的移民者从世界各地涌入加利福尼亚,一些人途经美国东部,另一些则绕过了合恩角(Cape Horn)或者从巴拿马经由陆路从旧金山港口进入。在这一解释中,不同基因型的地理分布没有展示入侵波的限制,而显示了自然选择对广泛分布的一系列预适应基因型的影响。另外,由于荠菜是自交繁育系统,开花时间的不同可能不会导致早晚基因型的杂交,使得这些变种保留下来。

11.2.6 种群建立:追踪旱雀麦的扩散

自交亲和的入侵杂草旱雀麦(*Bromus tectorum*)也是一个很好的研究案例,1790 年在美国宾夕法尼亚报道了这个被引入的物种。1889 年在英属哥伦比亚发现;到 1900 年已在西部山间区域定殖。旱雀麦很可能是通过掺杂在废弃的包装材料、铁路旁丢弃的牲口棚稻草、污染的谷物种子、运输的牲口和饲料中而被引入的(Novak and Mack,2011,p.116)。如今,旱雀麦在北美洲入侵相当严重,特别是西部山间地带,旱雀麦成为这里的优势植物,面积至少达 20 万平方公里。世界各地广泛引种旱雀麦,包括澳大利亚、不列颠群岛、夏威夷、日本、新西兰和南美洲。

Novak 和 Mack(2001)运用等位酶研究了采自欧亚、北非原产地和阿根廷、加那利群岛、智利、夏威夷和新西兰入侵地共 164 个种群(5 513 个个体),以及北美洲不同地区的 94 个种群(3 254 个个体)的遗传变异,用 25 个潜在基因位点编码的 15 种酶进行电泳,这些结果补充并扩展了小规模预实验的数据。他们发现,一些仅在原产地部分种群中局限分布的分子标记基因却在入侵地被检测到。因此,研究遗传标记的分布就可以了解旱雀麦的遗传关系和推测引种路线。

加那利群岛的旱雀麦种群非常特别,因为这些岛屿是从欧洲航行到北非再到北美洲的中途补给站,证据表明从欧洲和北非曾多次引入旱雀麦到这些岛屿(图 11.1)。考虑到引种非常广泛,3 种多位点酶系统为研究世界范围内引种路线提供了有价值的证据。

关于在北美洲的入侵,有数据显示,在北美洲西部至少发生过 7 次独立引种,在东部也有几次(图 11.2 和图 11.3)。能用于推测引种后迁移路线的样品太少了,但是 Novak 和 Mack 认为定居者从东向西逐渐迁徙对引种事件很重要,特别是横跨大陆的运输系统的发展,包括铁路运输。一些研究发现整个美国的种群都有相同的遗传标记,证实了多次引种或者从东向西引种的可能性。但这些数据也显示入侵种群存在高度的变异性,一些独有的遗传标记仅在西部地区种群中被发现,表明很可能是多次独立且直接引种至此造成的。另外,还检测到了新的

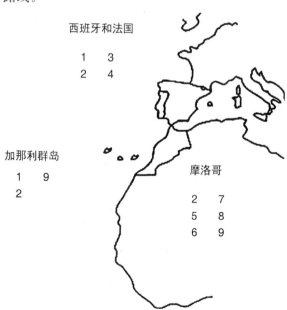

图 11.1 多位点基因型(用数字表示)在原产地西班牙、法国和摩洛哥以及入侵地加那利群岛的分布。这些基因型分布表明从欧洲和北非居群发生多次引种。[引自 Novak 和 Mack (2001);经美国生物科学研究所允许重绘]

重组基因型,说明不同变异种群间存在杂交。Novak 和 Mack 的工作告诉我们,现有的结果只是暂时的,随着数据愈来愈多,现有结果可能会被修正。还有许多问题值得探究,例如,哪些变异种群在北美洲 Yukon 地区定殖? 在加拿大发现的种群是独立引入的还是来自美国? 未来研究能否搞清楚旱雀麦横跨美国大陆的迁移路线?

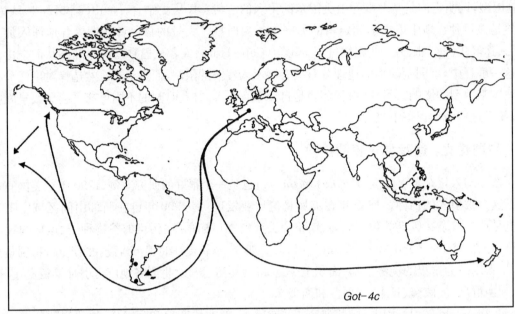

图 11.2 含 Got-4c 基因型种群的分布。源种群位于欧洲中部,箭头指示从该原产地到北美洲西部、阿根廷、夏威夷和新西兰可能的扩散路线。[引自 Novak 和 Mack (2001);经美国生物科学研究所允许重绘]

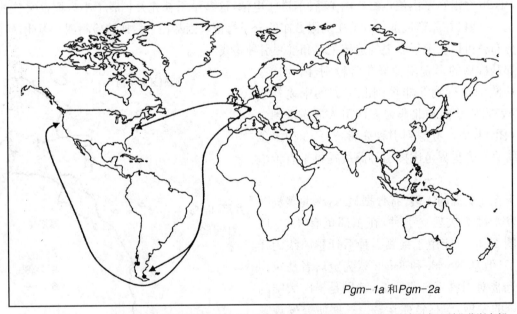

图 11.3 含 Pgm-1a 和 Pgm-2a 基因型种群的分布。源种群位于欧洲中部,箭头指示从该原产地到北美洲东部和西部以及阿根廷可能的扩散路线。[引自 Novak 和 Mack (2001);经美国生物科学研究所允许重绘]

11.2.7 种群建立: 引进种有多大比例变成入侵种?

有些引入的物种变成了入侵种,旱雀麦就是一个典型的例子。在讨论这些成功者和失败者时,有必要考虑引入的物种中有多少变成了入侵种,因为我们将看到,这些物种很可能对濒危物种和生态系统产生巨大的影响,并且成为全世界微进化过程的主要影响因素。Williamson 和 Fitter(1996)对这个问题做了深入探讨,并提出了"十数定律"作为一个广泛的概括,即在自然或人为导致物种扩散过程中,大约有 10% 的物种会存活下来,这其中约 10% 的物种能够定殖形成自我繁殖种群,这些定殖形成种群的物种中仅 10% 的物种能够成为入侵种。因此,1 000 个引种的物种中,有 100 个能够存活,但是只有 1 个会成为恶性入侵种。十数定律为实践活动提供了指导,也得到实证研究的支持(Williamson,1996)。例如,超过 13 000 种植物被引种到夏威夷岛,其中约 900 个物种成功定殖,100 个物种变成了严重的灾害。看看夏威夷火山国家公园的情况,475 种外来植物中 53 种(11%)植物已被确定为入侵种(Williamson,1996)。尽管十数定律是一个非常有价值的指示工具,但是在实践中还是很难应用,因为"invasive"在各地的含义不同。一些作者严格使用这一词语,仅指造成经济损失的外来物种;而另一些人并不严格区分引进种和入侵种。

11.3　植物引种:成功者与失败者

影响初次引种成功或失败的因素是什么? 在随后植物扩散和定殖过程中,哪些因素更重要? 植物繁殖生物学在定殖成功或失败过程中起什么作用? 这些问题将被依次讨论,关于入侵过程中种间杂交的作用将在第 13 章作进一步的介绍。

11.4　一些物种被成功引入但未能成功定殖

尽管许多物种被带到新的生境,但并不是所有物种都成功定殖并形成自我维持的种群(Sakai et al.,2001)。本章中强调了偶然性的影响(奠基者效应和遗传漂变)。自然选择同样也很重要。在苏格兰 Tweedside 和法国蒙皮利埃 Juvenal 港口对羊毛夹带的外来物的研究提供了自然选择的间接证据(Hayward and Druce,1919)。在澳大利亚、南非、阿根廷和其他地方的牧场,许多物种的可育种子夹在羊毛中。20 世纪初期,进口原初的未清洗的抓绒,在加工过程中,羊毛中夹带的种子逃逸。细心的博物学家追踪鉴定外来的植物,发现 Tweedside 中有 348 个外来种,Juvenal 港口有 526 个。

来自 Tweedside 的清单可能没有完全反映出羊毛中种子的丰富度。洗涤过程特别苛刻,一些物种会被破坏。为了去除具有芒刺和带钩刺的果实和种子,先将羊毛浸在 110～120°F 的肥皂水和碱液中,再用热水冲洗,然后炭化,羊毛再用硫酸处理,并在 180°F 烘干,最后,用滚轴碾压羊毛,破碎的芒刺被吹走。含有大量种子的废水随后被倾倒进了 Gala 和 Tweed 河流中。许多羊毛夹带物在下游被检测到,冬季洪水将种子冲到沿河的鹅卵石岸边。

非常有趣的是,一些物种能够成功定殖,例如,亚热带植物鬼针草(*Bidens pilosa*)是羊毛夹带物中数量较多的物种,原产于南美洲,在澳大利亚、新西兰、阿根廷和南非开普敦的牧场成为恶性杂草。通过调查和实验,在进口的羊毛中发现了大量的鬼针草种子。但是,尽管在苏格兰能够发芽和生长,鬼针草对霜冻敏感,最终"太柔弱了以致无法开花"。

另一个羊毛夹带污染物是刺苍耳(*Xanthium spinosum*),是澳大利亚牧羊区最臭名昭著的杂草之一,但同样也对霜冻敏感。相反,其他物种能够在冬季存活,比如来自澳大利亚和新西兰的千里光(*Senecio lanatus*)。但是,只有极少的物种能够形成可持续的种群。一个很好的例子是来自澳大利亚的酸模(*Rumex brownii*),记录中显示它在 Tweedside 是归化种,并且在同一地方能够连续多年形成高密度种群。同样,许多物种被引入到法国的 Juvenal 港口,但只有极少的物种能够在当地区系中定殖。

再来看看大多数情况。只有当引种植物的种子或个体遇到适宜的气候及合适生态环境,它们才能成功定殖。Harper(1977)提出的安全岛的概念很有意义。一个引入的物种要想萌发和定殖,必须有合适的气候、物理和生物条件。因此,在 Tweedside,来自亚热带地区的羊毛夹带物无法度过苏格兰冬季。再举另一个例子,很多地中海物种已被引入海外领土,它们在加利福尼亚、智利、南非和澳大利亚西南部可成功存活,这些地方均有类似地中海气候的环境:夏季干热,冬季湿冷(Fox,1989)。

需要强调的是原产地气候或许不能用于准确指示物种在入侵地的潜在范围,Mack(1996)引用了许多例子。水葫芦(*Eichhornia crassipes*)原产于热带,但是作为入侵种,却在加利福尼亚北部 37°N 地区被发现。其他物种在原产地和入侵地的气候耐受性也不一样,比如引种到加拿大的假高粱(*Sorghum halepense*)(Warwick *et al.*,1984)和引种到夏威夷的拉菲草(*Andropogon scoparius*)(Sorenson,1991)。辐射松(*Pinus radiata*)是一个非常好的例子,其在加利福尼亚海岸带的自然分布区域较窄,但是在新西兰、澳大利亚和南非较广泛的气候带成为一个重要的入侵种(Richardson and Bond,1991)。这样的研究提出了一个重要而普遍的问题:一个特定物种的当前地理分布在多大程度上能够反映出它的气候耐受性? 其他物种的竞争在多大程度上能限制目标物种的分布?

一些实验旨在探究一个物种能否在它现有的分布范围之外存活并继续繁衍。譬如,莴苣(*Lactuca serriola*)在英国是一个一年生的归化种,在英国西南和北部试验田播种,这些地方都远远超出了该物种现有的分布范围(Prince and Carter,1985)。这个植物能够在距离当前分布范围 150 km 以外的地方生长繁殖,看起来莴苣还没有到达潜在分布范围的边界。Mack(1996)也对其他种子和幼苗的实验进行了描述。

看一看影响引种过程的其他因子,必须强调特定的土壤状况对引入物种的定殖和生长也是非常重要的,如果那些基本的土壤需求不能被满足,植物是不能定殖的。此外,有许多假设涉及引进的物种是否只能入侵受干扰的生态系统,自然生态系统是否不太容易被入侵(Crawley,1987;Rejámnek,1996)? 关于这个问题的辩论很快引发对一个基本问题的争论:如果判定一个特定的生态系统是不是自然的生态系统? 实际上,世界上太多的生态系统已经遭到人类活动的干扰,外来种广泛入侵到受干扰的区域。而且,正如我们看到的,许多物种是被人们有意引种的,这些物种正不断地向其他地方入侵。最终,Rejámnek(1996)指出,评估生境和生态系统可入侵性是很困难的,单次单地点的个案研究(one-point-in-time studies)是不可靠的。一般而论,他认为潮湿的生态系统比干旱的生态系统更易被入侵,因为后者不能提供种子萌发和幼苗存活的生境;开放的水生态系统特别容易被入侵。总的说来,干扰、富营养化和生境破碎化有助于入侵。

11.5 引进物种的定殖:互利共生的重要性

在植物界,植物根与真菌之间的互利共生关系非常普遍,在引入地拥有合适的真菌同伴显得非常重要(Richardson *et al.*,2000)。许多引入的物种都会在新生境形成菌根真菌共生体,而缺乏恰当的共生体可能会阻碍一些物种在新生境的定殖。在经济作物中,这种障碍已经被克服了。例如,松树在南半球的最初定殖就是因为缺乏合适的土壤真菌而受阻,但是引种带有原产地土壤的松树,相当于接种了合适的真菌,松树已经能够被大范围引种,并成功地成为栽种作物,甚至在有些地方变成了入侵种(Richardson *et al.*,2000)。世界上广泛地有意和无意运输土壤似乎为共生真菌的传播提供了途径。

一些具有重要经济价值的固氮植物也变成了入侵种,其生存必需的共生体广泛分布,而最初定殖往往遭遇失败,直到特意引种了合适的根际微生物才得以成功,例如,牛津林业局(Oxford Forestry Institute)向国外分发了很多种子株系,并通过提供多达 6 种根瘤菌的混合物来确保种子能够定殖成功(Richardson *et al.*,2000)。

　　植物的共生体还有其他形式。对于传粉、种子和果实的扩散,动物与植物联合体对许多物种至关重要。有大量证据表明,在引入地植物会被当地土著生物投机地利用,作为食物来源、庇护所、筑巢地点等(Low,2002a,b)。外来植物常常为泛化土著昆虫或鸟类传粉者提供资源(Richardson *et al.*,2000),有时也遭遇缺乏传粉者的问题,直到合适的传粉者的到来,才摆脱困境。比如,在新西兰红花三叶草(*Trifolium pratense*)无法产生种子的难题全靠大黄蜂的引入才得以解决(Hopkins,1914)。另一个案例是关于佛罗里达榕属植物的引种,60 个引入的物种中仅 3 个成为入侵种,这还多亏了它们的专性传粉者——黄蜂的偶然引入(Nadel,Frank and Knight,1992)。

　　再来看看种子和果实在引入地扩散的情况。证据显示,土著鸟类和哺乳动物能很快与外来种建立特有的互利关系(Richardson *et al.*,2000),这其中不乏新的种间关系。譬如,来自北美洲和地中海盆地的松属植物在其原产地依靠风传播种子,但是在澳大利亚,这些物种的部分种子也通过喂食凤头鹦鹉传播(Richardson and Higgins,1999)。有时,外来传粉者能够促进引入物种的扩散,比如画眉(*Turdus merula*)就是澳大利亚维多利亚一些引入物种的重要传播者(Carr,1993)。

11.6　引入种群的发展:时滞期

　　研究入侵种时,常常会观察到在种群建立和扩张之间存在时滞期(Mack and Lonsdale,2001)。时滞期并不仅限于入侵种,这是自然种群增长和区域扩张的一部分(有关滞后效应的数学模型见 Crooks and Soulé,1999),许多因素会影响入侵种群的时滞期。

11.7　阿　利　效　应

　　当种群较小时,比如首次引种,植物可能通过营养繁殖增加个体数量,而不进行有性繁殖,因为它们缺乏合适的另一半,比如 *Elodea*,在英国由于缺乏雄性个体而不进行有性繁殖,巨大的种群增长则依赖于营养繁殖。

　　在其他物种中,初始定殖的小种群可能缺乏必要的遗传自交不亲和等位基因。北美的千屈菜(*Lythrum salicaria*)是一个很好的案例,其不仅能通过分离的根或茎生长,也可以靠风和水,或黏附在动物、车胎、船只和鞋子泥土上的种子进行传播和扩散(Bossard *et al.*,2000,p.237)。

　　关于有性繁殖,需要注意植物个体可能是自交不育的:只有当遗传个体多于一个时才能进行有性繁殖。然而,繁育系统是很复杂的,因为具有不同花型(变型)的植物会有 3 种明显不同的遗传变异类型,当这 3 种类型同时存在时才能完全展示有性繁殖的潜力。达尔文的一个著名的实验揭示,同一种类型的不同个体间自花授粉和杂交通常不能产生种子。Stout(1923)的研究发现了自体或变型内不亲和系统的遗传基础,这有助于异型杂交和防止近亲繁育。在欧洲的调查发现,一般种群都有这 3 种遗传类型,其比例为 1∶1∶1(Schoch-Bodmer,1938;Halka and Halka,1974)。非常有趣的是,在入侵地北美的研究发现,一些种群不完全具有 3 种遗传类型(Eckert and Barrett,1992)。在安大略湖采集的种群中,20%具有两种遗传类型,而3%的种群仅有单一的遗传类型。鉴于欧洲种群被认为是三型的,推测北美新定殖种群表现出的差异可能由于重复的奠基者事件和小种群历史造成的。由于奠基者效应,在入侵初期,这3种遗传类型并非都到达了新生境,或者种群长时间维持在较小的水平上,以至于另外一种或两种遗传类型由于遗传漂变的作用偶然从种群中丧失了。

反思欧洲种群中出现的1:1:1遗传类型,Eckert和Barrett(1992)提出质疑:这些遗传类型是否真的具有代表性?无法解释为什么随机因素没有影响到欧洲种群的遗传频率。很有可能是在欧洲采样时有意避开了小种群。最近在法国西南部(土著生境)和安大略(入侵生境)更加细致地研究了种群结构(Eckert,Manicacci and Barrett,1996),结果正如Barrett(2002,p.124)所述:

> 法国的千屈菜种群主要是三花柱的,而安大略地区的种群经常缺乏交配类型,这种式样与两个地区之间生态和集合种群(metapopulation)的差异有关。法国种群常常分布在路边沟渠,与这里的农业景观有关,这样的分布导致了种群间连通性较高,为种群间基因交换提供了机会……与此相反,引种到安大略的种群多是彼此孤立的,缺乏通过基因流在非三型种群中建立缺失类型的机会。

11.8　散播载体和新生境的可利用性

如果人类的活动不经意间促成了物种的散播,而且可利用的生境也恰巧存在,那么一个物种的分布区和种群的数量就会突然增加(Crooks and Soulé,1999)。

11.8.1　战时炸弹的破坏

牛膝菊(*Galinsoga parviflora*)是一种原产于南美的植物,曾从英国的邱园逃逸出来。起初,它仅见于邱园的附近。然而第二次世界大战期间,由于伦敦的大部分区域受到了炸弹破坏以及接下来重建的影响,为该物种的入侵提供了大量的生境和机会(Salisbury,1964)。

11.8.2　道路的修建

川续断属(*Dipsacus lacinatus*)植物最初于19世纪初在北美发现,多年里也只局限在纽约州北部的Albany。然而,随着美国州际高速路和其他道路的修建,该物种在中西部的很多地方迅速增加(Solecki,1993)。

11.8.3　铁路

牛津千里光(*Senecio squalidus*)大约在300年前引入到牛津植物园,但是在最近150年,这个从公园里逃逸出来的物种已遍布英国大部分城市,主要沿铁路线分布(详细资料请见Brennan,Harris and Hiscock,2005)。当然,多个因素可能减缓了其扩张速度。皇家植物园离火车站有一定的距离。由于大学当局担心本科学生离开城市去伦敦玩耍,所以推迟了建设连接牛津和泛西铁路系统(Great Western Railway system)的铁道。这一联系的建成为牛津千里光向铁路周边及废弃地的扩张提供了通道,所以在这些地方该物种迅速繁衍起来。

11.8.4　水道

我们已经在上面讨论过千屈菜的繁育系统,该物种为我们提供了从引入到产生全面生态影响之间时间滞后的一个极好的例子。人们并不清楚千屈菜是什么时候来到北美,但知道在 20 世纪 30 年代它已成功建立了种群(Thompson,Stuckey and Thompson,1987)。该物种可能是通过船舶压舱水而抵达,也有可能是通过种子附在进口羊毛上而传入。千屈菜曾经被广泛用作药草,也常作为园艺植物用于花园的装点。所以,很有可能在北美有大量来自欧洲不同地区的品种,而且有不同的园艺品种逃逸到野生环境。Barrett 注意到,"从这样一个多样化的'杂交汤'(hybrid soup)中,不可避免地会产生具有新表型的遗传组合"(Barrett,2000,p.132)。这个物种在北美的扩张已由 Thompson 等(1987)进行过详细研究。19 世纪的 30 年代,千屈菜就已在新英格兰的海滨地区成功地建成,但是大规模的扩张则是随着美国东部多条运河的开通才得以实现,这些运河包括伊利运河(Erie Canal)(1825 年完成)以及新英格兰、纽约、宾夕法尼亚州、新泽西和俄亥俄州长达 4 800 千米的运河(1840 年完成)。这些水道不仅为该物种提供了生境而且也为其扩张提供了更多的机会。千屈菜现在已广泛入侵到北美的湿地,包括较为干旱的西部区域,在这里它的扩张主要是通过灌溉系统。除此之外,千屈菜在高速路、付费公路以及铁路网周边的潮湿生境均有出现,通过这些种群斑块就可以向河流以及人工的灌溉渠道入侵。

另一种原产于南美的植物——粉绿狐尾藻(*Myriophyllum aquaticum*)也表现出明显的时滞。该植物是 19 世纪初引入美国,主要用于水景以及水族馆的构建。该物种在北美并不能进行种子繁殖,它在淡水湖泊、池塘以及缓流河道的疯狂入侵完全是通过营养繁殖来实现;其扩张则是通过水流,并借助于水泵抽水、游船的使用、水族馆向河道排放废弃物以及水禽的迁移等来实现的(Bossard *et al.*,2000)。

11.9 时滞期:未知的原因

美国佛罗里达的 2 种入侵植物——白千层(*Melaleuca quinquenervia*)和肖乳香(*Schinus terebinthifolius*)均是 20 世纪初有意引入没有树木的 Everglades。经历了数十年以后,种群才开始扩张。白千层种群的增长起始于 20 世纪的 50 年代,那么造成这个时滞期的原因是什么呢?Ewel(1986)列出了一系列可能的原因:也许 Everglades 环境条件的变化使得该区域对物种的入侵更易感;而且,许多生物学家发现,在植物的入侵行为与引发真菌或细菌大流行所必要的"侵染潜势"之间存在着类似之处(Mack *et al.*,2000)。所以,这两个木本入侵物种花了数十年才得以逐渐建立繁殖潜力。另一种可能是,"在有利于进一步拓殖的突变出现之前,新的拓殖者仅限于有限的生境"(Crooks and Soulé,1999,p.106)。自然突变率很低,而且由于可能出现的变化只有微小的影响,所以一般很难探测。然而,正如下面将要涉及的那样,在某些引入植物中,已经发现了与适合度相关的突变,并对其进行了相关研究。

11.10 植物归化种群中的自然选择

尽管入侵植物为研究微进化提供了极佳的机会,但是许多有关杂草和入侵种的研究大都聚焦在杂草管理方面。十分有趣的是,在杂草控制研究中,有关入侵植物中抗除草剂生物型的进化提供了许多"选择在行动"的有说服力的例子。正如我们在第 9 章中所看到的那样,已有证据表明,在多个杂草物种中对除草剂的耐受性在不同地点独立进化出现。此外,也有证据表明,某些物种的除草剂抗性不仅在其原产地而且也在其入侵地种群中多地独立地发生。例如,在美国的华盛顿州、加拿大的不列颠哥伦比亚省以及西欧等地,三嗪类(triazine)除草剂最初使用的几年后,欧洲千里光(*Senecio vulgaris*)的抗三嗪的生物型就被发现(Ryan,1970);同样,藜(*Chenopodium album*)的抗三嗪生物型也几乎在同一时间在华盛顿州、加拿大东部以及法国被发现(Lebaron and Gressel,1982)。

11.10.1 在引入物种中进化出了自交可育变种吗?

在一个自交不亲和的物种中,单个引入新区域的奠基者个体是自交不育的,因而不能产生种子。所以,我们可以假设引入种群可以进化出自交可育的变种,而且在引入地具有很强的选择优势。一项最近的研究探讨了在牛津千里光中是否存在这种可能性(Brennan *et al.*,2005)。从以上可知,这一物种是300多年前引入牛津植物园,经历很长的一段时滞期后,它已成功地拓殖到英国的大部分城市。那么,这一成功的拓殖过程是否涉及自交可育的变种呢? 通过收集大量的种群样品,并对其繁育系统进行仔细研究。发现在其原产地,该物种是严格的自交不亲和;但在英国的种群中,不同植株之间的杂交表明只有为数不多的自交不亲和等位基因,几乎可以肯定这是奠基者效应的结果或者是小种群遗传漂变效应的结果。通过研究英国境内入侵区的植物,发现自花传粉产生的后代很少,所以该物种对自交衰退十分敏感。总体来看,研究揭示了在英国的分布区扩张中自交不亲和系统并没有被削弱。

11.10.2 生态型分化

第3章中提到了生态型分化现象的发现。在一个或多个同质园实验中,收集不同气候、土壤条件下的植物,并对其进行交互移栽实验(或播种的材料),反复证实了物种在生长习性、萌发行为、生活史长度以及繁殖行为与产出等方面均表现出与生境相关的遗传变异。尽管在研究中未能直接观察到自然选择的作用,但是变异的式样可以从自然选择的角度加以解释。但由此产生一个重要的问题:一个物种何时进入引入地? 生态型分化的过程发生了吗? 从一系列的研究中可以找到相关的证据。

正如上面所见,有关荠菜的研究表明,许多的"预适应"地理宗或生态型被引入到了北美,自然选择一直而且目前仍在发挥作用,因此生态型的式样得以形成(Neuffer and Hurka,1999;Neuffer and Linde,1999)。

第二个例子是有关物种朝相反方向的运动。大约在250年前一枝黄花属的2个物种——北美一枝黄花(*Solidago altissima*)和巨大一枝黄花(*S. gigantea*)从北美引入欧洲(Weber and Schmidt,1998)。研究中的种群样本取自整个欧洲(从南到北的样带起自瑞典,通过丹麦、德国、瑞士直达意大利北部,从北纬61度至北纬44度)。实验在实验园进行,所用材料为克隆产生,结果表明,种群间存在着极其显著的形态和生活史性状差异,而且北部种群比来自样带上南部区域的种群开花更早,所观察到的开花时间的渐变趋势与在北美观察到的很相似。Weber 和 Schmidt 得出了多个与变异性和选择有关的可能结论。第一种可能性是,"从原产地引入的原始植物材料很可能已经包含着在新分布区不同居群所表达的所有遗传变异。在这样的情况下,选择作用于一系列引入的基因型,滤出了与新环境相匹配的基因型。这一过程并不涉及新基因型的就地产生"。然而,他们也考虑了另一种可能性,因为没有大规模多次引种的证据。极为可能的是,在最初的拓殖之后,"新的适应基因型""通过突变和/或遗传重组实现进化,之后在不同的种群间出现了存活和繁殖的分化"。如果接受第二种可能性,考虑到单个植物生长的克隆特性和有效世代时间大约为几年或几十年,可以推测生态型分化一定以很快的速度发生了。也许自引入后只经历了10~20个有性世代;在这种情况下,一枝黄花的微进化确定是非常迅速的。当然,我们仍需要进一步的研究来确定这两种可能性。

有关稗草(*Echinochloa crus-galli*)的实验揭示了引入植物微进化的另一种舞台,即当一种引入植物进入气候上不同的区域时的选择问题。最近,该物种从美国入侵到了加拿大的魁北克地区。有关其不同生长条件下的生理学比较研究揭示,加拿大材料的某些酶已经进化出较高的催化效率(Hakam and Simon,2000)。

Warwick 和 Black(1986)开展了另一项同样从美国引入到加拿大的入侵植物的研究,其研究对象是原产于中国的苘麻(*Abutilon theophrasti*),大概在 18 世纪中期作为潜在的纤维作物引到美国。现在,它已成为整个美国的主要杂草之一,在加拿大的废弃地和公园环境中,也发现有其小种群。然而,自 20 世纪 50 年代以来,苘麻已经入侵到农田,而且尽管曾认为该物种对霜冻太敏感,应该不大可能在加拿大扩张其分布区,而实际上它最近向北扩张到了加拿大的东部(安大略、魁北克以及新斯科舍等省)。该物种实际上是研究入侵性引入物种分布区北移微进化后果的理想材料。Warwick 和 Black(1986)将采自不同纬度区(从北纬 39 度的俄亥俄到北纬 45 度的安大略)的种子种植在同质园,通过对 16 种酶系统的电泳研究,揭示了其遗传变异。他们发现,酶系统的遗传变异水平很低,这也许就是奠基者效应的最好印证。然而,栽培实验发现大量与种子萌发、植物生长、形态特征以及生活史性状(如种子休眠)等相关的变异。在许多情况下,变异性与纬度和气候因子相关。这一案例的历史提供了对如下问题的认识:"外来种响应局部环境时在其分化的早期可能发生什么?"还有一些其他的例子也研究了向加拿大北部入侵的杂草,这些研究均提供了可以从近期微进化的角度进行解释的变异式样(Warwick,1990;Clements *et al*.,2004)。

11.11　普适基因型

至此我们所讨论的例子为说明通过自然选择过程实现局域适应在引入种入侵中的重要性提供了证据。然而,Baker(1965)认为普适基因型(general-purpose genotypes)在拓殖过程中具有重要意义(见 Crooks and Soulé,1999)。引入植物能通过其表型可塑性潜力和生理适应性而非在遗传上对新环境条件的精确适应,使得其能成功建立新的克隆(colony)。关于 Baker 的思想已在植物学文献中有过广泛的讨论。

最近有学者(Parker,Rodriguez and Loik,2002)应用 Baker 的概念对毛蕊花(*Verbascum thapsus*)进行了研究。这种单次结实的多年生入侵植物被多次从欧洲引入到北美,用作药用和花卉植物。到 1880 年,它已经在加州归化,现已成为这里常见的路旁和废弃地植物;在 Yosemite National Park 已变成了入侵植物,也是该处入侵高地的少数几种非土著植物之一。在一项有关毛蕊花变异性的研究中,研究者(Parker,Rodriguez and Loik,2002)在加州不同海拔(75～2 260 m)的地点收集了 10 个种群,将这些种群种植在实验园中研究其一系列的形态性状,同时也种植于生长室中观察其对冻害的耐受性以及对不同温度条件的响应等生理性状。数据的方差分析发现,可能由于奠基者效应和遗传漂变的影响,种群间存在显著的遗传差异。然而,总体来看,有证据表明表型可塑性的作用是很强烈的。所以,作者的结论指出,拓殖"不是由快速的进化所驱动",而只能从在高海拔入侵的早期阶段普适基因型的存在来解释其结果。他们提到交互移栽实验可以为基于可塑性的适应问题提供进一步的认识。显然,这样的实验的确具有很重要的理论价值,但是要想让那些试图控制高地种群的人明白将加州不同地点的多个种群引入到山地实验园开展研究的意义是很困难的(Parker *et al*.,2002)。

11.11.1　无融合生殖植物中的普适基因型

Van Dijk(2003)曾梳理过有关引入北美的蒲公英属(*Taraxacum*)以及亲缘关系相近的、引入北美和澳大利亚的粉苞菊属(*Chondrilla*)变异的研究进展。他在解释这两个类群的变异式样时应用了

Baker 的普适基因型概念,这些类群涉及欧洲境内有性和广泛散播的无融合生殖变型的混合类型,他写道:"等位酶和 DNA 标记显示,无融合生殖的种群在起源上基本是多克隆的。就蒲公英而言,克隆多样性可能通过有性与无融合生殖个体之间罕见的杂交所产生,而后者作为花粉的供体……有些克隆在地理上广泛分布,可能代表着表型上可塑的普适基因型。"他认为,就无融合生殖克隆的潜力而言,尽管由于其繁育系统的缘故,这些克隆可看作进化上的"死胡同"(dead ends),但是控制无融合特征的基因可以借助花粉通过有性与无融合生殖个体之间的杂交过程而从衰退(degeneration)和灭绝(extinction)过程中逃逸。通过如此的方式,无融合生殖的基因可以传递到新的遗传背景,这也许是适应性的,而且还可以清除掉那些在连续多世代无融合生殖过程中累积下来的连锁有害突变(linked deleterious mutations)。

11.12　与引入植物相关的动物种群的进化改变

正如我们上面所看到的,有丰富的证据表明,在引入地的外来植物也常常会(尽管可能是机会性的)被本地生物所利用(Low,2002a,b)。然而,早期的研究也已揭示,在某些情况下,这些变化涉及基于遗传的微进化过程。

在美国佛罗里达已发现红肩姬缘椿(*Jadera haematoloma*)宿主的进化变化(Carroll and Dingle,1996)。这些昆虫主要以亚洲的栾树(*Koelreuteria paniculata*)为食,这种树主要是 20 世纪 40 年代作为观赏植物而引入的,其产生的果实比相应的土著宿主——倒地铃(*Cardiospermum corindum*)要小。这种行为上的变化也伴随着昆虫口针的遗传改变,取食外来栾树果实的昆虫具有较短的口针(大约比取食土著宿主的昆虫短约 25%)(Carroll,Klassen and Dingle,1998)。

内华达州土著斑蝶(*Euphydryas editha*)的微进化变化为我们提供了另一个案例(Singer,Thomas and Parmesan,1993)。这一昆虫将其食性由 *Collinsia parviflora* 转向披针叶车前(*Plantago lanceolata*),后者在 100~150 年前就是内华达州的引入植物。这种微进化变化已通过笼养实验观察产卵行为进行过研究,大约发生在 100~150 代斑蝶中了。在这一物种中,对新食源植物的反适应现象并不普遍,在没有披针叶车前生长的地点,在有选择的昆虫中没有发现食性偏好的变化。

11.13　自然选择:哪些物种有可能成为成功的入侵者?

让我们转向更广义的微进化问题。人们一直对探求入侵物种有什么样的共同特点有着浓厚的兴趣,其目的是欲据此预测在将来还有哪些别的物种可能会成为严重的入侵者。Rejmánek(1996)曾做过有益的尝试,以从一些单个的案例情况来寻找一般性的规律。入侵种作为一类生物是否具有共同的性状和行为特征?第一步就是准备一个入侵种的清单以及非入侵种的伙伴清单。尽管生物学家会就前者达成一致意见,但要给出一个特定区域非入侵归化物种的明确清单是有困难的;因为广泛出现的时滞,最近或为时甚久的引种可能还没有显示出其在新区域的入侵潜力。

许多入侵物种具有 Baker 所列举的"理想杂草"特征(见表 6.3),例如连续的种子生产、高的种子产出、无需特定的萌发要求等。从对单个属中入侵与非入侵物种的比较,我们已经获得了许多有用的信息。例如,在对美国雀麦属(*Bromus*)植物的比较中,Hulbert(1955)发现,有些种只是局部地域优势或少见,甚至稀有,只有旱雀麦(*B. tectorum*)的入侵性特别强。其他的雀麦属植物看似缺乏一个或多个对旱雀麦入侵成功起重要作用的关键适应特征,即秋季萌发、快速的根生长、对重复刈割和霜冻的耐受能力等。在另一项研究中,Rejmánek(1996)研究了 24 种(其中入侵性和非入侵性植物各 12 种)松属植物的特征;有 3 个特征在两个类群之间的差异尤其明显。入侵性物种种子重量小、幼年期的时间短以及种子生产大年之间的时间间隔短等特征;而非入侵性物种具有种子大以及生活史周期较长等特征。另一个目前仍在探索的预测是基因组大小的作用。植物物种中 DNA 量的变异很大,在某些类群中入侵物种的基因组较小(见 Rejmánek,1996,p.173)。

通过分析能够区分入侵种与仅仅是归化种的系列特征,Rejmánek 探讨了拓展这些观察结果构建一种预测理论的可能性,他认为目前还仅是开端,还没有形成简单的轮廓。Crawley(1987)则怀疑能否得到一般性的结论;这样的看法并不奇怪,因为入侵物种出现在大多数植物类群(藻类、真菌、蕨类和有花植物)和不同生长型(一年生植物、多年生植物和乔木)植物中,通过多样化的繁育系统(无性的、无融合的、自花授粉的以及自交不亲和的)进行繁殖,并在繁殖体散布与休眠等特征方面表现出广泛的差异。

11.14　入侵植物的成功:与其他物种的相互关系

许多入侵种能达到超级丰富的程度。尽管有许多学者致力于寻找能提高入侵性的特有属性,但是关注入侵种与其所入侵生态系统中其他物种的相互作用也是重要的。

目前已提出了很多互不排斥的相关假设,试图解释生态系统内入侵种的成功。Hierro、Maron 和 Callaway(2005)较全面地回顾这些假设,他们的综述构成了下面扼要描述的基础。首先,我们必须强调,这些假设无一得到了适当的检验:土著与引入种及其所组成的生态系统的比较研究屈指可数。

11.14.1　天敌释放假设

在土著分布区的物种通常会受到专性害虫和疾病的影响。当一个物种在新的分布区内建立其种群时,就会摆脱其"天敌";相反,所有包围引入植物的土著植物仍受到专性天敌的影响。所以,可以假设新抵达的引入种在新生境中可以获得比土著种更强的竞争优势,从而变得具有入侵性。在一篇综述论文中,Hierro 等(2005)认为,这一假设未曾得到很好的检验;这是不足为奇的,因为对其全面研究需要对一个生态系统中所有成员的害虫和病原生物有详细的了解。再者,通常我们也并不清楚土著植物在其土著生境中在多大程度上受到害虫和病害的制约(Crawley,1989)。Keane 和 Crawley(2002)讨论了如何用除草剂、软体动物杀灭剂、杀虫剂以及围栏等处理来比较一个物种原产地与引入种群在生长以及其他方面的表现来检验这一假设。

11.14.2　入侵性进化假设

在前一个假设的基础上做进一步的延伸,假设当外来种引入时,它们摆脱了"专性天敌",那些本来用于维持天敌抗性的资源转而投入到"个体大小和繁育力"等性状,可能在引入地具有选择上的优势(Hierro et al.,2005)。这一假设得到了多个研究的支持。例如,在英国用贯叶连翘(*Hypericum perforatum*)所开展的一项实验园研究中,研究人员发现来自北美的入侵性植物比来自欧洲的原产地植株更强壮(Pritchard,1960)。然而,尽管 Maron 等(2004)同样用该物种的原产地与入侵地种群,在美国华盛顿的同质园中进行了为期 2 年的实验,并获得了类似的结果。但是,"在过 1 年以后,这种式样便消失了,而且将其种植在美国的加州、瑞典以及西班牙,没有获得入侵地基因型比原产地基因型更大和更高产的实验证据"(引自 Hierro et al.,2005,p.9)。

如果入侵种在其引入地的确比其原产地更大,那么这些大的和多产的植物的起源问题就十分重要了。它们是来自"野生环境中"的新突变吗? 另一种解释也值得考虑。引入地的较大个体是来自那些在欧洲的花园起源的、显眼的园艺品系吗? 这样的品系作为观赏植物被引到世界的不同地方,由此逃逸出去而形成了野化的种群。

"入侵性进化"的正式检验需要对大量原产地与入侵地基因型在原产地和入侵地分布区范围内的多个同质园同时开展实验、检测。Hierro 等(2005)认为,为了使母体效应(maternal effects)降至最低,所用实验材料应该在原产地和入侵地分布区范围内的多个同质园中培养。然而,开展这类多地点的同质园实验存在一些严重的伦理学问题。入侵植物意外释放会造成严重的经济后果。也许,实验可以在隔离的样地(这样就避免了基因流向野外环境逃逸)开展,实验结束后将植物材料包括种子全部毁掉。然而,在很多情况下这样的风险常常太高,实验研究就应该在严格控制的环境(如温室或生长室)中进行。

11.14.3 空生态位假设

生态位概念极其复杂。根据定义,"只有当生物有机体存在时生态位才会存在";所以空生态位的假设就带来了一些逻辑上的困难(Johnstone,1986;Hierro *et al.*,2005)。然而,如果我们不顾这些,那么本质上这一假设认为入侵种能利用那些土著种没有利用或用得不充分的资源。入侵性很强的夏至矢车菊(*Centaurea solstitialis*)为我们提供了一个很好的例子,该物种在美国加州的大部分草原是优势种。这里的土著种,无论是一年生的还是多年生的,均是浅根系种类;而夏至矢车菊是深根系植物,能利用土壤中 60 cm 以下的没有被利用的水资源(Dyer and Rice,1999,以及文中引用的参考文献)。

尽管已有的观察和实验为空生态位假设提供了一定的支持,但是 Hierro 等(2005,p.10)认为,研究不能仅仅考虑外来种在其引入地发生了什么,而是要通过"在原产地与引入地间的平行实验",调查"没有被用的或用得不充分的资源"的意义。此外,这种研究应包括对生态系统中非生物因素的测量。

11.14.4 新武器假设

这一假设是基于化感现象(allelopathy)。该假设认为:"外来种能向土壤中分泌化感物质(allochemicals),这种物质对原产地群落中已很好适应的邻居的影响较弱,而对受体群落(recipient communities)中的'新邻居'则有很强的抑制效应。"(Hierro *et al.*,2005)为了印证这些观点,Callaway 和 Aschehoug(2000)比较过入侵北美地区的欧亚草本植物——铺散矢车菊(*Centaurea diffusa*)对与其在欧亚共存的 3 种禾草,以及对 3 种个体大小和形态相似的北美禾草植物的抑制效应。他们发现活性炭使化感物质失活。在其他的检测中(引自 Hierro *et al.*,2005,p.10):

> 铺散矢车菊对北美的物种具有更强的负面效应,除非加入活性炭从而减缓化感物质的作用;相反,对欧亚物种的影响较小。活性炭对北美物种的总影响是正的,但会大大降低与铺散矢车菊一起生长的欧亚植物的生物量。这些结果表明,欧亚植物已经适应了铺散矢车菊所产生的化感物质,而北美的共存种尚未适应这种化感物质。

许多研究对植物所分泌的化感物质进行过鉴定。例如,Bais 等(2003)发现,入侵性斑点矢车菊(*Centaurea maculosa*)的根系能分泌抑制土著植物生长的儿茶素。

11.14.5 干扰假设

干扰假设认为,土著植物没有"经历过外来种所适应的干扰类型与强度"(Hierro *et al.*,2005)。有关这一假设的详细研究很少,这可以通过小心设计模拟干扰的野外实验来加以检测,在这样的实验中土著与入侵植物种子的添加可以被视为"实验处理"。

11.14.6　物种丰富度假设

Elton(1958)认为,物种多样性高的生态系统比物种贫乏的生态系统更能抵抗入侵。相关的观察与研究很多,但是结果"不尽一致"(Hierro et al.,2005);显然,仍须进一步的调查研究。检验这一假设的一种方法是在人工构建的生物群落中比较入侵种与非入侵种的行为差异(参见 Dukes,2002;Stachowicz et al.,2002)。

11.14.7　繁殖体压力假设

目前认为在许多物种中所观察到的入侵性差异,以及在某一个特定区域所发现的入侵种数量是单个因子——抵达某一群落的种子量的函数(Mack et al.,2000,以及文中引用的参考文献)。这一假设也需要进一步的检验。检验的方法其实很简单,即在研究区内播种不同量的种子,以此作为精心设计的野外实验的影响因子之一,而其中的子样方可以进一步设计干扰和资源水平等处理。

11.14.8　协同进化假设

上面概述的几个假设强调了物种间互相作用的重要性;如果化感作用在入侵种与本土种中普遍存在,这就显得特别重要。Hierro 等(2005,p.12)曾强调了如下的重要议题:

> 植物群落被广泛认为是"利己的"(individualistic),主要由对特定环境具有相似适应的物种组成。这一传统的观点低估了在塑造互相作用结构中协同进化的持续和强大的作用。新武器假设认为,植物物种间的互相作用能驱动群落中的自然选择,而且还暗示自然生物群落能以某种功能组织单元的形式进化。

Crosby(1986,1994)尤其重视植物入侵的协同进化问题。在新世界的殖民过程中,为了建立新欧洲,欧洲人并非独行,而是随身带着被 Crosby 称为"生物旅行箱"(portmanteau biota)来到了北美,包括作物、家养动物、杂草、种子和病原生物,其在许多情况下暴发成庞大的种群(Melville,1994)。这些引入的物种改变了新世界的生态系统;那些与欧洲人协同进化的传入疾病搅乱了新世界的土著社会。根据 Crosby(1986)的观点,协同进化在生物旅行箱在原产地欧亚大陆的进化过程中起到了关键作用。围绕饲料植物与家养动物的关系,他写道:"数千年来,旧世界的食草动物与某些禾草加上欧亚和北非的杂草之间已经彼此适应。"正如我们在前面的章节中所提到,牧场、干草草甸上的植物以及农田杂草的微进化涉及协同进化。禾草和食草动物之间以及农田杂草与作物之间一直存在着"相互适应"(mutual adaptation)现象。Crosby(1986,p.288)指出,在新世界相对近代的殖民过程中,"在新欧洲蔓延后,旧世界杂草与旧世界牧食者之间的协同进化使前者具有一种特殊的优势"。他在评价引入植物和动物对新世界先前生态系统的影响时,写道:

> 旧世界的四足动物传入美洲、澳洲和新西兰后,将当地的草本植物啃光,这将恢复很慢,它们之前仅受到轻微啃食。同时,旧世界的杂草,尤其是来自欧洲以及与其邻近的亚洲和非洲的部分地区,轻巧潜入并占据裸地。这些杂草能够耐受阳光直射、裸地和密植,也能耐受践踏,并具有一系列有助其繁殖和扩张的方式。

在新欧洲:

> ……生物旅行箱及其优势成员——欧洲人的成功,是长期以来在既冲突又合作中进化出

来的生物有机体团队努力的结果(作者强调)。

显然,仍需更多的研究来检验人类占优势的生态系统中植物的协同进化。然而,细心的分析也是必要的,道理很清楚,因为成功的外来种非常普遍,而且"长在一起的物种不见得会一起进化"(Crawley, 1987, p.448)。

11.15 引种的生态学后果

大量的证据表明,引入物种在很大程度上影响、修饰和改变了自然生态系统。在某些情况下,变化如此之大,以至于可以宣称产生了新的生态系统。

尽管本书讨论赢家和输家,但在目前背景下强调生态系统中所有生物有机体的相互作用是必不可少的,并说明外来植物、动物、害虫以及病原生物引入后可能发生的多方面变化。由于版面的限制,无法对引入种所导致的生态系统变化进行全面的论述;我们这里只是明确了一些关键的问题,并提供了一些重要的案例分析。如欲更为详细地了解,请参见如下的文献资料:Elton(1958),Drake 等(1989),Cronk 和 Fuller(1995),Williamson(1996),Sundlund、Schei 和 Viken(1999)等。

需要意识到的关键一点是,入侵性种的引入可能改变生态系统的整体特性(Vitousek,1990),其中三大类的变化已经十分明确。第一,非生物环境可能会改变;第二,入侵种可能会改变生态系统扰动的频率和/或强度,如火灾状况、水文特征以及病虫害;第三,入侵种可能会从不同营养级上进入土著生态系统。有些入侵种在植物生产者水平上占优势,从而引起"自下而上"的效应;而"新的"食肉动物的进入会导致"自上而下"的变化;其他的入侵种可以作为"新的"草食动物出现在土著生态系统中。在有些情况下,一些入侵生物在大致相同时间或相继从多个营养水平上进入生态系统。在所有情况下,级联效应可以通过对食物网所产生的关键变化而出现。

十分清楚的是,作为入侵物种建立和扩张的后果,生态系统的结构和功能的每一个方面都可能被改变。关于这方面的文献很多,Levin 等(2003)的综述就涉及 150 余篇有关入侵植物对生态系统影响的论文。在展示典型的案例时,区分入侵种的直接或间接影响是有帮助的(Simberloff,2001)。

11.15.1 直接影响

入侵种可能通过对生境的改变、竞争、捕食、草食作用、寄生作用以及引起疾病而对其所入侵的生态系统中的其他物种产生直接影响;而且,还可能通过与土著种杂交产生影响(见第 13 章)。

11.15.1.1 引入的草食动物

驯化的草食动物以及因消遣的需要而引入的家畜也会直接改变土著生态系统。例如,原产于伊比利亚的兔子已被广泛引入欧洲、澳洲、新西兰、南美等地,涉及 80 多个小岛和岛群(Flux and Fullagar, 1992;亦见 Williamson, 1996);尤其在 19 世纪早期,兔子被作为猎物反复引入澳洲后,已经对当地的植被产生了极其深刻的影响(Fenner and Ratcliffe, 1965)。

在乘小猎犬号的环球航行中,达尔文(1839)注意到,1502 年引入羊后圣赫勒拿岛森林的消失。在 19 世纪,多次向新西兰引入欧洲产小鹿,由于这些草食动物选择性地取食适口的植物,导致了森林生态系统组成和更新的时刻变化(Husheer and Frampton, 2005)。

11.15.1.2 荫蔽与过度生长

无论在水生还是在陆生群落中,引入的入侵种都可能对土著种造成荫蔽或其生长盖过土著种;例如,漂浮植物槐叶苹(*Salvinia molesta*)本是原产于南美的蕨类植物,已被广泛引种到世界各地,从南非到东南亚,从菲律宾到新西兰(Lee,2002a,b);原产于中国的乌桕(*Sapium sebiferum*)所形成的林地在美国德克萨斯州取代了原有的大草原(Cox,1999)。

11.15.1.3 改变火灾状况

入侵种的出现可能增加一个生态系统中破坏性火灾的频率与强度。例如,美国西部草原中旱雀麦(*Bromus tectorum*)的入侵;美国南部 Everglades 白千层(*Melaleuca quinquenervia*)占优势的地区,这种树的叶片和叶凋落物均是高度可燃的(Simberloff,2001)。

11.15.1.4 水文与营养状况的改变

在引入入侵种的生态系统中常常发生水文、蒸散以及养分状况的改变。例如,美国西南部柽柳入侵的区域,其地形和水文条件已经发生了显著的变化(Cox,1999)。此外,入侵性的豆科植物会改变其所入侵土壤的营养状况。例如,在夏威夷被火树(*Myrica faya*)入侵的生态系统中物种组成、营养循环以及植物的演替均已发生显著的改变(Simberloff,2001)。入侵性引入种还会改变土壤的其他特性。例如,在新西兰绿毛山柳菊(*Hieracium pilosella*)的入侵已导致草地的显著酸化(Lee,2002a,b)。

11.15.1.5 寄生作用与疾病

在一些情况下,引入植物的病害对自然与半自然植被产生深刻影响。19 世纪 90 年代,美国东部许多森林的主要组成种——美洲栗(*Castanea dentata*)受到栗疫病菌(*Cryphonectria parasitica*)的侵袭,这种病菌是通过观赏植物的苗圃材料从亚洲传入北美的。在不到 50 年的时间里,栗疫病横扫了 9 100万公顷以美洲栗占优势或美洲栗为重要组成种(该树占 25% 以上)的硬树林。Harper(1977)认为,这是"人类已经记录到的自然种群的单个最大变化"。由于栗树具有从根萌生的特征,所以仍有一些树幸存了下来(Williamson,1996,p.135),但是其中一些成长中的个体还是在生产种子之前,由于栗疫病而夭折了。

荷兰榆树病可能也是起源于亚洲,是由真菌 *Ophiostoma ulmi* 所引起,已严重危害了北美和欧洲的榆树(*Ulmus*)种群。这种疾病通过小蠹(*Scolytus* spp.)传播。20 世纪的 60 年代,一种起源于北美的高致病性的新榆枯萎病菌(*O. novo-ulmi*)通过被其侵染的材料带到了英国,一次大流行毁掉了英国的大部分榆树。不过,榆树依然还在,因为被害之后而留下的树墩可以长不开花的根出枝(Williamson,1996)。

某些真菌病的宿主范围很窄,但是导致"顶枯"(dieback)的真菌——*Phytophthora cinnamomi* 则有非常宽泛的宿主范围,在澳大利亚西部就有 1 000 种左右的宿主植物。据信,这种真菌起源于热带,很可能是通过染病的苗圃材料从澳大利亚的东部传到了西部。该病在西部的重要影响是毁掉了 5 000多公顷的边缘桉(*Eucalyptus marginata*)林。这种真菌的扩张似乎得到了筑路、伐木以及采矿等活动的助长;而在澳大利亚东部的某些地区,"植物群落中有一半以上的物种遭到破坏"(Broembsen,1989)。

11.15.2 间接影响

由于受到引入种入侵的影响,整个生态系统中可能出现复杂的"反应链"。

11.15.2.1 引入动物

食肉动物(和/或食谱很广的杂食性动物)引入后,生态系统发生了深刻的变化。这样的变化是生态系统内的组分相互关联的结果:引入影响草食动物的食肉动物引起了不同物种频度的变化以及植物群落发育的改变。从世界范围来看,入侵性生物已对岛屿植物区系带来了深刻的变化。例如,野狗(食肉动物)、野猪和黑鼠(取食广泛的生物),以及牛、羊、猴、马等草食动物的野化种群已对加拉帕哥斯群岛生态系统带来了重要影响,这些影响由于 240 种植物(其中 15 种为入侵植物)的引入而变得愈加严重

（Brockie et al.，1988）。大量引入生物的存在威胁着这里的土著特有动植物区系和土著生态系统,树菊属（Scalesia）植物占优势的森林就是其中一例。

11.15.2.2 物种地位的变化

由于美国东部的很多地方栗树优势度的降低（见以上描述）,其他树种的相对频度发生了变化。例如,作为间接影响的结果,在以往栗树占优势的地区红栎（Quercus rubra）的优势度大大增加了（Simberloff，2001）。

11.15.2.3 疾病

人类疾病也已间接地影响了生态系统。在 14 世纪的欧洲,大量的人员死于黑死病。当时,许多的农业用地至少暂时弃耕,半自然的植被回到了以前的耕地（Diamond，1997）。此外,在欧洲人征服新世界的过程中,从旧世界带来的病原生物毁掉了乡土种群,使得农业与半自然植被的平衡发生了巨大的变化。

11.15.2.4 家养动物的疾病

作为动物疾病的结果,自然与半自然植被也间接地受到链式影响。牛瘟是家养和其他反刍动物的病毒性疾病,于 1887 年从印度传到了非洲东北部的厄立特里亚;随着其 20 世纪初南移至好望角,导致大量的非洲牛群死亡（也许 90% 以上）,而且还引发了人类的大饥荒。这种病毒还感染了许多的草食动物,如羚羊、长颈鹿、水牛、角马等,导致了大量动物的死亡,进而引起了许多土著的食肉动物的饥饿和死亡。所以,动物的疾病通过改变人口数量以及减少野生食肉/草食动物数量,给非洲生态系统的植被盖度和组成的深刻变化（Williamson，1996）。

11.16 尾　声

人类活动有意或无意导致了引入种的广泛散播,新的动物和植物群落正在全世界各地形成。部分归化物种的入侵行为改变了土著的生态系统,导致了"新的"生态系统出现。尽管有关归化和入侵种微进化的研究很多,但是仍有很大的开展微进化问题研究的空间,尤其是如果我们能将分子生物学与同质园实验、交互移栽实验、耐受实验以及遗传学实验结合起来,那么我们将能为微进化问题提供更加深入的认识（Novak，2007；Lavergne and Molofsky，2007）。Baker 的普适基因型概念也应该得到进一步的研究,尤其可以从许多引入种的表观变异性以及许多物种基于遗传的微进化分化入手,而不是从表型和发育可塑性的角度（Clements et al.，2004）。由于仍有新的物种在继续引入到北美和澳洲等地,因此有可能更深入研究入侵过程的遗传学;同时,进一步研究引入和杂草物种的遗传变异与繁殖行为也具有很强的启迪作用。种间杂交和多倍性是某些杂草进化中具有重要意义的微进化过程。许多土著和引入杂草是异源多倍体起源,常常显示出比亲本类群更广的生态幅。因为具有多重基因组,它们常常有很多杂合的位点,并产生多重酶系统的表型。正如在第 13 章中所提到,最近我们对土著种与引入种杂交产生的多倍体物种进化的认识取得了很多重要的进展;如果继续研究这些新物种种群,肯定能对相关问题获得新的认识。

将来的情况会如何? 首先,引入种和入侵种的全面影响似乎还没有被看到。我们可以看一个例子,Parker 等（2002）指出,美国西部有很多区域（包括高地）适合于毛蕊花（Verbascum thapsus）的进一步入侵。他们认为,控制物种的"战斗"还"仅仅是开始"。其次,尽管不同的国家在检疫方面都做了大量的工作,但是仍有很多物种被不经意地传入。目前,仅仅只有约 10 000 种植物是严重的入侵物种;据估计,已被命名的 260 000 种维管植物中约 10% 属于"拓殖种"（colonising species）（Williamson and Brown,

1986)。所以,有大量的物种有成为入侵种的可能。例如,通过研究外国植物区系的信息,Reed(1977)估计目前还没有入侵但能入侵美国的杂草植物约 1 200 种。最后,正如我们将在后面的章节中所提到,全球气候变化模型预测、入侵动植物进一步扩张的可能性是很大的。

生物入侵问题以后会减退吗? 本章开头涉及的伊乐藻(*Elodea*)侵染英国河道的问题表明将来有这样的可能性。其实,Cox(1999,p.17)推测成百上千个世代之后,也许自然选择会朝着对有害外来种"进化控制"的方向发挥作用……最终进化调整可能发生,且逆适应可能将外来种转化成群落的"和平"成员。不过,有关这一问题的证据很难获取,因为生物入侵对作物生产、草场管理、林业的危害很大,管理者不得不使用杀虫剂和生物控制(见第 15 章)来杀死或控制入侵种群。显然,管理会改变入侵的过程,不会让我们目睹"自然"的结局。

入侵种常常是我们讨论生态系统中外来生物作用的核心。入侵种显然是进化舞台上的奥斯卡赢家,它们的名气当之无愧。然而,重要的是不要低估大量只是局部或区域丰富的引入种的重要影响,它们还尚未得到全球"明星"的地位,但是其在种群水平上影响微进化的潜力是不可忽视的。这一点在达尔文所著的《物种起源》中就有暗示。他很清楚,用他自己的话来说,这是一场生存的斗争,一场自然的战争,一场伟大的生命之战。考虑到外来物种的影响,充分理解达尔文一个时常被忽视的观点是很重要的:"由于自然选择是通过竞争进行的,它只根据共同居民的关系来适应和改善每个国家的居民。"(达尔文,1901,p.389)用现代人口生物学术语重申这一点,并从植物的视角来看,任何引入物种的出现都有可能改变微进化游戏的规则和结果,并随着事件的进程最终确定哪个物种是赢家,哪个是输家。

在后面的章节,将进一步讨论有关引入类群的一些问题。例如,在全球大规模引入类群的最终结果会是什么? 引入的已归化的或入侵生物最终会不可避免地成为人类主导的生态系统中的赢家吗? 本土濒危物种的命运是什么? 在这个变化的世界中,它们会是输家吗? 或是保护它们的努力最终会占上风? 作为了解这些广泛问题的前奏,下一章我们将介绍对濒危物种微进化压力认识的最新进展。

第 12 章　濒危物种：种群水平灭绝过程研究

前面章节列举的实例清楚地表明人类活动施加的新选择压力已经在生态系统中产生了深刻而复杂的改变。达尔文曾预言自然选择会使物种和种群保有必要的遗传变异性，以保证其在变化环境下能够存活与繁荣。相反，对新环境缺少必要的"达尔文"适合度的物种与种群将表现出选择劣势，而处于灭绝的危险之中。

本章将分析种群水平上的灭绝过程，为下面将要检验的问题提供背景资料。通过适当的保护措施能够阻止物种/种群的灭绝吗？

作为讨论灭绝的前奏，首先必须理解达尔文的稀有物种脆弱性和灭绝是衰退过程的终点的观点。在物种起源中（Darwin，1901，pp.79-80），达尔文写道：

> 自然选择通过保存那些有优势的变异来独自发挥作用并保持下去。由于所有生物都有高的几何增长率，因而每个地区都被生物占满；接下来，当优势物种数量增加时，没有优势的物种数量通常会下降而成为稀有物种。稀有性，如同地质学所告诉我们的那样，是灭绝的前兆。我们可以看到，在季节性波动剧烈或天敌数量临时增加的情形下，那些仅有少数个体的物种将更可能灭绝。可以进一步推演，当新的物种产生，除非我们能够确认某些特殊类型的数量能够无限增加，否则多数旧物种必将灭绝……我们已经发现那些个体数量巨大的物种最有机会在任何时期内产生出有利的变异……因此，稀有物种在任何假定的时期将缺少快速修饰或改进，结果它们在与能够快速改变或改进后代的常见种的比赛中败下阵来……最后，通过自然选择形成新物种，而其他物种将变得越来越稀有，并最终灭绝。与那些正在进行改变或改进的物种竞争关系越近的物种其受到的影响自然也最严重。

12.1　衰退种群的一般模型

首先，弄清稀有性的类型很重要。因而，Rabinowitz、Cairns 和 Dillon（1986）提出稀有物种有 3 个方面的特征：地理分布范围（广布或狭域分布），生境专属性（宽泛的还是特化的），局域种群大小（大还是小）。另外，他们强调指出并非所有稀有种都衰退，至少在一定时间范围内有相当数量的种群被记录。而且，新近引进的物种也会表现稀有，但如同我们在第 11 章所了解的，随后它们中一些物种会拓展其分布区，少数成为入侵种。尽管这些例外和一般化的风险，非常清楚地是在世界范围内，由于种群丧失和严重的数量下降，许多稀有物种面临灭绝的危险。自然因素，如疾病、暴风雨和洪水等会引起衰退和灭绝，但是很多物种的濒危与灭绝是直接或间接由人类活动所致。

Gilpin 和 Soulé（1986）提出灭绝的一般模型（图 12.1），该模型将多因子的相互作用比作是一个漩涡，这个漩涡逐步使种群变小和通过遗传萎缩引起种群灭绝。这个模型在细节上包含了很多人类影响或确定的因子，包括栖息地破坏和改变、外来动植物的引入、自然资源的过度开发和污染等。这些因子会通过一至多个严重瓶颈效应引起种群衰退。除非这些效应是暂时的，否则繁殖过程中断和/或幼苗不能更新等引起种群衰退问题，并将进一步导致种群数量下降。人类活动引起的栖息地破碎化和植物种群分割常常使基因流水平下降或中断，导致种群遗传上孤立。种群大小下降还会引起近交衰退和遗传漂变效应。这些因子都会加强漩涡效应，使种群大小进一步下降，遗传变异性丧失，以及种群的最终灭绝。

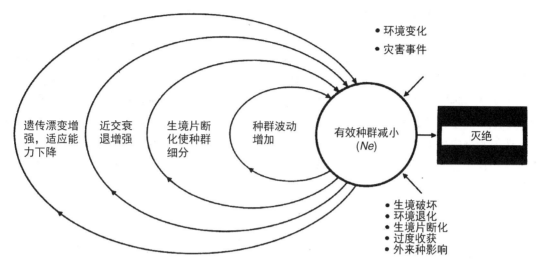

图 12.1　灭绝漩涡不断促进种群变小，最终导致物种灭绝。一旦物种进入漩涡，其种群大小会持续变小，这反过来强化了漩涡的负效应。[引自 Guerrant (1992)；Gilpin 和 Soulé (1986)；源自 Primack (1993)；经出版社授权复制]

12.2　生境丧失和生态系统改变

现阶段最重要的工作是对与漩涡模型有关的一些假设进行检验。考虑到生境破碎化的特征，Schwartz(1997，p. xiii)提出一个重要观点："绝大多数保护生物学理论都是基于景观没有完全破碎化的概念模型发展起来的"，以及"假定生境丧失正在发生"(作者强调)。

因此，在现代人类扰动之前，生境通常被假定为完全未受影响的自然状态。最为典型的例子是在亚马逊和其他地方热带雨林被破坏的现象。自然资源保护者将这种森林砍伐视作原始森林的丧失和破碎化。然而，我们前面章节已经提到，世界许多地方的热带雨林已经受到人类活动的严重影响。因而，正如 Schwartz(1997，p. xiii)所说，世界上许多地方，历史上曾广泛发生生境的彻底改变。

12.3　漩涡模型和文化景观

值得注意的是，几个世纪以来世界上有非常大的面积一直在演变为文化景观。在许多地区，自然生态系统很久以前就丧失了，我们今天所看到的是已经被人类不断有意或无意改变的生态系统，经历了开发、管理、有时是放弃的不同阶段。

12.3.1　文化景观中的稀有物种

对于稀有植物，重要的是不仅要从达尔文主义的框架，而且要从文化景观的背景来看待其衰退问题。自然选择理论认为,每次人类土地利用变化形成的选择总是有利于那些对文化景观中某个特定生境具有最高适合度的物种或种群,而适合度低的物种衰退,甚至可能灭绝。这种情形并不固定,如果文化景观进一步发生变化,产生不同的选择压力,就有可能出现新的赢家和输家。

前面章节综述的证据支持这个观点,而且这个观点对于漩涡模型非常重要。特别重要的是,位于文化景观中长期管理的特殊生境中的物种,常常由于人类土地利用方式的进一步变化导致生境发生决定性的改变而濒危。濒危物种常常对传统方法管理的文化景观的一小部分表现出很高的生境专一性。总的来说,全世界许多植物、动物物种的濒危都与一系列传统做法的忽视、改变或放弃有关。

因此,许多在传统农业实践中成功的杂草物种在机械化农业到来时发生局域或区域灭绝,因为机械化农业对种子精选、肥料、除草剂进行集约化操作,并且改变了播种、收获、残茬处理的时期。另一个例子是存在于传统管理欧洲干草草地的许多稀有和濒危物种。这样的土地利用方式一旦形成,那些在这种类型土地上不能生存的物种将会被淘汰。然而,许多物种能生存,并且正如我们在第 8 章所了解的,通过物种选择和种内生态型分化,能够产生对特定的制备干草流程和日期的适应。在当前景观中,如果制备干草流程被抛弃而采用新的草原管理形式,如播种特定品种的草、改变化肥处理、多次割草等,这些杂草物种就会高度濒危。

12.4　片断化种群的性质

对于实际上几乎全世界广泛存在的文化景观,不经过调查,就假定人类长期居住区域的生境斑块是自然生态系统未被改变的遗存是不明智的。乍一看,以前自然生态系统的片段可能会生存,但是当检查历史就会发现,它们中的许多已经被人类活动或轻或重地改造成文化景观的一部分。这不仅对相对较近才被欧洲人殖民化的北美、澳大利亚、阿根廷等地区是真实的,对于中国、印度和非洲等生态系统已经受到几个世纪人类活动影响的地区也是如此。

另外要强调的是,森林、草地等的每一个地区都有其独特的历史,它们的破碎化历史、被开发的程度和持续时间,以及对其进行决定性土地利用改变的顺序都不同。

12.5　种群衰退到灭绝

自然保护者有很多机会研究衰退种群,但衰退过程的详细记录却很少。有一些种群历史已经发表(Harper,1977)。Marren(1999)年在他的专著《英国稀有花卉》(*Britain's Rare Flower*)中列举了婆婆留兰香(*Veronica spicata*)的例子,这种植物有一个稀有生态型分布在东盎格鲁·布雷克兰(East Anglian Breckland),这个生态型灭绝之前不同时期的种群大小的被详细报道过。

1910 年,在希斯城有几百份留兰香标本,但到 1922 年,该地区在第一次世界大战期间被用作军事步枪靶场后再也没有找到一份标本。然而,1924 年发现该地区有几百株留兰香植物。在第二次世界大战期间希斯城再次被用于军事目的,而在战争结束时,在其中一个地点发现了一个拥有 2 000 个花序的巨大留兰香种群。1953 年,希斯地区大部分成为耕地,仅在耕地边缘和魔鬼沟考古工程的废弃碎石堆上见到留兰香种群。此后,尽管其栖息地作为堤坝的一部分得到管理,但留兰香种群一直在衰退:1964年 0 株,1965 年 3 株,1971 年 1 株,1972 年和 1973 年 0 株,1975 年 5 株,1976 年发现只有很少的营养芽,但在 1977 年发现 12 株植物结有 8 个花蕾。最后,该地区成为一个养猪场,留兰香种群灭绝。灭绝过程中,留兰香显然经过几次种群衰退和恢复的瓶颈事件。然而,恢复没有持续下去,最终种群灭绝。

Marren(1999)指出,生境的丧失,以及绵羊和兔子放牧减少导致植被组成和高度改变是留兰香种群衰退的主要原因;其间,由于多发黏液瘤病流行,导致兔子种群自 1954/1955 年开始大幅减小。此外,引入耕作农业使希斯地区的土壤和植被受除草剂和化肥的影响而改变,也影响到留兰香种群的生存。这个例子说明了前面强调的观点,即种群往往因土地利用方式的改变而濒危。

Marren(1999)列出了 20 个英国物种的灭绝原因,这些原因包括过度采集、排水、富营养化、旧围墙垮塌、放牧减少等。虽然这些建议有助于了解种群灭绝原因,但重要的是要弄清楚哪些是最有可能的原因,因为种群衰退和物种灭绝通常不是单因子而是多个因子相互作用的结果。然而,单因子的观念在自然保护圈盛行。Gurevitch 和 Padilla(2004,p.447)在考虑引入物种的影响时特别强调了这一点。他们指出:"生态学家、保护生物学家和管理者普遍认为外来生物的入侵是物种灭绝的主要原因。"然而,在审查证据之后,Gurevitch 和 Padilla 得出结论:"有关灭绝和濒危原因的现有数据在许多情况下是传闻、推演的,或者基于有限的野外观察。虽然在多数情形下要获得定量和实验数据很明显是不可能的,但将相关性认为是因果关系的问题普遍存在。"他们强调,一般来说濒危植物"面临多个威胁"。

不仅严格审查"单个决定因子"观念很重要,更关键的是要考虑人类活动如何通过"远距离"扰动食物链和食物网来影响植物种群的命运。人们一直认为巴拿马中部两种棕榈[毛鞘帝王椰(*Attalea butyracea*)和黑油棕榈(*Astrocaryum standleyanum*)]的数量受到对猴子、野猪、貘、鹿和一些啮齿动物偷猎水平的影响(Wright *et al.*,2000)。失去这些草食动物会改变不被偷猎物种的数量,并且通过相互作用链增加对棕榈的种子掠食,减少种子传播和幼苗更新,从而对棕榈产生不利影响。

植物可能会因为多种因子而濒危。在任何特定的情况下梳理种群衰退和灭绝的关键问题时,重要的是要区分直接和最近的因子,即所谓"近因",并认识到人类活动作为一个共同的终极因子,以多种方式在全球范围内的生态系统中发挥作用。

12.6 研究植物种群

引入关键概念和直面它们的实际意义有助于想象那些承担了研究当地自然保护区稀有物种种群责任的人的处境。特别需要强调的一点是,保护通常需要面对危机立即采取行动。然而,保护努力的成功取决于种群统计学、生态学和对受威胁种群历史的全面认识,而这些认识只能通过长期透彻的研究获得。

12.6.1 统计植物

要确认稀有物种种群确实因为瓶颈效应而衰退,就必须进行植物种群普查。乍一看,数植物似乎很容易,因为它们通常是扎根在地上。但是,却有许多复杂性。

考虑到种群数量年与年之间有相当变化(Harper,1977),从仅通过单次调查快照式获得种群数量方法变为通过不同季节和多年反复观察标记地块的做法,对于获得更为全面的种群认识有巨大优势。鉴于在栖息地改变的地区重新定位研究地点存在的问题,应该考虑使用永久样地,在样地四角埋上金属或混凝土标杆。通过密集研究,可以对一片植被绘制小苗、幼株和成熟植株的位置图。覆盖透明的塑料记录表使检查随时间的变化变得简单。因此,通过反复访问研究区域,记录新小苗的出现,以及成年植物的生长、表现和最终灭亡,就可以仔细研究植物种群统计学;还可以评估害虫和疾病对种群的影响。通过添加或移除植物也可以研究物种与生态系统的相互关系(Harper,1977)。

在这里,我们面对的问题是必须获得准确的种群普查数据。与高等动物种群的统计学研究相比,某些植物(一年生植物和某些树木物种等)的种群数量已被证明比较容易计数,但对其他物种存在困难。在第3章中,我们已经了解到一些克隆植物很难确定什么是一个独立的个体。而其他一些物种,其个体可能会融合在一起,如榕属物种(Thomson *et al.*,1991)。在一些特定类群中,种群数量研究的复杂性进一步显现。例如,兰科植物生命史中有一个地下萌发后阶段,涉及共生、腐生或寄生等复杂的宿主-真菌关系(Pritchard,1989)。因此,地上部分可以许多年不出现。Hutchings(1989)发现,即使在研究了旱蛛兰(*Ophrys sphegodes*)12年之久,仍然不能确定其地下阶段的时长。此外,露出地面的兰科植物也可能多年不开花。令人惊讶的是,Hutchings的研究还揭示,即使从地下器官产生了地上植物部分,地上部分也不一定每年都重现。在地下保持一到多年休眠状态的能力在其他物种的种群调查也有发现,如沼泽龙胆(*Gentiana pneumonanthe*)(Oostermeijer *et al.*,1992)和北美分布的飞燕草(*Delphinium* sp.)(Epling and Lewis,1952)。

热带物种的种群统计研究可能特别困难,因为森林树木下面可能有一个被抑制的巨大的"幼苗库",必须通过仔细的分类工作来将幼苗与其结籽的母树匹配起来。

12.6.2 土壤种子库

认识到可能在土壤中存在休眠种子库对于评估种群数量特别重要。土壤种子库的信息来自3种基本类型的调查:① 人工种子埋藏实验;② 观察清理过地块出苗情况;③ 从野外采集土壤到温室或其他人为控制环境进行发芽试验。有时候,作为室内实验的预处理,将部分土样暴露在寒冷温度下,另一些研究中尝试用过筛或盐溶液浮选方法富集种子(见 Thompson and Grime,1979)。

种子库行为的分类方法有很多(见 Thompson and Grime,1979;Poschlod and Jackel,1993;Thompson *et al.*,1997)。为了构建欧洲西北部物种已发表信息的公共数据库,并指出某些数据的局限性,Thompson 等(1997)将种子行为分为3种类型:暂时的——活种子在土壤中保存不到1年;短期保持——种子在土壤中存活超过1年但少于5年;长期保持——种子在土壤中存活至少5年。这些研究提供了不同物种形成的种子库类型的信息,而且某些研究因为实验设计适当,还提供了种子分层和在不同土壤层种子密度的详细信息。

这个数据库给出了欧洲西北部植物区系中1 189种植物的信息,不仅仅是欧洲的信息,还包括这些物种在引入地北美、澳大利亚等地区的种子行为信息。物种之间有一些显著的差异。据报道,在最长寿命前100名物种中,超过50%物种的种子在土壤中存活超过40年,而其他物种只有暂时的土壤种子库。

回到小种群的衰退问题。很明显,种子库可以决定种群是否以及如何迅速从瓶颈效应中恢复过来。Willems(1995)通过研究荷兰马斯特里赫自然保护区物种丰富的钙质草地一小片区域的土壤种子库说明了这一点。第二次世界大战后,该地区草地随着羊放牧的逐步停止而衰退。这个地区有一段时间无人管理,但是在1950年代,该地区成为自然保护区,草地开始割草。此后,在1980年代末,作为保护管理措施,草地被围栏并引入羊群放牧。研究地点距离钙质草地最近距离大约5公里,因此几乎可以排除所有物种的种子自发迁入,除了一些物种,如兰科植物,它们因为种子微小而能够远程传播。

通过统计土壤样品托盘中萌发幼苗的数量和身份来确定种子库的物种组成。地面植被也进行了详细调查,并检查了历史记录。1944年有记录的3个物种——无茎蓟(*Cirsium acaule*)、黄花九轮草(*Primula veris*)和刺苞菊(*Carlina vulgaris*)在1970年代调查中没有发现。Willems感兴趣的是这些物种是否仍在土壤种子库中,结果他未能在地上植被或种子库中发现这些物种。Thompson 等(1997)的数据库给出了这3个物种的信息。无茎蓟和刺苞菊都只有暂时的土壤种子库,而黄花九轮草被报道既有暂时的也有短期的土壤种子库。根据这种情形,Willems得出结论:这3种植物消失在1944—

1970 年间，当时该地放弃了牧羊，草皮变得又高又密；此外，这 3 种植物的种子库不能保持足够长的时间，因而不能从废弃期之后建立的保护管理中"获利"。这个研究提供了又一个在文化景观进化过渡期物种脆弱性的例子，也说明了长期监测植物种群的价值。

Thompson 等(1997)为西北欧植物种子库提供有价值的信息，但对于世界上大多数生态系统的种子库信息非常有限。Leck、Parker 和 Simpson(1989)综述了极地和高山地区、针叶林、热带生态系统、草地、加州的丛林、沙漠、湿地和耕地的种子库研究。

从种子库区系研究中发现了若干一般性规律。Harper(1977)认为："① 扰动生境中出现的通常是寿命长的种子；② 最长寿的是一年生植物或两年生植物的种子；③ 小种子往往比大种子更长寿；④ 水生植物能有极长的种子寿命；⑤ 成熟热带森林树木的种子寿命很短。"这个总结引用自Thompson 等(1997，序言)，他们认为每一点都是开展进一步研究的假设。

从进化的角度看，种子库是短命植物基于"博弈"策略形成的，使其在不可预知的高度可变的环境中实现适合度最大化而降低灭绝风险。钟穗花(*Phacelia dubia*)拥有相当大的种子库，且其种群大小波动范围大。Del Castillo(1994)研究钟穗花之后强调了理解物种分布广泛的一些要点。种子库扮演过去事件的"进化记忆"角色。在一些年份，能产生非常大的结籽植株，并将大量种子添加到种子库中，不同基因型对种子库贡献比例取决于各自的产量；而在其他年份，很少或根本没有种子被添加种子库。地上植物每个世代的遗传组成将受到种子库中哪个基因型能够生存与萌芽以及其他因素，比如种群间基因流等的影响。

12.6.3　种群统计学研究

许多稀有物种的调查揭示了小的衰退种群的重要特征。例如，Oostermeijer 等(1992)研究沼泽龙胆(*Gentiana pneumonanthe*)时发现，一些种群是"动态"的，幼苗周转率高而成年有花植株数量低；而另一些种群是"静态"或"年迈"的，全部由有花个体组成却几乎没有幼苗。这些差异与当前的种群管理有关。动态种群与割草、放牧、切草皮(荷兰一种传统管理方式，切下的草皮用于畜牧业等)等高水平的扰动有关。在这些扰动区域每年有规律地发生高频率的幼苗更新。相比之下，因为传统管理方式已经废弃，年迈种群即使是几千株成年植物组成的大种群，也几乎没有发现任何幼苗更新。尽管种群统计学研究表明，单个植物体能够存活 10～20 年，但从长期来看，如果没有通过幼苗建立来有效更新种群，年迈种群仍然面临灭绝的风险。

Oostermeijer 等(1992)提出可以通过重新引入放牧、割草等措施来实现"年迈种群复壮"，但这些管理措施在时间安排上必须小心，以免损害有花个体。另外，如果在种子散布之前，在有花个体周围进行小尺度切草皮将促进幼苗建立。

到目前为止，我们一直在考虑寿命相对短的植物的种群统计学问题。长寿物种也可能出现在年迈种群中。例如，在西澳大利亚北部小麦种植区域，森林已经显著清除，只剩下残存的小块林地。长期研究(从 1929 年到 1997 年)其中的一个斑块，没有发现橙皮桉(*Eucalyptus salmonophloia*)和*E. loxophleba* 的更新，而且树木存活条件已大大恶化(Saunders *et al.*，2003，p.245)。缺乏更新是由于林地放牧和积极管理措施所致，包括建围栏等，也是"反击当前政权忽视农业景观中原生植被的澳大利亚管理特征"的必然结果。

其他长寿植物的统计学研究揭示了不同的种群行为。一些物种可以通过克隆繁殖和/或萌芽的能力而存续。Bond 和 Midgley(2001)指出，许多木本植物在受到干旱、洪水、啃食、滑坡和人为扰动等能够杀死许多其他物种的严重损害后可以重新发芽而活下来。这些物种的种群即使种子更新数少得可怜也可以通过营养更新而保持多年。事实上，萌芽植物会分配更多的资源到存储器官以支持再生长，并且这些分配体现了生长和繁殖之间的成本权衡。野外研究为这个假设提供了一些支持(参见 Bond and Midgley，2001，综述)。然而，尽管有些物种通过萌芽而另一些物种通过克隆生长能生存很长一段时间，但是这两类植物在面对压倒性的人为生境破坏和开发时都存在灭绝风险。

这一结论得到了许多研究的支持。一个有趣的例子说明了这一点，也阐明另一个问题——用于园艺目的野外采集威胁到许多物种的种群健康和生存。在南非有很多濒危的苏铁植物种群，Raimondo 和 Donaldson(2003)调查了其中两个种。非洲苏铁(*Encephalartos cycadifolius*)是一个生长非常缓慢的草地物种，产生大量种子，受到火烧或动物伤害后能从地下部分再生。与之相比，绒毛苏铁(*E. villosus*)是没有根出条的森林物种，依赖种子更新种群。统计学证据表明，种子采集对两个物种种群增长的影响都极小。相反，为了园林贸易目的，大量非法采集成年个体材料已导致这两个物种的种群快速衰退。尽管非洲苏铁通过从地下茎再生能力能够存活下去，但这个物种生长如此缓慢，以至于当成年植物大量损失，预计在一个典型保护计划的时间跨度(<50 年)内种群无法恢复。

12.7　植物种群中花粉限制

关于漩涡模型的其他因子，Ghazoul(2005c)在最近一篇综述中强调，人为破碎化生境中各种因素都会导致授粉失败，其是"繁育系统、生活史、传粉媒介、授粉向量、植物与其传粉者之间专一性程度，以及生境改变对植物和传粉者其他间接效应"的函数，这些因素将逐一分析。

在被人类活动改变的地区，稀有植物往往孤立在一些半自然植被的碎片中。作为这样的孤岛中昆虫区系改变的结果，虫媒传粉的植物有可能缺少足够的昆虫访花来实现花间授粉。

为了检验这个假说，对瑞典西南部西洋石竹(*Dianthus deltoides*)两个种群进行了比较，以了解一个小的孤立种群是否因为花粉限制其结实率明显低于另一个较大的种群(Jennersten，1988)。这个自交亲和的虫媒传粉物种的花在雄蕊基部分泌花蜜。花是雄蕊先熟，花药成熟比柱头有可受性早两天。这项研究揭示小种群中访问植物的昆虫的多样性和丰度低得多，大种群则结实率更高。人工授粉可使小种群结实率提高 4 倍，但对大种群的结实率没有影响。该研究还发现这两个种群每朵花的产蜜量和胚珠数没有差异。除此之外，没有证据表明哪个种群受到资源限制，因为对这两个种群增加浇水或施肥都没有提高生殖能力。因此，Jennersten 认为这两个种群种子产量上的差异是传粉者服务不同的结果，孤立种群花粉有限。如果西洋石竹的花几天不受粉，可能发生自花授粉。显然，如果花粉限制连续发生几个季节，经常的自花受精将增加小种群的近交水平而影响其长期适合度(见下文)。

最近一篇综述分析了一系列花粉限制被证明或者花粉限制没有效应的案例(Ghazoul，2005c)。一般来说，花粉限制对繁殖力的效应仅在个体数量通常不到 50 的极小种群中出现。

12.7.1　传粉中断

植物和互惠传粉者之间的密切关系已被广泛研究(Proctor，Yeo and Lack，1996)。在世界的许多地方，这些关系都是极端紧张的(Kremen and Ricketts，2000)。但是，尽管在美国为作物传粉的蜜蜂数量严重下降(Holden，2006)，在欧洲蝴蝶和大黄蜂数量下降(Stokstad，2006)，Ghazoul(2005a，b)质疑是否存在一场全球危机。然而，区域性问题已很明显。在夏威夷、萨摩亚等地，许多外来物种被引入以及人类活动损害了自然生态系统。Elmqvist(2000，p.1238)描绘了一幅"海岛上传粉中断的可怕场景"，"整个传粉体系和支撑它们的植物群发生交互灭绝……整个传粉体系，包括本土鸟类、蝙蝠和昆虫正在消失。在某些情况下，引入种开始充当传粉者的角色，但是对于土著植物，太多传粉者(但不是入侵种)

生态位仍然是空着的"。

在其他地方,传粉系统中断不那么严重,但仍然紧张。例如,对新西兰两种鸟传粉槲寄生植物 *Peraxilla colensoi* 和 *P. tetrapetala* 的种群进行详细研究发现,花粉限制确实存在,这两种植物接受传粉者的访问太少(Robertson *et al.*,1998)。传粉失败与槲寄生的重要传粉者铃鸟和吸蜜鸟的密度下降同时发生,反过来,传粉者密度下降恰逢船舶鼠(黑家鼠,*Rattus rattus*)引入新西兰。

在南澳大利亚,80%～90%的原生植被已经被农田取代。原生林地和欧石南灌丛只剩下孤立的片段。Paton(2000)通过研究银桦和松石楠等属不同鸟媒传粉物种的自然和协助授粉花朵发现,花粉限制明显与食蜜鸟类(吃蜂蜜)严重下降有关,而这又与 1820 年代引入澳大利亚的欧洲蜜蜂的种群大幅度增长有关。野化和管理的蜂群现在广泛存在而且数量惊人,它们蚕食了有限的花卉资源,导致食蜜鸟类种群的减少,因为在夏季和秋季鸟类食品有限。蜜蜂访问一系列土著植物(包括鸟媒传粉物种),其活动导致花粉限制。例如,山龙眼科班克树属植物 *Banksia ornata*,其原来传粉者——本地食蜜鸟类数量下降,现在只能靠引进的蜜蜂授粉(Paton,1997)。

12.8　植物中的阿利效应:雌雄异株和雌全异株

关于衰退种群中植物的命运,重要的是要注意繁殖可能因为找不到交配伴侣而减弱或终止——即所谓阿利效应(Stephens and Sutherland,1999)。例如,肯塔基咖啡树(*Gymnocladus dioica*)是加拿大珍稀林冠豆科植物,在大多数的种群中没有有性繁殖(Ambrose,1983)。事实上,只有一个种群同时有雄性和雌性植物。尽管在这个种群中观察到种子生产,但幼苗建立尚未发现,完全依赖根系统的克隆繁殖。

有些植物有雌性两性异体的繁殖系统,种群包含雌性和雌雄同株的植物。Byers、Warsaw 和 Meagher(2005)对伊利诺斯州不同地点的山梗菜科植物 *Lobelia spicata* 的小种群和大种群进行了比较研究。雌全异株的遗传学很复杂,原始论文可提供详情。在这里,我们注意到,小种群的繁殖系统的"正常"功能紊乱,导致雌性后代的增加和"雄性功能下降"。这种变化可能是衰退种群中遗传漂变效应导致等位基因丢失所引起的,在未来"有可能妨碍种子生产"。

12.9　植物中的阿利效应:自交不亲和性

衰退小种群缺乏生殖成功可能源于自交不亲和。Demauro(1994)用一个例子很好地说明这个现象。在北美湖边雏菊(*Hymenoxys acaulis*)有 5 种不同的变种。其中一个罕见的变种(var. *glabra*)是西五大湖地区特有的。加拿大种群巨大,而美国种群有种群丧失和衰退的历史。1970 年代初,仅在伊利诺斯州威尔郡的 DesPlaines 河沿岸发现一个大约有 30 株植物的种群。虽然昆虫访问花,但野外或人工授粉移栽材料都不结籽。随后详细调查繁育系统,包括用来自伊利诺斯州和俄亥俄州植物异交实验。人工授粉实验揭示该植物强烈自交不亲和。

自交不亲和系统通过花粉和柱头共享遗传同一性,拥有相同的 S 等位基因,来阻止雌雄同株植物生产自交种子。该系统还有阻止某些不同植物异交,即那些拥有相同的交配型(由 S 等位基因介导)的个体。自交不亲和的遗传学机制详情见 Richards(1997)。雏菊变种(var. *glabra*)异交实验发现了 15 种交配型。值得注意的是,所有来自单个伊利诺斯州小种群的植物交配型相同,该发现解释了尽管传粉昆虫访花但有性生殖缺乏的现象。

很明显,在历史上威尔郡种群曾经是一个更大种群系统的一部分,几乎所有种群都被 DesPlaines 河谷剧烈的工业发展毁坏,只有一个种群幸存并通过克隆生长保持下来。

自交不亲和植物的种群通常含有众多的 S 等位基因(Richards, 1997),因此种群内许多成员间可发生亲和性交配。然而,当种群遭受一个或多个严重的瓶颈事件后,S 等位基因可能因遗传漂变效应丢失,有性生殖就难以进行。在对自交不亲和物种如何从繁荣到萧条的种群衰退过程缺乏全面了解情况下,生物学家已经做了一系列计算机模拟,来描述不同自交不亲和类型物种的种群衰退效应(例如,Byers and Meagher, 1992; Vekemans, Schierup and Christiansen, 1998)。所有模型都显示极小种群将丢失 S 等位基因。比如,Imrie、Kirkman 和 Ross(1972)计算机模拟分析波斯红花(*Carthamus flavescens*)的结果显示,孤立种群如果没有迁移和种子库,当个体数少于 16 个时,种群会因丢失 S 等位基因而灭绝。另几项研究已经发现,如果种群由分散个体组成,而且个体之间很少或没有基因流,那么即使总的种群较大,小的亚群体中 S 等位基因也会因遗传漂移而发生某种程度的丢失。

转向其他的例子,首先要强调的是,由于丢失 S 等位基因而繁殖失败在小种群很常见。这是基于大约 50% 的被子植物遗传上自交不亲和现象的发现而得出的结论(Nettencourt, 1977)。详细的研究还获得了许多重要见解。

在美国,分叉紫菀(*Aster furcatus*)现存种群少于 50 个。通过自花和异花授粉实验、计算机模拟和等位酶遗传检测,Les、Reinartz 和 Esselman(1991)以及 Reinhartz 和 Les(1994)确定分叉紫菀是自交不亲和植物,某些种群 S 等位基因变异性很低,限制了结实。事实上,一些种群就是由一个克隆的个体组成的。他们还在某些种群发现了自交亲和植株,自然资源保护者对此发现相当有兴趣,认为:"分叉紫菀自交亲和的进化似乎是瓶颈效应引起 S 等位基因丢失的结果。"(Reinhartz and Les, 1994, p.446)

Young 等(2000)研究了分布于澳大利亚东南部温带草原的多年生多茎雏菊(*Rutidosis leptorrhynchoides*)种群。自 19 世纪欧洲殖民以来,随着草原生态系统减少,该植物种群衰退,现有种群面积大约只占原有 200 万公顷面积的 0.5%(Kirkpatrick, McDougall and Hyde, 1995),而且在草原上人类活动带来的有意和无意火灾,以及外来杂草的引入已导致许多本地物种濒危。

Young 等(2000)调查了 22 个大小不同的多茎雏菊种群(5~100 000 株)。控制异交实验,包括套袋、排除传粉者和人工授粉,证实多茎雏菊是自交不亲和。相对于大种群,小种群明显显示 S 等位基因丢失。拥有 70 000 个体的种群含有 16 个 S 等位基因,而只有 5 株植物的最小种群仅有 3 个 S 等位基因。S 等位基因的明显遗传侵蚀带来系列影响。较小种群内配偶限制问题严重,当种群大小小于 60 株植物时,可交配性会下降 50%。尽管种子是风力传播,但据估计其传播距离很有限,通常小于 0.5 米。因此,破碎种群之间基因流可能被有效隔断。Young 和同伴也在一些种群发现有自交亲和个体存在(<15%)。在分叉紫菀中(见上文),自然选择可能有助于小种群中的这些自交亲和个体的存在,使繁育系统从专性异交变成混合交配系统。该研究还揭示,一些种群是二倍体而另一些则是四倍体。Young 等(2000)讨论了小种群中 S 等位基因侵蚀的意义。

澳大利亚东南部温带草原上另外一种雏菊,白色麒麟菊的变型三色麒麟菊(*Leucochrysum albicans* subsp. *albicans* var. *tricolor*)也被研究过(Costin, Morgan and Young, 2001)。这个物种仅在路边、铁路旁和墓地等处非常小的孤立种群中出现。他们研究了 14 个不同大小的种群(74~50 000 株)的繁育系统、种子产量和发芽力。像 *Rutidosis* 一样,三色麒麟菊也被证明是自交不亲和植物。然而,实验显示所有种群异交率都很高,而且种子产量与种群规模没有直接关系。总体上,没有证据表明破碎种群中生殖成功下降,其原因尚不清楚。然而,麒麟菊花期短,特别是花朵艳丽,这可能使异交率最大化。相比之下,*Rutidosis* 的花期长,可能花朵既不够艳丽来吸引更多泛化传粉者,一次开花也没有足够交配对象来使异交率最大化。因此,即使共享相同的生态系统,这两种植物的种群破碎化和衰退的后果不一样。有一点要强调的是,不同植物对生境破碎化的响应不同(Costin *et al.*, 2001, p.283)。

许多研究已明确,自交不亲和是残存破碎种群繁殖失败的原因,并推荐采取适当的保护行动来拯救所关心物种的未来。两个例子可以用来说明。

林奈草(*Linnaea borealis*)是矮化蔓生多年生植物,Wilcock 和 Jennings(1999)研究了分布于英国、斯堪的纳维亚、北美等地北方森林的林奈草种群,发现昆虫访花正常,但结实率变化大,有时根本不结实。他们进一步调查了苏格兰第赛德种群繁殖失败的潜在原因。在野外,用同一种群不同植物和不同种群的花粉对取样花朵进行自交和异交授粉,实验得出结论:该物种自交不亲和,而且种群中只有一种交配类型。许多苏格兰林奈草种群因此遗传上不能有性繁殖,只能由克隆蔓延个体组成。作为保护措施,应该从其他种群中移植合适基因型来解决配偶限制问题。

在其他情况下也推荐移植,例如,对佛罗里达州威尔士岭湖濒危木本克隆灌木无瓣枣(*Ziziphus celata*)的保护就采用过(Weekley and Race, 2001)。无瓣枣只剩下 6 个种群,其中 4 个是不育的,也许是由单克隆组成。这种植物长在退化的破碎种群中,周边地区已经变成牧场。异交实验揭示无瓣枣自交不亲和。Weekley 和 Race 建议鉴别"亲和交配类型"并移植到那些迄今不育种群中,以创造"有繁殖活性的种群"。移植促进濒危物种的生存问题将在第 16 章进一步讨论。

12.10　繁殖的气候限制

除了上述因素之外,有证据表明有可能是与人类活动无关的其他因子导致繁殖失败。调查显示,在有利的气候时期,某些植物可拓展其纬度极限和海拔范围,并且在目前繁殖被气候等因子抑制的地方正常营养生长。例如,通过研究英国北部的欧洲椴(*Tilia cordata*),Pigott 和 Huntley(1981)发现,阻碍通过种子繁殖的关键因素是花粉管生长的温度敏感性和柱头与花柱较短的可受期。花粉管的生长不够快以赶在花柱失活之前完成授精。物种过去历史证据表明,这种树木在距今 5 000 年前温暖气候时到达了它目前的北限。Woodward(1987)详细介绍了其他案例,在这些案例中,由于生命周期阶段的敏感性,气候在决定一个物种分布的高度或纬度极限上起着至关重要的作用。

12.11　灭绝漩涡：随机事件

随机事件可能严重损害衰退种群,并驱动其到一个更低的种群水平或灭绝。"发人深省的消息是……如果足够严重,即使是非常罕见的事件也能使一个种群走向灭绝……保护生物学家如果忽视这些低概率事件,就可能严重低估小种群面临的危险。"(Holsinger, 2000, p.68)

一些权威人士强调自然随机事件在灭绝过程中的重要性,比如,洪水、火灾、干旱、塌方、龙卷风和其他风暴(Young and Clarke, 2000)。然而,Shafer(1990, p.40)认为:"环境随机性一词应该包括由竞争、捕食、疾病和自然灾害引起的变化。"本质上,这涉及随机变量。实质上,下一个环境状态并不完全取决于此前发生了什么。

尽管可以认为一些随机事件完全是自然的,但在其他情况下显然不能排除人类的影响。例如,数量巨大的外来动物、植物、疾病和害虫被引入,它们的到来对本地动植物区系可能是灾难性的。在森林砍伐地区山体滑坡和洪水发生可能会更频繁;同样,风暴的频率和严重程度与人类引起的全球气候变化有关(见第 18 章)。

火灾的频率和严重程度对生态系统产生重大影响。有些是闪电导致的自然火灾，而另一些则是人类活动的结果。火灾对许多物种的建立和生长有很大的影响。比如，濒危物种西澳大利亚灌木 *Verticordia fimbrilepis* ssp. *fimbrilepis* 现主要局限于路边生长，因为以前生长的生态系统在农业景观开发中大部分丧失(Yates and Ladd, 2005)。*Verticordia* 有由活种子形成的土壤种子库，种子库 30 个月后衰退。考虑再生的生态位对这个物种是很有意义的，因为它不同于成熟的生态位(这一重要概念的更多细节见 Grubb, 1977)。已经发现火灾会杀死成年 *Verticordia* 植物，但烟雾同时刺激种子萌发，火灾后第一个和第二个冬天会发生大规模的幼苗更新。目前有一些火灾之间的萌发苗，但尚不清楚这是否足以长期维持在所有地点的种群，因为大多数种群仍在不断衰退，没有周期性的火灾就不能恢复种群。这对于自然保护工作者而言是一个相当大的实际困难，因为在 *Verticordia* 生长的农业景观中，土地管理者主要关心的如何控制火灾。

关于灾难性事件的影响，我们以春锦龙花(*Collinsia verna*)(玄参科)的研究为例来说明。春锦龙花是冬季美国东部洪泛平原和潮湿林地的一年生植物(Kalisz, Horth and McPeek, 2000)。该物种休眠种子组成的土壤种子库可以持续至少 4 年。随机事件有时候会影响到春锦龙花种群，种群可以大到有 2 000 个体，也可以小到仅有 7 株植物。例如，1992—1993 年位于伊利诺斯州 Monee 附近的浣熊格罗夫森林保护区的研究点曾发生大洪水，所有成年春锦龙花植物被毁，大量含有种子库的土壤被水冲走。然而，一些种子库保留下来并在次年秋天发芽。因此，土壤种子库对在遭受罕见灾难性洪水地区春锦龙花种群的恢复和保持起了决定性作用。

12.12　漩涡模型：遗传效应

12.12.1　理想种群概念和衰退种群如何偏离"理想"

第 3 章中我们注意到，植物自然种群在种群结构和繁育系统上存在很大差异；其中，繁育系统包括由雌雄异株(单独的雄性和雌性植物)介导的专性异交或遗传上自交不亲和系统、异交和自交的混合交配系统、自花受精为主的交配系统，以及兼性和专性孤雌生殖的交配系统。不同植物无性繁殖程度也不同。

受威胁和濒危物种中能发现上述各种不同的繁殖行为，向保护人士展示一系列令人眼花缭乱的情况。遗传学家如何研究这个复杂领域？Frankham 等(2002)给出了下面精彩的说明。

群体遗传学是基于理想种群概念建立起来的，通过将"真实"种群与理想种群比较，人们获得了对衰退小种群(特别是动物种群)的理论认识，并进行了相应的保护实践。理想种群具有以下特性：种群的基数非常大以至于任何时候随意抽出样本都是一个庞大的种群，种群大小不变，世代分明而不重叠，所有个体均有交配机会，种群雌雄比例相等，随机交配(包括自交)，所有个体都有潜力繁殖，性别比例是相等的，在随机交配(包括自体受精)，在生活史任何阶段不存在选择作用，突变可以忽略不计，是一个没有迁移的封闭系统。

从理想系统的概念出发，通过检查一个或多个理想因素发生改变(例如重叠世代)时种群会发生什么变化，人们已提出许多能够反映真实的动植物种群生物学的模型。例如，世代重叠等。此外，目前已证明可以通过对野生种群、实验种群和圈养种群的实验来测试和完善这些模型。Frankham 等(2002)为我们提供了最新的全面而易于接受的保护遗传学解释。考虑到动植物种群的极端复杂性和我们认识上的空白,他们预测衰退小种群有 3 个不能避免的遗传特性,如欲确保种群的长期生存就必须面对这些遗传特性。

首先,自然种群在许多方面会偏离理想模型。例如,理想种群的所有个体都参与繁殖,但在自然种群并不是所有的个体都有机会繁殖,而且不同世代个体数量不同,性别比例不平衡,以及世代重叠等;此外,主要偏离理想种群的繁殖行为是生产种子的亲本对子代的贡献不同。例如,对长蒴罂粟蒴(*Papaver dubium*)的研究发现,在一个 2 316 个体组成的种群中,50%种子是由种群 2%的个体生产,其中有 4.6%的种子是由一个非常高产的个体生产的(Mackay 观察结果,引自 Crawford,1984)。通过比较理想种群与现实种群之间的差异,遗传学家估计种群的有效大小(N_e)要比实际大小(种群普查数)小得多(Wright,1931)。Frankham 等(2002,p.189)写道:

> 种群的有效大小是指与实际种群丢失遗传多样性(或变成近交)比率相同的理想种群的大小。例如,如果一个真实种群失去遗传多样性比率与一个种群大小为 100 的理想种群一样,那么,即使这个真实种群包含 1 000 个体,我们说它的有效大小是 100。因此,有效种群大小(N_e)是以理想种群为参照对一个种群的遗传行为的测度。

估算 N_e 的细节见 Crawford(1984)和 Frankham 等(2002)。这些研究得出基本结论:有效种群可能会比实际种群小得多,这对于小种群和衰退种群的保护具有非常重要的意义。

种群变小和衰退的第二个不可避免的遗传后果是遗传漂变的随机影响增强。再次强调,不规则的基因频率随机波动会改变种群的遗传组成,认识这一现象非常重要。因为植物繁殖过程中"每个后代从每个亲本中随机选择一个等位基因。由于随机性,一些等位基因,特别是稀有等位基因,可能不会被传递给后代而丢失"(Frankham *et al.*,2002,p.178)。因此,传代过程中等位基因频率会发生改变。此外,一个曾经是连续种群的片断化碎片会产生遗传分化。小种群和衰退种群中遗传漂变效应会更强,它们的命运正是自然资源保护者最关心的(Peters,Lonie and Moran,1980;Moran and Hopper,1983)。

一些精心设计的动物实验对这些观点进行了检验。例如,通过对面粉甲虫人工种群 20 个世代复制系的比较研究估计大种群和小种群中随机效应的影响(McCauley and Wade,1981)。在实践中,从野生种群中区分选择和遗传漂变效应很困难。为了超越简单的数学模型和面对野生种群的复杂性,遗传学家们设计了计算机程序来模拟"现实性和复杂性的合理水平",从而能够评估"遗传漂变、选择、迁移和种群细分的可能效应"(Frankham *et al.*,2002,p.194)。

小的片断化和遗传孤立种群的第三个不可避免的问题是近亲繁殖(近交)(见第 3 章)。随着时间推移,小种群中亲缘关系近的个体之间的有性繁殖不可避免,结果是种群中的所有个体遗传上相关。通常异交的物种中发生近亲繁殖会使有害隐性等位基因表达、纯合性增加和杂合性降低,进而引发近交衰退。近交衰退的症状包括存活率低和繁殖成功下降,导致灭绝风险增加。通过理论分析、计算机模拟和控制实验等已经对自然状态下野生植物衰退种群上述 3 个问题假设进行了检验。

12.13 小种群和片断化种群的遗传学

等位酶技术和 DNA 标记系统的运用极大促进了我们对自然种群的遗传学认识(见第 7 章)。讨论这些技术的细节超出了本书范围,Karp 等(1998)和 Baker(2000)对此有全面的介绍。

从理想种群的概念开始,自 Wright(1931)开创性的研究之后,新见解不断涌现。现在基于等位酶和分子标记数据,我们计算一系列遗传参数,包括多态位点数(P)、每个位点的等位基因数(A)、每个多态位点的等位基因数(AP)、个体或位点的杂合比例(H_e)和观察到的杂合性(度)(H_o)。在特殊研究中为表述变化的特性,物种水平的参数包含下标 s 字母,例如 P_s、A_s 等;种群水平比较的参数下标 p,例如 P_p、A_p 等。在 F 统计的应用中,F_{is}"表示个体相对于亚群的近交系数",F_{it}"个体相对于总种群",以及 F_{st}"亚群相对于总种群"(Beebee and Rowe,2004,p.302)。因此,F_{st} 提供了通过种子/果实迁移的基因流动和核基因流(N_m)的一些估计。基于遗传标记的比较研究大大促进了我们对稀有物种的了解。为了检验一些假设,人们已经运用等位酶和/或分子标记,并结合栽培试验、异交实验、后代检测等开展研究。全球已发表了数以百计有关动植物保护遗传学的论文。在这里,基于 Frankham(1996)的分析,本文展示一系列关键假设的测试结果。

12.13.1 广布种的遗传变异水平高

Hamrick 和 Godt(1989,p.1504)检验了这个假说,并发现"广布植物的种群有更高的等位酶变异",特有物种表现出最低的变异性。这一发现对于许多面临灭绝威胁的特有物种的保护具有重要意义。

12.13.2 稀有种比常见种遗传变异性低

为了了解一般趋势,Cole(2003)对 247 种植物数据中 57 个属稀有物种与常见物种的遗传水平进行比较研究。他发现,稀有植物"物种水平(P_s,A_s,AP_s,H_{es})和种群水平(P_p,A_p,AP_p,H_{ep},H_o)的遗传参数在 $p < 0.001$ 水平上都显著下降"。这些数据证实,总体上稀有植物的遗传变异性低于常见物种,而且各种遗传参数值都下降。然而,此结论不能过度外推,因为只有相对很少的植物有充足的遗传学数据,相对于预期濒危物种的数量——世界上 10% 一年生植物濒危(至少 25 000 种),已研究的植物数量还很少。

要特别强调的是,一些研究的结果不符合这一假设。例如,在一项等位酶研究中,Ge 等(1998)发现中国濒危物种裂叶沙参(*Adenophora lobophylla*)和广布的同属物种泡沙参(*A. potaninii*)遗传变异性水平都很高。另一项采用 RAPD 技术的研究发现,濒临灭绝的南非球果灌丛 *Leucadendron elimense*,比常见种 *L. salignum* 的遗传变异水平还要高(Tansley and Brown,2000)。乍一看结果似乎违背常理。然而,还有一个对于维持遗传变异性可能很重要的关键因素就是大而长寿的土壤种子库。种子库在经常遭受瓶颈效应影响的物种中具有遗传多样性储存库的作用。

12.13.3 小种群往往遗传变异性低

一些物种只有非常小的种群。下面的例子发现小种群遗传变异性很低或没有。

● 等位酶研究:Waller、O'Malley 和 Gawler(1987)对美国缅因州北部特有种弗毕绮马先蒿(*Pedicularis furbishiae*)的研究;Godt、Hamrick 和 Bratton(1994)对美国东南部的湿地百合蓝药花(*Helonias bullata*)的研究;Shapcott(1998)对澳大利亚北部稀有植物青棕(*Ptychosperma bleeseri*)遗传变异性的研究。

● 分子标记研究:Gustafsson 和 Gustafsson(1994)以及 Black-Samuelsson 等(1997)利用 RFLP 和 RAPD 技术调查了稀有植物野豌豆(*Vicia pisiformis*)的瑞典种群;Swensen 等(1995)调查了美国加州南部圣克鲁兹岛特有濒危植物布什冬葵(*Malacothamnus fasciculatus var. nesioticus*)的变异性(采用等位酶、RAPD 和核糖体 DNA 等技术);以及 Calero 等(1999)研究了西班牙米诺卡岛特有珍珠菜属植物 *Lysimachia minoricensis*。

12.13.4　种内遗传变异与种群大小正相关

理论研究认为同一物种的小种群比大种群遗传变异性低。Frankham(1996)通过分析 23 种植物和动物等位酶数据(植物物种 16 个)检验了这个假设。这些比较中的种群规模变化非常大,例如,龙胆属植物 *Gentiana pneumonanthe* 的种群从 1 个个体变化到 20 000 个个体(Raijmann *et al*.,1994),哈罗果松属植物 *Halocarpus bidwilli* 的种群大小从 20 个个体变化到 400 000 个个体(Billington,1991)。Frankham 发现在这 23 个研究中,有 22 个显示等位酶遗传变异(H_e 或 H_o)与种群规模的对数成正相关关系,"表现出极高的正相关性($X^2=19.17$,d$f=1$,$p<0.000\,025$)"。据 Frankham 综述,其他物种的研究也证实小种群遗传变异性通常低于大种群(见 Frankham *et al*.,2002;Frankham,2005a,b),但这个结论不能推而广之(见 Shapcott,1994)。

12.13.5　空间遗传变异式样反映衰退种群在时间上发生了什么

正如我们刚刚看到的那样,不同地点的大、小植物种群遗传变异已被研究。这些不同种群的空间比较能够反映随时间延续衰退种群究竟发生了什么吗?据我所知,这一假说还没有被充分检验,因为它需要长期的遗传学研究。Matocq 和 Villablanca(2001)在对加州袋鼠鼠的研究中讨论了这个问题。他们比较现代样品与博物馆 1918 年皮肤标本的遗传变异性。基因序列(细胞色素 b 基因的片段)分析表明,现代样品较低的遗传多样性似乎是一个历史悠久的特征,而不是最近事件。对于植物,作者建议将最近收藏样本与历史标本进行比较,将获得对衰退种群遗传多样性丢失的速度和程度问题的认识。然而,他们也注意到植物标本馆通常收藏的只是非常少的缺乏代表性的样本。

12.13.6　衰退种群中适应性遗传变异下降

Bekessy 等(2003)肯定了中性遗传标记(等位酶和 RAPDs)的研究为促进我们对物种和种群遗传多样性的理解作出了重要贡献。然而,他们也指出这些研究的不足之处在于通常检测的只是小样本。此外,他们强调:"遗传变异性和分化的估计可能各不相同,取决于研究所选择的标记(Geburek,1997)、统计方法(Bossart and Prowell,1998)、取样的生活史阶段(Alvarez-Buylla *et al*.,1996),甚至是进行实验的实验室(Jones *et al*.,1997,p.267)。"Bekessy 等(2003)还提出了一个重要问题:中性标记能指示出显著适应的遗传性状在衰退种群中会发生什么变化吗? 这个问题是在对"迷猴树"——智利南洋杉(*Araucaria araucana*)遗传变异性的研究中提出的。南洋杉是智利和阿根廷南部标志性的特有物种,生长在海拔范围 600~2 000 米的不同生态环境中。为寻找这个脆弱物种的有效保护措施,使用分子标记 RAPDs 研究了其遗传变异性。这个研究提供了有用的信息,但是 Bekessy 等(2003)指出,中性标记研究未能揭示一个重要性状即种群耐旱性的差异。他们强调发现种群是否包含显著适应性形态学、生理和行为特征变异性的重要性,并建议采用分子与经典方法结合的方法来评估遗传变异性,这样的研究将涉及交叉实验、后代试验和耐旱性测试。同时,他们建议进行同质园和交互移植实验,这样的实验特别有利于揭示具有显著适应意义性状的有无,比如花果期以及对高温、干旱、霜冻耐受性等。不过,要指出的是,中性遗传标记研究相对较快,而适应性性状的分析则是一项更为艰巨的长期的任务,因为这些性状可能是多因子控制的(Podolsky,2001)。

12.13.7　衰退种群面临近交衰退增加的风险

通过比较自花授粉后代与通过精细控制实验形成的异交后代的表现就可以估计近交效应。近交衰退研究需要检查一系列性状,包括饱满种子的比例、发芽率、植株大小、种子产量和各种适合度指标(见

Frankel，Brown and Burdon，1995，以及文中引用的参考文献）。

许多植物受控实验研究揭示出显著的近交衰退（Charlesworth and Charlesworth，1987）。例如，在温室条件下，Dudash（1990）发现玫瑰龙胆（*Sabatia angularis*）自交后代的近交衰退程度达55%。长期以来，人们一直认为野生种群近交衰退可能会更严重。Dudash 以玫瑰龙胆为材料检测了这个假设，他发现相同材料的田间试验条件下近交衰退程度达75%，超过温室试验的55%。这表明温室条件更适于生长，而野生植物受环境压力更大。因此，近交衰退程度并不固定，并且"自然界近交衰退程度很可能比我们从圈养动物和植物种群中得出的估计要严重得多"（Frankham *et al.*，2002，p.288）。

不同大小的野生种群中近交衰退的比较研究并不多。Van Treuren 等（1993）调查了荷兰蓝盆花（*Scabiosa columbaria*）残余种群，发现尽管该植物易受近交衰退的影响，但种群规模和近交衰退程度之间没有明显关系。然而，在一项对山萝卜（*Succisa pratensis*）17 个荷兰种群的研究中，Vergeer 等（2003）发现种群越小，遗传变异水平越低，而近交系数越高。

理论分析、计算机模拟和实际调查都显示近交衰退是衰退种群的一个重要现象。进一步的调查是必要的，以确定近交衰退对经历不同类型的生境片断化，以及具有不同繁殖系统、生活型、种群历史的植物种群的影响速度。我们对野生种群的认识还不全面。有人认为随着时间的推移，通过近亲繁殖和对有害等位基因遗传负荷的选择作用，衰退种群会得到清除（Lande，1988）。Frankham（2005a）对这方面的文献进行了综述，指出理论表明"小种群中清除只会有轻微影响"，而实证研究"通常只发现清除的温和效应"（Byers and Waller，1999；Crnokrak and Barrett，2002；Paland and Schmidt，2003）。

进一步研究必将增加我们对野生种群中近交衰退程度和影响的认识，特别是对遗传负荷清除效应的认识。这一点对于以自交为主的植物尤其重要。自交物种可能较少受到小的孤立生境片断种群衰退的影响，因为有害的隐性等位基因已经隔离出来并被选择掉了（Charlesworth and Charlesworth，1987）。到目前为止的证据表明，自交物种受近交衰退的影响程度较异交物种要轻（Husband and Schemske，1996）。

12.14   种群多大才能确保长期生存？

为了估计种群长期生存的可能性，一系列的种群生存力分析（PVA）方法已被开发出来。早期 PVA 模型通过出生率、生存率、死亡率、种群规模、自然事件的随机效应等种群统计信息来分析未来种群生存或灭绝趋势，往往忽视了与遗传因素有关的风险和灾难（Reed *et al.*，2001）。PVA 项目的推进通常是运用计算程序或定制软件对特定数据进行反复运算。因为模型包含随机因素，重复运行并不会给出完全相同的结果，但总体上能揭示出灭绝风险的重要信息。PVA 没有单一的定义：由不同人员在一系列不同的假设下计算风险，通常与一定时期内最小存活种群（MVP）的存活概率相联系。Meffe 和 Carroll（1994，p.678）定义的最小存活种群为："在特定时间内，面对可预见的种群数量、遗传和环境随机性以及可能的自然灾害，统计上有存活机会的最小孤立种群大小。"

从这一概念的发展史来看，早期保护目的 MVPs 估计是基于群体遗传学理论并结合家养和实验动物的育种经验设计的（Frankel and Soulé，1981）。近亲繁殖的最大可容忍率大约是1%，为了防止适合度的立即损失，对动物园和其他养殖场所，最低有效种群（N_e）大小为 50 是必需的。然而，如此大小的种群不能保证长期安全：为了避免野外和自然保护区的种群遗传变异性侵蚀和保持进化连续性，有效种群（N_e）为 500 是必要的。这个 50/500"拇指法则"（Frankel and Soulé，1981）已被保护生物学广泛采用，将在后面再讨论（Soulé，1987）。

后续研究明确了某些特定植物的 MVP。例如，对于北美细辛（*Asarum canadense*），基于环境和种群统计随机性特性计算其 PVA，揭示了 MVP 为 1 000 个个体的种群才能有 95% 可能性生存 100 年（Damman and Cain，1998）。

第二个例子是有关美国阿巴拉契亚中部几个地方的野生人参（西洋参，*Panax quinquefolius*）的种群统计学研究。这个物种从野外采集来用作药用植物。McGraw 和 Furedi（2005）对其进行了 PVA 研究，并提出 95% 概率存活 100 年的 MVP 大约为 800。有趣的是，这个值大于现有的任何一个监控种群（目前最大的种群为 406 株）。然而，这项分析到目前为止还没有包括可能会影响人参种群的所有因素。因此，西洋参的种群生存压力会随森林砍伐、栽培植物引进带来的疾病、作为药用植物越来越多的需求，以及鹿啃食的增加而增加。当然，生存压力也会随鹿群减少而减轻（森林顶级食肉动物的重新引入和有蹄类动物疾病的传播）。此外，保护和其他管理决策会增加适于更大野生人参种群生长的森林栖息地范围，而且引入模拟野生种群的植物（栽培种子在林地播种）也会减轻对野生种群的压力。第三个例子是有关墨西哥棕榈的研究（图 12.2）。

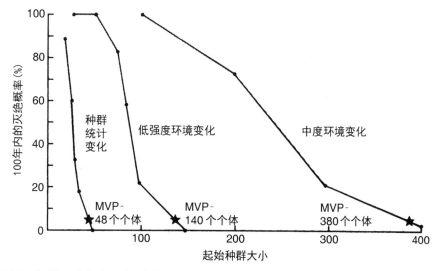

图 12.2　种群统计变化、低强度和中度环境变化对墨西哥棕榈（*Astrocaryum mexicanum*）种群灭绝概率的效应。在这项研究中，最小存活种群大小显示为星号，被定义为在 100 年内灭绝机会小于 5% 的种群大小。[根据 Menges（1991），源自 Primack（1993）；经 E. Menges 教授许可复制]

Reed（2005，p.563）提出了一种计算 MVP 的不同方法。他检查了 11 项有关植物种群大小和适合度研究的结果，发现"有证据表明在所考察的种群规模范围内，种群大小的对数与适合度之间存在线性关系。"他总结道，种群必须"维持数量＞2 000 来保持长期适合度"，以及"保护努力的最终目标应该在于维持几千个体的种群，以确保长期生存"。

总的来说，只有相对较少的植物已经计算了 PVA，这是因为极难收集 PVA 模型所必需的长期野外数据。例如，即使监测稀有仙人掌类植物雏鹭球（*Pediocactus paradinei*）14 个残存种群 11 年，仍然不能确定这个幼苗更新不稳定和罕见长寿的多年生植物的 PVA（Frye，1996）。此外，采用为动物设计的模型来研究特性鲜明的植物的 PVA 还面临很多的大的挑战，尤其是大多数高等植物固着生活习性、普遍出现的表型可塑性和克隆增长、植物种群动态的复杂性、种群亚结构和基因流、多变的繁育系统、广泛存在的互利共生关系、土壤种子库动态等。

已经发表的几百个 PVA 研究大多涉及动物（Menges，2000；Reed *et al.*，2002）。自然资源保护者面对改变土地用途的退改，已采用 PVA 来帮助抵御潜在的栖息地丧失，例如，预测加州斑点猫头鹰（*Strix occidentalis occidentalis*）长期生存必需的最小存活种群（LaHaye，Gutierrez and Akçakaya，1994）。

12.15　PVA 预测和保护

某些权威人士质疑计算机模拟的准确性和实用价值（Possingham，1996）。Burgman 和 Possingham（2000）提出 3 个重要的观点。首先，"种群模型在保护中的作用正受到早期狂热和不切实际期望的反冲，即 PVA 将解决所有单个物种的保护问题"；其次，一些批评人士认为 PVA 的理论学术意义更大，而实际应用价值有限；第三，它声称的广泛可用性软件给研究人员提供了一把"上膛的枪"，对于生手是危险的。应对这些批评，Burgman 和 Possingham（2000，p.102）认为 PVA 应该与其他方法一起使用来预测不同保护策略的结果。从本质上讲，PVA 提供的是决策支持而非决策工具，并且最好用于比较风险而不是衡量风险。Reed 等（2002）也对此进行了评论。他们指出，PVA 分析软件大量存在，而且不需要数学和编程技巧。他们质疑一些研究人员选择的软件的适当性。Frankham 等（2002，p.520）作了一个重要概述：PVA 可能有价值，就像天气预报和经济预报一样，但前提是它们是基于准确数据。然而，他们也认为即使 PVA 在某种程度上不准确，这种方法对于研究需要保护但对其种群生物学特征完全不知的物种很重要。

长期的发展是什么？Reed 等（2002）认为，总的来说，设计更精致的 PVA 与其说是由于建模方面的限制，不如说是由于缺乏足够的可靠的植物生物学、生态学和遗传学等各个方面的野外数据。然而，当前 PVA 模型确实也存在一些缺陷，例如，许多模型假定随机交配（Reed *et al.*，2002）。因此，这些 PVA 模型是基于"理想"种群开发的，主要挑战在于发展适合于现实种群的更现实的模型，如我们上文提到的人参种群。为应对这些挑战，PVA 最近的发展考虑到了遗传问题，如近亲繁殖、栖息地破碎和其他因素（Burgman and Possingham，2000；Reed *et al.*，2002）。随着越来越多的种群和物种受到保护和管理，采用 PVA 来考量不同管理制度的效应是一项艰巨的任务。此外，保护还面临的一系列更困难的问题，即与预测全球气候变化有关的 PVA 建模。

12.16　集　合　种　群

到目前为止，我们已经讨论了单个衰退种群面临的问题。然而，野生环境中相关种群可能成群出现，例如由于人类活动对连续自然栖息地的破坏导致多个小的片断化种群。正如我们在第 3 章所看到，这种种群系统功能上被作为集合种群。

集合种群概念承认在一个特定物种的栖息地中存在局部的适宜的生境斑块。在任何时候，该物种会占据一些斑块，但不一定是所有斑块。对于一个空置的斑块，其最终会被从邻近斑块传播过来的种子或果实形成的种群占据。新建立种群开始扩张，但后来数量会再次下降，随之灭绝。因此，集合种群模型突出了种群之间的相互作用，强调每一个斑块生命是有限的。物种在一个地区的成功取决于任何时候在一些斑块上有健康种群，基于这些种群，其他空的生境斑块能够被成功重新占据。一系列集合种群模型已被开发出来了。Brussard（1997）描述了 3 种不同的变型：① 经典（莱文型）集合种群，由几个小的和容易灭绝的局部种群通过适量的迁移维系；② 另一个模型为大陆-岛屿集合种群，它有一个或多个大种群为边远的小种群提供支撑；③ "非平衡集合种群，局部灭绝之后因为传播稀少而重建困难，趋于衰退并进而灭绝的种群。"

从袋鼠鼠到僧海豹、从山羊到蝴蝶等很多动物类群的研究都支持集合种群理论（Thrall，Burdon

and Murray，2000）。一些植物学研究也采用这一理论来描述种群动态。例如，美国缅因州圣约翰河沿岸费城马先蒿（*Pedicularis furbishiae*）28 个种群的研究（Menges，1990，1991），对过去 4 年种群分布变化作图揭示了这些种群灭绝和拓殖格局，证实该物种就是一个具有集合种群特征的相互联系的种群系统。此外，集合种群概念也在瑞典蝇子草（*Silene dioica*）岛屿种群（Giles and Goudet，1997；Giles，Lundqvist and Goudet，1998；Ingvarsson and Giles，1999）和几个美国佛罗里达州中南部灌丛物种的种群研究（Thrall，Burdon and Murray，2000）中被检验过。

集合种群模型仍然是激烈争论的话题（见 Harrison，1994；Freckleton and Watkinson，2003）。首先是关于这一概念的普遍性问题。Harrison（1994）在综述中写道："从足够长的时间尺度来考虑，所有物种真的都是集合种群吗？有时被认为确实如此。"她认为，集合种群概念价值在于提出了待检验的重要假设和待收集的重要数据，但总的来说，她质疑其普遍意义和公式化使用（Harrison，1994）。Freckleton 和 Watkinson（2003）强调一个斑块种群不是集合种群，并提出了一个重要的问题：研究人员是否试图将所有种群都硬塞进集合种群模型的限制框架中？一些研究者强调不同植物要具体分析的重要性。最近有一个例子说明了这一点。Jäkäläniemi 等（2005）研究了芬兰濒危物种蝇子草（*Silene tatarica*）的种群动态，发现这个河边植物没有表现出按集合种群模型所预测的在平衡状态下灭绝-重建的种群动态式样。通过跟踪可用的栖息地重建，他们发现高速率的重新定殖过程，但这种现象并未在离散生境斑块上发生。

关于集合种群概念的评论强调了几个有实际意义的问题。它强调指出，并非所有灭绝都是由人类活动引起的。根据集合种群理论，有些灭绝是自然的灭绝/重建循环的一部分。此外，对研究植物种群还有一些特别的担忧。动物研究中的困难是人们难以完全确定一个物种/种群是否会灭绝。对于植物，这个问题可能更严重。例如，对于林地和草地物种的长寿种群，其中许多有广泛的营养繁殖，部分还有长寿的种子库。考虑到这些特点，灭绝/重建事件的发生可能需要很长的时间跨度，远远超出了一般课题的研究时间。

另一个问题也被明确，即很难确保一个物种曾经的栖息地仍适合该物种。鉴于人类活动可从许多方面影响栖息地，明显合适的栖息地也可能因人类活动直接或间接的影响而变得不适合。这是环保主义者真正关心的一个问题。他们是应该持续观察发生局部灭绝的地点是否会种群自然重建，还是应该立即采取行动来恢复已经灭绝的种群？对稀有物种单个种群的保护也成问题。因为根据集合种群模型，这种种群注定要灭绝，只有那些具有集合种群结构的物种能够长期存在。集合种群模型十分重视在空的合适栖息地上的重建。为了促进基因流/迁移过程，一直鼓励建立野生动物走廊。这样的走廊对所有情况都是必要的吗？最后，一些研究者已经拓展了集合种群概念，目前在概念上包括了动物园中的圈养动物，也包括植物园里的植物（见 Foose *et al.*，1995）。实际上在集合种群模型中，动物园和植物园的动植物可以被视为"大陆资源"，通过它们创建新的种群来取代那些野外已经灭绝的种群。鉴于许多野生动植物种群受到威胁，自然的灭绝和重建循环可能会停止，从动物园和植物园向野外人工重新引入动植物很有必要。我们将在以后的章节进一步考虑这些保护问题。

12.17　结　　语

本章主要关心衰退种群的漩涡模型分析问题。该模型是研究人为生境片断化的重要工具。需要强调的是，虽然这种片断化是人类开发利用自然生态系统的结果，但保护论者感兴趣的生态系统碎片是过去或当代文化景观的成分（Keitt，2003）。

Ewers 和 Didham(2006，p.117)在最近的综述中回顾了片断化过程的本身,肯定了我们在认识上的许多进步,但也指出我们目前了解的局限性和进一步研究的必要性。他们强调,生境片断化是最明显的景观现象,但很明显,对所包含的生态系统影响深远,这只能通过长期的研究揭示。因此,"生境碎片上生存的物种面临面积减少、隔离增加和新的生态边界等环境改变"。不同物种对生境片断化的反应方式不同,这取决于它们的生活史策略、扩散能力、栖息地专化程度等。碎片边界的复杂变化往往产生明显的边缘效应,这种效应可能渗透到碎片内部。一些片断化效应显现比较快,但许多研究人员强调,片断化的长期效应可能减少物种丰富度——即所谓的灭绝债务——使得某些物种的种群衰退到灭绝。Ewers 和 Didham(2006，p.117)也强调:生境片断化与气候变化的协同互作、人类扰动机制、物种相互作用和其他种群衰退的驱动因子会强化片断化的影响。他们的结论是"人为的生境片断化在进化时间尺度上是最近的现象",并强调"生境片断化最终的长期影响尚未显现"。

回到漩涡模型,我们看到现在不断扩大的基础理论知识和越来越多的科学成果揭示种群衰退中多因子的相互作用。现在有足够证据表明:稀有和濒危物种的衰退种群面临遗传侵蚀和灭绝的危险。这样的结论对于在多大程度上物种衰退可能会停止或被保护管理措施逆转提出了许多复杂问题,这些问题将在第15章讨论。

至于漩涡模型的未来研究方向,我们迫切需要对野外种群的行为有更多了解。例如,有人提出基于随机交配模型预测的近交效应可能无法揭示植物野生种群究竟发生了什么(Amos and Balmford,2001)。如果种群大多数后代来自异交个体的交配,也许近交衰退可能不是一个紧迫问题。此外,还有一个问题值得进一步研究:许多植物是多倍体,与二倍体相比,重复自交可能不会导致迅速的近交衰退。

应该进一步研究漩涡模型不同因子之间的相互作用。最近荷兰山萝卜(*Succisa pratensis*)小型和大型种群比较研究指明了方向(Vergeer *et al.*，2003，p.18)。在对17个不同大小种群的研究中发现,种群大小、遗传变异和栖息地质量(尤其是土壤富营养化的程度)之间有很强的相互作用。大种群生长在富营养化程度较低的环境中,而小种群遗传变异少且近亲繁殖系数更高。这些研究预计"由于栖息地环境恶化、遗传变异和生育能力下降,小种群将持续衰退"。

总之,必须强调的是,在不同物种对种群衰退漩涡模型所涉及的不同因子进行检验的结果表明,没有哪种植物涉及所有衰退因子,也不是所有与种群下降有关的因子都被充分调查过。鉴于植物物种在生态学、种群生物学、繁殖系统、分布历史上都是很"个性化"的,我们需要大量的研究来了解被保护物种种群衰退的模式和过程。

在第8—12章中,讨论了响应人类活动的微进化的许多方面。然而,一个关键领域——种间和种内杂交尚未检查,这些相互作用将在下一章中讨论。

第 13 章　人类影响的生态系统中杂交和物种形成

本章关注人类影响的生态系统中杂交和物种形成的问题。当前,许多植物处于濒危状态。如果在不久的将来有许多物种灭绝,那么是否会有新的物种快速进化来取代它们呢? 由于人类活动,大量植物已经被有意或无意地引入世界各地。这种人类诱导的打破物种间地理隔离的结果会是什么呢? 地球上很大一部分区域被农业景观覆盖。农作物、野生植物、园艺植物、杂草间互作的微进化效应是什么? 最后,人类影响的生态系统中物种杂交对保护有什么意义?

13.1　新物种是否会快速进化以取代那些即将灭绝物种?

人类活动产生许多斑块状和嵌合生境。当一个具有遗传多态性的物种出现在两个或多个相邻生境中时可能会发生歧化选择,这为物种初步形成提供了环境条件。有一个例子说明了这种可能性。在英国许多地方,在广阔的牧场上存在开矿业遗弃的重金属污染岛。就像我们在第 10 章中所述,一个物种同时生活在矿区和牧场就会发生基因流和歧化选择。牧场植物对重金属敏感不能在矿区生长,而矿区植物也很难在牧场生长。基因流会导致后代混合,而矿区植物与矿区植物、牧场植物与牧场植物杂交则产生最适应的后代。理论研究认为,选择偏好于促进生境内杂交的机制。Antonovics(1968)以及 McNeilly 和 Antonovics(1968)对来自矿区和牧场交界带上的*丝状剪股颖*(*Agrostis capillaris*)(或细弱剪股颖,*Agrostis tenuis*)和黄花茅(*Anthoxanthum odoratum*)进行栽培实验表明,尽管矿区植物和牧场植物花期有重叠,矿区植物开花早了近一个星期,在培养中差异仍然存在。此外,虽然这两种植物一般是自交不亲和的,但一些矿区和牧场植物被证明是自花授精。花期差异和自花授精程度可以看作是隔离机制的开始,因而标志着在向物种形成的道路上迈出了第一步。相当有趣的是,自此之后分化模式仍持续了 40 多年(Antonovics,2006)。假如这两个物种的个体更新换代频繁,并且有差异开花的分化模式(初期的研究表明具有遗传基础),这种模式的持续为维持分化提供了强的选择力。

因此,我们可以认为物种形成的初期,涉及所有微进化过程的种群分化,其会出现在人为导致的片断化生境,包括分散的自然保护区和嵌合生境。然而,我们所知道的渐变物种形成是一个漫长过程,也许涉及植物的许多世代(Hendry, Nosil and Rieseberg,2007)。按照这个方式,新物种似乎不太可能快速进化以取代那些已经灭绝或即将灭绝的物种。

在后达尔文时代,我们的一个主要进展是认识到多倍化是植物物种形成的一个常见手段。按照这个方式,新物种可能通过体细胞突变或染色体未减半的配子的融合而瞬间形成。多倍化已经成为农作物和园艺植物进化的重要因素(Simmonds,1976;Walters,1993)。多倍化是植物新物种快速形成以取代即将灭绝的物种的方式吗?

13.1.1　少数派劣势

研究显示大多数物种产生未减数配子的频率较低,而且多倍化也是相对少见。为了发展成为新的物种,新的多倍化个体必须能在生态系统中定植并成功繁殖。在此过程中,它面临与其他物种——尤其是与比它的数量多得多的亲本植物的竞争。因此,新多倍体可能受到"少数派劣势"的影响:它们的进化适合度可能不足以让它们存活。正如我们将在后文中看到,只有 3 个人类活动导致的新野生多倍体成功的案例。

有证据显示在这 3 个案例中物种间的相互作用首先是杂交,然后多倍化。其中两个案例是关于一个本土种和一个引入种。第三个案例显示了在同属的 3 个引进种之间的杂交和之后的多倍化。

13.2　米草属中一个新多倍体的进化

在 19 世纪,北美东海岸的物种互花米草(*Spartina alterniflora*)($2n = 62$)偶然被引入西欧,最有可能是随船只的压舱水进入欧洲。在英格兰南安普顿海域的潮间带中,互花米草与欧洲本土的米草/海岸米草(*S. maritima*)($2n = 60$)杂交。1870 年,第一次明确记录了这两个物种间杂交形成的不育的唐氏米草(*S. × townsendii*)($2n = 62$),并且这种植物依然生长在最初发现的地方。后来发现可育的杂交变种大米草(*S. anglica*)($2n = 120, 122, 124$)。这种植物第一次确定记录是 1892 年,它被公认为是来源于唐氏米草的染色体加倍,并变成了一种具有很强活力的异源多倍体(Marchant,1967,1968;Salmon,Ainouche and Wendel,2005)。由于亲本物种是六倍体,大米草是十二倍体的异源多倍体。

种子蛋白质和同工酶(Raybould *et al.*,1991a,b)以及后来的 DNA 标记研究证实了杂交与多倍化假设。在大多数被子植物中,叶绿体 DNA(cpDNA)的遗传是严格的母系遗传,因此提供了一种探测杂交类群起源的手段。由于互花米草、唐氏米草、大米草都有相同的叶绿体基因组,互花米草是最初开始杂交的母本(Ferris,King and Gray,1997)。

Ayres 和 Strong(2001)运用分子标记(随机扩增多态性 DNA 标记 PAPD 和简单重复间序列 ISSR)发现用于区分互花米草和欧洲米草的 DNA 片段与鉴定唐氏米草和大米草的片段完全一致,因此证实了它们的起源。尽管早期研究揭示大米草缺乏遗传变异性(Raybould *et al.*,1991a,b),但 Ayres 和 Strong(2001)用分子标记在大米草中检测到丰富的遗传变异,这可能表明:① 该物种可能是从同一种但有遗传差异的亲本多次起源;② 等位基因可能由于重组丢失了;或者③ 由于大米草有不同的染色体数量,整条染色体的丢失导致遗传变异下降。

1892 年,在法国巴斯克地区的比达索阿河河口发现另一个不育的米草属杂交种,形态上与唐氏米草有些不同,被称为 *S. × neyrautii*。有人认为这个植物是互花米草(父本)和欧洲米草(母本)反向杂交的结果(Raybould *et al.*,1990)。然而,分子调查(RAPD,ISSR 和 cpDNA)否定了这种假设,揭示唐氏米草和 *S. × neyrautii* 有相同的母本(互花米草)和父本(欧洲米草)。因此,出现了两个独立的杂交事件,但是在英格兰和法国西南部的这两个杂交种的产生涉及亲本的基因型不同(Baumel *et al.*,2003)。

大米草具有旺盛的地下茎克隆繁殖的特性。由于具有很强的表型可塑性而且在耐受缺氧和污染基质方面比亲本具有更宽的生态幅,新的多倍体能够克服少数派劣势,尽管其起源的两个亲本物种在该区域缺乏变异。这种植物已经被广泛地引入到北欧、南美、中国、澳大利亚、新西兰等地,并从引入点快速地扩散,在一些地方成为一种入侵杂草。

大米草为遗传学家提供了检验新多倍体早期进化发生了什么以及它与亲本或同属其他物种互作的机会。因此,Salmon 等(2005)在大米草中检测到非常有趣的快速遗传变化;此外,一些研究也检测到欧洲米草在其分布区最北部快速衰退。该物种几乎只能通过营养繁殖扩散,分子研究显示种群缺乏遗传变异,在 98 个核标记中只有一个显示出多态性(Yannic,Baumel and Ainouche,2004)。Ainouche 等

(2004)发表了关于米草属杂交、物种形成和多倍化的 100 多年来研究的很有价值的综述,包括北美本土的叶米草(*S. foliosa*)和被引入的大米草(见下文)。

13.3　威尔士千里光的起源

1945 年在威尔士北部靠近 Ffrith 的 Cefn-y-Bedd 路边第一次记录了威尔士千里光(*Senecio cambrensis*)(2n＝60)。 后来在威尔士北部的科尔文湾和英格兰的勒德罗也发现有这个物种。它和不育的 S.×baxteri (2n＝30) 很相似,S.×baxteri 是引入的 *S. squalidus* (2n＝20) 和欧洲本土的千里光 *S. vulgaris* (2n＝40) 之间的杂交种,但是威尔士千里光能产生有活力的种子。对欧洲千里光和 *S. squalidus* 人工杂交形成的杂交种用秋水仙素进行处理,以阻断纺锤体形成使细胞多倍化,在实验室创造出了新的多倍体,弄清了这种新的多倍体的祖先(实验由 Harland 操作,被 Rosser 报道,1955)。Weir 和 Ingram(1980)也在实验条件下成功地人工杂交形成了威尔士千里光。

关于威尔士千里光的祖先,提出一些其他的假设并被检验(Lowe and Abbott, 1996)。该物种可能直接起源于近缘种 *S. teneriffae* (2n＝60),但这两个物种的同工酶变异性研究不支持这种可能性(Abbott and Lowe, 2004)。

对新的多倍体进一步研究显示,在距离威尔士的起始位置很远的爱丁堡利斯的荒弃地上存在威尔士千里光(Abbott, Ingram and Noltie, 1983；Abbott, Noltie and Ingram, 1983)。cpDNA 的研究表明,威尔士千里光在两个位点具有不同的模式,这给物种的多起源提供了可信的证据。

对威尔士千里光的分子研究仍在继续,该物种在起源之后可能经历了快速的基因组进化(Abbott and Lowe, 2004)。威尔士千里光(包括与它的起源有关的物种)也正被用于研究杂交和多倍化对开花基因表达的效应(Hegarty *et al.*, 2006)。

在上文中我们已经注意到,由于少数派劣势,新多倍体可能无法存活。研究显示威尔士千里光是高度自交可育的,起源伊始就与众多亲本种群在繁殖上隔离,并且通过自花授粉产生可育后代。最初,对威尔士千里光的研究显示其种群是在扩张的。相反,爱丁堡地区的重新开发使得该地的威尔士千里光种群即将灭绝(Abbott and Forbes, 2002)。然而,最近的研究表明,尽管 AFLP 分子标记仍检测到高的遗传变异性,威尔士地区的威尔士千里光种群的数量和大小也在衰退(Abbott, Ireland and Rogers, 2007),衰退的原因尚不清楚。

进一步的研究检测了英国约克郡的千里光属的其他新物种(Lowe and Abbott, 2004)。研究使用了同工酶标记并结合再合成实验,发现 *Senecio eboracensis* (2n＝40) 这个新物种也是来源于本土物种 *S. vulgaris* (2n＝40) 和引进物种 *S. squalidus* (2n＝20) 的杂交。所有新产生的物种都面临着少数派劣势。推测因为自交可育,*Senecio eboracensis* 通过了被其亲本种个体包围中的最初生存和繁殖考验。从保守的观点来看,这个新种提出了有趣的问题。这个类群能否长期存活尚不确定,因为它分布在城市地区,可能由于城市发展而被清除。

13.4　婆罗门参属新物种的进化

婆罗门参属(*Tragopogon*)的 3 个欧洲物种(都是二倍体,染色体 2n＝12)被引入到北美,变成路边和扰动地中的杂草。长喙婆罗门参(*Tragopogon dubius*)于 1928 年引入,蒜叶婆罗门参(*T. porrifolius*)

和婆罗门参(*T. pratensis*)的引入要更早一些,大约在1916年。尽管在欧洲很大程度上是异域分布的,但这3个物种可以产生高度不育的杂交种。这3个物种偶然引入美国导致它们一起出现在华盛顿东部、邻近爱达荷州的帕卢斯地区。Ownbey(1950)研究混合种群发现,不仅有不育的种间杂交种,而且还有小的可育的植物种群,它们具有中间型特征——$2n = 24$的四倍体。根据形态学的证据,Ownbey认为*T. mirus*是*T. dubius*×*T. porrifolius*杂交后代,而*T. miscellus*是*T. pratensis*和*T. dubius*的杂交种。

使用一系列不同的技术研究的结果证实了Ownbey的假设,包括核型(Ownbey and McCollum,1945;Brehm and Ownbey,1965)、生化特征(Belzer and Ownbey,1971)、同工酶(Roose and Gottlieb,1976)和DNA标记等(由Soltis *et al.*对大量不同的调查进行的综述,2004)。

根据形态学的证据,Ownbey认为这两种多倍体都是多起源的,每个种都在不同地点不止一次的起源:*T. mirus*有3次,*T. miscellus*有2次。使用DNA和同工酶标记对起源的进一步研究则发现,帕卢斯地区的*T. miscellus*有2~21次独立的起源,而*T. mirus*有5~9次(Soltis *et al.*,1995)。

分子研究探究了产生多倍体的杂交方向(Soltis and Soltis,1989)。cpDNA的研究显示,普尔曼地区的*T. miscellus*的母本是*T. dubius*,但是其他一些地方母本是*T. pratensis*。*T. mirus*所有种群的母本都是*T. porrifolius*。

自Ownbey开创性研究以来,亲本和新多倍体的分布都显著地增加了。研究显示,一些地方多倍体种群增加,但是在其他地方种群数量减少,甚至有的种群濒临灭绝,例如在爱达荷州莫斯克的新房屋和花园建设毁灭了一个*T. miscellus*种群。Ownbey收集到25个非本土的物种已经在它们生长的实验园形成杂交种,并且*Tragopogon*的3个物种已经逃逸到自然环境中,因此在自然条件下,进一步的杂交是可能的。

已经有人对婆罗门参属进行了深入研究(Cook *et al.*,1998;Pires *et al.*,2004;Soltis *et al.*,2004;Kovarik *et al.*,2005)。尤其是新的多倍体似乎已经克服了少数派劣势,从生态的角度看,它们比其亲本类群更为成功。另外,先进的分子和细胞技术正被用于检验由于多倍体形成而出现的微进化变化。二倍体祖先的所有染色体已经被确定特征,似乎二倍体染色体组在多倍体基因组中简单叠加,没有经过大的染色体重排。然而,在*T. miscellus*与其亲本之间,以及不同起源的多倍体种群间检测到基因表达的变化。其他的研究检测到,相对于二倍体亲本,多倍体中出现基因沉默和新基因表达(Soltis *et al.*,2004),以及核糖体DNA的快速进化(Kovarik *et al.*,2005;Matyasek *et al.*,2007)。

13.5　新同倍体杂交物种的进化

分子和其他研究表明,在少数情况下,同域分布物种间杂交产生新物种但不多倍化(见Hegarty and Hiscock,2005;Chapman and Burke,2007;Rieseberg and Willis,2007)。在大多数情况中,并不清楚人类活动(直接或间接的)是否影响到这些新类群的起源。然而,*Senecio squalidus*案例证实人类对新物种进化有明显影响。

对欧洲千里光属二倍体植物研究暗示,18世纪在埃特纳山采集并引种到牛津植物园的*S. squalidus*的原植物可能是*S. chrysanthemifolius*和*S. aethnensis*的杂交种(Abbott,Curnow and Irwin,1995;James and Abbott,2005)。最近RAPD和ISSR的分子研究证实了这种假说。在这个案例中人为干涉的作用很清楚。杂种植物被送到牛津,导致了与埃特纳的亲本的长距离分离和生殖隔离。因此,*S. squalidus*是一个混合祖先的二倍体杂交种。鉴于*S. squalidus*最终大范围地分布,这个种可能是预适应的,或者可能在牛津植物园、城区或其他地方发生了显著的微进化变化,然后通过铁路网拓殖到全城及以外地区。

13.6　野生植物中近期多倍体的稀有性

关于新多倍体的发生率,需要重申的一点是很少有关于非常近期起源的野生多倍体的实例。不过,许多地区的植物区系检测还不完全,多倍体可能比现有资料显示的更为常见。因为大量的物种已因人类活动在全世界不同地区相互引入,发现更多的新多倍体的概率很高。从更长时间考量,随着泛大陆分开形成现在大陆板块,地理隔离造就了丰富的植物物种多样性。另外,天然的稀少的长距离扩散到相互隔离的火山岛上的物种,因为隔离而进一步分化。植物分布的旧模式正被人类活动(有意或无意)剧烈地改变。杂交和多倍化发生的可能性似乎在增加。然而,目前的证据暗示,与杂交和多倍化有关的物种形成,无论是渐变式还是爆发式,都会导致足够多的新植物的快速进化而取代面临灭绝威胁的物种。

13.7　人类活动打破生殖隔离将会发生什么?

我们已经考虑了 3 个案例,这些案例都显示地理隔离打破后发生杂交和多倍化而产生新物种。如果将这 3 个案例看成是共同现象,当有关类群间的生态隔离被打破后会发生什么? 就像我们之前所说,隔离被打破可能是自然的,但是现在更多的是人类活动的结果。

高水平的种间杂交(Stace,1975)和属间杂交经常被报道。Knobloch(1971)列举了23 675个可能的种间和属间杂交种。基于对区域植物区系的调查,Ellstrand 等(1996)估计 11% 的物种与杂交有关;Stace(1989)根据英国植物区系中杂交种发生率推断,估计被子植物中可能有 78 000 自然种间杂交种。一些类群中杂交率较高,如柳草(柳叶菜科 Onagraceae)、兰花(兰科 Orchidaceae)、松树(松科 Pinaceae)、蔷薇(蔷薇科 Rosaceae)和杨柳(杨柳科 Salicaceae)。Ellstrand、Whitkus 和 Rieseberg(1996)将玄参(玄参科 Scrophulariaceae)、禾草(禾本科 Poaceae)、菊花(菊科 Asteraceae)和莎草(莎草科 Cyperaceae)也归为杂交率较高的类群。

对于这些数据必须特别关注以下几点(Maunder et al.,2004)。

1) 数据不全面:仅有温带植物区系的调查信息。

2) 我们无法弄清楚人类干扰的生态系统中的杂交事件究竟是自然的还是人类干扰的结果(Maunder et al.,2004,p.325)。

3) 还有很多基础问题需要解决。什么是杂交种? Maunder 等(2004)考查了不同的杂交种术语的用法。遗传学家将两个有明显遗传差异的品系间交配产生的后代称为杂交种,而分类学家一般定义杂交种为分类上有区别的物种间交配产生的后代。正如我们在第 6 章中已经提到,分类学家和其他人对"什么是一个物种"有不同的定义和概念运用。因此,解释文献中报道的杂交种的数量就变得相当困难了。

4) 关于种内和种间的基因流的程度和重要性还有很多争议。

13.8　杂交:基因流的程度

"按照 20 世纪中期新达尔文进化论的观点,自然选择占据了舞台中心,但是基因流及其相关物种间的杂交扮演了重要的配角……基因流和杂交都是普遍和重要的进化变化的机制。"(Ellstrand,2003, p.1163)然而,对基因流和杂交的重新评估出现在 1970 年代和 1980 年代。当时实验显示,单株植物的花粉和种子的扩散总是有限的,扩散是高度偏斜的,即大多数花粉和种子分散在离植株较近的位置,而且扩散量随距离增加而快速减少。花粉和种子的分布不是正态的,而是呈现尖峰态。因此,我们得出基因流非常受限的结论。其结果是,杂交和基因渐渗的重要性可能被低估。在过去的 20 年左右,运用分子标记分析基因流和杂交的研究已大量开展,这些研究促成了我们现在的认识。后面的章节将总结最近在种间杂交,包括基因渐渗和种内杂交方面的发现。总体上,20 世纪 80 年代关于基因流和杂交程度和比率的共识已经被颠覆(Ellstrand,2003,p.1163):

> 25 年前,这两者都被认为极少发生且无关紧要。现在认识到,基因流和杂交有特别的意义,并且因种群而异。基因流通常以显著的进化速度在相当远的距离发生。自发的杂交不时产生严重后果,例如,刺激更有入侵性植物的进化和增加稀有物种的灭绝风险。

杂交产生新杂草和入侵种的潜力也被研究过。

13.9 杂交和基因渐渗:使用分子标记检验假设

在过去,通常采用形态学研究和花粉、种子传播调查的手段来检验关于野生植物的杂交、基因渐渗、基因流的假设。这些研究不能提供严谨的假设验证(Briggs and Walters,1997)。随后的案例分析显示,分子技术为深入了解杂交在微进化模式和过程中的作用提供了途径(Rieseberg and Wendel,1993)。通过分子技术,各种相互作用被检验:① 野生种之间;② 本土野生种和引入种之间;③ 野生种和作物之间;④ 野生种、杂草种和作物之间。共计有 165 个证据充分的基因渐渗案例发表。(如果所有可能的案例都包括,将有一个更长的列表。)其中,37 个案例有可靠的分子证据。继这篇综述之后,越来越多的研究被报道(见下文)。然而,人类在植物基因渐渗过程中所扮演的角色并不是十分清楚。下面将着重介绍一些已有的关于人为因素作用下基因渐渗的模型检验和案例分析(图 13.1)。

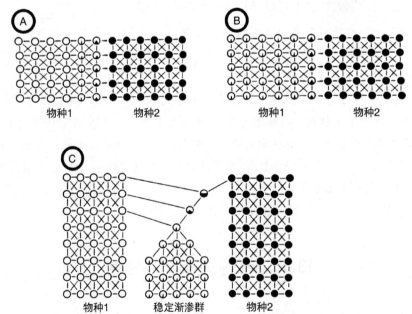

图 13.1 (A) 局部渐渗,(B) 分散渐渗,(C) 两个物种间稳定渐渗群的起源。种群分别用白圈和黑圈表示,直线所示为杂交的方向。[源自 Rieseberg 和 Wendel(1993);经牛津大学出版社许可复制]

13.10　鸢尾生态隔离的打破：物种相互作用

在美国路易安纳斯州南部,生长着大量依靠无性繁殖的多年生鸢尾属($Iris$)植物。Riley 等人的早期研究主要关注其中的两个种:一是 $I.\ fulva$,这种砖红色花的植物,喜欢林下半阴暗的湿黏土环境,主要沿密西西比河河口被抬升的堤坝浅滩分布;另一种为紫色花的 $I.\ hexagona$(在早期的文献中称 $giganti\text{-}caerulea$ 变种),喜光照,分布于开阔且相互联通的淡水沼泽或人工河道附近的湿地。受人为干扰的区域,两个物种间存在明显的杂交,反映在花色上,这些类型往往呈现出一系列的花色变异,而在无人干扰的区域,花色则比较一致(图 13.2)。

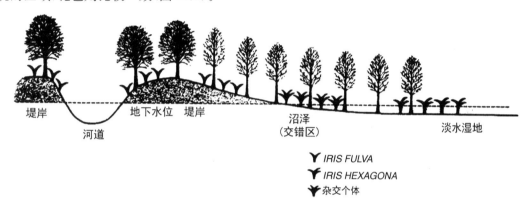

图 13.2　$I.\ fulva$ 与 $I.\ hexagona$ 以及自然杂交种的生境关联性。这个图说明在父母本交错生境上发生自然杂交的假说。[根据 Viosca(1935),源自 Arnold 和 Bennett(1993);经美国鸢尾学会许可复制]

对这些鸢尾种群的形态学研究进一步证实了种间杂交的存在(Riley,1938)。这一案例曾被 Anderson(1949)引用作为渐渗杂交在微进化中发挥重要作用的典型范例。在鸢尾属中,上述结论的得出主要是依据形态学的证据。具体是在没有种间交流的区域收集样品作为父母本材料,同时在另外两处明显发生种间杂交的区域采集样品。之后选取 $I.\ fulva$ 与 $I.\ hexagona$ 间明显不同的 7 个花部特征作为杂交指标进行观测实验,最终发现在假定的父母本中这些指标的综合评定值分别最高($I.\ hexagona$)和最低($I.\ fulva$),而中间形态的则获得中间的得分。

Anderson(1949)考虑了杂种分布区的生态环境条件。他指出,河口三角洲定居的主要是法国人,他们的小农场主要沿着河流和河口分布,并且其所有权界限往往与河道垂直呈狭长形。这些农场被用作田地、牧场或者生产薪材和木材的林地。没有哪两块土地的利用方式是一样的。在没有干扰的地区,两种鸢尾生长在不同的生态区域。然而受人为干扰的区域,潜在的杂交群则以镶嵌的形式出现在次生林中或者草覆盖率较高的放牧区,以及由于过度放牧形成的裸地。

Anderson(1949,pp.15,62-63)认为,这些样点是景观上人为干扰条件下打破自然生态隔离的一个普遍现象。他指出:"当人类开挖沟渠、砍伐木材、修筑公路或拓展牧场时,就会无意识地引入光照、湿度以及土壤等因素的新组合。"Anderson 有一段记忆犹新的陈述,他认为在很大程度上,人类在很多地点以不同方式"对栖息地进行杂交"。他推测了基因渐渗产生局部或地方效应的可能性。关于基因渐渗在进化中的重要性,他指出:"几乎所有已发表的数据都证实了在人类改变自然力的区域基因渐渗的重要性。"此外,他也强调:

我们从逻辑上可能期望当自然界自身发生紊乱时基因渐渗会产生相同的效力。在人类出

207

现之前,洪水、火、龙卷风以及飓风必然会作用于自然植被。正如人类自身一样,这些现象灾难性地改变着自然条件,打破了物种间的障碍,创造出了不同寻常的栖息地,其中的杂交衍生物在一定时期内找到了立足之地。以此为媒介,一些物种的基因可以入侵到其他物种中。

Anderson 关于鸢尾属植物变异的解释受到了 Randolph、Nelson 和 Plaisted(1967)的质疑,他们指出:尽管有证据表明一些区域物种间存在狭窄区域的交流,但并没有证据显示基因渐渗在一个普遍的范围内使植物种间界线变得模糊。更何况,两个物种的染色体数目也不相同:$I.\ fulva\ (2n = 42)$,$I.\ hexagona\ (2n = 44)$。

早期关于野生物种(如 Anderson 在构建其模型时所依据的物种)基因渐渗的研究,基本都是单一的以形态学为主。对基因渐渗的关键检验需要物种间基因融合的相关证据。目前,对于野生种群的研究已经转向使用分子标记。以经典的路易安纳斯州鸢尾属植物为例,已经被 Arnold 等学者采用核基因(rDNA,同工酶以及 RAPD)和细胞质基因(cpDNA)进行了重新验证(Arnold and Bennett,1993)。这些研究主要针对那些亲本孤立存在的样点,物种特异性标记也被开发了出来。

在早期研究中有潜在杂种描述的 L'ourse 河口,对每个个体携带的 $I.\ fulva$ 和 $I.\ hexagona$ 特异性标记比例进行了检测(图 13.3)。多种基因型的出现以及遗传变异模式表明不间断的杂交以及基因渐渗导致产生了占优势的 $I.\ hexagona$ 回交个体(Arnold and Bennett,1993,p.122)。这些研究也证实了 Anderson 具有广泛意义的基因渐渗假说。而且,不仅在两个物种的重叠分布区存在基因渐渗,随着 Arnold 及其合作者对现有重叠分布区之外基因渐渗现象的发现,分散基因渐渗也有了证据(Arnold,Bouck and Cornman,2004)。

在许多有花植物中,叶绿体基因服从母系遗传,随卵细胞由亲本传递到种子中去。这种继承模式为检测长距离基因渐渗是依靠种子还是花粉提供了一种途径。有证据表明基因渐渗主要是依靠花粉基因流,尤其是借助蜜蜂的长距离觅食(图 13.4)。相反,即使在短距离范围内,以种子为媒介的基因流也并未被检测到(Arnold *et al.*,2004,p.145)。

Arnold 和他的助手研究了基因渐渗的其他方面:

1)在自然条件下,$I.\ hexagona$ 生活在微咸海水环境,而 $I.\ fulva$ 则生长在淡水环境。不同盐浓度作用下的相关实验显示在耐盐性方面 $I.\ hexagona$＞杂交种＞$I.\ fulva$。

2)两个亲本和两个杂种后代的耐阴性实验显示,$I.\ fulva$ 的耐阴性最高,因而在阴暗环境中具有最强的适应能力;而 $I.\ hexagona$ 的适应性最低;杂交种则介于两者中间。除个别例外,形态上与 $I.\ fulva$ 相近的个体比与 $I.\ hexagona$ 相近的个体对荫蔽环境的适应能力更强。

3)竞争实验显示,$I.\ hexagona$ 和与其分类学上相近的杂交种具有同等的竞争能力,都优于 $I.\ fulva$。

4)Anderson(1949)推测,在分布区(无论是自然分布区还是人工分布区)范围内,杂交种比其任一亲本的达尔文适合度都高,存在选择优势。Emms 和 Arnold(1997)对这一假说进行了验证。他们以 $I.\ fulva$、$I.\ hexagona$ 及其杂交 F_1 代和 F_2 代为材料,通过检测物种特异性核基因和细胞质基因,将材料分成了两组:分别为含 $I.\ hexagona$ 分子标记频率较低的 $I.\ fulva$ 状植物和含 $I.\ fulva$ 分子标记频率较低的 $I.\ hexagona$ 状植物。进而通过设置交互移栽实验,检测他们的存活、叶产量、根茎生长以及开花等相关指标。所有的结果都显示 F_1 代、部分 F_2 代以及回交后代比其亲本具有更高的适合度。因此,从微进化角度而言,杂交个体可以通过广泛的基因渐渗,取代其亲本类群。

5)对鸢尾属植物的研究显示,与亲本相比,杂交种的有性生殖能力相对较弱,但它们往往却能存活得更久并且具有可观的营养繁殖扩张能力。因此,随着时间的延续,逐步形成间距

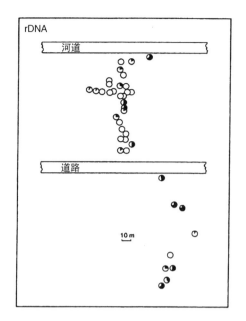

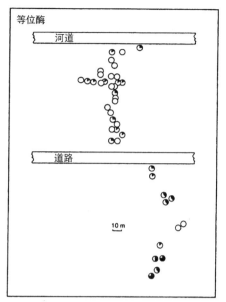

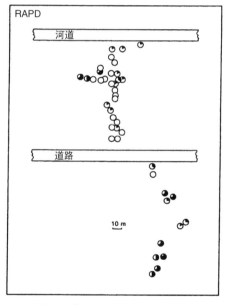

图 13.3　L'ourse 河口一个种群 42 个个体的遗传变异。每一个圆圈代表一个个体。实心和空心部分分别代表 *I. fulva* 和 *I. hexagona* 分子标记的比例。在左上角、右上角以及中间的图分别显示的是 rDNA、等位酶以及 RAPD 分子标记的变异。rDNA 分析中存在 3 处数据缺失。［引自 Arnold 和 Bennett（1993）；经牛津大学出版社授权复制］

10 m 以上的不同基因型克隆斑块（Burke *et al.*，2000）。从形态学角度，这些克隆往往彼此不同，在分类学上可能被作为小种看待。

　　6）研究也揭示了鸢尾属植物基因渐渗的更多模式，在一些相对干燥的栖息地，如：未开发的牧场、阔叶林等出现了除 *I. fulva* 和 *I. hexagona* 之外的另一个共存种 *I. brevicaulis*。在对 Teche 河口一个种群的分子研究中发现，一些个体含有 3 种植物共有的基因，证实了 3 个物种间发生了基因渐渗（Arnold，Hamrick and Bennett，1990；Arnold，1993）。

　　7）随着新的同倍体杂交种 *I. nelsonii*（Arnold，1993）的发现，鸢尾种群显得更为复杂。*I. fulva*、*I. hexagona* 以及 *I.brevicaulis* 3 种植物的特异分子标记都出现在这个稳定的渐渗体中，表明 3 种植物都与 *I. nelsonii* 的起源有关。尽管人类活动对路易斯安那州鸢尾的基因渐渗有明显的影响，但具体对 *I. nelsonii* 有什么直接作用并不是很清楚。

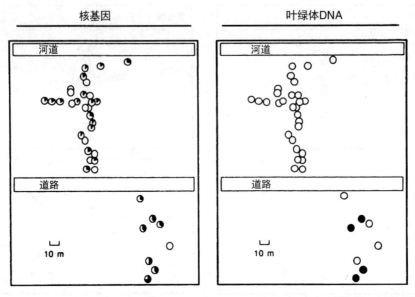

图13.4 由花粉流导致的 *I. fulva* 与 *I. hexagona* 间非对称的基因渐渗。其中每一个圆圈代表一个个体。左图：*I. fulva*（荫蔽）与 *I. hexagona*（非荫蔽）核基因的相对比例；右图：母系遗传的叶绿体分子标记的相对比例。特别注意河口与道路间的种群，这些区域核分子标记的多态性表明了杂交后代和回交的出现，通过 *I. fulva* 的叶绿体 DNA 可以看出在这个区域没有明显的种子扩散。[根据 Arnold（1992），引自 Avise（1994）]

13.11 德国蔊菜属植物的基因渐渗

同工酶和叶绿体 DNA 研究发现，德国北部的 3 种蔊菜属（*Rorippa*）植物（*R. amphibia*，*R. palustris*，*R. sylvestris*）存在渐渗杂交（Bleeker and Hurka，2001）。Elbe 河是中欧最后一条有自然侵蚀和沉淀模式的河流。对其沿岸 *R. amphibia* 以及 *R. sylvestris* 种群的研究同样发现二者间存在杂交和双向基因渐渗现象。这两个物种有不同的生态位：*R. amphibia* 常常沿河道出现，而 *R. sylvestris* 则生长在潮湿的环境或冬季有水的地区。Elbe 河周期性的洪水，打破了两岸的天然生态阻隔，但由于这一区域没有永久性河畔，杂交种很难持续生存。但是，人工河道却为 *R. amphiba*（水边区域）与 *R. palustris*（潮湿的地区或荒地）提供了稳定的交流区，分子标记技术（同工酶和 cpDNA）也检测到存在由 *R. palustris* 向 *R. amphiba* 的单向基因渐渗。

13.12 引入种之间的基因渐渗：杂交是否促进入侵性？

第 11 章系统介绍了诸多可能造成外来物种入侵的因素。如今，另一个因素被提了出来，那就是杂交。杂交可能促进了基因渐渗（Abbott，1992；Ellstrand and Schierenbeck，2000，2006）。人们注意到，一些外来种在其刚刚进入一个新的外部环境时，并没有进入入侵状态。相反，它们往往在较长的一段时间保持"休眠杂草"状态，之后一些种才开始具有入侵性（Groves，2006）。Ellstrand 和 Schierenbeck（2006）认为，杂交可能正是其随后入侵性的来源。杂交这种刺激机制可能涉及本土物种和非本土物种间多倍体的产生或稳定基因渐渗群的出现（Abbott，1992）。除此之外，Ellstrand 和

Schierenbeck 也提出,入侵的刺激也可能来源于多次独立引进物种的种内杂交。他们通过文献综述搜集关于杂交促进基因渐渗的可信案例,只有那些野生的、具有自发杂交证据,并且进行过遗传(等位酶和 cpDNA)、杂交实验的被收录在内,最终只搜集到 28 个种,多数是受干扰地区的多年生草本植物,且其中有一半的杂种其亲本之一是非外来种。

13.13　杂交如何促进入侵性?

Ellstrand 和 Schierenbeck(2006)认为,杂交可以通过增强变异性以及随后杂交种的基因重组导致产生"进化新征"。杂种状态可以通过多种途径稳定下来,包括形成异源多倍体、无融合生殖以及克隆扩散等。除此之外,小的孤立种群间的杂交是他们重新汇聚到一起的途径,使他们"逃离"累计有害突变的影响。下面一些范例阐释了杂交促进入侵性的可能机理。

彭土杜鹃(*Rhododendron ponticum*)作为观赏植物,最早引入英国是在 1763 年,是英国植物园 500 多种杜鹃中的一种。这一物种目前已明显归化,并入侵到了威尔士北部、爱尔兰以及苏格兰的部分地区。英国自然保护区以及林业局、野生生物基金会以及私人土地所有者的一项调查指出,这一物种的影响范围已达到 52 000 公顷,其中 3 000 公顷位于自然保护区。2001 年,为控制这一物种已投入了超过 670 000 英镑(Dehnen-Schmutz,Perrings and Williamson,2004)。

这一材料最早被引入是出于兴趣。Stace(1991)认为英国的材料来源于欧洲东南部和亚洲的西南部。但是,在伊比利亚半岛也存在彭土杜鹃种群。Milne 和 Abbott(2000)采用(cpDNA,rDNA 和 RFLP)分子标记,对来自英国群岛和欧洲、土耳其等地的 260 多份杜鹃材料进行了研究,目的是确定 *R. ponticum* 的起源及其变异。

两种叶绿体变体的出现意味着这些材料可能是经过多次引种而来的。叶绿体 DNA 扩增图谱显示,其中 89% 的样本源于西班牙,10% 具有葡萄牙所特有的变异特征。据此判断,由欧洲东南部引入的材料并没有影响到英国种群的叶绿体基因。而分子标记也证明 *R. ponticum* 与北美的 *R. catawbiense* 之间存在渐渗杂交,这种基因渐渗在来自东苏格兰材料中尤为突出。这些模式的产生可能是源于下面的一个或几个因素:园艺学家的审美观念;育种学家对杂种耐性的选择;或者是自然选择通过倾向性地选择北美更加耐寒的基因渐渗,以抵抗苏格兰严酷的气候条件。解决这些问题还需要做很多的工作。目前也有证据表明,*R. ponticum* 与 *R. maximum* 以及另一个未被鉴定的种之间存在渗入杂交。分布于英国群岛的 *R. ponticum* 花上具有深红色的斑点。Milne 和 Abbott(2000)认为,花的这个特征可能来源于与杜鹃花属属下另一亚组的 *R. arboreum* 的基因渐渗。综合这些证据,杜鹃花专家 James Cullen 得出了另一个不同的结论(个人通信,2008)。他认为,英国的 *R. ponticum* 在相当程度上是一个人工的杂种群或新生种,不同于野生的 *R. ponticum*;英国 *R. ponticum* 的起源涉及 18 世纪晚期引入英国的 4 个近缘种,即:*R. ponticum* 和同时引入的北美东部的 2 个种 *R. catawbiense* 与 *R. maximum* 以及美国西部的 *R. macrophyllum*。分子标记的应用可能有助于解决这些争议。

13.14　引入真菌种间杂交所引发的入侵性

虽然真菌目前被划分在与植物不同的分支,但其仍适用于杂交和基因渐渗的研究。真菌的种间杂交相对较少,然而随着全球植物和植物产品贸易的增加,许多病原菌被引入到了新的地理分布区,这就为杂交提供了可能性。许多真菌类群间存在着有趣的杂交现象。例如：本土的 *Ophiostoma ulmi* 与欧洲引入的荷兰榆树病致病菌(*O. novo-ulmi*)即存在杂交；又如，新西兰的一种栅锈菌属致病菌即是两个入侵种的杂交种(Spiers and Hopcroft，1994)。杂交在镰刀菌属与香柱菌属现代菌株的进化中发挥着重要作用(O'Donnell and Cigelnik，1997，以及文中所引用的参考文献)。

还有一种致病菌备受关注。1990 年，一种之前未知的真菌疾病导致西欧桤木(*Alnus*)大范围的死亡。目前对这种致病菌的研究已比较透彻。分类学和分子生物学研究表明，这种真菌很可能是 *Phytophthora cambivora* 与另一种类似于 *P. fragariae* 真菌的杂交种。后续的研究表明，无论是 *P. cambivora* 还是 *P. fragariae* 都不能使桤木染病。然而，杂交种在提高侵染力以及开拓新寄主方面似乎比其亲本更具优势，并得以存活下来(Brasier，Rose and Gibbs，1995)。这两种真菌应该是随着染病植物，如悬钩子属植物引入欧洲的，因为这些致病菌在悬钩子上均有出现。目前有一系列防疫措施以防止真菌病原体的传播。但是，Brasier 等(1999)指出，海关检疫主要依据的是形态学的鉴定，所以杂种和基因渐渗往往不可能被检测到。

13.15　种内杂交引发的入侵性

第 11 章中的大量证据表明，奠基者效应的存在往往导致入侵种发育不良。然而，两个分化明显的种群在一个新的区域杂交可能会促进入侵性。在这种情况下，种群内部变异便可能明显增加。Ellstrand 和 Schierenbeck(2006)引用了两个种内杂交促进入侵性的实例。车前叶蓝蓟(*Echium plantagineum*)是澳大利亚的一种有害杂草，其澳大利亚种群的分化程度远比欧洲自然种群的分化程度高(Burdon and Brown，1986)。这种植物曾不止一次地被有意无意地引入澳大利亚(Briggs，1985)。类似地，与欧洲和北非原产地的种群相比，入侵到北美的旱雀麦(*Bromus tectorum*)在种群内部基因变异方面显得更为丰富(Novak and Mack，1993)，同样有大量证据表明这些材料是分多次被引入到北美的(Novak，Mack and Soltis，1993)。

13.16　作物-野生种-杂草互作

作物已经被带到全球各地。一旦作物与其野生近缘种的分布区重叠，开花时间相同，传粉机制一致并且生殖兼容，杂种就会产生。如果杂种 F1 代可育，更多的杂种后代便会出现，再加上回交，最终导致基因渐渗的发生。在早期有关作物与其野生种互作的研究中，研究者多采用形态学观察或杂交实验的手段，为了更为充分地揭示杂交和基因渐渗现象，越来越多的研究开始采用分子遗传学手段。

Ellstrand、Prentice 和 Hancock(1999)发现在 13 种重要的作物中有 12 种(小麦、水稻、玉米、大豆、大麦、棉花、高粱、粟、黄豆、油菜、向日葵和甘蔗)存在与野生近缘种的杂交现象。仅有落花生没有找到相关的证据，但针对其进行的杂交试验却获得了可育的杂交种。作物-野生近缘种杂交的研究目前已经拓展到了其他的作物。Ellstrand(2003，p.1166)对这些研究进行了综述，发现全球范围内，至少有 48 个栽培种与一个或多个野生近缘种发生过杂交。

作物与其野生近缘种之间杂交比例的研究近年来越来越多。在英国一项对油菜(欧洲油菜)及其野生近缘种芸苔(*B. rapa*)杂交的综合研究发现，有近 32 000 个杂交种出现在水边，17 000 个杂交种出现在农田。

尽管杂交的发生率非常重要，但是基因从作物进入到野生种群的速率取决于 F1 代、F2 代以及随后杂交和回交后代的相对适合度。从表面上看,一些作物的基因特性,如不进行种子休眠对野生种来说是选择上的劣势。基于对相关证据的分析,Hails 和 Morley(2005,p.245)认为:"虽然杂种相对于亲本存在一定程度的适应性退化,但不总是如此……在少量案例中,与野生亲本相比杂种提高了繁殖力。"然而,"与杂种优势相比,某种程度的远交衰退更为普遍"。

13.17　微进化通过杂交在杂草中发挥作用

作物向野生植物基因渐渗的例子很多。例如,印度开发出了一种着红色的水稻品种,能将混在其中的包括杂草稻在内的杂草绿色幼苗分开。但是,这种控制杂草的方法却在种植若干代后失败了,原因在于杂交和基因渐渗使红色杂草稻频率提高(Oka and Chang,1959)。

Arias 和 Rieseberg(1994)用等位酶和 RAPD 两种分子标记证明了在小于 1 km 的范围内,栽培向日葵与其野生种之间可以自发地进行杂交。将野生向日葵与栽培向日葵在一起种植一季后,作物特有的 RAPD 分子标记(可能是中性的)在野生向日葵中至少存在 5 个世代(Whitton et al.,1997)。在栽培品种与野生种接触超过 40 年的情况下,发现明显的栽培基因杂交渐渗到野生种中,每个被检测植株至少含有一个作物特有等位标记(Linder et al.,1998)。Mercer 等(2007)研究了向日葵栽-野杂种的适合度,他们发现在胁迫的农业环境下杂种表现出较高适合度,这是由于杂种拥有了快速生长和早花等驯化性状。

13.18　作物-野生种-杂草互作产生新杂草

有研究表明,作物与野生种之间的互作会引起其他微进化改变,从而导致新杂草种的进化。例如,RFLP 分子研究表明非洲的栽培甜高粱(Sorghum bicolor)所特有等位基因也出现于其野生 S. bicolor 中(Aldrich and Doebley,1992;Aldrich et al.,1992)。此外,杂草高粱(Sorghum almum)看起来是栽培高粱与拟高粱(S. propinquum)的杂交种。同样地,世界性的恶性杂草之一亚刺伯高粱(S. halepense)强大杂草性的进化也与栽培高粱的渗入杂交相关(Holm et al.,1977a,b)。综合其他案例,Ellstrand 等(1999)指出,作物向杂草的基因流已经导致 13 种重要作物中 7 个种的野生近缘种的杂草性增强。

13.19　杂交增加濒危物种灭绝风险

台湾本土野生稻(Oryza rufipogon ssp. formosana)与栽培稻发生杂交(Kiang,Antonovics and Wu,1979)。在过去的一个世纪,野生稻的花粉和种子育性均下降了,性状上已明显接近栽培稻。在亚洲许多地方,普通野生稻(O. rufipogon)的其他亚种也受到了同样威胁,另一种野生稻(O. nivara)的种群由于与栽培稻频繁发生杂交而被改变(Chang,1995)。Small(1984)提出了其他例子来说明野生近缘种因与作物频繁杂交而面临灭绝的威胁。

13.20　转基因作物与野生及杂草近缘种之间的互作

转基因作物在有些国家(但不是所有国家)的现代农业中越来越重要。相关资料表明,1996 年世界转基因作物的种植面积为 1.7 公顷；到 2007 年，转基因作物面积增长至 114 公顷。传统作物育种中，将新基因引入作物中的方法通常是将已有的作物与其野生近缘种进行杂交，舍弃不具有目的性状的杂种后代。相比而言，转基因为向作物中引入优良性状提供了一个快速的途径，并且与目的性状相关的基因可能与该作物亲缘关系很远。例如，苏云金芽孢杆菌（*Bacillus thuringiensis*）天然代谢产物 Bt 蛋白具有生物毒素的作用，可用于抵御虫害。因此，转 *Bt* 基因构件已被引入到许多作物中，许多抗除草剂基因也一样。在未来，转基因技术会为疫苗、抗生素及工业蛋白的生产节省更多的成本（Giddings *et al.*，2000）。

对栽培种-野生种-杂草种（crop-wild-weedy）之间相互杂交的兴趣随着转基因作物的出现进一步增加，因为普遍认为这种杂交在转基因向其他物种的逃逸过程中起到了桥梁的作用（Ellstrand *et al.*，1999）。这个可能性已在向日葵和油料作物中得到了详尽的验证。

由前面的描述得知，非转基因作物与野生或杂草向日葵之间已建立了良好的杂交体系。两种涉及转基因向日葵的情形也已得到了检测。转 *Bt* 基因作物与野生种杂交后再与野生植物回交。在自然条件下，由于 *Bt* 基因的表达大大降低了昆虫对杂种的伤害，导致在科罗拉多和内布拉斯加向日葵的结实率分别增加了 14% 和 55%（Snow *et al.*，2003）。温室实验表明，转 *Bt* 基因并未对杂种植物的繁殖力造成影响；很明显，这些作物并未因转基因成分而付出适合度代价（Snow *et al.*，2003）。在第二项研究中，抵御病害的靶基因 *OxOx* 在杂交种得到了验证。这个基因可用于抵抗真菌病原体白霉菌 *Sclerotina sclerotiorum*。转入该基因后，即使有严重的病原体侵染，依旧不会对适合度起到影响。一个在多地开展的针对转基因作物杂交后代生长情况的研究表明，如果转基因逃逸，它只会在接受种群中中性扩散（Burke and Rieseberg，2003）。

转基因逃逸的潜在可能在油菜（*Brassica napus*）中得到了很好的验证，油菜这种多倍体物种（$2n = 38$；基因组组成 AACC）可以和它的祖先种 *Brassica rapa*（AA $2n = 20$）及 *Brassica oleracea*（CC $2n = 18$）杂交，还可以与野生萝卜（*Raphanus raphanistrum*）以及其他野生近缘种杂交（Warwick *et al.*，2003；Chèvre *et al.*，2004）。

考虑到非转基因的群体，*B. napus* 和 *B. rapa* 这两个种的杂交在丹麦（Jørgensen and Anderson，1994）和英国（Scott and Wilkinson，1998）分别观测到了。杂种 F_1 代和 F_2 代与亲代相比适合度均下降，但是部分个体的适合度与亲代相同。在转基因材料的相关研究中，Mikkelsen、Anderson 和 Jørgensen（1996）发现转基因油菜与 *B. rapa* 的杂种在染色体数目及形态上与 *B. rapa* 有极高的相似性并且具有较高的结实率。因此，种间杂交为油菜向野生 *B. rapa* 转入靶基因提供了一条可能的途径。Warwick 等（2003）已经证实了这种转基因杂交途径在田间条件下发生。通过从多倍体水平、除草剂抗性、雄性育性及物种特有的 ALFP 分子标记等不同层面进行一系列相关研究，他们确认油菜（$2n = 38$）中转入的抗草甘膦基因已通过杂交转入至杂草（*B. rapa*，$2n = 20$）中。除此之外，不仅产生了三倍体的 F_1 代（$2n = 29$）；通过连续 6 年对两个地点的转基因作物观察，Warwick 等还发现了杂种与 *B. rapa* 回交后代的证据，抗草甘膦基因通过基因渐渗从油菜转入了杂草中，并且在最近未施用除草剂处理的情况下依然存在。为了解转基因是否稳定融合到杂草中，我们需要长期的研究。这一点取决于很多因素，包括是否在庄稼地里使用草甘膦农药以及含转基因杂种后代与不具有该性状杂草基因型的适合度关系。

在另一项转基因油菜与杂草 *B. rapa* 的互作研究中，揭示了转 *Bt* 基因杂种一代在虫压下有一定的优势，然而当虫压消失时，具有可检测的适合度代价（Vacher *et al.*，2004）。

综合分析现有的案例，Chapman 和 Burke（2006）认为应该避免对转基因作物与野生种及杂草近缘种的杂种适合度进行一般性的概括，每个情况都应该作为个例考虑。

考虑到转基因作物通过与野生近缘种杂交产生新杂草的可能性，作物本身可能产生杂草变种的可能不可忽视(Warwick and Small，1999)。一个比较恰当的例子是野化油菜，其在整个农田生态系统中看起来是自行发生的杂草。一个比较清楚的事实是农业器具将会起到传播作物的作用。此外，通过这种途径传播的种子可能不立刻生长，而是通过二次休眠在种子库长期保存，与油菜或其他作物相比，它的萌发时间非常晚。在使用草甘膦来控制这种自生杂草时，我们需要意识到在这些杂草中部分是有草甘膦抗性的。最近，研究发现部分自生杂草对两种除草剂具有抗性，造成这种抗性转移的原因是与两种转基因油菜间发生基因交流后进一步杂交的结果。Gruber、Pekrun 和 Claupein(2004)指出自生杂草在未来作物中仍将存在，因此种子的污染是非常可能的，杂草的控制和消除看起来更加困难了。在非农业生态系统中长期存在的自生杂草的微进化效应尚未得到充分的研究(Warnick，Beckie and small，1999)。

13.21　杂草甜菜的微进化

到目前为止，我们的介绍聚焦于北美向日葵及油菜两个作物与野草的互作。对欧洲杂草甜菜的研究提供了另一个微进化在行动的有趣案例。

Beta vulgaris ssp. *maritima* 分布于欧洲地中海到波罗的海沿岸，除此之外也有一些内陆种群存在，其是许多甜菜栽培种的祖先种，如甜菜、饲用甜菜、食用甜菜及叶用甜菜，所有这些栽培变种都属于 *B. vulgaris* ssp. *vulgaris*。野生甜菜为自交不亲和二倍体(2n=18)，这种甜菜属于多年生植物，开花之前需要经历春化作用。野生甜菜种群有一个显性等位基因 B，这个等位基因的表达将会抑制对春化的任何需求。北方甜菜的基因型为 bb 型，随着由北向南延伸，B 基因型频率逐渐增加(图 13.5)。

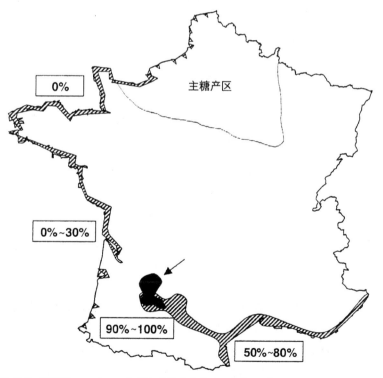

图 13.5　甜菜 *Beta vulgaris* 海岸和内陆变种的地理分布；甜菜在法国的主产区及生产区(黑箭头标注)。野生甜菜 B-等位基因频率是变化的(这就意味着不需要经过春化作用的个体要么是 BB 等位基因型，要么为 Bb 型)；然而栽培甜菜需要春化，是 bb 型(二倍体)或 bbb 型(三倍体)。[引自 van Dijk (2004)；经 CAB International，Wallingford，UK 许可复制]

糖用甜菜是普遍种植的类型,该类型是三倍体两年生植物,在整个种植过程中这种甜菜保持营养生长,直到地下膨大部分被收割。然而,在田间我们能找到当年抽薹者(开花植株)。近些年抽薹的频率逐渐增加,随之而来出现了一系列问题。人们通过种植、遗传及分子实验研究这种抽薹现象的起源和微进化意义,除此之外还在野生种和栽培种之间进行了杂交实验。

野生及栽培甜菜在许多地方是同域分布,尤其是在生产甜菜种子的地方(图 13.5 和图 13.6)。在产生种子时,将二倍体雄性不育结种子植物与产生花粉的四倍体植株杂交,产生完全或部分雄性不育的三倍体植物。研究表明,携带 B 型等位基因的野生植株与栽培种的分布距离非常近以致产生杂交。因此,F_1 抽薹者产生,它们产生的种子在种子库中保存很多年,直到下一季甜菜被耕种。1978—1981 年,18%~27%的英国甜菜地里有一年生杂草甜菜(Maughen,1984)。一开始,消灭杂草甜菜常常被忽略,因此杂草开始疯长。因为选择偏向在收割前成功繁殖的杂草,即不需要经过春化作用就能抽薹开花。在法国的一些地方,这种无意识的选择使 B 等位基因的频率在 F_1 代杂种个体中从 50%提高到了60%~80%(van Dijk,2004)。

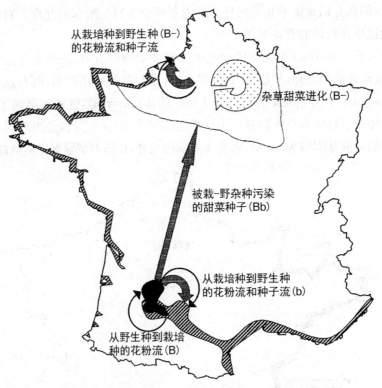

图 13.6 杂草甜菜的进化。由种子传播(粗箭头)和花粉流(细箭头)导致的作物与野生近缘种之间的基因流。杂草甜菜始于糖用甜菜田里,是栽培种与野生种的杂种后代,主要出现在生产种子的地区。[引自 van Dijk (2004);经 CAB International, Wallingford, UK 许可复制]

Soukup 和 Holec(2004)证明从甜菜田里去除杂草甜菜是一件非常困难的事情,因为目前还没有研发出专性针对这种杂草的除草剂:任何可以清除杂草的除草剂同时也会对农作物造成不良的影响,因为它们属于同一个种。从捷克共和国的报道来看,自 1980 年代以来,杂草甜菜成为一大问题,截至1990 年代,约有 50%的甜菜田被杂草甜菜侵染。探究杂草甜菜为什么很重要是一件有趣的事情。当与作物一起收割的时候,杂草甜菜的地下纤维部分也被包括在内,在甜菜加工过程中带来比较大的困难。此外,有时在甜菜田里播种其他作物以扰乱病原生物 Rhizomania 的正常生活周期。然而,这种干扰策略可能会失效,因为杂草甜菜也同样是这些病原体的宿主,它们可能从种子库中生长,感染与甜菜轮播的其他作物。

当人们致力于控制杂草时,劳动密集型的方法首先被运用,然而由于除草既浪费时间又很昂贵,我们不得不研发其他的方法。除草剂的应用在一定程度上可以控制作物田里的杂草。此外,切割机和除草剂"消除系统"被用于去除或毒死杂草甜菜,因为它们的花葶已经伸展到栽培甜菜营养体之上。但是,调查揭示了一个很有趣的现象:并不是所有的杂草甜菜都保持直立生长的习性——矮化生长的杂草甜菜就很好地逃离了被清除的厄运。或许上述控制杂草方法的反复使用,矮化生长的变种表现显著的选择优势,在长期应对这种定向选择清除过程中选择了匍匐生长的习性。

13.22　转　基　因　甜　菜

在有些地区,由于杂草甜菜的侵入使得糖用甜菜的正常生长面临困难。为了解决问题,人们研发了转抗除草剂基因的糖用甜菜栽培品种。2008 年,美国开始在生产中使用这种内含抗草甘膦除草剂基因修饰的栽培甜菜。这种转基因作物有可能可以控制田间那些对除草剂敏感的杂草。然而,人们担心这种除草剂抗性基因可能会转入杂草中。这些担心是有根据的,正如分子研究表明在野生和栽培作物之间存在双向的基因流。通过使用DNA遗传标记,Cuguen 等(2004)报道了法国近 Boulogne 沿岸种群的遗传结构(图 13.7)。

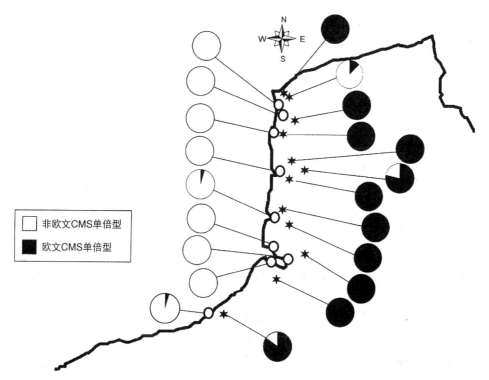

图 13.7　杂草型甜菜和野生甜菜叶绿体单倍型多样性分布。黑色饼图代表在法国北部本实验开展地点 CMS 单倍型的比例。CMS 是栽培甜菜系所特有的。白色饼图代表非 CMS 单倍型的分布。[引自 Cuguen 等(2004);经 CAB International,Wallingford,UK 许可复制]

实验开展地分别有 9 个海甜菜和 12 个杂草甜菜种群,后 12 个种群分布于法国靠近海岸线一方。大部分杂草种群都具有高频率的欧文 CMS 型细胞质,该单倍型为栽培种所特有(89.5%的栽培种具有该单倍型)。这表明了杂草甜菜可能起源于栽培种卵与野生种花粉的受精作用。此外,3 个杂草种群具有多态性：其中一些种群具有非CMS单倍型的变种。这项研究也揭示了从作物到野生种群基因流的痕迹，部分沿岸分布的海甜菜种群具有很低频率的CMS单倍型（只有0.9%）。由于叶绿体是母系遗传，所以由种子形成的基因流具两个方向，既可从海甜菜种群到杂草种群，也可从杂草种群到野生种群。

Cuguen等(2004)用核DNA分子标记检测上述种群的遗传变异式样，结果显示沿岸分布的野生甜菜与杂草甜菜具有明显的遗传分化。已知栽培甜菜特有的分子标记在杂草甜菜的出现得到了证实。此外，有进一步的证据表明野生甜菜和杂草甜菜具有基因交流，这种基因交流通过种子流或花粉流实现。这一发现表明转基因甜菜有可能在野生甜菜的分布区生长，尽管间隔一些距离。人们常常断言用合适的方法可以阻断转基因作物与其野生近缘种之间的基因流，比如使种植间隔足够大。但是，本项研究表明即使种植间隔1 000米，如果传粉媒介为风的话，转基因作物与野生作物之间仍然会存在基因流（参见Cugen et al., 2004）。

考虑到不同甜菜变种间基因交流的证据，引入到栽培作物中的转基因成分很可能通过杂交逃逸。为了减少这种可能性，有人建议将转基因除草剂抗性构建在雄性花粉四倍体甜菜家系中，然后再引入三倍体栽培品种中，这样杂草甜菜要获得除草剂抗性就非常困难，因为杂草甜菜与四倍体杂交会产生三倍体不育杂种，而二倍家系与其野生种杂交产生的杂种将不具有抗除草剂的功能。许多转基因栽培种已经产生，一些已投入作物生产中。通过对作物逃逸者与杂草进行杂交，跟踪杂草甜菜持续的微进化过程，看看转基因是否从作物渗入到杂草将使整个工作变得非常吸引人。

13.23　将转基因保持在作物中

目前已开展大量工作探讨如何防止转基因逃逸到别的相关物种中。一些作者建议在转基因作物与其他近缘物种及农作物之间建立隔离带，以减少由花粉流带来的基因流。然而，研究表明花粉可能传播得很远，需要很宽的间隔距离。

还有工作研究如何从正常有性生殖的材料入手构建无融合生殖的作物。在无融合生殖过程中，正常的有性繁殖过程被绕过，种子自动产生。另一种通路也是可能的。在某些植物中，它们的花是闭花受精的，如堇菜属Viola spp.，这种植物的自花授粉过程在闭合的花芽内进行，没有任何的花粉会离开花朵。这两种方法为避免花粉流导致的转基因逃逸提供了很好的参考。

除此之外，还提出了其他将转基因限制在作物中的方法。如果一些重要的转基因因子在遗传上与一些特有的栽培性状相关，这些性状可能在农业耕作方面有很大的适合度，但于其他情况而言，则表现适合度降低。在拟南芥中已测试了一个将抗除草剂基因与矮化基因结合的模型。矮化基因对于栽培种来说是有利的，但在非农业环境中可能处于选择劣势。这个研究转基因与适合度关系的模型尚未在作物和室外得到验证。可以通过培育雄性不育转基因作物并与非转基因花粉供体植物间种，对转基因进行分子分析(Chapman and Burke, 2006)。

13.24　作物-杂草-野生种的杂种：适合度估计

Hails和Morley(2005)总结迄今为止的证据认为，由于检测通常在忽视植物竞争的短期实验条件下进行，非转基因和转基因作物与相关栽培品种、物种等的相互作用的适合度问题远未得到解决。为了评估作物和野生杂草植物杂交的长期效应,需要更多的实验来评价杂种在模拟人造景观和半自然条件情况下的适合度(Hails and Morley,2005;Chapman and Burke,2006)。在理想条件下,这些针对亲本和杂种后代的比较实验应当在不同地点来检测适合度,而且也要考虑季节和年度的变化。技术上而言,需要详尽调查基因型与环境间的相互作用。

13.25　杂 交 和 保 护

13.25.1　异地保护

许多植物园在保育成为一项科学议题之前就建立了,从而使得它们并非是为了最有效地进行异地保护而设计的。已实行的种植规划成为眼下的难题。

植物园和树木园收藏了世界各地的大量样本,按地理区域、分类园和主题化的方式展示。这种栽培方式将原先地理隔离的异域物种集中在邻近的区域,使之出现自发杂交的风险。在过去,植物园为了园艺目的培育新的品种,也涉及进行有计划的杂交项目,如兰类、玉兰类、蔷薇类等。在大多数国家,这样的园艺育种主要是商业化育种家所为。但是,在植物园发生偶然的杂交事件依然是保育生物学家的活案例。

很多植物园都保存着具有高度保育价值的材料,但是意外的杂交事件会在植物园的样本中发生。因此,对开放式传粉种子(或这类种子的后代)的使用伴随着在重引入和恢复项目中引入杂交物种的风险。此外,杂种可能无意识地在植物园中形成、繁殖甚至被陈列。植物园的藏品中受到杂种影响的范围难以确定,除非用分子标记对植物园的样本进行更详尽的检查。一些初步的调查为后续研究指明了方向(参见 Maunder et al.,2004)。

蓝蓟(Echium pininana)是 Canary 群岛的特有种,在野外处于濒危。分子研究表明,这个物种在植物园的样本与其他蓟属的植物发生了杂交。许多其他类群同样存在潜在的问题,如棕榈类、柳类、罂粟类、樱草属、非洲堇等。因此,植物园样品之间的种间杂交会导致它们在重引入和恢复项目中毫无用处。只有当珍稀濒危物种的遗传完整性得以重视,其长期保护才能成功。

13.25.2　从花园到野外的基因流

在"野外"自然种植和野外花园的流行可能会造成困难,比如在加州、南非、南美、澳大利亚等地。例如,巴西花园中附生的欧洲品种蟹爪仙人掌,由于杂交日益威胁附近珍稀野生同属物种的生存(N.Taylor,个人通信;Maunder et al.,2004,p.349);同时,在芝加哥植物园种植的园艺品种松果菊和相邻的两个濒危野生种之间发生渐渗杂交的可能性不断增长(Floate and Whitham,1993)。

此外,园艺植物从植物园逃逸也会影响野生物种的生存。比如,加利福尼亚当地月见草(Oenothera wolfii)由于与"逃逸"种黄花月见草(O. glazioviana)杂交而处于险境(Imper,1997)。植物园品种与本地种之间杂交对岛屿特有种是一种普遍的威胁;又如,在胡安·费尔南德斯群岛,已检测到引进种红刺头(Acaena argentea)与特有种 Margyricarpus digynus 之间的杂交现象(Crawford et al.,1993)。

基于目前我们对植物园品种在野生环境影响的了解,Maunder 等(2004)认为珍稀濒危物种的自发杂交往往高度不育且往往传播范围局限于植物园之内,因而整体上风险较小。而且,相对于野外环境,植物园的面积很小,从植物园到野外的繁殖压力不明显。正如我们早期所看到的那样,植物园环境有利于强入侵种的进化。"如果保护的是新杂交种和入侵物种而不是重新恢复的物种,这对于异地保护的长期效果将是极大的讽刺"(Maunder et al.，2004，p.354)，我们应对此保持高度警惕。

13.26 杂交和基因渐渗导致的濒危物种灭绝

Rhymer 和 Simberloff(1996)指出，无论是否与常见种(常常是引入种)发生杂交渐渗，许多珍稀濒危植物和动物受到杂交的威胁。分子标记研究分析了鱼类、鸟类、哺乳动物等本地种与引入种之间存在遗传互作现象，揭示了杂交的不利影响。在稀有植物种中也存在杂交和渐渗的威胁。Rhymer 和 Simberloff(1996)引用了很多来自美国的保护例子(基于形态学证据)来说明这一点。比如，加利福尼亚沙丘保护区本地种海滨羽扇豆(Lupinus littoralis)与入侵种树羽扇豆(L. arboreus)杂交；在德克萨斯州，濒临灭绝的白色天人菊(Gaillardia aestivalis)与路边广泛生长的 G. pulchella 杂交；贝克斯地区濒危滨藜(Atriplex tularensis)与广泛蔓延的入侵种 A. serenana 杂交，由于渐渗而逐渐衰退；加州梧桐(Platanus racemosa)由于与引进种法国梧桐(P. × acerifolia)杂交而受到威胁；加州的黑胡桃与商业出口的其他种杂交。此外，濒临灭绝的西部沼泽百合(Lilium occidentale)、尼尔森的桧葵(Sidalcea nelsoniana)和飞燕草(Delphinium pavonaceum)都与属内常见种杂交。

仅是形态学证据既不能提供杂交种的检测，也不能预测任何杂交的长期影响。近来，一系列分子标记以及父母本与杂种适合度的研究，极大地促进了我们对杂交渐渗的理解。

13.26.1 米草的杂交渐渗

25 年前，北美东沿海岸的一个物种互花米草(S. alterniflora)被引入加利福尼亚旧金山海岸，并与它的姐妹种加利福尼亚叶米草(S. foliosa)杂交。叶绿体 DNA 的研究已经证实发生双向杂交，不仅产生 F1 代，且与亲本回交。两种米草开花时间不同，因此 F1 代是罕见的。然而，某些渐渗杂交种有很高的适合度，具有中间开花行为。据推测，这些衍生物比互花米草有更高的扩散潜能，对本地的叶米草和其他物种产生威胁(Anttila et al.，1998)。

这些预言得到了进一步的验证(见 Ayres, Zaremba and Strong, 2004，综述)。在分子生物学研究中，2 个物种的核 DNA 诊断标记已经明确，并且遗传上确认了 9 类杂种。在旧金山湾的杂交种已经有几个世代了，而在互花米草邻近地区发现了双向杂交。回顾一些实验调查，艾尔斯等(2004)的结论是："杂交种基因型比本地种(foliosa)有竞争优势，能扩展生态位空间，产生大量种子，并为本地物种大部分花授粉。叶米草仅存在西海岸线，当互花米草建立种群，本地种叶米草就可能局部灭绝。"

13.26.2 杂交导致珍稀特有种濒危

卡塔利娜岛山桃花心木(Cercocarpus traskiae)原产于加州海岸，那里的种群最近下降到仅有 7 个成株和大约 70 个幼苗。等位酶标记研究证实，与常见种 C.betuloides 杂交对 C. traskiae 是一个重大威胁，7 株植物中 4 株是种间杂种(Rieseberg et al.，1989)。RAPD 标记研究进一步证实了这一结果(Rieseberg and Gerber，1995)。

13.27 杂交种的保护

许多类群发生种间杂交。杂交有时是不育的，但在其他情况下渐渗杂交也能发生。一些类群或多或少存在稳定的长期的杂交带,而其他类群发现有短暂的或重复出现的杂交镶嵌区域(Harrison,1993)。传统上,保护管理的理论和实践关注于物种水平上的类群及其生存。如果一个濒危物种明显是引入种与常见种的杂种,我们是应该试图除去常见种还是杂交种? 一些学者对此持不同的看法,他们认为杂交复合体应该保护以保障进化过程的延续。大量案例分析显示保护管理者具有自由的选择权限。

1) 正如我们在前面章节中所展示的,许多新种起源于杂交和多倍化。新多倍体的生境应予以保护,让我们能够研究它们的连续进化。然而,它们经常出现在自然保护区外的人类扰动地区(如爱丁堡千里光 *Senecio cambrensis* 和纽约千里光 *S. eboracensis*),而且将城郊所有地区都保护起来是不可能的。在大米草(*Spartina anglica*)案例中,它所引进的最初的区域环境应当得到保护,从而使其能够继续进化。然而,大米草已成为严重的入侵种,在许多地区已经采用控制措施。例如,在华盛顿州已经采取了广泛控制措施,包括除草、修剪和应用除草剂等(Hedge, Kriwoken and Patten, 2003)。

在动物种群的保护中,用扑杀来阻止濒危物种因与引入种的杂交而灭绝,而不是允许保持其微进化过程。例如,在英国建立了北美红润鸭(*Oxyura jamaicensis*)的野化种群。它们已侵入欧洲大陆,并与西班牙南部(其最后的欧洲栖息地)的极度濒危种白头硬尾鸭(*O. leucocepgala*)杂交。红润鸭的剔除目前仍在进行(Smith *et al.*, 2005)。这个例子提出了一个问题,即消除入侵物种和杂交种的做法是否适用于植物的保护。然而,值得注意的是剔除所有杂交种的困难,或许根本不可能,因为有些杂种是隐存的,只有通过分子技术才能检测到。

2) 分子研究显示,地中海地区强壮红门兰(*Orchis mascula*)与广布红门兰(*O. pauciflora*)种群产生了 F_1 杂种,但后续世代和回交却很罕见或根本没有。F_1 杂种比亲本适合度低(Cozzolino *et al.*, 2006)。关于保护管理,他们认为:"杂交在食物欺骗兰花中是一种自然现象,不会对其生存构成威胁。而且,同域分布为兰花的进化提供平台,这个特点在制定兰花保育策略时应予以考虑。"

3) 地理和生态障碍消除,渐渗杂交就可能发生。在保护中应该如何管理杂交群? 一种方法是管理其栖息地,让微进化过程得以继续,但不试图操控杂交群体本身的基因型组成。例如,牛舌樱草(*Primula elatior*)和欧报春(*P. vulgaris*)在英国林地的灌木丛接触,同时形态学研究支持渐渗杂交的这一假说。在英国,这一假说已通过等位酶技术得到确认(Gurney,2000)。在剑桥郡 Buff Wood 和其他地方连续存在杂交群,这些杂交群通过采取矮林平茬循环措施来管理古老林地的办法得以保护(Rackham, 1975)。

13.28　结　语

分子生物学方法越来越多地用于研究植物微进化,并为许多问题提供了重要证据。

由于人类对生态隔离的破坏,种间杂交在植物中相当普遍,并且在某些情况下确实发生了基因渐渗。从赢家和输家的角度看,在发生杂交的生境中最适合的基因型是杂交后代,而非亲本。

人类活动导致地理障碍的破坏,不仅促进了杂交的发生,而且也促进了多倍化。一些新近检测到的自然多倍体是近期植物引种的直接后果。有可能还有更多的发生在杂交事件之后的多倍化案例,但是其中很多没能逃过少数派劣势的直接选择压,以至没有被检测到。广泛的调查也许会发现更多的"新"多倍体,但至今的证据表明它们是稀有的。

以我们目前所了解的情况,现有的物种形成过程绝对不可能快速产生新物种来取代那些因人类活动即将灭绝的物种。这一结论来自如下证据:至今发现只有极少数新的野生多倍体物种,以及少数新的同倍体物种。此外,有证据表明在人类活动导致的破碎化生境中发生了遗传分化,这仅代表了渐变物种形成的第一阶段,该过程要经历很多代。

需要强调的是,农作物几乎总是无法在遗传上与其野生或杂草近缘种隔离,它们之间存在许多复杂的相互作用。杂交后代或许适合度比较低,但也存在杂种适合度较高的情形。

分子研究揭示了花粉传播广泛,因此种群内的基因流以及作物-杂草-野生种之间的"互作"发生的可能性很大。例如,油菜田向周围散发出大量具有高度遗传多样性的花粉,表明存在远距离扩散及可能的基因流(Devaux et al., 2005)。正如我们上面所看到的,农机作为媒介传播种子介导的基因流可以扩散到更远距离。我们目前关于基因流的知识主要来自大作物的单一栽培,不能用它来指导通常情况下植物种群中的基因流。需要有更多的研究来分析物种丰富的草原和森林群落的基因流;应避免广而概之,对感兴趣的每一种情况单独研究。新型杂草可能从转基因作物或通过转基因作物与相关杂草物种的杂交演变而来的可能性一直存在争议。寻找通过这一途径产生的"全新的杂草"是不合适的,但是,杂草是从已存在的植物通过复杂的杂交互作进化而来。因此,要特别强调野生-杂草-作物复合体的共祖性和相互联系的进化前途。

在世界各地,那些土地管理者,即农民、自然保护者、景观设计师等,都面临着外来物种入侵的问题。有证据表明杂交(包括种内和种间)可能有助于某些类群入侵性的进化。此外,杂交渐渗产生杂种,扩展了物种分布范围,并促进对新生境的入侵。例如,野生向日葵和栽培向日葵之间杂交产生了广布的栽培-野生向日葵杂种。一些极端的杂交后代的入侵行为导致其分布区扩大以及在沙丘、沙漠和盐沼定殖(Rieseberg et al., 2007)。

杂种种群、杂交群、新多倍体种等所在的区域对自然保护工作者提出了严峻挑战。一些人认为正确的做法是应该尽量"保护"植物和生态环境;而另一些人坚持管理中应保持未来进化的可能性,必须承认,管理体制的选择将决定这一过程。在讨论苏格兰艾伦岛特有种花楸的管理策略就强调了这一点(Robertson, Newton and Ennos, 2004)。管理策略的另一个关键问题涉及杂交带的稳定或移动(Buggs, 2007)。他呼吁通过长期的深入调查(相互移植、杂交试验、分子标记和群落调查研究)来探讨物种间的接触和杂交带,这是"研究物种起源、保护和消亡的天然实验室"。

通过转基因技术创制新品种已经改变了许多地区的农业生产,对自然保护产生了重要影响,尤其是当转基因植物/花粉/种子进入更广阔环境后。例如,一些农民采用有机方法栽培作物,不使用除草剂、杀虫剂或转基因品种。从转基因作物向有机作物的基因流,可能使有机食品的"地位"处于危险之中。据称,缓冲带将阻止基因流,但调查也显示,一些作物花粉流和通过农业机器为媒介发生的种子扩散会导致明显的大范围的基因流。

如果种植的转基因作物能够抵抗特定除草剂,而杂草对该除草剂敏感,那么使用比常规农业剂量低的除草剂就能有效控制杂草。此外,农作物可用抗虫 Bt 基因进行生物工程改良而抵抗虫害。基于蛋白酶抑制剂和血凝素的杀虫转基因植物也被开发出来(Velkov et al., 2005)。虽然农民都希望能有效地控制杂草和害虫,但很显然,某些转基因作物可能对非靶标动物、植物和土壤生物造成不利影响;例如,益虫种群,包括传粉者可能受到影响。因此,自然保护者担心在转基因技术主导的农业景观中,生物多样性(鸟类、昆虫和植物)会进一步下降。只能通过适当的设计实验研究才能提供转基因作物影响的可靠证据。例如,在英国某农场进行了阻止转基因作物与常规农作物杂交隔离距离的试验。还有研究设计了实验来测试种植转基因植物是否导致生物多样性下降;有些案例检测到了生物多样性下降,有些则没有发现下降现象(见 Weekes et al., 2005,作物-作物的基因流以及转基因植物种植背景下的生物多样性)。尽管实验研究揭示的这些现象具有启示意义,但将这些实验的结果在更大范围推广仍然很成问题,特别是当前转基因植物的范围日益扩大,因为生物工程作物具有生产药物和其他化学品的广阔前景。

转基因草品种已开发出来用作体育场草皮并被广泛应用(见 Wang,Hopkins and Mian,2001;Ge et al.,2007)。例如,转基因抗草甘膦(GRCB)翦股颖(*Agrostis stolonifera*)已开发出来,并于 2002 年在美国俄勒冈州通过精心管理种植了 162 公顷(Zapiola *et al.*,2008,p.486)。在该地"停止生产"后,随后的测试证实在邻近区域品种之间发生了基因交流。此外,GRCB 植物在"生产区"幸存频率较高。总体而言,对于这种远交的风媒草,我们得出的结论是"遏制或消灭 GRCB 是不现实的"。这些发现"强调了景观水平转基因逃逸和基因流的潜在可能性"。

转基因被引入许多果树/灌木(Laimer *et al.*,2005)和其他众多树木中(Kuparinen and Schurr,2007)。在许多情况下,转基因改造的目的是为了增加产量,但也有其他动机,例如恢复森林植物种群——美洲栗和美洲榆——它们都因真菌疾病而被破坏。因此,Merkle 等(2007)报告了设计转基因系统以产生转基因栗树和榆树,这些转基因植物正等待全面评价。不过,他们也承认采用转基因技术进行森林恢复会引起了一系列的"技术、环境、经济和伦理问题"。展望未来,广泛引进转基因树木和草有可能产生许多一些未知的影响。野生和栽培植物之间的区别并不明确。尽管许多草和树木种群处于管理中,却依然被视为"野生"。其他的基本是农作物,如用作青饲料的草种和从种植园中挑选出来的树种等。这两个极端之间是人类利用草原和森林生态系统的一系列措施。在栽培区,从作物到草种或树木的基因流都很容易发生,而种群中广泛引入转基因可能会影响栽培种和"野生"种的地位。物种杂交也可能发生。例如,大量关于转基因抗除草剂的杨树(Meylan *et al.*,2002)和桉树的相关研究都提到这一点,因为在世界的许多地方这两种植物都是重要的园林树种。但是,可以说在澳大利亚种植转基因桉树是不负责任的,因为那里是桉属的物种多样性中心。为了克服这些困难,建议在设计引入作物的转基因构件时,将驯化性状的基因与所需性状基因相结合,使得在非耕地生长的与野生近缘种产生的杂交种在野外适合度将会降低,以至很快被消除。这样的策略是否会成功还有待研究。

第 14 章　迁地保护

Lucas 和 Synge(1978，p.31)在濒危物种《植物红皮书》的前言中总结道:"植物园不仅在栽培(濒危)植物中发挥主要的作用,对于植物物种的重新引入、生境管理甚至特定物种的收集与保护也有重要意义。"此外,他们预言:"当生境、种群和受到威胁的情况已知时,成功保护大多数植物的难度与开销都远低于动物。"30 年过后,现在是时候来回顾植物园与其他庭园在保护濒危物种中所起的作用,并审视对于以往那些预测的看法。

"将发挥主要作用"这个短语意味着利用植物园进行濒危野生物种的保护代表了 20 世纪 70 年代与 80 年代植物园的方向(Lucas and Synge，1978)。植物园初建阶段的目标是什么,以及历史上它们是如何发展的? 理论分析和实际研究对植物园在拟定的新角色中的"优势与弱点"有何提示? 考虑到迁地保护"成本",濒危物种通常被栽培于植物园和树木园,这样的培育方式可能会造成何种后果?

14.1　植　物　园

植物园被定义为:"保存有详细收集记录的活体植物用于科研、保护、展示和教育目的的机构。"(Cheney，Navarro and Wyse Jackson，2000，p.7)然而,这种简单的定义并不令人满意,因为不同植物园的侧重点不同;植物园的大小、人员数量,以及收集样品被正确记录和标识的程度也因园而异(Heywood，1987)。一些植物园由国家或地方部门管理,而另一些则附属于大学或者为私人资金所资助。在某些情况下,花园被冠以"植物园"的名称纯粹是由于历史原因,而今可能作为公共公园来管理。

14.2　植物园的历史

目前看来,最早可被称为"植物的"园子可能发源于阿拉伯地区、西班牙殖民统治前的墨西哥地区以及中国;按照西方传统标准的植物园最早则是"药用园,其主要为医学专业的学生提供材料与指导"(Heywood，1987)。这些药用园位于意大利(比萨,1543;帕多瓦,1545;弗罗伦萨,1545;博洛尼亚,1547)、法国(巴黎,1597;蒙彼利埃,1598)、瑞士(苏黎世,1560)、荷兰(莱顿,1577)和其他西方国家(牛津,1621;乌普萨拉,1655)。之后,随着收集样本的扩展,一些植物园成为分类学和系统学的研究中心,不但保存活体植物样本,也在新建立的博物馆和植物标本馆中保存材料。

在 19 世纪,欧洲的植物园以及在殖民地特设的分园被赋予一项额外的使命,即向海外殖民地转运重要经济植物材料。例如,"通过植物园的研究,对科学信息的宣传和实践活动(包括植物走私),邱园在热带殖民地发展许多高利润和具有战略价值的植物相关产业中起了主要作用。这些新种植的作物与不列颠的本土工业相互补充形成了一个能源提取和货物交易的综合系统"(Brockway，1979，p.6)。其余欧洲国家——荷兰、法国、德国、比利时等同样视植物园为"植物转运和开发"的渠道。例如,金鸡纳树

（治疗疟疾药物的原料）、橡胶与剑麻这些拉丁美洲本土的受保护物种被欧洲人转移到非洲或亚洲进行栽培获利。这种转移使拉丁美洲国家丧失其本土工业，而其他地区也"只是在地理上获得了它们，真正的利润被欧洲攫取"（Brockway，1979，p.8）。欧洲人和热带殖民地植物园在这些转运中的所作所为被完整记录下来，不少综述对丁香、巧克力、茶、咖啡、油棕、糖、香料、棉花、靛蓝、烟草、面包果等的转移（通常是非法的）进行了详细描述（Purseglove，1959；Holttum，1970；Brockway，1979；Heywood，1983，1987）。植物园在当时的目标是发现适合于不同殖民地种植并有利可图的作物。例如，圣文森特植物园在 1765 年创立，其目的在于寻找合适于这个加勒比小岛的可利用作物，而最终一大批经济作物被从海外引入到岛上。为此，肉豆蔻和黑胡椒在 1791 年从法属几内亚被引进，面包果树于 1793 年被 Bligh 船长从塔西提、波利尼西亚引入（Anon.，2000）。我们在前些章节中提到过，通过建立国家投资的或私人资助的植物园，来考察从海外引入的植物作为经济作物或观赏植物的潜在价值的方法被广泛采用，法国、英国和澳大利亚皆有这种情况发生。这些试验园中最出名的当属西班牙于 1788 年在加那利群岛之一的特内里费岛上建立的 La Orotava 园。后来，农业研究所和商业公司接手了殖民地的植物育种和森林调查等工作，很多海外植物园遭到废弃（Heywood，1987）。尽管如此，也有一些热带殖民地植物园得到了扩张，并将本地植物区系的研究纳入其工作范围之中。

在 19 世纪和 20 世纪期间，欧洲和美国建立了许多新植物园。其中一些是园艺学研究中心，另一些如密苏里植物园（成立于 1859 年）自成立起就是重要的科学研究机构。也有一些冠之以植物园之名，却"完全名不符实"（Heywood，1987，p.3）。

当大量新的植物园涌现之际，其余的特别是在热带国家的植物园数量却在下降。现今世界上的植物园与树木园总数已达 1 800 个，分布于 148 个国家和地区（Wyse Jackson and Sutherland，2000），而这个总数会因如何对植物园进行定义而有所变化。尽管如此，需要重视的是不同地区植物园的数量与当地的植物丰富程度并不匹配。相对于植物区系大小，中美洲、南美洲与非洲的植物园数量偏少。

14.3　传统植物园：它们包含什么？

作为检验迁地保护理论与实践的序章，有必要强调的是，近 20～30 年来创立了一些新的以保护为主要目标的植物园（例如芝加哥植物园和威尔士植物园）。迁地保护对于已建立的、其设计和植物收集是用于其他目的的植物园而言仍是一项"新"活动。

尽管植物园多种多样，但仍可简要概述之。植物园通常被设计成通过多种方式来展示树木、灌木、多年生和一年生植物。有些植物园采取正规种植方式，但也有一些使用更加自然的园区设计，如湿地、岩石区、草药和香草园等。通常，只要气候条件合适，这些陈设会被置于草坪之中。植物一般会被命名并标识管理，分隔栽种在无杂草的小块土地上。有时会有特殊的陈设，例如玻璃温室，或用按一定次序排列的苗床来展示不同科的有花植物。

在一篇非常有用的历史综述里，Stearn（1984）讨论了植物园和私人植物园中日益增大的植物数量（表 14.1）。无论在哪种植物园中，对于展示植物的选择都能反映出其创立的日期、其主管和管理主体获取/布置的决策、其员工的研究活动与经历，有时甚至是其员工和出资人的独特兴趣。植物园通过交换、购买、馈赠的方式获得植物，一些大型机构也能通过野外调查来收集植物。许多植物是通过植物园之间非正式交换或者通过官方许可免费提供种子目录挑选材料而获得的（Heywood，1976）。植物园传统意义上是园艺学研究中心，许多植物园会展示从收集的野生资源中经由人工选育而成的栽培品种。

表 14.1 植物园中不同物种的来源及引入日期(Stearn，1984；细节参见 Kraus，1841—1915，他发现位于德国哈雷植物园的植物藏品分 6 个主要时期引入；为了研究的时效性，Stearn 补充了最后 3 个阶段)

1.	—1560，从欧洲境内引入
2.	1560—1620，随着奥斯曼土耳其帝国扩张，从西亚和巴尔干半岛引入
3.	1620—1686，从加拿大与弗吉尼亚引入
4.	1687—1772，大量植物从南非好望角区域引入
5.	1687—1772，通过对北美的继续考查，引入大量树木与灌木
6.	1772—1820，从澳大利亚大量引入
7.	1820—1900，玻璃温室的发明使得引入不耐冷的热带植物成为可能，另外同时从日本和北美引入植物进行栽培
8.	1900—1930，从中国西部大量引入
9.	1930— 野外发现并引入新物种的数量减少(Stearn，1984)，栽培状态下通过杂交育种创造出许多新品种

多数植物园始终保存着大量的植物收藏，据估计有超过 85 000 种植物被植物园栽培(Raven，2004，p. XⅢ)。Heywood(1987)认为："植物收藏数量的增加是为科学研究建立完整的植物多样性样本库的宏愿所驱使，而非有明确规划的政策。"一些植物园的展示基于尽可能多地布置植物物种的理念，尤其是温室(这种空间有限的区域)。在 19 世纪晚期和 20 世纪早期，植物园的工作人员察觉到一些收藏物种在野外有灭绝的可能，例如来自中国的银杏(*Ginkgo biloba*)(Wilson，1919)和来自印度的璎珞木(*Amherstia nobilis*)(Blatter and Millard，1993)。尽管如此，却并没有及时施行保护措施。后来才改变了看法。

14.4 植物园：维多利亚的遗产还是 21 世纪的挑战？

J. N. Eloff 教授在 1985 年就任世界闻名的南非植物园主任时，在开普敦大学发表了以本节标题为主题的就职演说(Eloff，1985)。在 20 世纪 70 年代和 80 年代，这次演说的内容引起热议，多个国家的植物园重新审视其传统角色，并在植物园的主要职责之一是保护濒危物种上达成共识。Heywood(1987，pp. 15 - 16)称这个事件为 70 年代的植物园身份定位危机，他总结道："一座植物园的科学名声不但在于其收藏活体植物的数量"，也取决于它所发表的研究成果。因此，一些大型的、有标本馆的植物园，常常出现"重标本而轻活体材料"的行为，工作人员专注于研究植物区系与发表论文。有时候，活体材料"几乎被科研人员忽略甚至是无视"，即使是最具影响力的植物园也会面临经费困境。例如，在 1980 年代，由于政治风向改变，邱园不得不寻求政府资助。与这不利的大背景相对的则是植物园领导者开始"视保护濒危植物为植物园的主要目标与实际任务之一"，并着手维护活体收藏物(Heywood，1987)。

皇家植物园邱园的改变可作为一个有教育意义的例子。据 Desmond(1995)，Melville 在退休时与其后继者一起，使邱园首次启动了一项国际保护计划，展开研究进而催生了《濒危有花植物与裸子植物红皮书》(1970)，其中部分细节前面已提到过。为了鼓励对植物园的定位进行更深入的讨论，邱园发起了一个名为"植物园在保护珍稀和濒危植物中的实际作用"的国际会议(1978)。如今邱园是著名的植物保护中心。邱园转型幅度可从两则历史信息比较中得以窥见。Turrill(1959)并未提及保护是邱园的任务之一；相反，Desmond(1995)汇报了多项保护计划和行动。

反思对于植物园作用的观点的普遍改变，Cheney 等(2000，p. 10)总结道："在过去的 20～30 年间发生了一次世界范围内的植物园的复兴，这很大程度上归结于对生物多样性丧失的持续关注以及需要更多植物园参与到植物资源保护行动中来。"

14.5 园丁与保护

在这里需要强调的是,尽管园丁被认为是保护工作支持者的天然盟友,实际上,他们要使用相当多的泥炭、岩石、石块、鹅卵石等,这些东西可能会对生态系统造成"危害"。此外,园丁出于园艺交易目的而收集的野生植物、种子、鳞茎和球茎可能会导致一些物种濒危,如兰类、棕榈类、苏铁类和仙人掌类等,尽管有时园丁们也是无心之失。例如,Read(1989,1993)以及 Read 和 Thomas(2001)注意到大量野外采集的鳞茎被从土耳其等地运到欧洲。野外收集的材料被欺骗性地标为来自"园艺栽培"而提供给园丁们。鉴于野外采集威胁到许多鳞茎类物种,Read 和 Thomas 建议出口国应采取更具可持续性的发展方式,建立自己的培育机构来栽培并出口鳞茎。

14.6 植物园中的迁地保护

14.6.1 保护措施的迫切需要

20 世纪 70 年代,一系列有影响的有关环境问题的书籍以及红皮书中的详细信息促进对濒危物种的认识,也极大地刺激了保护行动。植物学家们震惊地发现,大约 10% 的植物区系处于濒危状态。当迁地保护成为植物园首要任务时,植物园中收藏的来自全世界的植物样本被一一评估以找出其中的濒危物种。Lucas 和 Synge(1978)编写的第一版 IUCN 植物红皮书详细列举了有代表性的 250 个濒危物种,这些案例分析为物种是否在植物园中得到保护提供了参考。

通过研究那些野外存活种群很小的濒危物种,Lucas 和 Synge(1978)证实了有些植物在植物园中有栽培。比如,索科特拉野石榴(*Punica protopunica*)如今在野外只剩下 4 棵相隔甚远的古树存活。这个植物是非洲角东部索科特拉岛的特有种。这个地方的植物区系在缺少大型哺乳动物的环境中演化,但是由于引入动物(山羊和奶牛)和过度放牧,216 种特有的有花植物中有 132 种已经非常稀少或者濒危,其中的 85 种面临灭绝的紧迫危险。如今,索科特拉野石榴(*Punica protopunica*)在皇家植物园邱园中得到保护(Lucas and Synge,1978)。

另一些案例通过实地研究确认了某些濒危物种现存种群的危险状态,尽管将其进行移栽迫在眉睫,但却迟迟不能付之于行动。例如,印度洋 Réunion 岛上有许多濒危的特有种受到农业与森林开发、野生鹿群的取食以及外来植物的竞争等的威胁,其中一种小树木 *Badula crassa*(紫金牛科 Myrsinaceae)处于极度濒危,只剩下零散的 3 株(Lucas and Synge,1978)。

调查还发现一些物种在野外已经完全绝迹,仅在某些植物园或其他园中可见。夏威夷棕榈(*Pritchardia macrocarpa*)就是一个有趣的例子。园丁对这个物种的标本需求量巨大以至其在野外灭绝。然而,夏威夷棕榈依然在一些私家植物园中存活,如火奴鲁鲁植物园中就有一株。

14.6.2 植物迁地保护的目标

自 1970 年代以来,植物园为迁地保护制定了一系列主要目标(Wyse Jackson and Sutherland,2000)。

- 避免濒危植物立即灭绝。

- 对于那些因生境永久丧失而不可能回归到野外的物种,进行长期保护,无论是保持活体,还是在基因库中储存种子。

- 我们将在后面的章节中看到,在自然保护区中以适当的管理手段作为强制措施,保护者希望以此重振濒危物种的萎缩种群。在制定适当的管理措施时,植物园通过他们在培育珍稀濒危物种方面的经验,提供个体生态学和繁育系统等方面非常有价值的信息。

- 目前已提出迁地保护应与原位活动结合,以创制一套综合方法确保珍稀濒危物种的未来(Falk, Millar and Olwell, 1996; Maxted, 2001)。因此,植物园可为那些受到紧迫危险威胁的物种提供一个临时避难所,然后通过增殖,为原生境重新引入该植物以恢复生态系统提供材料。

- 为公众保护教育提供材料。

根据这些目标,我们将依次考虑一些关键问题。

- 与动物园中的动物相比,植物园中植物的迁地保护似乎简单且有效。

- 我们面临一些涉及植物园收集材料生长强度与局限性的策略性和实际问题。在何种程度上可以证明在植物园能长期保护濒危物种?

- 濒危物种是否可以保存在基因库中?在迁地保护中,该如何对植物种群或种子取样和维护?

- 一些关于保护的早期文献声称:濒危物种可以在植物园中"保存"。这个术语暗示了在植物园中维持物种不变的可能性。在植物园中的物种是否将发生遗传改变?如果发生改变,这种变化的进化意义是什么?

14.6.3 动物园和植物园

一般不会在同一地点同时进行动物和植物的迁地保护。出于各种各样的原因,不可能使植物与其专性的传粉者和果实散布者生长在一起。对于动物的保护,动物学家面临着一堆问题(后勤保障的、法律的和实际的)以及野生动物采集、运输和动物园中住房与维护的高成本(见 Hancocks, 2001)。动物园的环境带来了动物的行为变化,在为每个物种提供适当食物方面存在问题,也可能无法使动物在圈养条件下繁殖,而且即使那些有魅力的巨型动物交配成功,它们也仅产生数量很少的后代。此外,一直存在有关动物福利的问题。相比之下,在植物园中进行植物迁地保护似乎是廉价而有效的保护手段(Hancocks, 1994)。植物园能够提供不同环境用于展示自己的藏品,包括从潮湿到干燥生境、阳光和遮阴区、室内和室外设施。通过加入泥炭、沙、砾石或石灰等物质,可使植物园土壤条件范围超出植物原产地。许多植物有从营养片段更新的能力,这使得植物能够迅速建立样品库,并赋予单个植物比濒危脊椎动物强得多的繁殖力,可通过种子繁殖大量的后代。此外,许多(但不是全部)植物是自体授精的,单个个体可产生大量有活力的种子。绝大多数植物已被证实可以在植物园中栽培,仅少数植物在植物园中不能繁殖,如产自夏威夷的锦葵科植物 *Hibiscadelphus woodii*(Prance, 2004, p. xxiv)。

14.7 植物园的固有局限性

与上述优点相对的是,在植物园中维持收集的植物也存在一些普遍性的困难。事实上,关于迁地保护的早期综述中除了积极、乐观的看法外,正如我们将看到的,也有很多直率意见指出了植物园的局限性。

14.7.1　空间和资源

在通常情况下,植物园都是满满当当的,其中大多数物种都只能有极少数个体作为代表(Hurka,1994)。当植物园空间和资源出现新用途时就可能产生利益冲突:一些人希望维持原有的展示和景观特征,而另一些人想将空间和资源用于其他用途,如野生物种的迁地保护等。

迁地保护需要长期资金的保证。虽然事实上保护植物比在动物园中保护动物便宜,但是其成本仍然相当可观。例如据计算(按照 1987 年的汇率),在波士顿的阿诺德树木园,每棵树每年耗资 64 美元(Ashton,1987,p.126)。考虑到一棵树要 50 年才能开花,这并不是一个微不足道的数额。寻找资源来维持活体收藏物仍然是一个问题,事实上有些人已经在担心因"越来越少的支持"而导致"收藏危机"(Dosmann,2006)。

14.7.2　连续性问题

对于植物园进行活体植物迁地保护的实际可能性,重要问题是确保保护的持续性。如果过去是未来的指南,那么政策变化、自然灾害、故意破坏和战争都可能决定所有收藏物的命运。

要想长期有效保护活体植物,尤其是那些在野外已经灭绝的植物,就要确保这些植物有明确的未来。植物园中植物个体的寿命变化非常大。Maunder(1997)分析了邱园 3 组植物的存活率,其中一些已在植物园生长很多年。"水牛掌属(*Caralluma*,萝藦科 Asclepiadaceae)没有植物能存活到 25 年,而且每年的死亡率超过 16%……相比之下,无论是猪笼草属(*Nepenthes*,猪笼草科 Nepenthaceae)和报春花属(*Primula*,报春花科 Primulaceae)的一些植物在迁地保护下存活 35 年且死亡率小于 1%。"其他植物类群,特别是树木和其他木本植物可存活较长时间,少数特别的植物可在植物园生存数百年。例如,在帕多瓦的霍图斯植物园,到 1984 年,历史最悠久的植物是 1550 年收集的穗花牡荆(*Vitex agnus-castus*)(Masson,1966)。目前,最老的标本"歌德棕榈"(Goethe's Palm)收集于 1585 年。德国学者在他的名著《植物的变态》(1786)中对这株棕榈——欧洲棕(*Chamaerops humilis* var. *arborescens*)进行了仔细研究。在邱园,温室中最老的植物是于 1775 年在纳塔尔收集的一种苏铁——非洲苏铁(*Encephalartos longifolius*)(Hepper,1989)。很难确定哪一棵是邱园中最老的树,但一棵 18 世纪的甜栗(*Castanea sativa*)是一个可能的候选者(Desmond,1995)。

尽管植物园中某些珍贵的标本存活下来了,但有证据表明因多种原因,不能想当然地认为能保证收藏植物的长期存活。例如,19 世纪 Babington 教授曾在剑桥植物园收集了大量悬钩子属(*Rubus*)植物,但现在都丢失了。反思这个问题,作为对世界上植物园有深入了解的学者,Raven(1981)写道:

> 遗憾的是,当收集专家离开植物园之后,这些"特殊"藏品往往被拆解或者直接毁掉。虽然这些藏品在国际上具有很大的价值,但如果不被积极利用,对于所在机构就是有限资源的流失。即使财政上不受限制,在没有专家特别重视情况下,也很难为这些藏品提供生存所必不可少的细致、持续照看。

植物园中那些被热心人收集起来的濒危植物的长期命运会是什么?

14.7.3　灾难事件

所有直立树木都容易受到异常风暴的影响。例如,1987 年 10 月 16 日晚,在英国南部,狂风连根拔起或严重损坏了皇家植物园邱园 9 000 棵树中的 10%。在苏塞克斯地区韦克赫斯特邱园的卫星植物园,17 000~20 000 棵树木被吹倒或受到无法修复的损伤,并在一些裸露的区域,95% 以上的超过 10 米的树木被毁坏(Langmead, 1995)。同一场风暴摧毁了位于肯特 Bedgebury 的国家松树园中 25% 的收藏品(Morgan, 2001)。结果,英格兰南部几个地区很多具有保护价值的树木都在这场风暴中损失。在飓风区的植物园中的树木特别容易受到损害。例如,1992 年,在安德鲁飓风的袭击下,美国佛罗里达州的仙童热带植物园损失了 8 000 份样本。鉴于全球气候变化可能导致风暴数量增加(见下文),为了濒危树种的长期生存,植物园面临维持树苗等储备库的成本和空间问题。

植物园及其藏品还会受到其他损害。例如,在 1913 年 2 月,邱园的兰花房被激进的女权主义者袭击,他们打破窗户并摧毁植物。在第二次袭击中,他们更激进,烧毁了茶亭(Turrill, 1959)。植物园在战时往往损失惨重。例如,在鼎盛时期,著名的俄罗斯科学院科马洛夫植物研究所植物园,最早由彼得一世下令于 1713 年建立,共有 28 000 个类群的收藏品。这个植物园在第二次世界大战中,特别是在列宁格勒保卫战中蒙受了巨大损失,目前已经恢复(Smirnov and Tkachenko, 2001)。波斯尼亚战争期间,萨拉热窝植物园遭到 400 多发炮弹的袭击,几乎所有收藏品被炮火毁坏(S. M. Walters, 个人通信)。

14.7.4 档案和错误鉴定

即使是最有名的植物园也存在收藏植物的档案和标签问题。植物园里种植的许多植物是通过种子名录获得的,这个传统可以追溯到 19 世纪。在对种子名录(种子交换)的起源和发展进行综述时,Heywood(1976, p.226)详细考查了档案以及错误鉴定问题。他总结道:

> 随着植物园的数量、规模和重要性与日俱增,以及栽培类群的范围扩大⋯⋯在许多情况下,种子名录变得过大、不加选择、不准确以及重复,往往包括前不久刚从其他植物园收来的相同材料⋯⋯常有未经准确鉴定的相同种子在植物园间年复一年地交换和栽培,直至回到首次对外提供它们的植物园。植物园常常栽培了相当比例的错误鉴定的植物,这是从种子交换系统接收错误鉴定种子的直接结果⋯⋯我研究了洋地黄(*Digitalis*)多年,尽管该属类群较少且鉴定容易,通过计算仍然发现种子名录中鉴定错误种子的比例达 70%~80%。

Heywood 强调植物园不应交换“身份还没有得到确认”的种子。

一篇最近的综述再次强调了档案和标签问题。德国一所大学植物园主任 Hurka(1994,p.377)写道:“样品的原产地及其后续处理往往不清楚。”进而,他得出了令人沮丧的结论:“无论是由于错误的鉴定还是正确的标签不慎错位,反正植物被贴错标签的比例很高。”很明显,虽然植物园的工作人员对此高度警惕,但材料的标签和档案仍然是一个问题。

分子研究方法为错误鉴定问题提供帮助。利用 RAPD 和 SSR 分析研究迁地保护的托罗密勒树(*Sophora toromiro*)(复活节岛特有),Maunder 等(1999)发现植物园中有不少植物被鉴定错了。在另一个分子研究中,Goodall-Copestake 等(2005)发现在榆树(榆属 *Ulmus*)迁地保护样品中存在鉴定错误。

14.7.5 植物园中的植物病害

无论植物生长在何处,病害都可能损害或杀死植物。有些疾病只影响特定的植物种或者属。例如,在过去的 20 世纪大部分时间里,荷兰榆树病对西欧和北美的榆树造成了毁灭性的影响。据报道,最近的一次爆发发生在 20 世纪 60 年代末,英格兰南部的 2 300 万株榆树中绝大部分受到影响(Brasier and

Gibbs，1973；Burdekin，1979)。剑桥大学植物园的榆树也被感染,基于安全考虑,榆树被砍伐。两种非常有害的疾病——致死性黄化病(支原体)和可可树类病毒病(病毒引起的疾病)严重损害植物园中收藏的棕榈(Maunder et al.，2001b)。

其他疾病并没有这么强的宿主特异性,会损害或杀死许多不同的植物。例如,蜜环菌(Armillaria)的侵染影响到剑桥大学植物园中很多种植物,部分树木园不得不重新补充植物。其他植物疾病中可以影响收集植物的是细菌性疾病火疫病(欧文氏菌 Erwinia amylovora),这种病害可以损害蔷薇科不同属植物。这种疾病已被引入西欧和澳大利亚(McCracken，2001)。还有大量的其他外来植物病原体(Randles，1985),其中很多会潜在损害植物园收藏的植物。

14.8　迁地保护：野生物种的种子库

正如我们所看到的,长期维持收藏植物的生存是有问题的。不过,在认识到在基因库中低温储存可以保持作物干燥种子的活力后,保护工作取得了重大进步(Linington and Pritchard，2001)。目前已证明可以在世界各地建多个中心来大范围地保藏野生和半野生物种,例如,澳大利亚(西澳大利亚保护和土地管理部)、比利时(国家植物园)、西班牙(科尔多瓦)、坦桑尼亚、英国(韦克赫斯特英国皇家植物园邱园千年种子工程：Linington，2001；Van Slageren，2003)和美国(俄勒冈州贝里植物园)。其他许多地方还有一些小型设施。

现在,全世界约有 10%(150)的植物园采用为作物设计的方法建立种子库用来储存野生物种(Hong，Linington and Ellis，1998)。然而,很少有采用粮农组织/国际植物种质资源所(FAO/IPGRI)的标准(1994)来对基础收藏物进行长期储存,这需要将新鲜种子烘干至 3%~7% 的水分含量,防潮方式包装,并放置在零度以下(最好是 −18℃)(Linington and Pritchard，2001)。一些存储设施采用冷库和/或冰柜储存种子,而另一些机构采用液氮来超低温(−160℃)储存种子。

研究表明,许多但不是全部物种(见下文)的种子都可以在低温干燥下保持活力。这些所谓的正常型种子"可干燥至低含水量(其中含水量少于鲜重的 5%)而不失去活力"(Linington and Pritchard，2001，p.171)。此外,"水分含量降低 1%,种子寿命大约增加一倍"。这些种子适于在 15%~25% 的湿度下储存。至于温度,发现"温度每降低 5℃,种子寿命增加一倍"。这种关系是否完全正确值得商榷(Walters，2004)。Ellis 和 Roberts(1980)还提出了一种温度和湿度关联的预测模型,该模型基于增加种子水分含量以及提高其温度加速其老化的事实,并推断了寒冷和干燥条件对种子寿命的影响。稻的研究结果揭示,5% 的含水量和 −20℃ 的温度条件下,种子存活的理论潜力是至少 1 900 年(Linington and Pritchard，2001，p.171)。

虽然许多物种的种子表现出"正常的行为",其他物种(所谓的顽拗型)的种子具有干燥敏感性——如果种子的水分含量低于 40%,这些物种的种子就会死亡。有趣的是,一些属如槭属(Acer),同时包含具"正常"或"顽拗"型种子的物种(Linington and Pritchard，2001)。进一步研究还发现,种子的行为并不能整齐地分为两大类——正常与顽拗,已经发现介于两者之间的行为,对于某些物种,其种子可以承受一定程度的干燥,但如果含水量低于约 10% 就会死亡(Linington and Pritchard，2001，p.172)。

鉴于不同物种对种子干燥的响应具有变异性,我们可以推测种子行为的进化。虽然不可能确定化石种子的干燥耐受性,但似乎陆生植物的直接祖先是干燥敏感型,而干燥耐受型可能出现较早且沿着不同的进化线路独立产生,因为这种耐受性使其能够侵入空的陆地生态位(Pammenter and Berjak，2000)。因此,干燥敏感性似乎可能是一种原始状态或是从耐干燥祖先二次获得。顽拗行为看起来对持续有利于种子发芽和幼苗生长的生境具有适应意义,如热带雨林等。耐干燥物种往往有持久的土壤种子库;与此相反,干燥敏感物种具有持久的幼苗库。由于干燥耐受性似乎可变,有人提出,在非正常型的物种中存在干燥耐受性连续谱(Pammenter and Berjak,2000),而其他人则将此行为分为3类:正常型、中间类型和顽拗型(Walters,2004)。种子大小与干燥耐受性的关系研究表明,顽拗物种往往有较大的种子,不过种子类型(正常、顽拗、中间)与种子大小之间的总体关系不强(Hong and Ellis,1996)。在种子行为缺少"形态标记"的情况下,濒危物种的干燥耐受性必须采用适当检验来确定。从这些观察中可以得知,并不是所有濒危物种都能以冷库保存干燥种子的形式进行迁地保护。

这样一来对植物园内的种子库设施进行评论就变得有趣了。以邱园的发展为例,邱园的种子库最初并不是为迁地保护设计。据 Brennan 所述,"位于威克赫斯特的邱园种子库……其建立是为了避免不定期的每年种子收集",收集种子向官方的邱园种子名录提供材料,正如我们上文所了解的,这一名录为与其他植物园进行种子交换提供了依据。现在,位于邱园的"千禧种子库"工程收集了干旱和半干旱地区的 24 000 种经济作物种子,其中包括一些濒危物种(Linington,2001),这些植物代表了世界范围内10%的高等植物。此外,作为英国自然署物种恢复计划的一部分,种子库还参与了收集和储藏英国本土物种的工作。这一计划所收集的材料将通过再引入和恢复工程来进行濒危物种的就地保护。

冷藏种子库必须保证电力供应,位于威克赫斯特和其他地区的大型种子贮藏设施都备有应急设备以防公共电力中断。然而,那些位于欠发达地区的重要种子库的电力供应就难以确保了。国际植物遗传资源研究所的主任报告称,许多种子库的储藏种子"处于危险之中"。例如,位于斐济 Koronovia 种子库最近就由于旧冰箱的损坏事故损失了大量样品(Anon,2002a);阿富汗的重要种子库也毁于战火(Anon,2002b),该地区的一些古老栽培品种和地方品种是不可替代的,不过其中部分材料可能在其他地方的种子库中有储藏。2008 年 2 月,一座可以贮藏全世界所有国家作物种子的新基因库开始运行,该基因库由挪威政府资助,国际作物多样性信托基金主管,设在挪威斯瓦尔巴特群岛山区的永久冻土的地下深层(www.norwaypost.no)。

14.9 微体繁殖

在植物园中,许多植物很容易利用其自然的营养繁殖能力进行扩繁(如分株,利用叶片、茎或根进行生根插条,栽种侧枝和匍匐枝等)。为了提高濒危植物和稀有杂交种的扩繁效率和成功率,1970 年代,植物园开始采用微体繁殖技术,并取得了一系列技术进步。其实,这一技术就是将表面杀菌的分离组织在烧瓶或广口瓶中的液体或琼脂培养基中进行培养,培养基是由盐、糖、维生素和植物生长素制成的无菌介质(Sugii and Lamoureux,2004)。每个物种的培养基的合适程度取决于反复试验。经过一段时间的试管培养,材料就可以移栽至土壤中(参见 Sarasan *et al.*,2006,关于此方面近期进展的综述)。微体繁殖技术已经被用于濒危植物的无性繁殖。例如,巴巴多斯的安德洛墨达植物园采用微体繁殖技术生产铁线蕨(*Adiantum tenerum* var. *farleyense*)新植株,这个变种因为不能产生可育孢子而在野外剩 4 株(Anon.,2000,p.28)。

微体繁殖也被开发用于有效萌发兰花种子。这一技术涉及与兰花共生的真菌的分离和纯培养。邱园通过在含有适当真菌的培养基中播种兰花种子,成功培养出了英国罕见的红门兰(*Orchis laxiflora*)和凤仙花(*Cypripedium calceolus*)有活力的幼苗。这种方式培养的植物已成功用于放归项目(Ramsey and Stewart,1998)。

14.10　其他类型的基因库

组织培养和分子研究的进展让我们可以在受控条件下在基因库中储存非种子材料（Linington and Pritchard，2001）。一系列物种的研究显示，植物组织和结构可在低温干燥环境下成功保存，比如：花粉和植物胚胎，蕨类和苔藓类孢子，真菌菌丝，细菌、病毒、真菌孢子，苔藓、蕨类和有花植物的营养组织等；而且，日本、美国（密苏里植物园）和英国（邱园）还建立了 DNA 库来储存植物资源样本（Linington and Pritchard，2001）。

微体繁殖和基因库的研究进展为作物的迁地保护提供了机会。同时，这些手段也开始为野生植物的保护服务。研究者开始研究与不产种子的植物、产顽拗型种子而没有种子库的植物，以及生活周期长而难以收集种子的植物保护相关的一系列关键问题（Linington and Pritchard，2001）。低温贮藏技术在多大程度上能使建立营养生长材料的基因库成为可能？与保护相关的一些其他重要问题也需要进一步考虑。珍稀濒危植物的"大量微体繁殖"能成为大规模回归计划的组成部分吗？培养兰花和共生真菌的进展可以推广到其他植物的共生关系上吗？另有一些组织有丰富而广泛的植物收藏，但缺少现代基因库的设施，比如，英国国民托管组织（Simpson，2001）。与这些组织开展合作是前进的方向，对英国濒危苔藓的保护就是这类合作的一个良好例子。在英国大约有 50 种苔藓濒临灭绝，1999 年，邱园和英国自然署签订协议，在无菌环境下培养苔类和叶苔类并在液氮中保存（www.rbgkew.org.uk）。

14.11　栽培过程和种子库中的遗传变化

追踪植物引入植物园的过程有助于考查遗传变化的可能性。

14.11.1　"模式"途径

传统上，植物园为了收集尽可能多的物种而每种植物通常只栽培一份，也不会对常见种采样。这个问题某种程度上是由于空间限制，但也涉及植物园工作者有关多样性的"模式"概念（见第 7 章）。在制定迁地保护策略时，一些保护论者也会持"模式"态度。他们的目标，说白了就是迁地保护计划要保证每个物种有个体被保护，而不顾及物种内的变异性。其假定一个物种的所有种群有共同的萌发模式，因而一个样本就足以代表整个物种。Martin 等（2001）最近的研究揭示，萌发特征在种内存在变异，否定了一个种群就能代表整个物种的假设。

珍稀濒危物种种内地理和生态变异的研究者对"模式"途径并不满意，他们强调物种保护的基本单元必须是种群。因此，在具体案例中，什么是保护的基本单元必须在一开始就确定下来，因为这将决定采取何种取样策略。尽管保护种群样本而非保护物种样本的理由很清楚，但也要强调实用性和成本问题。收集种群而不是物种总体样本更费时费钱，而且会在种子库中占用更多储藏空间；此外，也不可能采集到所有濒危物种的种子。为考虑如何确定优先次序，Farnsworth 等（2006）对新英格兰珍稀植物案例研究进行了全面评述。

14.11.2　样本收集

除非保护工作者能把某个濒危物种的所有现存个体都进行栽培，否则还是需要从野外收集有代表性的植株或种子。在一开始就必须承认,当样本从野生种群收集到种子库或植物园时,奠基者效应就可能出现。由一个或少数个体建立的植物园种群或种子库物种样本库很可能只包含了野生种群的部分遗传变异性。因此,设计出能够捕获野生种群遗传多样性的采样策略就非常重要了。尽管保护论者遇到一个珍稀濒危物种时,无疑有时取样会没有计划性,但是要想长期保护野生植物就必须提前设计好采样方案(Anon.,1991a;Guarino,Rao and Reid,1995;Guerrant et al.,2004a),应考虑植物遗传变异性的理论模型以及对栽培植物(包括地方品种和古老品种等)和作物野生祖先进行群体取样的实践经验。采样计划的基本原则就是使收集到的样本能包含一定比例的种群遗传变异性。设计取样方案应考虑多种方法(Guerrant et al.,2004a)。例如,Marshall 和 Brown(1975)建议,保护目标是种群中频率高于0.05 的等位基因的 95% 包含在所采集样本中(Guerrant et al.,2004a,p.423)。

采集过程中不得不面对一系列的实际问题。首先,种群采样必须得到许可,并保证对植株或/和种子的采集不会损害珍稀濒危种的小种群;第二,采集种群样本时,我们还必须面对有关杂交繁殖群体构成理解局限性的挑战。如果实验已经明确了种群遗传变异、繁育系统以及基因流式样,那么就能了解特定物种种群的遗传结构。然而,为了保护,经常在没有足够信息来精确定义种群或估计其遗传结构情况下就需要采集材料。第三,采样时还面临着某些实际的和生物学问题。首先需要根据近缘种的行为来假设采样物种是否具有正常的、中间类型的或顽拗种子行为,之后再来对假设进行验证。对于采集过程本身,必须收集典型样本而非最容易采集的样本。因此,尽管路边的材料更容易采集,也要考虑该物种其他种群,即使它们很难采集。不同植物产生的种子量不同,若不特别小心的话,某些种子量特别大的个体可能会多采。保护论者通常会在同一地点进行一次性采集,但是并不是种群中所有植物都同时结实。因此,早开花的个体可能在采样开始前就已经落粒了,而其他个体可能尚未结实。研究发现,正常型物种中未成熟的种子往往表现为顽拗型(Walters,2004),因此采集成熟种子十分重要。某些情况下不开花的个体占到显著比例,例如一些二年生植物种群,在特定的年份中只有一些个体开花,其余的个体尚未成熟,来年才会开花。这实际上是两个不同的基因库,仅靠一次采样不能收集到全部遗传变异性。有时土壤中还有长期埋藏的活种子库,这些潜在的变异性往往既没有被采样,又没有被研究。

研究者提出了一系列的采样方案,然而,Hawkes 认为过分复杂的规则会导致无法收集。他建议"在一个种群内应像耕田一样来回走动随机收集种穗"。种穗应随机收集或者至少无选择性地每隔几步距离收集,一个大样本应收集50~100 个种穗,含 2 500~5 000 粒种子。他指出,采样时对无性繁殖个体多次取样会产生"失真"效应,因此必须间隔采样。此外,他还指出了对全分布区和不同小生境取样的重要性。他建议对无法找到种子的植物应收集营养繁殖体、球茎、鳞茎等到植物园生长,并在防虫温室内用大量花粉进行同胞交配,然后收集复合种子样本库保留。最后,Hawkes 还着重强调了,作为最佳实践例子,收集采样点的位置、生态、地形和状态的全部详细信息并制成参考文档的极端重要性。

植物保护中心基于早期经验发展了一套采样策略(Wieland,1993)。这套方法推荐从每个种群10~50 个个体采集 1 500~3 000 颗种子,然后混合作为种群样本。如果不受种群统计的影响,采样工作可以延续几年。他们还建议每个物种要采集几个种群,当采样对象局限于 3 个或少数地点且被认为是不同生态型或者植物面临危险(如土地待售或已开始施工)时更应如此。一般建议每个物种至少收集 5 个种群。他们强调一定要仔细设计采样方案,尤其是当收集样本用于回归和生境恢复的时候。

多个案例使用了分子生物学方法来检测用于迁地保护的样本是否足以包含野生种群的遗传变异,并发现了一些"不足"[见以下例子,关于极度濒危物种比利牛斯薯蓣(Borderea chouardii)的研究:Segarra-Moragues,Iriondo and Catalán,2005;对欧洲 9 个基因库中 675 个黑杨(Populus nigra)样本的研究:Storme et al.,2004;对德克萨斯野生稻(Zizania texana)的迁地保护样品的调查:Richards et al.,2007]。

14.11.3　在植物园中栽培野外采集的植物

许多植物都有完善的无性生殖手段：藤蔓、匍匐枝、根状茎、珠芽等。某些水生植物会"解体"，各个独立的部分能再生形成新的植株。园丁利用植物的无性繁殖特性，人为拆分植物个体，然后让片段生根。植物不同结构的生根能力不同。园丁在利用插条生根方面经验丰富，根段作为插条最容易生根，其次是茎段，再次是叶片。植物所有的部分都有生根产生独立个体的潜力，如果不发生突变，新个体与母株基因型相同。利用这一特性可以廉价地繁育用于迁地保护的植株。在这一点上，植物与高等动物形成了鲜明对比，动物寿命由老化过程决定(Turker，2002)。

尽管如此，也不能认为植物的无性繁殖可以持续循环下去。关于植物生存能力随年龄衰退问题还知之甚少，但是最近的研究表明植物还是会老化，例如，研究发现岩蔷薇(Cistus)随着年龄增长，叶绿体内氧化胁迫增加，同时光合作用下降(Munne-Bosch and Alegre，2002)。此外，病毒和其他疾病感染也使得植物不可能通过长期营养繁殖循环下去。例如，1949 年，由两种喜马拉雅报春花杂交得到了不育杂种(Primula × scapeosa)。这个植物通过营养繁殖广为扩繁，但是到了 1982 年，由于黄瓜花叶病毒感染，不再更新生长了(Richards，1986)。

14.11.4　基因库：采样和更新过程

最近发表的一篇综述对活力下降的储藏种子进行更新的保护取样方法进行了评述(Lawrence，2002)。详细数据和分析请阅览原文，这里仅列举主要结论。Lawrence(2002)指出，在进行野外种子采集时就应该考虑种子库种子活力随储存时间延长而降低问题。研究表明，干燥种子的生物化学、生理学以及染色体都会随时间推移而变化(Abdul-Baki and Anderson，1972；Fenner and Thompson，2005)。目前，种子库中极低温保存的干燥种子的老化问题很受关注。

当种子在常温下老化，就会发生遗传突变和染色体变化。对种子质量的检查可能会导致突变。在种子库中，新入库的种子都会通过 X 光检查来确定胚胎是否完全形成或者是否不带虫。种子经常送往世界各地而虫卵在低温下也能存活，因此必须检查种子以防止潜在害虫随种子入侵。X 光会引起种子突变吗？尽管人们正在研究长期储存的遗传效应，但对极干燥和强冷条件下的种子和其他形式基因库是否会发生变化还了解甚少。

在建立种子库收藏品时，原始样本常被分为主收藏和工作收藏两部分，后者被直接用于研究、活性检验等。当然，为了研究以及就地保护等活动，也会从主收藏中提取材料。从一个具有遗传变异的主收藏中抽取样品就会形成有遗传差异的批次，这会导致种子储备的减少。种子库不同于真正的银行，不会有利息进账，它不产生额外的种子。因此，当种子的活力下降至 85% 或更低时，需要对现有种子进行栽种来生产新种子。对于自然生境收集的种子起始样本，Hondelmann(1976，p.219)强调，在植物园复壮阶段，如果植物园的气候、土壤、生物条件不同于野生生境，就会对植物形成相当大的选择压力。

有证据表明，随着种子老化而发生遗传变化，当检测显示种子活力下降到一定阈值(一般设置为85%，但有时更低一些，可能是 50%)时，就把储藏的种子取出，重新栽种植物来生产新的一批储藏用种子。Lawrence 特别强调，在最初设计取样方案时就应该考虑在接下来的更新过程中如何保护遗传变异性的问题。

Lawrence 认为，如果保护单元是物种，那么其最低限度是，一个种子总样本应包括目标种群的 172株随机植物，这个数量才足以捕获全部或接近全部的种群中频率大于 0.05 的可分离的多态基因。如果保护单元是种群，Lawrence(2002)建议用于储存的种子应该分别来自不同的母本且单独保存。种群内分单株收集种子而不是大块取样，这是在更新过程中保持遗传变异性的有效方式。他建议在初始种子取样中,应包括 15 个种群,每个种群至少取 12 个单株(总共 15×12=180),每个单株的种子分别储存。

如果必须更新储藏样本生产新种子,有一点非常重要,那就是阻止发生基因漂变以保持基因频率稳定。像我们在第 3 章中看到的那样,世代间的基因漂变会改变基因频率,导致一些等位基因被固定而另一些丢失。另外,随着变异性的丢失,遗传漂变会引起"种群逐渐越来越近交,即使是每个世代交配是随机的"(Lawrence,2002,p.200)。当需要更新种子样本时,为了保持遗传完整性,Lawrence 建议,每个种群的 12 个种子亲本中应该每个亲本培养一株植物,而且在控制授粉条件下,每个种群的植物要随机交配。这涉及去雄、保护雌花及人工授粉。这种双亲本受控交配产生的种子会很大程度减小遗传漂变的影响,因为每一个亲本都繁殖了后代(不包括意外事件、对选择压力的差异反应等)。

14.11.5　重新评估基因库样本大小

取样最关心的问题是在种群中取到具有遗传代表性的样本以及保持遗传变异性。然而最近,正如我们在第 16 章节中看到的那样,有许多物种已经回归到野生生境中,而且认识到回归成功需要大量的幼苗。实际上,在成功建立回归种群之前还需要进行若干试验。鉴于回归的种群统计成本很高,Guerrant 等(2004a)认为应该采集并储藏更大的样本,其数量可能要比现在的保存量大一个数量级。

更大的样本同时可以避免另外的问题。测试对于确定冷藏种子样本的活力是必需的。为了节约成本,只有小部分种子用来检测活力,其结果是有可能偶然性地得到错误的结论。因此,在统计上有可能得到活力下降的结论,而实际上并没有(Ⅰ型错误,虚假错误);或者种子活力的确下降了,但却未检测出来(Ⅱ型错误,遗漏错误)。如果冷藏的初始样本很大,那么就可以检测更多种子的活力,进而减小出错概率。虽然从野外采集到更大的物种样本是可能的,但如果按上述建议按每个单株独立采集和贮藏,会减少用于检测活力的种子量。

14.11.6　植物园中的野生植物:活植物面临的选择作用

尽管仅有少量的实验研究了野生植物被移植到植物园后会经受怎么样的选择作用的问题,Jones(1999)明确指出:"自然选择无处不在,并且无时无刻不在考验基因的应变能力。"植物园中的植物同时也经受着有意或无意的人工选择。即使培养植物的人希望保持野生植物的野性,但毫无疑问,选择对植物园中任何植物都起作用;同样,自然选择也作用于在动物园中生活与繁殖的动物。

进一步拓展这个关键问题,自然选择会发生在从一个地区采集然后在另一个地区栽培的材料上(例如,从高山到低地,从地中海到北欧等)。另外,各种园艺活动都会给从种子样本中新长出的植株或幼苗施加有意或无意的人工选择作用,例如新引入植物会遭遇新的土壤,不同的水分状况,花盆、玻璃房或遮阴房改变了的小气候,以及新的病虫害等。萌发种子时,园丁可能忽视休眠种子,"选择"那些马上生长的幼苗,而没有发芽种子可能与土壤一起被丢弃。最高的幼苗可能被选作盆栽;不知不觉中,具有大而有吸引力的花朵颜色的植株会被选择。然而,进行异地保护的人可能会说他们没有故意筛选那些受人工选择作用的植物。在这种情况下,达尔文强调无意选择的力量是不可避免的。许多植物能产生大量的种子和幼苗,园丁会不可避免的选择和使用其中的一个或少部分,这种行为会改变这些收藏种群的遗传学和进化潜力。

先不关注理论,考虑负责植物园收集的人的经验是非常有用的。Townsend(1977,1979)考查自己在邱园的经历,发现在运输过程中或在植物园里,施加在植物身上的选择力是多种多样的。为了说明邱园微体繁殖单元的建立情况,他总结了一些培育技术并随后亲身实践(Townsend,1979,p.189)。"尽管不同种源植物样品源源不断",但是栽培类群的总数只有少量增加,因为 ① 运输到达条件差(由于信息不足、较差的储藏、较差的运输),以及 ② 因没有野外记录导致管理者缺少对植物需求的关注。因此,植物和种子经常用统一的"标准"来处理,采取何种标准取决于高山、温带和热带等不同起源,"以至于植物要经常忍受相当大的虐待"。幸存下来的植物构成了"植物园区系"的基础。Townsend 总结道,在这种环境下,"许多稀有的独特的植物是不能生长的"。反思微体繁殖方法和多个近期的园艺实践的成功,Townsend(1979)明确指出,在邱园"现在野外采集者根据植物学家和园艺学家的特殊要求进行收集";而且"贮藏技术的提高、更高效的运输和细致的野外记录意味着大多数引入植物都有在邱园生长的潜力"。

尽管邱园实践的进步是显而易见的,但是世界上许多植物园的设施有限,每个植物园的独有园艺操作会对新到植物产生强有力的选择作用,特别是对所有野外采集的植物施加商业堆肥是有风险的。Varley(1979)提供了一个非常好的案例来说明在合适土壤种植植物的重要性。灌木圣赫勒拿红木(*Trochetia erythroxylon*)是非常珍稀濒危的物种,在植物园里种植它很困难。Varley 在实验中发现,这是一种避钙植物,只在酸性土壤中并用蒸馏水浇灌才能存活。这个发现揭示了这个物种为何濒临灭绝。自从 1502 年欧洲人到来,圣赫勒拿岛上不仅被滥砍滥伐,而且引进的山羊采食小树苗。随着滥伐树木,森林表层酸性土大量侵蚀,基岩暴露,产生了碱性土壤,红木无法生长,因为红木生长需要酸性土壤。

14.12 整个生态系统的迁地保护

通常,迁地保护涉及单个植物且不同植物相互间隔。不过,整体地迁地保护受威胁生态系统是开拓性的尝试。Cranston 和 Valentine(1983)讲述了具体细节。1964 年,有人建议在英国蒂斯河谷上游建造一个水库,尽管遭到环保主义者的极力反对,但这一提议最终还是获得通过。1970 年,在坝址处采集了含有蒂斯河谷稀有物种[春花龙胆(*Gentiana verna*)、粉报春(*Primula farinosa*)等]的草皮,这些材料随后被带到了英国达拉谟大学植物园和曼彻斯特大学周德尔堤植物园。在曼彻斯特,这块草皮先是被种入盆中,但是随后被移植到很大的水泥箱中,里面含有许多类似原生境的土壤。这块草皮中一些种的植株被移植到不同环境中进行单个培养,虽然许多物种比较纤弱,但是大部分草皮保持完整。箱子中群落初建是成功的,并尝试除草来维持群落,并且通过精巧的移植维持了这些珍贵物种的密度。这些试验给出两条主要结论。第一,虽然在异地维持这些稀有物种获得了初步的成功,但是最终所有材料都消失了,现在这些实验没有留下任何东西。第二个重要发现涉及在混凝土箱中维持这些稀有物种的尝试。有两类杂草是有问题的。植物园杂草,像一年生早熟禾(*Poa annua*)和长毛箐姑草(*Stellaria media*)等入侵到容器中并被清除。但是,另外一些蒂斯河谷物种本身却成为麻烦的杂草,如斑纹木贼(*Equisetum variegatum*)、堇菜(*Viola riviniana*)、百里香(*Thymus drucei*)、圆叶风铃草(*Campanula rotundifolia*)和铺地半日花(*Helianthemum chamaecistus*)。反思该实验的命运,我们发现混凝土箱本身就是一个"选择实验",随着时间推移,尽管有人为管理,箱中的物种也还是有成功与失败之分。

14.13 植物园中的选择作用也能改变物种的繁殖行为

例如,福禄考(*Phlox drummondii*)是一种来自德克萨斯州中部和南部、春天开花的常见物种,在 1835 年被引入欧洲。它的种子散布到欧洲各地,而且园丁依据"不同结构、分枝模式、花冠颜色和点缀式样"选择出了能真正繁殖的品系,截至 1915 年共产生了 200 多个栽培品种。在驯化过程中,繁殖行为发生了变化。在野生种中,植物表现出遗传上自交不亲和,只有遗传上存在差异的个体杂交才能产种子。在园艺植物中,自然状态下的自交不亲和被无意选择所打破,变成自体授精,这个过程在其他物种中也会发生。

14.13.1　杂交

由于植物园中经常含有亲缘关系相近的种和属,这为种间杂交提供了机会,所以杂交是植物园中另一种遗传改变形式。当有亲缘关系的物种邻近生长时,例如分类苗圃或展示温床,种间杂交的确会发生。所以,如果其他近缘物种生长在基因流范围内,要保持珍稀濒危物种的品系纯正就非常困难。Snogerup(1979)的研究为这个普遍问题提供了例证。他报道了在室外种植十字花科植物时阻止近缘种杂交的困难,即使这些植物归于不同的属并含有不同的染色体数目。为了保持品系纯正,唯一的解决方法是把这些植物种植在隔离昆虫的玻璃房中。

在植物园中,树木的种间杂交概率也相当高。英国肯特州的贝奇伯里国家松树园为了克服这一难题,决定集中精力保护12种濒危植物,这些物种不会发生种间杂交,因为它们都是其所在属的唯一成员[即每个物种都是来自单型属,例如智利南洋杉(*Araucaria araucana*)](Morgan,2001)。然而,这并不是一种可以普及的方案,因为较大的松柏属包含了许多濒危物种,如果它们生长太近就可能发生种间杂交。Maunder 等(2004)评述了植物迁地保护时杂交产生概率及其影响。

14.14　在植物园中迁地保护植物取得了多大的成功?

14.14.1　短期成功

许多面临灭绝的或者在野外已经灭绝的濒危植物,现在正种植在植物园中,不得不承认这是很大的成功(Havens *et al.*,2006)。人工栽培这么多珍稀濒危物种为抵抗其在野外完全消失提供保障(见《国际植物园保护联盟》,网址 www.bgci.org.)。然而,在许多发展中国家,植物园非常稀少,濒危物种特别是在热带和亚热带地区的濒危物种还没有得到很好的保护。此外,许多相同物种具有顽拗型或中间型种子行为,意味着它们不能在低温干燥环境下储存。反之,许多具有"正常"种子行为的濒危物种正以种子形式保藏在基因库中。顽拗型和中间型物种的材料,包括孢子、花粉、芽尖和胚胎等,用深低温实验技术可以存储多久尚未可知。

14.14.2　濒危物种特殊类群的迁地保护效率评估

到目前为止,我们已经关注了许多实际和理论层面的共性问题。现在转向 3 项非常有益的调查,这些调查可以检验迁地保护的价值。

14.14.2.1　植物考察:植物园在保护野外收集的种质方面取得了多大成功?

在规划物种迁地保护时,通常从植物考察开始,然后活材料扩繁并被分发到植物园。在很多情况下,优秀的详细考察报告会被发表。Dosmann 和 Del Tredici(2003)引用一些例子,包括对亚洲、南斯拉夫、日本的考察等。对于经济植物,收集的种质资源的命运有时被检查。例如,Hymowitz(1984)调查了自东亚收集的 4 451 份大豆种质资源的存放地点。但是,只有很少关于野生植物收集样本命运的已发表信息。通过努力,植物园在野外种质资源收集、运输、生长和保存方面已取得多大的成功?

研究揭示了 20 世纪 80 年代在中国湖北省的中美植物考察(Sino-American Botanical Expedition)中所收集的植物材料的现状(Dosmann and Del Tredici,2003)。在这个物种多样性高的温带植物区系地区,植物标本材料连同活体植物和种子一起被收集。这些种质分布到北美和欧洲的许多植物园和树木园中。对北美和其他地区的超过 30 个国家的植物园的咨询揭示了过去 22 年中栽培活体植物状况。这个调查表明,最开始的 621 份收集材料中,只有 258 个存活下来。对于为什么存活率这么低,Dosmann 和 Del Tredici 发现,一些收集的材料活不过 4~5 个月,这正好是植物运到美洲所花的时间。另外,作者也很惊奇地发现,在许多植物园中 115 种还活着材料只有一个登录号,且常常只有一株植物。此外,信息资料也存在许多问题。一些植物园没有登记最原始的 SABE 收集号,所以当有的种类在这次考查中被收集登记超过一次时,便不能确定这个样品最初是在哪里收集的。而且,有些植物园仅记录了登录号,没有生境和野外的详细信息。目前也不能确定植物园种植材料的完整名录,因为在 1982 年的国家会议(在纽约 Millbrook 召开的美国植物学会)期间,有超过 3 300 种收集植物提供给了与会者,他们可以各取所需。遗憾的是,什么人要了什么材料都没有记录。

14.14.2.2　棕榈的迁地保护取得多大的成功?

Maunder 等(2001b)研究了植物园中棕榈树的保护实效。"棕榈是植物园中显著而受欢迎的植物之一",一项对 20 个国家 35 个植物园的调查发现,2 700 种棕榈中有 902 种被迁地保护。查询发现,222 种受威胁的棕榈树中,有 130 种可从商业贸易中买到,77 种生长在植物园中。两种野外灭绝的棕榈已被迁地保护起来了,其中孟加拉行李椰(*Corypha taliera*)(1980 年代后野外再也没有见到)在佛罗里达的蒙哥马利植物园、邱园和新加坡植物园有栽培;另一个种是毛里求斯特有的酒瓶椰子(*Hyophorbe amaricaulis*),在毛里求斯居尔皮普植物园有栽培。

尽管濒危棕榈进行了迁地保护,Maunder 等(2001b)认为,一般来说,温带植物园不能作为棕榈的保护地,棕榈收藏依赖于热带或商业苗圃。另外,植物园中存在种间杂交(Noblick,1992),其中的一些是热心人有意而为的(Glassman,1971)。分子研究检测到濒危的澳大利亚青棕(*Ptychosperma bleeseri*)野生种群与邻近植物园种植的同属外来种的杂交(Shapcott,1988)。调查还发现,植物园有可能将入侵棕榈带到新地区。例如,中国蒲葵(*Livistonna chinensis*)经 Pamplemousse 植物园引进到毛里求斯,威胁到濒危的当地特有种红刺棕榈(*Acanthophoenix rubia*)野生种群的生存。中国蒲葵也已入侵到夏威夷、百慕大和佛罗里达。

基于调查结果,Maunder 等(2001b)得出一些重要结论,指出了棕榈迁地保护的局限性。

1)"植物园目前只能保存少量的濒危棕榈物种,通常其遗传和数量上的代表性低。"

2)"濒危物种的有效迁地保护只在来源国是可行的,在那里可以通过与野外种群一同管理来保持迁地保护种群的遗传多样性。"

3)"温带植物园收集的大量棕榈树主要种在温室,空间限制严重,维护和人力成本高昂,能够保持一定的物种多样性但数量有限,对回归没有多少价值。如果考虑对有效保护的贡献,北方植物园保护工作的重点应从收集活动转移,将其展品作为公共教育、科学研究和筹集资金的主要资源,以支持国内生境保护的当务之急。"

这些重要的分析涉及许多在热带和亚热带分布的植物。那么,植物园在迁地保护温带植物方面取得多大成功呢?

14.14.2.3　欧洲濒危植物的迁地保护成功了吗?

一份问卷被分发到 40 个欧洲国家的 624 个植物园(Maunder *et al.*,2001a),调查了 573 种欧洲濒危植物(被称为伯尔尼公约物种),仅 29 个国家(73%)的 119 个植物园(19%)进行了反馈。结果显示,大多数物种的登录号(61%)都不是来自野生,其余的要么是不清楚来源,要么是来自其他的植物园。例如,12 个植物园有来自卡纳里的特纳利夫岛的著名的龙血树(*Dracaena draco*)样本,只有 2 个植物园标明是来自野生。皇家植物园邱园的记录有 119 个伯尔尼公约物种的 226 个登录号,但是,在这 226 个登记号中仅有 90 个(40%)是来自野生,而 65 个(29%)是来自植物园,并且有 71 个(31%)是不知道来源的。仅 2% 的登录号的记录是完整的,包含了经纬度。那些来自种子的植物物种没有相应的谱系记录。关于植物园种子名录,Maunder 等(2001a)认为,它们严重偏向那些种子量大而利于收集和分发的类群。调查显示,一些在野外已经消失的伯尔尼公约物种在植物园中有栽培。例如,Greuter(1994)发现地中海地区有 37 种植物在野外已经灭绝,但是其中的 4 种栽培在植物园中。来自土耳其的斯普林格郁金香(*Tulipa sprengeri*)就是其中的一个很好的例子。

Maunder 等(2001a)通过研究得出了一些重要结论。

1) 大多数类群只收集了少量的、且主要是非野生样本,而且档案还不完整。

2) 一些物种虽然有很多样本,但这并没有反映遗传多样性。例如,20 多个植物园有野外已灭绝的金钱草(*Lysimachia minoricesis*),但是这些植物的同工酶一致性说明它们都是巴塞罗那植物园的栽培后代(Ibanez *et al.*,1999)。金钱草缺少变异可能反映了来源种群的真实状态,但是像早期研究认为的那样,一致性也可能是灭绝之前的取样方法所致。

3) 一些植物园中收集的伯尔尼公约物种已受到杂交的影响。例如,在一些植物园中,雪光花(*Chionodoxa luciliae*)已经与绵枣儿属(*Scilla*)物种杂交。另外,看上去在植物园中对适宜种群的选择已经改变了部分物种,例如,迁地保护的囊泡貉藻(*Aldrovanda vesiculosa*)主要是热带起源的园艺种群,而不是濒危的野生欧洲种群。

4) 反观全局,他们总结道:"植物园收集样本的保护作用应该受到质疑;大多来自国外的样本没有足够信息。"因此,"植物园中多数收藏品的保护价值有限,故而至少从短期来看,植物园对保护最重要的实际贡献在于向观众传输保护理念"。

14.15　植物园和保护信息

一些植物园已经形成了很好的教育方案、特别的展示和标志来促进珍稀濒危植物的保存。就我个人参观欧洲、中北美、澳大利亚、远东和非洲的植物园的经历来看,很多植物园已经做得很好了。

许多植物园通过标识植物来传递保护信息。例如,法国德布雷斯特国家保护中心建有稀有植物小径(Cheney *et al.*,2000,p.47)。植物园通常建在自然或半自然植被地区,而且迄今为止还包括这些自然植被,比如著名的南非开普植物园和新加坡植物园。在部分植物园可以看到半自然环境中的稀有植物。相反,其他植物园是建立在曾经的农用地上,按自然状态种植野生植物,使其像自然状态的野生植物园,以说明生态群落和演替,并在生态系统中展示珍稀濒危物种。例如,萨尔茨堡大学的高位沼泽地、维也纳大学植物园的干燥草地、剑桥大学植物园的湿地,以及马来西亚国民大学的蕨类园(Bidin,1991)。新的非常有趣的伊丽莎白女王植物园就建在大开曼岛自然保护区内;同样,新的芝加哥植物园就处在森林保护区内。在后面章节中要考虑的非常有趣的一点是,受管理的自然保护区与植物园中看似野生区的界限模糊。从微进化的角度看他们在多大程度上是等价的?

14.16　植物园中迁地保护的前景

过去 25 年左右的经验表明,很多濒危植物已经通过异地栽种活体植株的形式在植物园中得到挽救。调查同样显示,那些产生正常型种子的植物其种子可以保存在种子库中,虽然尚不清楚这种储藏是否对遗传变异性会有长期影响,也不清楚未来更新种子库时的栽培方式。科学研究正在努力寻找适合中间型和顽拗型物种的种子储藏条件。

多年来对植物园的批评已经说清楚或得到改进。因而,广泛接受的观点是提高物种相关信息可以提升迁地保护植物的保护价值,包括确保植物标识、栽培过程中的收集和储藏等信息的准确等。为了方便植物园之间合作而建立的植物园国际保护协会(BGCS)促进了数据库的持续发展,比如植物网络(PlantNet)。通常,缺少空间和资源限制了植物栽培,但是只要情况允许,植物园便可以种植更多个体。因而,在卫星植物园可以建立有特定遗传结构的种群,而每个物种则由植物园网络来代表。这种保护策略已被应用于英格兰和爱尔兰稀有的温带雨林针叶树种,这是由小林园与爱丁堡皇家植物园合作完成的(Page and Gatdner,1994)。

尽管植物园工作人员的努力提高了迁地保护的效率,但对于栽培野生植物时的采样和长期保存遗传变异性的有效性,以及哪些种子可以保存在种子库中仍存有很大的疑虑。例如,Hamilton(1994)提出了非常重要的问题:种子库中储藏的种子对野生种群遗传多样性取样效率有多高?以前,这个问题通过理论模型和作物外推来回答过。近年来,通过分子标记研究,我们在对作物和种子库样本的遗传变异性的认识上取得了很大进步(Hammer,2003)。

现在分子方法被用来研究野生植物种群的遗传变异性,以检测用以迁地保护的样本是否能准确代表其原有变异性。例如,Li、Xu 和 He(2002)采用 RAPD 技术比较了中国濒危的版纳青梅(*Vatica guangxiensis*)迁地保护种群与 3 个现存自然种群的遗传变异性。他们发现迁地保护种群有足够的遗传变异性,可以长期存活和保持其进化过程,但是进一步的取样对于保存更多野生种群独有的等位基因是必要的。

Fridlender 和 Boissselier-Doubayle(2000)采用 RAPD 技术分析了 *Naufraga balearica* 的迁地保护种群和野生种群的遗传变异性。他们发现来自科西嘉岛,栽培在里昂、布雷斯特和波克罗勒岛植物园的植物材料仅含少量的遗传变异,多数个体来自克隆生长;相反,马略卡岛上的 5 个野生种群表现出明显不同的遗传变异,迁地保护的科西嘉岛植物遗传上与马略卡岛的格鲁珀泰尔莫林斯的样本有关,这促使研究者认为该植物并不是科西嘉岛的本地种,而是在过去某个时候由马略卡岛引进的。

这些研究显示了现代分子技术的优势。未来的研究急需分析濒危物种的遗传变异性,包括野生种群、迁地保护种群、植物园繁殖种群、种子库保存材料、种子库更新材料,以及用于远位回归计划的材料。同样,也需要对迁地保护材料适应特性的可能变化进行研究。应该通过同质园或其他试验来对迁地保护和野外材料在开花时间、结实率、抗病能力等方面进行比较分析。

14.17　迁地保护会引起驯化吗?

植物种植到植物园里,实际上是“囚禁”。遗传学家指出,对于这些植物来说,不是选择压消失而是发生了变化。植物如果隔开或在独立的花盆中生长,其面临的种间竞争减少或不同,它们不仅仅会与野外可能遇到的食草动物、害虫和疾病隔离,也会与它们的互惠共生生物隔开,包括菌根真菌、传粉者以及种子与果实散布者(Hancocks,1994;Havens *et al.*,2004)。总体上,植物园中选择压力要小于野外,因为植物园植物受到的胁迫较少和不同。例如,为了防止苗期真菌侵害,园丁经常采用杀菌剂,也会控制害虫。这些处理会增加苗期的存活率,那些适合度低的个体也能长到成熟。而且,经过若干代后,在后代中会出现遗传突变类型。对于植物园中潜在选择压,达尔文的进化观点认为植物不可能逃离自然选择；另外，他明确指出植物还会经历有意或无意的人工选择。这就是栽培对植物的影响，Prance（2004）认为"迁地保护会停止或歪曲自然进化"；而长期来看，Ashton（1987）认为"所有迁地保护实践都会导致不可逆的驯化"。

动物园和水族馆中动物的迁地保护为植物园保护植物提供了很好借鉴。例如，Frankel 和 Soulé（1981）写道：

> 有证据表明（Spurway，1952，1955），对每一个 CP（捕获繁殖）项目，驯化都是潜在的破坏力，其中管理者的人工选择性繁殖是不可避免的。

Vein Jone（1999，p.37）同样写道：

> 动物园会承载着不受欢迎的信息，因为人类的无意选择，野生动物被驯化，扭曲原有的进化轨迹，笼养动物不可能像野外那样进化，它们与原来的面目有很大的不同。让动物园保护动物的后代再返回野外的希望可能无法实现。这种失败显示了笼养动物的后代被改变是不可避免的。

鱼类和昆虫的研究都表明圈养动物会很快发生改变。例如，鱼的濒危物种在孵化场经过 2～3 代培养后重新回到野外，其遗传变化明显（Meffe，1995）。或许最出名圈养动物是果蝇（*Drosophila*），为了最大限度地减少养殖果蝇的遗传变化（这也是迁地保护的目标之一），比较分析了养殖种群与其来源的野生大种群的遗传多样性。结果显示，经过 11 代后，养殖种群遗传变异性和繁殖适合度都很低（Frankham and Loebel，1992；Rall and Meadows，1993）。进一步的研究表明，果蝇被保存在"动物园"中会出现很多变化（Frankham，2005）。

是否因为迁地保护面临很多困难就允许濒危物种灭绝呢？很多人认同 Frankel 和 Soule（1981）的观点，他们写道："可以认为将野生物种进行栽培后，会降低其遗传多样性，并且改变其对显著改变的选择压的反应方式。然而，保存半驯化的濒危物种显然比让它们完全消失更好。"尽管关于将野生植物引进到植物园后会发生什么还有很多东西需要了解，但很明显，经过多个世代在植物园中长期栽培的植物会处于野生与驯化之间的某个不确定状态。

14.18　结　　论

自 1970 年代以来，关于迁地保护不同方面的理论研究大量出版。尽管许多关键问题早年就已经分析了，但在过去 40 年中详尽理论研究也在进行。就像遗传学家和生态学家认为的那样，如果将保护比作赛马，有效的迁地保护便要越过采样、栽培和资料整理等过程，并历经多年。就迁地保护实践而言，可以说是成功了——一些野外灭绝的物种在植物园中得到了保护。另外，许多植物园对保护和展示珍稀濒危物种很积极。但是，正如我们前面所提到的那样，长期保存这些物种还存在实际和后勤困难，这涉及空间、费用、资源、标识、记录，以及植物疾病等；而且，热带和亚热带地区植物园太少，而那里生物多样性丧失的风险最高。

在前面的几章中，我们已了解到濒临灭绝物种的数量如何迅速增加。考虑到迁地保护设施是有限的，我们怎么决定哪个物种该保护呢？如果物种失去了生境，植物园中保持植物数量可以无限增加吗？如果可以，植物园长期栽培就会增加野生植物被驯化的可能性。不过，如果恢复和回归的合适生境仍然存在，被抢救的物种便可以在回归野外之前在植物园中进行扩繁。但是，使用异地繁殖很多代的植物材料可能存在问题,因为会发生某种程度的驯化,植物可能已不能在原生境存活了。百脉根(*Lotus berthelotti*)就是一个例子。百脉根是原产于卡纳里岛的豆科植物,在植物园中长期生长。环保主义者尝试将其重新引种到其原来生长的特纳利夫岛,但是当这种植物从欧洲引回岛上时,却死在大加那利岛的苗圃中(D. Bramwell,私人通信,2002;引自 Havens *et al*.,2004,p.464)。这很有可能是百脉根已经适应了欧洲植物园环境,而无法在高温的大加那利岛生存。

最后,许多植物园采用的迁地保护设施也产生了其他问题。如果一种濒危植物的野外数量很少,而且其生境受到威胁,环保主义者就会决定将其带回植物园,由此导致因采取保护措施使自然种群消失(Guerrant *et al*.,2004a)。同样,如果公众认为迁地保护(植物园或者种子库)是一种足够的或者成功的保护手段,保护计划便不会被反对,而那些特殊野生生境就会被毁坏,降低任何生境恢复和物种回归的可能性(Rolston,2004)。

在后面的 3 个章节中,我们关注物种的就地保护——在自然保护区或其他被保护区域,在那里濒危物种被视为当地自然生态环境的一部分;同时,也考虑就地保护和迁地保护相互协调的理论和实际意义。

第 15 章　就地保护：保护区内外

15.1　对保护森林的公园的呼吁

华莱士（Wallace）与达尔文一道被认为是自然选择进化学说的共同创始人。华莱士深知自然界的宝贵价值以及它的脆弱性。他曾在 1910 年的一篇著作中恳切地请求（引自 Berry，2002，p.147）：

> 在我们的热带领地中，没有采取任何措施为子孙后代保存足够的原生植被，尤其是原始森林方面，这实在是令人遗憾……当然，在为时已晚之前……必须在森林或山地"保护区"保持恰当的供应，此举不仅仅用于林业和伐木，更为了充分保护乃至极大地丰富我们的地球及其原生森林、林地、山坡以及高山牧场，令其呈现出最荣耀、最迷人的特性。

自然保护区的概念由来已久。正如我们所见，随着北美地区一些国家公园的建立，自然保护区在 19 世纪有了重大的进展。目前，预计地球上大约 7.9％的陆地面积以及大约 0.5％的海域面积被作为各种类型的自然保护区保护（Balmford *et al.*，2002，p.952）。Given（1994，p.96；表 15.1）列述了 10 种不

表 15.1　不同类型的受保护区域

主要保护目标*	I	II	III	IV	V	VI	VII	VIII	IX	X
在自然状态下维护样本生态系统	1	1	1	1	2	3	1	2	1	1
保护遗传资源	1	1	1	1	2	3	1	3	1	1
保护生态多样性与环境调节	3	1	1	2	2	3	2	2	1	1
提供教育、研究与环境监控	1	2	1	1	2	3	2	2	1	1
以可持续的方式生产木材、草料	—	—	—	3	2	—	3	2	—	—
保护流域状态	2	1	2	2	2	2	2	2	2	2
保护文化遗产的场所与目标	—	1	3	—	1	3	1	3	1	1
刺激边缘区域与农村开发的合理、可持续发展	2	1	2	2	1	3	2	1	2	2

＊ 受保护区域的类型：Ⅰ. 严格自然保护区；Ⅱ. 国家公园；Ⅲ. 历史遗迹/地标；Ⅳ. 托管保护区；Ⅴ. 受保护景观；Ⅵ. 资源保护区；Ⅶ. 人类学保护区；Ⅷ. 多用途区域；Ⅸ. 生物圈保护区；Ⅹ. 世界遗产遗址。

排名：1. 主要目标为区域与资源管理；2. 非首要性，但总是会包含重要目标；3. 包含条件适当以及资源和其他管理目标允许情况的目标。

来源：Given（1994）根据 MacKinnon 等（1986）资料整理；经瑞士格兰德国际自然保护联盟（IUCN）许可复制。

在试图增加保护管理面积的努力中，不同国家也指定了其他的保护类别。例如，在英国，除了国家公园、国家自然保护区（NNR）以及地方自然保护区（LNR）外，还设置了一些其他的"保护"方式（详见 www.naturalengland.org.uk）：公共或私人土地上 4 000 个"具特殊科学价值地点"（SSSI）包含着有重要意义的野生生物、景观以及地理特性（7％的陆地面积）；著名自然美景区（AONB）（36 个地区，占 15％的陆地面积）；在欧盟《栖息地指令》（*Habitats Directive*）下进行特别保护的特殊保护区（SAC）；遗产海岸——33％（1 057 千米）英国海岸线；海洋保护区。

同类型的公园，包括封闭式保护区、国家公园、可消耗的保留地等。这些旨在进行自然植被保护的保护区的建立是"全球多样性保护"最为重要且"持久的策略"（Hopper，1996，p.253）。根据 Given（1994）所述，不同类型的自然保护区在保护中扮演着重要的角色，它们只是就地保护的一个元素，而很多濒危的物种与生态系统在自然保护区之外被发现。

本章探讨了国家公园与自然保护区的起源、发展和管理，特别引用了美国黄石国家公园以及英国剑桥郡维肯沼泽自然保护区的例子。从更广阔的视角出发，对受保护区域在保护生物多样性中的优势与不足进行了探讨，并对就地保护的微进化意义进行了审视。

15.2　早期的公园与"保护"

关于就地保护的历史，人们认为自然保护区与国家公园最早于 19 世纪 30 年代建立于美国（见下文），随后受这些发展的驱动，类似的保护区与公园在全球遍地开花。虽然这个说法有正确之处，但是在世界各地的很多地方，涉及保护的土地使用早在美国国家公园成立前就已经出现。

调查研究表明，在过去几个世纪中，在世界上不同的地区，一些保护区确实保护了野生动物。这些场所出于不同的目的而被设置与维护，如圣地、各种狩猎保护区、狩猎公园以及各种不同的森林保护区等。

15.2.1　圣地

在史前时期的亚洲、非洲以及世界的其他地区，一些森林丛林甚至是整片景观都被视作是神圣的。例如，Ramakrishnan（1996）曾经描述了印度一些可追溯至吠陀经问世之前（公元前 1500—公元前 500）的神圣林地。这些林地大小不尽相同，有些甚至小于一英亩，而另外一些则覆盖了数平方千米的范围，如印度南部喀拉拉邦西部、印度北部比哈尔的 Chhotanagpur 地区等。在其他情形下，整个风景地貌都被视作是神圣的，如锡金地区。进出这些神圣林地或地区通常是要受限的，这些地区处在精心的传统管理之下。然而，由于价值体系的衰落，这些地区中的一部分已经开始退化。

15.2.2　狩猎与森林保护区

早在公元前 700 年，亚述人中的贵族们就在指定的训练保护区内狩猎（Runte，1997，p.2）。在法国，出于林业与狩猎目的对森林进行保护的历史悠久，可以追溯到中世纪，如位于枫丹白露（Fontainebleau）的森林已经被保护了数个世纪。从 1853 年起，森林中的一些区域被指定为保护区；到 1904 年，保护区的面积增加了大约 10%（Rackham，1980）。值得注意的是，"公园"（park）这个词语来自古法语以及中世纪英语"parc"，意思是"在国王的授意下设置的用于储备狩猎用野兽的封闭土地"（Runte，1997，p.2）。

在英国，现存保护区中最古老的是"新森林"（New Forest），它于 1079 年被公告为皇家狩猎禁地，最近被指定为一个国家公园（Anon.，1991b）。在俄罗斯，来自 12 世纪的记录表明了野生动物保护区的存在。在这些保护区中饲养有本土与外来的野生动物，以用于沙皇、王子与贵族的狩猎。例如，"Kubanskaya Okhota"作为狩猎保护区历史悠久，这一地区现在是高加索生物圈保护区（Caucasian Biosphere Reserve）的一部分。

15.3　森林保护以及风景名胜区保护

作为对欧洲列强残酷剥削其海外殖民地的回应，对环境变化以及狩猎物种命运的关注与日俱增。

例如,在很多的海外殖民地(如圣赫勒拿、加那利群岛、加勒比地区等)中,尤其是热带雨林地区,显著的小气候变化伴随着滥砍滥伐,促进了森林保护法规的制定。1764 年,多巴哥岛山脊的"森林得到保护,以应对雨季"(Grove,1995,p.272)。从 19 世纪 40 年代起,新加坡山顶的森林开始得到保护(Anon.,1991b)。在 18 世纪,法国通过立法对毛里求斯的一些森林地区进行保护(Grove,1995)。早在 1865年,印度颁发了第一部保护森林的法令。有充分的证据表明,在很多殖民地中存在对野生动物的无情猎杀。因此,从 17 世纪起,开始颁布法律保护森林、狩猎区与风景名胜区,并建立起很多狩猎与森林保护区。从 17 世纪末开始,南非的殖民地管理者们开始尝试对狩猎进行控制。1697 年,第一个狩猎保护区被设置(Reid and Steyn,1990),同时还出现了一些旨在对杰出景观进行保护的举措。例如,1866 年,在澳大利亚新南威尔士州珍罗兰山洞(Jenolan Caves)建立起一个自然保护区。

15.4　美国国家公园的建立

美国国家公园的建立旨在提供"强大的美国原始荒野自然博物馆系统"(Runte,1997,p.110)。第一个国家公园位于怀俄明州与蒙大拿州的交界处,幅员辽阔,占地面积为 200 万英亩(81 万公顷),包含世界上大部分的间歇喷泉以及温泉。该公园建立于 1872 年,地点在黄石(Yellowstone)(Anon.,2004)。虽然很多人认为黄石是最早的一个国家公园,但历史学家们指出还存在其他更早的保护区。美国最古老的国家保护区建于 1832 年,在阿肯色州的温泉城(Hot Springs)。此后,1864 年建立了一个州立公园,由加利福尼亚州管理,其用于公共用途与娱乐,旨在保护约塞米蒂谷(Yosemite Valley)的未来(Anon.,1990)。同样,另外一个自然保护区的建立旨在保护巨杉(*Sequoiadendron giganteum*)的领地蝴蝶谷(Mariposa Grove)。

关于这些国家公园的意图,Runte(1997,p. XXii)认为"观点渐渐演变为满足文化需求而非环境需求",这是他的"文化身份"研究的一部分。他认为在国家公园建立伊始,对现在我们所称的"环境"的保护是保护主义者最不关注的一方面(p.11)。与旧大陆不同,美国缺乏"明确的过去",尤其是艺术、建筑与文学方面(p.7)。他继续补充道,除了尼亚加拉大瀑布之外,国家的东半部分的景观"没什么特别之处",而过于泛滥的商业主义剥夺了大瀑布作为文化遗产的公信力(p.8)。然而,伴随着西部壮美景观的发现,美国人决定必须对黄石进行保护,使其免受滥用。第一个国家公园的建立,以及之后适时建立的其他公园,可以"成为新大陆文化愿景的相当有说服力的证据"(p.9)。然而,Sellars(1997,pp.4,9)提出了另外一个重要的观点,虽然"国家公园的灵感主要来自美丽的风光……而旅游则是最为主要的动机"。事实上,"在最初……国家公园要为企业利润的动机服务,北太平洋(铁路公司)对黄石公园的提案持续施加着影响"。

在关于哪些区域应被纳入国家公园的范围这个问题上,Runte(1997,p. Xi)的结论认为,黄石国家公园以及之后的公园受到种种限制,"只不过是已经被证实的商业利益而已"。事实上,它们是包含壮丽景观并提供独特视觉体验的"毫无价值的土地"(p. XV)。关于公园仅可建立在"无用土地"上的坚持使得美国直到 1985 年才有了第一个草原国家公园。考虑到公园界限的设定,Runte(1997)强调,尽管黄石公园幅员辽阔,但其并不是为野生动物所设计的。一个事实足以说明这一点,在冬天,受寒冷的驱使,大型的哺乳动物会迁徙到公园边界之外的邻近低谷中(p.139)。

15.5　国家公园的目标

美国国家公园运动提供了一系列而非单一的成功模型,并对全世界受保护区域的保护都产生了影响。在促成公园从概念到现实的《法案》中,措辞是非常具有启迪作用的。1872年《黄石国家公园法案》中写道:"在此对黄石河的源头……区域进行保护,而不得用于定居、居住或出售……且仅应专用于为了人们的福利与娱乐而设置的公共公园或游乐场。"(Anon.,2004,p.7)

1916年,美国设置了国家公园管理局,其使命被进行重新评定,并包含了对野生动物保护的内容。其目标为:

> 促进并管理作为国家公园、遗迹与保护区的联邦领地的使用……通过符合基本目标的方式与措施,保护风光以及自然历史对象和野生生物,同时以同样的方式与措施保证其不受损害,以供后世子孙们享用(Anon.,2004,p.7)。

Runte(1997,p.196)对这一份新的目标声明作出了评论,他以为这是用浪漫主义交换环境保护的程序的一部分。

15.6　人类排除的理念

在美国的国家公园以及荒原保护运动中,一个关键的概念是人类应被排除在受保护区域外,不得在其中生活(Spence,1999)。那些建立国家公园的人没有意识到,或者出于其自己的目的希望否认他们通常是在处理文化景观而非原始荒野这一事实。因此,在1872年黄石国家公园建立之后,土著印第安部落"食羊人"(Sheepeaters)被赶出了怀俄明州与爱达荷州的保护区(Schullery,1997)。同样,在1957年,巴巴哥人被禁止在亚利桑那州烛台掌国家保护区(Organ Pipe National Monument)进行耕作。1962年,所有没有历史意义的巴巴哥建筑物都被清除,为烛台掌荒野保护区让路(Nabhan,1987,p.89)。

在其他的地区,人们被要求搬离荒野保护区并且禁止使用这些区域,例如,在印度建立用于保护老虎的自然保护区网络过程中(参见Callicott and Nelson,1998)。在南非克鲁格国家公园(Kruger National Park)、南罗德西亚(津巴布韦)的万基自然保护区(Wankie Reserve)以及肯尼亚与坦噶尼喀(坦桑尼亚)的广阔公园中,本土的放牧人都被拒绝进入(Christopher,1984,p.186)。在加拿大国家公园建立过程中土地同样也被征收(MacEachern,2001,p.19)。

人类不应生活在受保护区域这个概念是个复杂且具有很大争议的问题。正如前章所述,达尔文认为人类是进化的产物,是众多物种中的一种,因此在逻辑上应被解读为"自然"的一部分。按照这个推理路线延伸,可以认为人类是自然世界的一部分,那么从逻辑上而言,人类的任何行为都是自然的,包括农田的开发、草原与森林的管理、城镇与城市的建造等。虽然认为人类及其活动应从国家公园与保护区中消失,然而这些地区正接待着越来越多的游客,而远非"保护"其免受人类干扰。有充分证据表明,这些区域通常都处在密切关注和管理之下。

15.7　转　变　目　标

正如前文所示,这些国家公园在最初设定时并非是无人触碰的原始荒野(参见Pyne,1982,pp.71-83)。"很多现存的国家公园已经被密集的人类活动改变,黄石是其中改变最少的一个。所有的这些公园都或多或少被美国原住民所利用过",因此"可能并非是真正原始的状态"(Sellars,1997,p.256)。在建设之初,国家公园公开宣称的目的是"保护"。那么公园的员工是如何执行这个绝对命令的? Sellars

(1997，p.22)认为，在最初的几年中，"在保存自然条件的命令下对公园的管理采用两种基本方法：放任自流或人为操控。""不起眼的物种""几乎受不到关注"。此外，"寻求对公园进行提升的管理者们"更倾向于对容易取悦公众的更为显著的资源进行管理，如大型哺乳动物、整片森林以及鱼类种群。

关于国家公园这些早期管理方案的起源与执行，Wright(1999)认为公园的工作人员借鉴了英国和美国狩猎公园的模式，目标是"保护那些被认为合意的物种，主要是大型的有蹄类动物；同时清除那些威胁这些合意物种的物种或过程"；"实现这些目标的管理方法包括人工饲养、捕食者的控制、火灾扑救以及疾病和病原体的清除等"。很多这些活动都旨在对公园的动物进行控制，考虑到本文对植物的重点研究，值得注意的是，这种管理无疑会对植被的结构、组成以及动态性产生深远的影响。

15.7.1 控制捕食者

从19世纪80年代开始，黄石处在军方的管制之下，由于野狼与土狼有时会捕食家畜，并且会攻击那些被认为更为合意的野生物种(如鹿与麋鹿)，它们的数量得到了控制(Sellars，1997，p.25)。军方同时对非法狩猎麋鹿以及早些年在公园内的非法放牧采取了控制措施。

15.7.2 动物饲养

在很长一段时间里，"公园管理处都采取了一种类似于牧场经营与耕种的方式保护一些更受到喜爱的物种的生产与存在"，例如麋鹿(Sellars，1997，pp.70-81)。完成这些操作需要大量的干草，因此人们在大约600英亩的开阔草地上进行耕作、播种并灌溉，一直到1956年。在当时，梯牧草是这些干草中的一种，而现在它被视作是一种"具有侵略性的入侵物种"。(其他一些非本土的树木、灌木与青草物种同样也被作为景观美化计划的一部分被引进。)黄石有着非常严寒的冬天，麋鹿必须迁徙到公园地域之外的更低的地方过冬，才可以存活下来。具有讽刺含义的是，在公园内被作为"野生生物"保护的动物，一旦其离开公园就会立马变成"猎物"(Sellars，1997，p.71)。为保护物种免受过度狂野的狩猎者的捕猎，很多动物现在都在位于杰克逊·霍尔(Jackson Hole)的国家麋鹿保护区过冬。这一保护区始建于1912年，对过冬的动物进行保护，并提供饲料与庇护(Boyce，1989)。公园中同时还喂养有其他的动物物种(如鹿、大角羊以及其他的有蹄类动物)。在公园建立的最初几十年中，游客们同样还乐于观赏用垃圾喂熊的场景。现在，熊的待遇已经不同往日。现在的目标是让熊"戒掉"人类的食物与垃圾，而鼓励它们食用更为自然的食物。

15.7.3 黄石公园放养鱼类

如今，黄石公园包含有"美国最为重要且接近原始状态的水域生态系统之一"(Anon.，2004，p.117)；然而，为了向钓鱼者提供竞技场所(目前每年大约有75 000垂钓者)，从1881年起，人们在公园的某些区域投放了一些鱼类物种(Sellars，1997，p.23)。这些措施符合创始《法案》中赋予公园的概念，即提供"游乐场"。其后，通过使用孵化场增加存量，到20世纪中期，公园的水域中已经有了超过3.1亿条鱼类。这些干预剧烈地影响了公园的淡水生态系统。近来，湖红点鲑(lake trout)在未经许可的情况下被引入黄石湖。在此之前，黄石湖的水域生态系统完全由本土物种构成(Anon.，2004，p.118)。

15.7.4 森林防火保护

在其成立的最初100年中，黄石执行了一套行之有效的火灾控制策略，这对区域内的植被有着深远的影响，因为该地区长期受到闪电引起的自燃火灾的影响，因此植被适应了火灾。事实上，有些物种对火具有依赖性。例如，扭叶松(lodge pole pine)会产生一些球果，而这些球果只有被至少113℃的火加热才会打开。

15.7.5 森林防虫保护

从 20 世纪 20 年代中期开始,美国国会"划拨资金用于对国家公园的昆虫的控制。当时的主要目标包括黄石国家公园的扭叶松叶蜂(sawfly)和云杉色卷蛾(spruce budworm),约塞米蒂国家公园的针叶潜叶虫与小蠹虫,以及 Crater 湖国家公园的松树甲虫"(Sellars,1997,p.84)。与此同时,"为了与这些昆虫袭击斗争,(公园)服务处采用了化学喷雾,同时砍伐掉受感染的树木、剥去树皮并进行焚烧"。此外,从 20 世纪 30 年代开始,在国家公园中开展了病害根除项目,主要目标是一种非本地的真菌松疱锈病菌(Sellars,1997,p.83)。作为病虫害防治的一部分,在黄石国家公园、约塞米蒂国家公园以及其他地区,后来开始采用 DDT(Sellars,1997,p.162)。

加拿大大西洋省区的一些国家公园的病虫害防治是有启发性的(MacEachern,2001)。20 世纪 50年代,云杉色卷蛾感染出现,袭击了云杉与香脂冷杉。这是一种每隔 27～70 年就出现一次高峰的自然病害感染,导致大片的死树与垂死的树。MacEachern(2001,p.213)援引了副部长 Robertson 关于如何应对云杉萌芽感染的观点:

> 问题是怎样保护最为高效。争论的焦点是,出于"保持原貌以供后代享受"的目的,国家公园保护意味着森林必须保持绝对自然的状态,任凭自然来处置它们——通过病害、火灾或者其他任何途径毁灭它们。我们不会放任火灾的破坏,这样做是正确的;同样,我认为在应对病害的破坏风险时,也不能采用这样的态度。换言之,我们不能持有"放任"是正确路线的观点。对我而言,关于火灾、病害以及森林相关的所有其他问题,我们的侧重点应在于明智而科学的管理与保护策略,此举旨在尽我们的努力让现在被健康森林覆盖的区域保持这一状态,并且年复一年,一直繁荣。

与任由病虫害发展并自生自灭相反,问题的解决方案是在受感染的区域喷洒杀虫剂,包括 DDT。虽然目前在国家公园管理中人为干涉的成分减少,但在过去几十年的时间,使用杀虫剂控制昆虫病虫害一直是加拿大国家公园管理的公认策略。

15.7.6 自然调节的方针

到 20 世纪 60 年代,在黄石国家公园种种方针的刺激下,麋鹿与其他有蹄类动物出现过剩的现象。在山杨林地中,人们对用篱笆围起的围场进行监控,以防止麋鹿的闯入,这是"过度放牧"的一个证明(Budiansky,1995)。黄石国家公园进行了一些遴选,并将一些麋鹿安置到其他的地点(Wright,1999)。全面的控火方针导致了大量枯木、废弃以及倒伏树木的堆积。这样,在生态系统中积累了大量的可燃材料。同时,越来越多的资源被花费在对昆虫与病害的控制上。1962 年,随着雷切尔·卡森(Rachel Carson)的名著《寂静的春天》(Silent Spring)的出版,人们对杀虫剂的使用产生了怀疑。

人们根据过往管理的效果对国家公园的目的进行了重新评估,进而促成了 1963 年《利奥波德报告》(Leopold Report)的出版。报告建议以"自然调节"作为指导原则,采取更符合生态系统的方法进行管理。此外,报告提出了一个新的重点,即失去景观的重新创造。他们建议:"保持各个公园中的生物族群,或者在必要时进行重造,以使其尽可能与白人最初到访时候的主导状态一致。"简言之,《利奥波德报告》提议,"国家公园应当体现美国的原始状态"(Runte,1997,p.198)。失去景观重造的概念是一个非常重要的主题,我们在下文会进行更为详细的探讨。

15.7.7　自然管理

在考虑《利奥波德报告》时,国家公园管理处最初并不情愿完全放弃火灾与害虫控制。然而,这些管理实践适时地发生了改变。首先,在 1972 年,管理处决定允许一些自然火灾自然发展,并且开始"受控"的燃烧。然而,在 1988 年的大旱之后,公园管理当局面临着一个意外的状态。公园遭受了多场火灾,有些是自然引发的,而另外一些显然是人为引起的(Anon.,2004,p.68)。此情形是如此危险,因此必须采取一些措施来控制火灾。共计花费了 1.2 亿美元来扑灭火灾,而公园 793 888 英亩(36%)的面积被大火吞噬。现在,在这些被大火破坏的区域,人们种植了数百万的扭叶松幼苗,这些幼苗差不多都是由同龄植物组成。

在虫害控制方面,化学喷雾剂的广泛使用"被限制性的病虫害综合治理方案取代。除非在绝对必要的情形下,避免化学品的使用,此方案强调了对环境影响最小的自然控制,包括对自然出现的捕食者以及病原的使用等"(Sellars,1997,p.254)。在动物管理方面,人们决定通过可用食物数量对麋鹿种群进行自然调节,并最终重新引入了麋鹿的天敌——狼。包括灰熊在内的其他动物都不得在垃圾堆觅食。公园的工作人员重新开始了控制外来入侵植物的努力,如达尔马提亚云兰属植物 *Linaria dalmatica*、斑点矢车菊(*Centaurea maculosa*)、丝路蓟(*Cirsium arvense*)、法兰西菊(*Leucanthemum vulgar*)、红花琉璃草(*Cynoglossum officinale*)以及乳浆大戟(*Euphorbia esula*)等(Sellars,1997,p.258)。20 世纪 90 年代,由于之前的管理而绝迹的狼被成功地重新引入公园中(Anon.,2004,p.164)。

15.8　欧洲国家公园与自然保护区的建立

对欧洲自然保护区与国家公园的发展、目标和管理进行研究是具有启迪意义的。在 19 世纪 90 年代的英国,尤其在市区与郊区,空地的可能流失受到了广泛的关注(Hunter,1890)。此外,有人呼吁在伦敦的公园(Chipperfield,1895)以及私人庄园(Whitburn,1898)创建鸟类保护区。

在 1900 年之前,英国的自然保护区屈指可数。例如,东安格利亚的布雷顿学会(Breydon Society)买下了布雷顿水域(Breydon Water),以建立一个鸟类保护区(Evans,1997,p.45)。此外,英国国民托管组织(National Trust)在剑桥郡的维肯沼泽(Wicken Fen)(1899)以及诺福克的布莱克尼岬角(Blakeney Point)(1912)建立起自然保护区。此组织受到当时著名的保护组织"环境保护受托人"(Trustees of Reservations)的影响。"环境保护受托人"是景观设计师 Charles Eliot(www.thetrustees.org)于 1891 年在新英格兰马萨诸塞州成立的一个机构。

1913 年,在新成立的英国生态学会(British Ecological Society)冬季会议上,F. W. Oliver 教授就"自然保护区"发表了演说(Oliver,1913,p.55)。他报告称英格兰"未有太大的进展",并对英格兰的现状感到惋惜:"对于那些有闲情雅致的阶层而言,自然历史的本能在狩猎、园林与高尔夫中得到体现;但对于普通公众而言,似乎他们更专注于其他的事情。"与之相反,欧洲其他地区取得了一些进展。在设置自然保护区方面,他明确地提出了他脑海中美国国家公园的模式。他指出:

> 大量封闭以试图保护的区域让很多人抵触,以为这是一种保护猎物的方式。任何没有被长期私人所有的区域都伴有公共权力,不管是否明确界定。布莱克尼岬角虽然属于国民托管组织,但如果将其封闭将会大错特错。自古以来,人们就进出这一区域采集圣彼得草、打猎或者野餐:一下子取消这些权力,还要实现与邻居的和平共处,这是不可能的。

整体而言,他的方法是鼓励私人所有者主动建立自然保护区。

Conwentz 教授在 1913 年 11 月的自然保护伯尔尼国际会议上发表了一场演说,对欧洲其他地区自然保护区的建立提出了实用的说明(重新印刷于 1914,p.112)。1898 年,有人起草了一份关于普鲁士"原始自然的威胁"的报告,并在其中提出了通过建立自然保护区"进行保护的提案"。在此报告的促进下,1906 年普鲁士教育部建立起自然遗迹保护学会(Institute for the Care of National Monuments),以对"自然形态"进行保护,这里"自然形态"指"仍然处于原始位置且完全或几乎完全没有被人类文明所改变的"植物与动物群落。Conwentz 对在 1898 年倡议之后已经设立的自然保护区进行了详细说明,这些保护区包括:沼泽地(勃兰登堡海滨沼泽);山毛榉林(东普鲁士 Sadlowo);山毛榉与橡树林地(萨巴堡的赖因哈德森林,被选为景观画家作画的典型森林景观);酸橙树林(马格德堡科尔比茨);高沼地(维斯瓦河上的 Neulinum);沼泽地(东普鲁士 Zehlau)等。一些城镇与城市同样也加入了倡议的活动中,例如德累斯顿与科特布斯市从私人所有者手中购买森林,以创建自然保护区。在德国的其他部分同样也设立了一些保护区。例如,兰茨胡特植物学会(Botanical Society of Landshut)1877 年购买了 Sempter Heide 的石南灌丛,在萨克森州以及巴登省同样也建立了自然保护区。

促进建立自然保护区的一部分原因是对野生生物所受到威胁的普遍顾虑,由此也引发了一系列的国际会议(如 1883 年的巴黎会议;1895 年在巴黎达成的保护白令海海豹的协议;1900 年在伦敦达成的保护鸟类的协议;1909 年在巴黎达成了关于非洲野生生物保护的协议)。同时,还出现了一些呼吁设置自然保护区的书籍,例如 Massart(1912)对美国、英格兰、瑞士、德国、丹麦、爪哇等地的保护努力进行了回顾,并建议在比利时设置自然保护区的地点。

尽管很多人呼吁在英国建立自然保护区,很多土地所有者对此却持敌视态度。1912 年 5 月,随着"自然保护区促进学会"(Society for the Promotion of Nature Reserves,简称"SPNR")的建立,自然学家查尔斯·罗斯柴尔德(Charles Rothschild)希望改变人们的这一态度。此组织编写了可能作为保护区的场地的一份清单,并递交给农业部(截至 1915 年共计 284 个场所)。不幸的是,由于战争的干扰,政府并没有被他说服,而在罗斯柴尔德于 1923 年去世之后,相关的活动慢慢失去了动力(Rothschild and Marren,1997)。尤为重要的是,罗斯柴尔德的选址都非常到位,很多最终在第二次世界大战之后都被声明作为国家公园或者国家自然保护区进行保护。然而,不幸的是,罗斯柴尔德所提议的一些地点在两次战争之间被破坏、损毁或者被改变得面目全非(Rothschild and Marren,1997)。关于保护英国生境与野生生物的长期斗争的细节,参见 Sheail(1976,1981,1987,1998)、Rackham(1986)、Evans(1992,1997)以及 Rothschild 和 Marren(1997)。

15.9　文化景观中自然保护区的管理:以维肯沼泽为例

维肯沼泽自然保护区经常被作为曾经在东安格利亚常见的"不排水沼泽的遗迹"(Rowell,1997,p.194)。这一描述给人以"荒野"的暗示,然而,正如罗威尔(Rowell)所阐明的那样,不排水"是一个相对概念;作为沼泽地的一部分,保护区不能摆脱大规模排水计划的影响,以控制水位并且允许农业在这些低洼地上蓬勃发展"。在过去的至少三个半世纪,整个保护区一直处在各种排水系统方案的影响之下。

作为查尔斯·达尔文在 19 世纪 20 年代曾经采集标本之处,维肯因其大量的沼泽野生生物而闻名。然而,为了保护昆虫的未来,有影响力的昆虫学家购买了地块并将其提供给了经验尚浅的国民托管组织(Friday,1997)。Farren(1926)非常清楚地阐明了自然保护区管理的最初理念,他写道:"当维肯沼泽的部分在国民托管组织的控制下时,总体思路是应放任其发展,这或许也是一个自然的思路",并且据此

"使其回到原始状态"(引自 Lock，Friday and Bennett，1997，p.216)。

正如我们所见，自然保护区不应被干涉的概念是 19 世纪末期与 20 世纪早期的一个普遍观念。这一观点被伦敦《泰晤士报》所宣扬。该报于 1912 年 12 月 18 日发表了一篇部分由查尔斯·罗斯柴尔德起草的社论，描述了同年成立的"自然保护区促进学会"(SPNR)的目标。此文章强调，通过建立自然保护区"保护未被破坏的……有着最古老的动植物群的自然的最后遗迹迫在眉睫"。人们担心的是"一种普遍存在的郊区化"，这种趋势被认为是"试图将受威胁的物种转移到他处的徒劳之举"，而"保护物种的正确方式是保护它们的家园"。此外，"保护自然的唯一有效方法是尽可能少去对其进行干扰"(Rothschild and Marren，1997，p.18)。

直到 20 世纪 50 年代，英国自然保护委员会的第一任主任 Diver 也受同样观点的影响，支持在自然保护区中"让自然做决定"。然而，对自然保护区的实际管理经验则证明了相反的情况：管理是必不可少的。在维肯沼泽，如果要保护那些让沼泽闻名的物种，让自然进行保护是不恰当的。传统上，对维肯沼泽的管理是广泛的。事实上，维肯沼泽是东安格利亚文化景观的一个重要部分，供应着用于茅草屋顶的特殊莎草与芦苇品种，以及用于燃料的莎草和泥炭等。在 19 世纪末期，这些活动慢慢被转化或者减少。在早期的十年中，作为一个"留给自然"的保护区，原本几乎无树木的沼泽(如同时期图片所示)被大量顽固的灌木所侵入。正如法伦(Farren)所指出，让沼泽"自生自灭"是忽略了这样的问题："什么状态最适合让莎草沼泽闻名的各种昆虫。"(引自 Lock *et al.*，1997，p.216)

到 20 世纪 30 年代，在英国不同地区对自然保护区管理尝试的经验表明，如果特殊物种与文化景观相关，必须通过连续或者重新引入恰当的传统管理进行必要的管理。这一非常重要的原理在下文从英国生态学会报告的摘述中进行了详细说明。这份报告考虑了英国的生境，但同时明确表明了被证实在对全球文化景观保护的恰当管理中至关重要的一般准则(Anon.，1944，pp.83-115)：

> 在考虑对自然保护区的实际管理中，首先必须承认对于几乎所有的自然保护区与国家公园而言，了解情况且仔细的管理事实上是必需的。需要保护的大量植被中有一部分是人类在过去几个世纪的活动的成果。换言之，就"自然"的产物而言，这些是"半自然"的，而非完全"自然"的。例如，对于丘陵地、山坡草原、北部与西部的很多荒野、很多石南灌丛、不排水或部分排水的沼泽、大部分落叶性林地(不管树木是人工栽种还是天然生长)而言，情况的确如此。这些类型的国土构成了可以被保护的相对大的样本区域。为维持任何或多或少处在目前状态下的半自然植被，现有的人类活动(放牧、焚烧、割草、矮林平茬或选择性砍伐)通常必须继续。这适用于最为严格的自然保护区或庇护所，就如同任何被作为自然保护区的地区一样。如果人类活动停止，则植被会立即开始改变。之前曾被放牧的丘陵地、周期性焚烧的石南荒野、定期收割的沼泽开始被灌木所占据，通常还有树木。当人类活动停止后，这一区域的特性会完全发生变化，那些原本计划要保护的植物群落以及居住于此的特征动物开始消失。如果在一个"标准平茬"的树林中，矮林平茬停止进行，则灌木会"生长过度"，由于浓密的树荫，贴近地面的植被将会严重地枯竭。因此，如果"仅交给自然"，那么最初的目标将会落空。如果植物一开始的时候存在的群落发生变化，生存条件也发生了变化，则依赖于之前(人造)环境的有趣或珍稀物种也可能一并消失。

15.10　保护管理：达尔文主义视角

上述引文的最后一个要点对于受威胁生态系统与濒危物种的有效保护而言是至关重要的。本质上，其确认了本书中达尔文的中心思想。人类的活动改变了生态系统，并在其中产生了新的选择压力。在这些情形下，选择更倾向于各文化景观要素内的物种，而非其他的物种。然而，如果传统的实践减少或被废弃，通过人类调节的管理发生变化，或者被忽略，则会产生新的选择压力。除非物种具有恰当的遗传变异性以响应新的生境变化，否则种群适合度将下降，种群衰退，并由于选择、基因漂变以及近交衰退等过程导致遗传萎缩（参见第 12 章）。因此，恰当的保护管理旨在对抗与变化相关的新选择压力，在该条件下，现在受威胁的物种曾经是"赢家"。因此，恰当的管理/复原过程是诉诸先例，在依然被采用的地方维持长期传统实践，在不稳定的地方强化传统实践，并在被废弃的地方重新恢复传统实践（参见Rackham，1998）。

如果先前实践中的相关物种在发生某种改变的生态系统中依然存在，则这种方法可能是非常有效的，例如，树木、灌木以及通过葡匐枝、根状茎、鳞茎、球茎等实现各种营养生殖的地表植物等。在这些情形下，过去实践维系的遗传连续性通过不同土地用途的过渡以及重新启用传统的管理得以保持。然而，在其他的情形下，生境被人类严重改变，以至与传统土地利用方式相关的物种全部消失。

现代的农耕方式导致了石南灌丛、丘陵地、树篱、池塘、湿地、沿岸群落等的消失，使得一些特定的物种受到威胁，进而破坏了英国很多具特殊科学价值地点（SSSI）。同时，由于化肥的使用，大部分低地物种丰富的草原都得到了改善（在 1994 年仅有 4% 未得到改善）。正如我们在第 8 章中所探讨的公园草地实验（Park Grass Experiment）中的结论一样，增加土壤的营养状态会促进一些在农业上重要的物种的生长，但这是以抑制其他物种为代价的。例如，对红门兰（*Orchis morio*）进行的试验表明，使用有机与无机的化肥，物种会受到相当不利的影响（Silvertown *et al.*，1994）。

为了应对损失，通常对特定地点继续采用或成功恢复恰当的传统管理，这不仅仅出现在国家公园与自然保护区中，同样还包括很多其他的地点。有时候，通过与私人所有者签署有法律保护的管理协议，以保护濒危物种（Sutherland and Hill，1995）。因此，在沿海、高地草原与石南灌丛的保护区以及一些商定的可耕地内，一些土地整理、作物栽培、牲畜饲养、狩猎生产等方面的传统方法得到维持或恢复，包括恰当的围栏与篱笆。同样，森林与林地也重新回归传统的管理中，标准的矮林平茬方法被采用。此外，森林放牧制度"林地牧场"被重新恢复，树木被截去树梢，露出下面的草地。包括矮林平茬、焚烧、放牧在内的各种传统实践都要求进行放眼未来的谨慎周期性干预，而不是单纯地采取管理行动。

15.11　个别物种管理中的"诉诸先例"示例

1）杨桃（*Damasonium alisma*）是英国最为稀有的植物之一。在对其种群进行成功复原中，人们对疏于管理、杂草丛生的村庄池塘进行清理，并将种子深埋在泥浆中，以让其发芽。未来的管理将需要周期性的措施。

2）在德文郡 Slapston Ley 对非常稀有的海滨寇秋罗（*Corrigiola litoralis*）种群的恢复，则是利用埋藏在地下的种子库进行管理的另一个有趣的例子（Marren，1999）。直到 1968 年，这一物种还在来到水边喝水的牲畜的足印中生长。然而，保护管理者则认为，这些牲畜应该撤离这一地区，原因是"相信它们的存在是不自然的"。因此，泥泞的生境被高高的莎草与芦苇所取代，而海滨寇秋罗的群体数量也随之减少。然而，随着栅栏的拆除以及牲畜的返回，种群随即出现了恢复。

3）恢复同样挽救了 Badgeworth 的"蝰蛇之舌"焰毛茛（*Ranunculus ophioglossifolius*），这是其在英国的唯一群落（Marren，1999）。其所生长的池塘曾经被作为受保护的自然保护区而用篱笆隔离。此后，植物数量下降。通过围栏避开牲畜是一个不恰当的策略，物种需要开阔的泥泞区域,以保证种子库中种子的发芽。因此,物种适合秋冬季有水而夏季部分干旱的池塘。牲畜的践踏将种子带到泥土表面,冬季种子被水淹没,以使其免受霜冻。很多其他的珍稀物种也需要得到干扰,通常通过家畜的活动而实现,以允许植物从深埋的种子库生长。如果没有家畜的存在,人们采用旋耕机耕地的方式增加 *Filago pyramidata* 与 *Corynephorus canescens* 的种群数量。

4）非常珍稀的沼泽紫罗兰(*Viola persicifolia*)在很长时期被认为已经从维肯沼泽灭绝,但通过模仿已经被废弃的泥炭采掘实践对生境进行管理,刺激休眠的种子从种子库发芽,进而使其重新回到人们的视线中。这一物种需要季节性的河漫滩,以使得深埋的种子暴露(Marren,1999)。在其他环境下,下文提供了一些其他"诉诸先例"的示例。

15.12　恢复传统管理

矮林平茬、截去树梢、焚烧以及其他传统实践的重新引入导致保护区发生了巨大的变化,但这些举措也可能被公众误解为蓄意破坏。在认识到这种反应后,Marren(1999,pp.282 - 283)指出要对"将自然保护区弄得一团糟有信心",这也正是对某些濒危物种进行成功保护所必需的,人类所引起的生境变化正影响这些物种的长期存在。需要承认的是,很多英国的珍稀植物都"习惯于牧羊人、马匹、农夫、劳工与低科技机械的世界"。在实现"诉诸先例"的方式方面,Marren 提出了农村生活已经完全发生了改变的重要观点:我们生活在一个工业化农业的世界中。因此,要实现必要的传统管理,"我们必须首先从我们的保护志愿者、承包商、动力工具与管理协议中寻找替代者"。然而,虽然有些自然资源保护论者很满足于使用现代"工具",而生态学家则对技术发展而产生的工具比较排斥。"推土机、除草剂、杀虫剂、链锯以及烈性炸药对于很多关注保护的生态学家而言,只不过是恶魔的工具,正是这些方法的使用导致产生了他们希望纠正的损害。这或许是一个可以理解的态度,但依然是推进的障碍。任何工具本身都没有好坏之分,重要的是其如何被使用。"(Edwards *et al.*,1997,p.385)

虽然实践上是有争议的,在有些管理项目中,依然有选择性地使用农药,尤其是对入侵植物物种(参见下文)。同时,杀虫剂还被用于对稀有的玉米田杂草的保护,这是英国正在衰退的最大的物种群(Marren,1999)。有些物种正在大量减少[如圆叶柴胡(*Bupleurum rotundifolium*)、麦仙翁(*Agrostemma githago*)];而其他的已经变得稀有[如野毛茛(*Ranunculus arvensis*)、红瓣花(*Galeopsis angustifolia*)]。这些物种有很多因为农业中除草剂的使用而数量减少,但在萨默赛特野生生物托管基金(Somerset Wildlife Trust)的支持下,有些稀有的可耕地杂草在耕地附近的未喷洒农药的用犁耕作的岬角得到了保护。然而,多年生杂草面临严重的问题,它们由于使用 Roundup(包含广谱除草剂草甘膦的有效成分)以及其他选择性的除草剂而得到控制。在其他地方同样也使用杀虫剂。例如,对英格兰南部欧洲百合(*Lilium martagon*)种群的有效管理,灌丛已被清除,相关的区域被围栏隔离,以防止鹿的进入;然而,通过向花喷洒马拉松杀虫剂,保护种群免受最近入侵的甲虫新疆百合负泥虫(*Lilioceris lilii*)侵害,被证明是必要的(Mackworth-Praed,1991)。

15.13　过去的生态系统管理

"诉诸先例"的概念要求对过去的景观管理有透彻的认识。在设计此类管理方案中,Lowenthal

(1985)所提出的观点值得借鉴："早期的记忆、历史与遗迹有助于了解过去。然而，它们不仅仅揭示了过去发生了什么，其在很大程度上也揭示了人类自己创造的过去，通过选择性侵蚀、遗忘与发明塑造的。"反思保护管理中的重要问题时，Rackham(1998)作出结论："出于某些原因，历史生态学中有很多谣传或虚构。"虚构意指"看起来像事实、被认为是事实且具有所有事实特性，但并非是真实的"。例如，"公众无视日常经验，认为砍伐必然导致树木死亡"；另外一个例子是，"在苏格兰，'大苏格兰神树'(Great Caledonian Wood)的'恢复'成为一个政治问题，而不管历史生态学家的抗议，他们认为其只是神话，从未在历史时期内出现过"(Dickson，1993)。

　　为了复原所谓的传统实践，重要的是对证据进行仔细的审查。例如，在 20 世纪大部分的保护管理中，维肯沼泽中的莎草在生长期外被除去，早期的管理者认为这是传统实践。但事实并非如此，在商业种植历史悠久的诺福克，莎草是在生长期被收割的(Lock *et al.*，1997，p.234)。因此，为对保护进行管理，进行恰当的历史与生态学研究是必要的，这不仅仅有助于确定恰当的管理，而且能帮助确定时机与频率的精确细节。为了重现之前的土地利用，必须面对各种各样的传统实践。

15.14　恢复传统实践

　　农村传统实践的恢复并非易事，而是一个充满了复杂性的任务。保护组织资金有限，有时还依赖志愿者提供服务，在这种情况下，必须考虑重新恢复矮林平茬、泥炭采掘、围栏、灌木清理以及放牧制度等的可操作性与经常性费用。例如，传统意义上收获的种植材料，如柴火、树枝、芦苇、莎草等的市场可能不是完全牢靠；传统泥炭采掘出产的木炭可能要比热带木材制成的进口木炭要贵得多。

　　对动物依照"传统实践"进行管理有很多方法，包括捕猎食物(如捕鱼、陷阱、圈套、野味狩猎、收集蛋类等)、竞技、战利品狩猎以及病虫害控制等。此处，我们主要探讨与植物相关的管理。对动物的管理实践会对生态系统中的植物组分带来重大的影响，例如通过影响食肉动物/食草动物的平衡等。这些传统的实践可以被简单地重现。然而，情形会发生变化。例如，野兔狩猎、猎狐以及捕杀海豹等，现在被一些公众(但并非全部)认为是残忍的；一些当地以及国际上的压力使得部分传统实践被禁止，比如捕鲸。

　　动物福利同样也是一个重要的考虑因素。例如，为了保护加利福尼亚州圣克利门蒂岛上灌木锦葵(*Malacothamnus clementinus*)的未来，大约有 6 000 只山羊被运往大陆，大约15 000只被射杀。清除山羊的活动成功地完成了，但是最终要面对的是动物权利倡导者的请愿与诉讼。他们提出抗议，认为这一行动"过于残忍，而且山羊的福利要优于当地特有植物"(Rolston，2004，p.30)。在其他情形下，动物权利的积极分子与保护论者也有冲突。例如，他们反对将野化猪从一些夏威夷岛屿上移除(Simberloff，2001)。

　　关于福利的顾虑同样引发了其他的问题。在自然保护区与国家公园中，很多人认为动物被饿死是不可接受的。随着时间的推移，这些事件在自然进化中时常发生，但在一个游客频繁的公园或保护区内，可能会出现提供食物和水以"挽救动物"的公共压力。处理家畜中也存在特别的问题，尤其是在人口密集地区的保护区内。在白垩草地中巴掌大一块地方放牧绵羊，而且放牧时间还受限，这可能是不经济的。但是，更大的顾虑在于无人照看的绵羊容易被家狗乱咬，在极端的情形下，还可能被偷盗。此外，还存在对到访公众健康与安全的顾虑，而这些人的支持对于保护努力而言是至关重要的。因此，在一些游客密集的场所，要保留生病、受损或倒伏的树木，以作为自然功能运作的生态系统的必要部分，这似乎是不可能的。

在世界上的很多地区,火的使用历史由来已久,例如澳大利亚的土著居民已经用火焚烧景观数千年的时间(Bowman,1998)。在澳大利亚的保护区内,保护主义者仍然保持或恢复着传统焚烧的做法(Morrison *et al.*,1996)。在文化景观中,对火的管理可能不仅仅伤害到地区内的人类,而且会危及他们的财产、家畜与放牧牲畜以及庄稼等。需要强调的是,使用火进行保护从来都会伴随风险。例如,1980年在密歇根州进行了一次春季焚烧,其目的是改善柯克兰鸣鸟(Kirkland warblers)的生存环境,然而这场大火"烧光了大约5万多英亩的面积,导致一人丧命,无数房屋被毁坏"(Pyne,1982,p.122)。这里还存在很多其他问题。正如Pyne提到的,有计划的焚烧可能会产生大量的烟雾,其数量可能会超出控制大气污染法律的允许范围;同样,对不牢固的边坡的有目的焚烧可能会导致暴雨时土壤流失以及坡体冲刷。在恢复传统的实践中,还存在着另一个复杂的因素。很多保护区以及值得保护的区域都并非完全所有,而是多方共有的,如果进行规划内的焚烧(或其他管理活动),获得全部所有人的事先同意可能是困难的。

15.15　保护管理者非传统实践的设计

虽然很多传统的实践被保护管理者所恢复,但是他们也毫不犹豫地建立了新的景观特色或做法,与历史先例几乎或完全没有关系。例如,在诺福克湖区(Norfolk Broads)附近开挖了一些用于"储存"富含营养的淤泥的泻湖,以提升水质。此外,沼泽地区域被皇家鸟类保护协会(RSPB)进行定期淹没,以利于水鸟的生活,而这种淹没活动是先前农业实践中煞费苦心避免的(Williamson,1997,p.164)。

15.16　实验在保护管理中的作用

保护管理应该如何设计与执行?有些活动有着明确的历史先例,并且结果可以预见。在很多情形下,所恢复的实践必须进行改动,以满足经济或安全性的要求(在梯子上工作的志愿者等)。因此,焚烧或刈草被放牧所取代;放牧牛可能会取代放牧绵羊等。有人认为"常识"是这些"替代处理"的类似效果的良好指导,而其他人则认为在检验所提议的管理变化的效果时,科学实验应发挥主要的作用。

不可否认的是,保护通常会涉及在危机中利用不充分的资源进行快速响应的情形。科学实验是否太耗时而且昂贵?

Sutherland(1998)强烈主张为国家公园与自然保护区的保护设计恰当的实验。首先,他强调了管理方案中需包含关于宗旨与目标的明确声明。在制定这些方案中,重要的是那些执行管理的人应该参与进来,否则实地进行的工作将可能不会令人满意。在英国,由于执行工作的人未得到充分信息,出现了一系列的"保护事故"。例如,在威尔士,大约有6株处于濒危状态之下的*Cotoneaster cambricus*(以及保护论者所引进的材料),由于意外,长势最为良好的一株在一次对灌木的清理中被砍伐并焚烧。另外一系列的意外事件则威胁到了英国的本地物种*Sorbus wilmottiana*,该物种仅在一处有由十几棵树组成的种群(Marren,1999,p.9)。Rich和Houston(2004)揭示,其中一棵树已经被盗,另一棵树也在一次被盗未遂时损毁。时至今日,需要注意的是一些(但并非全部)在保护管理期间被砍伐的树木从树桩上重新生长起来。

在为保护区拟定的方案中,Sutherland(1998)指出其中一个常见的错误是要实现保护区内生态系统最大多样性的管理。他对"每个保护区都需要一片湖"的观点提出了质疑。关于保护管理,

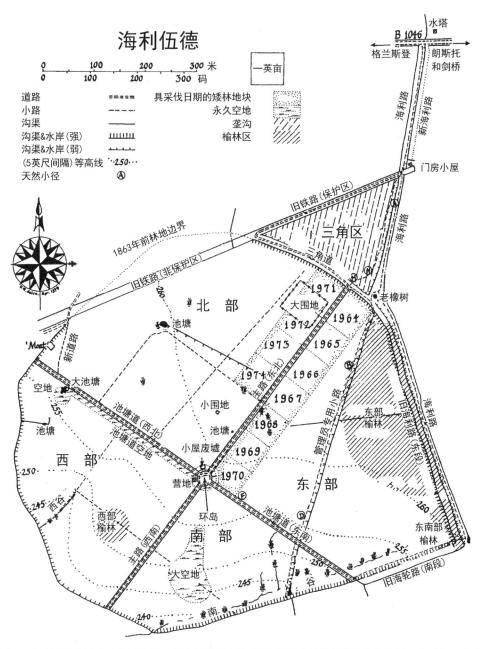

图 15.1 海利伍德地图（海利伍德是位于英国剑桥郡的属于当地野生生物信托机构的保护区）。Rackham（1975）对这个著名的古代林地进行了详尽描述。此林地有着悠久的管理历史，采用传统的标准矮林作业系统，并有独特的丰富动物区系与植物区系。值得注意的是，随着剑桥-牛津铁路的建造，这一著名的古老林地中有一部分被占用，并以另一部分（三角区）进行补偿。此区域用垄沟状绘制，表明其曾经作为农耕地的用途。三角区域被来自古老林地物种所统治，然而这种迁移，例如樱草（*Primula elatior*）是缓慢的。在对一系列的小的围地进行实验之后，结果表明了黇鹿（*Dama dama*）的引进对地面植物种群以及用于放牧的小灌木林有着重大的影响。对一片林地使用围栏隔离（在东北走向的主路东部），对大约 1 英亩的地块进行矮林平茬（在所示的日期），以同样的间隔继续进行直至现在。在主路的西侧，有一些未使用围栏保护的小灌木林地块。"大围地"是另外一个围护的区域，其跨越两个邻近的小灌木林地块。现在，可以比较向黇鹿开放与封闭的地区的效果。矮林平茬地块以及围护措施的设计与布局实现了对放牧的影响的实验性调查，结果表明另一外来鹿物种鹿（*Muntiacus reevesi*）加剧了这一效应。黇鹿似乎来自瓦莱斯利（Waresley）公园，动物从那里逃出，尤其是在 1939—1945 年公园附近的围栏疏于管理的时期。［源自 Rackham（1975，p.171）；经野生生物信托基金许可复制（www.wildlifebcnp.org）］

Sutherland(1998，p.206)基于假设检验对长期控制实验进行了论证，并对长期趋势进行了恰当的记录与分析，他认为：

> 土地管理者应定期开展随机、重复、控制与监测实验，但在实践中几乎没有人会这么做……至少应有控制对照（例如古老的管理技巧），应对管理变化的结果进行监控，并且提供给他人参考。在实践中，即便是这个最低要求也很少被满足。相反，现行惯例是先对管理进行改动（通常同时进行多处改动），不设置对照区域，主观判断变动是否成功，并且口头交换意见。

没有进行恰当实验的一个例子是对英国一处生长有稀有兰花古老蜘蛛兰（*Ophrys sphegodes*）的草场管理（Hutchings，1989）。传统上，这一区域有绵羊放牧，但是出于经济理由，传统的实践被废止。此实践被更改为冬天放牛，这导致了大量的植被践踏。或许是由于植物地下部分遭受严重外力破坏，兰花的数量也随之减少。从1980年起，放牧绵羊的实践被恢复，但由于允许连续放牧，兰花的花朵被绵羊全部吃光。只有当采取周期性绵羊放牧并严格控制时间之后，兰花的种群才得以恢复（Hutchings，1989）。

相反，剑桥郡海利伍德（Hayley Wood）自然保护区的管理则是有效利用实验支持管理的例子。这一著名的古老林地在几个世纪中一直处在传统的林地管理之中，并采用对标准树木进行矮林平茬的实践（图15.1）。在此林地成为自然保护区之前很短的一段时间里，传统的实践被废止。但是，随后矮林平茬被恢复，尤其是鼓励包括樱草（*Primula elatior*）在内的特殊地表植物的生长。然而，在对林地的管理者中，一个新的因素必须考虑。在很长的时期里，尤其是在1935—1945年这段时间，黇鹿从附近的瓦莱斯利（Waresley）公园逃脱，现在占据了包括海利伍德在内的大片地区。由于黇鹿的啃噬，林地中地表植物发生了变化，尤其是闻名的樱草花序的损失。为对这一假说进行验证，人们建立其两块无法让小鹿进入的围地，并对围地内外的樱草开花情况进行了比较，结果表明鹿啃噬樱草花的程度已威胁种群的长期发展。根据这个实验结果，大片林地被围护，以防止小鹿进入。

15.17　呼吁基于证据的保护

回到实验的作用上，Sutherland等（2004）得出结论："目前的保护实践与古代的医疗实践面临着同样的问题"，即"大部分决定并非基于证据，而是基于小道消息"。然而，现代医学获得成功，大部分应归功于其设置得当的长期药物与治疗测试。在当代的保护管理中，几乎没有对当前实践的结果收集相关的证据，因此将来无法根据哪些奏效哪些不奏效做出决定（Sutherland *et al.*，2004）。他们建议就保护实践的信息设立一个中央数据库，并认为"更彻底地转向基于证据的保护不仅仅会是高度有效的，而且由于可以积极地向资助者与政策制定者证明其有效性，可能有更佳的筹资表现"。

从这个观点进一步延伸，得出两个关于生态系统长期保护管理的有影响的概念。首先是适应性管理，在此管理下，存在"基于行动的计划、监控、研究，以及根据目标调整的连续过程，以完善执行并实现所需的目标与结果"（Szaro，1996，p.750；图15.2）。这种类型的规划如果与设计得当的实验结合，将会是非常有

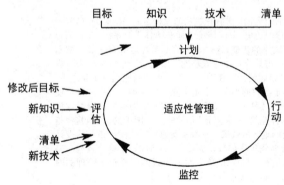

图15.2　适应性管理原理。[源自 Szaro（1996）；经牛津大学出版社许可复制]

帮助的。Peterson、Cumming 和 Carpenter(2003)提出了第二个为自然资源保护论者所用的概念，即情境规划。此概念允许对一系列用于未来的可能方案进行勾勒与评估。

在预测不同管理模式对珍稀濒危物种的影响时，RAMAS GIS 种群模型包与种群生存能力分析(PVA)(概念参见第 12 章)的组合被证实是非常有帮助的。一些例子可以说明其在不同管理情形下的使用。

1) 智利南部的智利南洋杉(*Araucaria araucana*)。这一长寿但生长缓慢的标志性物种种群目前正处于保护之下，以免受砍伐破坏；此植物的交易受到《濒临绝种野生动植物国际贸易公约》(CITES)的约束。PVA 模型使用了种群分布、可能的集合种群结构、种群统计数据、交配系统(此树为雌雄异体)、种子传播与掠食、火灾以及火山活动的灾难性效果等信息(Bekessy *et al.*，2004)；在管理规划中采用风险曲线的族谱。结果表明，种群在未来 100 年很有可能会保持相对稳定，然而如果要使种群得到维持并恢复至较大规模的种群，则必须控制人为的火情(这是最为困难的一个要求)，并且种子收获(用于人类消耗)必须比现有水平要低。

2) 澳大利亚新南威尔士州的银桦属植物 *Grevillea caleyi*。这一濒临绝迹的林下层灌木土壤种子库中种子的发芽受到火苗而引起的热量与烟雾的触发。种子从树冠脱落，或许曾经通过鸸鹋传播。由于人类的影响，这些鸟类现在已经在生态系统中不复存在。银桦的种子有时会被本土的哺乳动物大量采摘。通过建立模型对不同时间间隔的有计划的焚烧的效应进行检验，同时考虑意外火灾以及纵火的因素。同时运用 PVA 对火、电以及减少种子掠食的综合效果进行了检验(Regan and Auld，2004)。

3) 使用 PVA 对外来疾病以及其他因素的影响进行建模。例如，在对塔斯马尼亚的灌木 *Epacris barbata* 的保护中，进行生存能力评估，以确定火烧频率管理的效应以便限定人类的进入，以避免樟疫霉真菌感染的蔓延(Keith，2004)。美国华盛顿州圣雷尼尔山国家公园(Mt Rainier National Park)的白皮松(*Pinus albicaulis*)目前正处在一种外来真菌白皮松疱锈病(*Cronartium ribicola*)的威胁下，这是中东本土的物种，1910 年与一批白松幼苗一道被传入美国。使用 PVA 进行的建模表明，松树种群很可能在无真菌的情况下增加，但由于锈病的存在，很可能急剧减少，即便是此真菌完成复杂生命史所依赖的虎耳草科茶藨子属(*Ribes*)植物被移除(Ettl and Cottone，2004)。

15.18　保护管理的冲突

实验与建模对于某些措施的可能效果预估是非常有帮助的。然而，保护论者很少有全权决定如何对自然保护区进行管理的能力：有需要解决的利益冲突。他们的工作得到了公众的支持，然而在权衡和解决管理困境和冲突时却必须考虑可用资金的问题，以及他们的支持者与反对者的意见。例如，在上文所述的海利伍德的例子中，鹿群啃草的问题可以通过扑杀这些动物予以解决。然而，公众认为引进鹿群是可以接受的，实际上也是大受欢迎的，因为这增加了海利伍德的野生生物。在保护通知板上，外来的黇鹿的地位甚至比著名的樱草更为重要。因此，最可以接受的解决方案就是在灌木丛周围建立防鹿围栏。乍一看，这些围栏可能会是森林中干扰景观的现代人工制品，但在传统上，小灌木林地块也曾经被围栏与壕沟等保护，以免受家畜与"野生"动物的啃噬(Rackham，1975)。

另一个关于"利益冲突"的例子来自飞燕草属植物 *Delphinium montanum*，这是比利牛斯山的本土物种,现存仅有 4 000 株个体(Simon *et al.*, 2001)。植物学家曾尝试保存这一物种,但是发现这一物种正处于放牧比利牛斯山岩羚羊(*Rupicapra rupicapra pyrenaica*)的威胁下。比利牛斯山岩羚羊也是一个濒临灭绝的物种,目前正通过种群增强实现数量的增加。一些岩羚羊由于飞燕草属植物中毒而死亡,对岩羚羊进行宰杀也是不可能的。有效的解决方案是在飞燕草属植物种群附近设置限制岩羚羊进入的围栏。然而,Simon 与他的同事报告称很难解决此利益冲突,围栏的建立被证实是无效的,岩羚羊会把它们推倒。

另一个有趣的利益冲突涉及荷兰境内传统放牧绵羊的贫瘠石灰质草地上植物的不同类群(Oostermeijer *et al.*, 2002)。为了满足一系列稀有兰花、蝴蝶以及无脊椎动物旗舰群的要求,现有的管理包括:在夏末规定时期放牧绵羊,或在面积较小的地区在生长季结束时进行刈草。这一保护管理就其时机与强度而言,与传统的放牧不同,后者涉及大面积连续生境。这种保护管理对一类物种不利,即花期较晚的龙胆属植物 *Gentianella germanica* 与 *Gentianopsis ciliata*。现有的放牧与刈草实践旨在防止羽状长柄草占据统治地位,但对于那些花期晚的龙胆属植物而言,在生长季过早发生,直接损失了它们的种子产量。此外,对整个保护区的非轮转刈草实践并非是对传统放牧的精确效仿,其导致整个区域生境的一致性,"栖息在树冠的无脊椎动物无法逃离到有较高植被未受干扰的区域"(p.347)。这一案例分析表明另外一个普遍关注的问题:管理执行可能"太过整齐",很多受保护的物种可能会在那些看似被忽视的角落中生存和繁衍。

让我们转向更为宽泛的问题,了解保护组织与农业社团之间的潜在冲突是很重要的。就植物而言,在保护区域可能夹带影响农田的杂草;就动物利益保护而言,存在很多冲突的情况:例如大象与其他动物离开保护区,到附近的农田中去觅食。在英国,人们已经发现了一些令人担忧和冲突的领域,尤其是农场化学药品的使用以及对哺乳动物的控制,在保护论者看来,这些是野生生物;而在农业耕作社团看来,这些则是涉及巨大经济损失的有害生物(Tattersall and Manley, 2003)。冲突包括农业化学品尤其是杀虫剂的影响、兔子所损毁的庄稼、獾在家畜肺结核扩散中的作用、农场所用杀鼠剂对野生动物的影响、鹿对庄稼以及保护区的损坏以及对狐狸种群的控制。

15.19 "诉诸先例"是否足以确保文化景观中 濒危物种与生态系统的存续?

尽管可以在国家公园、自然保护区以及其他有保护价值的场所恢复部分传统实践,但这些管理是否足以使相关区域回归原先状态? 由于文化景观是在人类活动的作用下改变,有很多因素使得这种情况不太可能发生。越来越多的自然保护区和公园已成为靠近或被已经开发的土地包围的岛屿,因此很容易受到自然保护区界限内外人类活动的不利影响。在本书的范围内,我们无法对其影响进行综合性的评定。在此,为了说明一般原理,我们着重分析对水资源的利用、污染、入侵物种,以及合法与非法活动的影响。

15.19.1 水资源

很多保护区都非常小,在其界限范围内并没有完全的水域。人类对水资源的利用与控制,包括从地下钻孔提取地下水等,对受保护地区的水文学有着深远的影响。因此,位于英国诺福克郡的洛凡沼泽自然保护区(Lopham Fen Nature Reserve)受到保护区外钻孔沉降的严重不利影响(Harding, 1993)。现在已采取措施确保保护区可以获得充分的水源供应,但是在严重水资源短缺的地区,湿地保护区的优先度低,可能会干涸。即便是在地域广袤的国家公园,生态系统可能会由于其边界之外的水文变化而受到威胁[如:很多美国的国家公园以及其他具有高度保护价值的公共领地(Pringle,2000)]。这些困难可能是更为广泛的严重问题。近来,在对一系列气候模型中的数据进行研究之后,Barnett 等(2008)预测人为引起的变化可能会导致未来"美国西部水源供应的危机"。

15.19.2　污染

官方指定的国家公园与保护区以及其他具有重要生态系统和濒危物种的区域受各种来源的人为污染的影响。例如,气态或者酸雨形式的大气污染从城市的工业区漂移,影响到远在几百英里之外的陆地、淡水与海洋生态系统。在斯堪的纳维亚,由于地区地质学而引起的酸性地下水区域,人们向严重受影响的湖泊添加石灰,以进行恢复(Wallstedt and Borg,2003)。为应酸雨对湿地的影响,荷兰进行了各种处理试验,包括使用富含碱的地下水冲刷、表层土移除,以及添加石灰等,尽管很多处理都是不成功的(Bootsma *et al.*,2002)。如第 4 章所言,城市的工业联合体、现代运输系统,以及农业生产方法(依赖化肥以及密集的牲畜放牧)产生了大量的环境污染,导致了陆地、海洋与淡水生态系统的富营养化,不管是在保护区内还是保护区外。被农业用地围绕的保护区可能会受到化肥与杀虫剂(包括杀鼠剂)喷雾漂移的影响。尽管在世界上的一些地区污染控制已经取得了长足的进展,但是具有保护价值的区域无法免于污染的影响。在英国杰出的自然美景保护区,包括一些受保护的土地,已采用化学方法去除进入湖水与河水中的营养(尤其是磷酸盐);此外,采用泵将富营养泥土从湿地里去除。这种操作已经在英国诺福克郡的湿地巴顿伯德(Barton Broad)执行(Madgwick,1999)。

15.19.3　入侵植物

在敏感的保护区域,外来入侵有机体的出现使得保护管理中的"诉诸先例"模型更加复杂。首先来看看入侵植物,一个有趣的发现是有些问题的根源居然是之前国家公园的官员。澳大利亚的第二个国家公园于 1891 年在阿德莱德附近的贝莱尔(Belair)成立。为了给道路以及野餐区域提供荫蔽,公园的工作人员栽种了国外的白杨、柳树、橡树、红木以及七叶树。"直到 1923 年,公园才通过了仅允许本土植物的方针。贝莱尔现在可能是澳大利亚杂草最为肆虐的国家公园",而且"根据公园管理方案,大约 400个外来物种在公园中种植……贝莱尔的树木种植委员会从来没有料想到他们为未来的管理'种下'了一些棘手的麻烦"(Low,2002a,p.298)。

在控制入侵植物的尝试中,公园采取了火烧、除草与机械铲除等方法。然而,人工除草要耗费大量时间,通常会采用除草剂代劳。例如,在马兰草(*Ammophila arenaria*)引入美国 125 年之后,已经蔓延到北美的整个西海岸,形成了大量被这一物种统治的沿岸沙丘。没有证据表明,在这一物种被引进之前,这种沿岸沙丘就已经存在:很多区域都存在冬天堆积的横向沙丘。大量沿岸沙丘的出现改变了俄勒冈州以及其他地区的沿岸生态系统。马兰草在与本土物种的争夺中占据了优势,阻挡了沙粒向内陆移动以补充原始沙丘系统(Wiedemann and Pickart,1996)。在实验性尝试中,马兰草的人工清理被证明是极为昂贵的,每公顷花费大约 2 万美元。除草剂 Roundup 的使用仅对马兰草产生有限的控制,土壤熏蒸剂威百亩(Vapam)更为有效,但是其使用也带来了很多问题。在同样的海岸区域,4 个外来的米草(*Spartina*)物种侵入了一些主要的河口,改变了泥滩与盐沼的生态系统(Daehler and Strong,1996)。一些河口尚未被入侵。通过使用除草剂实现了对这些草地的有效控制,但只有在大量使用的情况下(Aberle,1990)。

人工除草、除草剂处理以及重型机械铲除都曾被用于去除国家公园、自然保护区以及其他有保护价值的区域的外来入侵树木与灌木。彭土杜鹃(*Rhododendron ponticum*)是树林和灌木林常见木本物种,在整个英国被大量栽种,作为狩猎鸟类的藏身处以及维多利亚时代的装饰品。Usher(1986)与Tyler、Pullin和Stewart(2006)说明了问题的细节以及解决方案的尝试。这对基拉尼的酸性橡木林地是一个严重的威胁,其叶子导致的浓密树荫对地表植物,尤其是苔藓植物产生威胁。割除、对重新生长植物的人工拔除以及除草剂处理都存在问题,更为合理的方案是使用机械将植物连根拔起。然而,要实现彻底根除也是困难的:事实上,每年都必须进行处理,因为对成年植物的铲除搅动了土壤,为杜鹃花种子的发芽准备了地面,其通常大量产生并在对成株铲除过程中广泛扩散。

有时在控制彭土杜鹃时会遇到特殊的问题,例如在英国布里斯托尔海峡的兰迪岛上,彭土杜鹃生长在海崖上,对仅在这个岛上生长的本地物种兰迪甘蓝(*Coincya wrightii*)种群产生了威胁。通过除草剂与切割等方法对彭土杜鹃的控制被证实是非常危险的,要求承包商具有在峭壁表面上使用绳索作业的专业技能(www.english-nature.org.uk)。

15.19.4 入侵病原体

在很多情形下,由于过去与现在引进的病原体的效应,"诉诸先例"可能无法使生态系统恢复到之前的状态(比如在美国东部地区出现的栗疫病、在欧洲及其他地区出现的荷兰榆病、澳大利亚出现的樟疫霉等)。

15.19.5 引进的动物物种

动物,尤其是具有高度入侵性的动物,对世界很多地区的生态系统具有深远的影响,并通过食肉动物与食草动物平衡的改变、食物网结构的改变、捕食者/猎物关系的变化等对植物构成产生影响。例如,在美国1924—1990年之间,舞毒蛾使得5 900万英亩的森林落叶。个别的疫情暴发产生了毁灭性的效果。例如,在新泽西州,有100万株橡树死亡(Winston,1997,p.29)。为抵御外来动物的效应,人们采用了不同的策略,包括使用围栏隔离、陷阱、猎杀以及毒杀等。采用何种策略需要非常仔细的考虑,尤其是在同一区域存在需要保护的本地物种的情况下(Simberloff,2001)。在新西兰,山羊、鹿、刷尾负鼠以及大量其他哺乳动物的引进导致了生态系统的剧烈变化。食肉哺乳动物,尤其是老鼠、臭鼬以及猫的引进,对脊椎动物区系而言是"灾难性的",这一状况被描述为"生态崩溃"(Towns and Atkinson,1991)。在具有高度保护价值的地区,负鼠以及啮齿类外来物种(包括家鼠)通过诱饵站网络已得到了成功的控制。在森林边缘,人们设置陷阱来捕捉野化猫和鼬;野化羊、鹿以及牛通过扑杀来控制。通过低水平农药的使用来控制外来黄蜂种群。通过这些努力,已经证明可以对很多外来物种的数量进行控制,然而在很多情形下,彻底根除是不可能的。在新西兰的近海岛屿上,已经实现了对一些较大型的外来哺乳动物的控制;同样,在不列颠哥伦比亚省夏洛特皇后群岛,一场密集的施毒活动有效根除了挪威鼠的鼠患。在根除北太平洋萨里甘岛(山羊与猪)、莫尼托岛(鼠)、塞舌尔群岛(鼠与兔)的入侵哺乳动物中,大规模扑杀被证明是有效的工具(Simberloff,2001)。20世纪40年代,美洲河狸(*Castor canadensis*)被引入火地岛,以开始毛皮交易(Choi,2008)。从最初的50只引入动物开始,现在已经发展到超过10万只,对1 600万英亩的原始森林产生了深远的影响,于是有人建议将其根除。Choi指出,正当耗资巨大的根除项目在南美进行评估时,欧洲河狸被重新引进到苏格兰,而这一物种已经在苏格兰灭绝了400年的时间。

在具有高度保护价值的区域,抵御外来生物的另外一个策略是生物控制,即使用活的生物体作为有害生物控制的工具。在很多情形下,这种控制机制被认为是有效的(Vincent,Goettel and Lazarovitis,2007);然而由于这些工具也有可能误伤其他非靶标生物,也存在着风险(Thomas and Willis,1998)。一个恰当的例子是仙人掌螟蛾(*Cactoblastis cactorum*)的使用,其已被成功用于控制澳大利亚的入侵仙人掌属(*Opuntia*)物种;同样的昆虫也被用于控制其他地区的仙人掌属植物,如在加勒比地区。然而,这些飞蛾移动到了佛罗里达,而现在它正在袭击 5 个本土的仙人掌物种,包括 12 株珍稀的多刺团扇(*O. spinosissima*)幸存植株。自然资源保护论者及时采取了行动,"在这些植株上使用笼子进行保护,并且从所有的 12 株植物上采集插条,然后种植到费尔柴尔德热带植物园中"(Low,2002a,p.270)。在野外,这一物种受到开发项目的高度威胁,然而其"丧钟"可能会被仙人掌螟(*Cactoblastis*)鸣响。

是否这些广泛分布的入侵物种可通过合理的费用进行根除,目前存在着很大的争议。Simberloff(2001)引述了当时正在进行的 4 项调查。在加利福尼亚进行的 50 次根除尝试中,如果受感染的区域超过 100 公顷,则没有一次是成功的。然而,对于夏威夷莱桑岛上 411 公顷的一年生草本植物蒺藜草(*Cenchrus echinatus*)的 10 年根除项目而言,坚持可能是成功的法宝。据报道,外来的藤本植物葛根(*Pueraria phaseoloides*)已经在加拉帕戈斯群岛的一个岛屿上被成功清除。

然而,对于外来生物区系的成功移除未必会使得生态系统回到现状,因为入侵者可能对生境造成了决定性的改变(Brockie *et al.*,1988)。例如,柽柳属(*Tamarix*)物种的入侵导致了土壤的高盐度,使其不适合本土物种的重新复原(Zavaleta,Hobbs and Mooney,2001)。还有其他的意外情况。贯叶连翘(*Hypericum perforatum*)是在北美很多地区生长的外来入侵杂草,使用外来昆虫双金叶甲(*Chrysolina quadrigemina*)进行生物控制颇为奏效。然而,对加利福尼亚州沙斯塔县永久样地的研究表明,对贯叶连翘进行控制的同时导致了后来成为区域性病害的矢车菊属(*Centaurea solstitialis*)的出现,以及外来入侵杂草毛雀麦(*Bromus mollis*)更大规模的扩散(Mack,2000,p.160)。对入侵生物的控制还导致产生一些其他意料之外的后果。正如预测的那样,澳大利亚卡卡都国家公园对野化水牛的移除促进了湿地的再生,然而外来的草类物种同样也开始繁荣,外来的巴拉草(*Brachiaria mutica*)现在占据了公园泛滥平原大约 10% 的区域(Cowie and Werner,1993;Petty *et al.*,2007)。将野化黄牛从圣克里斯托贝尔岛上清除,使得先前被压制的外来引进的番石榴(*Psidium guajava*)生长成茂密的灌木丛(Hamann,1984)。

15.20 国家公园与自然保护区：非法活动的威胁

管理完善的自然保护区与公园的目标是确保生态系统得到合法保护,并控制参观者的数量与活动。通过人行道、木板路等的设置,将公园内参观者的影响降至最低。有些区域可能被围护起来并且季节性地禁止入内。使用法规对露营、狩猎、钓鱼、自然资源的收获等进行控制。为了教育公众,可以提供多种信息来源,如公告栏、小册子、自然步道与网站等。在很多国家,对某些野生生物进行合法保护。在英国,《野生动物和乡村法》(1981)规定,未经所有者许可,不得铲除任何植物;如果要向任何具特殊科学价值地点(SSSI)引入任何生物体,则必须获得同意。虽然世界上很多地区都颁布了保护物种/生境的法律,但由于资金的不足最多部分有效,最坏则完全无效。Bruner、Gullison 和 Balmford(2004)预计,全球每年费用的缺口为 10 亿~17 亿美元。在未来 10 年,对更为广阔的受保护系统的扩展与管理费用每年大约为 40 亿美元。

在有些保护区,政治腐败、偷盗、非法狩猎、非法采伐、采矿、收集柴火以及放牧等活动同样也是严重的问题。Terborgh(1999)对这些活动进行了分析并得出结论,认为会导致很多生态系统的严重破坏,尤其是在热带地区。事实上,这一情况非常严重,热带地区的很多国家公园只不过是纸上公园,徒有其名而已。鉴于热带生态系统有着在地球上其他地区没有发现的生物多样性,并借鉴国家公园管理处在美国国家公园保护与管理中的重要地位,Terborgh 建议建立类似的机构,以保护海外的国家公园。此机构可以作为对外援助进行付款,旨在避免任何殖民主义的迹象。该计划可由联合国协调各国政府执行。这一提案是解决重大问题的一个典型的自上而下方案。

其他人从不同的视角分析这一问题,他们对公园发展历史进行研究,并试图了解非法行为的根源以及如何实现折衷的解决方案。坦桑尼亚阿鲁沙国家公园建于 20 世纪 60 年代,其管理阐明了一些关键问题。以下论述是基于 Neumann(1998)的著作。采纳美国开发的国家公园模型,梅鲁(Meru)的农民与牧民被排除在外。这片被殖民者指定的区域被视作荒芜的非洲景观的遗迹,直到最近依然处于"未损坏"的状态(p.2)。多年来,公园的官员以及保护者必须与各种非法活动作斗争,如牲畜入侵、非法狩猎、木材偷盗等。从梅鲁的视角来看,阿鲁沙是非洲国家公园的典型,"创建于长期居住与使用的土地上",并伴随有"强制拆迁以及资源限制使用"(p.4)。因此,梅鲁人已经"减少了祖先土地的出入、限制了惯常资源的使用和在(公园界限之外)的土地上捕杀野生动物"。对于阿鲁沙国家公园发展历史背景的调查表明,保护论者缺乏对于此区域历史的理解(或者否认其历史),可以说他们是清除"本土历史与文化"记录的一股力量。"事实上,国家公园以及相关保护区的建立宣告了非洲很多社区惯常对土地与自然资源的利用都是非法的。因此,很多受保护的区域成为国家保护机构与当地的农民和牧民争夺资源的战场。"(p.5)从这些评论中可以看出,犯罪、抵抗与抗议的问题是非常复杂的。"阿鲁沙国家公园保护者与公园管理机构将对资源法的违反归因为'贫穷'、'愚昧'与'人口压力',这是包含政治因素。非法收集柴火、违法放牧以及森林侵犯等行为有着多种的含义与意图,在公园对当地传统接近权的刑事定罪中,由于(梅鲁人)拒绝国家对于所有权与管理的主张,因此目前而言是政治问题。"(p.49)

在过去的几年中,关于国家公园的看法开始发生变化(Magome and Murombedzi,2003,p.100)。例如,南非 1994 年 4 月 27 日正式解除种族隔离,通常涉及法庭的土地改革也在民主规则中开始起步,包括预留的用于保护的土地(Magome and Murombedzi,2003,p.110)。例如,理查德斯维德国家公园(Richtersveld National Park)建立于 1991 年,以保护纳米布沙漠多汁的南非干旱台地高原植被。那马部族人可能丧失了放牧权以及柴火、药用植物与蜂蜜的使用权。在种族隔离行将结束的时候,他们与公园当局进行协商,并获得重大的让步。那马族人被认为是土地的合法所有人,所建议的公园的尺寸被同意缩减,租期更短并且支付租赁费;同时,在公园中允许放牧指定数量的动物(6 600 头,主要是山羊与绵羊),并作出了保证工作机会以及在规划委员会中大多数代表的承诺。在此情形下,公园管理机构与那马族人就即将建立的国家公园签署了协议。

在整个非洲,随着对长期存在的公园管理的重新评估,势必会出现更大的挑战。在南非,1898 年最初被作为狩猎围场的克鲁格国家围场已经发生了变化。20 世纪 70 年代,克鲁格达到了现在的规模(土地面积 2 万平方米,相当于马萨诸塞州的规模)。当时强制搬迁了 1 500 名马库莱克人。1995 年,他们对公园北部 250 平方千米的土地提出了主张。土地归还委员会支持了马库莱克的要求,条件是这些地区继续用于保护生物多元性的初始意图,禁止在其中采矿、进行农业活动以及建造房屋;此外,任何商业开发都必须与保护相关。马库莱克人被允许对野生生物进行有限的收获,并且被授予在管理委员会中的平等代表权。

在其他国家,土著居民的权力也得到了认可。例如,澳大利亚 14% 的面积(超过 100 万平方英里)被恢复给土著居民,他们现在是卡卡杜与乌鲁鲁国家公园的所有者,这些地区随后被重新租给公园的管理机构。

本书的重点是对人类管理区域微进化的方式与过程进行研究。显然,这种管理的性质,不管其合法与否,都将决定生态系统如何变化,以及哪些物种会是赢家或输家。需要强调的是,通过国家公园、自然保护区或者其他方式对生物多样性的保护是一个高度政治化的领域,不单单发展中国家是这样,全球都是如此。保护论者的长期目标通常都会与个人、政治群体的短期利益与需求以及商业利益相冲突。如果所保护的土地状态与资源是土著居民、擅自占用者、失地农民以及难民等的争夺对象，而这些人都是在与赤贫与疾病进行抗争的群体，那么将会产生极大的困难，甚至会涉及军队冲突。在保护工作中，让步是必要的，然而这将"很容易达到破坏保护的目标的程度，甚至助长反保护的势力"（Adams and Mulligan，2003）。我们将在后面的章节继续讨论其中的一些问题。

15.21 结 论

正如我们所见，在世界各地已经建立起很多国家公园、自然保护区以及其他的保护区。虽然保护区域的建立最初旨在"保护"风景、景观以及生态系统，但现实中已经进行了很多积极的管理，包括合法管理与非法管理。前文章节所探讨的一系列证据支持了在生态系统的管理中，人类活动对物种带来新选择压力。在世界范围内，很多地区的传统农村实践渐渐衰退，大面积的文化景观因现代工业化农业与林业而大大改观。就文化景观中濒危物种与生态系统的保护而言，残留的栖息地以及小的种群有时依然存在。在某些情形下，这些为长寿的物种，假设它们中至少有一些保持了原始的基因型。这些假设是否合理很少被验证。正如第 12 章所述，在已进行了调查的地方，有证据表明衰退种群很容易受到遗传侵蚀的影响。在这些残余的区域，目标是恢复割晒干草、放牧、森林与湿地管理等的传统实践。事实上，"诉诸先例"旨在抵消在传统管理衰退之后对野生生物产生不利影响的近期的人为选择压力。研究发现了过去实践的证据，但是依然还有很多细节有待解开。在无法证明可以严格地恢复传统管理的情况下，保护论者已经努力寻找和采用相近的或折中的可接受的备选方案，如采用刈草而非放牧等。有时候，新的"看似传统的实践法"被采用。

通过对"诉诸先例"模型的批判分析，可以看出在实际操作中达到与之前条件的精确匹配是不现实的，由于新出现的人类影响无法被完全抵消或者控制，如污染、外来物种引入、保护区内外合法与非法的资源利用等。对这一观点的进一步探讨参见下文。

由于自然保护区与国家公园的管理已经成为认可惯例，这也引发了另外的讨论。是否对适用于管理的事项有所限制？什么类型的管理干预是恰当的？例如，在保护的早期，对于物种的重新引入是不被英国以及其他地区接受的实践。然而，正如我们下一章所述的，对保护区的管理以及对受破坏或受损生态系统的修复最近正在向"创造性保护"的方向发展，包括对景观改造的大量干预、对生物与非生物组件的复原等（Sheail，Treweek and Mountford，1997）。干预同样包括对濒危物种衰退种群的增强以及对灭绝种群的重新引入（Bowles and Whelan，1994）。

第 16 章　通过恢复与重新引入实现创造性保护

　　本章着重探讨创造性保护的微进化意义,包括生境恢复以及物种重新引入,涉及基本的概念与实践,包括在项目中使用哪些留种储备等。

　　Bradshaw(1987)为生态系统恢复设计了一个一般模型(图 16.1)。此模型不仅仅考虑了国家公园与自然保护区中保护人士的目标,同时还考虑了承担政府部门、当地机构、工业企业以及私人土地所有者项目的各种专业人士,如景观设计师、景观园艺师等的方案。并不是所有的恢复都旨在促进野生生物的保护,虽然其可能间接达到此目的,包括修复富饶农田的受破坏区域,清除河流与湖泊中的污染物,对水域进行恢复以避免侵蚀等(Bradshaw and Chadwick, 1980;Jordan, Gilpin and Aber, 1987;Falk, Palmer and Zedler, 2006)。因此,自然保护的恢复仅仅是人与景观之间复杂关系的一个环节。

　　恢复给生态学家带来强大的挑战,为生态学家对植被的理解提供了"严峻的考验"(Bradshaw, 1987)。Harper(1987)将生态恢复比作修理手表:对其进行分解,以更好地理解其是如何工作且如何重建的。

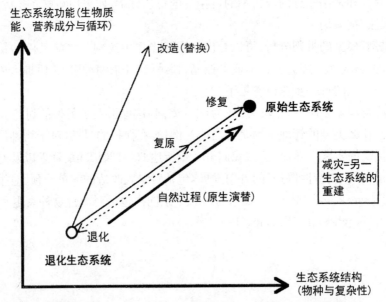

图 16.1　改善退化的生态系统的不同选项可以从结构与功能两个主要特征来表述。当出现退化时,两种特性通常都会降低,虽然其未必同等。狭义而言,恢复意味着在结构与功能方面使生态系统恢复到其原始或之前的状态。存在一系列的备选方案,包括重建,而这不一定完全实现;以及使用不同组分进行替换。在某些人看来,所有这些可能性都可用"改造"这个广义术语概括。[源自 Bradshaw (1987);经剑桥大学出版社许可复制]

　　关于此模型的细节,图 16.1 显示出人类活动是如何改变自然生境的。有时生态系统严重退化,这些区域可以通过自然的植物演替恢复其原始状态。在过去,生境恢复主要基于自然过程。例如,在英格兰的赛文谷(Severn Valley),在工业化的一段时期由于向外地输出大部分的业务,林地得到了恢复。Heslop-Harrison 和 Lucas(1978, p.298)给出了细节:最早的焦炭炼铁高炉在 1630 年启用,"18 世纪末期与 19 世纪早期的印刷品显示出了大量林地,甚至是最为陡峭的山谷林地都被毁坏,烧煤或焦炭的窑与高炉产生大量的污染扬尘。这里的恢复几乎完全是一个自然过程,种子来自未受工业影响的附近林地的本土物种"。

　　然而,这些过程非常缓慢,而且结果也是不确定的。在工业化的西方国家,很多国家都要求通过生态原貌重建加速对退化土地与河流的修复,或者通过恢复实现其他目的。例如,对工业废弃地进行再利用,以打造城市公园、运动场、市容林地或农业用地等。然而,需要更为精心设计的方案,以适应保护人士在增加对文化景观中受损元素进行管理过程中试图实现的不同类型的恢复(Maunder,1992;Anderson,1995;Gilbert and Anderson,1998;Falk *et al.*,2006)。在这些情形下,目标旨在恢复由人类创建的生态系统(通常涉及驯养的动物与植物),而不是复原这一地区的原始植被(Bradshaw and Chadwick,1980)。

　　选择加速恢复,而不是依赖自然过程,有着有趣的结果。有些时候,恢复可能会清除已占据废弃场所的大量生物多样性。例如,格拉斯哥的一项生物学调查表明,在废弃矿山与工业用地的荒地上,出现大量有趣的植物物种(Dickson,Macpherson and Watson,2000),但这些物种中的一部分在这些区域的改造中消失。

16.1　通过恢复项目实现的创造性保护:部分实例

　　表 16.1 提供了恢复方法的实例,但并非是全面的,鉴于本书的重点为植物保护,故将更多的篇幅放在项目的植物学要素上。《生态恢复手册》(Perrow and Davy,2002)为编制本节主要的信息来源,更多细节可以参见这本匠心之作。

表 16.1　通过"创造性保护"实现的生态系统恢复。基于《生态恢复手册》(Perrow and Davy,2002)以及《恢复生态学》(Van Andel and Aronson,2006)给出的一系列事例,并且提供了完全的参考文献

　　本表介绍了一些不同的方法,但并非是全面的,同时通过引用适当的文献介绍了一些其他的管理工具。在一系列的恢复项目中,这些方法的采用实现了很多成功的景观改造,然而也凸显了很多棘手问题。在恢复生态学的发展方面还面临着很多的挑战。

非生物因素
- 在发达国家的沿海地区,海滩、沙滩以及碎石滩区域已经被加固或者改造,有时候是出于保护措施,而更通常则是通过运输砂土和碎石并构建石头、黏土与混凝土构造而进行的海堤建设。
- 通过恢复潮汐流,以及清除因洪水而产生的沉积物,盐沼得到恢复,如康乃狄克州与俄勒冈州。
- 为了应对因气候变化而引起的海平面上升,部分保护农田的海堤与海防被拆除,以允许具有保护意义的海岸新生境的发育。
- 在澳大利亚与其他地区,红树林被复原。
- 在太平洋、波多黎各等地区,人们使用废弃的轮胎、报废车辆、竹子、管道与混凝土等建立人造礁石与岛屿。
- 在发达国家的很多地方,通过拆除使运河与水道变窄的坚硬建筑物对河流与溪流进行复原,并允许邻近泛滥平原的季节性洪水。
- 通过对地下水位的控制并清除富含磷的多余的营养,使湿地的功能恢复。水生演替系列因对池塘及水道的清理而得以恢复。对靠近海洋的湿地的水文学进行人工监控。例如,在 Minsmere RSPB 保护区,通过构建由海水与淡水混合而成的不同受控盐度的水体(带有人工岛)创造新的景观(如图 16.2 所示)。
- 对淡水湖的恢复涉及减少上游溪流与河流的营养负荷,移除富含磷酸盐的沉积物以及通过石灰处理恢复酸化水体。
- 大量的恢复项目涉及之前的工业场地、矿山弃土、家用与工业废料堆的修复(Bradshaw and Chadwick,1980)。

  动物

  作为恢复、再引进与引进项目的一部分,在控制动物数量方面采用了很多不同的管理技术。
- 种群的恢复。通过预防盗猎与控制狩猎,保护管理者及其他人在多个不同地区增加了濒危野生动物的个体数量。

- 再次引入/引入等。在动物的保护中,很多恢复项目都涉及通过受控制的释放野生种群实现种群的重新引进与补充(如,在黄石国家公园引进狼),包括来自异地的或者来自种群过于庞大的国家公园和自然保护区的野生种源。作为湖泊恢复的一部分,向湖泊引进鱼类。很多的鸟类物种被重新引进,如英国的赤鸢等。在世界上的很多地区,在原来农业用地新成立的狩猎公园与自然保护区使野生动物的交易增加,如南非。实验同样表明向受损的珊瑚礁移植珊瑚的可能性(Okubo, Taniguchi and Motokawa, 2005;Piniak and Brown, 2008)。

- 生境与食物的提供。保护论者已采取措施,为野生生物提供巢穴与食物,如将朽木菌嫁接到树木上,为穴居的鸟儿提供场所,为鸟类、蝙蝠、独居蜂与黄蜂提供人造巢穴;促进蝴蝶与其他昆虫食用植物的生长;对鸟类与哺乳动物进行人工喂养与供水等。

- 促进生境的连通性。为使野生生物可以利用被人类活动所分隔的生境片段,设计了地下通道与管道,如獾管、爬虫隧道;为使鱼类能翻越大坝、围堰等而建立鱼梯。

- 动物的扑杀。这对野生生物的管理与恢复,以及保护区与公园内外入侵物种的控制是必须的。例如,在20世纪60年代,在肯尼亚的察沃国家公园(Tsavo National Park)打井,以提供人工水源。在成功对非法狩猎进行控制并且提供人工水源之后,大象种群的数量得到了大量增加,以致大约6 000头大象被饿死,因此,为避免在其他地方出现这种情况,扑杀是必要的(Budiansky, 1995)。

- 疾病防护。珍稀或濒危哺乳动物异地保护种群通常进行接种用于防护疾病,类似措施目前已用于在野外保护动物,如对猎豹与黑犀牛等进行成功的"接种"疫苗,以防护炭疽热(Turnbull et al., 2004)。

- 避孕。为控制成为有害生物或疾病温床的野化食肉动物,通常用于驯化动物的生育控制方法亦已用于控制野化动物的种群数量(Jewgenow et al., 2006;Bradford and Hobbs, 2008)。

- 出入限制。使用围栏控制在自然保护区以及国家公园(或更广的景观)进行放牧或捕食。例如,在英国萨福克郡的Minsmere RSPB保护区中采用电围栏,以避免鸟类被狐狸猎食(Axell, 1977);建立围栏,以避免对濒危 Astragulus cremnophylax 植物的践踏(Maschinski, Frye and Rutman, 1997);研究鹿群对北美以及欧洲其他地区森林下层植被的影响。为保护加那利群岛濒危的蓝蓟(Echium)种群,建议在植物周围建立围栏进行保护(Marrero-Gomez et al., 2000)。在德克萨斯州,为寻找控制野化猪的方法,对不同类型的电围栏进行了实验,然而没有任何围栏是完全有效的(Reidy, Campbell and Hewitt, 2008)。

植物

- 恢复项目通常包含复壮、重建或创建稀有或者濒危物种的新种群(参见案例分析文本)。除了选择进行长期种植的物种之外,很多市区/工业以及采矿区域的退化是如此极端,以至必须播种田间保护作物,以确保土壤的初步稳定,防止野草的生长。如果播种豆科植物,则通过固氮作用为贫瘠土地另行提供养分。这种保护植物可以被视作/不视作最终生态系统的一部分。

- 在草原与石南灌丛的恢复中,采用一系列单独或组合方法进行恢复,包括矮树的移除、火灾频率与严重性的控制、家畜与兔子放牧的重新引进等。在无法采用家畜的区域,使用刈草作为放牧的替代方法。

- 在曾经的耕作区域进行草场与石南灌丛复原,土壤的营养状态必须被减少(参见 Gilbert and Anderson, 1998)。简言之,这可以通过焚烧、放牧、刈草和不施加任何肥料的种植,并将"收成"搬离现场或去除表层土实现。同样,为了将营养状态维持一个低水平,建议将植物材料(灌木清除时产生的植被与木质材料)以及动物粪便(放牧动物与驯养宠物的粪便)从现场移除。

- 恰当植被的恢复可以依赖土壤中的种子库,也可以撒播或沟播种子;或者从现有草地或石南灌丛切割草皮进行移栽。这些恢复通常包括保护作物的使用。

- 在美国的很多场所,通过播种或种植恰当的物种实现对草原的恢复。采取各种措施控制杂草,尤其是外来入侵物种,如刈草、焚烧以及农药的选择性使用等。在先前作为可耕地的草原的恢复中,为减少土壤的营养状况,采取一系列的处理措施,如剥除表层土、采伐、淋洗以及仔细控制的放牧(夜间动物清场)等。在对所恢复的草原进行的连续管理中,进一步增加植物物种;并且,为了刺激自然过程,采用了放牧、焚烧以及偶然的耕种等方式。

- 在世界的很多地方,人们通过对放牧的控制以及种植固氮树木等,对旱地植被进行恢复。在澳大利亚半干旱地区野生兔子、山羊、绵羊过度放牧的区域,使用围栏控制放牧,并且种植恰当的植物,同时尝试使用精心建造的土堤控制径流水,以最佳地利用降水。

- 在温带疏林的恢复中,重新恢复传统的实践;例如林地牧场的标准矮林平茬(在截去树梢的树下设置有放牧区域)。此外,恢复的方法依赖自然再生,而将人类的干预降至最低。管理旨在模拟自然干预状况,包括空地形成以及后续的再定殖现象。一些恢复包含通过新植物的栽培或自然再生,将现有林地扩展到邻近的地区。英国以及其他地区的很多恢复项目都包括去除落叶林地中栽种的外来松柏类植物,以及对外来针叶树种的更换或重新改造。Rackham(2006)与 Newton(2007)对森林生态学与保护中所采用的技术进行了全面评述。

- 在热带潮湿与干燥的森林进行了一些恢复项目,包括作为"保育树"的非本土物种的树木栽种。为促进鸟类对果实与种子的传播,恢复有时还包括鸟类栖木、饲养与筑巢区的提供,如圆木和柴堆等。

（续表）

- 输油管道、道路等的建造导致了全球很多生态系统的破坏。例如，在阿拉斯加的冻土层，复原包括控制人类的出入，以允许自然再生，在某些情形下还包括本土物种的栽种。
- 沿着过度使用的山径、休闲区域与人行道，以及在损坏的滑雪坡道周围(Urbanska，1994；1997)，对受损的草皮使用可生物降解的编织物对其进行固定，然后进行播种和种植。对于阿尔卑斯山生态系统的恢复包括其他技术的使用，如使用干草(包含种子)对准备好的地面进行覆盖，草皮的移植，以及引种在其他地区生长的单株植物等。
- 同样，对水生生态系统进行恢复，如在被船只破坏的海域种植海草，向湖与河流中移栽大型水生植物等。
- 很多项目都涉及向淡水生态系统中移植恰当水生植物。例如，为吸引鸟类的稀有品种，皇家鸟类保护协会(RSPB)在其湿地保护区河床上大量种植了苇丛。

图 16.2　创造性保护行动：英国萨福克郡皇家鸟类保护协会的 Minsmere 保护区。在自然保护区的东部，对景观进行开挖，以创造带有人工岛以及泥滩的浅池塘。对水位以及水的"盐度"进行管理，这主要通过从保护区西部的淡水水库以及从北海经重力给水管道引入的淡水和海水的混合得以实现。［源自 Axell (1977)；经 Random House Group Ltd.许可复制］

16.2　在创造性保护中应采用何种植物?

创造性管理与恢复项目包括一系列植物物种的播种或栽种，这些项目的材料选择方案有微进化意义。可采用两种基本方法——"混合"或"匹配"(Gray,2002)。恰当物种不同基因型的广泛"混合"选择可以为"选择"提供遗传变异性,或者尽可能选择曾经在现场出现过的或者在现场依然少量存在的本土种群。本质上,"匹配"方法强调了对之前存在的状态的复原;"混合"更着眼于提供变异性,以实现持续性的微进化。

16.2.1 本土种群

很多恢复的实践者强调使用本土种群的重要性。初看之下,这看似是一个简单的惯例。然而,"本土"这个术语有着不同的判读(McKay et al.,2005)。例如,英国本土物种的种群可以从欧洲的其他地方引进,以用于英国的项目中;但生态学家可能会坚持认为植物必须来自英国的种源,甚至对其进行进一步的限制,即植物应来自特定区域或者与恢复现场接近的类似生境。

很多保护工作者坚持认为,在恢复中仅可以使用本地本土种群,即"匹配"方法。这一观点被大量的遗传生态学研究所支持。对于很多物种的栽培试验、交互移植实验以及细胞遗传学研究都表明,每个物种都包含一系列生境特异的、地方性遗传分化的生态宗,这些宗是自然选择作用于遗传变异物种的结果。一些生态型在形态学上是独特的(如阿尔卑斯矮化宗),而其他的则是在生理学方面不同,它们适应不同的土壤并且在不同的纬度海拔气候带生活。同样,有充分的证据表明在人类改变的生境中,自然选择也造就了独特的"生物"生态型,例如耐除草剂的杂草、矿山或电缆塔下耐金属的变异体等(参见第8—10章)。研究同样证明,在很多情形下,会出现地点特异的生态型,如不同海拔的干草草地。

如果生态型分化的情形是正确的,那么通过将本土植物的成长和繁殖与来自其他区域的植物相比可以证明"本土优势"。McMillan(1969)设计了一个早期实验,在北美各地采集 4 种草原植物(*Andropogon scoparius*、*A. gerardii*、*Panicum virgatum* 与 *Sorghastrum nutans*),在德克萨斯州奥斯丁大学的植物生态学实验室进行实验,对 682 个无性繁殖系个体的生长与存活进行检验。对所有 4 个物种而言,McMillan 发现,从德克萨斯州中部草原收集的种群样本存活率最高,而来自遥远的美国北部与东部的植物则被淘汰。

Montalvo 和 Ellstrand(2000)同样通过试验对本土优势假说进行了研究。他们调查了来自加利福尼亚州 12 个种源的百脉根属植物 *Lotus scoparius*,通过对幼苗种群进行等位酶变异研究和同质园试验,同样表明本土植物的表现要优于来自遥远地区的植物。采用相互移植技术,对佛罗里达州不同地点的三芒草(*Aristida beyrichiana*)样本进行了"本土优势"研究(Gordon and Rice,1998)。综合考虑本研究与之前研究的结果,Gordon 和 Rice 认为三芒草存在局部适应,尤其是在生命的后续阶段,因此涉及此物种的恢复项目"应采用本土种源"。然而,一些其他的试验则显示了不同的结果。例如,对英国石灰石采矿场的恢复中所采用的百脉根(*Lotus corniculatus*)进行研究,没有发现本地基因型的"本土优势"(Smith et al.,2005)。

有效恢复的一个途径是播种或移植适合拟重建生态系统的所有植物物种(常见或珍稀)适应当地环境的生态变异体。一系列的种源可以使用,检查其如何与匹配模型相符是非常有趣的。

1) 在英国萨福克郡因塞斯维尔核电站建造而导致的卵石滩生境恢复中,在工程开始之前就对种子进行采集,并小心地保存,直到施工项目完工,并开始生境群落的恢复(Walmsley and Davy,1997a,b,c)。

2) 种子可以从功能完善的传统受管理区域采集,如干草草地等,并且直接或者在异地保护之后,用于其他区域的恢复。关于此实践存在一些顾虑,例如对受威胁或者衰退种群的种子/果实的收集可能会使其处于更大的风险之下;此外,如前文所示,从任何干草草地采集的种子的混合都不会提供适用于所有场所恢复的"普适性干草"类型。另外一个兴趣点在于,是否干草群落中的所有代表性物种都包含在特定的种子样本中。

3) 种子可以从野花农场获得,在这些农场中,生长有很多物种,出售混合的种子用于恢复项目。与之类似,在专业的苗圃中有一些来源已知的本地树木与灌木用于出售。考虑到全球对于恢复的关注,要强调的是目前仅有相对较少的易于生长物种的种子能够得到,很多热带与亚热带以及干旱或阿尔卑斯山地区生长缓慢物种的种子目前尚无法进行商业规模的供应,这使得对类似因滑雪等损坏的山区的恢复变得困难(Urbanska,1997)。此外,对野花种子储备的有限遗传变异性也存在顾虑,尤其是材料仅来自一个或几个种源时。将"野"花作为栽培植物在农场繁延数代有着重要的微进化意义(见下文)。

4) 可以从残余生态系统或残余种群获得种子,进行异地培育,然后用于物种复原项目。例如,很多草原物种的材料可以在位于墓地、铁轨沿线等地区发现的"原始草原"的小型"庇护所"获得。

5) 种子或植物也可以从植物园以及其他专业花园获得。然而,正如第 14 章所述,这些物种可能仅包含与异地采样或繁殖相关的有限范围的遗传变异性。

6) 被重金属高度污染区域的恢复可能是困难的。实验研究的结果表明,存在耐受重金属的变异体,其中的一些已经作为商业品种进行开发,如紫羊茅的"Merlin"变种(Bradshaw and Chadwick,1980)。

从这些评论中显然可见,在创造性保护中使用"匹配"材料有着强有力的科学支持,因其承认生态型差异的重要性。然而,在实践中,存在一些复杂情况。例如,野花种子混合物中可能包含一些意料之外且不恰当的成分。

其中一个恰当的案例来自英国剑桥附近哥马格丘陵(Gog Magog Hills),在一片退耕地上恢复白垩土草原的过程(Akeroyd,1994)。为了减少粮食过剩,20 世纪 30 年代,美国开始倡导永久或临时的农田休耕。欧盟在 20 世纪 80 年代提出了"休耕"方案(Clarke,1992)。在哥马格丘陵项目中,从声誉较好的供应商处采购野花种子的混合物。然而,对形成的草皮中的物种进行详细分类学研究表明,一些物种可能来源于花园种植的园艺植物(蓍草、矢车菊、南茼蒿、滨菊);而其他则是饲料/农作物的变异体(天蓝苜蓿、小地榆、红车轴草);同样还有来自欧洲南部的杂草(毛连菜、毛茛)。这些观察引发了两个重要的常见问题:所播种的很多变异体都是符合修复目标恰当的物种,然而在这些种子混合物中也夹杂有完全不恰当的物种变异体;此外,正如第 11 章所述,在商业种子储备中夹杂有杂草种子是非常常见的。

16.2.2　使用不同种源材料进行恢复:"混合"策略

恢复的第二个方法是使用来自不同地点的种子储备。如果濒危物种的繁育系统需要"恢复",则建议采用本方法。如第 3 章所示,一些物种是雌雄异体的,只有当雌性植株与雄性植株同时存在时才能进行有性生殖。在很多其他物种中,繁育行为受遗传自交不亲和性机制的控制,S 等位基因型混合物的存在是功能正常表达的基础。因此,在只有一个或几个 S 等位基因的自交不亲和物种的种群中,有性繁殖恢复的唯一方法是从其他种群中引进不同的 S 等位基因。通过混合种植有效创建新种群在美国大湖区珍稀特有植物 Hymenoxys acaulis var. glabra 保护中得到很好应用。这些种群使用来自不同种群的不同交配型的植物创建,包括交配产生的 F_1 代以及天然授粉的 F_1 后代;此外,通过对植物进行分组,使自交不亲和系统的功能最大化。

16.2.3　混合或匹配？

在恢复中，匹配种群的使用有强大的支持理由。当地种群在选择力量中幸存下来，在一定程度上证明了其适合度。对于一些自然主义者而言，当地生态型变异体是国家遗产的一部分，这些应与历史建筑物、宝贵的文化景观等一样被保护（Akeroyd，1994）。在种植了错误的变异体时，本地种群可能会受到伤害，"引进的"分类群可能会在与当地本土植物的竞争中成为杂草，或者通过杂交淹没地方种群。此外，在乡村地区混合种植策略的广泛使用可能会导致确定自然植物分布区的混乱。一些人认为这些担忧是为了保护地方变体基因纯度并阻止"基因污染"。

但是，恢复只是保护的一部分，而保护的长期目标是保护物种的未来。从这一更为长远的观点来看，考虑种群在未来进化的能力是重要的。混合的种群可以给萎缩的种群带来新的变异，因此具有某些优势。鉴于此，杂交与基因渗入被认为是有创造性的力量。在不注入新的遗传变异的情况下，地方种群可能无法响应未来由生境变化而带来的选择压力。后续章节中提出，全球气候变化的效应将会大大加剧植物种群的选择压力，珍稀濒危物种的小种群是否有能力响应？然而，还有进一步的问题：在混合种植中更大的变异性的潜在优势是广为人知的，而将非本土的物种引入某一种群会出现远交衰退的威胁，在这种情形下，通过杂交产生不适应的变异体。这一可能性已经被一系列的研究所证明（Falk *et al.*，2006，以及文中引用的参考文献）。Keller、Kollmann 和 Edwards（2000）对瑞士植物的研究也与该顾虑高度相关。将 3 种农田杂草（麦仙翁、虞美人以及白花蝇子草）的地方变种与从野花混合物处获得的品种杂交，F_1 植物显示出杂种优势（杂交优势）；而 F_2 植物在生物量生产上显示出与地方双亲相比减少的适应度。鉴于存在远交衰退的潜在负面影响，很难预测其在恢复方案中的作用。这些结果可以被视作拒绝混合种植的论据。然而，混合种群中远交衰退的可能伤害必须与遗传失调小种群中可能出现的近交衰退的危险结果进行权衡考虑。此外，虽然在混合植物远系繁殖中产生的后代可能会不适应，但有些变异体可能会在变化的环境中有选择优势。Gray 认为，混合与匹配两种方法都具有有效性。地方匹配的种植可能是恢复文化景观中部分关键要素的正确方法。与之相反，在大规模的地方性恢复项目中，混合种群有着明确的优势，尤其是当它们经过仔细选择的情况下。例如，对西黄松地区性植物的有效使用。保护工作者发现来自加利福尼亚的种群在科罗拉多种植时被霜冻冻死，因此从与恢复地点类似的气候带选择恰当混合种子批次是最好的。对于被严重扰乱的场所（如采石场或路边）而言，在自然中没有对应的生态系统，同样建议播种混合的种群以进行恢复（Lesica and Allendorf，1999）。

这些例子指出了任何恢复项目中必须面对的重要问题。如果"野生种子"的使用最符合项目的目标，则应进行相关的采集。在采集种子中，必须注意所采用的采样技术，要考虑平衡不同亲本的贡献以及种子扩繁方法等。事实上，从最初的野外采集到就地播种和种植过程中都需要避免有害的基因变化。如果对原始群体以及任何从其中衍生的种子/植物进行分子研究，则可以遵循此建议。然而，对于大部分物种而言，原始与衍生种群的遗传变异性依然是未知的。对于商业种群材料而言，Millar 和 Libby（1989）建议，除非在绝对必要的情形下，否则不应进行种子或植株的采购。然而，如果野花种子以及苗圃灌木与树木的使用不可避免，则仅应采用野生原产地已知且得到证实的种子与植株。

16.3　濒危物种的创造性保护

目前已设计了一系列不同类型的通常被称作"再次引入"的干预措施，然而很多保护论者坚持其他相关术语的使用（以括号所示）。

1）在衰退种群中增加植物数量（增强、强化）。

2）在曾经灭绝的地点重新建立种群（再次引入、种群恢复）。

3）在历史分布区域之内或之外的新地点创建种群（引进）。

在创造性保护方面，理论与实践以有趣的方式产生交集。如第 12 章所述，我们对衰退种群的理解取得了很多重要的进步。理想状态下，在试图进行恢复之前，应仔细设计解决下述问题的方案（Anon.，1991a；Menninger and Palmer，2006）。要考虑如何将我们的理解转化为行之有效的实践？为了阐明重要的基本问题，对一些植物物种恢复的细节进行简述（有关动物与植物恢复的一系列案例历史的详细信息可以参见：Bowles and Whelan，1994）。

16.3.1　应建立多少种群？其空间配置应如何？

对这些重要问题的决定应为项目设计的一部分。例如，沙丘蓟（*Cirsium pitcheri*）是一种分布在大湖区沙丘上处于威胁下的短命多年生植物，恢复项目的设计考虑到动态景观内相互关联的种群的行为。植物在演替系列的早期至中期拓殖，然而在灾难性侵蚀之后或在演替的后期阶段，种群可能灭绝。对这一事例进行归纳，显然对于很多植物物种而言，恰当的恢复模型可能涉及功能性的集合种群的重新恢复（参见第 12 章）。

16.3.2　地点准备与选择

在生境中选择适当的生态"安全地点"也很重要，在那里不仅能维持引进个体的生长，而且能发展成自我维持的种群（Urbanska，1997）。这些决定要求有个体生态学的准确知识。这一点在澳大利亚维多利亚州 *Rutidosis leptorrhynchoides* 的种群重新引入中得到了明显佐证。这是一个对林窗非常敏感的物种，其不太可能在树冠下得到补充和存活（Morgan，1997）。

同样，为在濒危物种的创造性保护中获得成功，应明晰导致原始种群损失或衰退的不利选择压力，并且采取措施恢复生境或选择无不利影响的其他场所。山龙眼科 *Lambertia orbifolia* 是西澳大利亚的一种受到威胁的灌木，其恢复过程具有启迪作用（Cochrane，2004）。分子研究表明，Narrikup 的种群具有高度的遗传多样性，尽管其数量减少到了 169 个植株。然而，由于受到杂草入侵的影响，并受到枯枝病以及樟疫霉（在动物与人类脚上蔓延的土壤传播真菌）的感染，整个种群的状态依然处在较差的状况之下。因此，在远离疫霉菌的附近保护区建立了新的种群。对种子进行收集，在仔细准备的围栏地上种植了 216 株幼苗，并进行覆盖和遮荫，同时采用特别保护使其免受风与捕食者的破坏。对这些幼苗进行的密集监视表明，在最初的 12 个月，98% 的植株存活下来，然而 Cochrane 建议，应对现场的进出进行严格控制，以确保疫霉菌不会侵袭，并杀死新的植物。

16.3.3　种群规模的确定

很多博物学家以及其他人对珍稀物种特别关注，他们知道珍稀植物生长在何处，并且非常享受搜寻的过程。一个重要的问题是，恢复的设计目标是维护稀有物种继续稀有（在有限区域小数量存在）的方式，还是使其更加普遍，并且种群规模更大。这个问题虽然很少遇到，但是曾经被 Harper（1981，p.201）探讨。新达尔文主义观点明确阐释了小规模衰退种群处于灭绝的危险下。因此，从长远来看，保持珍稀物种的稀有性，同时又能保证其种群能自我维持的管理方式是不可能实现的。

Franklin（1980）与 Soulé（1980）提出了 50/500 法则。根据该法则，短期而言有效种群大小（N_e）应为 50，以避免近交衰退；长期而言有效种群大小应为 500，以避免遗传漂变并保证长期的进化能力。这些"经验法则"随后被最小存活种群(MVP)评估所取代。定量预测植物 MVP 大小极其困难,但是很多遗传学者认为 N_e 至少应为 1 000 数量级,而且越高越好。

很多关于濒危物种种群恢复的尝试都未解决 MVP 的问题。例如,始于 1991 年的英国物种恢复计划由英国自然学会执行,旨在保障珍稀动植物的未来。其中,对于海滨互叶指甲草(*Corrigiola litoralis*)而言,目标是"在(德文郡)Slapton Ley 的海岸附近,建立 4 个自我维持的种群,每个种群至少有 50 个植株"(Deadman,1993)。在杓兰(Lady's Slipper Orchid)的例子中,异地繁殖旨在"允许在原生地点大约 30 株植株的种群恢复",并且将原生植物引进到多达"5 个之前的场所"或类似的替代地点(Deadman,1993;同时参见 Ramsey and Stewart,1998)。

16.3.4 回归的种群统计学成本

在恢复项目中,所播种的种子可能不会发芽,而且在苗期可能有大量损耗。在估算种群统计学成本时,Guerrant 和 Fiedler(2004,p.375)进行了建模。例如,他们预测:"在最为极端的情形下,在种群开始增加之前的 3 年内,1 000 株人参幼苗的移栽量预计平均降低超过 98%,仅剩余 15 个植株。"因此,"需要栽种 67 倍的植株以实现性成熟。在这样的损耗水平下,如果再次引进的目标是 1 000 株人参植物实现性成熟,那么需要大约 67 000 株幼苗"。

如果鳞茎、球茎、无性繁殖的个体或幼苗被移植,则种群统计学成本可以减少。因此,Bell、Bowles 和 McEachern(2003)预计,在大湖区沙丘受到威胁的短命多年生植物 *Cirsium pitcheri* 的存活种群的恢复将会需要大约 250 000 种子,但是这可以通过种植 1 600 株幼苗实现。在对马萨诸塞州 4 个物种成功的重新引进进行的研究中,Drayton 和 Primack(2000)发现植株比幼苗更容易存活,而幼苗比种子播种更容易成功。在美国东南部濒危紫锥菊 *Echinacea laevigata* 的再次引进中,人们发现成年植株比幼苗更容易成功(Alley and Affolter,2004)。

如果可以采取措施抵消"不利的"生态因素,则种群统计学成本可以降低。但有时不可能清除这些影响,因此只能采取措施将影响降至最低。例如,McEachern、Bowles 和 Pavlovi(1994)发现,杀虫剂的使用会减少针对 *Cirsium pitcheri* 的昆虫食草作用,并且从移植植物可以获得更多数量的种子。在其他的再次引进项目中,则采用除草剂来抑制杂草。例如,在加利福尼亚州狭域分布的特有种 *Amsinckia grandiflora*,截至 1991 年,3 个现有种群中有两个出现了衰退。美国鱼类和野生生物管理局启动了一项重新引进项目,以建立 3 个可以自我维持的种群。在新的地点,使用不同的处理方法进行物种引进,以作为实验进行研究(Pavlik,1994):焚烧、特定草种的除草剂以及人工修剪等。共有 3 460 颗小坚果被播种,新的种群处于定期的监控之中。种群统计学研究表明,超过 1 000 株植物存活下来并进行繁殖,与外来野草的竞争可以通过除草剂进行最为有效的控制。

对于濒危物种的复原涉及保护植物的其他规程。*Stephanomeria malheurensis* 仅在美国俄勒冈州的一个地点发现,但在其被发现之后不到 20 年内即灭绝。其生长的地点在 1972 年被毁于火灾,随后被外来旱雀麦(*Bromus tectorum*)入侵。使用从加利福尼亚州戴维斯大学异地保存的植物,在旱雀麦被清理的人工灌溉区域栽种了 1 000 株植物,并使用防鼠围栏进行保护。在第一年,1 000 株植物存活,并产生了 40 000 粒种子,随后数量出现了波动(Guerrant,1992)。

在另外一个例子中,Demauro(1994)报告称,在大湖区 *Hymenoxys acaulis* var. *glabra* 新种群的创立中,共计进行了 1 000 株移植,这是考虑到 MVP 概念后的数字。然而,这被证明是不充分的。由于干旱,最初移植的植物中出现了 95% 的损失;加之外来杂草(野燕麦以及 3 个雀麦属物种)的激烈竞争,必须进行进一步的种植。

托里针叶松(*Pinus torreyana*)是世界上最为稀有的松树,仅在加利福尼亚州有发现。在海峡群岛国家公园(Channel Islands National Park)以及托里针叶松国家自然保护区(一个正被圣地亚哥及其郊区的蔓延吞没的地区)中对该物种种群进行保护(Ledwig,1996,p.265)。很多因素都与物种的严重减少有关联,包括加利福尼亚十齿小蠹(*Ips paraconfusus*)。这种甲虫可以使得树木致死,尤其是那些被干旱、疾病或外伤损害的树木。一排排的外激素陷阱被用于阻止十齿小蠹的入侵。鉴于剩余托里针叶松种群所面临的困难,使用本土种群的种子进行了重新引进,同时采用播种与幼苗移植的方法。总计有513 株幼苗被栽种,每个都采用塑料套保护,以避免动物的伤害。幼苗的存活情况相当不错,Ledwig 报告称,"恢复似乎已经是板上钉钉的事情"。

重新引进的结果同时产生了一些重要的问题。在重新引进的最初,全部采用异地栽培的植物材料,这可能是一个错误。必须保持充分的材料储备(Hunt,1974;Falk *et al.*,2006)。此外,如果各种不利的生境要素无法被去除,则必须对移植的植物进行"保护",以使其免受病虫害、植食动物或竞争者的威胁。这些保护应仅仅被视作建立阶段的一部分,还是应作为持续管理工具采用? 这一问题与非常珍稀的佛罗里达旗语仙人掌(*Opuntia corallicola*)的种群保护与恢复密切相关。在以仙人掌为食的飞蛾*Cactoblastis cactorum* 抵达后,这一物种开始受到威胁。人们将其置于笼子中,以对植物进行保护(Stiling,Rossi and Gordon,2000)。在未受保护的状态下种植该物种是否可能? 实验表明,到目前为止,没有移栽的仙人掌受到仙人掌螟的破坏,但是很多由于褐变而死亡,这或许是由于植物病原体的原因,部分由于践踏而受损,这可能是由鹿引起的。

16.3.5　迁地与就地保护的协调努力

通常,保护论者自己并没有用于异地繁殖的设施,植物园被认为在创造性保护中扮演重要的角色。例如,*Saxifraga cespitosa* 是北威尔士 Cwm Idwal 出现的非常珍稀的植物。在 1975 年,这一山地森林物种的种群减少至只剩下 4 棵植株。在利物浦植物园,使用在现场采集的种子进行种植。1978 年,种群被扩充至 130 株成熟植物、195 株幼苗以及 1 300 粒种子。1980 年,种群中有 48 株成熟植物(Parker,1982)。植物与种子的数量接近 MVP 建议的规模,因此种群规模只有适中的恢复。有意思的是,声明的重建目标是创建一个与 1796 年该物种最初被发现时同等规模的小种群。

16.3.6　避免创造性保护的瓶颈效应

在濒危物种种群管理中,遗传学家强调维持遗传变异性的重要性(第 12 章)。过去,预计遗传变异性没有简单的方法。现在,通过分子工具的使用,我们可在恢复过程的各个阶段对遗传变异性进行监控,包括:存活下来的任何"原始"种群;从不同种群收集并进行异地保护的样本;来自种子库或种植园的材料;在野外种植的材料;重新引进种群的命运(Falk *et al.*,2006)。对恢复项目的回顾性分析,为我们提供了在恢复项目中所使用的采样与繁殖程序中可能缺陷的有价值观点。例如,Williams 和 Davis(1996)发现,恢复后的大叶藻(*Zostera marina*)比原来未被打扰的状态变异性小。对恢复过程的分析表明,用于恢复的材料的采集方法无意中产生了限制种群遗传变异的瓶颈效应,并且可能会对种群长期适应性产生影响。

另外一个例子也提醒了在进行恢复采样时可能面临的其他问题。濒危的夏威夷银箭草(*Argyroxiphium sandwicense* ssp. *sandwicense*)在夏威夷岛放牧动物的引进之后出现了严重的种群下降。自 20 世纪 80 年代起,保护工作者一直开展种群恢复方案,以对现有种群进行强化。截至 1997 年,450 株植物在异地进行繁殖,然后被移植到 Mount Kea 火山。然而,90 RAPD 位点的分子调查探测出原始种群中有 11 个多态基因位点,但只有其中 3 个出现在移植的植物种群中。种群恢复程序无意间导致了一个种群瓶颈:所有的移植种群似乎都起源于只有两个母本奠基者的 F_1 或 F_2 的后代。为补偿此遗传的不平衡性,作者建议在移植的种群中增加新的基因型(Robichaux,Friar and Mount,1997)。

在澳大利亚西南部银桦(*Grevillea scapigera*)的保护中发现了同样问题,这是世界上最为稀有的植物之一,目前仅有 47 株野生个体。使用微体繁殖技术,很多植物得以繁殖。到 1999 年 1 月,超过 200 株被成功移植到"野外"的安全场所。虽然乍看之下移栽过程是成功的,但是分子研究发现了一系列棘手的问题。使用 AFLP 分子技术,Krauss、Dixon 和 Dixon(2002)对种群的遗传变异性进行了检验。他们发现新的种群包含 8 个无性繁殖系的个体,而非最初想象的 10 个,但是令人担心的是,其中 54% 的植株来自同一无性繁殖系。此外,对这些植物所产生的种子的变异性的研究表明存在近亲交配问题,"平均超过 22% 的 F_1 代个体是通过近交产生的;与父本和母本相比,杂合减少了 20%;这很大程度上是由于所有种子中有 85% 是 4 个无性繁殖系个体的产物"。其结果"凸显了在大规模移植重建过程中维持遗传保真度的困难性"。作者建议,移栽种群的遗传基础应更宽,且应该对种群结构进行改造,以鼓励不同基因型更高水平的异交。

16.3.7 是否需要对恢复进行持续管理?

恢复通常作为一种商业行为在相对较短的时间内设计与执行。首先进行场地建设恢复非生物性功能,然后进行播种与植树等工作。在项目完成后,承包商继续工作。然而,随着更多保护项目的开展,越来越明显地看出需要进行监控与持续管理,以确保"新种群"的未来。

在这一点上,夏威夷恢复项目的命运具有启发性。大量的森林被砍伐,土地被清理以用于牲畜放牧和其他农业活动。大约 10%(101 种)的物种灭绝,358 个物种处于濒临灭绝的边缘。Mehrhoff(1996, p.104)指出:

> 外来的鸟疟疾与瘟疫摧毁了夏威夷特有的蜜旋木雀,使得在海拔 600 米(2 000 英尺)下的大部分森林中,几乎没有任何本土鸟类。在这一生境超过 50 种已经灭绝或濒临灭绝的物种中,至少其中一部分物种的减少可以被推测或者归因于鸟类传粉者与种子散播者的损失。

在 20 世纪早期,人们就通过移植实验尝试解决对濒危特有物种的威胁。因此,在 1910—1960 年之间,林业工人不仅仅将 78 个濒危物种重新在野外种植,同时还对 948 个外来物种进行种植(Skolmen, 1979)。一些"重新引进"的尝试涉及少量的植物,然而在 *Caesalpinia kavaiensis* 和 *Colubrina oppositifolia* 的恢复中,移栽了大量植物。尽管有这些干预,Mehrhoff(1996)报告称,早期移植的植物没有一棵存活到今天。最近,人们启动了新的移植项目。*Chamaesyce skottsbergii* var. *skottsbergii* 的生境由于深水港设施的施工而造成破坏,目前处于濒危状态,218 个在苗圃培育的个体被移植到新的场所,但是无一幸存。后来,在另一个地点栽种了 748 株植物,然而由于管理不到位,杂草漫过了这些移植植物,它们同样也走向死亡。

从早期的努力可以看出一些恢复工作相对便宜,然而,重新引入所需要的围护以及长期杂草和害虫控制则非常昂贵。例如,在夏威夷 *Caesalpinia kavaiensis* 的重新引进中,需要 2.5 千米长的围栏以抵挡野猪和山羊,预计费用为 3 万美元。这不是唯一需要管理的地方。为清理"恢复"区域的狼尾草,需要每英亩花费 9 000 美元的成本(总计 90 万美元)。这一金额还不包括对入侵杂草进行持续管理的费用,以及对啃噬其种子的外来野鼠的控制费用。

16.3.8 如何评估重新引入的成功率?

关于如何确定一个项目是否成功存在大量的争议(参见 Higgs, 1995)。如果一个受关注的濒危物种被成功地引入到恢复地点,可能有人会认为项目获得了成功。然而,其他人则提议进行更为严格的试验,即检验所恢复的种群是否变成有自我维持能力的种群,其繁育系统和互作关系功能有效,不需要进行持续的干预(White,1996,p.81)。采用这一标准,目前尚不清楚前文引述的案例是否完全成功。对于一些长寿物种而言,可能需要花费数年的时间才会达到生殖成熟。例如,樱桃椰子(*Pseudophoenix sargentii*)的再次引进种群于 1991 年 4 月在佛罗里达群岛栽种(Maschinski and Duquesnel,2006),这些重新引进的植物现在仍然处于营养生长阶段,需要超过 30 年的时间才能达到性成熟。对恢复结果的评估是非常复杂的,需要对新种群的繁育行为,如传粉者的到访、近亲交配等进行分析(参见 Lofflin and Kephart,2005)。

我们显然处在物种重新引进/种群恢复等项目的早期阶段:时间将告诉我们这个创造性保护项目有多成功。关于"恢复"物种的未来管理,不管是常见物种还是濒危物种,我们在理论理解上的进步都必须渗入到保护管理者对项目进行的设计、组织或执行中。在很多情形下,需要设计良好的长期试验(Sutherland,1998),尤其是用于理解全球气候变化的可能效应。

16.4   复杂生态系统:了解演替

恢复生态学带来很多挑战。在一些案例中,受威胁的整个生态系统都被移植到新的现场。例如,在德国下萨克森州哈尔茨山的一片 0.4 公顷的草地,被使用带有特殊挖掘铲的推土机搬运到了邻近的地区(Bruelheide and Flintrop,2000)。在 5 年的时间里,此项目成功地保护了一些稀有物种,然而对植物之间原始空间关系的维护则彻底失败。

一般而言,恢复与重新引进包括向新的或已经成型的植被进行种子的播种或者移植。此处的一个重要问题是,是否可能恢复整个生态系统?经验表明,各种各样的林地都可以通过植树来实现(Ferris-Kaan,1995)。然而,当前最大的问题是,是否整个森林系统可以连带其复杂性一起被重新创建?例如,是否可以通过在耕地上栽种演替晚期出现的树木、灌木等来快速重建生态系统?或者,是否必须按照一定的顺序进行栽种/播种,尤其是在建立地表植被的时候?在快速恢复严重退化区域的压力下,森林创建过程中自然演替的漫长过程是否可以通过人类的干预而加速?

复杂群落的有效恢复要求对演替过程有清晰的认识。对有保护价值区域的管理与恢复包括对自然过程的干预,以加快或者引导演替的进行。是否存在一个可以对恢复进行指导的完整的演替模型?

在干预过程中,很多保护论者都普遍认为应维护或恢复"自然平衡"(Budiansky,1995)。"自然平衡"的比喻是关于群落性质经典观点的一部分,其认为演替过程导致在任何特定研究区域形成最终稳定的顶极植被(Clements,1916)。这些系统被认为自身在功能上是完整的,在被干扰之后,可以很快恢复原先的平衡。人类与人类活动不被视作系统的一部分。因此,很多保护活动旨在保护并维护自然顶极植被,但不包括人类。此模型同时预测,如果系统受到干扰,即使不对其进行干预,系统也会回到正常的演替路径,并形成恰当的顶极植被。

关于群落动态的详细研究并未确认顶极群落模型,而自然平衡概念则被很多人当作是一个"神话"不予理会(Budiansky,1995)。当代生态学家更倾向于采用另外一种比喻,即"自然变迁"(Pickett,Parker and Fiedler,1992)。有证据表明,很多演替路径都可能导致多个持续的植被状态发生,而非单一的顶极状态。著名生态学家 Gleason 和 Ramensky 的著作使我们的认识有了提升,他们强调了物种的个人主义行为,并且认为任何特殊场所的植被都是物种偶然相遇并且成功相互作用的结果(Shugart,2001)。此外,在俩人看来,物种之间的交互作用产生连续变化的植被覆盖,这些植被覆盖与环境条件相关,而与特殊的群落无关。大量的后续生态学研究结果强调了植被系统的"开放性",并提出了变化的斑块与镶嵌广泛存在。因此,生态学家现在完全意识到了关于演替的早期概念太过简单化。与演替始终沿着预测的轨迹进行相反,生态学家强调了野外强大的自然破坏力量,如火灾、暴风雨、洪水、瘟疫与食草性昆虫等。

此外,对演替的详细研究也表明了这一过程的复杂性。演替的"顶极理论"假设"促成"的广泛存在。演替的初始阶段通过地形的稳定、土壤肥力的增加等为演替后续阶段其他物种的引入创造条件。虽然有明确的证据表明这种促进作用,但从达尔文进化论的视角来看,很难理解为何早期的演替物种进化到允许或帮助其他物种接管其曾经占据的场所。相当数量的研究显示,"促成"只是其中情境的一部分。有些物种一旦在站稳脚跟之后,并不会给其他物种的侵入与繁荣提供机会,而会排除和抑制其竞争者。在这些情形下,"演替"仅在早期统治者被破坏并被具有更高达尔文适合度的其他物种所取代的情况下发生。显然,植物的演替是复杂的,关于恢复区域的演替过程仍然有很多值得深入研究的地方(Falk *et al.*,2006)。

虽然专业的生态学家已经否定了经典的顶极范式,"自然平衡"与"顶极植被"的概念依然在一些保护圈子中有影响力。著名的保护论者 Pickett 等(1992)坚持认为这些过时的观点应该被抛弃。然而,自然变迁的概念并没有为恢复项目提供一个简单的模型,因为无法预测可能的结果。一些保护论者不情愿放弃顶极理论,其原因是此理论为他们的植被管理与恢复活动提供了更为明确的目标以及更为简单的端点。

16.5　保护恢复的宗旨与目标:不同观点

需要强调的是,任何特定土地的恢复都可以设计很多可能的模式,尤其是当该地区被设计成具有多用途景观,将农业、保护与休闲活动整合在一个美观的环境中(图 16.3)。然而,如果保护管理是一个重要的元素(或事实上是主要的目标),则有两种不同的方式是有影响力的,即"再野化"和"文化景观管理"。正如之前章节所示,每个方式都有深厚的历史根源,每个都在寻求不同的结果。

16.5.1　"再野化"

在第一个模型中,恢复的目标是通过恰当的管理复原被人类干扰的生态系统至其自然的"野生"状态。此方法有时被称为"再野化",并得到了一些北美以及欧洲保护论者的支持(Forman,2004;Donlan,2005,2006)。再野化的提议通常侧重于动物,但显然也对植物与植被有重要的影响。从一开始,再野化的方法就遇到了问题。有证据表明,在当前的冰后期,随着植被向北扩展,并占领冰川消退留下的土地,在任何一个特定地点都存在很多不同的"自然"生态系统。在这些"自然"生态系统中,应首选哪一种作为恢复的模型?同时,还存在其他问题。在这些过去的生态系统中,有一些物种已经灭绝,因此不可能实现原汁原味的恢复。此外,大量的动物、植物与微生物外来物种被引进,它们并非该地区之前的自然生态系统的一部分。然而,对于一些人而言,重新创建原始荒野有着不可克服的难度;但另一些人则相信将受破坏的景观恢复到有荒野美感的"荒地"是有可能的。这可以通过对某些动物与植物进行局部或地区性重新引进并撤出所有管理来实现。在此之后,应允许生态系统进行自然改变。关于具体的建议与方案,Donlan 等(2005)指出,北美地区已经失去了冰后期更新世时期的巨型动物(参见第5章),而亚洲与非洲大型动物的很多现存种群面临致命威胁;他们还提请注意北美某些地区人口的减少(例如大平原地区)、大众对野生生物公园的强烈兴趣以及黄石国家公园狼种群的成功恢复。再野化的提议旨在通过引进大型动物来重现更新世的遗产——之前在北美生存的代表。因此,他们提议引进野马与双峰驼,以及更具争议的非洲猎豹、亚洲与非洲大象和狮子,其目标是在进行恰当围护的"生态历史

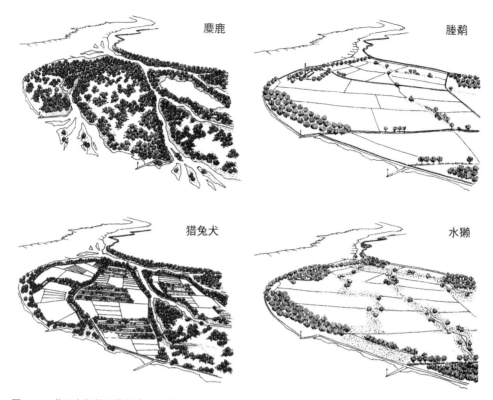

图 16.3　荷兰中部某地恢复备选方案。麋鹿：恢复野生；猎兔犬：文化景观的恢复；䳭鹬：功能性景观,考虑多重使用者的需求；水獭：从这 3 个模型中选取要素,但是目标是增强景观要素的连通性。[源自 Harms、Knaapen 和 Rademakers (1993)；经 Springer Science and Business Media 许可复制]

公园"中创建这些巨型动物自由漫步的种群,减少人与动物的冲突。此类地区的雏形已经在美国存在。例如,大约"77 000 只大型哺乳动物(很多是亚洲与非洲的有蹄类动物,同时还包括印度豹、骆驼以及袋鼠)在德克萨斯州的牧场自由漫步"(Foreman,2004；Donlan *et al*.,2005,p.914)。关于这些提议的进一步细节参见 Donlan(2007)。

通过再野化实现恢复也获得了欧洲和其他地区人们的支持(Taylor,2005),包括荷兰生态学家Vera(2000)的支持。他对史前欧洲景观完全由森林统治这一观点提出了质疑。根据他的观点,大批动物(北美野牛、鹿、野牛、野马)所施加的放牧压力造就了充满活力的类似热带草原的草地与林地景观。尽管他的观点遭到了质疑(例如,参见 Birks,2005),他们提供了再野化的模型。例如,距离阿姆斯特丹20 英里是著名的 Oostvaardersplassen 自然保护区,从 1968 年起,其就一直作为一个"伪荒地"存在。专门针对原始物种(Heck 牛与 Konik 矮种马)的放牧活动作出管理,创建了动态的草原、沼泽与林地,同时还引进了海狸,另外还有引进北美野牛的计划(Marren,2005)。英国湖区的恩纳代尔湖正在进行再野化的工作,此举通过砍伐外来的针叶植物、种植本土的刺柏与阔叶植物,以及对放牧方式进行改变实现(更多的牛/更少的羊)。在维肯沼泽自然保护区,国家信托基金有着雄心勃勃的计划,以增加保护区的规模。Konik 矮种马被引进,最终的目标是"通过野生动物而非保护志愿者实现对重建湿地的管理"(Marren,2005)。利兹大学的 V. Ward 为不列颠群岛的再野化项目组建了一个数据库(www.wildland-network.org.uk)。在其他的国家公园与自然保护区中,再野化的概念也越来越受到追捧,不干预成为可行的管理政策之一,如格洛斯特郡的 Lady Park Wood(Peterken and Mountford,1998)。

16.5.2　文化景观的恢复

恢复的第二个主要模型是非常不同的,这一点可以从 Hall(2000)有关意大利生态系统的表述中清楚地看出。"在过去的 100 年中,美国的恢复目标通常都是让土地再野化,要去除不利的人类要素。而在意大利,其常见的目标是纳入一些有益的人类要素,使土地重新回归园林。"这一观点得到了居住在文化景观占主导地位的国家生态学家的支持。因此,在使用文化景观元素创建自然保护区与国家公园的国家,恢复通常有不同的目标,即重建生境条件,并促进特别的尤其与传统土地利用相关物种的生存。

16.6　管理策略的变化：对微进化的影响

从前述观察可以看出并不是单一概念在促成保护管理。随着时间的推移,在黄石公园等历史悠久的国家公园与自然保护区,管理策略发生了剧烈的变化。但这不足为奇,因为在最早一批公园建立的时候,生态科学只是刚起步的婴儿,管理者必须搜寻最恰当的管理之道。Rackham(1998)注意到了管理"风格"的变化,如种树、"顺其自然"、通过干预促进特定物种生长等。因此,在很多历史悠久的保护区,出现了陡然的变化。例如,20 世纪 50 年代,在苏格兰韦斯特罗斯的 Beinn Eighe 国家自然保护区,在大西洋松树森林的管理中采取了自然再生策略;随后,管理更倾向于干预;但到了 20 世纪 80 年代,策略又变成了不干预。鉴于保护管理形式的诸多变化,需要强调的是,管理风格的各种变化都可能在很大程度上改变对相关物种的选择压力。我们关于濒危物种遗传特性的理解仍处于起步阶段,但是很显然遗传失调的种群可能会缺乏应对人类无意间所造成的或因国家公园和自然保护区通过频繁变化的管理方案有意造成的剧烈环境变化的遗传变异性。

16.7　恢复与管理：荒野中的园艺学

对文化景观进行再创造的管理通常被比作园艺,而在这些区域内对濒危物种的管理被比作种植庄稼。尽管很多保护论者都抛弃了这些观点,但是其仍然值得仔细揣摩。我们很熟悉在农田、草地以及菜地中种植作物的概念;此外,一些被认为"野生"的植物实为作物的一部分。虽然禾本科植物在干草中占支配地位,但其他物种有助于提高作物营养价值。在湿地中,包括莎草、灯芯草以及褥草在内的各物种也被作为作物收获。同样地,"袋装"的猎鸟和鱼也可以被视作收获的作物,包括林地管理的产物(围栏栏杆、木材、木炭等)。在有些物种被视作"作物"或者"作物的一部分"的同时,在文化景观的不同要素中有很多"伴随者"。有些物种的威胁性不足以被视作杂草或害虫,因此可能被忽略;而另一些"伴随者"则可能作为医疗或食品植物在文化生活中扮演次要角色。

正如上文所述,"诉诸先例"涉及通过恢复恰当的条件,对适应或忍受先前文化实践的受威胁或濒危物种进行管理与恢复,以保持其发展。这些干预所采用的方法与前文所述种植与收获作物的方法完全相同。如果该观点可以被接受,则野生生物可以被视作特别的作物。最终产品是一种渴望,不仅仅为了数以吨计的干草,更为了在不同文化景观中珍稀濒危物种的持续存在。

野生生物是一种作物的概念在自然学家 Richard Mabey(1980)的著作《共同基础》(*The Common Ground*)中得到了明确阐述。此书是在英国自然保护委员会的指引下写作,旨在"拓宽民众关于自然保护的辩论"。虽然在国家公园与自然保护区内的保护对于保护主义者而言是一项关键的策略,但是对自然保护区之外的野生生物的鼓励和保护对于物种的长期存活而言是至关重要的。由于很多野生生物存在于传统管理下的农田中,高度机械化的农业实践,以及国家支持的杀虫剂、化肥等的使用,对野生生物造成了威胁。一般情况下,会向农民发放补贴,以补偿其在土地中对野生生物的保留,而不是处处追求最大的收成。Mabey(1980，p.237)希望改变这一观点。他写道:"我认为我们应对保护行为进行财政激励,以作为奖励",他继续提出了一个在有的人看来有些激进的观点:"并推广野生生物本身也是一种重要作物的观点"。有趣的是,欧盟最近采取了一些符合这一方向的措施,对农场的支持作出了改变。虽然一些自然资源保护论者可能会从微进化的视角抵触这些激进的观点,但将濒危物种作为特别作物采取与园艺类似的方法进行管理的观点是有价值的。

野生生物可以(或应该)被视作作物的观点并非新观点。在 20 世纪 20 年代,翁斯洛伯爵(Earl of Onslow)是非洲早期保护运动的主要人物。正如 Adams(2004，p.217)所指出,Onslow 所知道的世界是"野鸡、松鸡与鹿的世界,是社交聚会和管理良好的乡村庄园的世界",他眼中的国家公园"类似于狩猎庄园"。因此,在包括国家公园在内的一些地区,野生生物的收获也是保护管理的一部分(Adams，2004，pp.218 - 220)。例如,从 1959 年开始,在乌干达的伊丽莎白女王国家公园(Queen Elizabeth National Park)对河马进行扑杀,以控制水土流失,而这些动物的肉则用于出售。

在 20 世纪 60 年代,英国自然保护委员会负责就中非与东非的殖民地问题向政府提供建议(Adams，2004，pp.219 - 220)。在对这一地区进行现场调查之后,建议"野生生物应被视作资源进行管理",此举通过控制狩猎实现。这些观点在后殖民主义时期非常有影响力。例如,20 世纪 80 年代的赞比亚,对"有控制的捕猎"进行收费,以支持本地发展以及支付"狩猎守卫"的酬劳。在 20 世纪 90 年代,这些观点被整合进了一个更大的概念"基于社区的自然资源管理"。Adams 指出:"此方法被广泛使用,虽然社区的参与程度大相径庭。"然而,他认为这些操作可能会"过于集中",受益非常低且对当地村庄的"经济贡献率很小"。由于"猎获的肉类对于贫穷家庭而言是昂贵的,因此非法狩猎依然相当有吸引力,且在经济上也是重要的"。

野生生物可以被视作特别作物的观点引发了重要的问题。达尔文在其进化研究中,考虑到动物与植物的驯化问题。凝思这一点,他得出结论:"人类……可以说是在进行一项大规模的实验。"本书的一个论点是应重新审视达尔文的观察,以体现现在的情形,并将实验的范围涵盖所有的文化景观。地球表面越来越多的地区正在受到人类活动的影响:除了自然选择过程外,生态系统也正受到人类所施加的选择压力的影响。将此论点再向前推进一步,达尔文不仅定义了驯化过程中有意识的选择作用,还强调了无意识选择的影响。正如前文所述,越来越多令人信服的证据表明,人类活动正使得农业(以及工业)景观中的植物处在"新"的选择压力下。虽然保护管理对植物的选择效应还有待检验,但毫无疑问的是,集约管理以及管理机制的快速变化对种群带来剧烈的选择压力。这一观点在对大角羊($Ovis\ canadensis$)运动狩猎中人类不经意间造成的进化后果的研究中得到了支持(Coltman et al.，2003)。在30 年时间里,由于狩猎者喜欢瞄准长有最大角的动物,这一物种的身体重量与角的大小发生了变化。长有大型角的公羊在达到"高度繁殖成功"之前从种群中被移除,以至现在的公羊体型更小,角也更小,野外能被发现的数量也变少。

另外一个例子是对赞比亚南卢安瓜国家公园(South Luangwa National Park)及其邻近的狩猎管理区域非洲象种群的研究。Jachmann、Berry 和 Imae(1995)认为,雌象中遗传性的"不长长牙"状况的发生率的增加(从 1969 年的 10% 增加到 1989 年的 38%)显然是由于有选择性的非法象牙捕猎引起的。最近,由于象群从狩猎区迁徙到国家公园中,雌象不长长牙的发生率降低到了 1993 年的 28%。然而,在南非的阿多国家公园(Addo National Park),历史记录表明,"不长长牙"的较高发生率并非由于狩猎引起,而更可能是非选择性影响的结果,如遗传隔离、漂变与瓶颈效应(Whitehouse，2002)。

作为进一步研究的工作假说,在人类密集管理下的动物与植物种群将会受到不经意的微进化变化的影响。基于我们目前的认知水平,似乎还无法通过管理保持动物与植物的"自然状态"。因此,受管理的物种(包括那些濒危物种)很有可能占据或即将占据完全野生与完全驯养之间的模糊地带。如果植物在保护区经历几代人长期的集约管理,则植物物种将会更加接近被驯养的一面。如第14章所述,早期驯化是异地保护的一个潜在风险,不仅仅对野花农场中放养的牲畜如此,对在植物园中为满足恢复项目的需要由种子萌发并经过数代繁殖的植物也如此。

16.8 结 语

在本章的最后,需要从微进化的视角提出几个关键要点。首先,目前已设计两个主要模型对自然保护区与国家公园进行管理,即"再野化"与"文化景观的恢复"。从微进化的视角对这些模型进行审视,需要指出的是,两种方法都涉及人类在管理中的长期干预,因此认为国家公园是与文化景观相分离的原始荒野的想法肯定应该被抛弃。事实上,有理由将自然保护区与国家公园视作文化景观的一部分,对濒危物种与生态系统保护给予特别关注。

上述内容针对官方管理的自然保护区。然而,很多自然保护区实际上有名无实,也就是所谓的"纸上公园"。Terborgh(1999)在其对热带国家公园进行情况的调查中指出,虽然有些公园管理很成功,其他则处于资金或人手不足的情况下,或者处在内乱之中,并伴随有非法砍伐、狩猎、采矿以及农业开荒等。从自然资源保护论者的视角出发,"纸上公园"通常是"管理不善"的,让宝贵的生物多样性处于风险之下。然而,如果从一个不同的"微进化"视角审视这个问题,"纸上公园"处在"不同的管理"模式之下,对其中的濒危生态系统以及相关生物的生存有着深远的影响。

从微进化的视角出发,国家公园与自然保护区的管理与恢复活动包括查明那些通过施加新的选择压力对物种产生威胁的人类活动。随后,人们借助管理应对这些不利的选择压力。有时,单独的因素可能是至关重要的,正如第15章所述,管理策略有时会成功抵消不利的选择压力。然而,在其他的情形下,可能涉及多种相互影响的因素,管理涉及很多复杂的利益冲突问题。此外,具有保护价值的地区会受到保护区外人类所引起的变化的很大影响,如水文学的改变、污染以及入侵物种等。这些因素带来更为复杂的选择压力,而抵抗这些因素的影响几乎是不可能的,或者仅可能通过地区性或者国际性的协议与举措取得部分成功。关于对濒危植物种群的重新引进与加强,生态学家是否可以确认完全复原了恰当的条件? 这些条件是否可以得到保持?

至于个别物种的保护,人们已拟定了一些行动方案以"挽救"濒危的植物与动物物种;例如,在英国,英国自然署对"物种复壮"项目提供资金支持。但珍稀濒危植物种群的恢复面临很多困难的问题。保护的目的是否要保持稀有物种的稀有性? 鉴于我们对非常小的种群遗传特性的当前认识,显然这些种群可能很容易进一步衰退,导致遗传萎缩以及进化潜能的丧失。

考虑到制定具体计划以确保大量濒危植物物种未来的前景,重要的是要面对一个事实,即很多保护基金都只针对有魅力的动物、哺乳动物、鸟类与蝴蝶。认为对动物的保护在某种意义上会自动保护受威胁植物的观点必须被强烈质疑,尤其是如果生态学家对单个动物物种的困境过于关注。基于生态系统中广泛存在的共生以及其他交互作用,如果对动物种群的保护管理更为整体,则所有濒危物种的前景将会更为乐观(参见第17章)。

在最后两节,对文化景观中自然保护区管理与恢复的"诉诸先例"管理概念进行了探讨。通过这些方法,濒危物种和生态系统可以通过焚烧、放牧、矮林平茬、干草割晒等处理恢复。此外,可通过创造性保护施加更为复杂的管理。一个有重要微进化意义的问题是:是否保护论者可以获得足够的资金与公众支持,以对这些人类创造的不同的群落无论在富裕时期还是国家危机期间都进行管理、维修和维护? 文化景观的管理是否会得到公众无限期的支持,尤其是在一些濒危物种消失的情况下?

本章探讨了生境与物种恢复的理论与实践。需要面对的一个重要问题是,很多保护项目似乎只关心重现过去曾经存在过的东西。由于我们对过去生态系统的认识并不完整,加之当前的群落还面临很多新的选择压力,因此重新创建过去无疑是不可能的。此外,对微进化研究得出的结论促使我们考虑未来,考虑物种种群的"适合度"以及在不断变化世界中群落的"适应性"。因此,尽管在恢复中使用"匹配"植物种群是有理由的,但"混合"种群可能提供更大的微进化潜能。

关于恢复,有很多棘手的问题有待回答。是否可能在一个地点种植大部分必要的植物物种? 动物、植物与土壤微生物的相关物种会自然地重新建立吗? 或者是否应采取措施对这些过程进行管理? 如果是,是否可以通过对土壤开发、植物演替以及动物迁徙进行管理,以产生与自然别无二致的最后结果? 就我们目前的知识水平而言,似乎还不可能精确地重现我们认为存在于过去的复杂生态系统,可以实现可能是充分的"自然种植"(Cairns,1998,p.218)。如果提供了这些区域,很多野生生物可以通过"自然"的传播到达。这一概念在自然保护领域被广泛接受,尤其是鸟类学者,他们的观点是"只要你建成了,它们就会来"(Stockwell,Kinnison and Hendry,2006,p.130);同时,可以谨慎地引进其他的动物与植物。

整体而言,尽管这些保护、恢复很有可能将管理不善的贫瘠荒地、受污染的湿地与河流改造成为为人类提供各种功能的美丽景观,如清水、森林产品等,有些场所比其他场所更适合进行恢复。Miller(2006,p.356)最近指出,恢复大型的自然保护区在农村地区,比如大草原是可能的;但他同时认为,"在城市发展和价格快速上升"的影响下,很多小型保护区的恢复则可能是"不切实际的目标"。

恢复生态学的一个特殊意义是缓解的问题。为了获得在有可能破坏或损坏有保护价值区域开发的许可,开发商有时会提出一些缓解措施。例如,一个所提议的开发可能会损坏或破坏有保护价值的湿地,则在此情形下,开发商可能会承诺在另一地块上重新打造一块湿地。鉴于生态系统的复杂性,公众、政客以及景观规划的专业人士应提防通过重新打造新的湿地以保护原始的受威胁湿地的主张。虽然在修复生态系统方面取得了很多进展,但有人担心在涉及缓解措施的情形下,一些虚假的群落被创建(Elliot,1997)。

另外一个具有微进化意义的观点是,修复经常会创建出在自然界中没有精确对应的新生境。例如,在采石场、填埋场以及露天煤矿的"修复"中创建了对"野生生物友好"的生境。在英国的很多地区,之前的碎石施工区域通常会被恢复,以提供湿地与水生生境,并用于钓鱼、帆船等娱乐活动。其他"野生生物友好"的生境在动物园以及植物园的大型生态区域中被创造。这些开发引发了有趣的微进化问题。我们可能对高度管理的自然保护区以及野生生物公园或花园中大型的"自然"围场进行区分,这些围场被设计用于在自然生态条件下展示动物和植物,但是从植物的视角出发,两者几乎没有差别(Cooper,2000,p.1135)。

在讨论完国家公园与自然保护区的起源、管理与恢复之后,下一章将探讨受保护土地被设置在用于其他用途的土地矩阵中的微进化意义。

第 17 章　景观中的保护区

如第 15 章所示,最初的国家公园在 19 世纪得到发展,它们是很多自然保护区与野生生物保护区的先驱。随着自然保护运动的发展,对受保护区域的就地管理已经成为保护主义者保护生物多样性努力的关键策略。有很多不同大小规模的保护区:所有的都是被有不同用途的土地围绕的碎片。考虑到规模、地理位置以及预留保护土地间的"连通性",其在多大程度上能保证濒危物种与生态的未来? 同样,在经历超过一个世纪的保护区管理之后,我们发现哪些"优势与劣势"?

17.1　保护区设计

MacArthur 和 Wilson(1967)所提出的岛屿生物地理学理论借鉴了 Preston 与其他人(参见 Mann and Plummer,1996)早期的重要研究。此理论探讨了在远离陆地的孤立小岛上物种丰富性相对较低的潜在意义。与之相反,在靠近大陆的大型岛屿上,生物多样性通常较高。基于这些观点,保护论者提出了一系列用于自然保护区与国家公园的模型系统。

MacArthur 和 Wilson(1967)通过对岛屿上物种灭绝与大陆和其他地区外来物种迁入的研究,探讨了物种/面积的关系。他们得出结论:当传播距离较小时,与更为孤立的岛屿相比,邻近大陆(或邻近其他岛屿)的岛屿有更高的迁移率。此外,大的岛屿可能支持更大数量的物种,并且比小岛屿具有更高的拦截移入者的可能性。因此,对于任何特定的岛屿而言,随着时间的推移,在移入与灭绝之间都会建立一种平衡关系。Mannion(1998,p.378)强调:"所产生的平衡是动态的,物种会持续移入或者灭绝,虽然随着时间的推移,迁入率与灭绝率都会降低。"因此,比较而言,如果其他的因素都均等,则靠近大陆的大岛将具有最高的生物多样性。MacArthur 和 Wilson 同时提出了"拯救效应"的概念。在一个岛屿上灭绝的任何物种都可以通过来自大陆或另一个岛屿的相同分类单元个体的引进而被"拯救"。

岛屿生物地理学理论的开发旨在研究海洋岛屿上的物种/面积关系。保护论者很快发现陆地自然保护区以及其他破碎的生境与其具有相似性(图 17.1 与图 17.2),它们实际上是已经开发的土地"海洋"中的"岛屿生态系统"(Diamond,1975,1976;Diamond and May,1976;Shafer,1990)。他们的研究结果提供了关于保护区设计、规模、位置等方面的一系列预测(图 17.3)。这些"较好"与"较差"的状态与特定区域的物种数量存在关联,但并没有解决对任何特定物种来说什么是最好/最差的问题。首先对单个保护区的一系列问题进行思考,然后对两个区域之间的关系进行检查。

17.2　岛屿生物地理学理论在保护中的应用

任何生态系统规模的缩减,如亚马逊河的热带雨林,将会导致物种灭绝(Mann and Plummer,1996)。在考虑国家公园等受保护区域生物多样性的潜在意义时,重要的是要意识到这些地区是曾经更

图 17.1 美国威斯康星州农业景观：农田与"岛屿状"林地。[源自 Richard C. Davis 主编的《美国森林与保护历史百科全书》(*Encyclopedia of American Forest and Conservation History*)(2006)，© 1983，Gale，Cengage Learning Inc.；经许可复制(www.cengage.com)]

大的生态系统的片段。在所有的情形下，面积的减少将会导致一些物种的灭绝，这就是被称为"弛豫"的过程。这一假说既适用于非常大的公园，如黄石国家公园，也适用于非常小的保护区，而且已经在一系列调查中得到了验证(参见 Collinge，1996)。下文为一些实例。

在 1914 年通航的巴拿马运河施工过程中，在查格雷斯河上建造了一座大坝，水位的提升导致了 Barrro Colorado 岛的产生。现在这个岛屿被史密森尼热带研究所(Smithsonian Tropical Research Institute)作为保护区管理。Willis(1974)记录了这个新岛屿上鸟类物种的减少，而这个岛屿是曾经广袤得多的生态系统的一个片段。Newmark(1995)检验了北美西部国家公园中哺乳动物灭绝的模式，他发现："自从国家公园设置之后，灭绝的数量超过了新迁入的数量"，且"灭绝率与公园面积成反比"。

保护区的物种损失同样得到了植物学家的调查。通过将 19 世纪的记录与现在的记录进行比较，Turner 等(1994)发现，在新加坡植物园内曾经广泛分布的热带雨林的一个片段中，出现了植物物种的显著损失。有证据表明，生命周期较短的物种要比周期较长的物种更容易灭绝。Turner(1996，p.200)也对其他森林片段的命运进行了调查，发现在几乎所有的案例中，"当从连续的森林被切断之后，孤立的片段会随时间的流逝遭受物种丰富性降低的威胁"。然而，热带森林片段的弛豫时间可能会相当长。根据对很多热带树木进行的放射性碳年代测定法以及对年轮的调查，很多热带树种的历史都可能超过 1 000 年(Chambers *et al.*，2001)。

对物种清单的比较同样也证明了温带生态系统中的"弛豫"概念。借助此方法，Drayton 和 Primack (1996)对美国波士顿 Middlesex Fells Woodland Park 西部 4 000 英亩区域自 1894 年至 1993 年的变化进行了检验。在最初的 422 个物种中，有 155 个已经不复存在，在过去的一个世纪里，每年的损失率大约为 0.36%。64 个新物种进入此区域，大部分都是"外来"物种。

虽然这些例子与"弛豫"的概念是一致的，但需要注意的是，相关的受保护地区不仅仅受到其被指定

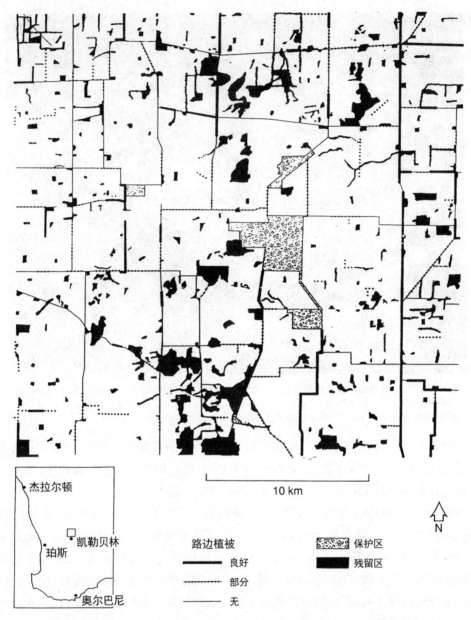

图 17.2 凯勒贝林(Kellerberrin)北部西澳大利亚小麦生长带景观的一部分,显示出保护区的位置,以及在田野和路边幸存下来的"原始"植被的片段。[源自 Hobbs、Saunders 和 Arnold (1993);经 Elsevier Ltd.许可影印]

时位置与面积的影响,还受到很多人为因素的影响。例如,在研究期间,Middlesex Fells 被标记为"人类活动增加"。通过较大量山径和道路的建立,可以实现更便捷的访问,导致了更多火灾。同时,还出现了对森林树冠的"故意打薄",以使得景观更为漂亮;随着使用越来越频繁,对地面植被的践踏也越来越严重。关于过程,还必须强调一点。在世界各地的保护地中,迁移/灭绝的过程并非是完全自由的:存在大量的刻意管理,以避免珍稀濒危物种的灭亡,或者控制移入物种,尤其是外来的分类群。

尽管如此,从物种/面积的观点考虑,似乎保护区中的一些物种注定要灭绝。它们被描述为"虽生犹死"(Janzen,2001)。可能的候选者是自交不亲和的孤立的单个个体或被隔离在一个片段中的雌雄异株物种,进而被排除在最近的同种种群的基因流范围之外,无法进行有性繁殖。然而,调查表明,将其一概而论是不明智的:关于缺乏基因流的假设可能是不正确的。例如,使用微卫星标记对热带树木墨西哥桃花心木(*Swietenia humilis*)进行分子研究,发现残余的被隔离的树木成功授粉。此外,如我们之前所

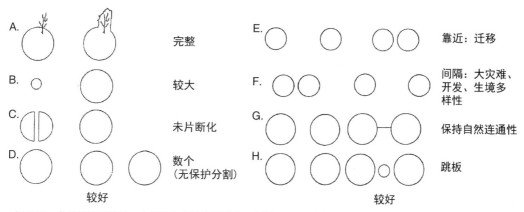

图 17.3　自然保护区设计。右侧的方案被提议要优于左侧。A：整片水域、迁徙路径以及觅食处最好都位于保护区中；B：宁大勿小；C：完整优于破碎；D：最好设置超过一个保护区，此举可以防止灾难以及人类的开发，并且为零星分布的物种提供生境，包括地方性物种；E：接近比远离好，因为可以实现更佳的迁徙机会，但前提是此物种可以跨越景观；F：但更远的距离有时要更好，原因是这可以减轻大灾难、疾病等效应；G：通过有效可用的廊道保持自然的连通性，有总比没有好；H：如果物种可以利用小的"跳板"保护区，则最好进行设置。[源自 Shafer (1997)；经 Springer Science and Business Media 许可影印]

述，很多物种可能通过各种无性繁殖持续很长时间，其中的一个很好的例子是非常稀有的多茎桉树 *Eucalyptus argutifolia*，只在西澳大利亚发现 15 个间隔很远的种群（Kennington *et al.*，1996）。等位酶分析以及使用 M13 DNA 指纹图谱进行的分子研究表明，此植物产生大面积的克隆斑块，最大克隆斑的面积为 160 平方米。

17.3　片断化

任何特定的生态系统或物种是否能持续存活取决于一系列的因素，包括片段的大小、其所包含的不同生境的种类与面积以及片断化过程的细节等，这在地球上很多地方都可能是极端的。例如，在欧洲殖民阶段，美国伊利诺斯州有 2 100 万英亩的高草草原（Robertson，Anderson and Schwartz，1997，p.63）。大草原的土地连同布满盘根错节根的深层土壤被用 1837 年美国迪尔公司发明的自冲刷钢片犁挖开，19 世纪 50 年代与 60 年代开通了铁路。在接下来的几十年，高草地被迅速改造成农田，现在仅有大约 250 个高等级的残留高草地。值得注意的是，在这些高草地片段中，83％的面积不足 10 英亩，30％不足 1 英亩。

返回到自然保护区设计的问题上，由于保护区边界的设置减少了生态系统的异质性，有些物种可能会立即丢失，其生境也可能会完全消失（Gascon，Laurance and Lovejoy，2003）。这部分由于公园边界的设定是一个政治性的问题，可能涉及潜在可采的资源。正如前文所述，保护区的建立通常被认为会在"无用"的土地上进行（Runte，1997）。因此，国家公园的划界通常会排除可以利用的森林、可以开采的矿床以及非常肥沃的土壤等。在某些情形下，政客们会采取左右逢源的策略折衷处理。例如，在 1979 年澳大利亚瓦勒迈国家公园建立时，其所"保护"的区域仅限于地下 400 米的深度，以允许保护区之外矿井的采煤（Mercer，1995）。

在距离巴西玛瑙斯以北 80 公里的亚马逊流域，森林片断化的生物动力学项目（BDFFP）着重研究森林砍伐引起的"片断化"效应。此项目调查了一系列通过森林砍伐形成的分别为 1 公顷、10 公顷与 100 公顷的隔离森林保护区（Bierregaard *et al.*，2001）。他们对亚马逊流域森林砍伐的模式进行了评论，并提出了一个非常重要的观点：森林砍伐在空间上并非是随机的，而是取决于土壤的肥沃程度、地势以及通过河流或道路进出的便利性。

　　另外一个问题是,似乎很多物种都有复杂的集合种群繁殖结构,因此当只有生态系统的一部分被作为"保护区"时,这些结构就会被破坏或者损失,在保护区边界之外的所有种群都会被破坏。在变化并不是那么剧烈的情况下,相同物种的种群可能会在公园外邻近的土地上存活。然而,如果假定集合种群的结构也可以得到保留是不严谨的,因为有证据表明人类引起的改变元素(道路、农田、城市开发等)可能会成为种群之间基因流的有效屏障(参见下文)。

17.4　片断化的影响

　　为了解片断化的多重影响和后果,必须进行更多的研究。BDFFP 的一个主要结论为,"片断化"区域的生态系统发生了"实质性"的改变,尤其是当顶极掠食者(如角雕与美洲豹)不再存在的情况下。随后会出现"连锁反应",影响食物链下游的物种,实际上整个生态系统都会受牵连。此外,有证据表明,随着从森林砍伐区域的鸟类迁移到剩余的森林片段中,则可能会出现拥挤效应(Bierregaard *et al.*, 2001)。

　　特定物种在保护区边界内外是否有可靠的未来取决于在缩减的区域中必要的栖息、生长与繁殖条件是否得到满足,包括这些过程所依赖的其他物种的存在。因此,很多植物物种的存在将依赖于授粉、种子传播等所必需的植物-动物共生关系的维护,而片断化的森林区域则可能不包括这些共生关系所必需的所有生态系统要素。有些动物需要不同的生态系统来觅食与栖息,并且在这些生态系统之间进行日常移动;而另一些物种在不同的区域之间进行季节迁徙,以在非保护的区域获得食物与繁育场所。传粉者/种子传播者要想存活,这些要求必须得到满足。在总结 BDFFP 的研究成果时,作者得出结论认为,亚马逊森林中有很多"对片断化敏感"的物种,并指出"很多动物物种不情愿离开森林覆盖区域"。很多依赖森林的动物"甚至会避开狭窄(小于 100 米)的空旷地"。事实上,有些动物甚至都不会跨越"最窄的(小于 50 米)的森林空旷地"。因此,由于道路或输电线而带来的空旷地可能是有些动物运动的"巨大障碍"。如果传播者不足、繁殖力低下或者有非常严苛的生境要求,则恢复可能是缓慢或不确定的。BDFFP 同时指出,森林片段周围缓冲区的性质对其命运以及生态系统动力学而言也是至关重要的;被重新生长森林包围的片段比那些分布在"无遮蔽的"农田环境中的片段更为接近原生植被。

17.5　保护区周围的环境

　　需要强调的是,不同地区的环境差异很大。片段及其周围环境可以被视作人类所生存的不断演化的动态文化景观的一部分。在美国的中西部,"半自然的环境已经出现了非常深远的变化,从开放的放牧林地到封闭的密集农业林地"。一些次生林作为"农场弃耕地"的产物出现,进而导致"物种构成的大规模变化以及物种多样性的大大减少"。同时,残存的大草原被几乎彻底清除,导致本土草原物种的大量减少。随着行播作物越来越多的种植,由于干扰到农场的有效运营与机械化,果园、灌木篱墙以及灌木栅栏等对野生生物有重要的意义的生境大量减少(Brown, Curtin and Braithwaite, 2003, p.331)。

　　片断化可能会导致"镶嵌"的土地使用,如:用于放牧/干草的草地;不同肥料处理的干草地;用于运动场与高尔夫球场的不同类型的草地;受污染/未受污染土地等(Vos and Opdam, 1993; Hansson, Fahrig and Merriam, 1995)。正如前文所述,在镶嵌地区通常会发现种群的分化。有时,会发现清晰的分化模式;然而在其他的情形下,人们发现了更为复杂的生态遗传变异形式(Bradshaw,1959b)。

分子研究表明,以片段形式存在的不同种群可能会有着不同的遗传变异谱。例如,对刚松的 8 个种群的 rRNA 基因拷贝数进行检查,刚松的样本来自新泽西州松林泥炭地(Govindaraju and Cullis,1992,p.133)。rRNA 在蛋白质合成中扮演着核心的作用。研究结果显示"在承受环境压力(如:局部火灾)的种群中 rDNA 的拷贝数相对较低"。具有不同生长与发育速度的变异可能在不同区域有选择优势。

如第 12 章所述,针对种群规模与遗传变异性之间的关系已开展一系列研究。这些变异性与片段的大小关系如何?"白盒子桉树"(*Eucalyptus albens*)生长在澳大利亚的东南部,那里的森林由于农业发展而支离破碎(Prober and Brown,1994)。种群的规模与片段的大小密切相关。遗传分析表明:"18 个等位酶基因座的等位基因数、多态性以及杂合性与种群中(含 14～10 000 以上的个体)可繁殖的成熟个体的数量呈正相关。"(源自 Young,1995,他对不同景观中植物遗传变异性的研究进行了有价值的评述)因此,较小片段中的"白盒子桉树"的小种群变异性也较小。种群遗传变异性较低使得其处在遗传侵蚀以及最终灭绝的风险中,尤其是在片段距离如此之远以至基因流不会出现的情形下。

17.6 边 缘 效 应

在第 15 章,我们分析了保护区外部因素的影响效应。我们这里的关注重点是影响暴露于各种可能环境变化的片段"自然"边缘的因素。在世界的很多地区,对边缘效应进行了调查,包括 BDFFP(Bierregaard *et al.*,2001)。作为此项目的一部分,对残余森林中边缘效应的渗透程度进行了检验(图 17.4)。

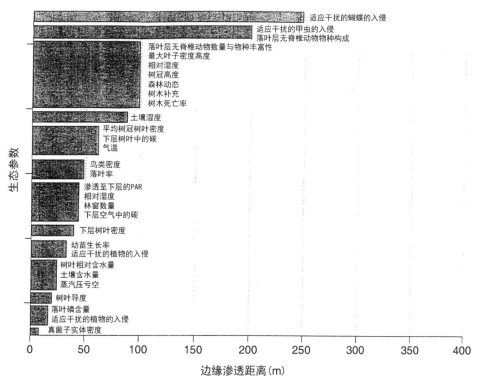

图 17.4 BDFFP 研究中所记录的残余森林中各种边缘效应的渗透距离。[源自 Bierregaard 等(2001),《亚马逊流域的教训:片段森林的生态学与保护》(*Lessons From Amazonia: The Ecology and Conservation of a Fragmented Forest*)中图 29.1;经耶鲁大学出版社许可复制]

首先需要检验的是模型系统背后的假设。一个新近被隔离的片段有暴露于人类影响的边界,因此最好采用较大的保护区(图 17.3),因为较大的保护区与小保护区相比有着更为广阔的生态系统不受影响的核心区,并且可以支持更多的物种。为了保护这一不受影响的中心区,理想的"生物圈保护区"应设置有一个缓冲区,这里可以有人类定居,农业生产等限制在受保护区域之外。然而,正如我们在之前章节所述,在现实中很多看似原始的生态系统已经或正在被人类活动所影响。考虑到这些场所的历史,在保护区中心设置未受影响的原始核心区域似乎是不可行的。在很多情形下,整个保护区都已经或正在受到历史上人类活动的干扰。

让我们回到 BDFFP 的调查,热带雨林的部分破坏产生了森林片段,这些片段的边缘暴露在变化的微观气候条件下,如光照与温度的增加,以及湿度的降低等(图 17.4)。曾经处在连续树冠下而现在处于边缘的树木暴露在暴风雨的破坏之下。同样,还有很多涉及动物与植物的边缘效应,包括适应干扰的生物的入侵、幼苗补充情况的变化、真菌子实体以及土壤的变化等。

对其他地区热带森林的调查呈现出一些有趣的结果。对澳大利亚昆士兰东北部热带森林的研究表明,树冠的变化可以在距边界 500 米的片段化的森林中检测到,在距边界 200 米范围内非常明显(Laurance,1991)。他们同时发现,片段边缘的特征是"非常大量的密集藤本植物、攀缘藤类(*Calamus* spp.)以及其他适应干扰的物种(*Dendrocnide* 和 *Solanum* spp.)"。

边缘效应同样在温带的生态系统片段中发现(Forman,1995;Collinge,1996)。在威斯康星州、印第安纳州、宾夕法尼亚州以及太平洋西北地区,在森林片段的边缘发现强烈的微气候变化。此外,有证据表明,边缘效应根据盛行风方向的变化而变化,尤其是与方位和走向相关。在北半球,向南的边缘通常比北向边缘更为干燥、温暖且更宽阔。靠近郊区的地区,森林的边缘效应则源自人们收集柴火对树造成的破坏,以及违规倾倒剪下的草、花园植物、圣诞树和建筑垃圾等。

再来看看其他的例子。很多保护区都镶嵌于农田之中,可能会受到农药喷雾漂移以及化肥富营养化的影响,例如剑桥郡 Devil's Dyke 小型的白垩草地保护区。这一地区是当地居民比较青睐的遛狗地区,这会导致土壤的进一步营养强化。另一项调查发现,穿过英国新福瑞斯特(New Forest)石南灌丛的路边,维管植物的长势要更强,禾草占据主导地位,而地衣则受到了不利的影响,这可能是由于汽车尾气系统中含氮化合物的沉积而富营养化的结果(Angold,1997)。在马萨诸塞州波士顿西部一条四车道公路的边缘进行了"道路效应"区域的研究(Forman and Deblinger,2000)。研究发现,在距离道路 100 多米的范围内,效应是非常明显的,然而草地鸟类对路边的躲避以及盐的影响在 1 千米之外都非常明显。整体而言,受影响的道路区域大约为 600 米范围,边界错综复杂,并有几个"长手指"。他们得出结论,认为"繁忙的道路与自然保护区应充分分离"。

从这些以及其他的研究可以得出结论,所有的生境片段都受到边缘效应的影响。随着片段规模的增加,受边缘影响的比例也会相应地减少(Collinge,1996)。此外,形状也是一个至关重要的问题。狭长的片段与方形的片段相比,其所受到边缘影响的区域的比例要更大。事实上,在 Devil's Dyke 的案例中,整个自然保护区都受到这种影响。

鉴于边缘效应的问题,包括人类对保护区边界的影响,因此建议在理想状态下,所有的国家公园与自然保护区都应设置缓冲区。例如,Shafer(1999a)从生物学、社会学与法学等各个方面,对在美国国家公园周围设置缓冲区的提议进行了分析。在 20 世纪 30 年代,由于"非法狩猎等人类影响"是个大问题,关于在国家公园周围设立缓冲区的呼声非常高。然而,在有些情形下,相邻的联邦土地的使用发生了变化;而在另外一些情形下,在公园周围有待设置缓冲区的土地属于私人,因此存在阻力。"社会气候"对"私人土地所有者权利"的冒犯提出了反对意见。

17.7　迁徙廊道与保护区相邻

围绕"创造一个大的保护区或者几个小的保护区,到底哪个更好"的问题有很多争论(也就是所谓的SLOSS论战)(参见 Shafer,1990)。根据风险原则,很多保护论者认为,"不要把鸡蛋放到同一个篮子里"是明智的。然而,与一个大的区域相比,两个小的片段的边缘效应显然要大。

如果是两个或多个保护区,那么"理想"的数量与地理位置应如何确定? 如果它们彼此靠近,则物种在两者之间迁徙的机会会更大(图 17.3)。如第 12 章所述,种群之间偶然的基因流对于维持并增强被保护区"封闭"的物种的遗传变异性是非常重要的。将此论断外延,在极端情形下,一个保护区中的物种可能会在一次局部的灾难性事件后灭绝,但是会从另外一个邻近的未受影响的保护区重新迁入。Shafer(1990)在对这些优势进行分析的基础上,强调"肢解"一个大保护区的理由不充分。他同时指出了就地保护区域过于靠近的一些风险(Shafer,2001):"从 20 世纪 70 年代中期开始,保护区的规划者就被建议设置彼此相邻的保护区,以便于生物迁徙。"然而,自然灾难(如飓风、暴风雨、洪水、火灾与疾病)以及人为事件(如外来入侵物种以及病虫害生物的引进等)可能会影响整个区域,而相邻保护区内的濒危物种可能会受到同一个重大事件的影响。

17.8　景　观　廊　道

受岛屿生物地理学理论的启发,"理想"保护区的模型表明,如果通过提供功能性迁徙廊道来维持姊妹保护区之间的自然连通性,则基因流与迁徙就更加可靠。"迁徙廊道"意指连接原生植被斑块的具有同样原生植被的线性景观要素(Collinge,1996)。然而,需要指出的是,术语"廊道"对于生态学家、景观设计师与地理学家而言意指不同的事物。

从空中看,地球上存在很多线状的植被元素,这些元素可以被视作连接保护区或者有保护价值的区域的廊道。有些"被植被覆盖"的片状与条状地区看似是完全"自然"的;但近距离观察,有明显的证据表明其已经被人类活动所改变。其他的"廊道"体系显然是由人类活动引起的,比如防火墙、防风墙(走向根据盛行风与雪暴的方向设置)、输电线、输油管与输气管、篱笆、用于狩猎的片状或条状林地、作为带状耕作一部分的树木或草地覆盖区域、轨道、小径、绿道、碎石路、高速公路、铁路等。

条状植被可能很简单,基本是单功能的,较长且连续。但是,在其他情形下,它们可能较短、被打断或具有多功能元素,并与其他条状或片状植被相交于节点。尤其是在城市的工业开发区,这些元素具有高度的个人主义特性,它们与复杂的私人或公共住宅、花园、道路、运河、铁道、废弃物堆场、垃圾场、小块园地或非法住宅等彼此混杂。

在英国的乡村,灌木篱墙是明显的线状元素,有着多重功能。例如,它们标记了合法的边界,提供了限制与保护牲畜与作物的方法,并具有出入管理等功能(Rackham,1986)。尽管篱笆可能呈现简单的结构,但其能提供不同类型的生境廊道功能。通常来说,篱笆的核心要素是木本植物,但是围绕耕地通常有着平行的带状草地、沟渠、小路以及未耕的畦地(Pollard,Hooper and Moore,1974)。

航空摄影与卫星图像表明,全世界的河流系统提供了最为明显的绿色线状元素,包括水道、边缘和河岸植被以及洪泛区等。同样地,这些系统通常都不是自然的。在很多人类定居区域,它们被大大地改变,并在使用者之间存在激烈的竞争。河流系统提供了很多的商品和服务。河流的一部分通常会受到开凿渠道、堤防建设等的影响,这些措施旨在控制流量与洪水,提供饮用与灌溉用水,并用于发展渔业、发电、航运、废弃物处置以及发电站的冷却用水等。

17.9　功能性廊道的证据

　　尽管在具有保护价值的岛屿生态系统之间,可能会存在线状或者更为复杂的带状的廊道,但问题是它们是否可以作为野生生物的廊道而起作用,或者它们实际上是某些物种传播的障碍(Forman, 1995)。

　　Collinge(1996)对不同动物物种使用廊道的证据进行了分析。Beier 和 Noss(1998)也对生境廊道是否提供连通性进行了批判性评价,其中涉及 32 个动物案例,发现不到一半的例子支持廊道的适用性,但是一些设计完善的试验则表明廊道可能是非常重要的。近期,积累了更多的证据(Haddad *et al.*, 2003)。然而,关于动物对廊道使用的情况仍然存在高度的不确定性。

　　Tewksbury 等(2002)设计了一个关于廊道是否有助于植物移动的直接测试。研究位于南加利福尼亚州国家环境研究公园的萨瓦那河附近,在一个以 40～50 年树龄的松树(*Pinus taeda* 和 *P. palustris*)为主的森林景观中,通过砍伐与焚烧创建了 8 个 50 公顷的早期演替区域(图 17.5)。在各个区域中,中心的 1 公顷地块被 4 个周边地块所围绕,但是其中只有一个通过 25 米的廊道连接到中心区域。在 3 个被隔离的片段中,其中一个是两侧都封闭的"死胡同"。这个实验可以测试斑块面积的效果并研究是否"侧翼"发挥了廊道的功能,即便其与其他斑块不连通。在此处开展了一系列研究。那些关注植物的研究者对雌雄异株物种冬青(*Ilex verticillata*)个体之间的花粉移动进行了研究。雄性植株被栽种在中心地块上,而雌性个体则栽种在周边。这些植物吸引了各种昆虫。研究发现,如果外围地块有廊道连接,则会结出更多的果实。

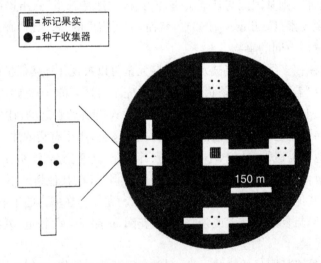

图 17.5　南加利福亚州国家环境研究公园的萨瓦那河附近 8 个实验景观之一,显示 4 个地块类型。各个实验景观都有一块标记的果实位于中心来源地块和 3 个类型的接收地块,同时在这些地块设置种子收集器。各个景观中,一个接收地块通过廊道与来源地块连接。在 4 个景观中,其余的 2 个接收地块设置"侧翼",另一个是矩形的,如图所示。在其他 4 个景观中,2 个接收地块为矩形,一个有"侧翼"。[源自 Levey 等(2005);经美国科学促进协会(American Association for the Advancement of Science)许可翻印]

　　同时,对中心地块另一种冬青(*Ilex vomitoria*)结果实的插条以及移植的活体植物的种子运动进行了调查;其他结果实物种都被从此区域中被清除。对杨梅属植物 *Myrica cerifera* 从中心地块到周边地块的种子运动也进行了调查。移植的树木（以及树冠中结果实的枝条）位于中心的地块。由于无法从实验区域去除所有结果实的桃金娘科植物，对中心地块的果实进行喷雾处理，以使其有荧光粉状的外衣。结果实的植物以及切枝吸引了大量的鸟类物种。通过研究各周边地块人造栖木下种子收集器中采集的排泄物样本，对果实的传播进行检验。研究发现，鸟类所食用的中心地块的冬青树种子更容易在有廊道连接的周边地块上发现。有关进行标记的桃金娘科植物果实的分布，在有廊道相连地块所采集的粪便样本中含有荧光粉的有更大的比例。研究有力地表明，生境廊道可以通过植物与动物的交互作用促进地块之间的运动。然而，作者阐明，"这些结论必须谨慎地用于更大规模的地块或景观上"。

在这一实验区域进行进一步调查，研究以种子为食的东部蓝鸲（*Sialia sialis*）的行为（Levey *et al.*，2005）。该鸟并非降落在地块中间，而是更倾向于在森林覆盖的地块边缘活动。这一行为可能会为鸟类提供更多的栖息处，并保护自己免受猛禽的袭击。或许对于此物种而言，地块边缘比廊道的宽度更为重要。然而，作者再一次声明，将本实验的结论进行普遍化是不明智的：其他的物种可能会有不同的表现。同样还要强调一点，即所调查的实验景观是由林地围绕的开放地块，这是不常见的。更为常见的是位于农田或城市开发体系中的林地、沼泽或草地斑块/廊道系统（Stokstad，2005b）。

人们还进行了与廊道中植物运动相关的其他研究。例如，Gurnell 等（2005）强调了河边林地通过河流实现了"砍伐树木以及发芽漂流木"的有效廊道运输。在另一个研究中，Bullock 和 Samways（2005）调查了南非某处松树种植园中残存的狭长草地廊道。他们得出结论，认为与本土草原物种相关的节肢动物的组成在性质上看与整个网络是类似的。然而，如果牲畜放牧增加，这种关联可能会受到威胁。

17.10　廊道作为保护区之间纽带的优势与劣势

如自然保护区一样，廊道也会受到边缘效应的影响。Bierregaard 等（2001）对 BDFFP 的成果进行了分析，并得出结论认为廊道应至少 1 000 米宽。此外，由于边缘效应会渗透至片段内至少 100 米，最低限度的有效廊道应至少 300 米宽。这个绝对最小值"将仅保护 100 米宽的未受影响森林"。为将"效益"最大化，他们建议这些廊道应沿着主要的河流与溪流设置。

再谈谈另一个问题，紧邻或通过廊道连接的保护区可能会遇到一些问题。紧邻或者通过廊道连接也可能便于病原生物、外来入侵物种等在姊妹保护区间的迁徙。例如，在南非、法国与美国西北，河流系统是外来入侵物种扩张的主要路径（Hood and Naiman，2000）。沟渠同样被证明是入侵物种迁移的通道，如美国的千屈菜（*Lythrum salicaria*）（Wilcox and Murphy 1985，p.602）。小径同样有助于入侵物种的扩张。Campbell 和 Gibson（2001）的研究表明，在伊利诺斯州南部的休闲骑马小径所采集的马粪中，发现有 23 个外来物种的种子。在另一个调查中，Ghersa 等（2002）对阿根廷起伏的潘帕斯草原上农业景观受引进物种入侵状况进行了研究。他们得出结论，认为景观廊道（如公路、交叉的泥土路以及溪流）是超过 40 种木本物种入侵的通道，包括美国皂荚树（*Gleditsia triacanthos*）、桑树（*Morus alba*）与苦楝（*Melia azedarach*）等。

17.11　保护区与特殊物种的保护

第 15 章与第 16 章讨论了受保护土地管理的演变，包括对个别物种恢复方案的设计。得出的结论是：这些方案虽然通常在短期会取得成功，但是如果作为常规方法，容易受到批判。Budiansky（1995， p.170)提出:"在解决野生生物保护的问题中,一次只解决一个物种会耗时耗力。"出于管理效率以及筹款考虑,通常并不是对整个生态系统做出努力,而是针对有魅力的动物物种进行保护。Simberloff (1998)归纳了 3 个不同的类别:

- "旗舰物种"(通常是大型的脊椎动物)通常会被选择用于"在保护活动中压阵,其原因是这一物种可以引发公众的兴趣与同情心"。
- "庇护物种"同样主要涉及大型的动物物种,需要相当大片的土地存活,为满足这些需求,保护工作者希望保障生态系统中其他物种的未来。
- 保护努力可以聚焦于关键物种,即支撑整个系统功能的物种,如海狸(*Castor canadensis*)在建造大坝中的作用。

很多保护论者认为,对于生态系统中核心角色的成功管理将会保证生境中所有物种的未来。因此,对植物的保护或多或少取决于对有魅力的动物物种的管理方案;因此,有必要简要考虑维护具有象征性意义哺乳动物与鸟类种群所需要的保护区的数量与规模。

作为一个例子,考虑保障佛罗里达美洲狮(*Puma concolor coryi*)未来所需的自然保护区面积是有帮助的(Shrader-Frechette and McCoy,1993)。野外调查确定,此动物的正常活动范围在 3 万～5 万英亩之间。种群生物学家预计其最小可生存种群大约是 50 个个体。令人惊讶的是,这意味着最小可行面积为 250 万英亩(Shrader-Frechette and McCoy,1993)。然而,近期研究指出,MVP 如果小于 100,则动物可以生存 100 年,但是这个数字"太低",美洲狮可能会受到"持续的遗传问题"影响(Kautz *et al.*,2006)。鉴于佛罗里达州强劲的经济发展,关于多少土地可以或应该用于扩大现有的保护区,以及保护区之间廊道的提供是否会被动物利用的争论一直未平息。Bierregaard 等(2001)反思 BDFFP 与片断大小相关的问题后得出结论,认为在研究区域内为顶级捕食动物(如角雕等)提供生存环境时,"要维持 500 对的 MVP 数量至少需要 100 万公顷或更多的面积"。

从这些例子中显然可以看到,即便是相当大的保护区,其规模也可能不足以保护各种顶层捕食动物。然而,很多保护论者认为,如果我们把注意力放在对特殊植物或者很多较小的动物物种的保护上,一些选择得当的较小保护区可能会起重要作用(Soulé and Simberloff,1986),但他们同时强调了 MVP 与 PVA 对植物种群预测的不确定性。因此,很难确定足以保护当地植物种群未来所需保护区的最小面积(Young and Clarke,2000)。

回到保护区大小的相关问题,小区域可能会带来显著问题。对于很多植物物种的就地保护要求对自然生境进行干预。在大型的原始景观中,这种干预可能会影响到特定但非全部的区域,导致每个都有很大面积的不同生态系统的镶嵌分布。然而,很多保护区的面积都太小,以至无法涵盖自然干扰过程的完全范围。火情、暴风雨、滑坡、洪水、疾病暴发等,对于维持生境的镶嵌性都是必要的(Budiansky,1995,p.134)。如果在其领地的全部或大部分地区发生重大的自然干扰事件,则小型保护区的管理者可能会面临"大灾难"。要强调的另外一点是,如果仅有一个单独的保护区,则濒危物种可能会处在灾难性事件的极端风险下(参见 Shafer,2001)。例如,在一场大旱之后,极为稀有的 *Stephanomeria malheurensis* 从其唯一生长的美国俄勒冈州东部彻底消失(Guerrant,1992)。

17.12　当今保护区与生物多样性"热点"的相对位置

正如第 15 章所述,很多国家公园的开发旨在保护风光与景观,但是随着保护运动的势头增强,主要的努力放在了在生物多样性丰富的区域建立保护区。在受威胁的生物多样性丰富区域是否已经设立了"足够"数量的保护区？

在识别这些区域的过程中，Myers(1997，p.125，以及文中引述的参考文献)通过发展"热点"概念作出了重要的贡献。在对问题进行深思之后，他提出："大部分的生物多样性都位于我们星球上较小的区域中。高达 20% 的植物物种和很高比例的动物物种局限分布于地球陆地表面 0.5% 的面积内。"鉴于保护资金来源有限，"热点"概念为通过设置保护区以及其他措施确定重点保护区域提供潜在的方法(Myers，1997)。

这一概念已经引起了广泛的关注，并且发表了大量的研究论文。简言之，早期的研究确定了 18 个地区，包含接近 5 万种特有的植物物种。这些地区包括亚马逊流域、菲律宾、马达加斯加、婆罗洲、马来西亚半岛等地的 14 个热带雨林地区。此外，在地中海气候生态系统中发现了 4 个"热点"——南非的好望角地区、智利中部、加利福尼亚州以及澳大利亚西南部。后续研究增加了高生物多样性地区的数量(参见 Ceballos and Ehrlich，2006)。

Ceballos 和 Ehrlich(2006)对"热点"的概念进行了批判性的研究。他们对鸟类物种以及所有 4 818 个非海洋哺乳动物物种的详细分布进行了调查。他们按物种丰富性、濒危物种数以及受威胁程度分析热点之间的重叠性，并得出结论："物种丰富的热点、'地方特有性'与灭绝风险是不一致的。"整体而言，他们认为在"确定优先保护"中，热点"最多是个有限策略"。

Grenyer 等(2006)同样对热点进行了详细的研究。他们对"不同的分类群显示出一致的分布地理格局"以及"在进行保护决策时，在一个群组中容易灭绝的物种可以作为其他群组中易危种替代品"的假说进行了验证。根据世界自然保护联盟红皮书的数据库，对每个已知的哺乳动物、鸟类与两栖动物物种的分布与稀有性信息进行分析，总计涉及 19 349 个物种，绘制了物种丰富度、稀有物种丰富度以及受威胁物种丰富度地图。虽然 3 类动物的总物种丰富度分布类似，但是"珍稀与受威胁物种的分布一致性则明显较低。极为珍稀的物种之间的一致性尤其低。不同分类群的一致性同样在很大程度上取决于其规模，在实际保护区相关的更为精细的空间分辨率下，其尤其低……因此，各组之间稀有性与威胁的热点在很大程度上是不重叠的"。

多样性与威胁的不同元素之间缺乏一致性是个复杂问题，然而还有另外一个值得注意的要点，即不同类群可能会遇到不同的威胁类型。例如，很多鸟类物种受到生境流失的影响；虎类则处在非法狩猎的严重威胁之下；两栖动物的风险则是疾病(参见 Stuart *et al.*，2004)。无疑，要有效保护世界的生物多样性，需要更多的自然保护区；然而，热点的概念并不会生成关于目标区域的简单列表。

17.13 公园、保护区与环境中的淡水生态系统

陆地区域保护区设计的原理是否可以用在淡水水生保护区的设计中？Dudgeon 等(2006)对这个问题进行了验证，并发表了一篇由中国、澳大利亚、瑞士、日本、加拿大、法国、美国、智利与英国众多专家合作的多作者论文，这一论文综合了全球专家的经验。他们指出，淡水系统受到"过度开发、水污染、流量改变、生境破坏或劣化、外来物种入侵等多重威胁……淡水生物多样性的特别脆弱性同样反映出淡水是人类的一种重要资源，人们可能通过开采、改道、污染等过程影响其作为生物栖息地的价值"。在世界的很多地方，"淡水会处在多个人类利益相关方的激烈争夺之下，甚至会出现武装冲突"。此外，"在关于水的多用途利用的绝大部分分歧中，无论是国际性的还是地方性的，为维护水生生物多样性而分配水的问题通常会被忽视"。关于保护生物多样性的策略，作者们推断：

陆地保护策略倾向于限制或者保护生境质量高的区域。这一"堡垒保护"模式很可能在淡水保护中失效,甚至事与愿违,其原因是需要保护的河段或者湖泊通常嵌在未受保护的水域中,除非其边界涵盖整个流域,而这显然是不现实的。关于边界界定的问题妨碍了对淡水多样性合理的地方管理,因为对于河流生物区系特殊组成部分(及其生境)的管理需要对上游的河网、周围的土地、河岸带进行控制,如果是迁徙性的水生动物群,还需要控制下游的地区……对于所有类型的淡水生境管理而言,对整个流域的控制通常是恰当的……然而,这个办法在实践中问题重重,需要对相当大的陆地区域进行管理,以保护相对较小的水体。

在生态系统层面的保护实践中,侧重点不仅仅在于河流,而且还包括相关的河漫滩。因为:

大型动物(如熊、泽鹿、犀牛以及大象)对河边区域以及河漫滩进行季节性的使用,以进行觅食或繁育。在热带的干季,保证大型动物接近水源是非常重要的。干季可能是食草动物承受巨大生态压力的时期。因此,与淡水生境相关的对生物多样性的有效保护必须考虑到整年的生境使用……以及水生生物群的需求。对于自然流量有变化以及有着洪水/干旱循环的河流及其泛滥平原、春季池塘、湿地以及湖岸水位波动的维护也是必要的。

17.14 海洋自然保护区

为体现陆地与海洋之间的"生态联系",有时会把陆地与海洋区域同时纳入陆地保护区或围绕小岛的国家公园中(Shafer,1999b)。同样,一些海洋自然保护区已经或在计划建立中(Allison,Lubchenco and Carr,1998)。然而,Shafer(1999b)强调,海洋保护的问题仅凭国家公园来解决是不够的。

17.15 结 语

世界上有成百上千个不同类型的自然保护区与国家公园:管理严格的原野区;用于保护生态系统并提供娱乐的国家公园;包含农业与乡镇企业等文化景观的国家公园;国家名胜古迹;生境与物种管理区;受保护的景观;处于可持续管理下的资源利用区等(Holdgate and Philips,1999)。管理世界各地保护区的人员最有资格评价它们的优势与劣势。进行诚实的评估是必要的。世界上很多保护区都对其所包含的生态系统进行了一定程度的保护,然而正如我们上文所述,很多保护区实质上只不过是"纸上公园"。关于规模,无可否认的是很多保护区都很小,这引发了关于其所包含的生物多样性的安全程度的问题,尤其是数量小且依然在萎缩的物种受遗传漂变等影响处于遗传变异性流失风险之中(Boecklen,1986)。此外,小型的保护区似乎注定会丧失一些生物多样性,这不仅仅是由于人类活动的增加,更是由于"弛豫"的过程。

考虑到受保护区域的有效大小,在有些情形下可以与邻近地区进行协调管理。例如,如前文所述,黄石国家公园缺乏大型食草动物可以越冬的区域等。麋鹿庇护所的建立以及后来更大区域的划拨(包括国家森林区域)大大增强了国家公园自身的效果。在更小的规模上,很多自然保护区也得到了扩充,如剑桥郡的 Buff Wood 等(参见图 5.1)。然而,在世界上人口稠密的区域,增加保护区的大小显然是不可能做到的。

从生物学方面看,由于其局限性,应避免设置小型保护区,但同时必须考虑另外一个问题。

Schwartz 和 van Mantgem(1997)对美国伊利诺斯州的很多小自然保护区的分析明确了这一点。他们所强调的观点适用于全球：

> 为建立保护区，我们应提供参与本地物种与自然土地管理的机会。由小站点构成的大网络为在自然区域与广泛的人群之间建立关联提供了最佳机会。此外，正是对地方性生物资源的关怀和培育常常促使我们思考更为全球性的保护问题。为实现全球保护目标，我们首先需要让更多人亲身参与到其本地环境中。

在发达国家，公众对当地的自然保护区的忠诚随处可见，尤其是对濒危物种。然而，我们必须面对一个事实：一些珍稀物种可能会减少，只有通过密集管理才可存活。如果物种丧失，则通常采取重新引入的措施。然而，由于小种群的脆弱性，特定物种的存活可能会需要从异地植株进行反复重新引进。正如本文之前的篇章所述，就地密集、连续管理以及异地植株的维护与繁殖通常会伴随驯化的风险。

有证据表明，保护区会受到边缘效应的剧烈影响。然而，正如之前章节所述，随着我们对人类活动历史理解的深入，发现有关保护区核心是原始状态的概念也是不正确的。因此，任何关于边缘效应的考虑都应包括边界问题。如果要将有着漫长的人类居住和资源使用历史的地区"清除"干净并将其视作原始的"荒野"进行管理，则保护论者与当地人之间会产生冲突。因此，保护论者、园区管理者与居住在保护区边界或者周边环境的人们之间的关系非常敏感。国家公园是"受保护的天堂"的概念会产生一定的影响。"纯粹的保护主义做法是将公园看作是被包围的、不可征服或者很快就会被铲除的'堡垒'"，这一概念有着很大的政治风险。其需要实质上类似于军国主义的防御策略，而且几乎总是会加剧冲突(McNeely，1989，p.155)。

保护区的目标是对野生生物进行保护，尤其是那些对生态旅游而言具有标志意义的有魅力的动物。某些公园沿着边界已建立起围栏。例如，哈来亚咔拉国家公园(Haleakala National Park)建立起围栏，以保护本地物种不受野化山羊的攻击(Shafer，1999b)。然而，公园的边界通常是没有围栏的，动物可以自由地离开公园，进而毁坏庄稼、破坏财物甚至造成村民的伤亡。在世界的很多地区，如果不能对国家公园边界的动物进行控制，则对于当地居民而言，这是殖民主义历史所产生的另外一个不公平，进而会导致对公园及其目标的反感或敌对(Anderson and Grove，1987；Adams and Mulligan，2003)。下述概念正得到越来越多的共识：如果与周围的人类群体进行隔离，则"保护项目可能不会成功。自然保护区的保护策略已出现了重大变化，即从试图将人从保护区内驱逐变化到将本地社区的经济发展作为保护策略中不可或缺的一部分"(Vogt et al.，2001，p.872)。

另外一个需要面对的问题是，很多保护区在地理学上都是彼此隔离的。正如前文所述，一些保护论者呼吁在保护区之间建立野生生物廊道。然而，目前来看，只有有限的证据表明这些廊道是有效的野生生物生境或传播路径。历代博物学家都在研究珍稀植物物种。然而，目前仅有很少的证据支持廊道可以为珍稀物种提供生境。此外，通过基因流/迁徙(风、动物-植物共栖)而实现扩散的必要条件可能无法满足，其他有效扩张的条件也无法满足，原因是很多植物幼苗定植对环境有着非常精确的要求(参见Grubb，1977)。从植物的视角来看，人类改造的生态系统环境，甚至各种类型的有植被的廊道，对于保护区之间的传播而言都可能是无法逾越的屏障。

冒着泛化的风险，很多植物物种的命运无情地与有魅力的鸟类或哺乳动物的命运联系在一起。在确定优先区域时"热点"的概念相对突出。但必须承认，近期的调查表明此概念存在着一定的局限性。热点可以使用不同的标准定义，如整体物种的丰富性、地方特殊性以及不同分类群物种的威胁水平等。令人遗憾的是，使用不同标准确定的"热点"并没有产生可以集中保护努力的"一致且综合"的区域。当将这些热点以与很多保护区相称的比例绘图时，问题尤为明显。因此，保护有魅力的动物物种种群及其生境的未来未必会保障地方特有的珍稀与濒危植物物种。然而，如果在设计中并未考虑顶级捕食者，很多权威人士认为有效的植物保护区可能相当小。这些区域可能会被认为缺乏更为自然的生态系统的复杂的互动，因此是退而求其次的方案。

对热点的研究聚焦于一个重要问题，即很多关键的生态系统及其丰富的生物多样性在保护区的保护范围外被发现，例如，很多澳大利亚珍稀植物物种都在保护区之外被发现（Kirkpatrick，1989）。此外，很多保护论者现在认为，应该将更多的注意力放在"非常单调的半自然环境"上，而不仅仅是"壮观的原野区域以及容易引起情感共鸣的濒危物种"（Brown *et al.*，2003，p.338）。

综合考虑在人类改变的生态系统中野生物种的特性，Western（1989，p.162）列出了其中的一些类别：① 实用或者有利可图的物种，如某些可以作为食物、药物等收获的植物；非洲的一些野生生物被从"野外"转移到私人大农场的自然植被区域中，以作为生态旅游企业的一部分。② 有些物种被认为在人类开发利用的生境中"零成本"，如与放牧的家畜等不存在竞争的物种等。③ 有些物种为"易消失的珍稀物种"，不值得作为害虫控制。④ 很多物种在"未利用、很少利用或弃用"的地方生存。例如，水源以外的地区是牲畜放牧的边缘地区，以及由于"疾病掌控"而不适于人类或家畜生存的地区或者饱受战火的地区。⑤ 有些物种由于可以与人类使用在生态上相互补充，因此是可以接受的。根据 Western 的观点，在放牧地大象的存在是可以容忍的，其原因是它们可以控制灌木与树木，以改善放牧区域的质量。⑥ 一些物种因其受人喜爱而存活下来，例如出于狩猎或者审美的目的。⑦ 很多物种由于土地主人的无动于衷或者对自己土地上野生生物的无知而存活下来。⑧ 在全球范围内，如果得到法律保护且此保护被认可并执行，则物种存活的机会将会增加（Sheail，1998）。在这个列表中可以加上杂草与入侵物种。这些物种可能在农田中被控制，但是很少能被根除。

在全世界范围内，大量的区域被指定为国家公园或者自然保护区。在世界的很多地区，人类发展的范围与强度都非常大，以至创建超大型新的自然保护区或者广阔的廊道是极不可能的。然而，在一些地区，相对未受破坏的生态系统依然存在，虽然它们可能以非常片断化的状态存在。新的保护区已经被建立，目前人们正在研究尚未划归为自然保护区的生态系统典型场所的最佳挑选方法，以及通过设计并创建保护区网络以提升土地保护的效果（Coates，1988；Hobbs *et al.*，1993；Kirkpatrick and Gilfedder，1995；Pressey，Possingham and Margules，1996；Cabeza and Moilanen，2001）。在澳大利亚建立了很多新的保护区，以实现更为综合的覆盖。此外，在世界上很多地区开发了私人公园与自然保护区。这些举措在一定程度上受岛屿生物地理学理论相关观点的促进。然而，很多权威人士认为，此理论"并没有兑现为保护生物学实践服务的承诺"（Gascon *et al.*，2003，p.43）。Shafer（1997）就保护区的设计撰写了大量关键论文，他作出推断："这一理论是 20 世纪 70 年代及此后关于自然保护区设计的基础。"然而，"支持其利用的经验基础是脆弱的，此理论在保护方面的实用性也打了折扣"。此外，对于很多物种而言，提供充分且适宜的生境比保护区总面积更重要，支持了 Shafer 的观点。

在结束本章关于自然保护区与国家公园规模、形状与分布的论述时，必须强调最后一个有重要意义的观点：国家公园与自然保护区旨在永久地保护生物的多样性，除了一些确凿无疑的优点外，一些显而易见的弱点同样被发现。未来会怎样？关于全球气候变化的预测表明，全球保护区系统很有可能受到严峻的考验。这一问题将在下一章中探讨。

第 18 章　气候变化

越来越多的证据表明,气候变化的的确确在当下发生,而且人类活动对气候变化所起的作用也逐渐变得明朗(IPCC,2007a,b,c,d)。从事野外工作的专家大多支持这一观点,学术界、政治圈和媒体业的怀疑声音也日渐式微。本章将讨论气候变化的证据,第 19 章和第 20 章将探讨气候变化背景下的微进化过程及其对自然保护工作的影响。

18.1　温室效应与气候变化

太阳能是地球从太阳获取的能量,其中部分能量由于云层和地球表面反射而散失,还有一部分被所谓的"温室气体"(水蒸气、二氧化碳、一氧化碳、甲烷、二氧化氮等)俘获。恰如我们所见,大量的证据显示,人源性活动不断增加大气层中温室气体的浓度,从而导致全球变暖。

上述观点出自最新发布的《政府间气候变化专门委员会第四次评估报告》(*Fourth Intergovernmental Panel on Climate Change Assessment Report*)(以下简称 IPCC 报告或《IPCC 第四次评估报告》——译者注)(IPCC,2007a),该报告基于气候变化的物理学证据,由 1 200 多名专家执笔,经 40 个国家审阅(Giles,2007)。本书撰写时,IPCC 报告仅公布了《决策者摘要》(*Summaries for Policy Makers*)(本书中文版出版时,IPCC 报告的全文已完成,《IPCC 第五次评估报告》的部分成果亦已发布——译者注)。

IPCC 报告旨在对气候变化做出明确评估,并在此范围内严格区分人源因素与自然因素在气候变化中的作用。报告采纳了来自许多学科的研究证据,包括计算机建模,以及广泛观察和实验研究。这份报告运用平实的语言阐释了对该问题的最新认知。阅读时,请务必牢记,对于气候变化的成因仁者见仁,智者见智。所以,在《摘要》中略去了一些引用,转而使用"专家判断,导致现有结果的或然率:大于 99% 即为'几乎肯定',大于 95% 为'极有可能',大于 90% 为'非常可能',大于 66% 为'有可能',50% 左右为'可能',小于 33% 为'不太可能',小于 10% 为'非常不可能',小于 5% 为'极不可能'"。本书提供了一些报告中未明确提及的参考文献,供有兴趣的读者进一步了解同行评议的新近重要研究成果。

IPCC(2007a,p.2)认为:

> 大气中温室气体浓度、气溶胶含量、太阳辐射以及地表特征的变化都会影响气候体系的能量平衡。这些变化被称为"辐射效应"(radiative forcing),可用以比较人源因素和自然因素对全球气候变暖或者变冷的影响幅度。"辐射效应"(单位是"瓦特每平方米",$W \cdot m^{-2}$)是衡量某一因素改变地球-大气系统中能量收支平衡的影响。

在研究人类对气候的影响时,历史数据和当代研究成果都是有价值的资料。为了纵览 65 万年以来的气候变化状况,研究人员还定量测量了冰核气泡中温室气体浓度的变化。

二氧化碳是强力的温室气体。自工业革命以来,大气中二氧化碳浓度从 280 ppm 上升至 379 ppm (IPCC,2007a,p.2)。这一数据远高于冰核中测得的"65 万年来的自然速率(从 180 ppm 至 300 ppm)"。此

外，"过去10年中，每年二氧化碳浓度的增长率(1995—2005：每年1.9 ppm)更是大于人们从持续观测大气之初至今的平均水平(1960—2005：平均每年1.4 ppm)"。IPCC报告认为："自工业革命开始以来，大气二氧化碳浓度的增长主要是由化石燃料使用所造成的，而土地利用方式改变也起着重要但较轻微的作用。"

另一种重要的温室气体——甲烷，"在工业革命前的浓度为715 ppb(即十亿分之一)，而20世纪90年代，这一数值上升到了1 732 ppb"，并在"2005年进一步升高至1 774 ppb"。"对比从冰核中得到的数据，2005年的甲烷大气浓度大大超过了过去65万年的自然范围(320~790 ppb)……人们观察到的甲烷浓度上升'非常可能'是由于人类活动造成的，主要归咎于农业生产与化石燃料的使用，而其他来源的相对影响尚不明确。"(IPCC，2007a，p.3)

"从工业革命开始前至2005年，全球大气中氮氧化物的浓度已从270 ppb上升至319 ppb。"IPCC报告认为："逾三分之一的氮氧化物释放是由人类活动引起的，而且主要是由农业生产导致的。"

另外，氮氧化物、一氧化氮、烃类物质等都会对全球变暖产生显著影响；而积雪上沉积的黑炭也会通过改变地表漫反射率进一步加剧这些影响。同时，IPCC报告(IPCC，2007a，p.3)也指出："人类活动所产生的气溶胶(主要为硫、有机碳、黑炭、硝化物、粉尘等)能产生冷却效果。"因此，大气层中污染物颗粒会改变云层的光学特性，并导致更多的太阳辐射被反射回太空。得益于实地观测、卫星测量、建模等技术，全球变冷这一因素变得"更为人悉知"，但"在辐射效应中依旧是主要的不确定因素"。

《IPCC第三次评估报告》(2001)指出："1750年至今，全球人类活动平均净影响的辐射效应为+1.6 [+0.6~+2.4] W·m^{-2}(方括号内为统计置信区间)，人类活动已经成为全球变暖的原因之一。"据估算，数值高于或低于上述范围的可能性仅为5%。随后这份报告明确了评估的准确率为90%。这份报告高度可信，也大大提高了人们对人源性全球变暖和变冷的认识。如果读者希望进一步了解该数据统计及置信区间的计算方法，可查阅此报告。

那么，温度升高是否由太阳活动造成呢？IPCC报告(2007a，p.3)曾考虑了此种可能性，并指出："自1750年以来，太阳辐射改变导致的全球变暖的辐射效应估算值为+0.12 [+0.06~+0.30] W·m^{-2}。"

18.2　气候变化的直接观测

IPCC(2007a，p.4)指出："气候系统变暖的事实毋庸置疑，通过观测，有证据表明，全球大气和海洋温度上升，冰雪大范围消融，全球平均海平面升高。"所有这些方面都已考虑得面面俱到。

18.2.1　大气温度

"自从1850年代人类测量大气温度以来，过去12年(1995—2006)中有11年的温度都位列最暖排行榜的前12名。过去50年中变暖的趋势几乎达到过去100年的两倍。"

18.2.2　高层大气

高层大气的变暖速率"与地表的记录温度相仿"。此外，大气中的水蒸气平均含量也有所上升，且"基本与空气变暖幅度所能够额外维持水蒸气的差值相一致"。在为大气变化定量的过程中，该报告强调仍然存在不确定因素。

18.2.3　海洋温度

有证据表明海洋的平均温度也在上升。此外，"海洋变暖导致海水膨胀，会加剧海平面上升"。

18.2.4　海平面上升

"自 19 世纪到 20 世纪以来,所观察的海平面上升速率'很有可能'有所增大。"总体而言,人们估计 20 世纪中,由于热力扩张而导致的海平面升高为 0.17[0.12~0.22]米——源于冰川及冰雪的平均覆盖面积降低、两极冰盖丧失。

18.3　气候的长期变化

IPCC 报告中提到了一系列趋势。总体而言,北极地区的平均温度将大范围上升,北极海洋冰山将萎缩,冰冻地表将减少,全世界大部分地区降雨量将增加(包括北美东部、南美东部、北欧、中亚、北亚等),撒海尔(Sahel)、地中海、非洲南部及南亚部分地区则将变得干旱,海洋上方的降雨及蒸发过程将会变化,部分地区风力将增大,大部分地区干旱的频度及时间将变大,暴雨将更为频繁,极端温度变化将加剧,北大西洋龙卷风活动将增加。

18.4　人类活动对气候变化产生影响的可能性

IPCC(2007a,p.8)认为:"20 世纪中叶以来所观测到的大部分全球平均温度上升'非常可能'源于人类活动所引起的温室气体浓度上升……可以想象,人类所产生的影响目前已经延伸到气候的其他方面,包括海洋变暖、大陆平均气温变化、极端温度、气流模式等。"

18.5　未来气候变化预测

大批专家在多国进行的全面而细致的建模研究,预测了未来气候变化的各种情景。这些模型的假定背景与时间尺度并不一致。《IPCC 报告》运用了当时能够搜集到的最新信息,预测了 2100 年可能发生的 6 种所谓的"标志情景"。框 18.1 中详细列出了每个模型所运用的假定背景。图 18.1 描绘了预测的情况。

框 18.1　《IPCC 特别报告》中关于温室气体排放所导致的不同情景(SRES)

A1.　A1 类的标志情景主要描绘了经济迅猛增长的未来世界,全球人口数量于 21 世纪中叶达到顶峰,并随后开始下降,新型而高效的能源也得以运用。主流基调变成为区域融合、能力建设、城乡互动,而各个地区之间的人均收入差距也将得以缩小。A1 的情景进一步分为 3 组,用以表示能源科技变革的各种方向。该 A1 类的 3 个分组取决于其科技重心:化石密集型(A1FI)、非化石能源(A1T)、两者兼顾(A1B)(此处兼顾的定义为,在所有能源供应及终端用户的科技都能以相似速率发展的情况下,不特别依赖某一种能源)。

A2.　A2 类的标志情景主要描绘了迥然不同的世界。主流基调为自给自足并保留当地特色。区域间致富模式融合得较慢,因此人口可能会增加。相较于其他标志情景而言,A2 的经济发展以区块为主,人均经济增长及科技变革变得破碎而缓慢。

B1.　B1 类的标志情景描绘了相对紧密的世界,并假定全球人口和 A1 标志情景一样,于 21 世纪中叶达到顶峰并随后下降,但经济结构会快速转变为服务及信息经济,而且物料使用强度降低,并引入清洁及高效的科技。在这一情景下,重心将置于寻求经济、社会、环境三者可持续性的全球解决方案,包括促进平等,而不再特别针对气候问题采取措施。

B2. B2 类的标志情景描绘的世界着重于发展保证经济、社会、环境均能可持续运行的当地解决方案。在这个世界中，全球人口亦持续增长，不过其增长幅度低于 A2 类；经济发展水平中庸；相较于 B1 与 A1 的标志情景，B2 类中科技水平发展得不快，但多样性高。该情景同样关注环境保护与社会平等，但主要注重于当地和区域层面。

报告为该 6 种情景类别 A1B、A1FI、A1T、A2、B1、B2 分别绘制了一张情景示意图。所有情景均有可能发生。

SRES 的各类情景均不包括气候行动，亦即在其假设中不考虑《联合国气候变化框架公约》和《京都议定书》的减排目标。本表根据 2007 年 2 月《IPCC 第四次评估报告》授权而作。

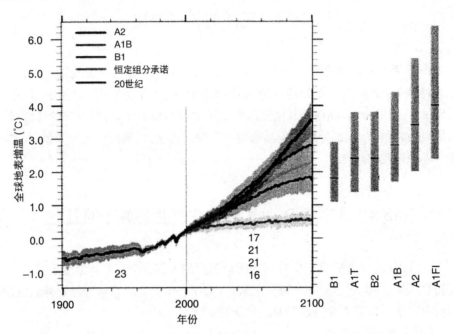

图 18.1 实线代表了 A2、A1B、B1 情景下全球平均的地表升温幅度(相对于 1980—1999 年)，是 20 世纪模拟的继续。阴影表示每一个模型年平均值的正负标准差。图表下端的数值表示一定时期内的 AOGCM 模拟结果，图表右侧最低线表示大气浓度恒定于 2000 年的量值水平上。图右侧的条块表示最佳估值(单个条块中的实线)，并表示 6 种 SRES 情景评估的可能升温范围。最佳估值以及可能范围的估算包括图例左侧的 AOGCMs，以及独立模型以及观察限制的梯级结果。(本图根据 2007 年《IPCC 第四次评估报告》授权而作)

了解一下两个相差最远的预测情景是有所裨益的。这两个预期都假定全球人口将于 21 世纪中叶达到顶峰，并随后开始下降。在一种极端情况下，A1F1 情景假定人们仍然大量使用化石燃料以保持高速的经济增长。那么据估计，2100 年，全球地表的平均气温将上升 4.0℃(可能在 2.4~6.4℃之间)。与此相反，B1 情景假定化石燃料的使用会急剧减少，而人们大范围开始使用"清洁而高效的能源"，同时减少原材料的使用强度。"关键在于全球寻求经济、社会、环境等方面的可持续性，包括促进平等等等，但不应再增加对气候的影响。"按照最乐观的估计，全球平均地表温度将上升 1.8℃(可能在 1.1~2.9℃之间)。

18.6 评估未来的气候变化

在陆地及北半球高纬地区，变暖过程预计将更为明显。永久冻原融化的深度将加深，而冰雪覆盖的区域则会减少。在所有 6 个标志情景中，南北极的冰覆盖面积均会下降。"极端高温、热浪、强降雨等事件'非常可能'变得更为频繁。"热带台风和龙卷风可能会变得更为剧烈，不过其频度仍不得而知。"据预测，温带气旋路径将向两极移动。"此外，"高纬地区降雨量将'非常可能'增加，而大部分亚热带陆地区域的降雨量则有可能减少"。

北欧的纬度与拉布拉多(Labrador,加拿大东部地区——译者注)相仿,不过那里并没有加拿大那样的寒冬,因为来自墨西哥湾的暖流能够保证该地区温度至少比同纬度地区高5℃。这股洋流具有另一个特性。当水流在北大西洋冷却后,它开始下沉并遭遇深海的反向洋流"传送带"而流向南方。最近人们开始担心,因为有证据表明暖流正在减弱(Alley et al.,2005),而据推测,由于全球变暖而造成的北大西洋冰山融化形成了额外的淡水补给。淡水的密度比海水低,因此,冰山融化降低了冷水下沉的能力,也妨碍其维持原有的墨西哥湾暖流洋流循环系统。当这一循环系统受到阻断,就会发生突如其来的气候变化。对冰核的研究表明,此类突发的气候变化曾在历史上出现过,例如在上一次冰河时期北大西洋变得多雨。部分权威人士认为:"北大西洋循环出现的突发改变似乎有减缓的迹象,但研究人员仍然不敢掉以轻心。"(Kerr,2005,p.432)《IPCC报告》提供的最新评估认为,墨西哥湾暖流,或者专业地讲"经向翻转环流"(meridional overturning circulation,MOC)可能减慢或者停滞,从而导致水温下降。

总体而言,目前的证据(IPCC,2007a,p.12)认为:"大西洋经向翻转环流非常有可能将在21世纪中变缓。"然而,"尽管如此,大西洋地区的温度预计仍然会因为温室气体的排放增加而上升"。

该报告还强调了若干其他令人不安的发现。

1) 即使温室气体的浓度能够控制在2000年的水平,大气层中原有的温室气体浓度也会使温度保持在每10年上升0.1℃的水平。

2) 全球变暖会导致海洋酸化。Orr等(2005,p.681)的一份重要报告认为,这对于海洋生态系统及食物链均会产生重要影响,因为珊瑚及部分浮游生物可能无法维持其碳酸钙组成的外骨骼。

3) 热力膨胀和格陵兰岛冰帽融水可能会导致海平面显著上升,但关于海平面上升的程度"尚无共识"。

4) 该报告对远期未来的解读略显悲观,"由于消除大气中的温室气体需要很长时间,因此过去和未来所造成的人源二氧化碳排放将在新千年中继续导致全球变暖及海平面上升"(IPCC,2007a,p.13)。

18.7　结　　语

18.7.1　预测、确定性、证明

计算机是研究气候变化的重要工具,人们基于各种假设已经构建了大量模型(Goudriaan et al.,1999)。那么,目前这些技术为我们提供了哪些关于气候和生态系统的预测呢?

试图整体研究复杂的地球气候和生态系统是不可能的,而计算机建模使得人们能对最关心的系统的核心组成部分进行调查。然而,Oreskes等(1994,p.1511)强调,要囊括"所有的影响因子"是做不到的:模型基本是"现实的抽象,而且忽略了现实中的许多成分"。他们写道:"哲学家曾认为模型能为建立假设和探索'如果某事发生会怎样'之类问题提供有效的工具。"不过我们要注意,著名统计学家George Box曾说过"模型永远无法成为现实"。人们进行建模,"仅仅因为它们易用。只要模型没有错得过分,就多少能派上点用场"(Box,1979)。

在考虑模型与现实的关系的时候,我们要时刻牢记,"永远不存在严格精确的模型——模型用于表现现实中的假设,而假设仅仅只能被证伪"(Goudriaan et al.,1999,p.132)。本书第2章已经着重强调过这一观点。此外,他们还指出:"在为某个全球性现象建立模型更会遇到这样的问题,人们无法观察单独的独立变量集合以验证该模型,因为这需要另一个具有可比性的星球。"

Araújo 等(2005)提到,模型通常在验证过程中不断完善,"用于校准(或调教)模型的数据也常常用于检验(检查)模型"。越来越多的研究利用零碎的数据,有的用于建立或校准模型,而有的则用来检验。许多模型可对未来进行预判,同时也可以用于往回"预测"过去,这些对过去的"预测"就能够与真实的历史数据相比较。可惜,在判断物种对气候变化的应对时,并未"发现有模型具有良好的预测能力,能从过去的变化范围来对未来给出可靠的预测"(Araújo et al., 2005, p.1510)。因此,有效性仍然是一大障碍。不过在某些情况下,在不同时期收集到的独立数据集能用来检查模型在一定范围内是否有效(例如,Araújo et al., 2005,就曾利用过英国在 20 世纪 60 年代和 90 年代收集的鸟类研究的数据)。

在理解《IPCC 报告》对未来气候变化及其对物种和生态系统影响所作出的评估时,必须强调这是从模型中作出的预测。这些评估运用了大量概率性语言,评估谈论的是"可能性,而非确定性"。

18.7.2　气候变化怀疑论

在著名美国期刊《科学》中,Oreskes(2004,p.1686)分析了怀疑气候变化的各种态度:"政策制定者们和媒体,尤其是在美国,经常认为气候学科具有高度不确定性。其中部分人员还曾经将此作为论据,反对采取有效行动减少温室气体排放。"另外,"有些企业的利润也会因控制二氧化碳排放而变得不甚明朗。这些言论认为,对于有关气候变化是否由人类活动引起,科学界仍然存在分歧。当然真实情况并非如此"。在过去的几年中,人们进一步积累了各种科学证据,并据此撰写了多份 IPCC 报告。

《自然》杂志的一篇社论(Anon., 2007a, p.567)庆祝了该份报告的前 1/4 部分得以发表,并称之为"重要的里程碑"。社论指出:"围绕人类到底是否影响气候变化的问题上,人们打了 20 年的堑壕战。"该文认为,这份《IPCC 报告》"去除了气候变化怀疑者的最后一片障目之叶,使他们看起来迂腐而可笑"。

根据这些预测,我们应该采取行动,但是 Oreskes(2004)遇到一个重要的问题:"科学共识可能是错的。如果说科学史教了我们一些道理的话,那就是谦虚。没有人会因为不按照未知事情行动而受到指责。但是如果我们的子孙发现,我们明白气候变化由人类活动所引起但还袖手旁观,他们显然会责备我们。"

18.7.3　应对气候变化问题

《自然》杂志的社论展望了人类正面临的若干重大挑战(Anon., 2007a),用以回应《IPCC 报告》。

> 整个世界普遍接受了这样的事实——就算我们没有陷入危机,也是碰到大麻烦了。那么,我们应该做点什么呢?就目前的情况来看,政界对当前处境的反应大相径庭。我们需要限制发达国家的温室气体排放,而且实际上人们已经开始采取措施了——主要是通过备受非议的《京都议定书》。我们必须开发清洁能源,尽管所有能源形式——例如核能、生物能源、风能、水能等——都需要开辟各自的环境战场……甚至连最进步的政府也将气候变化置于次要位置,而让步于经济的快速发展……这里最根本的困难在于人们无法接受为对抗全球变暖牺牲经济利益,至少在持怀疑态度的人还在的时候是这样。一旦这些困难能够得以克服,人们就可能——而且必须——开始对话。

虽然有些人认为怀疑论已经烟消云散了,但是对此应该看得更深一步。科学是"寻求真理"的努力,因此必须强调,当前的认知总是暂时的。但需要看清"专业"的怀疑论是否出于政治和商业目的。社会应该重视"真实的"怀疑者,他们挑战传统观念,并通过他们的思考、观察、理论来推动科学认知。如同本书第 2 章所描述的那样,科学研究应当永远包含"寻找谬误"的过程(Landau 引自 Caldwell,1996,p.402)。

第 19 章 微进化与气候变化

2009 年正值达尔文诞辰 200 周年及《物种起源》出版 150 周年。我们在纪念的同时,也需要指出,达尔文早已预见了气候发生变化所可能导致的后果。不过他所设想的却是自然的过程,并非我们当前所面对的人类活动所导致的结果(Darwin,1901,p.59):

> 我们可以通过一个国家经历一些轻微的物理变化(例如气候变化)来更好地了解自然选择的可能过程。其居民的比例可能会立即发生变化,而有一部分物种则可能濒临灭绝。从各个国家居民之间亲密而复杂的来往过程中,我们或许可以得出结论,即使居民数量比例与气候变化本身无关,这种比例的变化也还是会严重影响其他居民。如果某国开放其国家边界,那么必定会有新移民进入国家,这将会严重干扰原有居民之间既有的关系。同样引入一种乔木或者哺乳动物便能够产生巨大的影响。不过对于岛屿或者周边具备部分屏障的国家而言,具有更强适应能力的外来物种并不能自由进入,这样在自然经济中就会有一些地方,如果某些本地物种能够在某种情况下进行改变,那么这些地方就会得到更好的填充;如果这些区域面向外来物种开放,那么这些空间便会被入侵者攫取。在这种情况下,对于能够帮助物种更好适应变化条件的任何有益细微改变,均容易被保留下来;自然选择为性状的改善提供自由空间。

达尔文关于微进化的预言到底实现了多少呢? 我们在此会对其命题进行检验,包括对于二氧化碳升高的响应、生活史与生活区域的变化,以及应对气候的微进化。

19.1 对二氧化碳升高、气温上升和干旱的响应

19.1.1 二氧化碳

植物的光合作用共有 3 种代谢途径,每种植物一般只会有其中一种。在一份新近发表的综述中,Ziska 和 Bunce(2006)探讨了在大气 CO_2 浓度升高后(4 倍或 5 倍于目前水平)的植物进化反应。他们得出结论:"因为 CO_2 始终是植物光合作用的唯一碳源,而且当前的 CO_2 浓度并未达到最佳水平。随着大气 CO_2 浓度的增加,生化水平上的光合作用就会受到激发。"该预测得到了多种实验方法的证实,包括研究封闭系统中的叶片,以及对比植物暴露于较高浓度 CO_2 培养室和对照培养室中的不同行为等(见Bowes,1996)。

然而,在所有已知的植物中,有 4% 的物种具有不同的光合作用途径(即 C_4 途径,而非 C_3 途径),这些植物可能已经进化出了"应对 CO_2 浓度降低和气候变暖的策略"(Ziska and Bunce,2006)。他们在报告中提出,在生化方面,"大气 CO_2 浓度升高可能对 C_4 植物的净光合作用效果影响甚微";但仍有一些研究检测到了这些植物在 CO_2 浓度增加后,光合效率提高。基于目前已有的证据,Ziska 和 Bunce(2006)认为:"C_4 植物对 CO_2 升高后的许多具体的生化和细胞反应机制仍然不得而知。"另外,有证据表明,大

气中 CO_2 的升高应该能够增加第三类通过景天酸循环固碳的植物(约占所有植物物种的 1%)的光合作用速率。

从微进化的角度来看,不同类群植物间的互作尤为有趣。Ziska 和 Bunce(2006)指出,当物种对"资源增加"作出不同响应时,竞争就会发生。在受控的农业环境中,人们已经针对 C_3 和 C_4 作物与 C_3 和 C_4 杂草的竞争关系展开过研究。CO_2 浓度升高在某些情况下对杂草有利,另一些情况下则对作物有益(表19.1)。必须说明的是,这些实验均在温室条件下完成,因此需要进一步进行野外实验以检验其他互作因子如不同区域间不同的土壤、降雨、温度和土地管理方法等的影响。

表 19.1 C_3 和 C_4 植物混种的研究概要,目的是验证 CO_2 浓度升高对杂草还是对作物更"有利"。"有利"是指在该条件下,"胜者"(作物或是杂草)生产更多生物量。表中牧草包括多种 C_3 草本物种的混合物

作物物种	杂草物种	CO_2 浓度上升有利于?	研究环境
① C_4 作物/ C_4 杂草			
高粱	反枝苋(*Amaranthus retroflexus*)	杂草	野外
② C_4 作物/ C_3 杂草			
高粱	苍耳(*Xanthium strumarium*)	杂草	温室
高粱	苘麻(*Abutilon theophrasti*)	杂草	野外
③ C_3 作物/ C_3 杂草			
大豆	藜(*Chenopodium album*)	杂草	野外
紫花苜蓿	西洋蒲公英(*Taraxacum officinale*)	杂草	野外
牧草	蒲公英(*Taraxacum*)、车前(*Plantago*)	杂草	野外
牧草	长叶车前(*Plantago lanceolata*)	杂草	培养室
④ C_3 作物/ C_4 杂草			
羊茅	石茅(*Sorghum halepense*)	作物	温室
大豆	石茅(*Sorghum halepense*)	作物	培养室
水稻	硬稃稗(*Echinochloa glabrescens*)	作物	温室
牧草	毛花雀稗(*Paspalum dilatatum*)	作物	培养室
紫花苜蓿	各类草本植物	作物	野外
大豆	反枝苋(*Amaranthus retroflexus*)	作物	野外

表格来自 Ziska 和 Bunce(2006);经 Blackwell 出版有限公司授权复制。

CO_2 浓度升高对自然生态系统的影响仍不甚清楚,不过研究人员已经开展了一些重要的前期研究。例如,在 CO_2 浓度升高的沼泽环境中,C_3 植物纸莎草(*Scirpus olneyi*)的生物量超过了 C_4 植物狐米草(*Spartina patens*)(Curtis *et al.*,1989)。

针对 CO_2 浓度升高如何对物种间竞争产生影响的研究相对较少,因此应该避免对 C_3 和 C_4 植物的行为进行概括性归纳(Ziska and Bunce,2006),更何况二氧化碳浓度升高只是人类对生态过程影响的一个方面(其他的还有土地利用、水资源、氮沉降等)。他们得出结论:"任何聚焦生态系统动态过程的实验研究……均不应该仅仅考虑 CO_2,而需要顾及其他迅速发生改变的因素。"

在 CO_2 浓度升高(同时控制周围环境)的情况下针对入侵物种和杂草所开展的研究得出了一些重要结论——大气中 CO_2 浓度升高会使得控制入侵物种和杂草变得愈发困难。

- CO_2能够增加旱雀麦(*Bromus tectorum*)的产量,在气候变化的大背景下,这可能导致更频繁以及更为严重的火灾,因为该入侵物种能产生更高的地上生物量,从而成为大火的燃料(Ziska,Reeves and Blank,2005)。

- 毒漆藤(*Toxicodendron radicans*)是美国接触性皮肤病的重要病因,CO_2浓度升高也会使其生长更佳且毒性更强(Mohan *et al.*,2006)。

- 按照对 2100 年的预测,大气 CO_2升高会导致加拿大丝路蓟(*Cirsium arvense*)的根生物量相对于地上部分有显著增加(Ziska,2002),如此一来,用草甘膦控制这种臭名昭著的杂草会变得更加困难。

19.1.2　上升的温度

研究上升的温度对植物和生态系统的影响存在许多问题,3 个开创性研究指明了方向。在南非范伦斯多普(Vanrhynsdorp)附近的卡隆(Karoon)地区就温度升高的影响进行过实验(Musil,Schmiedel and Midgley,2005)。这一地区是肉质植物的生物多样性热点地区。利用放置在植被覆盖地块上的开顶式同化箱,使得日间最高气温平均上升 5.5℃,记录这些区域中植物的存活率及生长情况,并将其与相似栽种区域但未放置同化箱的对照植物作比较。相较之下,笼罩于"帷幕"之下的矮肉质植物植株及冠层叶片死亡率是对照组的 2.1～4.9 倍。这一点并不出乎意料,因为植物鲜有可能在 55℃(大多数维管束植物的温度上限)以上的条件下生存。作者得出结论:"当前的热状况已经逼近了所有 1 563 种本地肉质植物中大部分物种的忍受极限……这些物种在凉爽的更新世在这一地区快速分化而形成。"在展望这些植物的未来时,作者认为:"人源性变暖所造成的温度上升可能极大地超过这些植物的耐热极限,从而导致这些已经适应特定生境的特化物种局部灭绝。"

类似实验也曾在其他生态系统中进行过,例如在北美曾选取 32 片分别代表森林、草原和不同高低纬度及海拔的冻原生态系统样地进行过研究,发现在位于北纬 35 度以北寒冷区域的 20 片实验样地中,当实验温度平均上升 2.4℃,则平均产量上升 19%(Rustad *et al.*,2001)。另外还有其他实验也研究了温度上升所产生的效应(见 Stenstrom and Jonsdottir,2006;Lambrecht *et al.*,2007,以及文中引用的参考文献)。若要充分了解该复杂领域,仍然需要进行进一步研究,不过有理由相信,不同物种对于温度升高的反应不尽相同。

为了研究温度及 CO_2同时升高所可能产生的影响,在美国巴尔的摩(Baltimore)区域进行过一次富有想象力的实验,实验设立了城市中心(甲)、近郊(乙)和远郊(丙)3 个实验区。城市中心大气 CO_2平均浓度大约比郊区高 66 ppm;此外,由于城市的热岛效应,城市中心甲处的气温(14.8℃)也总是高于郊区乙处(13.6℃)和丙处(12.7℃)。该实验同时也考虑了 3 个地点的氮沉降过程,不过从结果来看对土壤氮含量的影响并不明显(George *et al.*,2007)。收集远郊的土壤并在甲、乙、丙 3 处地点分别放置在统一的温床。在 5 个生长季后,对土壤中原有种子所萌发的植物种群进行了观察。总的来说,实验有两个新的发现:城市中心的实验区中,杂草明显高于郊区;另外,相较于乙处与丙处,城市中心灌木和乔木的演替速率加快,尤其是入侵物种臭椿(*Ailanthus*)、挪威枫、桑葚等(Christopher,2008)。杂草与入侵物种的繁盛也许就表明了城市生态系统在气候变化的条件下可能的反应。

19.1.3　干旱

人们对于全球变暖下热带雨林的命运忧心忡忡。据预测,在气候变化条件下亚马逊区域的干旱将更为严重,这将剧烈改变雨林生态系统,例如水文条件发生变化,森林碳汇能力降低,林火风险亦将增大(Laurance,1998;Stokstad,2005a,b)。

针对这些假设,在巴西的塔巴臼(Tapajós)国家公园进行了一项实验,该地区会发生季节性干旱(Nepstad et al.,2002；Stokstad,2005a,b)。实验人员在雨林生态系统中选取了一块1公顷大小的样地,并用5 600块塑料板制作了一个巨大的顶棚覆盖于上方,据估计这块顶棚可以阻挡80%的降水。此外,建造了一个瞭望塔,同时在低处挖掘了排水渠,以便"从头到脚"地观察生态系统,并将在该被迫干旱区域中植物的表现与对照组植物作比较。

森林起初表现出了一定的耐性,乔木在顶棚下方的生长变得缓慢乃至停滞。实验进行4年之后,人们观察到一些更为明显、更为剧烈的变化。顶棚下方的乔木死亡率开始升高(每年近9%),这使得更多阳光照射到地表并使其干燥。火灾风险评估显示,对照组的火灾高发期约为一年10天,而笼罩于顶棚之下的实验区域的火灾高发期竟高达每年8~10周。同时,顶棚下方的树木总共仅能储存2吨碳,而对照组则能够储存7吨碳。总体而言,该实验表明所研究的森林有一定能力在常规干旱季节存活下来(可以认为是一种进化适应),但持续的干旱则造成极大的破坏。

该实验的结论有多少可以应用于预测其他森林的情况仍然不得而知。塔巴臼森林在自然状态下也会经历旱季,但是巴西雨林有相当部分面积并不经历有规律的旱季,这些生态系统中的物种对干旱无所适从。此外,实验中所采用的干旱处理对于雨林而言可算是突如其来,而且状态相当严重,也许算得上"最糟糕条件下的情形"。然而,气候变化可能是渐变的,会给雨林生态系统适应的机会。在干旱及其他压力下物种是否有能力适应将在下文中讨论。

19.1.4　互作因子

在北极圈阿拉斯加州布鲁克斯山脉(Brooks Range)的图利克湖(Toolik)畔,曾进行过一项长期研究,试图了解气候变化条件下多个因子相互作用可能带来的复杂影响。在该地区之外还设置了一个实验重复,并设置了相应的对照以了解营养添加(预测是土壤升温后的结果)及温度升高(在生长期内覆盖温室薄膜以模拟预期温度)所带来的影响。有关对不同处理的响应细节超出了本文的范围。总体而言,作者认为物种对于不同实验处理的反应并不一致。他们预测,在温度上升3~8℃、云系增多、营养增加等条件下,个体的生长和死亡响应才会表现出来(Chaplin and Shaver,1996)。

19.1.5　呼吁更为广泛地采用交互移栽实验

Midgley和Thuiller(2005)在强调开展多重因素实验研究重要性的同时,呼吁采取广泛的交互移栽实验以研究植物在具有不同气候特征的地理地区所作出的响应。这些实验对了解环境因子改变所造成的叠加作用弥足珍贵,而且对揭示不同物种或地区生态型的分布极限有启示意义。

19.2　各类生命周期事件发生时间的近期变化

自1936—1947年间,著名环境保护人士奥尔多·利奥波德(Aldo Leopold)在其位于美国威斯康星州费尔菲尔地(Fairfield)的农场进行了多年观察,记录了一些物种春季初次开花以及某些迁徙鸟类到达的日期。此后,Nina Leopood Bradley于1976—1998年延续了这一观察(Bradley et al.,1999)。从这些观察记录中可以发现,对许多物种而言,春季提前了,例如穗花天蓝绣球(Phlox divaricata)和大西洋赝靛(Baptisia leucantha)的开花时间提早了；不过,并非所有物种均提前开花,纤细钓钟柳(Penstemon gracilis)和贯叶连翘(Hypericum perforatum)便未出现此类变化。

在欧洲发现了若干记载春季物候的历史纪录(Menzel et al.,2005)。例如,1882年Hoffman和

Ihne 在德国吉森镇（Giessen）创建了一个物候网络，并在 1883—1941 年间每年进行记录。他们的工作为评估当下的变化提供了本底数据。例如，他们发现春季并非简单地从欧洲南部慢慢推向欧洲北部，而是"分为早、中、晚春自西南向东北依次推进。更准确地说，早春由西南西向东北东进发，中春从西南往东北扩散，而晚春自西南南至东北北铺开"。

Walther 等（2002，p.389）在欧洲和北美进行了一系列物候研究，发现有大量春季事件在时间上发生了变化，包括"鸟类育雏及初鸣的时间提前，候鸟到达的时间提前，蝶类出现的时间提前，两栖类的初鸣及孵化的日期提前，植物萌芽及开花时间亦是如此"。秋季物候事件推迟也有很多记录，不过"秋季的变化不甚明显"，而且"事件的变化与春天的一致性相比，显示出更多的异质性"。"举例而言，欧洲树叶的颜色变化表明每 10 年推迟 0.3～1.6 天，而某些地区生长期的长度在过去 50 年中大约每 10 年增加 3.6 天。"

基于对卫星资料的研究可以发现气候变化对植被近期变化影响的证据（Pearce，2001）。在过去 20 年中，北纬 40～70 度之间的土地显得比原先更绿（俄罗斯及中亚地区增加了 12%，而加拿大及北美增加了 8%）。绿色也出现得越来越早。这些现象与生长期延长密切关联，欧洲的生长期延长了 18 天，而北美增加了 12 天。

在北部纬度更高的区域，生长受到温度限制，这一点与热带的情况迥然不同——在热带，植物拥有最适合的生长条件，但气候变化导致了干旱（温度升高、降雨减少或降雨模式改变），从而使部分地区的植被发生了重大变化。

Schwartz、Ahas 和 Aasa（2006）基于对扩展的数据进行分析，认为北半球大部分温带地区的物候均在发生变化，并提供了变化范围和速度的数字。"在 1955—2002 年间，北半球大部分温带地区的回暖指标几乎普遍提前，包括初春回暖[春季指数（SI）的首叶出现日期每 10 年提前 1.2 天]、晚春回暖（SI 的首花出现日期每 10 年提前 1.0 天）、春季 5℃ 最末日期（每 10 年提前 1.4 天）、北半球春季冰冻最末日期（每 10 年提前 1.5 天）等。"不过有必要强调两点：第一，不同物种间对于春季的反应不尽相同；第二，并非所有区域的春季物候均有所提早。例如，巴尔干地区（Balkans）就曾发现过生长季节推迟的现象（Walther et al.，2002）。

19.3 物候——不同环境线索为关键过程提供诱因

某些动植物春季活动的行为受到温度非常大的影响。不过，并非所有物种都具有相同的反应。随着证据的不断累积，人们发现有一些物种相对于温度具有物候适应性，而有些物种则并未作出反应。这些对温度"无反应"的物种，其物候行为主要受到各自的遗传控制机制调控。例如，对于许多动植物而言，光周期是一个关键因素，它控制着冬眠、生长率、"植物的开花日期、昆虫的滞育、哺乳动物的繁殖、候鸟的迁徙"等过程（Bradley et al.，1999）。下文将针对这些差异的微进化影响进行论述。不过很明显，在全球变暖的条件下，部分缺乏物候适应性的物种会面临更大的压力。

19.4 分布区的迁移——植被带和单个物种

据预测，气候变化将导致植被带及物种向着高纬度及高海拔地区移动（图 19.1 和图 19.2）。最近，针对多种动植物的研究已表明，纬度和海拔上的变化确实存在（表 19.2，摘自 Walther et al.，2002）。Grabherr、Gottfried and Pauli（1994）调查了瑞士 26 座山峰的高山植物，并将之与其历史分布作了比较，发现近年来高海拔地区具有更高的物种丰度。人们仔细研究了 9 个物种，发现每过 10 年，它们便会向高海拔地区移动 1～4 m。在哥斯达黎加还观察到生态系统的海拔变化，随着云雾林物种的逐渐消失，低海拔生物正在不断向上入侵(Pounds，Fogden and Campbell，1999)。

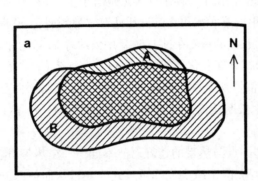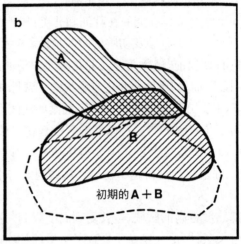

图 19.1 气候变化导致的物种分布变化。(a) A 和 B 两物种初期的分布区域高度重合。(b) 受气候变化影响，物种按照各自的内禀速率沿着纬度迁移，其分布范围逐渐分离。[摘自 Peters (1992)；经编辑 Peters 和 Lovejoy 授权重绘，原文见 *Global Warming and Biological Diversity* ©耶鲁大学出版社]

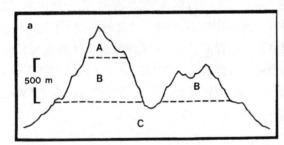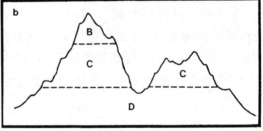

图 19.2 (a) 3 个物种 A，B，C 的当前高度分布情况。(b) 气温上升 3℃后，物种沿海拔上迁 500 m 后的分布情况。A 物种在该地灭绝；B 物种在高处定居，同时其总占据面积减少；另一物种 D 出现并占据低海拔坡地。[摘自 Peters (1992)；经编辑 Peters 和 Lovejoy 授权重绘，原文见 *Global Warming and Biological Diversity* ©耶鲁大学出版社]

表 19.2 对于近期气候变化的生态响应——纬度和海拔变化

物　种[a]	研究地点	可见变化	气候联系
树线	欧洲，新西兰	向更高海拔地区迁移	普遍变暖
北极灌木植被	阿拉斯加	灌木向着原先无灌木区域扩张	环境变暖
阿尔卑斯地区植物	欧洲阿尔卑斯山脉	每 10 年上移 1～4 米	普遍变暖
南极植物及无脊椎动物	南极	分布变化	液态水可用性及温度升高
浮游动物、潮间带无脊椎动物、鱼类种群	加州海岸，北大西洋	温水物种丰度上升	海洋岸线温度升高
39 种蝶类	北美，欧洲	27 年间向北迁移 200 千米	温度升高
伊迪思格斑蝶(*Euphydryas editha*)	美国西部	自 20 世纪初向高海拔迁移 124 米，向北迁移 92 千米	
低地鸟类	哥斯达黎加	分布范围从山区低坡向高处延伸	旱季雾霾频度

(续表)

物　种[a]	研究地点	可见变化	气候联系
12 种鸟类	不列颠岛	20 年间平均向北迁移 18.9 千米	冬季温度
红狐(*Vulpes vulpes*)和 北极狐(*Alopex lagopus*)	加拿大	红狐分布范围向北迁移,同时 北极狐范围缩小	普遍变暖

[a] 仅列举对气候变化产生响应的物种的具体数字。

本表摘自 Walther 等(2002);经 Macmillan Publishers Ltd:*Nature*(**416**):389-395 © 2002 授权复制。

　　美国西部的研究表明,亚高山区域树线附近的森林面积有所增加,低龄树木甚至在树线上方开始定植(Peterson,1994)。有证据表明,在南极地区的海洋中,南极漆姑草(*Colobanthus quitensis*)及南极发草(*Deschampsia antarctica*)种群随着气候变暖正在不断扩张(Smith,1994)。

　　虽然本书主要讨论植物,但有必要指出,许多动物群落向两极扩张的过程对植被及组成植被的植物物种有决定性影响。对英国的动植物区系已进行了详细的研究,并有大量广布物种过去和现在分布的证据。Hickling 等(2006)分析了大量无脊椎动物及脊椎动物物种的数据库以了解其在细小范围内的分布变化,从蜘蛛到淡水鱼类,从花萤(soldier beetles)到潮虫(woodlice)。他们得出结论:不同类群的广布物种"在过去的约 25 年中向北方、向高山移动,那些为人熟悉的物种的应对方式相一致,在某些情况下甚至有过之而无不及"。

19.4.1　分布范围的表观变化源于气候变化吗?

　　动物和植物分布状况的变动受到许多因素的影响,在进行气候变化可能影响的研究时必须牢记这一点。英国一项有关蝶类的研究便印证了这一点,该项研究调查了英国北部气候边界分布的 46 个蝶类物种。Warren 等(2001)关注的问题是:最近的气候变化是否导致了其分布范围的延伸? 他们发现,半数物种——那些泛生境物种以及迁徙物种——与预期相一致,确实扩展了其分布;不过,另一些泛生境物种以及 89% 的特异生境物种的分布范围却有所下降。作者认为,这些下降的情况主要由栖息地丧失而导致,并非直接源于气候变化。

　　气候变化在海拔上的效应比在纬度上更为强烈。如果年均气温升高 3℃,那么就相当于等温线沿纬度移动 300~400 千米(在温带区域),或者沿海拔迁移 500 米(Hughes,2000)。在意识到了这一点之后,许多科研人员便开始研究在高海拔地区中位于、接近、高于树线的乔木和灌木向高处定居的过程。不过有必要强调,树线的升高并不能单纯地视作为对于气候变化的自动响应。在世界上的大部分地区,人类活动对于树线有非常大的影响。例如在欧洲,传统的夏季家畜放牧常常导致树线以上草地大小的显著变化。在西班牙中部地区进行的高山植被研究显示了分析树线变化原因所需要考虑的各个方面(Sanz-Elorza *et al.*,2003)。对比 1957 年与 1991 年的航拍照片可以发现,高原草甸正在受到具有低山坡地特有灌木物种的入侵。作者认为这些变化有可能是由气候变化导致的。不过他们强调有必要评估所有可能对该现象产生影响的因子,如大火、放牧、采矿导致的土壤污染、空气污染以及由酸雨所导致的变化等。在该案例中,两个世纪内并无大火的证据,亦无已知的污染。在 19 世纪末,原先的羊群放牧(数量很小)被相同强度的牛群放牧所替代。不过总体而言,作者认为放牧行为的改变有可能与气候变化叠加而对草甸产生了影响。

19.4.2　人类活动引起的气候变化所导致的物种变化

　　为了验证物候改变与物种分布变化是否归咎于人源性气候变化,Root 等(2005)进行了建模和统计分析。他们收集了 29 项公开发表的成果所用的数据,重点关注那些与气候变暖信号表现出显著统计学关系的物种。他们建立了模型以检验基于下列 3 类估计的状况:① 自然气候变化的影响(NF);② 由人类活动排放温室气体和气溶胶所造成的影响(AF);③ 同时受到自然及人类活动的影响(CF)。作者们归纳了其研究成果,并清楚地表明,"基于模拟的气候变量及所观测的物种数据……我们发现了具有统计学意义的'联合归因',这其中有两级联系:人类活动显著导致了气温变化,而人源性的气候变化与可见的动植物性状变化也密切相关"。Menzel 等(2006)深入地探讨了变化的模式,确认"气候变化在欧洲出现的物候响应与变暖模式吻合"。

19.4.3　物候与分布区变化是微进化响应

有证据表明,"适应性"程度和植物表型变化的程度都是遗传控制的反应(Sultan,1987)。因此,种群中不同物种/生态型/基因型个体受到不断加剧的气候变化的自然选择时,各自的响应方式不尽相同。

在持续的气候变化条件下,物种种群非常可能达到其发育的适应性极限或是表型可塑性极限,此时生命体将受到直接的选择。Bradshaw 和 McNeilly(1991,p.9)曾提出生物有机体对气候变化进化响应的简单模型。种群包含着"遗传变异库"(pool of genetic variation),如果库中包含适当的遗传可变性,那么动物和植物"就有可能对于选择作出响应,在遗传水平上进行改变并由此存活下来"。如果库中未含"使得物种能够充分变化以对付新的选择压力"的遗传可变性,那么种群便会灭绝(Bradshaw and McNeilly,1991)。他们进一步写道:"具体发生的事件可能非常复杂——物种也许在一定范围内具有足够的可变性以进行响应,但随后就可能无法继续应对了……它们总会遇上选择的极限。"物种或许可以通过杂交而获得新的变化以适应改变的气候条件(见第 13 章),或者"经历缓慢的变异过程,要么干脆灭绝"。他们还指出,气候变化条件下的选择过程相当复杂,在多重压力中,不仅仅涉及气温的变化,还包括降水、风暴潮发生的频率、海平面上升等。

19.5　植物对于过往气候变化的响应

随着气候变化不断加剧,也可能出现其他结果。种群也许会"就地"适应,或者通过迁移而存活。Bradshaw 和 McNeilly(1991)强调:"如果某一物种由于气候发生重要变化而出现进化,那么最简单的假设便是该物种能保留在相同地理区域而不发生迁移。"相反,如果物种种群在其原产地灭绝,则其分布范围可能通过迁移而改变。

对第四纪剧烈气候变化地质时期所开展的详细研究提供了过去物种响应的有力证据(图 19.3)。依据花粉、种子以及在各种无氧条件下(泥炭、湖泊、海洋沉积物)保存的其他植物残骸,人们重构了过去 12 000 年内后冰期物种的应对方式。

在考虑物种对气候变化的响应状况时,Bradshaw 和 McNeilly 指出:"值得一提的是,几乎所有物种都表现得好像它们在进化中是一成不变的:为了应对气候变化,它们不远万里进行迁移。"其行为模式显示,"物种从其分布极限的一端撤退的同时,又在分布极限的另一端进行延伸"。他们考察了仙女木(*Dryas octopetala*)和圆叶桦(*Betula nana*)等北极高原物种的分布变化。"在晚冰期时它们曾遍布于不列颠群岛,而如今的分布区域已经大受限制了。显然,它们未能按照气候变暖的需求而进化。"相反,某些物种,如柔毛桦(*Betula pubescens*)、匍枝毛茛(*Ranunculus repens*)和小蓝帽(*Succisa pratensis*)等"却仍然能够在气候变暖的条件下坚守在低地。它们能够做到这一点是否因为发生了进化变化,目前尚未验证"。Bradshaw 和 McNeilly(1991)总结道:

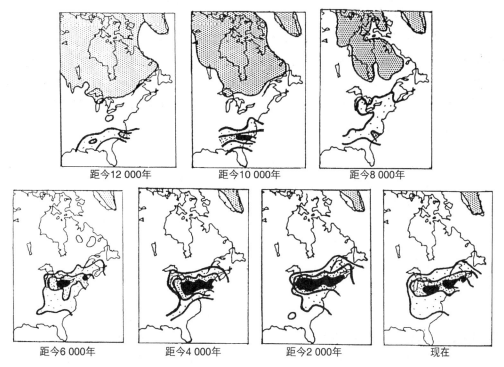

图 19.3 北美水青冈(*Fagus grandifolia*)在美国东部自距今 12 000 年至今的等花粉线(等花粉线分别划于 1%，5%，10%)。[摘自 Davis 等(1986)；经 Springer Science and Business Media 授权复制]

　　大多数物种,但可能不是全部物种,都无法进化或充分进化以应对气候变化所带来的所有改变。虽然物种有可能在一定范围内进化,但它们肯定无法在所有各个方面进行足够进化以应对其原生生境所经历的气候变化;它们会被迫迁移。随后,如果地理条件阻碍了这种迁移,它们便会灭绝,如欧洲的铁杉(*Tsuga*)与枫杨(*Pterocarya*)。

19.6　物种的适应与迁移：自然选择扮演着重要的角色吗?

　　Davis 和 Shaw(2001)曾写过一篇颇有见地的综述,他们通过质疑过往研究中的假设而对迁移与适应提出了重要评述。他们的意见对于思考物种是否具有"气候包络"(climate envelope)这一概念也同样具有参考价值。通常人们假定：① 迁移本质上是通过种子或花粉传播而介导的被动行为；② 物种的响应行为保持不变；③ 种内遗传变异性可以忽略；④ 物种内通常不具有遗传分化,由"具有广泛耐受性的个体组成"。Davis 和 Shaw 指出,这些假设"很像 40 年前针对杂草物种所提出来的'普适基因型'(general purpose genotype)概念"。然而,本书第 8 章和第 9 章已经解释过,许多杂草物种都具有遗传上的分化。此外,⑤ 人们通常假设"进化过程通常仅发生于较长的时间尺度中"。

　　Davis 和 Shaw(2001)认为,应对气候变化所发生的迁移行为"远远不止是在物种延伸方向的最前沿扩散种子"。通过同质园实验、种源地实验(provenance trials)、交互移栽实验等方法,已经能够证明,大量物种的现存种群都存在生态型的分化。更重要的是,种群曾经(事实上仍然)在其本土生境中经历着自然选择,而最具有达尔文适合度的物种才能存活下来。强有力的证据表明,生态型分化在许多森林物种中确实存在,如瑞典的白云杉(white spruce)、美国黑松(lodgepole pine)、红桤木(red alder)、苏格兰松(Scots pine)等。

如果说现存种群存在适应性分化，那么可以假设这些分化过程过去也发生过。因为所有时期的所有种群均承受着自然选择，因此 Davis 和 Shaw 推测，第四纪冰川期的多次气候变化中所发生的动植物迁移应当伴随着物种在其分布范围内的适应过程。此外，由于气候变化改变了物种分布范围的当地条件，在此过程中，缺乏适应能力的基因型在整个物种分布范围中将普遍存在，并面临自然选择的作用。

Davis 和 Shaw 认为，基因流在物种分布范围内起着重要作用，而且在物种迁移的最前沿，很有可能存在奠基者效应（founder effects）。

考虑到种子对其降落地区自然条件的适应性，散播的过程可能是随机的，幼苗定植过程中的不同存活率有选择地"筛去了"无法忍受当地条件的基因型。而随后的生长与繁殖过程进一步促进了适应性生理特征的保存。有些"预先适应"（例如，在气候变暖时期来源于南方种群的种子）新气候种子的到来可能有利于适应过程，而自然选择过程还会促进新的基因结合，如光周期与温度的响应，以适应新的生长季节。

19.6.1　后冰期的迁移

对于后冰期物种迁移路线的进一步了解来源于分子研究（Avise，2000；Hewitt，2000；Hewitt and Nichols，2005）。现今的动物和植物物种通常具有区域性变种，DNA 标记研究发现，许多这类变种具有其独特的基因组特征。通过分析 DNA 的种内相似度与变异性，可以重现后冰期的迁移模式，并揭示"特定基因组从哪个避难所产生并扩散到现今的分布区域。例如，总体而言，这种分析的结果表明，"英国接纳了源于西班牙的橡树、鼩鼱、刺猬、棕熊等，以及源于巴尔干地区的草地蝗、桤木、麻栎、蝾螈"（图 19.4）。虽然不同物种会来源于同一个大区域，不同类群物种的迁移途径却可能迥然不同。

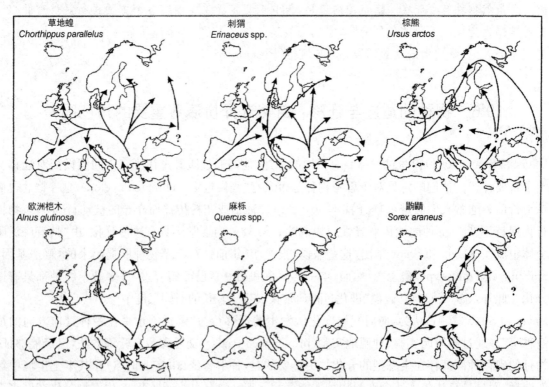

图 19.4　冰川期后的迁移：后冰期物种自南欧生物避难所（refugia）向外扩散的模式。草地蝗、刺猬、棕熊分别代表源自伊比利亚半岛、亚平宁半岛、巴尔干半岛的种群所出现的不同结合模式；欧洲桤木、麻栎、鼩鼱亦有类似模式。［源自 Hewitt 和 Nichols（2005）；经 Yale University Press 授权复制］

以上这些发现以及其他第四纪冰川的研究信息表明,当前北欧和北美生态系统的成员并非是"并驾齐驱"地于后冰期从南方地区或避难所扩散而来。每一个物种的行为不尽相同。部分的独特性源于植物繁育系统的多样性。"能导致产生基因流并使物种到达新的适合生存区域的传播方式是由遗传决定的,是其从古至今所经历进化的产物。"(Hewitt and Nichols,2005)分子研究使人们能够研究大范围内的遗传变异性,遗传多样性变化的若干重要趋势被认为对保护工作有重要影响(Dolan,1994)。"如果比较物种数量、亚种数量和等位基因多态性,那么相较于南欧,北欧的遗传变异性较小。"(Hewitt and Nichols,2005)

思考历史上发生的迁徙时,人们不禁要问:既然在气候变化条件下物种能够进行"就地"适应,那么是否有自然选择作用的直接证据呢?过去发生的动物和植物迁移行为是否能为未来提供借鉴?气候变化大背景下的保护工作又应该如何进行呢?以下章节将对这些问题进行逐一探讨。

19.7　对气候变化的微进化响应

不同实验提供了多方面的证据。

19.7.1　祖先种群与后代种群的比较

Franks、Sim 和 Weis(2007)观察了南加州芸苔(*Brassica raps*)在其生活史中的发育速率,以研究其对多季干旱进化响应的潜力。在一系列同质园实验中,他们将"祖先植物"(来自 1997 年所采集的留存的种子)和"子嗣植物"(同一地区 2004 年采集)的行为进行了对比,发现 2000—2004 年的极端干旱使植物的生长期缩短。后代种群在"两项研究中分别提早开花 1.9 天和 8.6 天"。关于"祖先"与"子嗣"植物间行为差异的比较,有助于证明行为差异是可遗传的。作为躲避干旱影响的手段,子嗣植物中表现出的迅速成熟为快速适应性响应提供了证据。

19.7.2　人为选择实验

Potvin 和 Tousignant(1996)利用褐芥菜(*Brassica juncea*)进行了实验,他们将样品种植于受控条件下,模拟气候变化的环境对其培养了 7 个世代,人为施加了选择压力;同时设置了在正常条件下培养的对照组。他们将经受选择和未经选择的两组植物材料移栽至同质园中进行观察。对比两组材料的生长和行为可以发现,气候变化选择系并未在 5 个繁殖性状中表现出任何适应性反应。因此可以得出结论,自花授粉的物种无法对人工的选择作出回应,这种局限性或许是由自交衰退所造成的。如果将这种实验方法拓展于其他繁育系统类型的物种,或许能够揭示出更多信息。

19.7.3　交互移栽实验

由于气候变化,广布种的北方种群有可能面对其南方种群分布区域的气候。美丽鹧鸪豆(*Chamaecrista fasciculata*)在其不同分布区域内具有遗传差异,曾经有研究利用美丽鹧鸪豆检验了上述模型。在美国大平原地区(Great Plains),实验人员将 3 个种群进行了交互移栽实验,并观察了这些样本的生长和繁殖性状。研究表明,北方种群可能遭受到更严重的气候变化危机,因为"在更为炎热而干旱的条件下,其种子产量下降",因而其达尔文适合度降低。

19.7.4　分子技术

Jump 等(2006)研究了欧洲山毛榉(*Fagus sylvatica*)的欧洲种群,这种乔木在不同气候区域均有分布。在进行树木年代关联分析时，分子研究揭示了一个与"温度相关适应性分化"关联的 DNA 标记。该位点的基因频率随温度发生可预测的变化。Jump 及其助手认为，虽然欧洲山毛榉"或许在温度升高的环境下具有某些就地适应的能力"，但这些能力"不足以使种群在其当前分布区域中全部存活"。

19.7.5　动物的微进化变化

有许多关于动物种群的长期研究起初与气候变化无关。从这些详细的"本底"调查中，研究人员更充分地了解了气候变化产生的影响。这些研究也激励了植物学家着手对气候变化所产生的影响进行长期研究。

研究人员在过去 30 年中对瓶草蚊（*Wyeomyia smithii*）开展了研究，该物种依赖食虫植物紫瓶子草（*Sarracenia purpurea*）的瓶状叶完成其发育过程。Bradshaw 和 Holzapfel（2001）对比了瓶草蚊南方与北方种群的遗传差异，发现北方种群的生长期较短，表现了显著的适应性差异。然而，新近的气候变化却在这种蚊子分布范围的北端造就了更长的生长季，有证据表明在短短 5 年中，北方种群的生活史出现了适应性遗传响应。在澳大利亚的东部海岸，人们对果蝇（*Drosophila melanogaster*）乙醇脱氢酶多态性的区域差异开展了长期的研究，并发现过去 20 年中发生了遗传变化，表现为在近年来的气候变化条件下，南方种群中掺入了其北方种群的遗传组成（Umina *et al.*，2005）；而在北极温度升高的条件下，加拿大育空地区（Yukon）的红松鼠出现了遗传变化，其出生时间有所提前（Réale *et al.*，2003）。

19.8　物种间相互作用与气候变化的影响

通过复杂的相互作用关系，生态系统的动物和植物始终受到自然选择的考验。许多证据都指向了在气候变化条件下发生改变的生物关系，对微进化过程有重要影响。例如，荷兰变暖的春天导致昆虫生物量的峰值与大山雀（*Parus major*）孵育幼鸟所需食物的峰值不再匹配（Visser *et al.*，1998）；而在英国，冬季变暖破坏了冬尺蛾（*Operophtera brumata*）孵出与橡树发芽日期的同步（Walther *et al.*，2002）。在食物供给受到干旱影响后，达尔文地雀的喙发生了形态上的改变（Grant and Grant，2002）。

伊迪思格斑蝶（*Euphydryas editha*）在北美洲从墨西哥至加拿大的西海岸均有分布，其幼虫阶段的食物为锦龙花属植物——*Collinsia torreyi*。研究人员对该蝶进行了长达 40 余年的详细研究，Parmesan（2005）对有关该物种的海量文献进行了详细综述。在此有必要指出，这种斑蝶各个生活史阶段的时间以及能否成功延续种群与其所取食植物的行为息息相关。在目前气候朝着温暖和干燥方向逐渐变化的趋势下，斑蝶的分布发生着显著的改变。相较于北方种群，南方种群的灭绝数量整整大了 4 倍。灭绝主要与"其宿主植物可食用时间的长度缩短"有关；而且总的来说，该物种的分布范围向北移动了 94 千米，并向高海拔迁移了 124 米。

进一步对动物与植物相互作用展开研究，必然有利于我们更深入地理解生态系统是如何应对气候变化的（Parmesan，2006）。

19.9　气候变化下的迁移：微进化的推测

19.9.1　植物物种的迁移能力不尽相同

本书开篇的几个章节已经提供了大量关于繁育系统与物种分布的信息。在此，我们注意到，一年生或者生存期较短但又具备远距离传播种子的植物快速应对气候变化是可能的；而其他物种可能因其欠缺迁移能力面临着选择上的劣势，因为它们很少产生这样的种子。

19.9.2　有特殊生境需求的生态型与物种

许多物种或生态型对土壤及其他生境条件有特定的要求。例如，有一部分仅仅能够生长在蛇纹岩土上，或者生长在泥砾黏土的树林里。这一类物种能否成功迁移至另一个地区，取决于目的地能否提供该物种所需的生境条件。例如，北美的珍稀物种——*Aconitum noveboracense* 只能生长于沙石土壤，还要求位于凉爽、阴暗、具有岩石遮蔽峡谷的缓慢水流或碎石斜坡中，或是靠近急流的陡峭悬崖上(Dixon and May，1990)。

19.9.3　入侵已占区域

如果某一物种要从甲地迁移到乙地并建立一个全新的自维持种群，那么植物除了要成功定植外，为了长期成功，还需要发育至成熟以繁殖下一代。然而，潜在的新地区可能已被植物所占据，因而不存在适合繁殖的生态位(Grubb，1977)。

19.9.4　入侵物种

在遭受物种入侵的地区，其他迁移物种也许会面临杂草或入侵性外来物种所带来的全新选择压力，这些植物也要迁移到其他新的地区。例如，日本野葛(*Pueraria montana*)曾在 1876 年作为装饰植物从日本引入美国，并随后成为肆虐南部诸州的严重入侵物种。最近对该豆科植物进行的研究表明，其分布范围的北方边界取决于冬季的冰霜，如果冬天霜期大于 80 天，它便无法生存。所以可以预见，随着气候变化的加剧，这种植物会进一步向北方延伸(Reilly，2007)。

19.9.5　协同进化下的互利共生

如果物种对于传粉或者种子、果实传播有严格需求，那么只有在相应动物同时在新区域出现的时候它们的需求才能够得以满足。与植物协同进化的物种可能会迟于植物到达新地区，植物的授粉、种子或者果实传播会因缺少相应传播物种而无法进行。

19.9.6　迁移的速率

通过对第四纪冰川的详细研究，已经证明估算某些植物物种的迁移速率是可以做到的。在美国北部，加拿大铁杉(*Tsuga canadensis*)平均每过一个世纪能迁移 20～25 千米，而橡树和松树可以达到平均每世纪迁移 30～40 千米(Davis，1990)。考虑到当前气候变化的速率，人们估计现在的迁移速率会比后冰期快得多，因为据预测当前的变暖速率是冰消期变暖速率的 10～100 倍之高(Huntley，1991，p.19)。这种没有外力协助的迁移速率可能超过了许多物种的能力，而协助迁移的方法包括优化播种及种植，这在下一章中将继续阐述。

19.9.7　单个物种与群落的迁移

针对后冰期迁移的研究表明，不同物种的迁移行为是有差异的，没有证据表明群落能够整体迁移，无论是形成整体推进的波还是通过长距离扩散或回填。很显然，迁移物种能够根据不同物种的响应而形成"新的"植物群落。因此，随着组成群落的物种按照不同速率迁移(或者干脆就不迁移)到全新的地界，原先的群落便可能解体并在迁移地区形成"全新的"群落。在许多生态学家看来，在大时间尺度上，以前的、当前的和未来的群落都只是短暂的联系。这一想法得到了许多针对现存森林群落研究的支持，大部分研究是新近进行的。在物种迁移到已有的植物群落之后，"前所未有"的新联系便建立了起来（Lovejoy and Hannah，2005）。

19.9.8 由于气候变化导致物种消失而引发的现存群落的变化

如果物种成功地迁移至他处并在原产地灭绝，那么其原有的残存群落就可能发生根本性的变化，不仅仅因为气候变化产生的效应，还由于人源性干扰。这类区域也许更容易遭受杂草和外来物种的入侵。例如，大面积猖獗的物种五脉白千层（*Melaleuca quinquenervia*）已经在佛罗里达州的受干扰地区定居，在气候变化条件下，该物种预计将进一步扩散（Peters，1992）。

19.9.9 人类干扰环境下发生的迁移

在后冰期，随着气候逐渐变暖，物种进行了大范围迁移。而如今，许多半自然或自然的生态系统是以人类开发区域中的斑块存在。为了成功扩散，物种必须能够跨越诸如道路、城市工业区、绿化带、牧区等危险地带。此外，在世界上的许多地区，物种还需要"直面"围栏所划定的农场，在密集管理的栽培环境中迁移者会遇到杀虫剂，土壤也施加了大量化肥。

19.9.10 迁移与廊道

如果半自然植被区域已经通过大小及群落组成均合适的廊道相连接，那么物种迁移就能够变得更加容易。许多植物物种能够利用动物而扩散至恰当的新区域——即使廊道本身不适合植物迁移，但动物可以利用廊道作为迁移路线，并将摄取的植物种子传播出去。在应对变暖趋势时，物种倾向于利用南北向的廊道扩散其分布范围。可以预见，在气候变暖的条件下，植被区域会在山地向上移动。如果要促进珍稀濒危高山物种的迁移，就需要具备朝向山顶的有效廊道，从而使得物种能够向更高海拔的地区迁移。在全球变暖加剧的情况下，植被区域终究会移向更高处，而山顶的植被则可能丧失。高海拔物种在高峰之间的自然迁移是非常困难的。

19.9.11 迁移可能带来的长期效应

植物的分布受许多因素影响，而物种所适应的整体气候则是重中之重。据预测，随着气候变化的长期存在，物种在其当前所在地点会愈加遭受气候施加的压力。而且，如果它们无法从遗传上"就地"适应，则最终会灭绝，除非它们能够成功迁移至具备合适气候包络的地点（图19.5）。

分析对气候变化影响进行建模的实例将有助于我们的研究。Thuiller等（2005）利用像元网格研究方法验证了7种不同气候环境下1 350种欧洲植物的气候包络。在建模时，为了简单起见，他们作了以下假设：① "当前气候包络反映了物种在气候变化下偏好的生存环境"；② 分布的急速变化是可能的；③ 物种对二氧化碳增加的反应不作考虑。因为建模"无法捕捉种群动态及生物交互作用的细节，也无法察觉与分布、定居、灭绝相关的时空变化的迟滞"，所以该研究检验了两个相反假设的效果：一种情况假设物种在研究所关注的时间框架中不具备扩散能力；另一种情况则假设扩散没有限制。作者写道，在最初的时刻大多数物种的行为都会落在这两种极端情况之间。

在这些研究的基础上，作者得出结论："研究所涉及的半数以上物种会在2080年前变得脆弱并受到威胁，每个空间单元的预期物种丧失和更替速率在不同情景下差异很大（在欧洲分别能够达到27%～42%和45%～63%），在不同区域差别也相当可观（不同情形平均能达到2.5%～86%或17%～86%）。"如果进一步将目光投向研究结果的某些元素中，山地物种显然"对气候变化异常敏感（大约丧失60%的

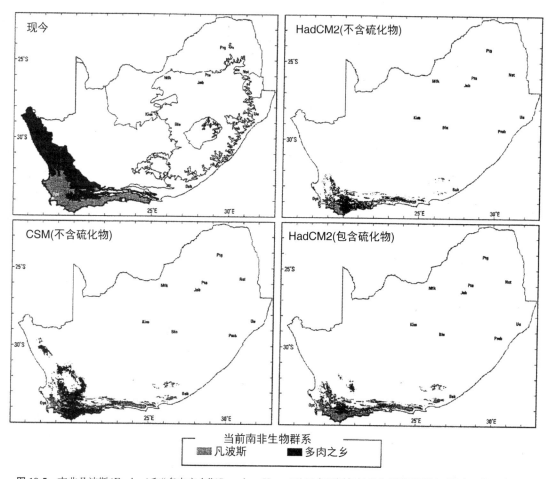

图 19.5 南非凡波斯(Fynbos)和"多肉之乡"(Succulent Karoo)地区在不同气候变化情形下预计可能发生的生物群系的变化。未来将占领被取代的两类生态系统的植被有可能在目前的南非生态系统中并不存在相应的类型。[源自Hannah、Lovejoy 和 Schneider(2005);经 Yale University Press 授权复制](图中的 CSM 与 HadCM2 均为《IPCC 报告》所建立的模型——译者注)

物种)。据推测,北方地区丧失的物种相对较少,但是会由于迁移而获得许多其他物种";在地中海和周围区域的交界处则会发生巨大的变化。总体而言,他们认为,"即使在气候变化较为温和的情形下,欧洲植物的灭绝威胁也可能很大"。

在美国植物区系中也研究了气候包络改变所带来影响的尺度(Kutner and Morse,1996)。在该研究中,为了对当前和未来植物分布情况进行建模,科学家们作了以下假设:年平均气温适合用于定义气候包络;当前时期的系统处于平衡状态;对于特定植物物种而言,气候决定其分布范围。建模显示,在以上假设下,如果未来气候上升 3℃,许多物种会受到气候变化的影响,大约 10%以上的植物将完全分布至当前气候包络以外的地区。所以,"如果全球平均变暖 3℃,那么 15 000 余种北美植物中 7%~11%(亦即 1 060~1 670 种)将整体移出其气候包络,因此这一部分物种很有可能遭受灭绝"(Kutner and Morse,1996,p.33)。

在一项针对 117 种佛罗里达乔木物种的研究中,Crumpacker、Box 和 Hardin(2002)发现,即使是很小的气候变暖也会引起不利的影响。Thomas 等(2004)则将尺度定得更宽泛一些,他们进行了气候包络的建模,并选择了地球上 20%陆地表面的一系列代表性物种来检验一组物种可能面临的灭绝风险。他们针对每个物种,计算其当前及未来的气候包络,并考虑物种具备或不具扩散能力的两种可能性,他们基于物种和周围地区的关系,利用 3 种方法来预测未来气候情景下物种灭绝的风险。他们发现:"在所涉及的区域和分类群中,有 15%~37% 物种'注定会灭绝'……较小程度的气候变暖情形导致的物种灭绝比例较低(约 18%),中等程度次之(约 24%),最大程度则最为严重(约 35%)。"

19.10 结　语

有证据表明,气候变化已经对物种及生态系统产生了巨大的影响,表现为适应性特征以及分布区域的变化。展望未来,从本章中可以得出的最重要结论是,对于我们关注或关心的物种,气候变化对其产生的后果不尽相同——表型可塑性、发育灵活性(developmental flexibility)、就地适应性、迁移至新地区、甚至灭绝——均应视为微进化过程在种群层面上发生作用的结果(Davis, Shaw and Etterson, 2005)。所以,有必要再次强调,进化并不仅仅是过去发生的事件。达尔文的思想值得反复咀嚼,他看到,"自然选择每时每刻都在仔细检查全世界最细微的变化;它剔除缺陷,保存并叠加优势;只要时间和地点允许,它便潜移默化地起着作用"(Darwin, 1901, p.60)。所以,本书前文所讨论的所有微进化过程——遗传突变、基因重组、繁育系统、自然选择、机会效应、基因流等——均在不同植物物种对气候变化的响应中有所涉及。

也许我们能够得出结论:如果关于气候变化的预测最终成为现实,那么一些物种将会就地适应,一些物种将成功迁移至其他同质地区,剩下的那些便将灭绝。此外,"脆弱而不易扩散的珍稀物种"似乎很有可能被"有适应力且易于扩散的广布物种"所取代(Kutner and Morse, 1996, p.29)。

虽然对过去(尤其是全新世)气候变化的研究能够指引动植物未来可能变化的方向,但还是存在着若干重大的差别。未来气候变化的速率可能远远超过后冰期。此外,在全球多个区域,物种迁移的潜力由于大量人类活动所造成的环境变化而大大降低。

气候变化下所发生变化的范围均是基于模型所得到的预测,有必要再一次强调,为了进行建模,人们不得不对现实生命状况进行简化。例如,Ohlemüller 等(2006, p.1789)曾指出,许多模型均假设完全扩散或者毫不扩散;此外,也有假设,"在气候预计变得不适合的区域,物种会完全消失"。第二个假设也许并不充分,因为许多物种一旦定居下来,便能够在很长时期内进行无性繁殖。Ohlemüller 和他的助手们还认为模型中应当引入其他的细节,也就是说,要考虑"到达气候条件适合定居的最近区域的距离",而且要顾及某一物种在从当前区域迁移到未来区域时所要经历的气候威胁。尽管建模中存在诸多此类问题,但它还是提供了别的方式无法比拟的重要见解。

本章讨论了植物对人源性气候变化所作出的微进化响应。若要拓展我们当前有限的知识边界,就需要开展进一步的详细研究(参见 Jump and Peñuelas, 2005);而且,必须认识到将观察到的变化全部归咎于气候因素的困难。最近的一项研究便印证了这一点,在 1851—1858 年间,哲学家、保护工作者 Thoreau 记录了马萨诸塞州 Concord 地区森林中植物物种及其开花的时间。Willis 等(2008)研究了该地区积累的记录并得出结论:"气候变化使某些物种发生了重大改变,但并非所有物种。"然而 McDonald 等(2009)认为,这些物种的丰度变化另有原因,事实上是源于白尾鹿(*Odocoileus virginianus*)数量的增加所导致的放牧压力的显著增加。

下一章将讨论气候变化对保护工作的影响。

第 20 章　气候变化对自然保护理论与实践的影响

自然保护工作致力于保护濒危物种不受灭绝并保证其未来长期的进化能力。2000 年，美国国家科学院曾于加州的欧文市（Irvine）召开过学术会议，讨论"生态危机及未来进化"（会议上的论文后经编撰刊发于 *Proceedings of the National Academy of Sciences*，USA，98，2001）。Myers 和 Knoll（2001，p.5389）在会议上发言，认为"人类活动将地球推向了生态危机的边缘"，而"在接下来的几十年中会有大量物种灭绝"。这一悲观的论断得到了诸多与会者的共鸣。而且值得注意的是，虽然若干发言人提到了气候变化，但他们并未将其视为主要的原因。事实上，在不到 10 年的光景中，我们对于这一问题的认识便有了长足的进步。本章中我们将看到人类活动所导致的气候变化给全世界的生物多样性带来的剧烈甚至可能是毁灭性的威胁，并且这种气候变化会对保护工作的理论和实践两方面均造成深刻的影响。

20.1　对建模的质疑

部分博物学家习惯于户外工作，反对通过计算机建模来研究生态或保护问题，而且对建模所作出的对未来趋势的判断心存疑虑。不过，有必要承认，建模为那些无法通过其他方式来研究的问题提供了重要的观察机会。在承认模型是建立于简化的假设上，因而具有一定的局限性的同时，如果不认真对待从模型中得出的结论，那就太愚蠢了。

20.1.1　2007 年 4 月的《IPCC 第四次评估报告》

《IPCC 第四次气候变化评估报告》（IPCC，2007b）的一份补充材料就气候变化对于生物圈所产生的可能影响提供了最前沿而简洁的回顾。如同在先前的报告中那样，该材料中的所有评估均是用可能性而非确定性的方式来描述。表 20.1 与表 20.2 援引了该材料中与本书主题密切相关的主要结论。这些结论经过仔细的论证，由大批国际专家提出，并且一致通过。本书忠实地摘录了报告中的这些结论。

表 20.1　气候变化对世界若干特定区域的预期影响，气候变化影响、适应、脆弱性工作组的部分调查结果

淡水资源

据估计，至 21 世纪中叶，在较高纬度地区和某些潮湿的热带地区，河流径流量和水分可利用性将增加 10%～40%；而在某些中纬度和干燥的热带地区，将减少 10%～30% [*]。

受干旱影响的面积可能扩大。发生强降水事件的频率很可能增加，从而增大了洪水风险[*]。

据估计，由于贮存的冰川和积雪减少，来自主要山脉的冰川融水也将减少，从而影响附近区域的可用水量，而这些地区居住着当今世界上六分之一以上的人口[*]。

生态系统

21 世纪内，许多生态系统的适应弹性可能无法抵御由气候变化、相关扰动（如洪涝、干旱、野火、虫害、海水酸化）和其他全球变化驱动因子（如土地利用变化、污染、对自然系统的分割、资源过度开采）的空前叠加所带来的影响[*]。

据估计，如果全球平均温度增幅超过 1.5～2.5℃（与 1980—1999 年相比），在已经接受评估的动植物中，有 20%～30% 的物种的灭绝风险可能增加[*]。

(续表)

如果全球平均温度增幅超过 1.5~2.5℃,并伴随着大气 CO_2 浓度增加,会导致生态系统结构和功能、物种的生态相互作用、物种的地理分布等各方面出现重大变化,并在生物多样性、生态系统的产品和服务(如水和粮食供应)方面产生巨大的不良后果[＊＊]。

粮食生产

据估计,在全球范围内,随着局部区域平均温度升高 1~3℃,粮食生产潜力会增加,但如果超过这一范围,粮食生产潜力会降低[＊]。

在中高纬地区,如果局域的平均温度增加 1~3℃,农作物生产力仅略有提高……在低纬地区,特别是季节性干燥的区域和热带区域,即使局域温度有小幅增加(1~2℃),农作物生产力也会降低,从而增加饥荒风险[＊]。

海岸生态系统和低洼地区

海岸带预计会遭受更大风险,包括海岸带侵蚀[＊＊]。

包括盐沼湿地和红树林等在内的沿海湿地预计将受到海平面上升的负面影响,尤其那些囿于陆地或是泥沙沉积量小的湿地[＊＊＊]。

估计到 21 世纪 80 年代,每年有数百万人口将由于海平面上升而面临洪灾。人口密集的低洼地区通常适应能力相对较低,那些已经面对热带风暴潮或者海岸地面沉降等挑战的区域则尤为危险。亚洲大三角洲地区受海平面上升影响的人数将是最多的,而小型的岛屿面对海平面上升将显得尤其脆弱[＊＊＊]。

工业、人居环境和社会

气候变化越剧烈,其造成的净叠加效应则越大[＊＊]。

经预测,可能会有数百万人的健康状况受气候变化引起的事件的影响,尤其是适应能力低的人群[＊＊]。

本表摘自《政府间气候变化专门委员会第四次评估报告》(IPCC,2007b),经 IPCC 许可摘录了《决策者摘要》,所引术语均用可能性区间表述,即经评估所得到的发生概率:几乎确定,>99%;极有可能,>95%;很可能,>90%;可能,>66%;多半可能,>50%;或许可能,33%~66%;不可能,<33%;很不可能,<10%;极不可能,<5%;几乎不可能,<1%。

以下术语表示评估的可信度程度:很高可信度,90%的概率成立;高可信度,80%的概率成立;中等可信度,50%的概率成立。低可信度,20%的概率成立;很低可信度,10%的概率成立。可信度用以下符号表示:＊＊＊很高可信度;＊＊高可信度;＊中等可信度。

表 20.2　气候变化对世界某些区域保护工作的影响(术语同表 20.1)

非洲

到 2020 年,预期有 7 500 万~2.5 亿人口会由于气候变化而面临加剧的缺水压力。如果考虑到需求量的增加,这将会严重影响人们的生计并使用水问题日益恶化[＊＊]。

亚洲

由于气候变化,到 21 世纪 50 年代,预期在中亚、南亚、东亚和东南亚地区,特别是在大型江河流域的可用淡水会减少;同时随着人口数量增长以及生活水平的提高,这一问题将对数十亿人口产生巨大影响[＊＊]。

澳大利亚和新西兰

由于降水量减少而蒸发量增加,预期到 2030 年,在澳大利亚南部和东部地区、新西兰北部地区和某些东部地区,用水安全问题会加剧[＊＊]。

到 2020 年,在某些生态资源丰富的地点,包括大堡礁和昆士兰湿润热带地区,预期生物多样性会遭遇显著损失。其他受到威胁的地区包括卡卡杜(Kakadu)湿地、西南澳大利亚、亚南极群岛、两国高山地区等[＊＊]。

欧洲

负面影响将包括内陆山洪的风险增大,更加频繁的海岸带洪水以及海水侵蚀加重(由于风暴和海平面升高)。大多数有机体和生态系统在适应气候变化时会遇到困难。山区将面临冰川退缩、积雪和冬季旅游减少、大范围物种损失(在高排放情景下,到 2080 年,某些地区物种损失高达 60%)[＊＊＊]。

预期在欧洲南部,气候变化会使那些面对气候变化已经相当脆弱的地区面临更大的威胁(高温和干旱)[＊＊]。

预期在欧洲中部及东部,夏季降水可能减少,从而增加用水压力……森林生产力预计会降低,林火的频率预计会增加[＊＊]。

预计在欧洲北部,气候变化起初会带来复杂的效应,包括一些益处,例如采暖需求减少、作物产量增加、森林生长加快等。然而,随着气候变化逐步加剧,其负面效应(包括冬季洪涝频率增加、生态系统濒危、地表不稳定性增加)可能会抵消其带来的益处[＊＊]。

(续表)

拉丁美洲

预期到 21 世纪中叶,在亚马逊东部地区,温度升高及相应的土壤水分降低会使热带雨林逐渐被热带稀树草原取代。半干旱植被将趋向于被干旱地区植被所取代……在许多热带拉丁美洲地区,由于物种灭绝而面临生物多样性显著损失的风险[＊＊]。

北美洲

预期西部山区变暖会造成积雪减少,冬季洪水增加以及夏季径流减少,加剧过度分配的水资源竞争[＊＊＊]。

预期虫害、疾病、林火造成的森林干扰将加剧,林火高发期将延长,燃烧的面积也将增大[＊＊＊]。

气候变化、发展与污染的共同作用将给沿海社区和栖息地带来持续增长的生存压力[＊＊＊]。

极地地区

在极地地区,主要生物物理影响为冰川和冰盖及海冰厚度和面积的减少,自然生态系统的变化对包括迁徙鸟类、哺乳类动物和高等食肉类动物在内的许多生物产生有害的影响[＊＊]。

预期在两极地区,由于气候对生物入侵的屏障作用降低,特殊的栖息地会更加脆弱[＊＊]。

由于格陵兰岛和南极西部陆地冰川的大面积冰消,意味着海平面可能上升若干米,海岸线发生重大变化以及低洼地区洪水泛滥,对河流三角洲地区和地势低洼的岛屿产生的影响最大……按照中等可信度预期,由于全球平均气温升高 1～4℃(与 1990—2000 年相比),格陵兰岛和南极西部冰盖的部分损失会在几百年甚至几千年的时间尺度内持续发生,从而导致海平面升高 4～6 米,甚至更多[＊]。

小岛屿

小岛屿,无论是位于热带地区还是中高纬度,其自身特征会使其在面对气候变化、海平面升高、极端气候事件时变得尤为脆弱[＊＊＊]。

预计在较高温度条件下会增加非本地物种入侵的发生,特别是在中高纬度的岛屿[＊＊]。

20.2　国家公园和自然保护区是保护工作的重点

几十年来,通过建立国家公园和自然保护区,就地保护已经成为护卫濒危生态系统和物种的主要策略。本书前面的章节介绍了这一全球土地保护方式的优势,但同时也指出了若干保护区设计和实施中的严重缺点。许多保护区和国家公园面积较小且相互孤立,而且将保护地管理为戒备森严的"要塞"以对抗盗猎、滥伐、扎营等行为。这些保护区和国家公园还受到源自边界以外因素的影响,比如污染和水文状态变化问题等就无法在保护地内得到控制。而气候变化的出现,作为一种剧烈或许是灾难性的外来"力量",与其他已知问题相交织,并就此提出了一个难题:保护区和自然公园已经受到了包围,那它们能否保护好未来的世界生物多样性呢?

20.3　高保护价值地区的气候变化

本书前两章已经介绍,全世界生态系统以及其所包含的部分保护地有可能受到气候变化的破坏,或者发生极大改变。本章将列举一系列实例。

在全球多个地区,海岸线上的保护区及非保护区中具有保护价值的生态系统,如果不具有可供撤退的内陆地区,那么便有可能淹没于升高的海平面中。而在另一些海岸线,咸水侵入已经开始破坏淡水生态系统,包括部分保护区内的生态系统。干旱时期的延长(许多情况下无可避免地发生火灾——兼有自然和人为因素引起)则可能损害、改变乃至摧毁许多生态系统,包括森林与草地,无论是保护区内部或外

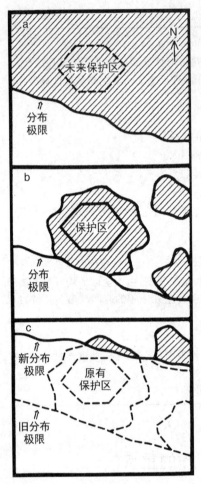

图 20.1 气候变暖可能导致物种在生物保护区内消失。图中阴影区域表示：(a) 人类定居和气候变化前的物种分布情况；(b) 人类活动发生之后、气候变化发生之前物种的斑块分布情况；(c) 气候变化发生之后物种在文化景观中的分布情况。[源自 Peters (1992)；本图经编辑 R. L. Peters 和 T. E. Lovejoy 授权复制，原文见 *Global Warming and Biological Diversity* ©耶鲁大学出版社]

部。据预测，变暖过程会在高海拔与高纬度地区带来巨大的改变，某些生态系统很有可能丧失或改变。特定区域的物种丧失似乎注定会发生(图 20.1)，而随着本地和外来物种的引入，群落中物种间的相互关系则注定将会发生变化。当然，如果温室气体的减排措施能够得以有效施行，那么能够预见的最为极端的气候变化后果也许就不会出现。然而，正如前文所述，考虑到人类已经排放的温室气体的总量巨大，或多或少的气候变化将不可避免。

鉴于目前有关气候变化的严峻警告，那么保护工作者应该如何做出回应呢？倘若能开出简明而直接的处方以指引如何开发新的保护战略，应该有所裨益。然而，人们还无法找到显而易见的简单方法。我们在此论述的重点，是就一些重要问题进行甄别和讨论。

20.4　国家公园的使命

世界各地的国家公园都受到了人为管理，尽管管理的方式可能大不相同。早期的保护目标是将生态系统"保存"于原有的区域，事实上至今仍然有许多保护工作者对这些概念如数家珍。然而，过去 10 多年中对于气候变化的密切研究所积累的证据却使我们不得不接受一个令人不快的结论：要让保护区生态系统能够充分保存而不受侵犯的期望终究是会落空的。这并非是什么新鲜事，详细的生态学和古植物学证据能够确认(而且过往的管理经验也强调了这一点)，任何生态系统类型的国家公园和保护区中的群落都不能在某一特定状态"保存"一段时间，生态系统本质上是动态的。在许多国家，国家公园的管理均考虑了自然系统多个方面的因素。不过，气候变化下的保护工作还是需要重新评估。例如，Scott(2005)提到了加拿大国家公园的案例，这些公园受到 1988 年通过的相关法案(加拿大国家公园法案——译者注)修正案的管理，法案要求保持国家公园的"生态完整性"。在设立该目标时，人们已经意识到："生态系统具有内在的动态性，而且变化并不意味着失去完整性。"所以，"具有完整性的生态系统也许能够在若干个状态下存在，而变化则发生于可以接受的范围之中"(Scott，2005，p.342)。气候变化预计在加拿大高纬地区将变得尤其剧烈，那里的生态系统也许将经受远远超出当前管理方式认为"可接受范围"的深远变化。那么，当考虑到气候变化速度和方向的不确定性时，管理方式应该如何做出应变呢？

20.5　保护区及周边环境的管理与恢复

本书第 15 章中提到，国家公园和自然保护区在管理方面具有不同的目标。简而言之，北美模型尝试着维持或者再野化，使其完好无损地留给未来。相反，在那些长期以来由文化景观(连同其相关的稀有和濒危物种)占主导地位的地区，目标则是进行管理并恢复原有的文化行为，如修剪枝叶或者制干草。

本书前几章中曾举出许多例子,即在广大地区的保护管理工作都曾试图重建或者恢复过往的生态系统。人们不仅仅在保护区内开展过恢复项目,而且在人类主导景观的周围也出现过大量"恢复"工程。

在就地保护的两个模型中,管理行为被设计成重建原先在特定区域中存在的丧失或受损的生态系统。这类做法常常代价高昂,其目的是尽可能建立未来能够自我维持的群落,然而这些规划项目所基于的假设却常常缺乏详细解释。未来气候及环境是否可能继续稳定保持在一定程度范围内? 无论这些假设在保护管理和恢复的早期显得多么合理,我们的理解还是经历了一场变革。据预测,前所未有的气候变化可能会发生,而受管理和恢复的生态系统则会受到严重影响。所有生态系统,包括具有保护价值的系统,均会经受多重新的选择压力。选择会在物种中分出胜负。保护工作者必须认识到,他们正在努力维持或是重建的生态系统极有可能面临"未来的剧变"。

20.6　用于恢复和管理的植物材料的选择

在规划以应对气候变化时,遴选适当的物种和植物材料成为管理和恢复的关键问题。我们在第 16 章中曾提到,人们在恢复工作中通常利用本地的动物和植物物种,因为有证据表明这些物种最能适应当地的条件。但是这在未来是否仍然是最佳的策略呢? 本地来源的物种是否具有足够的遗传变异以应对气候变化带来的全新选择压力? 在面对未来的不确定性时,利用遗传多样性丰富的材料似乎显得更为合理。将来源于不同区域的材料进行混合也许能够在选择压力下具有更强的遗传变异。在进行恢复尝试之前,可以通过模拟预测未来会发生变化的关键气候因子进行人工选择,从而测试该论断是否正确。或许实验将会揭示部分(而非全部)材料包含适当的变异性。

为了使物种和生态系统能够长期保存,在设计未来管理和恢复项目过程中必须始终牢记气候变化,否则新完工的恢复项目也许只是临时工程。需要有持续的恢复管理方案,而不是有时限的单一项目。那么就出现了另一个关键问题,是否应该放弃部分现有的管理恢复项目? 例如,某些地区,海岸线旁的淡水沼泽重建项目就面临着极大的风险,因为那里的地势可能预示着那些区域在未来发生的风暴中可能遭受咸水入侵。

20.7　撤销人为管理与恢复

本书前几章讨论过,部分保护工作者过去在自然保护区管理中赞同采取"不干预"的策略。考虑到预测局部区域变化速率和方向所面对的问题,似乎有可能重新广泛采用这种策略。这种策略有助于规避风险,而且确实能够使投入的成本事半功倍。不过,按照这个方向进行就地保护会为许多濒危物种带来威胁,尤其在文化景观中。因此,理论上自始至终需要延续传统的管理模式。

20.8　濒危物种保护

保护工作者对珍稀濒危动植物管理倾注了大量精力和资源。许多案例研究表明,为了保证这些物种的短期存活,需要规范特定的管理行为。这些行为可以是先前文化实践的重新尝试,或是更为剧烈的干预,例如补充种群或重新引入。某些情况下,这些手段取得了一定程度的成功,其他手段却遭遇了失败。但是,展望未来,如果种群经受着气候变化的考验,那么这些密集的管理方式则存在诸多问题。

迄今为止,受到良好管理的濒危物种可能在气候变化条件下受到巨大威胁。据预测,诸如风暴潮、严重洪涝灾害等极端气候将会出现(表20.1)。变化有可能是累积的,因此保护区管理者可能未能将单一事件视为长期发展趋势的一部分。例如,一段时期的干旱可能被视为个别现象,而非干旱频发气候变化的先兆。

保护工作者所面临的关键问题是如何应对变化。最本能的反应是保护濒危物种并"呵护"其度过艰难时光。例如,可以在一段时期的干旱期为植物浇水;同样,也可以向动物提供水和食物等。在此类情况下,保护工作者会发现他们总是要应付年复一年的灾情、招架源源不断的灾荒,而且这些都有可能成为无可奈何又不可避免的长期变化趋势。有时候,管理人员会得出结论,由气候引起的潜在变化或许过于强大,以至管理性的干预可能只是杯水车薪。不过,或多或少支持环境保护主义的许多社团都无法接受让野生动物自生自灭的做法。

20.9 保护区的重新配置

考虑到这些困难,保护工作者探索了多种途径。Peters(1992)提出,只要有可能,保护区就应该极大地扩展至囊括物种分布变化的范围。此外,保护区也可以考虑物种的新分布情况而进行重新规划。在某些情况下,保护区地界可以取消限制,部分或整体地挪作他用,而其他更为适合的地方则可划为保护控制的区域,例如:通过私人或公共购买、流转原先的私有土地;或者与土地所有者签订管理契约;又或者在国家公园、保护区、国有森林之间进行土地交易等。在幅员辽阔并愿意慷慨资助的国家,这些解决方案或许可行。但是就政治现状而言,在世界上人口稠密的地区,扩展保护区和交易土地完全不具可行性。此外,保护区、国家公园需要基于生物多样性的变化而进行重新规划的理念也并未得到广泛共识。国家公园和保护区不仅仅保护多样性,还要能够向本地或者游客在假期来访时提供愉悦、灵感和美学享受的珍奇景观,尽管一些多样性已经丧失。

20.10 野生生物廊道

在后冰川时期,物种迁移发生于自然生态系统。相较之下,在面对当前的气候变化时,"整装待发"的有机体则面临着人类农业活动和城市产业生态系统的复杂情况(Walther *et al.*, 2002)。农业、城市、交通、工业景观元素覆盖着大量人源景观,并对物种在自然植被破碎的斑块间迁移提出了严峻的考验。许多保护机构认为,为了使得迁移活动在气候变化条件下顺利进行,保护区的景观中应当设置或者建立廊道。本书前几章曾就廊道的若干理论方法进行过论述,此处将着眼于更为实际的问题。我们要讨论3个话题:何种廊道能够最有效地链接各种破碎的生态系统?此类生态系统是否必定能够协助植物迁移?政府是否愿意承担建设廊道的费用呢?

不同植物种子、果实或球茎等无性繁殖器官扩散的效率和方法差别很大。对某些物种而言,例如通过动物或水进行扩散的植物,可以利用不同植被类型的廊道作为转移通路。不过,某些物种缺少广泛扩散的能力,而为了从甲地迁移到乙地,特定物种所需的特定的生态位条件必须得到满足,才能"落户"于廊道中,因此每条廊道中的植被就显得尤为重要。此外,"落户"的廊道必须具备足够的宽度以使得边缘效应最小化,这样才能提供同质的中间带,从而为落户并转移的植物提供相应的植被。

面对复杂的气候变化,显然在一个区域之中有必要提供不止一条廊道系统(Kutner and Morse, 1996),该文作者采用了美国的案例进行探讨。具体地说,随着温度沿纬度变化,就需要南北走向的廊道来协助迁移;然而,这类安排并不能迎合降水和湿度梯度的变化预期,因为此类变化需要东西走向的廊道。我们还需要其他廊道来协助植物从即将被上升海平面淹没的海岸带迁移到内陆的高地。此外,廊道还应该从低地延伸到高地以使得植物能够向着山地迁移。考虑到温度在纬度梯度上的变化比在海拔梯度上的变化更缓慢,因此,低海拔区域之间需要更长的廊道;相反,短廊道也许在山地会更有效。

考虑到建立廊道所需要克服的物料成本和政治争论的复杂性,我们就必须回答一个关键问题:廊道到底在协助野生生物迁移的过程中能够起到多大的作用? 大部分廊道研究均是针对动物而展开的,此类研究与某些植物的迁移过程有关联,因为许多植物利用动物来传播其种子和果实。Beier 和 Noss(1998)在研究动物运动对于廊道扩散能够起多少作用的一篇关键综述中,回顾了以往的 32 个案例。不足半数的研究支持了廊道的作用;某些精心设计的实验表明廊道可以起重要作用。最近,人们再一次对连接破碎化的动物种群产生了兴趣,而在这其中廊道则是非常重要的元素(Crooks and Sanjayan, 2006)。Noss 和 Daly(2006)讨论了需要面对的实际问题:廊道究竟是应该"尽可能短",还是无论多长,都尽可能利用"原有路径"? 廊道应该连接相似的生态系统(比如湿地之间),还是应该考虑保护的需要连接不同的生态系统? 设计廊道的时候是否应该注重旗舰物种的需求,从而指望其他物种也能更好利用廊道? 廊道的路径应该如何规划? 设计廊道时,是否应该由专家按照特定物种的"现存种群、迁移方向或趋势"来设计合适的路径呢? (Noss and Daly, 2006, p.597)除了保护性廊道的生物需求,是否在设计时还要考虑"压缩到最低成本"? 其他学者还提出了不同的问题:设计廊道的时候是将野生动物的利益置于首要位置,还是只将动物视为多重功能(例如,徒步通道、自行车道、绿色通道)景观中的一个元素? (Jongman and Pungetti, 2004)

转向另一个实际问题,随着物种分布区域应对气候变化而发生迁移,现在就需要有效的廊道。考虑到形势严峻,如果主要元素已经万事俱备,那么廊道系统或许能够得以完成。然而,如果长距离廊道需要白手起家开始创建,那么土地审批也许就需要花去许多年,如果必要的话还需要建立适当的植被。最后,还需要一套完整的廊道"网络"来为许多形形色色的濒危物种创造理论上的(也许不能实现)迁移机会。

针对动物迁移设计的廊道是保护工作者的首选考虑。虽然这些廊道可能协助某些植物物种成功迁移,但对于那些对土壤要求高度特化(例如,某些物种或生态型需要蛇纹石、白垩石、石灰石)的本地物种,即使在从当前区域迁移到新地区时有适合的气候包络,廊道也可能对其爱莫能助。

在人烟稀少的地方,有可能根据理论和实践来开辟一条廊道。但是在人口稠密的区域,为了野生动物而辟出一条新廊道是很不现实的。从成本角度考虑,安排将物种从甲地引入乙地比建立一条可能毫无用处的廊道要合算。不过,人们还在考虑其他途径。

20.11　协助迁移的垫脚石地区

考虑到在许多区域中,不可能保证土地能够持续作为廊道;在某些情况下,或许不完整的系统也能起到一定作用。在两个保护区之间,如果能提供一些"有利于野生动物的区域"作为穿越敌区的"垫脚石",是否就能够协助迁移呢? 这一想法得到了许多自然保护工作者的支持,尤其是鸟类学家。

针对此类系统的详细研究寥若晨星。因此,如果断言"垫脚石"能够有效协助所有物种则是非常盲目的。事实上,已经有人发现,某些动物害怕穿越哪怕是很短的不连续生态区域,而如果这样的区域更大,则会吓退更多动物(Beier and Noss, 1998)。

需要强调的第二点是,产业农场的扩张以及密集型林业已经在广阔的郊区严重破坏了"垫脚石"系统。有许多例子可以证明这一点,在不列颠岛,池塘、小型林地、泥沼、泥灰坑、路边牧地、矮木树篱、湿地、孤立的景观乔木、果园均大量消失。本章前文还提到,有蹄类动物种群的迁移也不复存在,所以传统的种子传播方法也受到了限制。此外,许多农作区均是在其边界线内进行耕种;而且在某些地区,农业生态系统的间歇期也丧失了,例如作物的根茎本可以为鸟类提供冬季的食物,但是现在却在收获后立即进行下一轮耕种。

在现代林业管理过程中,"垫脚石"也在消失。在许多地区,非本地乔木取代了本地的植被,产生了许多整齐的同龄植被,具有明确的边界,缺乏渐变的空间,也没有自然的裸地、湿地和相对少受干扰的水流。将森林视为作物会导致微观尺度上重要"垫脚石"生境的丧失,也会全面减少古树的数量(这些树木对昆虫、鸟类、地衣和苔藓等附生植物尤为重要),而森林下层的朽木数量也变少了(对于昆虫完成生活史以及真菌等极为重要)。

不过,还是有一些好转的迹象(Firbank,2005)。在不列颠的一些区域,大量非本地乔木物种构成的植被正在被替代,转而利用本地物种营造有利于野生动物生存的环境。农业景观中的行为也有重大改变,在许多国家有些农业用地已经不再进行短期或者长期耕作,一部分已用作于保护用地(例如,在德国就存在"搁置"土地)。在欧盟国家,已经有某些地区利用永久"搁置"的土地来扩大保护区和具有保护价值区域的生境。不过,农业政策也在发生变化。在 2007—2008 年,为了应对食物短缺、谷价上扬、生物能源产量上升等问题,欧盟的指导性政策导致"搁置"土地剧烈减少。

在欧盟国家,还产生了影响更为深远的变革。自 2005 年起,农民收到的不再是生产奖金,而是接受补贴,以保证能按照严格食品安全、动物健康、动物福利等标准管理其土地,并使生产作业更为"环境友好"(Schmid and Sinabell,2007)。该方法使得某些丧失的"垫脚石"得以重新恢复,并提供了额外的"垫脚石"。某些情况下,这些做法还与有机农业相结合;此外,传统的耕作方法也得到延续,不过管理方法却有所变化。

欧盟鼓励农民:

- 重新整理并采取更佳措施管理灌木篱墙;
- 耕地旁设置岬地及缓冲区域(图 20.2)并在耕作区域采用限制农药和化肥的装置,从而减少农药飘散到篱墙内及周围植被中;

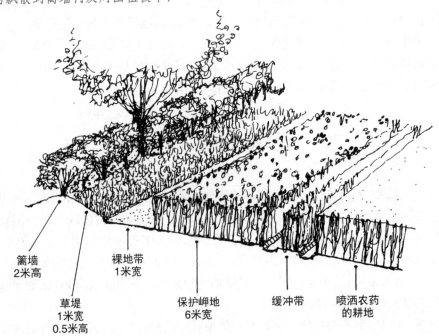

篱墙
2米高

草堤
1米宽
0.5米高

裸地带
1米宽

保护岬地
6米宽

缓冲带

喷洒农药
的耕地

图 20.2 设置田野缓冲带以帮助野生鸟类筑巢及育雏(包括狩猎),保护耕地周围杂草,防止恶性的禾草扩散至耕地。[源自 Gilbert 和 Anderson (1998);经 Game and Wildlife Conservation Trust, Fordingbridge,Hampshire,UK 和牛津大学出版社授权复制]

● 在耕地周围保持部分土壤不受翻动,保护昆虫幼虫发育以保护益虫等野生动物(图 20.3);

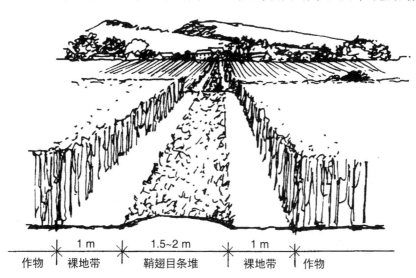

作物	裸地带	鞘翅目条堆	裸地带	作物
	1 m	1.5~2 m	1 m	

图 20.3　甲虫储蓄库。这些未经耕耘的草地狭带遍布耕种地区,有利于以作物害虫为食的捕食者生存,也对灰山鹑(*Perdix perdix*)等猎鸟有利。[源自 Gilbert 和 Anderson(1998);经 Game and Wildlife Conservation Trust,Fordingbridge,Hampshire,UK 和牛津大学出版社授权复制]

● 进一步种植树木,并管理好现有树林;

● 利用缓冲区域来高效处理农业废弃物,并使用特定的化肥。人们希望通过这些方法来控制富营养化,因为该问题已经破坏了河流、湖泊、河口等区域。例如,欧盟已经颁布了《硝酸盐管制纲要》(*Nitrates Directive*),并公布了硝酸盐易侵区域,这些都是倡导可持续化肥利用的组成部分。Macgregor 和 Warren(2006)曾经在苏格兰对这些受硝酸盐威胁的脆弱区域中实行法律的影响开展过研究。

其他机构也在实施管理,以使农场景观能够对"野生生物更为友好"。按照英国皇家鸟类保护学会(Royal Society for the Protection of Birds in Britain)的研究,人们通过在耕地间留出部分不喷洒农药的地区,而为鸟类提供了筑巢及觅食的条件。此外,根据协议调整了某些农业活动的时间,并将收获后的残茬留于田间以提供种子,防止雏鸟数量下降。

在不列颠岛,猎物保护组织(Game Conservancy)鼓励人们在可耕之地的边缘带种植植物,为猎鸟(game birds)提供遮蔽的同时也提供食物。在英国,供应商提供不同的植物混合群落,包括以下物种:荞麦、加那利藨草(canary grass)、甘蓝、芥菜、奎藜(quinoa)、小米、苜蓿、向日葵等[这类供应商中包括斯普拉特猎物食品(Spratt's Game Foods)——英国最大宠物食品生产商——译者注]。除了为猎鸟提供食物以外,这些作物也同时满足了野生鸟类的觅食需要,还吸引了蝴蝶及其他昆虫。

虽然新近颁布的条例能够使得部分农业用地对于野生生物变得更为友好,但是从长远来看,只有相对很少的地方创造或者重建了"垫脚石"。在世界上的许多地区,农业用地仍然受到严格管理,从而形成"产业农业",在这之中"垫脚石"寥寥无几且相距甚远,野生动物在此区域中能否成功迁移则受到高度质疑。另外,考虑到全世界的食物短缺,欧盟国家及其他地区"搁置"重要土地的时代很有可能已经临近尾声。

20.12　协助迁移

据估计,在气候变化环境下,濒危动物的部分或者全部种群会面临压力。那些边缘种群更是危在旦夕。在这样的变化条件下,考虑到提供土地作为廊道的困难程度,人类能否扮演物种传播者的角色呢?某些政府当局已经考虑过这种可能性(Hulme,2005)。这种干预行为包括在气候变化下,向那些物种可能适应但尚未占据的新区域进行播种和移栽(图 20.4)。

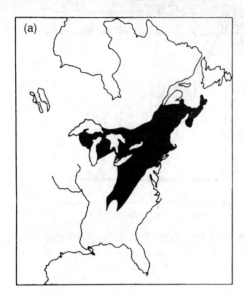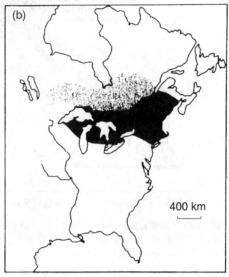

图 20.4　加拿大铁杉(*Tsuga canadensis*)当前和未来的地理分布区。(a) 当前分布区域。(b) Goddard Institute of Space Studies 根据 CO_2 浓度翻番情景下进行建模所预测的 2090 年分布区域。黑色区域为按照迁移速率所预测的分布范围,灰色区域为气候变化下可能分布的范围。[源自 Zabinski 和 Davis (1989);经 Taylor and Francis Group 授权复制]

Falk、Millar 和 Olwell(1996)为涉及此类植被恢复的工作编写过工作手册。在那本册子中,Kutner 和 Morse(1996)提到,将物种引至其历史分布区域之外或许势在必行,因为这样做可以应对"潜在的气候变化"。然而,人们对于这种做法仍然存在不少顾虑:

1) 通常情况下,恢复工作应当仅仅在物种历史分布区域之内进行重新引入。人们对于"历史"一词有不同的解读方式。一般说来,指在公开发表和植物标本记录以前便已分布的区域。但是,从逻辑上说,在更长的时间尺度上,"历史"分布亦可从远古记录中推断而知,而且有可能出现古代与今日分布区域相去甚远的情况。

2) 传统的野外植物学家都反对"在荒野区域"进行大规模人为的转移,因为这一做法会模糊他们称为物种的"自然"分布区域。然而,正如本书此前章节所述,由于人类活动,判定大多数物种的长期自然分布区域变得相当困难,甚至可能做不到。

3) Falk 等(1996, p.477)认为气候变化是个大问题,而且关键在于这一问题将在未来长期存在。所以,他们在《物种重新引入指南》(*Guidelines for Reintroductions*)中写道:"在未来 50 年间,变化的气候对于许多植物种群的影响可能仅是刚刚开始,尤其是对于物种生态分布边缘的种群。"(原作者着重强调)然而,该书出版 10 年间,越来越多的证据表明物种和生态系统受到气候变化的影响,而且如何应对也成了当务之急。是要等到危机来临之时才将迁移作为最终的无奈之举,还是眼下或是近期就在历史分布区之外建立新的种群,作为预防未来气候变化的保险措施?

4) 选择物种历史界线以外的区域会面临一些挑战。首先,必须对物种气候包络的改变进行预测(Kutner and Morse, 1996)。其次,人类协助的迁移是否应当限定在保护区与保护区之间呢? 尽管迁移到私有土地上会使得物种前途未卜,迁移是否也应该涉及私有土地? 在某些地区,法律能够保护那些被逼入绝境的濒危物种。这些法律是否可以重新修订,从而为更严格的管理方式提供机遇? 谁又应该担负起协助动植物分布的责任呢? 这种迁移是否只能由地方或者国家机关派遣专业生态学家来完成呢?

5) 此外,切实建立新种群远不止转移种子那么简单。我们对于珍稀植物的个体生态学知之甚少。许多植物物种需要极其特殊的生态位才能萌发、生长、繁殖,因此,此类物种在迁移到另一区域时,这些条件必须得到满足,有时候还需要精确满足。迁移至新区域是否成功,取决于植物是否能在没有外力协助的条件下繁衍后代。

6) 有人担心,将物种转移到当前分布区域之外的地方会产生"新的"局部或国家范围内的入侵物种。本书先前的章节曾提到,高扩散能力的本地物种确实有可能在转移过程中繁衍出大型种群,继而威胁新分布区域的原有种群,迁移过程中缺失天敌、病害、竞争物种之时尤为如此。如此便提出了多种物种共同迁移的话题。人们究竟应该保证单个物种的未来,还是整体迁移一组物种以保持诸如协同进化或者寄生等其他重要的种间关系? 考虑到气候变化将会是持续的现象,保护工作者很有可能面对需要在不同地区连续迁移的情况。

7) 任何迁移都需要大量植物材料。对于传播能力不足以满足新近变化气候包络的那些常见物种,如乔木物种,可以进行种子收集和播种;而对于珍稀濒危物种,大规模采集那些挣扎于生死线的野生种群材料则可能导致其灭绝。所以,能帮助进行异地繁殖的设施就显得至关重要了(Falk *et al.*,1996)。收集种子并进行冷冻存储是应对物种丧失的关键保险措施。在通常情况下,这种收集方法无法获取足量大小的样本作为大规模恢复的直接材料来源。对于低温保存的种子贮备以及其他直接采于野外的材料,进行异地扩繁是必不可少的。不仅仅因为迁移项目本身就需要大量材料,更因为要在异地谨慎保存相关材料以保证其能最终成功迁移至"野外"。本书第 14 章中曾提到,原产地外的种群在种植园条件下培养数代之后,对其的利用会出现许多问题。这里,"野外的"种群在种植园中将遭遇严重的全新选择压力,而且可能发生遗传变化,包括由于繁殖植株数量过少而导致的变异性丧失。那么,如果植物在栽培过程中发生了一些变化,是否会影响在野外种植呢? 从美学的角度似乎无伤大雅,但是从微进化的观点看则风险重重。在种植园中生长的植物经受了一系列选择过程和随机事件可能导致其变异能力下降,移至野外则会突然面对另外的选择压力。这些植物可能已经适应了种植园的条件,在面对新条件时就可能无法保持遗传变异能力。有必要开展进一步实验调查来研究这些关键问题。

某些气候变化情形预测在世界的某些地区会有大规模动植物灭绝。如果采用迁移策略,那么就必须决定迁移哪些物种;即使只选择很小的一个子集,也不得不面对这样一个问题:是否具备足够的迁地培养设施。此外,未来的气候变化将对植物园和其他用作迁地保存物种的区域产生深远影响。这种变化也将影响家庭花园和城市公园,并在许多农业为主的地区,对重要的野生动物富集区域产生很大影响。所以,温度升高和水分供应能力等问题可能会对寿命较长的展示植物产生选择压力;而气候变化则要求人们必须权衡且限制栽培的物种,以选择那些最能够适应不断变化条件的材料。

我们再回到迁地保护的问题上来,增加低温种子贮存设备可以用于保护大量受威胁的物种,但是必须牢记,许多物种的种子,尤其是热带物种,无法在低温干燥条件下的种子库中保存(请参阅本书第 14 章)。

20.13　气候变化——我们对于警告的回应

得益于许多专家的细致研究,气候变化带来的威胁,无论是对人类还是生物多样性,均变得愈发明朗。如果温室气体的排放无法得以控制,那么预计将会进一步变暖,而且面临大量不可逆转的灾难的引爆点(Lynas,2007,p.276)。如果气温升高 2℃,可以预见,干旱会导致亚马逊热带雨林衰退,从而释放出巨量的 CO_2。在进一步变暖的条件下,假设气温升高 4℃,会导致南极永冻土消融。这些干涸土地的氧化会释放大量 CO_2,同时在这些消融地区仍然有水分残留,厌氧菌会产生极其巨量的甲烷——强效的温室气体。估算潜在释放量的数量级时可以依据这样一项事实:单单是西伯利亚永冻区域就蕴含大约 5 000 亿吨碳。温室气体巨量释放还可能引发另一个引爆点:海洋气温升高可能导致海洋底部蕴藏的可燃冰(甲烷水合物)开始分解,因为这些冰状的甲烷与水的化合物仅仅能在低温高压下保持稳定。由此释放出的大量甲烷会进一步加剧变暖趋势。

气候学家得出的结论为我们呈现了一幅令人沮丧的画面,但是所有的最坏可能都不可避免吗? 许多机构都不这么认为。如果当前的排放能够得以严格控制,人们则尚有一些时间来避免最坏的情形。Lynas(2007,p.276)指出,为了达到控制气温升高在 2℃ 以内的目标,"全球所有温室气体的排放量必须在 2015 年达到峰值,并随后稳定下降,最终将 CO_2 浓度控制在 400 ppm(或者 450 ppm 的 CO_2 当量)"。

有必要对"CO_2 当量"一词作一解释。某些控制排放的目标是利用大气中 CO_2 浓度作为指标;另一些政府机构则同时兼顾其他温室气体的效应,将所有气体的总体效应转化为"CO_2 当量"(Lynas,2007)。"当量"的数值显然会大于仅仅计算 CO_2 的结果,而且会对温室气体累积的"真实"风险提供更为现实的估算。考虑到这一问题涉及公众讨论和政治决策,如果不能明确排放目标是按照"CO_2"还是"CO_2 当量"计算,则可能会引发重大误导。

那么,怎样才能减少温室气体排放呢? 有人寄希望于高新科技的应用,按照 Pacala 和 Socolow(2004)计算,大范围采纳成熟科技,并扩大当前正在开发中的技术,能够使人们在应对挑战中占得先机。简言之,他们指出,需要综合采用各种措施减少温室气体排放,这些措施包括:把发动机、建筑物和发电机建造得能更高效地利用汽油;在发电厂中将煤替换为天然气;建造更多核电站;为发电站及其他设施提供碳捕捉能力以保证排放的 CO_2 能够得以液化并泵进安全地区的地下储存库。此外,应该大量使用可再生技术,包括在沙漠中建立风能和太阳能光伏板等。这些设备发出的电能能够用来电解水,为车辆提供氢气——清洁的能源。有人也提出,减少碳排放也能够通过其他手段实现,包括保护亚马逊及各地现有森林,大面积植树,或者在农业耕种时减少土壤翻动以减少有机物质损失(Pacala and Socolow,2004)。

2007 年 5 月,IPCC 发布了《第四次评估报告》,关注减缓气候效应的方法如何能够减少短期、中期(2030 年前)、长期的温室气体排放。本章由于篇幅限制,不再对计划的完整细节进行赘述。该份《报告》还勾勒出了能够用于减缓气候变化的政策、行政和财政工具,包括编制恰当的减排法规和标准,设立税收、费用、可交易的碳指标、财政激励、自愿协议等。显然,在国情不同的各个国家应当采用不同方法的组合。这其中的某些工具一旦实施就会对保护工作产生重要影响。所以,全球变暖条约应该惠及那些拥有丰富森林资源且出台政策避免毁林的国家(Tollefson,2008)。《斯特恩报告》(Stern Review)(2006)考虑利用经济来调节气候变化,他们强调当前情况的紧迫性,并倡议利用全球约 1% 的 GDP 的成本采取果断行动。如果现在踟蹰不前,未来则需要付出 5 至 20 倍的代价。

20.14　人类适应——对受保护地区的威胁

Pacala 和 Socolow(2004)与《IPCC 报告》提出的所有适应性措施对保护工作均具有重大影响。由于篇幅所限,在此仅寥举数例:

1) 为了养活不断大幅增长的人口,将更多土地开垦为耕地的压力将会增强,此举威胁许多半自然生态系统及其中的生物群落。此外,如果不采取措施限制温室气体,气候变化会继续加速,由于海平面上升、干旱等原因而撤离的人口会成为难民,他们为了生存而进行的斗争会将许多地区的野生动物逼入绝境。

2) 在受气候变化影响而变得愈发干旱的地区,淡水资源很有可能无法用于保护目的而只能用于人类的直接需求,供给的首要任务是提供饮用水、灌溉用水、工商业用水等。同时,大量的水要用于公园、花圃以及高尔夫球场等体育设施。如果按照预期未来某些地区的干旱将变得越来越频繁,用水也不得不仔细规划。例如,西澳大利亚珀斯市(Perth)的著名欧式公园就需要大量开采城市地下水。过去几十年中,由于降水减少,这些资源已经无法补充。人们已经考虑利用废水循环来补充地下水,但同时也担心废水中的污染物可能进入地下水。

3) 随着农民逐渐适应气候变化,夹在保护区之中的农业用地可能发生重大变化。应对措施必定会涉及耕种新作物,以及采用转基因技术和新型耕作技术。在加州,气候变化预计会对葡萄种植区域产生很大负面效应(White et al.,2006),而且可能迫使人们改种其他的作物。此外,还有一些针对减少进口食品空运里程的措施。在不列颠岛许多地区,种植浆果的过程中利用了越来越多的塑料大棚(poly-tunnels)。这一技术能够延长作物的耕种期,但是也剧烈改变了保护区域之间的土地景观质量。据预测,除非温室气体排放能够得以有效控制,否则世界上多个地区的粮食产量将会开始下滑。例如,2007 年春天,澳大利亚的许多农业地区就曾经历过百年一遇的严重干旱。

4) 我们消费的化石能源在很大程度上导致了气候变化危机。若是希望通过减少温室气体来减缓气候变化,则需要向着利用太阳能、风能、水能等可持续能源等方向进行深度转型。广泛采纳此类能源会对具有重要保护价值的生态系统产生多方面的影响。例如,河口区域的水流具备发电的能力,但是这样做却会在很大程度上改变当前的河口生态系统;世界上的许多主要河流已经设立了大坝用以发电,而且很可能会建造更多河坝;许多国家也建立了风能电厂,为了充分发挥其减少温室气体的作用,还需要建造更多此类设施。例如,Pacala 和 Socolow(2004)计算过,美国需要的风能电厂面积约为 3 000 万公顷,其中部分需要在内陆地区(大约占美国国土面积的 3%)。此类开发将面临来自保护现有景观和生态系统方面的阻力。

5) 为了帮助减少温室气体排放并确保能源安全,应该将可持续利用生物燃料置于优先地位。目前人们利用甘蔗、油菜籽、棕榈油等作物生产乙醇,这些燃料通常与其他化石能源相混合。此外,人们还种植灌木柳树(Salix spp.)和芒草(Miscanthus spp.)以向发电厂提供燃料。有人提议利用植物生物质生产第二代生物燃料。随着这些"能源"变得越来越重要,人们必须在有限的土地上就种植传统作物还是生物能源作物进行取舍。根据 Pacala 和 Socolow(2004)的计算,此取舍的效应显而易见,他们指出利用乙醇能够为温室气体减排带来巨大贡献,全世界的耕地中应当留出六分之一的区域用于栽培能源植物。如果生物能源的种植达到了所提议的程度,那么更多迄今尚未集约耕作区域将转化为农业区域,这就有可能造成自然保护地的丧失。而且,生物能源的使用是否必定能够减少化石能源消耗,亦仍不得而知。例如,在东南亚因为种植棕榈树而清理森林时,就释放了巨大数量的 CO_2;此外,在将棕榈油运送到世界各个角落时,也需要利用化石等传统能源。因此在这种情况下,通过从化石能源转向生物能源而减少 CO_2 净排放总量似乎并不现实。在笔者写就这段章节的时候,世界各地还出现了严重食物短缺的报道。其中当然有多层原因,包括澳大利亚麦田的旱灾、中国和印度等新兴经济体对于肉类和乳制品需求的增长、燃料成本的增加等,但是许多评论人士认为,将种植粮食作物转向生产生物燃料是一个重要因素,导致许多发展中国家的食物短缺和价格剧增。

6)气候变化对高山区域产生了深刻影响。随着山坡低处的冰雪覆盖状况越来越不规律,人们不得不利用高处山坡进行密集的冬季户外活动,给高山生态系统带来更大的压力。

20.15 结 论

有效控制人类活动造成的气候变化是摆在人类面前的一大挑战。气候变化对生物资源、国家公园、自然保护区及其他包含重要生物多样性的区域的影响程度将主要取决于《IPCC 报告》中所提出的情景的发展状况。是"一切照旧",还是会成功发展低碳经济? 显然,切实减少化石能源消耗是较为有利的结果,但是正如我们看到的,许多适应性解决方案涉及农业、林业、防洪等土地利用的剧烈变化。适应性活动必须是多方面的,包括应对海平面升高、种植生物燃料等新作物、拦河筑坝增加发电、在海陆建立风力发电厂等。所有这些潜在的应对措施都与保护景观和生态系统息息相关。Pontin(1993)认为,人类已经成功经历了两大主要变革——农业与工业化。从这一概念引申出:人类能否在不危及文明的前提下再一次完成低碳经济的第三大变革?

关于气候变化的预言为当今管理和将来规划生态系统及濒危物种带来了极大的不确定性(Malhi and Phillips,2005;Bhatti et al.,2006)。管理人员是应当以乐观心态"期望最好的结果",还是为最坏情形作打算呢? 潜在的气候变化影响应当如何融入生态恢复和重新引入的项目中? 这些问题没有简单的答案。

回想 19 世纪环境保护主义和自然保护工作兴起的历史,不难发现新世界和澳大利亚等地的欧洲殖民者通过国家政府采取重大保护行动,建立国家公园和自然保护区。在长期确立的文化景观区域,民间项目常常早于政府行动。所以,1912 年,Rothschild 认为,他应当说服英格兰的土地所有者保护他们广袤地产上的珍稀和濒危物种,可惜最终未能如愿。在这以后,英国政府才划定了国家公园和自然保护区。而现在,世道又变了:保护工作能否取得成功越来越依赖于"全球协定"能否实施以及是否能够采取"有效的国际行动"。控制气候变化需要全世界大量人口的行为改变。无论是地方还是国家层面的保护工作者,都必须共同加入战斗,切实减少温室气体排放,否则已经取得的许多保护成果就有可能付之一炬。若要将气候的影响及其对环境的破坏降到最低,就必须立即进行适应性调整。然而,保护工作者虽然全身心地支持适应性调整的整体目标,但是在特定项目上他们会发现他们自己也反对改变,因为可能影响珍贵的景观、受威胁的生态系统以及建立风力发电厂、拦河筑坝可能导致的野生动物栖息地的丧失,这使得人们面临进退维谷的窘境。

最近的两份重要报告讨论了气候变化和自然保护之间方方面面的关系。Ehrlich 和 Pringle(2008)回顾了为未来保护生物多样性而制定的一系列战略。他们将人口增长、"生境转变、环境毒化、气候变化、直接利用野生生物"等作为主要因素，并认为："这些因素的影响结果令人生畏"，但是他们持以下观点：

> 有 7 个策略如果能够得以有效施行并扩大范围，便能保存全球多样性的主要部分。这些策略分别是：稳定全球人口并减少物资消耗；采用资金刺激或是其他策略保证受保护地区的高效和永续利用；将人类主导的景观逐渐转变为也适合生物多样化地区；对破坏生境的责任人采取措施；对受损土地进行生态修补并重新引入已经灭绝的本地物种；在热带偏远地区教育人民；根本改变人类对于自然的态度。

Heller 和 Zavaleta(2009)撰写的另一份报告考察了多名独立保护工作者针对气候变化下濒危物种及生态系统管理所提出的建议，包括恢复、重新引入、增加景观连通、增强恢复能力等。然而，这两份报告均提出需要扩展保护生物学的工作领域，我认为迄今为止，对生物多样性的关注过于狭隘。

既然人类将不可避免地需要面对重大挑战，包括切实控制人源性气候变化，那么就很有必要在社会、经济、政治背景下整体地看待环境问题。

第21章 总论

21.1 微进化与保护：达尔文的见解

达尔文通过他的自然选择理论不仅仅为我们提供了理解微进化的主要元素，还就本书中提到的各主题——物种的属性、物种间协同进化的关系、人类的进化、驯化过程、稀有物种的脆弱性、入侵物种的影响、对于气候变化的进化应答等特定问题——提出了重要的见解。此外，在对假设进行验证过程中，达尔文是发展实验方法的一个重要人物。由于以上贡献以及其他在此未能一一列出的原因，2009年作为达尔文诞辰200周年暨《物种起源》出版150周年，是值得庆祝的一年。

21.2 文 化 景 观

从历史上看，起初人类对生物圈的影响极为微小，但随着人口在整个世界迁移且不断增加，人类成为全球生态系统中最强大、最具决定性的力量。而在未来，据预测人口仍将急剧增长，因此人类的影响无疑将会继续增强。

从一个人类无足轻重的"自然世界"到一个人类活动占主导地位的文化景观世界经历了复杂的转型历程。考古学家发现，有些看似纯粹的荒野也曾在过去受到过人类的影响，而现在人类活动对这些区域的影响将进一步加大。例如，人类活动产生的温室气体导致气候变化，这些气体大多是人口稠密地区的产物，但其影响却不限于这些地区。有证据表明，此类污染正改变着人迹罕至的偏远地区气候，包括极地地区。

Walton和Bridgewater(1996，p.15)强调了这些结论，他们写道："人类活动已经几乎触及了生物圈所有的已知部分。"事实上，"所有陆地景观(及海洋景观)多多少少是人类造就的"。他们还指出，"大多数陆地地表是由文化景观组成的"，可以说植物与动物居住于"文化密封罐"中。他们认为："人们应该采用全新视角来认识世界，将生物圈视为全球花园，而人类就是这个花园中的园丁。"用于自然保护的土地虽然在大多数情况下被视为是自然的，但在它们被划为保护区之前也大多长时期内受到人类的管理和开垦。此外，在很多情况下，人类干扰也经常充斥这些地区的后续发展，这些干扰包括控制猎食、火灾、害虫、疾病等；而且管理过程本身在很多情况下也会受到影响，人们出于娱乐管理的需要来设计公园及花园，并满足旅游、休闲及体育的需求。

21.3 保 护 策 略

历史上的保护运动曾花费巨大财力和人力，通过建立国家公园和自然保护区来"捍卫"并保护濒危的生物物种及生态系统。不过,Walton和Bridgewater(1996,p.16)指出:"如果没有国家层面的高层规划来统筹一系列具有代表性的景观,那'保护地'的出现是相当机会主义的。"

在自然保护区和国家公园的早期管理中,人们"想当然"地认为"这些保护地可以长期保存其品质,静态地展示大自然"(Walton and Bridgewater,1996,p.16)。随着生态学科的发展,有研究表明,保护地的生态系统也是动态的,与他处无异;因此,积极的"保护管理"取代了单纯的"保存"。"简单管理"是"创造性管理"的先驱,应用于大大小小的恢复项目中,它不仅是重新建立原先的生态系统并修复损伤,更是要创造对人类福祉至关重要的新的生态系统。在此有必要强调,许多生态系统的恢复过程并非出于保护珍稀濒危物种,而是为了对抗不受限制的、自由放任的人类生态位建设对人类福祉的不利影响。在环境保护人士进行大规模宣传之后,发达国家终于开始采取有效的立法行动以获取清洁的空气和水、应对土壤侵蚀、修复因开矿和工业生产而受损的土地。此外,恢复和管理还有助于保护具备深邃美学和精神意义的珍贵景观。尽管栖息地恢复和修复的水平在不断提高,但是前方仍然存在诸多挑战,比如林地等高度复杂的生态系统能够得以重建吗? 人们当然能够种植树木及其他植物,但是如何才能证明人们能够重建生态系统呢? 一位生态恢复运动的主要人物就此提出了他的想法。Cairns(1998,p.218)写道:"由于科学和经济的原因,人类社会必须满足于动植物的自然组合(naturalistic assemblage),而不是对曾经居住在该地区的物种的精确复制。"(作者强调)如果这一论点能够为人接受,那么也就能够理解我们为什么必须切实保护文化景观中的重要元素(如古树、老林等),因为这些生态系统作为我们文化遗产的一部分具有其自身的内在价值,一旦丧失便无法重建。

21.4 就地保护:保卫要塞

在世界上大部分地区,用捍卫要塞般的方法来管理自然保护的方法已经证明并不可行。Walton和Bridgewater(1996,p.16)认为,人是"生物多样性的一部分",而且"绝不能用篱笆与生物多样性隔绝开来"。虽说保护地是出于某种特定的保护目标而设立,但也不能因此成为过分呵护旗舰物种的小天地,何况周遭也包围着日益遭受人类破坏的区域。因此,如同大量其他文章中提到的那样,Walton和Bridgewater也强调,保护地需要与周围景观进行"结构性及功能性的互动",而不能成为"生物多样性的庇护所"。在保护区与周围区域交界的边界区域,尤其是在热带地区,人类面临着两大类重要任务:一方面需要保护生物多样性;另一方面需要提高囿于贫困和疾病人口的生活水平。那么,土地的多样利用能否通过某种可持续发展的形式,同时完成这两大任务呢?

21.5 可持续发展

首先,正如本书前几章所讲的那样,有必要强调,人类总是在采集并利用其他物种。事实上,某些动植物物种对于人类是如此重要的资源,以至"部落主义和民族主义需要奋力捍卫而使其不为其他族群所利用,且与古往今来的争端冲突息息相关"(Milner-Gulland and Mace,1998,p.5)。"只要人们发现何处的野生动物有利可图,他们便会前去。"(Milner-Gulland and Mace,1998,p.349)渐渐地,科技进步"改进了"采集的效率,而且在渔业、林业等领域出现了大量的过度捕捞、过度采伐。不仅仅是作为商业资源的物种种群正在下降,而且在采集资源的过程中也误伤了其他物种。例如在商业捕捞的过程中,会误捕其他物种;又如在商业采伐的过程中,会伤害、破坏非林业物种。

其次,保护工作者尤其关心受到保护的野生物种在自然生态系统中的作用。Milner-Gulland 和 Mace(1998,p.349)提出了一个重要的论断:

> 我们生活的世界中,无论是在个人、社区,还是政府层面,野生物种的生活状态并非人类行为的主要驱使力量。任何自然保护工作者如果未能意识到这一事实,那他们要不是生活在那些野生动物与人类无甚冲突的优越角落,便是严重低估了他们的工作将要面对的巨大困难。

意识到以上两大问题之后,就能在保护工作中践行可持续发展的概念吗? Meffe 和 Carroll(1997)回顾了在非洲几大国家公园及美国黄石生态系统的多个历史项目。Milner-Gulland 和 Mace(1998)的研究成果(有关东南亚雨林开发、红木采伐,尼加拉瓜野生动物管理,福克兰群岛鱿钓作业,马尔代夫和加勒比地区珊瑚礁的休闲性利用,肯尼亚的野生动物保护、大猩猩主题旅游业,加拿大西北地区的驯鹿及麝的狩猎,以及前苏联用于消遣的哺乳动物)则更进一步提供了证据。此处,我们主要关心的问题是植物的可持续发展,不过还是要提一些一般性的问题。

生态旅游常常被视为一种"野生动物友好型"的可持续活动,因其减少了栖息地破坏,而通过雇用本地居民、为其改善医疗条件和生活设施等措施减少对当地生物多样性产生的负面影响。然而,珊瑚礁猎奇、大非洲狩猎等野生生物旅游业在过去多年中所产生的经济效益却始终无法惠及当地人民(Milner-Gulland and Mace,1998)。此外,从加拉帕戈斯(Galapagos)到加勒比群岛,从黄石公园到南极,全世界都对不断增长的旅游人数以及增加的配套设施可能产生的长期生态影响充满了担忧。每一处生态旅游景点均是独一无二的,因此所有质疑及担心必须针对不同区域而区别对待。比如火山国家公园(位于夏威夷——译者注)、中非卢旺达西部裂谷等的大猩猩旅游项目就是一个干扰的典型:除了火灾、栖息地丧失、政治动荡和内战等威胁外,与"游客、向导、巡护、护工、学者"的接触导致了大猩猩行为的改变,并增加了疾病传播的风险。所以,在火山国家公园中,已经证实有必要为动物注射疫苗以对抗天花,并提供抗生素来应对支气管炎暴发(细节参见 Butynski and Kalina,1998)。

在回顾前苏联进行娱乐狩猎的历史时,Baskin(1998,p.331)研究了该项运动在开展时是否考虑过可持续性的问题。他认为:"到 1917 年俄罗斯帝国末期,大多数供娱乐狩猎的哺乳动物因无节制的射杀而濒临灭绝。"在斯大林主义的统治下,狩猎动物增加了,不过这是真正严厉措施的结果。大片区域实行无人化,导致对游牧民实行集体化政策后的大面积饥荒和种族灭绝。随着苏联的解体,有些物种(西伯利亚虎、赛加羚羊、香獐)再一次遭受到了严重威胁,部分原因是其制品可以作为远东地区的医药原料。

采伐热带雨林常常对生物多样性和本土群落产生灾难性影响。MacKinnen(1998)就自然保护工作者在新几内亚及其他区域可能遇到的困难进行了研究。应该制止伐木,还是应该批准甚至鼓励那些承诺使用可持续的方式管理、并且公平地分配开采权使用费,并且交易贴有标签的木材的商业公司进行"负责任"的林业生产。

人们已经开始考虑在何种程度上可持续地管理利用某些乔木物种。大叶桃花心木(*Swietenia*)就是一个很好的例子。Gullison(1998)认为,过去本土居民可能通过有效管理而增加了红木等实用性物种的丰度。现今,树木的货币价值极高,无论其生长于何处,受利益驱使的人们都会采伐成年植株。该物种的生活史使其很难可持续地管理其种群。大叶桃花心木在郁闭的树林中成熟,而幼苗只能生长于由于飓风或林火等自然过程形成的空旷干扰区域。这些树木需要很长时间达到性成熟(大约 150 年)。在"野外"条件下也许很难活到这个年龄,因为它在能够繁殖之前就已经具备了商业价值。在考虑长期影响时,当前大规模采伐未成熟植株的行为非常可能导致大叶桃花心木种群的基因流失(genetic erosion)及近亲繁殖。那么通过建立种植园来达到可持续管理的教训有哪些呢? Gullison 指出,桃花心木斑螟(*Hypsipyla grandella*)会带来严重问题,它破坏茎端分生组织并导致乔木产生多个主干。

Milner-Gulland 和 Mace(1998，pp.350-357)从自然保护的视角对可持续发展理论及实践进行了综合分析，他们认为："作为保护工具使用的理由尚无法证明。人类的生存不可避免地需要利用其他物种。所以，我们必须考虑如何可持续地管理它们，可惜要实现这一点实为难上加难。"如果在森林和草原等更广泛范围内考虑可持续发展，他们最终的结论让我们稍稍看到一丝希望：

> 情况可能没有想象的那么糟糕。社会价值观的变化确实能够影响政治过程……环境问题已经提上了议程，政府对于环境问题的关注时间和力度迅速增加……环境劣变是成百上千的区域行为累加的效应，有些后果限于本地，有些则影响全球。若要实现全球性的可持续性，最终只能通过成千上万地区的共同行动……只要政治意愿支持，我们就能够采取切实措施，实现环境可持续利用。

Palmer 等(2004，pp.1251-1252)进一步对该主题进行演绎，认为虽然科学研究"对于少量而迅速萎缩的未受干扰的生态系统很重要……但是当下应该着眼于面向未来的生态学"。他们写道：

> 我们未来的环境将主要由受人类影响的生态系统组成，区别无非在于管理程度，而人类所依赖的自然服务将会变得越来越难以维持。在实现可持续发展的过程中，科学必须更好地理解如何设计生态解决方案，不仅仅通过自然保护和生态恢复，还应该主动干预生态系统以使其提供重要服务。从主要关注原始而未受干扰的生态系统，转向将人类视为生态系统的组成部分，并采用新方法研究生态系统服务功能和生态设计方案，将为维持地球上生命的质量和多样性奠定基础。

21.6　人类活动施加的选择压力

随着人口的增长，文化景观也不断扩张，有越来越多的证据表明人类对微进化的所有方面产生了显著影响。生态系统仍然受到自然选择的影响，如气候、土壤及生物效应等；不过正如本书前几章所介绍的那样，人类行为同样具有选择效果。在某些情况下，人类行为产生的影响相对微小而仅有"边缘作用"；不过更多情况下，人类活动能迅速、剧烈甚至灾难般地改变生态位。不久之前人们还认为，人类活动能改变某些生态系统的微气候，但无法对全球气候产生全局影响。而现在，正如我们在前文实例中看到的那样，已经有充分证据表明，全球气候变化是由于人类活动排放的温室气体造成的。

所以，当前在微进化中进行角力的是自然与人类的选择力量，这两股力量的交融极为复杂且不断变化。以上研究证据为了解涉及农业活动和污染，以及外来物种与本地物种互动过程中植物的微进化的机制提供了参考。

以往研究微进化常常注重植物在极端生物因素下的表现。然而，没有理由相信微进化只发生在极端环境中。

正如本书所述，人类活动有意识地操纵着生态系统，但常常产生意外的影响。Walton 和 Bridgewater(1996，p.16)对此提供了充分支持："生物文化景观，或者说生物区域，无疑在不断进化，而人类是重要的选择力量。"此外，越来越多的证据表明，人类不仅仅对选择过程产生影响，而且同时也有意或无意地改变了其他微进化的元素，包括打破自然地理和生态分布的界限，改变物种组成和种群大小，进而改变组成物种的达尔文适合度。在这些过程中，人类活动可能会影响"机会事件"，诸如奠基者效应、遗传漂变、物种杂交及基因流等。此外，Meyer(2006，p.42)提出过重要一点："我们用于保护生物多样性最常见的工具——禁令性法律法规、生物保护区、可持续发展项目等——本身就是人类选择的强力推进器。"

回顾本书中提到的大量微进化研究,可以就自然保护得到一个基本事实。虽然某些性状仍然处于稳定化选择之下,但在急剧变化的世界里,动植物通过定向且具破坏性的选择经历着高度复杂而快速的微进化。微进化的结果改变了进化舞台上各位动植物演员间优势和劣势的原有平衡,从而产生了赢家和输家。现有的证据表明,虽然入侵物种可能有一些共性,但还无法预言哪些物种将在未来成为超级入侵种。以上诸多研究还告诉我们,某一系列条件下的进化胜利者并非常胜将军,在进化过程中胜者也会成为新的输家,取而代之的可能是其他科属,甚至是通过杂交而产生的物种。所以,必须明确,进化并非是"向着过去的方式"重新反向进化,从而恢复成为原先的样式。在人类塑造生态位的复杂战场中,进化是"向着前方"推进的,通过"诉诸先例"的手段管理生态系统无法将生态系统"分毫不差地"恢复成为昔日的状态,也无法阻止其进一步变化。要将生态系统完全还原成先前的状态是不可能的。我们能够将动植物重新组合,或者为生态系统受损的部分加上我们视角中认为过去曾经存在过的缺失元素,但是本质上,恢复和管理过程创造了全新的而非原先的生态系统,这些创造物并非静态的实体,而是微进化的战场。

21.7 人类活动与驯化

Western(2001,p.5461)反思了人类活动的诸多影响,并认为:

> 人类对生态系统的驯化极大地减少了物种多样性。同样甚至更重要的是,针对大型物种的不对称选择压力缩小了群落的大小。驯化景观的不断扩张及密集化减少了非驯化物种的生境,降低了种群大小,并通过增加阻碍传播的物理及生物屏障使它们的分布片断化。由此导致的种群衰退和障碍不利于不易扩散的物种,包括大型物种;而小型、易分散的物种则易于进入驯化景观的繁殖周期,而且能够在选择压力的庇护下获取更多自然资源。

在讨论人类与植物关系时,我们不得不提到驯化的问题。Harlan(1975)说:"驯化意味着纳入家庭之中。驯化之物是居住在同一屋檐下的成员(或仆人)。对驯化的动植物而言,我们的意思是它们已经在遗传上改变了原先的野性状态变为与人类共同生活。"现在,驯化已经不再被视为一项突发事件,而是一种进化过程。"充分驯化的动植物完全依赖人类而生存。因此,驯化意味着生态适应的变化,而且通常与形态分化相关联。"在野性和驯化之间"无可避免地会存在大量过渡状态",这些状态取决于栽培的程度和管理的类型。"栽培意味着对植物采取照料行为,如翻松土壤、制备温床、除去杂草、修剪枝叶、设立防护、浇水施肥等。栽培与人类活动相关联,而驯化则是动植物受到照料和栽培而产生遗传应答的结果。因此,栽培野生植物是可能的,而栽培的植物却不一定能够驯化。供采摘的植物可以分为野生、耐受、易用、驯化等状态"(Harlan,1975)。最近对人类利用野生植物的研究认为,这种收获植物的分类需要重新审视了,尤其在热带地区,因为那里要明确区分野生和栽培的植物着实不易。在亚马逊流域,Clement(1990,根据 Harlan,1975)认识到野生和驯化状态之间存在诸多过渡阶段,并提出以下识别方法:

- 驯化植物,遗传发生显著改变,且完全依赖人类而存活。
- 半驯化植物,遗传受到显著改变,但不完全依赖人类而存活。
- 栽培植物,被引入农业生态系统的植物,于苗圃培养。
- 管理物种,受到人类保护而不被伤害的物种,无须与其他物种竞争,种植于苗圃之外的区域。

● 野生植物,受到人类利用,但既非管理亦未栽培植物。

该分类方法广泛运用于研究人类利用植物的诸多方式中,如食物、纤维和药用植物等;也可以视为植物从野生状态向完全驯化的一系列阶段,或者反之向着野性回归的步骤。该分类方法还与本书的主题息息相关——人类主导或影响的生态系统中濒危植物的保护。

21.8　在管理环境下维持物种的"野生"状态

野生与"管理"之间的状态尤其引人关注。自然保护区与大量其他地区目前被纳入管理范围,以控制其中的非生物条件以及种间的竞争关系,从而试图使其有利于濒危物种的生存。最近几年中,人为管理干涉的范围更进一步扩大了。必须认识到,从植物的角度看来,这种人为管理制造了"新的"选择压力。在不断改变的环境下,长期存活的关键在于拥有足够的遗传变异性。如果种群缺少适应新环境的遗传变异性,那么就会衰退乃至面临灭绝。正如本书先前章节所提到的那样,某些条件下的胜者也许会在环境发生改变时败北,只有那些具备应对变化(无论是突然还是缓慢)遗传能力的物种才能够存活。通过管理、开发、废弃、忽视等过程表现出来的人类活动的变化有可能导致物种向着驯化或野化方向发生遗传改变。

在考虑这些问题的时候人们不禁会提出一个疑问:物种是否能在人类管理的条件下保持野生状态呢? 首先,正如我们看到的,"野生状态"的概念本身就有语义学上的界定困难,而不像其他诸如物种、自然等概念那样容易达成一个普遍共识。理解不同词语的用法相当重要。不同人群按照自己的便利而对这些词语采用不同用法。鉴于本书所引用的证据,从遗传学角度看,要在栽培或者其他管理条件下通过种子繁殖来使野生植物长期保持其原始状态似乎是不可能的,因为环境变异提供了促进微进化变异发生的新的选择压力。

尽管遗传变化不可避免,但是栽培的植物常常是按照"野生"植物进行售卖。例如,随着19世纪兴起的一股潮流(Robinson,1894),人们通过播种和移栽"野生"生物而建立"野生"园林。此外,在管理自然保护区和其他地区的工作中,人们还控制非生物条件和种间竞争关系使其更有利于濒危物种生存。"野生"花卉的种子曾经仅仅播撒于园林的"野生"区域,现在已经遍地开花了,人们将其作为特定的商业作物进行生产(或者在诸如草甸等人造生境中进行"野外采集")。在新建道路的路缘、在重建撂荒地过程中、在修复受损生境和新设野生动物区域时,野生花卉种子的利用越来越普及。此外,野生种子和植物也走进了植物园和其他繁殖园中,这些植物用于恢复、加强或者重新引入野生濒危物种;或用作保存材料以防止其在其他地区遭受灭绝。如同本书第14章中所述,虽然经历若干(也许多个)周期的无性繁殖,野生材料能保持其遗传完整性,但是在植物园中长期异地保护的材料,经历几个世代的种子繁殖之后,遗传变化有可能会向着驯化的方向演进。

面对在植物园中长期保存珍稀濒危物种的困难,人们探索了一系列技术,希望能够延长孢子、种子在贮藏时的活性(请参阅本书第14章)。在此,需要考虑气候变化对迁地保护的影响。如果物种在"野外"遭受灭绝,那么受保护的生物活体材料,包括种子库,在植被修复和重新引入的项目中便变得越来越重要。然而,现在有越来越多的证据表明,有许多物种的分布范围发生了改变,而且有一些对气候变化产生了遗传适应。也许随着时间推移,贮存于冰冻种子库的材料已经不再适应于其来源的地区,除非它们具备较广泛的遗传变异谱,选择可以据此发挥作用。此外,利用此类材料在较远区域进行恢复工作的结果也难以预测。

21.9 从驯养到野化

正如我们看到的，植物微进化的主要研究方向集中在驯化的过程（Zeder，2006；Ross-Ibarra，Morrell and Gaut，2007）。另一个非常有意思的方面则是从驯化向着野化有机体的方向进化。在动物中此类现象层出不穷——驯化的家畜，如猪、羊、牛、马、猫、狗等，会产生野生种群。不过对于植物的野化则知之甚少。转基因作物的问世凸显了微进化元素。有研究表明，在作物收割后，自发的转基因变异会在景观中出现。在农作物收割和运输的过程中，人们曾经注意到一些偶然的种子传播。在未来若干年中能否产生自发的突变取决于许多因素，诸如作物的轮作模式、杀虫剂的使用、杂草的控制，以及种子在土壤中保持活性的时期等（Pivard et al.，2008）。对于农民而言，最主要的问题在于，这种突变在某些情况下可能是杀虫剂耐受的转基因突变，是否会在该区域野化并对未来野草控制带来麻烦。

对于保护工作者而言，野化物种的微进化可能会带来诸多问题，不仅仅因为野化动物可能会造成破坏，更有可能对岛屿上的濒危物种和生态系统造成威胁。野化植物也同样重要，特别是那些已经或可能成为入侵性的物种。

研究人员正在利用分子技术对野化物种进行细致的研究（Gressel，2005a，b），并在许多方向上开展工作。有人提出，驯化过程可能相对较快，而且涉及有限的隐性性状；而向着野生状态发展的去驯化过程也常被视为是一个相对迅速的过程，并有显性性状被筛选出来（Gressel，2005a，b）。验证去驯化假设时，可以选择同一物种的野生、驯化、野化种群。针对农业景观中野化黑麦、小麦、萝卜、向日葵、甜菜等作物的研究取得了一定的进展（Gressel，2005a，b）。此处要列举3个"野生"景观中的野化实例。到目前为止，微进化的背景已勾勒清晰，而"去驯化"假说则仍等待检验。

橄榄早在距今5 800年前就在地中海区域由野生橄榄（wild oleaster）驯化而来，并通过扦插、嫁接等手段培养出多种品种。研究驯化的进程或许行得通，因为有个别橄榄树已经有2 000多岁了。驯化过程涉及一系列性状，如含油量、果实大小、采摘难度等（Brevillé，2005）。在地中海以及其他引进橄榄并大范围种植的相似气候区域——美国加利福尼亚州和澳大利亚等，野化橄榄已经出现。3种橄榄——野生、驯化、野化——无法通过形态学进行有效区分，但是如果运用分子技术就能通过特征进行分组：一组是复杂的野生橄榄的组合，一组是不同品种的驯化橄榄，另一组是废弃种植园中生长的和野化的橄榄树（Brevillé，2005）。分子研究还考察了种植橄榄与野生橄榄之间的基因流。地中海区域的某些地区，油橄榄树能够接受野橄榄花粉，但对其果实却没有影响，因为其果实发育由雌性植株决定。杂交果实可能会引起野化植株，这也可能从废弃的橄榄种植园中产生（Breton et al.，2005）。Lumaret和Ouazzani（2001）已经证实，在地中海区域存在野生橄榄的森林斑块。Baldoni等（2006）在该研究基础上又向前迈进了一步，研究了地中海中部沿岸野生与驯化橄榄之间遗传关系的若干细节；Breton等（2005）则考察了地中海周围野化橄榄树如何从驯化品种演化而来。此外，在澳大利亚和一些太平洋岛屿上也开展过类似的工作（Besnard，2007）。在澳大利亚南部的阿德莱德山（Adelaide Hills），野化橄榄开始变得危险，其入侵性也变得严重。农地边缘废弃的橄榄种植园成为入侵的桥头堡，因为曾经存在的食草动物啃食活动已经不复存在。大量的橄榄果实很少收割，种子又由狐狸、鸸鹋等动物广泛传播。橄榄的种子能在土壤中存活很长时间。

千屈菜（Lythrum salicaria）是另一种能够通过分子技术进一步研究的物种，因为在北美，其入侵性的野化种群可能是从引入的野生型与园艺型杂交进化而来，其遗传变化的程度引发人们的特别关注，起初是驯化中，随后是在野化过程中（参见Kowarik，2005）。

另一种可以进行深入研究的植物,也是保护工作者非常关心的物种,要数彭土杜鹃(*Rhododendron ponticum*)——在不列颠岛上栽培并已经产生入侵性野化种群的物种(Kowarik,2005)。如需验证杂交在该物种栽培类型起源中的作用的假说,就有必要进行分子研究。缺乏历史背景的观察者会假定,该物种在不列颠岛上的野外种群都是野化形成——从城郊逃逸而来。然而,有必要指出,该物种在英国和爱尔兰的广大郊区广泛种植,它不仅仅美化湖岸,也能够"防风削浪",是"廉价而疯长的辅助篱墙",甚至可以作为"狩猎用的掩蔽"(Bean,1976)。此外,其他杜鹃属物种有时被嫁接到彭土杜鹃砧木上。许多情况下,这些植物中长出的吸根却"明显压制了嫁接材料"(Bean,1976)。这些植物为入侵类型的发生提供了桥头堡。遗传变化究竟在彭土杜鹃的入侵能力中起了多少作用仍有待证实。

对动植物驯化和野化过程的研究不仅引起了遗传学家的注意,保护工作者对此也饶有兴趣。保护工作者希望在保持遗传完整性的情况下,从野外收集个体,将其在植物园、动物园中进行迁地保护,然后再放回自然。他们希望在这过程中能够通过防止瓶颈效应和其他变化来抵御或者降低遗传变异,但是,本书先前章节中已经阐述过,在种群迁地培养数代之后,某些驯化元素有可能出现,如用于恢复或者备份的植物材料。如果这种情况真的出现,那么在动植物重新"回到野外"进行就地保护时,自然选择压力就可能驱动去驯化的过程。在现实情况中,在野放之后涉及的选择压力与青睐野化状态的选择动力非常相似。在迁地栽培时出现的任何性状都能够去驯化吗? 该过程能够产生成功的野化种群吗? 缺乏变异性的濒危物种是否具有足够的遗传变异以应对先后两种截然不同的选择环境? 有必要开展研究来追踪野生动植物在移植于"圈养"环境中进行迁地保护后发生的遗传变化;同时,要把类似研究拓展到放归自然后发生的遗传改变。

21.10　人类、家畜、植物的协同进化

自然选择相关的另一个领域正在产生显著的结果。正如本书第3章中所述,社会上许多人都不情愿接受达尔文的人类起源理论。因此,关于人类是否正在继续进化的问题成了备受争议、有时甚至受到忽视的研究领域,便也不足为奇。

在此,我们关心的问题是植物进化,但是最近关于人类遗传的研究却表明,人类进化与牛畜驯化——通过饮用未发酵的牛奶——以及延展开来的草场、牧场管理的进化息息相关。

Burger等(2007,p.3736)写道:"由于肠道乳糖酶表达不可逆转地减少,许多哺乳动物在断奶之后便丧失了消化乳糖的能力。"人类成体具备继续消化未发酵牛奶的能力,得益于"乳糖耐受"等位基因(LP)的显性性状。该遗传性状在"北欧和中欧人群中"相当普遍。在其他地区,LP在牧场相关人群中比较常见,而在非牧场人群中则通常罕见。有人提出,欧洲的LP分布模式是由于强烈选择压力所导致的相对近期的现象。可以预计,在没有稳定牛奶供应的人类社区,LP不具备选择优势;相反,持续供给"蕴含丰富能量和钙质的牛奶"会影响人类种群的达尔文适合度,因为这能使农民在贫困和收成不确定的情况下存活下来。Burger和其助手验证了两个假说:第一,LP在早期牧场社区中比较罕见,随着乳业的发展而逐步增加;第二,某些人口天生就具备LP,而在乳业发展的过程中LP显示出其适应特征。通过比对各个时期人类考古遗骸中DNA,Burger和同事们发现,LP在早期欧洲农民中非常罕见。这些发现支持LP等位基因逐渐增加的假说。因此有足够理由相信,某些人类种群在豢养牛群以供食用的早期阶段就产生了协同进化。此外,协同进化的关联还能够从受管理草原生态系统进一步延伸到为牛群提供食物。本书先前的章节已经阐述过,禾草与杂类草之间的协同进化具有非常强烈的特征,因为人类在进行土地管理时,不仅仅进行放牧,还建立草场提供牧草。放牧和草场代表两种迥然不同的土地

利用方法,而且有清晰的证据表明,在这种鲜明的土地利用条件下,分别适应某种土地的植物中存在遗传性的协同进化。此外,对于各片特定的土地,植物中还存在针对草地生态系统不同刈割日期及后继啃食与否的适应表现。

21.11 "文化追随者"

针对人类活动对于植物产生的影响,有没有一个高度概括的概念呢? Rosenzweig(2001,p.5409)提出了一个源于欧洲德语国家的概念。人类活动对于对动植物产生了严重的选择压力。某些物种的达尔文适合度较低,从而衰退乃至灭绝;另一些物种则在人类建立的生态位中欣欣向荣。由此产生赢家和输家。胜者是"文化追随者"(德语:Kulturfolger;英译:culture followers),亦即能在人类文化景观中兴盛的有机体。Meyer(2006,pp.4-9)一针见血地指出:"陆地和海洋会继续充满生命,但是一股强烈力量会按照与人类的相容性通过非自然选择过程筛出高度同质的生物集合,这股力量便是我们。"他强调:"我们正将这个星球变得非常适合泛滥的物种,即在受到反复干扰且人类主导的环境下繁盛的那些植物、动物和其他有机体。"Mooney 和 Hobbs(2000)还强调:"地球表面的大规模生物同质化"正在发生。另外,"重要的生物地理屏障在历史上曾使各大洲形成了独特的动植物区系,随着其逐渐瓦解,生物群的混合导致许多具有入侵能力的物种在全球迅速而广泛地分布开来,或者在局部地区形成极高的种群密度,这些都破坏了特定区域的本地生物群落"。

然而,虽然"同质化"确实正在增加,但同时却出现了相反的景象,就在此时此刻,许多地理区域的生物多样性却达到了历史最高水平。因为事实情况是,虽然许多物种处于濒危并可能在未来灭绝,但是相对而言只有很少的物种已经真正灭绝。在某一特定区域,除却本土植物以外还会有大量的引进植物,所以现今的总体植物多样性可能非常高。德国的植物区系图表便能很好地佐证这一点。德国拥有大约3 300 种维管植物,这之中2 850 种是本地的原生植物,其中850 处于濒危而47 种已经灭绝。然而,除了这些本地植物以外,大量(约 12 000 种)非本地植物引种到了中欧,而且其中的许多已经出现于德国(Scherer-Lorenzen et al.,2000)。

Meyer(2006)在讨论输家及可能的输家问题时指出:"接下来的几百万年中,生物进化的道路已经设定。在这层意义中,灭绝危机——挽救当下生物多样性组分、结构和组织的竞赛——已经结束,而且我们已经失败。"Meyer 预言:"在未来 100 年左右的光景中,地球物种中高达一半的物种……将会功能性灭绝,甚至完全灭绝。"(Meyer,2006,pp.4-5)如果它们仍然幸存,也会被局限于人类遗弃的角落,成为"残存的幽灵物种"。"即使那些物种目前仍然具有大量种群并或许在未来几十年中还能够幸存,但它们除了在动物园中能够保有少量标本以外,终将走向灭绝的深渊。"

在展望未来时,Meyer 继续持悲观态度:"任何事物——国家或国际法律、全球生物保护区、地区可持续性发展框架、甚至是'野生动物天堂'——均无法改变当前的进程。接下来的几百万年中,生物进化的道路已经设定。"生物圈的进化越来越受到人类活动的驱使。我们决定保护哪些物种,保留哪些生境与生态系统,以及如何管理它们。人类决定物种和生态系统的恢复目标,决定"哪些区域是保护的关键,而哪些区域应当开发"。事实上,人类影响和管理的程度已经导致了"野生的终结"。在 McKibben(1990)的著述中,这一立场也跃然纸上。Myers 和 Knoll(2001,p.5389)在讨论相关证据时也提出,当前物种潜在丧失情况可以匹敌地理历史中记录到的"大灭绝"(extinction spasms)。此外,他们还强调,当前的微进化趋势将会塑造未来的进化模式,并决出胜者和输者。趋势包括:

生物区系的同质化，机会主义物种的兴盛；适合害虫及野草的生态环境；在人类主导的生态系统中出现的爆发式特化；(形态学或生理型)生物差异的降低；大型脊椎动物种形成的终结；热带地区"进化驱动力"的衰竭；不可预测的新生事物等。

Myers(1988，pp.31‐33)在先前一篇综述中指出：

我们也许可以学习如何操控生境以增强存活希望；我们也许可以学习如何在受控条件下繁殖濒危物种；我们也许能够利用其他前沿的保护技术来尽力减缓当前的不利后果。(但是)总体看来，当下紧迫的"大灭绝"所造成的进化匮乏，以及压缩的时间尺度和所涉及的物种数量，可能算得上是40亿年前生命诞生以来所出现的生命丰富度和多样性的最大倒退。

展望生物多样性未来进化的长期境况，新物种似乎不太可能迅速进化以替代那些灭绝的生物(本书第13章)。不过，就如同 Myers 和 Knoll(2001，p.5390)所指出的那样，在漫长时期中，过去的灭绝事件之后总是伴随有"重分化过程"。他们推测，基于过去的事件："我们是否应该等待几百万年(或许需要一千万年)，使进化能够在各地重新建立当今危机前原有的生物组成和生态过程呢？"他们也认为：

(考虑到)当前生物危机的严重性，很难想象导致生物圈大规模生物多样性灭绝的因素会随着生物多样性的丧失而减轻；反之，在任何时间尺度上我们能够想象(不涉及任何人类大规模死亡情况)情况会变得越来越糟，而且这种糟糕状态会在相当一段时期内持续下去。所以，在人类物种的尺度上，环境破坏(或者至少部分破坏)是永恒的。

21.12 人类会采取必要措施以控制气候变化吗？

我们再转向本书的另一个主要议题，由于气候变化愈发严重，生态系统所要面对的影响将会成倍增加。首先需要再次强调一下，虽说关于气候变化所作的预测本质上都是可能性而非确定性，但这些预测传递出了清晰的信息，即人类，乃至整个生物圈都正面临着极不确定的未来。自然保护工作者应该如何应对呢？他们是否应该一如既往地致力于保护区、国家公园或更广范围的物种和生态系统保护？ 在气候变化的证据愈发充分的时候，生态系统修复以及物种重新引入等措施会产生怎样的影响？ 自然保护工作者是应该采取能避免最坏情况的行动，还是应该在其管理规划中考虑一定程度的气候变化影响呢？对于这些紧要的问题没有简单的答案。进行建模的科研人员均关注着一个重要问题，即在局部地区缺乏对气候变化的明确预测。缺乏这一信息，很难开发合适的保护战略。

另一项适应气候变化工作亟需解决的重要问题是，研究保护工作支撑理论的科学家与实地负责保护区日常管理的工作人员之间的关系。本书为了行文简便起见，使用了"保护工作者"一词。然而，如果因此认为所有从事保护工作的人员属于同一类型的工作小组，则大错特错了。最近的一期《自然》杂志对这一问题进行了讨论(Anon.，2007b)，文章指出：

大多数情况下，保护生物学家描述现有问题，提出解决方案，挑出重点地区，并对自然生态系统进行计算机建模。他们忠实地绘制危机的全貌，制作出令人沮丧的地图，标上威胁和灭绝。然而，"实地工作者们"则通常是一群分散而缺乏固定组织的群体。他们购买土地、建造围栏、点火或灭火、游说政客、与农民谈判、喷洒农药应对入侵野草、毒杀田鼠、反抗盗猎……这两个群体之间的差距造成了理论和实践之间的"实施差距"。保护生物学家撰写和发表论文，但实地工作者却很少翻阅；反之，实地工作者很少记录他们的行动或者将采集的数据整理以供保护生物学家利用。一般地,实地工作者根据其个人经验和直觉作出决策,他们的认知不受外界影响——而且不为前沿科学成果所动。

该文章呼吁采取措施,通过不同群体之间的交流与互动来弥补缺失,并组织更多会议和论坛以鼓励所有自然保护人士开展合作。"有必要集中学术专家和实地工作人员的力量,消除固有偏见,打开交流途径,分享所得信息,寻求更为有效的工作方式,以最终达成共同目标。"在操作层面上,英国剑桥大学教授 W. Sutherland 建立的网站——conservation evidence.com——可以说提供了一种颇有价值的创新形式。在此,"应该鼓励实地工作人员将他们所采取措施的结果——无论是成功或是失败的案例——写成报告发表出来"。

当代生态系统的命运,包括那些受到保护管理的生态系统,取决于能否逐步采取有效措施来减少温室气体排放并控制全球平均气温上升(Lynas,2007)。政治领导人、保护工作者、普通老百姓是否已经认识到紧迫的威胁? 是否明白气温严重升高(2℃)也许在短短 8 年内就会变为现实? Lynas(2007)比较仔细地思考了人类应对气候变化挑战的可能反应,以下观点摘自其相当有帮助的描述。首先应当提出一个普遍观点:气候变化涉及污染大气层——所有人类共同拥有的资源。这些变化代表了另一个"共同悲剧"(Tragedy of the Commons)的实例,本书第 4 章已经解释过这一概念。

Hardin(1968)首先探讨了这一理念,他用共同利用同一片草地的牧民打了个比方(引自 Lynas,2007,p.285):

> 每一个牧民都希望在群体中为自己增加一头奶牛——因为他可以因此获得更多牛奶和牛肉。但是如果所有牧民都这么做,那便会导致过度放牧并损坏共享的资源。在这一过程中还具有"心理否认"。Hardin 写道:"尽管个体所在的群体受到了损害,但个体从其否认真相的能力中得利。"

Lynas 指出,"否认"是人类对于危机即将到来的警告所采取的普遍应答,因为这样做能够"消除对现有观点或行为模式带来明显挑战的新信息所导致的不和谐"。在提到进一步的"否认"应答时,Lynas(2007,p.283)写道:

> 正如 Al Gore 在他的电影《难以忽视的真相》(An Inconvenient Truth)中提醒观众的,当一个人的薪水取决于他不了解某件事时,那么没有什么比让他了解这件事更困难的了。这便是经典的"否认":没有人愿意在心理上将自己看成一个坏人或是魔鬼,所以不道德的行为必然会披上一件理智的自我辩护的外衣。

对于新挑战的应答也有其他的形式。在许多人仍然对气候变化的问题一无所知的同时,也有一些人在面对事实的时候怀疑这些信息以及宣传的立足观点。对于某些人而言,气候变化是绿色环境主义者的猜疑,另一些人则认为这些活动带有政治企图,因而这些人的顾虑能够被安全驳回。"找替罪羊"则是应答的另一种形式。气候变化是一些穷奢极欲的人导致的,不是我们。Lynas 还强调:尽管目前越来越明确意识到气候变化的问题,发达国家却普遍不愿意放弃现代社会带来的舒适与消费模式。事实上,以后的困难有可能还会增加,因为通过广告和媒体展示出来的"西方生活方式"元素,为许多生活在发展中国家的人民提供了追求目标。这些国家的民众具有全人类的自然渴望,即具有高标准的舒适生活,希望家庭更加安全,未来更有保障。展望未来,我们不得不面对复杂的伦理问题。Broome(2008)强调,我们迫切需要考虑,我们当前的行为对子孙未来的福祉会产生怎样的影响。

发达国家对"摆在面前的道路"描绘出一副乐观的画面,他们认为人类行为能够作出适应性改变,这将在很大程度上改变当前的生活方式,利用更多可再生能源,减少消费,以保证我们所有人都能减少碳足迹并更为可持续地管理资源。Pontin(1993)从实际出发将这一理念进一步延伸出来：人类正面对着第三次变革(第一次变革为实现农耕,第二次为工业革命)。这一变革应当通过行政、教育、立法等手段实现。个人而言,我想分享他们的乐观,有时也会这样做。当笔者即将收笔掩卷时,又听到了一些令人振奋的消息。美国和英国政府又开始提议建立海洋保护区。而在气候变化方面,连任的美国总统Barack Obama宣布:"年复一年,日复一日,我们始终在推迟采取行动,强硬的意识形态凌驾在了坚实的科学事实之上,利益掩盖了常识。为了我们自身的安危,我们的经济,我们的地球,我们必须鼓起勇气决心改变……华盛顿特区拖后腿的日子已经一去不复返了。我的政府不会否认这些事实,它将引领我们前行。"(Reported by T. Baldwin, *The Times*, 27 January 2009)然而,有必要指出,我们正处在60年一遇的全球经济大萧条关口,这会刺激我们改变,但同时也会限制我们的适应能力。事实上,大萧条正在对许多当下的保护项目产生威胁,例如,邱园的千年种子库(Millennium Seed Bank at Kew)就面临着一亿英镑的经费短缺(*The Times*, 3 October 2008)。

许多人乐观地认为,可以开发科技来控制二氧化碳的排放并操纵地球的气候。"过量的"二氧化碳可以用适当的岩石形态进行"封存"并保存于地下。不过,这一提议要变为现实实践仍需时日。2008年9月13日出版的《自然科学会报：地球工程特刊》(*Philosophical Transactions of the Royal Society: Special Edition on Geoengineering*, vol. 366)进一步探讨了该想法。该期刊刊文提出建立"遮阳伞"(sunshade)来控制地球气候;此外,它也回顾了多个刺激海洋浮游植物光合作用活动以控制过量二氧化碳的实验。藻华形成的有机物会沉到海底,并在那里封存几个世纪。初步的实验并未得出令人满意的结果,因为以藻类为食的浮游动物种群会随着浮游植物的增加而急速增加。在海洋这一巨大试管中,浮游动物能否与藻类的生长分离开呢?

气候变化的最新研究进展表明,2007年的《IPCC报告》或许低估了我们即将面对的挑战。在哥本哈根气候变化国际科学会议(2009年3月)上得出结论:"因为所观察到的排放率太高,IPCC所预期的最坏情形(甚至更糟糕)正在慢慢出现,例如全球地表温度升高,海平面上升,海洋和冰层动态变化,海洋酸化,极端气候效应也渐渐显现。"在这些问题中挑一个进一步细看,IPCC曾预计,到21世纪末海平面也许将上升59厘米。在格陵兰岛以及其他地方研究海洋温度和冰层动态之后,科学家现在预言,海平面可能在2100年时上升1米;而且,如果温度持续上升并达到5~6℃,冰层丧失可能在22世纪中叶便会出现,而海平面也会因此上升13米。对于至少20个主要沿海城市居民和三分之一生活在沿海低洼地区的世界人口而言,完全不可能适应这种上升后果。

《IPCC报告》描绘了气候变化对健康的一些影响。《柳叶刀》委员会(*Lancet* Commissions)与伦敦大学学院研究所(University College London Institute)(www.thelancet.com/climate-change)进行了一项重要研究。这份发布于2009年5月的报告认为,有必要采取紧急措施控制并减缓气候变化,因为这种变化"即将成为21世纪全球健康的最大威胁",它通过改变食物、饮水、卫生、住房和极端事件的影响,改变疾病和死亡的格局。此外,世界各地人类受到的重大威胁将有可能导致大规模的人口迁移。

虽然有些人对于我们适应气候变化的能力持乐观态度,另一些却对未来感到悲观。从某种意义上说,我恐怕后者是正确的。查尔斯·狄更斯在《双城记》的第一章中曾经描述了一个时期的概貌,与这些情感不谋而合。

彼时乃太平盛世,彼时乃艰难时世;
彼为智慧之岁月,彼为冥顽之岁月;
彼为崇信之年代,彼为疑忌之年代;
彼为明光之时节,彼为暗昧之时节;

> 欣欣兮春景漫漫，萧萧兮冬日严严；
> 身前既一应俱全，身前既一无所有；
> 吾辈共直奔极乐，吾辈同径入歧途……

著名生物学家 Lovelock(2006，p.13)在描写气候变化的时候，曾用悲观的预期发出警告：

"前景堪忧"，而且即使我们能够成功改善当前情形，"艰难时世仍旧会出现，如同任何战争那样，将我们折磨到极限"。我们很坚强，预期的气候灾难无法淘汰所有人类，"但是人类的文明却危在旦夕"(作者强调)。

Lovelock 强调，人类面临的不仅仅是越来越剧烈的气候变化所带来的效应，还有许多其他严重问题，包括对生物多样性的影响(例如，自然资源的过度开发、土壤退化、污染问题，以及沉重不堪的人口增长)，这些因素会共同加剧气候变化。正如我们所目睹的那样，在变化的世界中挣扎存活可能会导致对全球资源的进一步管理(或管理不善)，因为人类需要努力维持生态系统所提供的物质与服务——例如，洁净的水(Baron *et al.*，2002)、授粉过程(Kremen *et al.*，2007)、防洪削浪(Acreman *et al.*，2007)、木材生产(Andersson，Salinas and Carlsson，2006)、自然产品、土壤肥力等。

20 世纪出现过许多为保护动植物多样性、自然生态系统、重要文化景观元素而进行努力的成功案例。在许多地区，破坏的景观、污染的土壤、肮脏的水道已得以成功治理；此外，生态系统可持续利用的重要性已经为人们广泛接受，可持续发展的政策倡导也在 21 世纪中持续进行，努力"平衡并整合社会福祉、经济繁荣、环境保护这三大支柱，为当今和后代谋求福利"(Lovelock，2006，p.3；引自 Glaser，国际科学理事会高级顾问)。由于生态系统持续变化，决不应将可持续发展视为一个固定的目标。在气候变化条件下，这种目标可能会更快地变化。未来，在目前趋势保持不变的情况下，许多保护工作所针对的生态系统与物种非常有可能面临严重威胁，尤其在那些预计生存竞争和资源争夺将进一步加剧的地区。我们已经看到，许多保护战役已经打响，有些赢了，有些输了；鉴于前方的挑战无可避免，未来的道路无疑充满荆棘。

参考文献

Abbo, S., Gopher, A., Rubin, B. and Lev-Yadun, S. (2005). On the origin of Near Eastern founder crops and the "dump-heap hypothesis". *Genetic Resources and Crop Evolution* **52**: 491 – 495.

Abbott, R. J. (1992). Plant invasions, interspecific hybridization and the evolution of new plant taxa. *Trends in Ecology and Evolution* **7**: 401 – 405.

Abbott, R. J. and Forbes, D. G. (2002). Extinction of the Edinburgh lineage of the allopolyploid neospecies, *Senecio cambrensis* Rosser (Asteraceae). *Heredity* **88**: 267 – 269.

Abbott, R. J. and Lowe, A. J. (2004). Origins, establishment and evolution of new polyploid species: *Senecio cambrensis* and *S. eboracensis* in the British Isles. *Biological Journal of the Linnean Society* **82**: 467 – 474.

Abbott, R. J., Ingram, R. and Noltie, H. J. (1983). Discovery of *Senecio cambrensis* Rosser in Edinburgh. *Watsonia* **14**: 407 – 408.

Abbott, R. J., Noltie, H. J. and Ingram, R. (1983). The origin and distribution of *Senecio cambrensis* in Edinburgh. *Transactions of the Botanical Society of Edinburgh* **44**: 103 – 106.

Abbott, R. J., Curnow, D. J. and Irwin, J. A. (1995). Molecular systematics of *Senecio squalidus* L. and its close diploid relatives. In: *Advances in Compositae Systematics*. eds. D. J. N. Hind, C. Jeffrey and G. V. Pope. pp. 223 – 237. Kew: Royal Botanic Garden.

Abbott, R. J., James, J. K., Milne, R. I. and Gillies, A. C. M. (2003). Plant introductions hybridization and gene flow. *Philosophical Transactions of the Royal Society of London*, *B* **358**: 1123 –1132.

Abbott, R. J., Ireland, H. E. and Rogers, H. J. (2007). Population decline despite high genetic diversity in the new allopolyploid species *Senecio cambrensis* (Asteraceae). *Molecular Ecology* **16**: 1023 – 1033.

Abdul-Baki, A. A. and Anderson, J. D. (1972). Physiological and biochemical deterioration of seeds. In: *Seed Biology*. ed. T. T. Kozlowski. Vol. II, pp.283 – 315. New York and London: Academic Press.

Abel, A. L. (1954). The rotation of weed killers. *Proceedings of the British Weed Control Conference* **1**: 249.

Aberle, B. (1990). *The Biology, Control and Eradication of Introduced Spartina (Cordgrass) Worldwide and Recommendations for Its Control in Washington*. Olympia: Washington Department of Natural Resources.

Abramovitz, J. N. (1996). *Imperiled Waters, Inpoverished Future: The Decline of Freshwater Ecosystems*. Washington, DC: Worldwatch.

Acreman, M. C., *et al.* (2007). Hydrological science and wetland restoration: some case studies from Europe. *Hydrology and Earth System Sciences* **11**: 158 – 169.

Adams, C. D. (1972). *Flowering Plants of Jamaica*. Mona: University of the West Indies.

Adams, W. M. (2004). *Against Extinction: The Story of Conservation*. London and Sterling, VA: Earthspan.

Adams, W. M. and Mulligan, M. (2003). *Decolonizing Nature: Strategies for Conservation in a Post-colonial Era*. London and Sterling, VA: Earthspan.

Ainouche, M. L., Baumel, A., Salmon, A. and Yannic, G. (2004). Hybridization, polyploidy and speciation in *Spartina* (Poaceae). *New Phytologist* **161**: 165 – 172.

Akeroyd, J. R. (1994). Some problems with introduced plants in the wild. In: *The Common Ground of Wild and Cultivated Plants*. eds. A. R. Perry and R. G. Ellis. pp.31 – 40. Cardiff: National Museum of Wales.

Akeroyd, J. R. and Briggs, D. (1983a). Genecological studies of *Rumex crispus* L. Ⅰ. Garden experiments using transplanted material. *New Phytologist* **94**: 309 – 323.

Akeroyd, J. R. and Briggs, D. (1983b). Genecological studies of *Rumex crispus* L. Ⅱ. Variation in plants grown from wild-collected seed. *New Phytologist* **94**: 325 – 343.

Akimoto, H. (2003). Global air quality and pollution. *Science* **302**: 1716 – 1719.

Aldrich, P. R. and Doebley, J. (1992). Restriction fragment variation in the nuclear and chloroplast genomes of cultivated and wild *Sorghum bicolor*. *Theoretical and Applied Genetics* **85**: 293 – 302.

Aldrich, P. R., Doebley, J., Schertz, K. F. and Stec, A. (1992). Patterns of allozyme variation in cultivated and wild *Sorghum bicolor*. *Theoretical and Applied Genetics* **85**: 451 – 460.

Al-Hiyaly, S. A., McNeilly, T. and Bradshaw, A. D. (1988). The effects of zinc contamination from electricity pylons — evolution in a replicated situation. *New Phytologist* **110**: 571 – 580.

Al-Hiyaly, S. A., McNeilly, T. and Bradshaw, A. D. (1990). The effect of zinc contamination from electricity pylons. Contrasting patterns of evolution in five grass species. *New Phytologist* **114**: 183 – 190.

Al-Hiyaly, S. A., McNeilly, T., Bradshaw, A. D. and Mortimer, A. M. (1993). The effects of zinc contamination from electricity pylons. Genetic constraints on selection for zinc tolerance. *Heredity* **70**: 22 – 32.

Allan, N. J. R., Knapp, G. W. and Stadel, C. (1988). *Human Impact on Mountains*. Lanham, MD: Rowman and Littlefield.

Allen, D. E. (1980). The early history of plant conservation in Britain. *Transaction of the Leicester Literary and Philosophical Society* **4**: 277 – 283.

Allen, D. E. (1987). Changing attitudes to nature conservation: the botanical perspective. *Biological Journal of the Linnean Society* **32**: 203 – 212.

Alley, R. B., *et al.* (2005). Abrupt climate change. *Science* **299**: 2005 – 2010.

Alley, H. and Affolter, J. M. (2004). Experimental comparison of reintroduction methods for the endangered *Echinacea laevigata* (Boyton and Beadle) Blake. *Natural Areas Journal* **24**: 345 – 350.

Allison, G. W., Lubchenco, J. and Carr, M. H. (1998). Marine reserves are necessary but not sufficient for marine conservation. *Ecological Applications* **8** (Suppl.): S79 – S92.

Alvarez, L. W., Alvarez, W., Asaro, F. and Michel, H. V. (1980). Extraterrestrial cause for the Cretaceous-Tertiary Extinction. *Science* **208**: 1095 – 1108.

Alvarez-Buylla, E. R., Chaos, A. C., Pi.nero, D. and Garay, A. A. (1996). Demographic genetics of a pioneer tropical tree species: patch dynamics seed dispersal and seed banks. *Evolution* **50**: 1155 – 1166.

Alvarez-Valin, F. (2002). Neutral theory. In: *Encyclopedia of Evolution*. ed. M. Patel. pp.815 – 821. Oxford and New York: Oxford University Press.

Ambrose, J. D. (1983). *Status report on the Kentucky Coffee Tree Gymnocladus dioicus*. Ottawa: Committee for the Status of Endangered Wildlife in Canada.

Ammerman, A. J. (2002). Spread of agriculture. In: *Encyclopedia of Evolution*. ed. M. Pagel. Vol.1. pp.19 – 22. Oxford and New York: Oxford University Press.

Amos, W. and Balmford, A. (2001). When does conservation genetics matter? *Heredity* **87**: 257 – 265.

Amsellen, L., Noyer, J. L., Le Bourgeois, T. and Hossaert-McKey, M. (2000). Comparison of genetic diversity of the invasive weed *Rubus alceifolius* Poir. (Rosaceae) in its native range and areas of introduction, using amplified fragment length polymorphism (AFLP) markers. *Molecular Ecology* **9**: 443 – 455.

Anable, M. E., McClaran, M. P. and Ruyle, G. B. (1992). Spread of introduced Lehmann Lovegrass Eragrostis lehmanniana Nees in southern Arizona, USA. *Biological Conservation* **61**: 181 – 188.

Anderson, E. (1949). *Introgressive Hybridisation*. London: Chapman and Hall.

Anderson, P. (1995). Ecological restoration and creation: a review. *Biological Journal of the Linnean Society* **56** (Suppl.): 187 - 211.

Anderson, R. C. (2006). Evolution and origin of the Central Grasslands of North America: climate, fire, and mammalian grazers. *Journal of the Torrey Botanical Society* **133**: 626 - 647.

Anderson, R. N. and Gronwald, J. W. (1987). Non-cytoplasmic inheritance of atrazine tolerance in velvetleaf (*Abutilon theophrasti*). *Weed Science* **35**: 496 - 498.

Anderson, D. and Grove, R. (1987). *Conservation in Africa: People, Policies and Practice*. Cambridge: Cambridge University Press.

Andersson, M., Salinas, O. and Carlsson, M. (2006). A landscape perspective on differentiated management for production of timber and nature conservation values. *Forest Policy and Economics* **9**: 153 - 161.

Angold, P. G. (1997). The impact of a road upon adjacent heathland vegetation: effects of species composition. *Journal of Applied Ecology* **34**: 409 - 417.

Anon. (1944). Report of Committee on Nature Conservation and Nature Reserves. *Journal of Ecology* **32**: 83 - 115.

Anon. (1990). A *Guide to Yosemite National Park, California*. Washington, DC: National Parks Service.

Anon. (1991a). Genetic sampling guidelines for conservation collections of endangered plants, developed by the Centre for Plant Conservation. In: *Genetics and Conservation of Rare Plants*. eds. D. A. Falk and K. E. Holsinger. pp.225 - 238. New York and Oxford: Oxford University Press.

Anon. (1991b). *Protected Areas of the World: A Review of National Systems*. Gland and Cambridge: IUCN.

Anon. (1994). *IUCN Red List Categories*. Gland, Switzerland: IUCN.

Anon. (1995). *Mapping the distribution of water hyacinth using satellite imagery. Pilot study in Uganda*. RCSSMRS/ French Technical Assistance, Nairobi.

Anon. (1997). *The RHS Plant Finder*. London: Dorling Kindersley.

Anon. (2000). *Conservation Action Plan for Botanic Gardens of the Caribbean Islands*. Kew: Botanic Gardens Conservation International.

Anon. (2002a). Seed banks receive vital cash boost. *New Scientist*, 30 August 2002.

Anon. (2002b). Looters wreck Afghan seed-bank. *New Scientist*, 10 September 2002.

Anon. (2004). Yellowstone Resources and Issues 2004. *An Annual Compendium of Information about Yellowstone National Park*. Yellowstone National Park, Hot Springs, WY.

Anon. (2007a). Editorial: Light at the end of the tunnel. *Nature* **445**: 567.

Anon. (2007b). Editorial: The great divide. *Nature* **450**: 135 - 136.

Antonovics, J. (1968). Evolution in closely adjacent plant populations. Ⅴ. Evolution of self-fertility. *Heredity* **23**: 219 - 238.

Antonovics, J. (2006). Evolution in closely adjacent plant populations. Ⅹ. Long-term persistence of prereproductive isolation at a mine boundary. *Heredity* **97**: 33 - 37.

Antonovics, J., Bradshaw, A. D. and Turner, R. G. (1971). Heavy metal tolerance in plants. *Advances in Ecological Research* **7**: 1 - 85.

Anttila, C. K., Daehler, C. C., Rank, N. E. and Strong, D. R. (1998). Greater male fitness of a rare invader (*Spartina alterniflora*, Poaceae) threatens a common native (*Spartina foliosa*) with hybridization. *American Journal of Botany* **85**: 1597 - 1601.

Araújo, M. B., Pearson, R. G., Thuillers, W. and Erhard, M. (2005). Validation of species-climate impact models under climate change. *Global Change Biology* **11**: 1505 - 1513.

Archibald, J. D. (1997). Extinction. In: *Encyclopedia of Dinosaurs*. eds. P. J. Currie and K. Padian. pp.221 - 230. San Diego and London: Academic Press.

Arias D. M. and Rieseberg, L. H. (1994). Gene flow between cultivated and wild sunflowers. *Theoretical and Applied Genetics* **89**: 655 – 660.

Arnold, M. L. (1993). Iris nelsonii: origin and genetic composition of a homoploid hybrid species. *American Journal of Botany* **80**: 577 – 583.

Arnold, M. L. and Bennett, B. D. (1993). Natural hybridization in Louisiana Irises: genetic variation and ecological determinants. In: *Hybrid Zones and the Evolutionary Process*. ed. R. G. Harrison. pp.115 – 139. New York: Oxford University Press.

Arnold, M. L., Hamrick, J. L. and Bennett, B. D. (1990). Allozyme variation in Louisiana Irises: a test for introgression and hybrid speciation. *Heredity* **65**: 297 – 306.

Arnold, M. L., Bouck, A. C. and Cornman, R. S. (2004). Verne Grant and Louisiana Irises: Is there anything new under the sun? *New Phyologist* **161**: 143 – 149.

Arutyunyan, R. M., Pogosyan, V. S., Simonyan, E. H., Atoyants, A. L. and Djigardjian, E. M. (1999). In situ monitoring of the ambient air around the chloroprene rubber industrial plant using the Tradescantia-stamen-hair mutation assay. *Mutation Research* **426**: 117 – 120.

Ashby, E. and Anderson, M. (1981). *The Politics of Clean Air*. Oxford: Clarendon Press.

Ashmore, M. R. (2002). Air quality guidelines and their role in pollution control policy. In: *Air Pollution and Plant Life*, eds. J. N. B. Bell and M. Treshow. 2nd edn. pp.417 – 429. London: Wiley.

Ashton, F. M. and Crafts, A. S. (1981). *Mode of Action of Herbicides*, 2nd edn. New York: Wiley.

Ashton, P. S. (1987). Biological considerations in in situ vs ex situ plant conservation. In: *Botanic Gardens and the World Conservation Strategy*. eds. D. Bramwell, O. Hamann, V. Heywood and H. Synge. pp.117 – 130. London: Academic Press for IUCN.

Atkins, P. J., Simmons, I. G. and Roberts, B. (1998). *People, Land and Time: An Historical Introduction to the Relations Between Landscape, Culture and Environment*. London: Wiley.

Avise, J. C. (1994). *Molecular Markers, Natural History and Evolution*. New York: Chapman and Hall.

Avise, J. C. (2000). *Phytogeography: The History and Formation of Species*. Cambridge, MA: Harvard University Press.

Avise, J. C. (2001). *Captivating Life*. Washington, DC and London: Smithsonian Institution Press.

Axell, H. (1977). *Minsmere. A Portrait of a Bird Reserve*. London: Hutchinson.

Ayazloo, M. and Bell, J. N. B. (1981). Studies on the tolerance to SO_2 of grass populations in polluted areas. I, Identification of tolerant populations. *New Phytologist* **88**: 203 – 222.

Ayres, D. R. and Strong, D. R. (2001). Origin and genetic diversity of *Spartina anglica* (Poaceae) using nuclear DNA markers. *American Journal of Botany* **88**: 1863 – 1867.

Ayres, D. R., Zaremba, K. and Strong, D. R. (2004). Extinction of a common native species by hybridization with an invasive congener. *Weed Technology* **18**: 1288 – 1291.

Babington, C. C. (1848). On Anacharis Alsinastrum, a supposed new British plant. *The Annals and Magazine of the Botanical Society(2nd series)* **1**: 81 – 85.

Bachthaler, G. (1967). Changes in arable weed infestation with modern crop husbandry techniques. Abstract 6th International Congress of Plant Protection, pp.167 – 168. Vienna.

Bais, H. P., Vepachedu, R., Gilroy, S., Callaway, R. M. and Vivanco, J. M. (2003). Allelopathy and exotic plants: from genes to invasion. *Science* **301**: 1377 – 1380.

Baker, H. G. (1937). Alluvial meadows: a comparative study of grazed and mown meadows. *Journal of Ecology* **25**: 408 – 420.

Baker, H. G. (1954). Report of a paper presented at a meeting of the British Ecological Society. *Journal of Ecology*

42：571.

Baker，H. G. (1955). Self-incompatibility and establishment after "long-distance" dispersal. *Evolution* **9**：347 – 349.

Baker，H. G. (1965). Characteristics and modes of origin of weeds. In：*The Genetics of Colonizing Species*. eds. H. G. Baker and G. L. Stebbins. pp.141 – 172. London：Academic Press.

Baker，H. G. (1974). The evolution of weeds. *Annual Review of Ecology and Systematics* **5**：1 – 24.

Baker，A. J. M. (1987). Metal tolerance. *New Phytologist* **106**：93 – 111.

Baker，A. J. (ed.) (2000). *Molecular Methods in Ecology*. Oxford：Blackwell Science.

Baker，A. J. M. and Proctor，J. (1990). The influence of cadmium，copper，lead and zinc on the distribution and evolution of metallophytes in the British Isles. *Plant Systematics and Evolution* **173**：91 – 108.

Baker，A. J. M.，Grant，C. J.，Martin，M. H.，Shaw，S. C. and Whitbrook，J. (1986). Induction and loss of cadmium tolerance in *Holcus lanatus* L. and other grasses. *New Phytologist* **102**：575 – 587.

Bakker，J. P and Londo，G. (1998). Grazing for conservation management in historical perspective. In：*Grazing and Conservation Management*. eds. M. F. Wallis de Vries，J. P. Bakker and S. E. Van Wieren. pp.23 – 54. Dordrecht：Kluwer Academic Press.

Baldoni，L.，*et al*. (2006). Genetic structure of wild and cultivated olives in the central Mediterranean basin. *Annals of Botany* **98**：935 – 942.

Balée，W. (1987). Cultural forests of the Amazon. *Garden* **11**：12 – 14.

Balée，W. (1989). The culture of Amazonian forests. *Advances in Economic Botany* **7**：1 – 21.

Balmford，A.，*et al*. (2002). Ecology-economic reasons for conserving wild nature. *Science* **297**：950 – 953.

Balter，M. (2007). Seeking agriculture's ancient roots. *Science* **316**：1830 – 1835.

Barnett，T. P.，*et al*. (2008). Human-induced changes in the hydrology of the western United States. *Science* **319**：1080 – 1083.

Baron，J. S.，*et al*. (2002). Meeting ecological and societal needs for freshwater. *Ecological Applications* **12**：1247 – 1260.

Barrett，S. C. H. (1983). Crop mimicry in weeds. *Economic Botany* **37**：255 – 282.

Barrett，S. C. H. (2000). Microevolutionary influences of global changes on plant invasions. In：*Invasive Species in a Changing World*. eds. H. A Mooney and R. J. Hobbs. pp.115 – 139. Washington，DC：Island Press.

Barrow，C. J. (1991). *Land Degradation*. Cambridge：Cambridge University Press.

Baskin，L. M. (1998). Hunting of game mammals in the Soviet Union. In：*Conservation of Biological Resources*. eds. E. J. Milner-Gulland and R. Mace. pp.331 – 345. Oxford：Blackwell.

Bates，J. W. (2002). Effects on bryophytes and lichens. In：*Air Pollution and Plant life*，2nd edn. eds. J. N. B. Bell and M. Treshow，pp.309 – 342. London：Wiley.

Bateson，W. (1913). *Problems of Genetics*. London：Oxford University Press and New Haven，CN：Yale University Press.

Baucom，R. S. and Mauricio，R. (2004). Fitness costs and benefits of novel herbicide tolerance in a noxious weed. *Proccedings of the National Academy of Sciences*，USA **101**：13386 – 13390.

Baucom，R. S.，Estill，J. C. and Cruzan，M. B. (2005). The effect of deforestation on the genetic diversity and structure in *Acer saccharum* (Marsh)：evidence for the loss and restructuring of genetic variation in a natural system. *Conservation Genetics* **6**：39 – 50.

Baumel，A.，*et al*. (2003). Genetic evidence for hybridization between the native *Spartina maritima* and the introduced *Spartina alterniflora* (Poaceae) in South-West France：*Spartina* × *neyrautii* re-examined. *Plant Systematics and Evolution* **237**：87 – 97.

Bawa，K. S.，*et al*. (2004). Tropical ecosystems into the 21st century. *Science* **306**：227 – 228.

Bean, W. J (1970). *Trees and Shrubs Hardy in the British Isles*, 8th edn. Vol. IV, pp.360 - 363. London: John Murray.

Bean, W. J. (1976). *Trees and Shrubs Hardy in the British Isles*, 8th revised edn. N-Rh, Vol. III. London: John Murray.

Beebee, T. and Rowe, G. (2004). *An Introduction to Molecular Ecology*. Oxford: Oxford University Press.

Beerli, P. and Felsenstein, J. (1999). Maximum-likelihood estimation of migration rates and effective population numbers in two populations using a coalescent approach. *Genetics* **152**: 763 - 773.

Begon, M. (1984). Density and individual fitness: asymmetric competition. In: *Evolutionary Ecology*. 23rd Symposium of the British Ecological Society. ed. B. Shorrocks. pp.175 - 194. Oxford: Blackwell Scientific.

Behling, H., Pillar, V. D., Müller, S. C. and Overbeck, G. E. (2007). Late-Holocene fire history in a forest-grassland mosaic in southern Brazil: implications for conservation. *Applied Vegetation Science* **10**: 81 - 90.

Beier, P. and Noss, R. F. (1998). Do habitat corridors provide connectivity? *Conservation Biology* **12**: 1241 - 1252.

Bekessy, S. A., Ennos, R. A., Burgman, M. A., Newton, A. C. and Ades, P. K. (2003). Neutral DNA markers fail to detect genetic divergence in an ecologically important trait. *Biological Conservation* **110**: 267 - 275.

Bekessy, S. A., *et al*. (2004). Monkey Puzzle Tree (*Araucaria araucana*) in Southern Chile: effects of timber and seed harvest, volcanic activity and fire. In: *Species Conservation and Management*. eds. H. R. Akçakaya, *et al*., pp.48 - 63. New York: Oxford University Press.

Bell, J. N. B. (1985). SO₂ effects on the productivity of grass species. In: *Sulfur Dioxide and Vegetation*. eds. W. E. Winner, H. A. Mooney and R. A. Goldstein. pp.209 - 226. Stanford: Stanford University Press.

Bell, R. (1987). Conservation with a human face. In: *Conservation in Africa, People, Policies and Practice*. eds. D. Anderson and R. Grove. pp.63 - 101. Cambridge: Cambridge University Press.

Bell, G. (1997). *Selection. The Mechanism of Evolution*. Oxford and New York: Oxford University Press.

Bell, J. N. B. and Clough, W. S. (1973). Depression of yield in ryegrass exposed to sulphur dioxide. *Nature* **241**: 47 - 49.

Bell, J. N. B. and Mudd, C. H. (1976). Sulphur dioxide resistance in plants: a case study of *Lolium perenne*. In: *Effects of Air Pollutants on Plants*. ed. T. A. Mansfield. pp. 87 - 103. Cambridge: Cambridge University Press.

Bell, J. N. B. and Treshow, M. (2002). *Air Pollution and Plant Life*, 2nd edn. Chichester and New York: Wiley.

Bell, J. N. B., Ashmore, M. R. and Wilson, G. B. (1991). Ecological genetics and chemical modification of the atmosphere. In: *Ecological Genetics and Air Pollution*. eds. G.E. Taylor, L. F. Pitelka and M. T. Clegg. pp.33 - 59. New York: Springer Verlag.

Bell, T. J., Bowles, M. L. and McEachern, K. A. (2003). Projecting the success of plant population restoration with population viability analysis. In: *Population Viability in Plants: Conservation Management and Modelling Rare Plants*. eds. C. A. Brigham and M. W. Schwartz. pp.313 - 348. Berlin: Springer Verlag.

Belzer N. F. and Ownbey, M. (1971). Chromatographic comparison of Tragopogon species and hybrids. *American Journal of Botany* **58**: 791 - 802.

Ben-Kalio, V. D. and Clarke, D. D. (1979). Studies on tolerance in wild plants: effects of *Erysiphe fischeri* on the growth and development of *Senecio vulgaris*. *Physiological Plant Pathology* **14**: 203 - 211.

Bennett, K. D. (1995). Post-glacial dynamics of pine (*Pinus sylvestris*) and pinewoods in Scotland. In: *Our Pinewood Heritage*. ed. J. R. Aldhous. pp.22 - 39. Forestry Commission/RSPB/SNH.

Bennett, K. D. (1997). *Evolution and Ecology: The Pace of Life*. Cambridge: Cambridge University Press.

Bennington, C. C. and McGraw, J. B. (1995). Natural selection and ecotypic variation in *Impatiens pallida*. *Ecological Monographs* **65**: 303 - 323.

Berrang, P., Karnosky, D. F. and Bennett, J. P. (1988). Natural selection for ozone tolerance in *Populus tremuloides*, field verification. *Canadian Journal of Forest Research* **19**: 519 - 522.

Berrang, P., Karnosky, D. F. and Bennett, J. P. (1991). Natural selection for ozone tolerance in *Populus tremuloides*, an evaluation of nationwide trends. *Canadian Journal of Forest Research* **21**: 1091 - 1097.

Berry, R. J. (1977). *Inheritance and Natural History*. London: Collins.

Berry, A. (2002). *Infinite Tropics: An Alfred Russel Wallace Anthology*. London and New York: Verso.

Besnard, G., *et al.* (2007). On the origin of the invasive olives (*Olea europaea* L., Oleaceae). *Heredity* **99**: 608 – 619.

Bhatti, J. S., *et al.* (2006). *Climate Change and Managed Ecosystems*. Boca Raton, FL: Taylor and Francis.

Bidin, A. (1991). The role of the Fernarium as a sanctuary for the conservation of threatened and rare ferns, with particular reference to Malaysia. In: *Tropical Botanic Gardens: Their Role in Conservation and Development*. eds. V. H. Heywood and P. S. Wyse Jackson. pp.223 – 239. London: Academic Press.

Bierregaard, R. O. Jr., Gascon, C., Lovejoy, T. E. and Mesquita, R. C. G. (2001). *Lessons from Amazonia*. New Haven, CT and London: Yale University Press.

Biever, C. (2005). Will Google help save the planet. *New Scientist*, 13 August 2005.

Bijlsma, R., Ouborg, N. J. and van Treuren, R. (1994). On genetic erosion and population extinction in plants: a case-study with Scabiosa columbaria and Salvia pratensis. In: *Conservation Genetics*. eds. V. Loeschcke, J. Tomiuk and S. K. Jain. pp.255 – 271. Basel: Birkhäuser.

Billington, H. L. (1991). Effects of population size on genetic variation in a dioecious conifer. *Conservation Biology* **5**: 115 – 119.

Binggeli, P. (1996). A taxonomic, biogeographical and ecological overview of invasive woody plants. *Journal of Vegetation Science* **7**: 121 – 124.

Birks, H. J. B. (2005). Mind the gap: how open were European primeval forests. *Trends in Ecology and Evolution* **20**: 154 – 156.

Birney, E., *et al.* (2007). Identification and analysis of functional elements in 1% of the human genome by the ENCODE pilot project. *Nature* **447**: 799 – 816.

Birt, T. P. and Baker, A. J. (2000). Polymerase chain reaction. In: *Molecular Methods in Ecology*. ed. E. A. J. Baker. pp.50 – 64. Oxford: Blackwell Science.

Bishop, J. A. and Cook, L. M. (1981). *Genetic Consequences of Man Made Change*. London: Academic Press.

Black-Samuelsson, S., Eriksson, G., Gustafsson, L. and Gustafsson, P. (1997). RAPD and morphological analysis of the rare plant species *Vicia pisiformis* (Fabaceae). *Biological Journal of the Linnean Society* **61**: 325 – 343.

Bland, M. (1987). *An Introduction to Medical Statistics*. Oxford: Oxford University Press.

Blatter, E. and Millard, W. S. (1993). *Some Beautiful Indian Trees*. Bombay: Bombay Natural History Society and Oxford University Press.

Blaxter, K. and Robertson, N. (1995). *From Dearth to Plenty: The Modern Revolution in Food Production*. Cambridge: Cambridge University Press.

Bleeker, W. and Hurka, H. (2001). Introgressive hybridization in *Rorippa* (Brassicaceae): gene flow and its consequences in natural and anthropogenic habitats. *Molecular Ecology* **10**: 2013 – 2022.

Boecklen, W. J. (1986). Optimal-design of nature reserves: consequences of genetic drift. *Biological Conservation* **38**: 323 – 338.

Bohrer, V. L. (1972). On the relations of harvest methods for recognizing animal domestication in the Near East. *Economic Botany* **26**: 145 – 155.

Bollinger, M. (1989). *Odontites lanceolata* (Gaudin) Reichenbach: ein formenreicher Endemit der Westalpen. *Botanische Jahrbücher für Systematik* **111**: 1 – 28.

Bond, W. J. and Midgley, J. J. (2001). Ecology of sprouting in woody plants: the persistence niche. *Trends in Ecology and Evolution* **16**: 45 – 51.

Bootsma, M. C., Van Den Broek, T., Barendregt, A. and Beltman, B. (2002). Rehabilitation of acidified floating fens by addition of buffered surface water. *Restoration Ecology* **10**: 112 – 121.

Boserup, E. (1965). *The Conditions of Agricultural Growth*. London: Allen and Unwin.

Bossard, C. C., Randall, J. M. and Hoshovsky, M. C. (2000). *Invasive Plants of California's Wildlands*. Berkeley, CA: University of California Press.

Bossart, J. L. and Prowell, D. P. (1998). Genetic estimates of population structure and gene flow: limitations, lessons and new directions. *Trends in Ecology and Evolution* **13**: 202 - 206.

Bossdorf, O., Auge, H., Lafuma, L., Rogers, W. E., Siemann, E. and Prati, D. (2005). Phenotypic and genetic differentiation in native versus introduced plant populations. *Oecologia* **144**: 1 - 11.

Bossuyt, B. and Hermy, M. (2003). The potential of soil seedbanks in the ecological restoration of grassland and heathland communities. *Belgian Journal of Botany* **136**: 23 - 34.

Boulos, L. and el-Hadidi, M. Nabil (1984). *The Weed Flora of Egypt*. American University of Cairo Press.

Bowers, J. E., Chapman, B. A., Rong, J. K. and Paterson, A. H. (2003). Unravelling angiosperm genome evolution by phylogeneic analysis of chromosomal duplication events. *Nature* **422**: 433 - 438.

Bowes, G. (1996). Photosynthetic responses to changing atmospheric carbon dioxide concentration. In: *Photosynthesis and the Environment*. ed. N.R. Baker. pp.387 - 407. Dordrecht: Kluwer.

Bowles, M. L. and Whelan, C. J. (1994). *Restoration of Endangered Species: Conceptional Issues, Planning and Implementation*. Cambridge: Cambridge University Press.

Bowman, D. M. J. S. (1998). The impact of Aboriginal landscape burning on the Australian biota: Aboriginal fires in Australia. *New Phytologist* **140**: 385 - 410.

Box, J. F. (1978). *R. A. Fisher: The Life of a Scientist*. New York and Chichester: Wiley.

Box, G. E. P. (1979). Some problems of statistics and everyday life. *Journal of the American Statistical Association* **74**: 1 - 4.

Boyce, M. S. (1989). *The Jackson Elk Herd*. Cambridge: Cambridge University Press.

Boyle, C. M. (1960). Case of apparent resistance of Rattus norvegicus Berkenhout to anticoagulant poisons. *Nature* **188**: 517.

Brack, W., Klamer, H. J. C., de Ada, M. L. and Barcelo, D. (2007). Effect-directed analysis of key toxicants in European river basins: a review. *Environmental Science and Pollution Research* **14**: 30 - 38.

Bradford, J. B. and Hobbs, N. T. (2008). Regulating overabundant ungulate populations: an example for elk in Rocky Mountain National Park. *Journal of Environmental Management* **86**: 520 - 528.

Bradley, N. L., Leopold, A. C., Ross, J. and Huffaker, W. (1999). Phenological changes reflect climate change in Wisconsin. *Proceedings of the National Academy of Science*, USA **96**: 9701 - 9704.

Bradshaw, A. D. (1952). Populations of Agrostis tenuis resistant to lead and zinc poisoning. *Nature* **169**: 1089.

Bradshaw, A. D. (1959a). Population differentiation in *Agrostis tenuis* Sibth. Ⅰ. Morphological differentiation. *New Phytologist* **58**: 208 - 227.

Bradshaw, A. D. (1959b). Studies of variation in Bent Grass species. Ⅱ. Variation within *Agrostis tenuis*. *Journal of the Sports Turf Research Institute* **35**: 6 - 12.

Bradshaw, A. D. (1960). Population differentiation in *Agrostis tenuis* Sibth. Ⅲ. Populations in varied environments. *New Phytologist* **59**: 92 - 103.

Bradshaw, M. E. (1963a). Studies on *Alchemilla filicaulis* Bus., sensu lato and *A. minima* Walters. Ⅰ. Introduction and morphological variation in *Alchemilla filicaulis*, sensu lato. *Watsonia* **5**: 304 - 320.

Bradshaw, M. E. (1963b). Studies on *Alchemilla filicaulis* Bus., sensu lato and *A. minima* Walters. Ⅱ. Cytology of *Alchemilla filicaulis* Bus., sensu lato. *Watsonia* **5**: 321 - 326.

Bradshaw, M. E. (1964). Studies on *Alchemilla filicaulis* Bus., sensu lato and *A. minima* Walters. Ⅲ. *Alchemilla minima*. *Watsonia* **6**: 76 - 81.

Bradshaw, A. D. (1965). Evolutionary significance of phenotypic plasticity in plants. *Advances in Genetics* **13**: 115 – 155.

Bradshaw, A. D. (1971). Plant evolution in extreme environments. In: *Ecological Genetics and Evolution*. ed. E. R. Creed. pp.20 – 50. Oxford: Blackwell.

Bradshaw, A. D. (1976). Pollution and evolution. In: *Effects of Air Pollutants on Plants*. ed. T. A. Mansfield. pp.135 – 159. Cambridge: Cambridge University Press.

Bradshaw, A. D. (1984a). The importance of evolutionary ideas in ecology and vice versa. In: *Evolutionary Ecology*. ed. B. Sharrocks. pp.1 – 25. Oxford: Blackwell.

Bradshaw, A. D. (1984b). Adaptations of plants to soils containing heavy metals: a test for conceit. In: *Origins and Developments of Adaptation*. eds. D. Evered and G. M. Collins. pp.4 – 19. London: CIBA.

Bradshaw, A. D. (1987). The reclamation of derelict land and the ecology of ecosystems. In: *Restoration Ecology*. eds. W. R. Jordan Ⅲ, M. E. Gilpin and J. D. Aber. pp.53 – 74. Cambridge: Cambridge University Press.

Bradshaw, A. D. and Chadwick, M. J. (1980). *The Restoration of Land*. Oxford: Blackwell.

Bradshaw, W. E. and Holzapfel, C. M. (2001). Genetic shift in photoperiodic response correlated with global warming. *Proceeding of the National Academy of Sciences*, USA **98**: 14509 – 14511.

Bradshaw, A. D. and McNeilly, T. (1981). *Evolution and Pollution*. London: Edward Arnold.

Bradshaw, A. D. and McNeilly, T. (1991). Evolutionary response to global climate change. *Annals of Botany (London)* **67**: 5 – 14.

Bradshaw, A. D., McNeilly, T. S. and Gregory, R. P. G. (1965). Industrialization, evolution and development of heavy metal tolerance in plants. In: *Ecology and the Industrial Society*. eds. G. T. Goodman, R. W. Edwards and J. M. Lambert. pp.327 – 343. Oxford: Blackwell.

Bradshaw, A. D., McNeilly, T. and Putwain, P. D. (1990). The essential qualities. In: *Heavy Metal Tolerance in Plants: Evolutionary Aspects*. ed. A. J. Shaw. pp.323 – 334. Boca Raton, FL: CRC Press.

Brasier, C. M. and Gibbs, J. N. (1973). Origin of the Dutch elm disease epidemic in Britain. *Nature* **242**: 607 – 609.

Brasier, C. M., Rose, J. and Gibbs, J. N. (1995). An unusual Phytophthora associated with widespread alder mortality in Britain. *Plant Pathology* **44**: 999 – 1007.

Brasier, C. M., Kirk, S. A., Pipe, N. D. and Buck, K. W. (1998). Rare interspecific hybrids in natural populations of the Dutch elm disease pathogens *Ophiostoma ulmi* and *O. novo-ulmi*. *Mycological Research* **102**: 45 – 57.

Brasier, C. M., Cooke, D. E. L. and Duncan, J. M. (1999). Origin of a new Phytophthora pathogen through interspecific hybridization. *Proceedings of the National Academy of Sciences*, USA **96**: 5878 – 5883.

Breese, E. L. and Tyler, B. F. (1986). Patterns of variation and the underlying genetic and cytological architecture in grasses with particular reference to Lolium. In: *Infraspecific Classification of Wild and Cultivated Plants*. ed. B. T. Styles. pp.53 – 69. Oxford: Clarendon Press.

Brehm, B. G. and Ownbey, M. (1965). Variation in chromatographic patterns in the Tragopogon dubius-pratensis-porrifolius complex. *American Journal of Botany* **52**: 811 – 818.

Brennan, J. P. M. (1977). Recent technical advances in modern botanic gardens. In: *Technical Advances in Modern Botanic Gardens*. Abstracts of papers for meeting 23 June 1977 at Royal Botanic Garden, Kew. pp.5 – 6. London: Ministry of Agriculture, Fisheries and Food.

Brennan, A. C., Harris, S. A. and Hiscock, S. J. (2005). Modes and rates of selfing and associated inbreeding depression in the self-incompatible plant *Senecio squalidus* (Asteraceae): successful colonizing species in the British Isles. *New Phytologist* **168**: 475 – 486.

Breton, C., *et al*. (2005). Olives. In: *Crop Ferality and Volunteerism*. ed. J. Gressel. pp.233 – 234. Boca Raton, FL: Taylor and Francis.

Brevillé, A., *et al*. (2005). Issues of ferality or potential for ferality in oats, olives, the Vigna group, ryegrass species, sunflowers, and sugarcane. In: *Crop Ferality and Volunteerism*. ed. J. Gressel. pp.231 – 255. Boca Raton, FL: Taylor and Francis.

Bridges, C. B. (1914). Direct proof through non-disjunction that the sex-linked genes of Drosophila are borne by the X-chromosome. *Science*, *NY* **40**: 107 – 109.

Bridges, C. B. (1916). Non-disjunction as proof of the chromosome theory of heredity. *Genetics*, *Princeton* **1**: 1 – 52, 107 – 163.

Briggs, D. (1978). Genecological studies of salt tolerance in groundsel (*Senecio vulgaris* L.) with particular reference to roadside habitats. *New Phytologist* **81**: 381 – 389.

Briggs, L. (1985). Echium: curse or salvation. In: *Pests and Parasites as Migrants*. eds. A. Gibbs and R. Meischke. pp.152 – 159. Cambridge: Cambridge University Press.

Briggs, D. and Block, M. (1992). Genecological studies of groundsel (*Senecio vulgaris* L.). Ⅰ. The maintenance of population variation in the Cambridge University Botanic Garden. *New Phytologist* **121**: 257 – 266.

Briggs, D. and Walters, S. M. (1997). *Plant Variation and Evolution*, 3rd edn. Cambridge: Cambridge University Press.

Briggs, D., Hodkinson, H. and Block, M. (1991). Precociously developing individuals in populations of chickweed (*Stellaria media* (L.) Vill.) from different habitat types, with special reference to the effects of weed control measures. *New Phytologist* **117**: 153 – 164.

Briggs, D., Block, M., Fulton, E. and Vinson, S. (1992). Genecological studies of groundsel (*Senecio vulgaris* L.). Ⅱ. Historical evidence for weed control and gene flow in the Cambridge University Botanic Garden. *New Phytologist* **121**: 267 – 279.

Broadley, M. R., White, P. J., Hammond, J. P., Zelko, I. and Lux, A. (2007). Zinc in plants. *New Phytologist* **173**: 677 – 702.

Brockie, R. E., Loope, L. L., Usher, M. B. and Hamann, O. (1988). Biological invasions of island nature reserves. *Biological Conservation* **44**: 9 – 36.

Brockway, L. H. (1979). *Science and Colonial Expansion: The Role of the British Royal Botanic Gardens*. London: Academic Press.

Broembsen, S. L.von (1989). Invasions of natural ecosystems by plant pathogens. In: *Biological Invasions: A Global Perspective*. eds. J. A. Drake, H. A. Mooney, F. diCastri, *et al*. pp.77 – 83. Chichester: Wiley.

Brooks, R. R. (ed.) (1998). *Plants that Hyperaccumulate Heavy Metals*. Wallingford, UK and New York: CAB International.

Brooks, R. R. and Malaisse, F. (1985). *The Heavy Metal Tolerant Flora of Southcentral Africa*. Rotterdam: Balkema.

Broome, J. (2008). The ethics of climate change: pay now or pay later? *Scientific American* **298**: 68 – 73.

Brown, A. H. D. and Burdon, J. J. (1983). Multilocus diversity in an outbreeding weed, *Echium plantagineum* L. *Australian Journal of Biological Sciences* **36**: 503 – 509.

Brown, E. and Crosby, M. L. (1906). *Imported low-grade clover and alfalfa seed*. Washington, DC: United States Department of Agriculture, Bureau of Plant Industry, Report 311, pp.17 – 30.

Brown, A. H. D. and Marshall, D. R. (1981). Evolutionary changes accompanying colonization in plants. In: *Evolution Today*. eds. G. G. Scudder and J. I. Reveal. pp. 351 – 363. Pittsburgh, PA: Hunt Institute for Botanical Documentation.

Brown, J. H., Curtin, C. G. and Braithwaite, R. W. (2003). Management of the semi-natural matrix. In: *How Landscapes Change: Human Disturbance and Ecosystem Fragmentation in the Americas*. eds. G. A. Bradshaw and P. A. Marquet. pp.327 – 342. Berlin: Springer-Verlag.

Bruelheide, H. and Flintrop, T. (2000). Evaluating the transplantation of a meadow in the Harz Mountains, Germany.

Biological Conservation **92**: 109 – 120.

Bruford, M. W. and Saccheri, I. J. (1998). DNA fingerprinting with VNTR sequences. In: *Molecular Tools for Screening Biodiversity*. eds. A. Karp, P. G. Isaac and D. S. Ingram. pp.99 – 108. London: Chapman and Hall.

Bruner, A. G., Gullison, R. E. and Balmford, A. (2004). Financial costs and shortfalls of managing and expanding protected-area systems in developing countries. *Bioscience* **54**: 119 – 1126.

Brunn, H. H. and Fitzb. ger, B. (2002). The past impact of livestock husbandry on dispersal of plant seeds in the landscape of Denmark. *Ambio* **31**: 425 – 431.

Brussard, P. F. (1997). A paradigm in conservation biology. *Science* **277**: 527 – 528.

Bryant, G. (ed.) (1998). *Botanica*. North Shore City, New Zealand: Bateman.

Budiansky, S. (1995). *Nature's Keepers. The New Science of Nature Management*. London: Weidenfeld and Nicolson.

Buggs, R. J. A. (2007). Empirical studies of hybrid zone movement. *Heredity* **99**: 301 – 312.

Bullock, W. L. and Samways, M. J. (2005). Conservation of flower-arthropod associations in remnant African grassland corridors in an afforested pine mosaic. *Biodiversity and Conservation* **14**: 3093 – 3103.

Burdekin, D. (1979). Beetle and fungus: the unholy alliance. In: *After the Elm ...* eds. B. Clouston and K. Stansfield. pp.65 – 79. London: Heinemann.

Burdon, J. J. and Brown, A. H. D. (1986). Population genetics of *Echium plantagineum* L.: target weed for biological control. *Australian Journal of Biological Sciences* **39**: 369 – 378.

Burdon, J. J., Marshall, D. R. and Groves, R. H. (1980). Isozyme variation in *Chondrilla juncea* L. in Australia. *Australian Journal of Botany* **28**: 193 – 198.

Burger, J., Kirchner, M., Bramanti, B., Haak, W. and Thomas, M. G. (2007). Absence of the lactase-persistence-associated allele in early Neolithic Europeans. *Proceedings of the National Academy of Sciences*, USA **104**: 3736 – 3741.

Burgman, M. and Possingham, H. (2000). Population viability analysis for conservation: the good, the bad and the undescribed. In: *Genetics, Demography and Viability of Fragmented Populations*. eds. A. G. Young and G. M. Clarke. pp.97 – 112. Cambridge: Cambridge University Press.

Burke, J. M. and Rieseberg, L. H. (2003). Fitness effects of transgenic disease in sunflowers. *Science* **300**: 1250.

Burke, J. M., Bulger, M. R., Wesselingh, R. A. and Arnold, M. L. (2000). Frequency and spatial patterning of clonal reproduction in Louisiana Iris hybrid populations. *Evolution* **54**: 137 – 144.

Bush, E. J. and Barrett, S. C. H. (1993). Genetics of mine invasions by *Deschampsia cespitosa* (Poaceae). *Canadian Journal of Botany — Revue Canadienne de Botanique* **71**: 1336 – 1348.

Butynski, T. M. and Kalina, J. (1998). Gorilla tourism: a critical look. In: *Conservation of Biological Resources*. eds. E. J. Milner-Gulland and R. Mace. pp.294 – 313. Oxford: Blackwell.

Butzer, K. W. (1992). The Americas before and after 1492: an introduction to current geographical research. *Annals of the Association of American Geographers* **82**: 345 – 368.

Byers, D. L. and Meagher, T. R. (1992). Mate availability in small populations of plant species with homomorphic sporophytic self-incompatibility. *Heredity* **68**: 353 – 359.

Byers, D. L. and Waller, D. M. (1999). Do plant populations purge their genetic load? Effects of population size and mating history on inbreeding depression. *Annual Review of Ecology and Systematics* **30**: 479 – 513.

Byers, D. L., Warsaw, A. and Meagher, T. R. (2005). Consequences of prairie fragmentation on the progeny sex ratio of the gynodioecious species, *Lobelia spicata* (Campanulaeae). *Heredity* **95**: 69 – 75.

Cabeza, M. and Moilanen, A. (2001). Design of reserve networks and the persistence of biodiversity. *Trends in Ecology and Evolution* **16**: 242 – 248.

Cairns, J. (1998). Ecological restoration. In: *Encyclopedia of Ecology and Environmental Management*. ed. P. Calow.

pp.217 - 219. Oxford: Blackwell.

Caldwell, L. K. (1996). Scientific assumptions and misplaced certainty in natural resources and environmental problem solving. In: *Scientific Uncertainty and Environmental Problem Solving*. ed. J. Lemons. pp.394 - 421. Cambridge, MA: Blackwell.

Calero, C., Ibáñez, O., Mayol, M. and Rosselló, J. A. (1999). Random amplified polymorphic DNA (RAPD) markers detect a single phenotype in *Lysimachia minoricensis* J. J. Rodr. (Primulaceae), a wild extinct plant. *Molecular Ecology* **8**: 2133 - 2136.

Callaway, R. M. and Aschehoug, E. T. (2000). Invasive plants versus their new and old neighbours: a mechanism for exotic invasion. *Science* **290**: 521 - 523.

Callaway, R. M., Kikvidze, Z. and Kikodze, D. (2000). Facilitation by unpalatable weeds may conserve plant diversity in overgrazed meadows in the Caucasus Mountains. *Oikos* **89**: 275 - 282.

Callicott, J. B. (1991). The wilderness idea revisited: the sustainable development alternative. Paper reprinted in *Reflecting on Nature*. eds. L. Gruen and D. Jamieson (1994). pp.252 - 265. New York: Oxford University Press.

Callicott, J. B. and Nelson, M. P. (1998). *The Great New Wilderness Debate*. Athens, GA: University of Georgia Press.

Campbell, A. H. (1965). Elementary food production by Australian aborigines. *Mankind* **6**: 206 - 211.

Campbell, J. E. and Gibson, D. J. (2001). The effect of seeds of exotic species transported via horse dung on vegetation along trail corridors. *Plant Ecology* **157**: 23 - 35.

Carpenter, R. A. (1996). Uncertainty in managing ecosystems sustainably. In: *Scientific Uncertainty and Environmental Problem Solving*. ed. J. Lemons. pp.118 - 159. Cambridge, MA: Blackwell.

Carr, G. W. (1993). Exotic flora of Victoria and its impact on the indigenous biota. In: *Flora of Victoria*, Vol.1. eds. D. B. Foreman and N. G. Walsh. pp.256 - 297. Melbourne, Australia: Inkata Press.

Carroll, S. P. and Dingle, H. (1996). The biology of post-invasion events. *Biological Conservation* **78**: 207 - 214.

Carroll, S. P., Klassen, S. P. and Dingle, H. (1998). Rapidly evolving adaptations to host ecology and nutrition in the soapberry bug. *Evolutionary Ecology* **12**: 955 - 968.

Carson, R. (1962). *Silent Spring*. London: Hamish Hamilton.

Cavers, P. B. and Harper, J. L. (1964). Biological Flora of the British Isles. No. 98. *Rumex obtusifolius* L. and *Rumex crispus* L. *Journal of Ecology* **52**: 737 - 766.

Cavers, P. B. and Harper, J. L. (1966). Germination polymorphism in *Rumex crispus* and *Rumex obtusifolius*. *Journal of Ecology* **54**: 367 - 382.

Cavers, P. B. and Harper, J. L. (1967a). Studies in the dynamics of plant populations. I . The fate of seeds and transplants introduced into various habitats. *Journal of Ecology* **55**: 59 - 71.

Cavers, P. B. and Harper, J. L. (1967b). The comparative biology of closely related species living in the same area. IX. *Rumex*: the nature of the adaptation to a sea-shore habitat. *Journal of Ecology* **55**: 73 - 82.

Ceballos, G. and Ehrlich, P. R. (2006). Global mammal distributions, biodiversity hotspots, and conservation. *Proceedings of the National Academy of Sciences*, USA **103**: 19374 - 19379.

Chamberlin, T. C. (1897). The method of multiple working hypotheses. *Journal of Geology* **5**: 837 - 848.

Chambers, J. Q., van Eldik, T., Southon, J. and Higichi, N. (2001). Tree age structure in tropical forests of central Amazonia. In: *Lessons from Amazonia: The Ecology and Conservation of a Fragmented Forest*. eds. R. O. Bierregaard Jr., C. Gascon, T. E. Lovejoy and R. C. G. Mesquita. pp.68 - 78. New Haven, CT and London: Yale University Press.

Chancellor, R. J. (1985). Changes in the weed flora of an arable field cultivated for 20 years. *Journal of Applied Ecology* **22**: 491 - 501.

Chang, T. T. (1995). Rice. In: *Evolution of Crop Plants*, 2nd edn. eds. J. Smartt and N. W. Simmonds. pp.147 - 155.

Harlow, UK: Longman.

Changnon, S. A. and Changnon, J. M. (1996). History of the Chicago Diversion and future implications. *Journal of the Great Lakes Research* **22**: 100 – 118.

Chaplin, F. S. and Shaver, G. R. (1996). Physiological and growth responses of arctic plants to a field experiment simulating climate change. *Ecology* **77**: 822 – 840.

Chapman, M. A. and Burke, J. M. (2006). Letting the gene out of the bottle: the population genetics of genetically modified crops. *New Phytologist* **170**: 429 – 443.

Chapman, M. A. and Burke, J. M. (2007). Genetic divergence and hybrid speciation. *Evolution* **61**: 1773 – 1780.

Chappelka, A., Renfro, J., Somers, G. and Nash, B. (1997). Evaluation of ozone injury on foliage of black cherry (*Prunus serotina*) and tall milkweed (*Asclepias exaltata*) in Great Smoky Mountains National Park. *Environmental Pollution* **95**: 13 – 18.

Charadattan, R. and DeLoach, C. J. Jr. (1988). Management of pathogens and insects for weed control in agroecosystems. In: *Weed Management in Agroecosystems*. eds. M. A. Altieri and M. Liebman. pp.245 – 264. Boca Raton, FL: CRC Press.

Charles, A. H. (1966). Variation in grass and clover populations in response to agronomic selection pressures. *Proceedings of the 10th International Grassland Congress Helsinki*. pp.625 – 629.

Charlesworth, D. and Charlesworth, B. (1987). Inbreeding depression and its evolutionary consequences. *Annual Review of Ecology and Systematics* **18**: 237 – 268.

Chase, M. W. and Hillis, H. H. (1991). Silica gel: an ideal material for field preservation of leaf samples for DNA studies. *Taxon*: 215 – 220.

Chauvel, B. (1991). Polymorphism et selection pour la résistance aux urées substituées chez *Alopecurus myosuroides* Huds. Ph.D. thesis, University of Paris XI, Orsay, France.

Cheney, J., Navarro, J. N. and Wyse Jackson, P. (2000). *Action Plan for Botanic Gardens in the European Union*. Published by the National Botanic Garden of Belgium for Botanic Gardens Conservation International.

Cheptou, P. O., Carrue, O., Rovifed, S. and Cantarel, A. (2008). Rapid evolution of seed dispersal in an urban environment in the weed *Crepis sancta*. *Proceedings of the National Academy of Sciences*, USA **105**: 3796 – 3799.

Chèvre, A.-M., *et al*. (2004). A review of interspecific gene flow from oilseed rape to wild relatives. In: *Introgression from Genetically Modified Plants into Wild Relatives*. eds. H. C. M. den Nijs, D. Bartsch and J. Sweet. pp.235 – 251. Wallingford: CABI Publishing.

Childe, V. G. (1925). *The Dawn of European Civilisation*. New York: Alfred Knopf.

Childe, V. G. (1952). *New Light on the Most Ancient East*. London: Routledge and Paul.

Chipperfield, H. (1895). Bird sanctuaries in the London Parks. *Nature Notes* **6**: 23 – 25.

Chippindale, H. G. and Milton, W. E. J. (1948). On the viable seeds present in the soil beneath pastures. *Journal of Ecology* **22**: 508 – 531.

Choi, C. (2008). Tierra del Fuego: the beavers must die. *Nature* **453**: 968.

Christiansen, F. B. (1984). The definition and measurement of fitness. In: *Evolutionary Ecology*, 23rd Symposium of the British Ecological Society. ed. B. Shorrocks. pp.65 – 79. Oxford: Blackwell Scientific.

Christopher, A. J. (1984). *Colonial Africa*. London: Croom Helm.

Christopher, T. (2008). Can weeds help solve the climate crisis? *The New York Times*, 29 June 2008.

Clarke, J. (ed.) (1992). *Set-Aside*. Farnham, UK: Monograph No. 50 of the British Crop Protection Council.

Clausen, J. (1951). *Stages in the Evolution of Plant Species*. New York: Cornell University Press.

Clegg, M. T. and Allard, R. W. (1972). Patterns of genetic differentiation in the slender wild oat species *Avena barbata*. *Proceedings of the National Academy of Sciences*, USA **69**: 1820 – 1824.

Clegg, M. T. and Brown, A. H. D. (1983). The founding of plant populations. In: *Genetics and Conservation*. eds. C. M. Schonewald-Cox, S. M. Chambers, B. MacBryde and L. Thomas. pp. 216 – 228. Menlo Park, CA: Benjamin Cummings.

Cleland, C. E. (2001). Historical science, experimental science, and the scientific method. *Geology* **29**: 987 – 990.

Clement, C. R. (1990). Fruit trees and the origin of agriculture in the neotropics. Paper presented at the Second International Congress of Ethnobiology, Yunnan, People's Republic of China.

Clements, F. E. (1916). *Plant Succession: An Analysis of the Development of Vegetation*. Washington, DC: Carnegie Institution of Washington.

Clements, D. R., *et al.* (2004). Adaptability of plants invading North American cropland. *Agriculture Ecosystems and Environment* **104**: 379 – 398.

Cleuren, H. (2001). *Paving the Road for Forest Destruction: Key Actors and Driving Forces of Tropical Deforestation in Brazil, Ecuador and Cameroon*. Leiden Development Studies, New series, Vol. 1. Leiden: Leiden University.

Cloutier, D., Kanashiro, M., Ciampi, A. Y. and Schoen, D. J. (2007). Impact of selective logging on inbreeding and gene dispersal in an Amazonian population of *Carapa guianensis* Aubl. *Molecular Ecology* **16**: 797 – 809.

Coates, D. J. (1988). Genetic diversity and population genetic structure in the rare Chittering grass wattle *Acacia anomala* Court. *Australian Journal of Botany* **36**: 273 – 286.

Cobb, A. H. and Kirkwood, R. C. (2000). *Herbicides and their Mechanisms of Action*. Sheffield: Sheffield Academic Press and Boca Raton, FL: CRC Press.

Cochrane, A. (2004). Western Australia's ex situ program for threatened species: a model integrated strategy for conservation. In: *Ex situ Plant Conservation*. eds. E. O. Guerrant Jr., K. Havens and M. Maunder. pp. 40 – 66. Washington, Covelo and London: Island Press.

Cohen, J. E. (1995). *How Many People Can the Earth Support?* New York: Norton.

Cohen, J. E. (2003). Human population: the next half century. *Science* **302**: 1172 – 1175.

Colbach, N. and Sache, I. (2001). Blackgrass (*Alopecurus myosuroides* Huds.) seed dispersal from a single plant and its consequences on weed infestation. *Ecological Modelling* **139**: 201 – 219.

Cole, C. T. (2003). Genetic variation in rare and common plants. *Annual Review of Ecology and Evolution* **34**: 213 – 237.

Collinge, S. K. (1996). Ecological consequences of habitat fragmentation: implications for landscape architecture and planning. *Landscape and Urban Planning* **36**: 59 – 77.

Coltman, D. W., *et al.* (2003). Undesirable evolutionary consequences of trophy hunting. *Nature* **426**: 655 – 658.

Colwell, R. K. (1994). Human aspects of biodiversity: an evolutionary perspective. In: *Biodiversity and Global Change*. eds. O. T. Solbrig, H. M. van Emden and P. G. W. J. van Oordt. pp. 211 – 224. Wallingford: CAB International.

Comes, H. P. and Kadereit, J. W. (1996). Genetic basis of speed of development in *Senecio vulgaris* var. *vulgaris*, *S. vulgaris* ssp. *denticulatus* (O. F. Muell). P. D. Sell, and *Senecio vernalis* Waldst and Kit. *Heredity* **77**: 544 – 554.

Conrad, S. G. and Radosevich, S. R. (1979). Ecological fitness of *Senecio vulgaris* and *Amaranthus retroflexus* biotypes susceptible or resistant to atrazine. *Journal of Applied Ecology* **16**: 171 – 177.

Conwentz, H. (1914). On national and international protection of nature. *Journal of Ecology* **2**: 109 – 123.

Cook, C. D. K. and Urmi-König, K. (1985). A revision of the genus *Elodea* (Hydrocharitaceae). *Aquatic Botany* **21**: 111 – 156.

Cook, S., Lefèbvre, C. and McNeilly, T. (1972). Competition between metal tolerant and normal plant populations on normal soil. *Evolution* **26**: 366 – 372.

Cook, L. M., Soltis, P. S., Brunsfeld, S. J. and Soltis, D. E. (1998). Multiple independent formations of *Tragopogon tetraploids* (Asteraceae): evidence from RAPD markers. *Molecular Ecology* **7**: 1293 – 1302.

Cooke, H. (1994). Chromosome structure: molecular aspects. In: *The Encyclopedia of Molecular Biology*. ed. J. Kendrew. pp.202 – 205. Oxford: Blackwell Science.

Coombe, D. E. (1956). Notes on some British plants seen in Austria. *Veröff. Geobot. Inst. Zurich* **35**: 128 – 137.

Cooper, N. (2000). How natural is a nature reserve?: an ideological study of British nature conservation landscapes. *Biodiversity and Conservation* **9**: 1131 – 1152.

Corley, M. F. V. and Perry, A. R. (1985). *Scopelophila cataractae* (Mitt.) Broth. In South Wales, new to Europe. *Journal of Bryology* **13**: 323.

Correll, D. S. (1982). *Flora of the Bahamas Archipelago*. Vaduz: Cramer.

Costa, J. T. (2003). Teaching Darwin to Darwin. *Bioscience* **53**: 1030 – 1031.

Costin, B. J., Morgan, K. W. and Young, A. G. (2001). Reproductive success does not decline in fragmented populations of *Leucochrysum albicans* subsp. *albicans* var. *tricolor* (Asteraceae). *Biological Conservation* **98**: 273 – 284.

Cousens, R. and Mortimer, M. (1995). *Dynamics of Weed Populations*. Cambridge: Cambridge University Press.

Cowie, I. D. and Werner, P. A. (1993). Alien plant species invasive in Kakadu National Park, Tropical Northern Australia. *Biological Conservation* **63**: 127 – 135.

Cox, G. W. (1999). *Alien Species in North America and Hawaii*. Washington, DC: Island Press.

Cozzolino, S., Nardella, A. M., Impagliazzo, S., Widmer, A. and Lexer, C. (2006). Hybridization and conservation of Mediterranean orchids: should we protect the orchid hybrids or the orchid hybrid zones? *Biological Conservation* **129**: 14 – 23.

Cranston, D. M. and Valentine, D. H. (1983). Transplant experiments on rare plant species from Upper Teesdale. *Biological Conservation* **26**: 175 – 191.

Crawford, T. J. (1984). What is a population? In: *Evolutionary Ecology*, 23rd Symposium of the British Ecological Society. pp.135 – 173. Oxford: Blackwell.

Crawford, D. J., Brauner, S., Cosner, M. B. and Stuessy, T. F. (1993). Use of RAPD markers to document the origin of the intergeneric hybrid *Margyracaena skottsbergii* (Rosaceae) on the Juan Fernandez Islands. *American Journal of Botany* **80**: 89 – 92.

Crawley, M. J. (1987). What makes a community invasible? *Symposium of the British Ecological Society* **26**: 429 – 453.

Crawley, M. J. (1989). Insect herbivores and plant population dynamics. *Annual Review of Entomology* **34**: 531 – 564.

Crnokrak, P. and Barrett, S. C. H. (2002). Purging the genetic load: a review of the experimental evidence. *Evolution* **56**: 2347 – 2358.

Cronk, Q. C. B. and Fuller, J. L. (1995). *Plant Invaders: The Threat to Natural Ecosystems*. London: Chapman and Hall. Reissued (2001), London and Sterling, VA: Earthspan.

Crooks, K. R. and Sanjayan, M. (eds.) (2006). *Connectivity Conservation*. Cambridge: Cambridge University Press.

Crooks, J. A. and Soulé, M. E. (1999). Lag times in population explosions of invasive species: causes and implications. In: *Invasive Species and Biodiversity Management*. eds. O. T. Sundlund, P. J. Schei. and Å. Viken. pp.103 – 125. Dordrecht, Boston and London: Kluwer.

Crosby, A. W. (1986). *Ecological Imperialism: The Biological Expansion of Europe*, 900 – 1900. Cambridge: Cambridge University Press.

Crosby, A. W. (1994). *Germs, Seeds and Animals: Studies in Ecological History*. New York and London: Sharpe, Armonk.

Crumpacker, D. W., Box, E. O. and Hardin, E. D. (2002). Implications of climatic warming for conservation of native trees and shrubs in Florida. *Conservation Biology* **15**: 1008 – 1020.

Cuguen, J., Arnaud, J.-F., Delescluse, M. and Viard, F. (2004). Crop-wild interaction within *Beta vulgaris* complex: a comparative analysis of genetic diversity between sea beet and weed beet populations within the French sugar beet production area. In: *Introgression from Genetically Modified Plants into Wild Relatives*. eds. H. C. M. den Nijs, D. Bartsch and J. Sweet. pp.183 – 201. Wallingford: CAB International.

Curtis, P. S., *et al*. (1989). Growth and senescence in plant communities exposed to elevated CO_2 concentration on an esturine marsh. *Oecologia* **78**: 20 – 26.

Daehler, C. C. (1998). The taxonomic distribution of invasive angiosperm plants: ecological insights and comparison to agricultural weeds. *Biological Conservation* **84**: 167 – 180.

Daehler, C. C. and Strong, D. R. (1996). Status, prediction and prevention of introduced cordgrass *Spartina* spp.: invasions in Pacific estuaries, USA. *Biological Conservation* **78**: 51 – 58.

Dafni, A. and Heller, D. (1982). Adventive flora of Israel: phytological, ecological and agricultural aspects. *Plant Systematics and Evolution* **140**: 1 – 18.

Daily, G. and Dasgupta, S. (2001). Ecosystem services, concept of. In: *Encyclopedia of Biodiversity*, Vol.2. ed. S. A. Levin. pp.353 – 362. San Diego, CA and London: Academic Press.

Damman, H. and Cain, M. L. (1998). Population growth and viability analyses of the clonal woodland herb *Asarum canadense*. *Journal of Ecology* **86**: 13 – 26.

Darmency, H. (1994). Genetics of herbicide resistance in weeds and crops. In: *Herbicide Resistance in Plants: Biology and Biochemistry*. eds. S. B. PowlesandJ. A. M. Holtum. pp.263 – 298. Boca Raton: Lewis.

Darmency, H. and Gasquez, J. (1981). Inheritance of triazine resistance in *Poa annua*: consequences for population dynamics. *New Phytologist* **89**: 487 – 493.

Darwin, C. (1839). *Journal of Researches into the Geology and Natural History of the Various Countries Visited by H.M.S. Beagle from 1832 to 1836*. London: Henry Colburn.

Darwin, C. (1868). *The Variation of Animals and Plants under Domestication*. London: Murray. Popular Edition 1905.

Darwin, C. (1901). *The Origin of Species by Means of Natural Selection or the Preservation of Favoured Races in the Struggle for Life*. Popular Impression, 6th edn. London: John Murray.

Darwin, C. (1985). *The Correspondence of Charles Darwin*, Vol.1. eds. F. Burkhart, S. Smith, *et al*. Cambridge: Cambridge University Press.

Darwin, C. (1986). *The Works of Charles Darwin. Journal of Researches*, Part 2. eds. P. H. Barrett and R. B. Freeman. London: William Pickering.

Darwin, C. (1989). *The Descent of Man and Selection in Relation to Sex*, Part 2. London: William Pickering.

Darwin, F. and Seward, A. C. (1903). *More Letters of Charles Darwin*, 2 Vols. London: Murray.

Darwin, C. and Wallace, A. (1859). On the tendency of species to form varieties: and on the perpetuation of varieties and species by natural means of selection. *Proceedings of the Linnean Society of London* **3**: 45 – 62.

Davies, M. S. (1975). Physiological differences among populations of *Anthoxanthum odoratum* L. collected from the Park Grass experiment, Rothamsted. Ⅳ. Response to potassium and magnesium. *Journal of Applied Ecology* **12**: 953 – 963.

Davies, M. S. and Snaydon, R. W. (1973a). Physiological differences amongst populations of *Anthoxanthum odoratum* collected from the Park Grass Experiment. Ⅰ. Responses to calcium. *Journal of Applied Ecology* **10**: 33 – 45.

Davies, M. S. and Snaydon, R. W. (1973b). Physiological differences amongst populations of *Anthoxanthum odoratum* collected from the Park Grass Experiment. Ⅱ. Responses to aluminium. *Journal of Applied Ecology* **10**: 47 – 55.

Davies, M. S. and Snaydon, R. W. (1974). Physiological differences amongst populations of *Anthoxanthum odoratum* collected from the Park Grass Experiment. Ⅲ. Responses to phosphate. *Journal of Applied Ecology* **11**: 699 – 707.

Davies, M. S. and Snaydon, R. W. (1976). Rapid population differentiation in a mosaic environment. Ⅲ. Measures of selection pressures. *Heredity* **36**: 59 – 66.

Davis, M. B. (1990). Biology and paleobiology of global climate change: introduction. *Trends in Ecology and Evolution*

5: 269 – 270.

Davis, R. C. (1983). *Encyclopedia of American Forest and Conservation History*. London and New York: Macmillan.

Davis, P. H. and Heywood, V. H. (1963). *Principles of Angiosperm Taxonomy*. Edinburgh: Oliver and Boyd.

Davis, M. B. and Shaw, R. G. (2001). Range shifts and adaptive responses to quaternary climate change. *Science* **292**: 673 – 679.

Davis, M. B., Woods, K., Webb, S. L. and Futyama, R. P. (1986). Dispersal versus climate: expansion of Fagus and Tsuga into the Great Lakes Region. *Vegetatio* **67**: 93 – 103.

Davis, M. B., Shaw, R. G. and Etterson, J. R. (2005). Evolutionary responses to changing climate. *Ecology* **86**: 1704 – 1714.

Davison, A. (1996). *Deserted Villages in Norfolk*. North Walsham, Norfolk, UK: Poppyland Publishing.

Davison, A. W. and Barnes, J. D. (1998). Effects of ozone on wild plants. *New Phytologist* **139**: 135 – 151.

Davison, A. W. and Reiling, K. (1995). A rapid change in ozone resistance of *Plantago major* after summers with high ozone concentrations. *New Phytologist* **131**: 337 – 344.

De Vries, H. (1905). *Species and Varieties: Their Origin by Mutation*. Chicago: Open Court Publishing Co.

Deadman, A. (1993). *Species Recovery Programme: Aims and Objectives*. Peterborough, UK: English Nature.

Degan, B., *et al*. (2006). Impact of selective logging on genetic composition and demographic structure of four tropical tree species. *Biological Conservation* **131**: 386 – 401.

Dehnen-Schmutz, K., Perrings, C. and Williamson, M. (2004). Controlling Rhododendron ponticum in the British Isles: an economic analysis. *Journal of Environmental Management* **70**: 323 – 332.

Dehnen-Schmutz, K., Touza, J., Perrings, C. and Williamson, M. (2007). A century of the ornamental plant trade and its impact on invasion success. *Diversity and Distributions* **13**: 527 – 534.

Del Castillo, R. F. (1994). Factors influencing the genetic structure of *Phacelia dubia*, a species with a seed bank and large fluctuations in population size. *Heredity* **72**: 446 – 458.

DeMauro, M. M. (1994). Development and implementation of a recovery program for the federal threatened Lakeside daisy (*Hymenoxys acaulis* var. *glabra*). In: *Restoration of Endangered Species*. eds. M. L. Bowles and C. J. Whelan. pp.298 – 321. Cambridge: Cambridge University Press.

Denevan, W. M. (1992). The pristine myth: the landscape of the Americas in 1492. *Annals of the Association of American Geographers* **82**: 369 – 385.

Desmond, R. (1995). *Kew. The History of the Royal Botanic Gardens*. Kew: Harvill Press, Royal Botanic Gardens.

Detwyler, T. R. (1971). *Man's Impact on Environment*. New York: McGraw-Hill.

Devaux, C., *et al*. (2005). High diversity of oilseed rape pollen clouds over an agroecosystem indicates long-distance dispersal. *Molecular Ecology* **14**: 2269 – 2280.

Devine, M. D., Duke, S. O. and Fedtke, C. (1993). *Physiology of Herbicide Action*. Englewood Cliffs, NJ: Prentice-Hall.

Dewey, E. H. (1894). The Russian thistle. *United States Department of Agriculture Division of Botany Bulletin No. 15*.

di Castri, F. (1989). History of biological invasions with special emphasis on the Old World. In: *Biological Invasions: A Global Perspective*. eds.J.A.Drake, *et al*. pp.1 – 30. Chichester and New York: Wiley.

Diamond, J. M. (1975). The island dilemma: lessons of modern biogeographic studies for the design of natural reserves. *Biological Conservation* **7**: 129 – 146.

Diamond, J. M. (1976). Island biogeography and conservation: strategy and limitations. *Science* **193**: 1027 – 1029.

Diamond, J. (1989). Overview of recent extinctions. In: *Conservation for the Twenty-first Century*. eds. D. Western and M. C. Pearl. pp.37 – 41. New York and Oxford: Oxford University Press.

Diamond, J. (1992). *The Rise and Fall of the Third Chimpanzee: How our Animal Heritage Affects the Way We Live*. London: Vantage.

Diamond, J. (1997). *Guns, Germs and Steel*. London: Vintage.

Diamond, J. (2005). *Collapse: How Societies Choose to Fail or Survive*. London: Allen Lane, Penguin Books.

Diamond, J. M. and May, R. M. (1976). Island biogeography and the design of nature reserves. In: *Theoretical Ecology: Principles and Applications*. ed. R. M. May. pp.163 – 186. Philadelphia: W. B. Saunders.

Dickson, J. H. (1993). Scottish woodlands: their ancient past and precarious present. *Scottish Forestry* **47**: 73 – 78.

Dickson, J. H., Macpherson, P. and Watson, K. J. (2000). *The Changing Flora of Glasgow: Urban and Rural Plants through the Centuries*. Edinburgh: Edinburgh University Press.

Dickson, J. H., Rodriguez, J. C. and Machado, A. (1987). Invading plants at high altitudes on Tenerife especially in the Teide National Park. *Botanical Journal of the Linnean Society* **95**: 155 – 179.

Dietz, T., Ostrom, E. and Stern, P. C. (2003). The struggle to govern the commons. *Science* **302**: 1907 – 912.

Dillehay, T. D., Rossen, J., Andres, T. C. and Williams, D. E. (2007). Preceramic adoption of peanut, squash and cotton in northern Peru. *Science* **316**: 1890 – 1893.

Dimbleby, G. W. (1967). *Plants and Archaeology*. London: John Baker.

Dirnböck, T., Greimler, J., López, P. and Stuessy, T. F. (2003). Predicting future threats to the native vegetation of Robinson Crusoe Island, Juan Fernandez Archipelago, Chile. *Conservation Biology* **17**: 1650 – 1659.

DiTomaso, J. M. (1998). Impact, biology, and ecology of saltcedar (*Tamarix* spp.) in southwestern United States. *Weed Technology* **12**: 326 – 336.

Dixon, P. M. and May, B. (1990). Genetic diversity and population structure of a rare plant, Northern Monkshood (*Aconitum noveboracense*). *New York State Museum Bulletin* **471**: 167 – 175.

Dobzansky, T. (1935). A critique of the species concept in biology. *Philosophy of Science* **2**: 344 – 355.

Dolan, R. W. (1994). Patterns of isozyme variation in relation to population size, isolation, and phyogeographic history in royal catchfly *Silene regia* (Caryphyllaceae). *American Journal of Botany* **81**: 965 – 972.

Dolek, M. and Geyer, A. (2002). Conserving biodiversity on calcareous grasslands in the Franconian Jura by grazing: a comprehensive approach. *Biological Conservation* **104**: 351 – 360.

Donlan, C. J. (2007). Restoring America's big, wild animals. *Scientific American*, June 2007, pp.48 – 55.

Donlan, J., *et al.* (2005). Re-wilding North America. *Nature* **436**: 913 – 914.

Donlan, C. J., *et al.* (2006). Pleistocene rewilding: an optimistic agenda for twenty-first century conservation. *American Naturalist* **168**: 660 – 681.

Dosmann, M. and Del Tredici, P. (2003). Plant introduction, distribution and survival: a case study of the 1980 Sino-American Botanical Expedition. *Bioscience* **53**: 588 – 597.

Dosmann, M. S. (2006). Research in the garden: averting the collections crisis. *Botanical Review* **72**: 207 – 234.

Dover, G. A. (1998). Neutral theory of evolution. In: *The Encyclopedia of Ecology and Environmental Management*. ed. P. Calow. pp.479 – 480. Oxford: Blackwell Science.

Drake, J. A., Mooney, H. A., diCastri, F., *et al.* (eds.) (1989). *Biological Invasions: A Global Perspective*. Chichester: Wiley.

Drayton, B. and Primack, R. B. (1996). Plant species lost in an isolated conservation area in Metropolitan Boston 1894 to 1993. *Conservation Biology* **10**: 30 – 39.

Drayton, B. and Primack, R. B. (2000). Rates of success in the reintroduction by four methods of several perennial plant species in eastern Massachusetts. *Rhodora* **102**: 299 – 331.

Druce, G. C. (1930). The Flora of Northamptonshire. Arbroath: T. Buncle.

Duarte, C. M., Marbá, N. and Holmer, M. (2007). Rapid domestication of marine species. *Science* **316**: 382 – 383.

Dudash, M. R. (1990). Relative fitness of selfed and outcrossed progeny in a self-compatible, protandrous species, *Sabatia angularis* (Gentianaceae): a comparison of three environments. *Evolution* **44**: 1129 – 1139.

Dudgeon, D., *et al.* (2006). Freshwater biodiversity: importance, threats, status and conservation challenges. *Biological Review* **81**: 163 – 182.

Dudley, T. L. (2000). Arundo donax. In: *Invasive Plants of California's Wildlands*. eds. C. C. Bossard, J. M. Randall and M. C. Hozhovsky. pp.53 – 58. Berkeley, CA: University of California Press.

Dueck, T. A., Endedijk, G. J. and Klein-Ikkink, H. G. K. (1987). Soil pollution and changes in vegetation due to heavy metals in sinter-pavements. *Chemosphere* **16**: 1021 – 1030.

Dukes, J. S. (2002). Species composition and diversity affect grassland susceptibility and response to invasion. *Ecological Applications* **12**: 602 – 617.

Dunn, D. B. (1959). Some effects of air pollution on Lupinus in the Los Angeles area. *Ecology* **40**: 621 – 625.

Durka, W., Bossdorf, O., Prati, D. and Auge, H. (2005). Molecular evidence for multiple introductions of garlic mustard (*Alliaria petiolata*, Brassicaceae) to North America. *Molecular Ecology* **14**: 1697 – 1706.

Dyer, B. D. (2002). Chloroplasts, genetics of. In: *Encyclopedia of Genetics*. eds. S. Brenner and J. H. Miller. Vol.1, pp.337 – 338. San Diego, CA: Academic Press.

Dyer, A. R. and Rice, K. J. (1999). Effect of competition on resource availability and growth of a Californian bunch grass. *Ecology* **80**: 2697 – 2710.

Eckert, C. G. and Barrett, S. C. H. (1992). Stochastic loss of style morphs from populations of tristylous *Lythrum salicaria* and *Decodon verticillatus* (Lythraceae). *Evolution* **46**: 1014 – 1029.

Eckert, C. G., Manicacci, D. and Barrett, S. C. H. (1996). Genetic drift and founder effect in native versus introduced populations of an invading plant *Lythrum salicaria* (Lythraceae). *Evolution* **50**: 1512 – 1519.

Edelist, C., *et al.* (2006). Microsatellite signature of ecological selection for salt tolerance in a wild sunflower hybrid species, *Helianthus paradoxus*. *Molecular Ecology* **15**: 4623 – 4634.

Edwards, P. J., Webb N. R., Urbanska, K. M and Bornkamm, R. (1997). Restoration ecology: science technology and society. In: *Restoration Ecology and Sustainable Development*. eds. K. M. Urbanska, N. R. Webb and P. J. Edwards. pp.381 – 390. Cambridge: Cambridge University Press.

Ehrlich, P. R. and Pringle, R. M. (2008). Where does biodiversity go from here? A grim business-as-usual forecast and hopeful portfolio of partial solutions. *Proceedings of the National Academy of Sciences*, USA **105**: 11579 – 11586.

Ellegren, H. and Sheldon, B. C. (2008). Genetic basis of fitness differences in natural populations. *Nature* **452**: 169 – 175.

Ellenberg, H. (1979). Man's influence on tropical mountain ecosystems in South America. *Journal of Ecology*, 67, 401 – 416.

Ellenberg, H. (1988). *Vegetation Ecology of Central Europe*, 4th edn. Cambridge: Cambridge University Press.

Elliot, R. (1997). *Faking Nature: The Ethics of Environmental Restoration*. London: Routledge.

Ellis, R. H. and Roberts, E. H. (1980). Improved equations for the prediction of seed longevity. *Annals of Botany* **45**: 13 – 30.

Ellstrand, N. C. (2003). Current knowledge of gene flow in plants: implications for transgenic flow. *Philosophical Transactions of the Royal Society of London*, B **358**: 1163 – 1170.

Ellstrand, N. C. and Schierenbeck, K. (2000). Hybridization as a stimulus for the evolution of invasiveness in plants? *Proceedings of the National Academy of Sciences*, USA **97**: 7043 – 7050.

Ellstrand, N. C. and Schierenbeck, K. A. (2006). Hybridization as a stimulus for the evolution of invasiveness in plants? *Euphytica* **48**: 35 – 46.

Ellstrand, N. C., Whitkus, R. and Rieseberg, L. H. (1996). Distribution of spontaneous plant hybrids. *Proceedings of* the *National Academy of Sciences*, USA **93**: 5090 – 5093.

Ellstrand, N. C., Prentice, H. C. and Hancock, J. F. (1999). Gene flow and introgression from domesticated plants into their wild relatives. *Annual Review of Ecology and Systematics* **30**: 539 – 563.

Elmqvist, T. (2000). Pollinator extinction in the Pacific Islands. *Conservation Biology* **14**: 1237 – 1239.

Eloff, J. N. (1985). *Botanic Gardens: Victorian Relic or 21st Century Challenge*. Inaugural Lecture, Cape Town: University of Cape Town.

Elton, C. S. (1958). *The Ecology of Invasions by Animals and Plants*. London: Methuen.

Emanuelsson, U. (1988). A model for describing the development of the cultural landscape. In: *The Cultural Landscape: Past, Present and Future*. eds. H. H. Birks, H. J. B. Birks, P. E. Kaland and D. Moe. pp.111 – 121. Cambridge: Cambridge University Press.

Emms, S. K. and Arnold, M. L. (1997). The effect of habitat on parental and hybrid fitness: transplant experiments with Louisiana Irises. *Evolution* **51**: 1112 – 1119.

Endler, J. A. (1986). *Natural Selection in the Wild*. Princeton, NJ: Princeton University Press.

Epling, C. and Lewis, H. (1952). Increase of the adaptive range of the genus *Delphinium*. *Evolution* **6**: 253 – 267.

Ernst, W. H. O. (1990). Mine vegetation in Europe. In: *Heavy Metal Tolerance in Plants: Evolutionary Aspects*. ed. A. J. Shaw. pp.21 – 37. Boca Raton, FL: CRC Press.

Ernst, W. H. O. (1998). Evolution of plants on soils anthropogenically contaminated by heavy metals. In: *Plant Evolution in Man-made Habitats*. eds. L. W. D. van Raamsdonk and J. C. M. den Nijs. pp.13 – 27. Amsterdam: Hugo de Vries Laboratory.

Erwin, T. L. (1983). Beetles and other insects of tropical forest canopy at Manaus, Brazil sampled by insecticidal fogging. In: *Tropical Rain Forest: Ecology and Management*. ed. S. L. Sutton. pp.59 – 75. Oxford: Blackwell.

Erwin, D. H. and Anstey, R. L. (1995). *New Approaches to Speciation in the Fossil Record*. New York: Columbia University Press.

Etkin, N. L. (1994). The cull of the wild. In: *Eating on the Wild Side*. ed. N. L. Etkin. pp.1 – 21. Tucson, AZ and London: University of Arizona Press.

Ettl, G. J. and Cottone, N. (2004). Whitebark pine (*Pinus albicaulis*) in Mt. Rainier National Park, Washington, USA: response to blister rust infection. In: *Species Conservation and Management*. eds. H. R. Akc. akaya, *et al.* pp.36 – 47. New York: Oxford University Press.

Evans, D. (1992). *A History of Nature Conservation in Britain*. London and New York: Routledge.

Evans, D. (1997). *A History of Nature Conservation in Britain*, 2nd edn. London and New York: Routledge.

Evans, L. T. (1998). *Feeding the Ten Billion: Plants and Population Growth*. Cambridge: Cambridge University Press.

Evelyn, J. (1661). *Fumifugium: Or the Inconvenience of the Aer and Smoake of London Dissipated*. London: W. Godbid.

Ewel, J. J. (1986). Invasibility: lessons from southern California. In: *Ecology of Biological Invasions of North America and Hawaii*. eds. H. A. Mooney and J. A. Drake. pp.214 – 239. New York: Springer Verlag.

Ewers, R. M. and Didham, R. K. (2006). Confounding factors in the detection of species responses to habitat fragmentation. *Biological Reviews* **81**: 117 – 142.

Excoffier, L., Smouse, P. E. and Quattro, J. M. (1992). Analysis of molecular variance inferred from metric distances among DNA haplotypes: application to human mitochondrial DNA restriction data. *Genetics* **131**: 479 – 491.

Faegri, K. (1988). *Preface to The Cultural Landscape: Past, Present and Future*. eds. H. H. Birks, H. J. B. Birks, P. E. Kaland and D. Moe. pp.1 – 4. Cambridge: Cambridge University Press.

Fairhead, J. and Leach, M. (1998). *Misreading the African Landscape*. Cambridge: Cambridge University Press.

Falk, D. A., Millar, C. I. and Olwell, M. (1996). *Restoring Diversity*. Washington, DC and Covelo, CA: Island Press.

Falk, D. A., Palmor, M. A. and Zedler, J. B. (2006). *Foundations of Restoration Ecology*. Washington, DC, Covelo, CA and London: Island Press.

Falk, D. A., *et al*. (2006). Population and ecological genetics in restoration ecology. In: *Foundations of Restoration Ecology*. eds. D. A. Falk, M. A. Palmer and J. B. Zedler. pp.14 – 41. Washington, DC, Covelo, CA and London: Island Press.

Farnsworth, E. J., Klionsky, S., Brumback, W. E. and Havens, K. (2006). A set of simple decision matrices for prioritizing collections of rare plant species for ex situ conservation. *Biological Conservation* **128**: 1 – 12.

Feltwell, J. (1992). *Meadows: A History and Natural History*. Stroud, UK: Sutton.

Fenner, F. and Ratcliffe, F. N. (1965). *Myxomatosis*. Cambridge: Cambridge University Press.

Fenner, M. and Thompson, K. (2005). *The Ecology of Seeds*. Cambridge: Cambridge University Press.

Ferris, C., King, R. A. and Gray, A. J. (1997). Molecular evidence for maternal parentage in the hybrid origin of *Spartina anglica* C. E. Hubbard. *Molecular Ecology* **6**: 185 – 187.

Ferris-Kaan, R. (ed.) (1995). *The Ecology of Woodland Creation*. Chichester and New York: Wiley.

Finkeldy, R. and Ziehe, M. (2004). Genetic implications of silvicultural regimes. *Forest Ecology and Management* **197**: 231 – 244.

Firbank, L. G. (1988). Biological Flora of the British Isles. No. 165. *Agrostemma githago* L. *Journal of Ecology* **76**: 1232 – 1246.

Firbank, L. G. (2005). Striking a new balance between agricultural production and biodiversity. *Annals of Applied Biology* **146**: 163 – 175.

Fisher, R. A. (1929). *The Genetical Theory of Natural Selection*, 2nd edn. Reprinted 1958. London: Constable and New York: Dover Books.

Floate, K. D. and Whitham, T. G. (1993). The "hybrid bridge" hypothesis: host shifting via plant hybrid swarms. *American Naturalist* **141**: 651 – 662.

Flux, J. E. C. and Fullagar, P. J. (1992). World distribution of the rabbit, *Oryctolagus cuniculus*, on islands. *Mammal Review* **22**: 151 – 205.

Foose, T. J., Boer, L. de, Seal, U. S. and Lande, R. (1995). Conservation management strategies based on viable populations. In: *Population Management for Survival and Recovery*. eds. J. D. Ballou, M. Gilpin and T. F. Foose. pp.273 – 294. New York: Columbia University Press.

Ford, E. B. (1971). *Ecological Genetics*. London: Chapman and Hall.

Foreman, D. (2004). *Rewilding North America*. Washington, DC, Covelo, CA and London: Island Press.

Forman, R. T. T. (1995). *Land Mosaics*. Cambridge: Cambridge University Press.

Forman, R. T. T. and Deblinger, R. D. (2000). The ecological road-effect zone of a Massachusetts (USA) suburban highway. *Conservation Biology* **14**: 36 – 46.

Fox, M. D. (1989). Mediterranean weeds. Exchanges of invasive plants between the five Mediterranean regions of the world. In: *Biological Invasions in Europe and the Mediterranean Basin*. eds. F. Di Castri, A. J. Hanson and M. Debussche. pp.179 – 200. Dordrecht: Kluwer.

Frangmeier, A., Bender, J., Weigel, H. J. and Jäger, H. J. (2002). Effects of pollutant mixtures. In: *Air Pollution and Plant Life*, 2nd edn. eds. J. N. B. Bell and M. Treshow. pp.251 – 272. Chichester and New York: Wiley.

Frankel, O. H. and Soulé, M. E. (1981). *Conservation and Evolution*. Cambridge: Cambridge University Press.

Frankel. O. H., Brown, A. D. H. and Burdon, J. (1995). *The Conservation of Plant Biodiversity*. Cambridge: Cambridge University Press.

Frankham, R. (1996). Relationship of genetic variation to population size in wildlife. *Conservation Biology* **10**: 1500 –

1508.

Frankham, R. (2005a). Genetics and extinction. *Biological Conservation* **126**: 131 – 140.

Frankham, R. (2005b). Stress and adaptation in conservation genetics. *Journal of Evolutionary Biology* **18**: 750 – 755.

Frankham, R. K. and Loebel, D. A. (1992). Modelling problems in conservation genetics using captive Drosophila populations: rapid genetic adaptation to captivity. *Zoo Biology* **11**: 333 – 342.

Frankham, R., Ballou, J. D. and Briscoe, D. A. (2002). *Introduction to Conservation Genetics*. Cambridge: Cambridge University Press.

Franklin, I. A. (1980). Evolutionary change in small populations. In: *Conservation: An Evolutionary-Ecological Perspective*. eds. M. E. Soulé and B. A. Wilcox. pp.135 – 150. Sunderland, MA: Sinauer.

Franks, S. J., Sim, S. and Weis, A. E. (2007). Rapid response of flowering time by an annual plant in response to a climate fluctuation. *Proceedings of the National Academy of Sciences*, USA **104**: 1278 – 1282.

Freckleton, R. P. and Watkinson, A. R. (2003). Are all plant populations metapopulations? *Journal of Ecology* **91**: 321 – 324.

Friday, L. (1997). *Wicken Fen: The Making of a Wetland Nature Reserve*. Colchester, UK: Harley.

Fridlender, A. and Boisselier-Dubayle, M.-C. (2000). Comparison de la diversité génétique (RAPD) de collections ex situ et populations naturelles de *Naufraga balearica* Constance and Cannon. *C. R. Acad. Paris, Sciences de la vie* **323**: 399 – 406.

Friedland, A. J. (1990). The movement of metals through soils and ecosystems. In: *Heavy Metal Tolerance in Plants: Evolutionary Aspects*. ed. A. J. Shaw. pp.7 – 19. Boca Raton, FL: CRC Press.

Frye, R. J. (1996). Population viability analysis of *Pediocactus paradenei*. In: *Southwest Rare and Endangered Plants*. eds. J. Maschinski, H. D. Hammond and L. Holter. pp. 39 – 46. Flagstaff, AZ: USDA Forest Service General Technical Report.

Fryer, J. D. and Chancellor, R. J. (1979). Evidence of changing weed populations in arable land. *Proceedings of the 14th British Weed Control Conference*. pp.958 – 964.

Galton, F. (1871). Experiments in pangenesis, by breeding from rabbits of a pure variety, into whose circulation blood taken from other varieties had previously been largely infused. *Proceedings of the Royal Society of London* **19**: 393 – 410.

Gartside, D. W. and McNeilly, T. (1974). The potential for evolution of metal tolerance in plants. Ⅲ. Copper tolerance in normal populations of different species. *Heredity* **32**: 335 – 348.

Gascon, C., Laurance, W. F. and Lovejoy, T. E. (2003). Forest fragmentation and biodiversity in central Amazonia. In: *How Landscapes Change: Human Disturbance and Ecosytem Fragmentation in the Americas*. eds. G. A. Bradshaw and P. A. Marquet. pp.33 – 48. Berlin: Springer Verlag.

Gaskin, J. F., Zhang, D.-Y. and Bon, M.-C. (2005). Invasion of *Lepidium draba* (Brassicaceae) in the western United States: distribution and origins of chloroplast DNA haplotypes. *Molecular Ecology* **14**: 2331 – 2341.

Gaston, K. J. and May, R. M. (1992). Patterns in the numbers and distribution of taxonomists. *Nature* **356**: 281 – 282.

Gauch, H. G. Jr. (2003). *Scientific Method in Practice*. Cambridge: Cambridge University Press.

Gawthrop, D. (1999). *Vanishing Halo: Saving the Boreal Forest*. Vancouver: Greystone.

Ge, S., Wang, K.-Q., Hong, D.-Y., Zhang, W.-H. and Zu, Y.-G. (1998). Comparisons of genetic diversity in the endangered *Adenophora lobophylla* and its widespread congener, *A. potaninii*. *Conservation Biology* **13**: 509 – 513.

Ge, Y. Z., Cheng, X. F., Hopkins, A. and Wang, Z. Y. (2007). Generation of transgenic *Lolium temulentum* plants by Agrobacterium tumefaciens-mediated transformation. *Plant Cell Reports* **26**: 783 – 789.

Geburek, T. (1997). Isozymes and DNA markers in gene conservation of forest trees. *Biodiversity and Conservation* **6**: 1639 – 1654.

Gee, H. (1999). *In Search of Deep Time*. New York: The Free Press.

Gent, G. and Wilson, R. J. (1995). *The Flora of Northamptonshire and the Soke of Peterborough*. Kettering and District Natural History Society, Northants, UK.

George, K., Ziska, L. H., Bunce, J. A. and Quebedeaux, B. (2007). Elevated atmospheric CO_2 concentration and temperature across an urban-rural transect. *Atmospheric Environment* **41**: 7654 – 7665.

Gepts, P. (2004). Crop domestication as a long-term selection experiment. *Plant Breeding Reviews* **24**: 1 – 44.

Ghazoul, J. (2005a). Buzziness as usual? Questioning the global pollination crisis. *Trends in Ecology and Evolution* **20**: 367 – 373.

Ghazoul, J. (2005b). Response to Steffan-Dewenter *et al*. questioning the global pollination crisis. *Trends in Ecology and Eolution* **20**: 652 – 653.

Ghazoul, J. (2005c). Pollen and seed dispersal among dispersed plants. *Biological Reviews* **80**: 413 – 443.

Ghersa, C. M., de la Fuente, E., Suarez, S. and Leon, R. J. C. (2002). Woody species invasion in the Rolling Pampa grasslands, Argentina. *Agriculture Ecosystems and Environment* **88**: 271 – 278.

Gibbs, A. J. and Meischke, H. R. C. (1985). *Pests and Parasites as Migrants*. Cambridge: Cambridge University Press.

Giddings, G., Allison, G., Brooks, D. and Carter, A. (2000). Transgenic plants as factories for biopharmaceuticals. *Nature Biotechnology* **18**: 1151 – 1155.

Gilbert, O. L. and Anderson, P. (1998). *Habitat Creation and Repair*. Oxford and New York: Oxford University Press.

Giles, J. (2007). From words to action. *Nature* **445**: 578.

Giles, B. E. and Goudet, J. (1997). Genetic differentiation in Silene dioica metapopulations: estimation of spatiotemporal effects in a successional plant species. *American Naturalist* **149**: 507 – 526.

Giles, B. E., Lundqvist, E. and Goudet, J. (1998). Restricted gene flow and subpopulation differentiation in *Silene dioica*. *Heredity* **80**: 715 – 723.

Gill, T. E. (1996). Eolian sediments generated by anthropogenic disturbance of playas: human impacts on the geomorphic system and geomorphic impacts on the human system. *Geomorphology* **17**: 207 – 228.

Gilmour, J. S. L. and Walters, S. M. (1963). Philosophy and classification. *Vistas in Botany* **4**: 1 – 22.

Gilpin, M. E. and Soulé, M. E. (1986). Minimum viable populations: processes of species extinctions. In: *Conservation Biology: The Science of Scarcity and Diversity*. ed. M. E. Soulé. pp.19 – 34. Sunderland, MA: Sinauer Associates.

Given, D. R. (1994). *Principles and Practice of Plant Conservation*. London: Chapman and Hall.

Glasscock, R. (ed.) (1992). *Historic Landscape of Britain from the Air*. Cambridge: Cambridge University Press.

Glassman, S. F. (1971). A new hybrid palm from the Fairchild Tropical Garden. *Principes* **15**: 79 – 88.

Glaubitz, J. C. Murrell, J. C. and Moran, G. F. (2003). Effects of native forest regeneration practices on genetic diversity in Eucalyptus consideniana. *Theoretical and Applied Genetics* **107**: 422 – 431.

Gleick, P. H. (2003). Global freshwater resources: soft-path solutions for the 21st century. *Science* **302**: 1524 – 1527.

Glen, W. (ed.) (1994). *The Mass Extinction Debates*. Stanford, CA: Stanford University Press.

Glut, D. F. (2000). *Dinosaurs: The Encyclopedia*. Supplement 1. Jefferson, NC: McFarland and Co.

Godt, M. J. W., Hamrick, J. L. and Bratton, S. (1994). Genetic diversity in a threatened wetland species, *Helonias bullata* (Liliaceae). *Conservation Biology* **9**: 596 – 604.

Gohre, V. and Paszkowski, U. (2006). Contribution of arbuscular mycorrhizal symbiosis to heavy metal phytoremediation. *Planta* **223**: 1115 – 1122.

Goldblatt, P. (1980). Polyploidy in angiosperms: monocotyledons. In: *Polyploidy*. ed. W. H. Lewis. pp.219 – 239. New York and London: Plenum Press.

Gonzales-Martinez, S. C., *et al*. (2002). Seed gene flow and fine-scale structure in a Mediterranean pine (*Pinus pinaster* Ait.) using nuclear microsatellite markers. *Theoretical and Applied Genetics* **104**: 1290 – 1297.

Goodall-Copestake, W. P., et al. (2005). Molecular markers and ex situ conservation of European elms (*Ulmus* spp.). *Biological Conservation* **122**: 537 – 546.

Goodman, P. J. (1969). Intra-specific variation in mineral nutrition of plants from different habitats. In: *Ecological Aspects of Mineral Nutrition of Plants*. ed. I. H. Rorison. pp.237 – 253. Oxford: Blackwell.

Goodman. J. (1997). A collection of computer programs for calculating estimates of genetic differentiation from microsatellite data and determining their significance. *Molecular Ecology* **6**: 881 – 885.

Gordon, D. R. and Rice, K. J. (1998). Patterns of differentiation in wire grass (*Aristida beyrichiana*): implications for restoration efforts. *Restoration Ecology* **6**: 166 – 174.

Gornitz, V., Rosenzweig, D. and Hillel, D. (1997). Effects of anthropogenic intervention in the land hydrologic cycle on global sea level rise. *Global and Planetary Change* **14**: 147 – 161.

Goudie, A. (1981). *The Human Impact: Man's Role in Environmental Change*. Oxford: Blackwell.

Goudriaan, J., et al. (1999). Use of models in global change studies. In: *The Terrestrial Biosphere and Global Change*. eds. B. Walker, W. Steffen, J. Canadell and J. Ingram. pp.106 – 140. Cambridge: Cambridge University Press.

Gould, S. J. and Eldredge, N. (1977). Punctuated equilibria: the tempo and mode of evolution reconsidered. *Palaeobiology* **3**: 115 – 151.

Gould, S. J. and Eldredge, N. (1993). Punctuated equilibrium comes of age. *Nature* **366**: 223 – 227.

Govindaraju, D. R. and Cullis, C. A. (1992). Ribosomal DNA variation among populations of a *Pinus rigida* Mill (Pitch pine) ecosystem. 1. Distribution of copy number. *Heredity* **69**: 133 – 140.

Grabherr, G., Gottfried, M. and Pauli, H. (1994). Climate effects on mountain plants. *Nature* **369**: 448.

Grant, V. (1981). *Plant Speciation*, 2nd edn. New York: Columbia University Press.

Grant, W. F. (1994). The current status of higher plant bioassays for the detection of environmental mutagens. *Mutation Research* **310**: 175 – 185.

Grant, P. R. and Grant, B. R. (2002). Unpredictable evolution in a 30 – year study of Darwin's finches. *Science* **296**: 707 – 711.

Gray, A. J. (2002). The evolutionary context: a species perspective. In: *Handbook of Ecological Restoration*. eds. M. R. Perrow and A. J. Davy. pp.66 – 80. Cambridge: Cambridge University Press.

Grayson, D. K. (2008). Holocene overkill. *Proceedings of the National Academy of Sciences*, USA **105**: 4077 – 4078.

Greally, J. M. (2007). Encyclopaedia of humble DNA. *Nature* **447**: 782 – 783.

Green, S. (2003). A review of the potential for the use of bioherbicides to control forest weeds in the UK. *Forestry* **76**: 285 – 298.

Gregor, J. W. and Sansome, F. W. (1927). Experiments on the genetics of wild populations. I. Grasses. *Journal of Genetics* **17**: 349 – 364.

Greig, J. (1988). Some evidence of the development of grassland plant communities. In: *Archaeology and the Flora of the British Isles. Human Influences on the Evolution of Plant Communities*. ed. M. Jones. Oxford University Committee for Archaeology Monograph 14. Botanical Society of the British Isles Conference Report 19, pp.39 – 54. Oxford: Oxford University Committee for Archaeology.

Grenyer, R., et al. (2006). Global distribution and conservation of rare and threatened vertebrates. *Nature* **444**: 93 – 96.

Gressel, J. (1991). Why get resistance? It can be prevented or delayed. In: *Herbicide Resistance in Weeds and Crops*. eds. J. Caseley, G. W. Cussans and R. K. Atkin. pp.1 – 25. Oxford: Butterworth Heinemann.

Gressel, J. (2005a). Introduction: the challenges of ferality. In: *Crop Ferality and Volunteerism*. ed. J. Gressel. pp.1 – 7. Boca Raton, FL: Taylor and Francis.

Gressel, J. (ed.) (2005b). *Crop Ferality and Volunteerism*. Boca Raton, FL: Taylor and Francis.

Greuter, W. (1994). Extinctions in the Mediterranean areas. *Philosophical Transactions of the Royal Society of London*

B **344**: 41 – 46.

Greuter, W., Burdet, H. and Long, G. (1986). *MedChecklist*, Vol.3. Berlin and Geneva: OPTIMA.

Griffiths, M. (1994). *Index of Garden Plants*. London: Macmillan.

Grigg, D. B. (1974). *The Agricultural Systems of the World: An Evolutionary Approach*. Cambridge: Cambridge University Press.

Grignac P. (1978). The evolution of resistance to herbicides in weedy species. *Agro-ecosystems* **4**: 377 – 385.

Grime, J. P., Hodgson, J. G. and Hunt, R. (1989). *Comparative Plant Ecology: A Functional Approach to Common British Species*. London: Unwin Hyman.

Groenendael, J. M. van (1986). Life history characteristics of two ecotypes of *Plantago lanceolata*. *Acta Botanica Neerlandica* **35**: 71 – 86.

Grove, R. H. (1995). *Green Imperialism: Colonial Expansion, Tropical Island Edens, and the Origins of Environmentalism, 1600 – 1860*. Cambridge: Cambridge University Press.

Grove, A. T. and Rackham, O. (2001). *The Nature of Mediterranean Europe: An Ecological History*. New Haven, CT and London: Yale University Press.

Groves, R. H. (2006). Are some weeds sleeping? Some concepts and reasons. *Euphytica* **148**: 111 – 120.

Grubb, P. J. (1977). Maintenance of species-richness in plant communities: importance of the regeneration niche. *Biological Reviews of the Cambridge Philosophical Society* **52**: 107 – 145.

Gruber, S., Pekrun, C. and Claupein, W. (2004). Population dynamics of volunteer oilseed rape (*Brassica napus* L.) affected by tillage. *European Journal of Agronomy* **20**: 351 – 361.

Gruen, L. and Jamieson, D. (1994). *Reflecting on Nature: Readings in Environmental Philosophy*. New York: Oxford University Press.

Guarino, L., Ramanatha Rao and Reid, R. (1995). *Collecting Plant Genetic Diversity: Technical Guidelines*. Wallingford, UK: CAB International.

Guerrant, E. O. Jr. (1992). Genetic and demographic considerations in the sampling and reintroduction of rare plants. In: *Conservation Biology*. eds. P. L Fiedler and S. K. Jain. pp.321 – 344. New York and London: Chapman and Hall.

Guerrant, E. O. and Fiedler, P. L. (2004). Accounting for sample decline during ex situ storage and reintroduction. In: *Ex situ Plant Conservation: Supporting Species Survival in the Wild*. eds. E. O. Guerrant, K. Havens and M. Maunder. pp.365 – 386. Washington, DC, Covelo, CA and London: Island Press.

Guerrant, E. O. Jr., Fiedler, P. L., Havens, K. and Maunder, M. (2004a). Revised genetic sampling guidelines for conservation collections of rare and endangered plants. In: *Ex Situ Plant Conservation*. eds. E. O. Guerrant, K. Havens and M. Maunder. pp.419 – 441. Washington, DC, Covelo, CA and London: Island Press.

Guerrant, E. O., Havens, K. and Maunder, M. (2004b). *Ex Situ Plant Conservation, Supporting Species Survival in the Wild*. Washington, DC, Covelo, CA and London: Island Press.

Gullison, R. E. (1998). Will bigleaf mahogany be conserved through sustainable use? In: *Conservation of Biological Resources*. eds. E. J. Milner-Gulland and R. Mace. pp.193 – 205. Oxford: Blackwell.

Gurevitch, J. and Padilla, D. K. (2004). Are invasive species a major cause of extinctions? *Trends in Ecology and Evolution* **19**: 470 – 474.

Gurnell, A., Trockner, K., Edwards, P. and Petts, G. (2005). Effects of deposited wood on biocomplexity of river corridors. *Frontiers in Ecology and the Environment* **3**: 377 – 382.

Gurney, M. (2000). Population genetics and conservation biology of *Primula elatior*. Ph. D. thesis, University of Cambridge.

Gustafsson, L. and Gustafsson, P. (1994). Low genetic variation in Swedish populations of the rare species *Vicia pisiformis* (Fabaceae) revealed with RFLP (rDNA) and RAPD. *Plant Systematics and Evolution* **189**: 133 – 148.

Haddad, N. M., *et al*. (2003). Corridor use by diverse taxa. *Ecology* **84**: 609 – 615.

Haeupler, H. and Schoenfelder, P. (eds.) (1989). *Atlas der Farn-, und Blutenpfanzen der Bundesrepublik Deutschland*. Stuttgard: E. Ulmer.

Hails, R. S. and Morley, K. (2005). Genes invading new populations: a risk assessment perspective. *Trends in Ecology and Evolution* **20**: 245 – 252.

Hakam, N. and Simon, J. P. (2000). Molecular forms and thermal and kinetic properties of purified glutathione reductase from two populations of barnyard grass [*Echinochloa crus-galli* (L.) Beauv.: Poaceae] from contrasting climatic regions of North America. *Canadian Journal of Botany* **78**: 969 – 980.

Håkansson, S. (1983). Competition and production in short-lived crop-weed stands: density effects. Uppsala: Department of Plant Husbandry. Report No. 127. Swedish University of Agricultural Sciences.

Hald, A. (1998). *A History of Mathematical Statistics from 1750 to 1930*. New York and Chichester: Wiley.

Haldane, J. B. S. (1932). *The Causes of Evolution*. London: Longmans.

Halka, O. and Halka, L. (1974). Polymorphic balance in small island populations of *Lythrum salicaria*. *Annales Botanici Fennici* **11**: 267 – 270.

Hall, M. (2000). Comparing damages: Italian and American concepts of restoration. In: *Methods and Approaches in Forest History*. eds. M. Agnoletti and S. Anderson. pp.165 – 172. Wallingford, UK: CAB International.

Hallam, A. (1973). *A Revolution in the Earth Sciences: From Continental Drift to Plate Tectonics*. Oxford: Clarendon Press.

Hallam, A. (2002). Mass extinctions. In: *Encyclopedia of Evolution*. ed. M. Pagel. pp.661 – 668. Oxford: Oxford University Press.

Halpern, B. S., *et al*. (2008). A global map of human impact on marine ecosystems. *Science* **319**: 948 – 952.

Hamann, O. (1984). Changes and threats to vegetation. In: *Key Environments: Galapagos*. ed. R. Perry. pp.115 – 131. Oxford: Pergamon Press.

Hamilton, M. B. (1994). Ex situ conservation of wild plant species: time to reassess the genetic assumptions and implications of seed banks. *Conservation Biology* **8**: 39 – 49.

Hammer, K. (2003). A paradigm shift in the discipline of plant genetic resources. *Genetic Resources and Crop Evolution* **50**: 3 – 10.

Hammond, P. M. (1992). Species inventory. In: *Global Biodiversity. Status of the Earth's Living Resources*. ed. B. Groombridge. pp.17 – 39. London: Chapman and Hall.

Hamrick, J. L. and Godt, M. J. W. (1989). Allozyme diversity in plant species. In: *Plant Population Genetics, Breeding and Genetic Resources*. eds. A. H. D. Brown, M. T. Clegg, A. L. Kahler and B. S. Weir. pp.43 – 63. Sunderland, MA: Sinaur.

Hancocks, H. (1994). Conservation genetics and the role of botanic gardens. In: *Conservation Genetics*. eds. V. Loesche, J. Tomiuk and S. K. Jain. pp.371 – 380. Basel: Birkhäuser-Verlag.

Hancocks, D. (2001). *A Different World: The Paradoxical World of Zoos and their Uncertain Future*. Los Angeles and London: University of California Press, Berkeley.

Hannah, L., *et al*. (2002). Conservation of biodiversity in a changing climate. *Conservation Biology* **16**: 264 – 268.

Hannah, L., Lovejoy, T. E. and Schneider, S. H. (2005). Biodiversity and climate change in context. In: *Climate Change and Biodiversity*. eds. T. E. Lovejoy and L. Hannah. pp.3 – 14. New Haven, CT and London: Yale University Press.

Hansson, L., Fahrig, L. and Merriam, G. (eds.) (1995). *Mosaic Landscapes and Ecological Processes*. London: Chapman and Hall.

Hardin, G. (1968). The Tragedy of the Commons. *Science* **162**: 1243 – 1248.

Harding, M. (1993). Redgrave and Lopham Fens, East Anglia: a case study of change in Flora and Fauna due to groundwater abstraction. *Biological Conservation* **66**: 35 – 45.

Harlan, J. R. (1975). *Crops and Man*. Madison, WI: American Society of Agronomy and Crop Science.

Harlan, J. R. (1995). *The Living Fields: Our Agricultural Heritage*. Cambridge: Cambridge University Press.

Harlan, J. R. and de Wet, J. M. J. (1965). Some thoughts about weeds. *Economic Botany* **19**: 16 – 24.

Harms, B., Knaapen, J. P. and Rademakers, J. G. (1993). Landscape planning for nature restoration: comparing regional scenarios. In: *Landscape Ecology of a Stressed Environment*. eds. C. C. Vos and P. Opdam. pp.197 – 218. London: Chapman and Hall.

Harper, J. L. (1956). The evolution of weeds in relation to resistance to herbicides. *Proceedings of the British Weed Control Conference* **3**: 179.

Harper, J. L. (1977). *Population Biology of Plants*. London and New York: Academic Press.

Harper, J. L. (1981). The meanings of rarity. In: *The Biological Aspects of Rare Plant Conservation*. ed. H. Synge. pp.189 – 203. London: Wiley.

Harper, J. L. (1983). A Darwinian plant ecology. In: *Evolution from Molecules to Man*. ed. D. S. Bendall. pp.323 – 345. Cambridge: Cambridge University Press.

Harper, J. L. (1987). The heuristic value of ecological restoration. In: *Restoration Ecology*. eds. W. R. Jordan III, M. E. Gilpin and J. D. Aber. pp.35 – 52. Cambridge: Cambridge University Press.

Harris, T. M. (1946). Zinc poisoning of wild plants from wire netting. *New Phytologist* **45**: 50 – 55.

Harris, D. R. (1989). An evolutionary continuum of people-plant interaction. In: *Foraging and Farming: The Evolution of Plant Exploitation*. eds. D. R. Harris and G. C. Hillman. pp. 9 – 26. London and Boston: Unwin Hyman.

Harris, D. R. (1996). Domesticatory relationships of people, plants and animals. In: *Redefining Nature: Ecology, Culture and Domestication*. pp.437 – 463. Oxford and Washington, DC: Berg.

Harris, E. E. and Meyer, D. (2006). The molecular signature of selection underlying human adaptations. *Yearbook of Physical Anthropology* **49**: 89 – 130.

Harrison, R. G. (1993). *Hybrid Zones and the Evolutionary Process*. Oxford and New York: Oxford University Press.

Harrison, S. (1994). Metapopulations and conservation. In: *Large-scale Ecology and Conservation Biology*. eds. P. J. Edwards, R. M. May and N. R. Webb. pp.111 – 128. Oxford: Blackwell Scientific.

Harry, I. B. and Clarke, D. D. (1986). Race-specific resistance in groundsel (*Senecio vulgaris*) infected with rust (*Erysiphe fischeri*). *New Phytologist* **103**: 167 – 175.

Havens, K., Guerrant, E. O. Jr., Maunder, M. and Vitt, P. (2004). Guidelines for ex situ conservation management: minimizing risks, In: *Ex Situ Plant Conservation*. eds. E. O. Guerrant, K. Havens and M. Maunder. pp.454 – 473. Washington, DC, Covelo, CA and London: Island Press.

Havens, K., *et al*. (2006). Ex situ plant conservation and beyond. *Bioscience* **56**: 525 – 531.

Hawkes, J. G. (1987). A strategy for seed banking in botanic gardens. In: *Botanic Gardens and the World Conservation Strategy*. pp.131 – 149. London: Academic Press for IUCN.

Hawkesworth, D. L. (1991). The fungal dimension of biodiversity: magnitude, significance, and conservation. *Mycological Research* **95**: 441 – 456.

Hayward, I. M. and Druce, G. C. (1919). *Adventive Flora of Tweedside*. Arbroath, UK: Buncle.

Heap, I. and LeBaron, H. (2001). Introduction and overview of resistance. In: *Herbicide Resistance and World Grains*. eds. S. B. Powles and D. L. Shaner. pp.1 – 22. Boca Raton, FL: CRC Press.

Hedge, P., Kriwoken L. K. and Patten, K. (2003). A review of Spartina management in Washington State, US. *Journal of Aquatic Plant Management* **41**: 82 – 90.

Hegarty, M. J. and Hiscock, S. J. (2005). Hybrid speciation in plants: new insights from molecular studies. *New Phytologist* **165**: 411 – 423.

Hegarty, M. J., *et al*. (2006). Transcription shock after interspecific hybridization in Senecio is ameliorated by genome duplication. *Current Biology* **16**: 1652 – 1659.

Heggestad, H. E. and Middleton, J. T. (1959). Ozone in high concentrations as a cause of tobacco injury. *Science* **129**: 208 – 210.

Heller, N. E. and Zavaleta, E. S. (2009). Biodiversity management in the face of climate change: a review of 22 years of recommendations. *Biological Conservation* **142**: 14 – 32.

Hendry, G. W. (1931) The adobe brick as a historical source. *Agricultural History* **5**: 125.

Hendry, A. P., Nosil, P. and Rieseberg, L. H. (2007). The speed of ecological speciation. *Functional Ecology* **21**: 455 – 464.

Hepper, F. N. (1989). *Plant Hunting for Kew*. London: HMSO.

Heslop-Harrison, J. and Lucas, G. (1978). Plant genetic resource conservation and ecosystem rehabilitation. In: *The Breakdown and Restoration of Ecosystems*. eds. M. W. Holdgate and M. J. Woodman. pp.297 – 306. New York and London: Plenum Press.

Hewitt, G. (2000). The genetic legacy of the Quaternary ice ages. *Nature* **405**: 907 – 913.

Hewitt, G. M. and Nichols, R. A. (2005). Genetic and evolutionary impacts of climate change. In: *Climate Change and Biodiversity*. eds. T. E. Lovejoy and L. Hannah. pp.176 – 192. New Haven, CT and London: Yale University Press.

Heywood, V. H. (1976). The rôle of seed lists in Botanic gardens today. In: *Conservation of Threatened Plants*. eds. J. B. Simmons, R. I. Beyer, P. E. Brandham, G. L. Lucas and V. T. H. Parry. pp.225 – 231. New York and London: Plenum Press.

Heywood, V. H. (1978). *Flowering Plants of the World*. Oxford: Oxford University Press.

Heywood, V. H. (1983). Botanic gardens and taxonomy: their economic role. *Bulletin of the Botanical Survey of India* **25**: 134 – 147.

Heywood, V. H. (1987). The changing rôle of the botanic garden. In: *Botanic Gardens and the World Conservation Strategy*. pp.3 – 18. London: Academic Press for IUCN.

Heywood, V. H. (1989). Patterns, extents and mode of invasion by terrestrial plants. In: *Biological Invasions: A Global Perspective*. eds. J. A. Drake, *et al*. SCOPE 37, pp.31 – 55. Chichester: Wiley.

Heywood, V. H. (1991). Developing a strategy for germplasm conservation in botanic gardens. In: *Tropical Botanic Gardens: Their Role in Conservation and Development*. eds. V. H. Heywood and P. S. Wyse Jackson. pp.11 – 23. London: Academic Press.

Heywood, V. H. and Stuart, S. N. (1992). Species extinctions in tropical forests. In: *Tropical Deforestation*. eds. T. C. Whitmore and J. Sayer. pp.91 – 117. London: Chapman and Hall.

Hickey, D. A. and McNeilly, T. (1975). Competition between metal tolerant and normal plant populations: a field experiment. *Evolution* **29**: 458 – 464.

Hickling, R., Roy, D. B., Hill, J. K., Fox, R. and Thomas, C. D. (2006). The distributions of a wide range of taxonomic groups are expanding polewards. *Global Change Biology* **12**: 450 – 455.

Hicks, C. R. and Turner, K. V. (1999). *Fundamental Concepts in the Design of Experiments*, 5th edn. Oxford and New York: Oxford University Press.

Hierro, J. L., Maron, J. L. and Callaway, R. M. (2005). A biogeographical approach to plant introductions: the importance of studying exotics in their introduced and native range. *Journal of Ecology* **93**: 5 – 15.

Higgs, E. S. (1995). What is good ecological restoration? *Conservation Biology* **11**: 338 – 348.

Hill, K. and Kaplan, H. (1989). Population and dry-season subsistence strategies of recently contracted Yora of Peru.

National Geographic Research **5**: 317 – 334.

Hillman, F. H. and Henry, H. H. (1928). The incidental seeds found in commercial seed of alfalfa and red clover. *Prodceedings of the International Seed Testing Association* **6**: 1 – 20.

Hobbs, R. J., Saunders, D. A. and Arnold, G. W. (1993). Integrated landscape ecology: a western Australian perspective. *Biological Conservation* **64**: 231 – 238.

Hodge, W. H. and Erlanson, C. O. (1956). Federal plant introductions: a review. *Economic Botany* **10**: 299 – 334.

Hodkinson, D. J. and Thompson, K. (1997). Plant dispersal: the role of man. *Journal of Applied Ecology* **34**: 1484 – 1496.

Holden, C. (2006). Report warns of looming pollination crisis in North America. *Science* **314**: 397.

Holdgate, M. (1996). *From Care to Action.* London: Earthspan.

Holdgate, M. W. (1979). *A Perspective of Environmental Pollution.* Cambridge: Cambridge University Press.

Holdgate, M. and Philips, A. (1999). Protected areas in context. In: *Integrated Protected Area Management.* eds. M. Walkey and I. Swingland. pp.1 – 24. Boston, Dordrecht and London: Kluwer.

Hollingsworth, M. L. and Bailey, J. P. (2000). Evidence for massive clonal growth in the invasive weed *Fallopia japonica* (Japanese Knotweed). *Botanical Journal of the Linnean Society* **133**: 463 – 472.

Holm, L., Pancho, J. V., Herberger, J. P. and Plucknett, D. L. (1977a). *A Geographic Atlas of World Weeds.* New York: Wiley.

Holm, L. G., Pluncknett, D. L., Pancho, J. V. and Herberger, J. P. (1977b). *The World's Worst Weeds: Distribution and Biology.* Hawaii: University of Honolulu Press.

Holsinger, K. E. (2000). Demography and extinction in small populations. In: *Genetics, Demography and Viability of Fragmented Populations.* eds. A. G. Young and G. M. Clarke. pp.55 – 74. Cambridge: Cambridge University Press.

Holsinger, R. F., Lewis, P. O. and Dey, D. K. (2002). A Bayesian approach to inferring population structure from dominant markers. *Molecular Ecology* **11**: 1157 – 1164.

Holt, J. S. and LeBaron, H. M. (1990). Significance and distribution of herbicide resistance. *Weed Technology* **4**: 141 – 149.

Holt, J. S., Powles, S. B. and Holtum, J. A. M. (1993). Mechanisms and agronomic aspects of herbicide resistance. *Annual Review of Plant Physiology and Plant Molecular Biology* **44**: 203 – 229.

Holttum, R. E. (1970). The historical significance of botanic gardens in S.E. Asia. *Taxon* **19**: 707 – 714.

Holzner, W. (1982). Concepts, categories and characteristics of weeds. In: *Biology and Ecology of Weeds.* eds. W. Holzner and N. Numata. pp.3 – 20. The Hague: Junk.

Holzner, W. and Numata, M. (1982). *Biology and Ecology of Weeds.* The Hague: Junk.

Hondelmann, W. (1976). Seed banks. In: *Conservation of Threatened Plants.* eds. J. B. Simmons, R. I. Beyer, P. E. Brandham, G. L. Lucas and V. T. H. Parry. pp.213 – 224. New York and London: Plenum Press.

Hong, T. D. and Ellis, R. H. (1996). *A Protocol to Determine Seed Storage Behaviour.* Rome: International Plant Genetic Resources Institute.

Hong, T. D., Linington, S. and Ellis, R. H. (1998). *Compendium of Information on Seed Storage Behaviour*, 2 volumes. Kew: Royal Botanic Garden.

Hood, W. G. and Naiman, R. J. (2000). Vulnerability of riparian zones to invasion by exotic vascular plants. *Plant Ecology* **148**: 105 – 114.

Hopkins, I. (1914). History of the bumblebee in New Zealand: its introduction and results. *Bulletin of the New Zealand Department of Agriculture (New Series)* **46**: 1 – 28.

Hopper, S. D. (1996). The use of genetic information in establishing reserves for nature conservation. In: *Biodiversity in Managed Landscapes.* eds. R. C. Szaro and D. W. Johnston. pp.253 – 260. Oxford and New York: Oxford University

Press.

Horsman, D. C., Roberts, T. M., Lambert, M. and Bradshaw, A. D. (1979a). Studies on the effect of sulphur dioxide on perennial rye grass (*Lolium perenne* L). Ⅰ. Characteristics of fumigation system and preliminary experiments. *Journal of Experimental Botany* **30**: 485 – 493.

Horsman, D. C., Roberts, T. M. and Bradshaw, A. D. (1979b). Studies on the effect of sulphur dioxide on perennial rye grass (*Lolium perenne* L). Ⅱ. Evolution of sulphur dioxide tolerance. *Journal of Experimental Botany* **30**: 495 – 501.

Hosius, B., Leinemann, L., Konnert, M. and Bergmann, F. (2006). Genetic aspects of forestry in the central *Europe*. *European Journal of Forest Research* **125**: 407 – 417.

Hoskin, G. W. (1977). *The Making of the English Landscape*. London: Hodder and Stoughton.

Hufford, K. M. and Mazer, S. J. (2003). Plant ecotypes: genetic differentiation in the age of ecological restoration. *Trends in Ecology and Evolution* **18**: 147 – 155.

Hughes, L. (2000). Biological consequences of global warming: is the signal already apparent? *Trends in Ecology and Evolution* **15**: 56 – 61.

Hughes, C. E. and Styles, B. T. (1989). The benefits and risks of woody legume introductions. Advances in Legume Biology. *Systematic Monograph of the Botanic Garden of Missouri* **29**: 505 – 531.

Hulbert, L. C. (1955). Ecological studies of *Bromus tectorum* and other annual bromegrasses. *Ecological Monographs* **25**: 181 – 213.

Hulme, P. E. (2005). Adapting to climate change: is there scope for ecological management in the face of a global threat? *Journal of Applied Ecology* **42**: 784 – 794.

Humborg, C., Ittekkot, V., Cociasu, A. and von Bodungen, B. (1997). Effect of Danube river dam on Black Sea biogeochemistry and ecosystem structure. *Nature* **386**: 385.

Hunt, D. R. (1974). The role of reserve collections. In: *Succulents in Peril*, ed. D. R. Hunt. pp. 17 – 20. Kew: Ⅻ Congress of the International Organisation for Succulent Plant Study.

Hunter, R. (1890). The preservation and enjoyment of open spaces. *Nature Note* **1**: 101 – 104.

Hunter, J. (1995). *On the Other Side of Sorrow: Nature and Peoples in the Scottish Highlands*. Edinburgh: Mainstream.

Hunter, J. (2000). *The Making of the Crofting Community*, 2nd edn. Edinburgh: John Donald.

Huntley, B. (1991). How plants respond to climate change: migration rates, individualism and the consequences for plant communities. *Annals of Botany* **67** (suppl.): 15 – 22.

Hurka, H. (1994). Conservation genetics and the role of botanical gardens. In: *Conservation Genetics*. eds. V. Loeschcke, J. Tomiuk and S. K. Jain. pp. 371 – 380. Basel, Boston and Berlin: Birkhäuser Verlag.

Husband, B. C. and Schemske, D. W. (1996). Evolution of the magnitude and timing of inbreeding depression in plants. *Evolution* **50**: 54 – 70.

Husheer, S. W. and Frampton, C. M. (2005). Fallow deer impacts on Wakatipu beech forest. *New Zealand Journal of Ecology* **29**: 83 – 94.

Hutchings, M. J. (1989). Population biology and conservation of *Ophrys sphegodes*. In: *Modern Methods of Orchid Conservation*. ed. H. W. Pritchard. pp. 101 – 115. Cambridge: Cambridge University Press.

Huxley, T. H. (1906). The conditions of existence as affecting the perpetuation of living beings. In: *Man's Place in Nature and Other Essays*. pp. 225 – 244. London: Dent and Sons.

Huxley, J. S. (1942). *Evolution: The Modern Synthesis*. Oxford: Clarendon Press.

Hyam, R. (1998). Field collection: plants. In: *Molecular Tools for Screening Biodiversity: Plants and Animals*. eds. A. Karp, P. G. Isaac and D. S. Ingram. pp. 49 – 50. London: Chapman and Hall.

Hymowitz, T. (1984). Dorsett-Morse soybean collection trip to east Asia: a 50 year retrospective. *Economic Botany* **38**: 378 – 388.

Ibáñez, O., Calero, C., Mayol, M. and Rosselló, J. A. (1999). Isozymic uniformity in a wild extinct insular plant, *Lysimachia minoricensis* J. J. Rodr. (Primulaceae). *Molecular Ecology* **8**: 813 – 817.

Imam, A. G. and Allard, R. W. (1965). Population studies in predominantly self-pollinated species. Ⅵ. Genetic variability between and within natural populations of wild oats from differing habitats in California. *Genetics* **51**: 49 – 62.

Imper, D. K. (1997). Ecology and conservation of Wolf's evening primrose in northwestern California. In: *Conservation and Management of Native Plants and Fungi*. eds. T. N. Kaye, *et al*. pp.34 – 40. Corvallis, OR: Native Plant Society of Oregon.

Imrie, B. C., Kirkman, C. J. and Ross, D. R. (1972). Computer simulation of a sporophytic self-incompatible breeding system. *Australian Journal of Biological Sciences* **25**: 343 – 349.

Ingram, R. and Noltie, H. J. (1995). *Senecio cambrensis* Rosser. *Journal of Ecology* **83**: 537 – 546.

Ingvarsson, P. K. and Giles, B. E. (1999). Kin-structured colonization and small-scale genetic differentiation in *Silene dioica*. *Evolution* **53**: 605 – 611.

IPCC (2007a). *Fourth Assessment Report, February* 2007. *Working Group* Ⅰ. *The Physical Science Basis*. Contribution to the Intergovernmental Panel on Climate Change (IPCC). Summary for Policymakers available on the internet, www.ipcc.ch/index.html.

IPCC (2007b). *Fourth Assessment Report, April* 2007. *Working Group* Ⅱ. *Mitigation of Climate Change*. Contribution to the Intergovernmental Panel on Climate Change (IPCC). Summary for Policymakers available on the internet, www.ipcc.ch/index.html.

IPCC (2007c). *Fourth Assessment Report, 4 May 2007. Working Group* Ⅲ. *Mitigation of Climate Change*. Contribution to the Intergovernmental Panel on Climate Change (IPCC). Summary for Policymakers available on the internet, www.ipcc.ch/index.html.

IPCC (2007d). *Fourth Assessment Report, 16 November 2007. Final Assessment*. Draft Summary for policy makers available on the internet, www.ipcc.ch/index.html.

Jachmann, H., Berry, P. S. M. and Imae, H. (1995). Tusklessness in African elephants: a future trend. *African Journal of Ecology* **33**: 230 – 235.

Jackson, J. B. C. (2001). What was natural in the coastal oceans? *Proceedings of the National Academy of Sciences, USA* **98**: 5411 – 5418.

Jacobsen, T. and Adams, R. M. (1958). Salt and silt in ancient Mesopotamian agriculture. *Science* **128**: 1251 – 1258.

Jaeger, P. (1963). Premièries observations sur les ecotypes de l'*Heracleum sphondylium* L. (Ombellifère). *Comptes Rendues de l'Academie des Sciences, Paris* **257**: 1147 – 1149.

Jaeger, K. E., Graf, A. and Wigge, P. A. (2006). The control of flowering in time and space. *Journal of Experimental Botany* **57**: 3415 – 3418.

Jahodova, S., *et al*. (2007). Invasive species of Heracleum in Europe: an insight into genetic relationships and invasion history. *Diversity and Distributions* **13**: 99 – 114.

Jain, S. K. and Martins, P. S. (1979). Ecological genetics of the colonizing ability of rose clover (*Trifolium hirtum* All.). *American Journal of Botany* **66**: 361 – 366.

Jäkäläniemi, A., Tuomi, J., Siikamäki, P. and Kilpiä, A. (2005). Colonization-extinction and patch dynamic of the perennial riparian plant, *Silene tatarica*. *Journal of Ecology* **93**: 670 – 680.

James, J. K. and Abbott, R. J. (2005). Recent, allopatric, homoploid hybrid speciation: the origin of *Senecio squalidus* (Asteraceae) in the British Isles from a hybrid zone on Mount Etna, Sicily. *Evolution* **59**: 2533 – 2547.

Jana, S. and Thai, K. M. (1987). Patterns of changes of dormant genotypes in *Avena fatua* populations under different cultural conditions. *Canadian Journal of Botany* **65**: 1741 – 1745.

Janzen, D. H. (2001). Latent extinction: the Living Dead. In: *Encyclopedia of Biodiversity*, Vol. 3. ed. S. A. Levin. pp. 689 – 699. London: Academic Press.

Jasieniuk, M., Brule-Babel, A. L. and Morrison, I. N. (1996). The evolution and genetics of herbicide resistance in weeds. *Weed Science* **44**: 176 – 193.

Jennersten, O. (1988). Pollination in *Dianthus deltoides* (Caryophyllaceae): effects of habitat fragmentation on visitation and seed set. *Conservation Biology* **2**: 359 – 366.

Jewgenow, K., Dehnhard, M., Hildebrandt, T. B. and Goritz, F. (2006). Contraception for population control in exotic carnivores. *Theriogenolgy* **66**: 1525 – 1529.

Johannsen, W. (1909). *Elemente der exakten Erblichkeitlehre*. Jena: Fischer.

John, D. M. (1994). Biodiversity and conservation: an algal perspective. *The Phycologist* **38**: 3 – 15.

Johnstone, I. M. (1986). Plant invasion windows: a time-based classification of invasion potential. *Biological Reviews* **61**: 369 – 394.

Jones, M. E. (1971a). The population genetics of *Arabidopsis thaliana*. Ⅰ. The breeding system. *Heredity* **27**: 39 – 50.

Jones, M. E. (1971b). The population genetics of *Arabidopsis thaliana*. Ⅱ. Population structure. *Heredity* **27**: 51 – 58.

Jones, M. E. (1971c). The population genetics of *Arabidopsis thaliana*. Ⅲ. The effect of vernalisation. *Heredity* **27**: 59 – 72.

Jones, S. (1999). *Almost Like a Whale: The Origin of Species Updated*. London and New York: Doubleday.

Jones, C. J., et al. (1997). Reproducibility testing of RAPD, AFLP and SSR markers in plants by a network of European laboratories. *Molecular Breeding* **3**: 381 – 390.

Jones, C. J., et al. (1998). Reproducibility testing of RAPDs by a network of European laboratories. In: *Molecular Tools for Screening Biodiversity*. eds. A. Karp, P. G. Isaac and D.S. Ingram. London: Chapman Hall.

Jones, T. L., et al. (2008). The protracted Holocene extinction of California's flightless sea duck (*Chendytes lawi*) and its implications for the Pleistocene overkill hypothesis. *Proceedings of the National Academy of Sciences*, USA **105**: 4105 – 4108.

Jongman, R. H. and Pungetti, G. (2004). *Ecological Networks and Green Ways: Concept, Design, Implementation*. Cambridge: Cambridge University Press.

Jordan, C. F. and Miller, C. (1996). Scientific uncertainty as a constraint to environmental problem solving: large-scale ecosystems. In: *Scientific Uncertainty and Environmental Problem Solving*. ed. J. Lemons. pp. 91 – 117. Cambridge, MA: Blackwell.

Jordan Ⅲ, W. R., Gilpin, M. E. and Aber, J. D. (1987). *Restoration Ecology*. Cambridge: Cambridge University Press.

Jørgensen, R. B. and Andersen, B. (1994). Spontaneous hybridization between oilseed rape (*Brassica napus*) and weedy *Brassica campestris* (Brassicaceae): a risk of growing genetically-modified oilseed rape. *American Journal of Botany* **81**: 1620 – 1626.

Jump, A. S. and Peñuelas, J. (2005). Running to stand still: adaptation and the response of plants to rapid climate change. *Ecology Letters* **8**: 1010 – 1020.

Jump, A. S., Hunt, J. M., Martinez-Izquierdo, J. A. and Peñuelas, J. (2006). Natural selection and climate change: temperature-linked spatial and temporal trends in gene frequency in *Fagus sylvatica*. *Molecular Ecology* **15**: 3469 – 3480.

Kadereit, J. W. (1984). Studies on the biology of *Senecio vulgaris* L. ssp. denticulatus (OF-Muell) PD Sell. *New Phytologist* **97**: 681 – 689.

Kadereit, J. W. and Briggs, D. (1985). Speed of development of radiate and non-radiate plants of *Senecio vulgaris* L.

from habitats subject to different degrees of weeding pressure. *New Phytologist* **99**: 155 – 169.

Kalisz, S., Horth, L. and McPeek, M. A. (2000). Fragmentation and the role of seed banks in promoting persistence in isolated populations of *Collinsia verna*. In: *Conservation in Highly Fragmented Landscapes*. ed. M. W. Schwartz. pp.286 – 312. New York: Chapman and Hall.

Kareiva, P., *et al.* (2007). Domesticated nature: shaping landscapes and ecosystems for human welfare. *Science* **316**: 1866 – 1869.

Karlsson, T. (1976). Euphrasia in Sweden: hybridization, parallelism and species concept. *Botaniska Notiser* **129**: 49 – 60.

Karlsson, T. (1984). Early flowering taxa of *Euphrasia* (Scrophulariaeae) on Gotland, Sweden. *Nordic Journal of Botany* **4**: 303 – 326.

Karp, A., Isaac, P. G. and Ingram, D. S. (1998). Molecular Tools for Screening Biodiversity. London: Chapman Hall.

Kautz, R., *et al.* (2006). How much is enough? Landscape-scale conservation for the Florida panther. *Biological Conservation* **130**: 118 – 133.

Keane, R. M. and Crawley, M. J. (2002). Exotic plant invasions and the enemy release hypothesis. *Trends in Ecology and Evolution* **17**: 164 – 170.

Keith, D. A. (2004). Australian Heath Shrub (*Epacris barbata*): viability under management options for fire and disease. In: *Species Conservation and Management*. ed. H. R. Akc.akaya., *et al.* pp.90 – 103. New York: Oxford University Press.

Keitt, T. H. (2003). Spatial autocorrelation, dispersal and the maintenance of source-sink populations. In: *How Landscapes Change: Human Disturbance and Ecosystem Fragmentation in the Americas*. eds. G. A. Bradshaw and P. A. Marquet. pp.225 – 238. Berlin: Springer Verlag.

Keller, M., Kollmann, J. and Edwards, P. J. (2000). Genetic introgression from distant provenances reduces fitness in local weed populations. *Journal of Applied Ecology* **37**: 647 – 659.

Kellogg, V. L. (1907). *Darwinism Today*. London: Bell.

Kelly, M. (2000). *Cynara cardunculus* L. In: *Invasive Plants of California's Wildlands*. eds. C. C. Bossard, J. M. Randall and M. C. Hozhovsky. pp.139 – 145. Berkeley, CA: University of California Press.

Kemp, W. B. (1937). Natural selection within plant species as exemplified in a permanent pasture. *Journal of Heredity* **28**: 329 – 333.

Kendrew, J. (ed.) (1994). Fitness. In: *The Encyclopedia of Molecular Biology*. ed. J. Kendrew. p.377. Oxford: Blackwell Science.

Kennington, W. J., Waycott, M. and James, S. H. (1996). DNA fingerprinting supports notions of clonality in a rare mallee, *Eucalyptus argutifolia*. *Molecular Ecology* **5**: 693 – 696.

Kent, D. H. (1975). *The Historical Flora of Middlesex*. London: Ray Society.

Kerr, R. A. (2005). Confronting the bogeyman of the climate system. *Science* **310**: 432 – 433.

Kiang, Y. T. (1982). Local differentiation of *Anthoxanthum odoratum* L. populations on roadsides. *American Midland Naturalist* **107**: 340 – 350.

Kiang, Y. T., Antonovics, J. and Wu, L. (1979). The extinction of wild rice (*Oryza perennis formosana*) in Taiwan. *Journal of Asian Ecology* **1**: 1 – 9.

Kimura, M. (1983). *The Neutral Theory of Molecular Evolution*. Cambridge: Cambridge University Press.

King, L. J. (1966). *Weeds of the World: Biology and Control*. New York: Interscience Publishers; London: Leonard Hill.

Kirby, C. (1980). *The Hormone Weedkillers*. Croydon, UK: BCPC Publications.

Kirch, P. V. and Hunt, T. L. (eds.) (1997). *Historical Ecology in the Pacific Islands*. New Haven, CT and London:

Yale University Press.

Kirkpatrick, J. B. (1989). *A Continent Transformed: Human Impact on the Natural Vegetation of Australia*, 2nd edn. Melbourne: Oxford University Press.

Kirkpatrick, J. and Gilfedder, L. (1995). Maintaining integrity compared with maintaining rare and threatened taxa in remnant bushland in subhumid Tasmania. *Biological Conservation* **74**: 1 - 8.

Kirkpatrick, J. B., McDougall, K. and Hyde, M. (1995). *Australia's Most Threatened Ecosystem: The Southeastern Lowland Native Grasslands*. Chipping Norton, NSW: Surrey Beatty.

Knobloch, I. W. (1971). Intergeneric hybridization in flowering plants. *Taxon* **21**: 97 - 103.

Kondrashov, A. S. (2005). Fruitfly genome is not junk. *Nature* **437**: 1106.

Koopowitz, H. and Kaye, H. (1990). *Plant Extinction: A Global Crisis*. London: Christopher Helm.

Kornás, J. (1961). The extinction of the association Sperguleto-Lolietum remoti in flax cultures in the Gorce (Polish Western Carpathian Mountains). *Bulletin de l'Academie Polonaise des Sciences*, Class Ⅱ Ⅸ: 37 - 40.

Kovalchuk, I., Kovalchuk, O., Arkhipov, A., Hohn, B. and Dubrova, Y. E. (2003). Extremely complex pattern of microsatellite mutation in the germline of wheat exposed to the post-Chernobyl radioactive contamination. *Mutation Research* **525**: 93 - 101.

Kovarik, A., *et al.* (2005). Rapid concerted evolution of nuclear ribosomal DNA in two tragopogon allopolyploids of recent and recurrent origin. *Genetics* **169**: 931 - 944.

Kowarik, I. (2005). Urban ornamentals escaped from cultivation. In: *Crop Ferality and Volunteerism*. ed. J. Gressel. pp.97 - 121. Boca Raton, FL: Taylor and Francis.

Kraus, G. K. M. (1894). Gesichte der Pflanzeneinführung in der europäishen Gärten. *Leipzig*.

Krause, J. (1944). Studien über den Saisondimorphismus bei Pflanzen. *Beiträge zur Biologie der Pflanzen* **27**: 1 - 91.

Krauss, S. L., Dixon, B. and Dixon, K. W. (2002). Rapid genetic decline in a translocated population of the endangered plant *Grevillea scapigera*. *Conservation Biology* **16**: 986 - 994.

Krech, S. (1999). *The Ecological Indian: Myth and History*. New York and London: Norton.

Kreitman, M. and Di Rienzo, A. (2004). Balancing claims for balancing selection. *Trends in Genetics* **20**: 300 - 304.

Kremen, C. and Ricketts, T. (2000). Global perspectives on pollination disruptions. *Conservation Biology* **14**: 1226 - 1228.

Kremen, C., *et al.* (2007). Pollination and other ecosytem services produced by mobile organisms: a conceptual framework for the effects of land-use change. *Ecology Letters* **10**: 299 - 314.

Kuhn, T. (1970). *The Structure of Scientific Revolutions*. Chicago: University of Chicago Press.

Kuparinen, A. and Schurr, F. M. (2007). A flexible modelling framework linking the spatiotemporal dynamics of plant genotypes and populations: application to gene flow from transgenic forests. *Ecological Modelling* **202**: 476 - 486.

Kutner, L. S. and Morse, L. E. (1996). Reintroduction in a changing climate. In: *Restoring Diversity*. eds. D. A. Falk, C. I. Millar and M. Olwell. pp.23 - 48. Washington, DC: Island Press.

Ladizinsky, G. (1998). *Plant Evolution under Domestication*. Dordrecht, Boston and London: Kluwer Academic Publishers.

Lahaye, R., *et al.* (2008). DNA barcoding the floras of biodiversity hotspots. *Proceedings of the National Academy of Sciences*, USA **105**: 2923 - 2928.

LaHaye, W. S., Gutierrez, R. J. and Akc. akaya, H. R. (1994). Spotted owl metapopulation dynamics in southern California. *Journal of Animal Ecology* **63**: 775 - 785.

Laimer, M., *et al.* (2005). Biotechnology of temperate fruit trees and grapevines. *Acta Biochimica Polonica* **52**: 673 - 678.

Laland, K. N. (2002). Niche construction. In: *Encyclopedia of Evolution*. ed. M. Patel. pp.821 - 823. Oxford and New

York: Oxford University Press.

Laland, K. N., Odling-Smee, F. J. and Feldman, M. W. (1999). Evolutionary consequences of niche construction and their implications for ecology. *Proceedings of the National Academy of Sciences*, USA **96**: 10242 – 10247.

Lambrecht, S. C., Loik, M. E., Inouve, D. W. and Harte, J. (2007). Reproduction and physiological responses to simulated climate warming for four subalpine species. *New Phytologist* **173**: 121 – 134.

Lampkin, N. (1990). *Organic Farming*. Ipswich, UK: Farming Press.

Lande, R. (1988). Genetics and demography in biological conservation. *Science* **241**: 1455 – 1460.

Langmead, C. (1995). *A Passion for Plants. From the Rainforests of Brazil to Kew Gardens. The Life and Vision of Ghillean Prance*. Oxford: Lion Publishing.

Laurance, W. F. (1991). Edge effects in tropical forest fragments: application of a model for the design of nature reserves. *Biological Conservation* **57**: 205 – 219.

Laurance, W. F. (1998). A crisis in the making: responses of Amazonian forest to land use and climate change. *Trends in Ecology and Evolution* **13**: 411 – 415.

Lavergne, S. and Molofsky, J. (2007). Increased genetic variation and evolutionary potential drive the success of an invasive grass. *Proceedings of the National Academy of Sciences*, USA **104**: 3883 – 3888.

Lawrence, M. J. (2002). A comprehensive collection and regeneration strategy for ex situ conservation. *Genetic Resources and Crop Evolution* **49**: 199 – 209.

Lebaron, H. M. and Gressel, J. (eds.) (1982). *Herbicide Resistance in Plants*. NewYork: Wiley.

Leck, M. A., Parker, V. T. and Simpson, R. L. (1989). *Ecology of Soil Seed Banks*. San Diego, CA: Academic Press.

Ledig, F. T. (1992). Human impacts on genetic diversity in forest ecosystems. *Oikos* **63**: 87 – 108.

Ledwig, F. T. (1996). Pinus torreyana at the Torrey Pines State Reserve, California. In: *Restoring Diversity*. eds. D. A. Falk, C. I. Millar and M. Olwell. pp.265 – 271. Washington, DC, Covelo, CA and London: Island Press.

Lee, R. B. (1984). *The Dobe! Kung*. Chicago: Aldine.

Lee, C. E. (2002a). Evolutionary genetics of invasive species. *Trends in Ecology and Evolution* **17**: 386 – 392.

Lee, W. G. (2002b). Negative effects of introduced plants. *Encyclopedia of Biodiversity* **3**: 501 – 515.

Lee, C. T., Wickneswari, R., Mahani, M. C. and Zakri, A. H. (2002). Effect of selective logging on the genetic diversity of *Scaphium macropodum*. *Biological Conservation* **104**: 107 – 118.

Lehmann, E. (1944). *Veronica filiformis* Sm. eine selbststerile Planzen. *Jahrbücher für wissenschaftliche Botanik* **91**: 395 – 403.

Leopold, A. (1933). *Game Management*. New York: Charles Scriber's Sons.

Les, D. H., Reinartz, J. A. and Esselman, E. J. (1991). Genetic consequences of rarity in *Aster furcatus* (Asteraceae), a threatened, self-incompatible plant. *Evolution* **45**: 1641 – 1650.

Lesica, P. and Allendorf, F. W. (1999). Ecological genetics and the restoration of plant communities: mix or match? *Restoration Ecology* **7**: 42 – 50.

Lever, C. (1992). *They Dined on Eland: The Story of Acclimatisation Societies*. London: Quiller.

Levey, D. J., *et al.* (2005). Effects of landscape corridors on seed dispersal by birds. *Science* **309**: 146 – 148.

Levin, D. A. (1976). Consequences of long-term artificial selection, inbreeding and isolation in Phlox. II. The organization of allozymic variability. *Evolution* **30**: 463 – 472.

Levin, D. A. (2000). *The Origin, Expansion, and Demise of Plant Species*. New York and Oxford: Oxford University Press.

Levin, D. A. and Kerster, H. W. (1974). Gene flow in plants. *Evolutionary Biology* **7**: 139 – 220.

Levin, J. M., Vilà, M., D'Antonia, C. M., Dukes, J. S., Grigulis, K. and Lavorel, S. (2003). Mechanisms underlying the impacts of exotic plant invasions. *Proceedings of the Royal Society of London*, B **270**: 775 – 781.

Levins, D. (1969). Some demographic and genetic consequences of environmental heterogeneity for biological control. *Bulletin of the Entomological Society of America* **7**: 237 – 240.

Lewis, W. H. (1980). Polyploidy in Angiosperms: dicotyledons. In: *Polyploidy*. ed. W. H. Lewis. pp.241 – 268. New York and London: Plenum Press.

Li, Q., Xu, Z. and He, T. (2002). Ex situ conservation of endangered *Vatica guangxiensis* (Dipterocarpaceae) in China. *Biological Conservation* **106**: 151 – 156.

Lichtenberger, E. (1988). The succession of an agricultural society to a leisure society: the high mountains of Europe. In: *Human Impact on Mountains*. eds. N. J. R. Allan, G. W. Knapp and C. Stadel. pp. 218 – 227. Lanham, MD: Rowman and Littlefield.

Liebman, M., Mohler, C. L. and Staver, C. P. (2001). *Ecological Management of Agricultural Weeds*. Cambridge: Cambridge University Press.

Linder, C. R., *et al.* (1998). Long-term introgression of crop genes into wild sunflower populations. *Theoretical and Applied Genetics* **96**: 339 – 347.

Ling Hwa, T. and Morishima, H. (1997). Genetic characteristics of weedy rices and the inference on their origins. *Breeding Science* **47**: 153 – 160.

Linington, S. (2001). The Millennium seed bank project. In: *Biological Collections and Biodiversity*. eds. B. S. Rushton, P. Hackney and C. R. Tyrie. pp.121 – 125. Otley, UK: Linnean Society of London, Westbury Publishing.

Linington, S. H. and Pritchard, H. W. (2001). Gene banks. In: *Encyclopedia of Biodiversity*, Vol.3. ed. S. A. Levin. pp.165 – 181. San Diego and London: Academic Press.

Lock, J. M., Friday, L. E. and Bennett, T. J. (1997). The management of the Fen. In: *Wicken Fen. The Making of a Wetland Nature Reserve*. ed. L. E. Friday. pp.213 – 254. Colchester: Harley Books.

Lodge, R. W. (1964). Autecology of *Cynosurus cristatus* (L.) Ⅳ. Germinability of *Cynosurus cristatus*. *Journal of Ecology* **52**: 43 – 52.

Lofflin, D. L. and Kephart, S. R. (2005). Outbreeding, seedling establishment and maladaption in natural reintroduced populations of rare and common *Silene douglasii* (Caryophyllaceae). *American Journal of Botany* **92**: 1691 – 1700.

Lonsdale, W. M. (1993). Rates of spread of an invading species: *Mimosa pigra* in northern Australia. *Journal of Ecology* **81**: 513 – 521.

Lonsdale, W. M. (1994). Inviting trouble: introduced pasture species in northern Australia. *Australian Journal of Ecology* **19**: 345 – 354.

Lourmas, M., Kjellberg, F., Dessard, H., Joly, H. I. and Chevallier, M.-H. (2007). Reduced density due to logging and its consequences on mating system and pollen flow in the African mahogany *Entandrophragma cylindricum*. *Heredity* **99**: 151 – 160.

Lovejoy, T. E. and Hannah, L. (eds.) (2005). *Climate Change and Biodiversity*. New Haven and London: Yale University Press.

Lovelock, J. (2006). *The Revenge of Gaia*. London: Allen Lane.

Low, T. (2002a). *Feral Future: The Untold Story of Australia's Exotic Invaders*. Chicago: University of Chicago Press.

Low, T. (2002b). *The New Nature: Winners and Losers in Wild Australia*. Victoria, Australia: Viking.

Lowe, A. J. and Abbott, R. J. (1996). Origins of the new allopolyploid species *Senecio cambrensis* (Asteraceae) and its relationship to the Canary Islands endemic *Senecio teneriffae*. *American Journal of Botany* **83**: 1365 – 1372.

Lowe, A. J. and Abbott, R. J. (2004). Reproductive isolation of a new hybrid species, *Senecio eboracensis* Abbott and Lowe (Asteraceae). *Heredity* **92**: 386 – 395.

Lowenthal, D. (1985). *The Past is a Foreign Country*. Cambridge: Cambridge University Press.

Lucas, G. and Synge, H. (1978). *The IUCN Plant Red Data Book*. Morges, Switzerland: Threatened Plant Committee, Kew and IUCN.

Lumaret, R. and Ouazzani, N. (2001). Ancient wild olives in Mediterranean forests. *Nature* **413**: 700.

Lush, W. M. (1988a). Biology of *Poa annua* in a temperate zone golf putting green (*Agrostis stolonifera/Poa annua*). I. The above-ground population. *Journal of Applied Ecology* **25**: 977 – 988.

Lush, W. M. (1988b). Biology of *Poa annua* in a temperate zone golf putting green (*Agrostis stolonifera/Poa annua*). II. The seed bank. *Journal of Applied Ecology* **25**: 989 – 997.

Lynas, M. (2007). *Six Degrees*. London: Fourth Estate.

Lyons, T. M., Barnes, J. D. and Davison, A. W. (1997). Relationships between ozone resistance and climate in European populations of *Plantago major*. *New Phytologist* **136**: 503 – 510.

Mabey, R. (1980). *The Common Ground. A Place for Nature in Britain's Future*. London: Hutchinson.

MacArthur, R. and Wilson, E. O. (1967). *The Theory of Island Biogeography*. Princeton, NJ: Princeton University Press.

Macdonald, J. A. W. (1988). The history, impacts and control of introduced species to the Kruger National Park, South Africa. *Transactions of the Royal Society of South Africa* **46**: 252 – 276.

Macdonald, J. A. W., Ortiz, L. and Lawesson, J. E. (1988). The invasion of the highlands of the Galápagos Islands by the red quinine tree *Cinchona succirubra*. *Environmental Conservation* **15**: 215 – 220.

Mace, R. (2002). Demographic transition. In: *Encyclopedia of Evolution*, Vol.1. ed. M. Pagel. pp.235 – 238. Oxford: Oxford University Press.

MacEachern, A. (2001). *A Natural Selection. National Parks in Atlantic Canada 1935 – 1970*. Montreal, London and Ithaca: McGill-Queen's University Press.

Macgregor, C. J. and Warren, C. R. (2006). Adopting sustainable farm management practices within a nitrate vulnerable zone in Scotland. *Agriculture Ecosystems and Environment* **113**: 108 – 119.

Mack, R. N. (2000). Assessing the extent, status, and dynamism of plant invasions: current and emerging approaches. In: *Invasive Species in a Changing World*. eds. H. A. Mooney and R. J. Hobbs. pp.141 – 168. Washington, DC and Covelo, CA: Island Press.

Mack, R. N. (1984). Invaders at home on the range. *Natural History* **93**: 40 – 47.

Mack, R. N. (1985). Invading plants: their potential contribution to population biology. In: *Studies in Plant Demography*. ed. J. White. pp.127 – 142. London: Academic Press.

Mack, R. N. (1991). The commercial seed trade: an early disperser of weeds in the United States. *Economic Botany* **45**: 257 – 273.

Mack, R. N. (1996). Predicting the identity and fate of plant invaders: emergent and emerging approaches. *Biological Conservation* **78**: 107 – 121.

Mack, R. N. (2000). Assessing the extent, status, and dynamism of plant invasions: current and emerging approaches. In: *Invasive Species in a Changing World*. eds. H. A. Mooney and R. J. Hobbs. pp.141 – 168. Washington, DC and Covelo, CA: Island Press.

Mack, R. N. and Lonsdale, W. M. (2001). Humans as global dispersers: getting more than we bargained for. *BioScience* **51**: 95 – 102.

Mack, R. N., Simberloff, D., Lonsdale, W. M., Evans, H., Clout, M. and Bazzaz, F. A. (2000). Biotic invasions: causes, epidemiology, global consequences and control. *Ecological Applications* **10**: 689 – 710.

MacKenzie, J. M. (1987). Chivalry, social Darwinism and ritualised killing: the hunting ethos in Central Africa up to 1914. In: *Conservation in Africa, People, Policies and Practice*. eds. D. Anderson and R. Grove. pp.41 – 61. Cambridge: Cambridge University Press.

Mackinnen, K. (1998). Sustainable use as a conservation tool in the forests of south-east Asia. In: *Conservation of Biological Resources*. eds. E. J. Milner-Gulland and R. Mace. pp.174 - 192. Oxford: Blackwell.

MacKinnon, J., MacKinnon, K., Child, G. and Thorsell, J. (1986). *Managing Protected Areas in the Tropics*. Gland, Switzerland: IUCN/UNEP.

Mackworth-Praed, H. (1991). *Conservation Piece*. Chichester: Packard Publishing.

Macnair, M. R. (1981). The tolerance of higher plants to toxic materials. In: *Genetic Consequences of Man-made Change*. eds. J. A. Bishop and L. M. Cook. pp.177 - 207. London: Academic Press.

Macnair, M. R. (1990). The genetics of metal tolerance in natural populations. In: *Heavy Metal Tolerance in Plants*. ed. J. A. Shaw. pp.235 - 255, Boca Raton, FL: CRC Press.

Macnair, M. R. (1993). Tansley Review. No. 49. The genetics of metal tolerance in vascular plants. *New Phytologist* **124**: 541 - 559.

Macnair, M. R. (1997). The evolution of plants in metal-contaminated environments. In: *Environmental Stress, Adaptation and Evolution*. eds. R. Bijlsma and V. Loeschke. pp.3 - 24. Basel: Birkhauser Verlag.

Macnair, M. R. (2000). The genetics of metal tolerance in natural populations. In: *Heavy Metal Tolerance in Plants: Evolutionary Aspects*. ed. A. J. Shaw. pp.235 - 253. Boca Raton, FL: CRC Press.

Madgwick, F. J. (1999). Restoring nutrient-enriched shallow lakes: integration of theory and practice in the Norfolk Broads, UK. *Hydrobiologia* **409**: 1 - 12.

Magome, H. and Murombedzi, J. (2003). Sharing South African National Parks: community land and conservation in a democratic South Africa. In: *Decolonizing Nature, Strategies for Conservation in a Post-colonial Era*. eds. W. M. Adams and M. Mulligan. pp.108 - 134. London and Sterling, VA: Earthspan Publications.

Majerus, M. E. N. (1998). *Melanism: Evolution in Action*. Oxford: Oxford University Press.

Malhi, Y. and Phillips, O. L. (2005). *Tropical Forests and Global Atmospheric Change*. Oxford: Oxford University Press.

Malthus, T. R. (1826). *An Essay on the Principle of Population, as It Affects the Future Improvement of Society*. London: Murray.

Mann, C. C. (1991). Extinction: are ecologists crying wolf? *Science* **235**: 736 - 738.

Mann, C. C. and Plummer, M. L. (1996). *Noah's Choice*. New York: Knopf.

Mannion, A. M. (1998). Island biogeography. In: *Encyclopedia of Ecology and Environmental Management*. ed. P. Calow. pp.217 - 219. Oxford: Blackwell.

Marchant, C. J. (1967). Evolution in *Spartina* (Gramineae). 1. The history and morphology of the genus in Britain. *Journal of the Linnean Society (Botany)* **60**: 1 - 24.

Marchant C. J. (1968). Evolution in *Spartina* (Gramineae). 2. Chromosomes, basic relationships and the problem of *S.× townsendii* agg. *Journal of the Linnean Society (Botany)* **60**: 381 - 409.

Maron, J. L., Vilà, M., Bommarco, R., Elmendorf, S. and Beardsley, P. (2004). Rapid evolution of an invasive plant. *Ecological Monographs* **74**: 261 - 280.

Marren, P. (1999). *Britain's Rare Flowers*. London: Poyser in association with Plantlife and English Nature.

Marren, P. (2005). The wolf at your door. *Independent*, 22 August 2005.

Marrero-Gómez, M. V., *et al.* (2000). Study of the establishment of the endangered *Echium acanthocarpum* (Boraginaceae) in the Canary Islands. *Biological Conservation* **94**: 183 - 190.

Marsh, G. P. (1864). *Man and Nature: or, Physical Geography as Modified by Human Action*. New York: Scribners; London: Sampson Low.

Marshall, F. M. (2002). Effect of air pollution in developing countries. In: *Air Pollution and Plant Life*, 2nd edn. eds. J. N. B. Bell and M. Treshow. pp.407 - 416. London: Wiley.

Marshall, D. R. and Brown, A. H. D. (1975). Optimum sampling strategies in genetic conservation. In: *Crop Genetic Resources for Today and Tomorrow*, eds. O. H. Frankel and J. G. Hawkes. Chapter 4. Cambridge: Cambridge University Press.

Marshall, D. R. and Weiss, P. W. (1982). Isozyme variation within and among Australian populations of *Emex spinosa* (L.) Campd. *Australian Journal of Biological Sciences* **35**: 327 – 332.

Martin, P. S. (1984). Prehistoric overkill: the global model. In: *Quaternary Extinctions: A Prehistoric Revolution*. eds. P. S. Martin and R. G. Klein. pp.354 – 823. Tucson: University of Arizona Press.

Martin, P. S. and Klein, R. G. (eds.) (1984). *Quaternary Extinctions: A Prehistoric Revolution*. Tucson: University of Arizona Press.

Martin, J., Waldren, S., O'Sullivan, A. and Curtis, T. G. F. (2001). The establishment of the Threatened Irish Plant Seed Bank. In: *Biological Collections and Biodiversity*. eds. B. S. Rushton, P. Hackney and C. R. Tyrie. pp.127 – 138. Otley, UK: Linnean Society of London, Westbury Publishing.

Maschinski, J. and Duquesnel, J. (2006). Successful reintroductions of the endangered long-lived Sargent's cherry palm, *Pseudophoenix sargentii*, in the Florida Keys. *Biological Conservation* **134**: 122 – 129.

Maschinski, J., Frye, R. and Rutman, S. (1997). Demography and population viability of an endangered plant species before and after protection from trampling. *Biological Conservation* **11**: 990 – 999.

Massart, J. (1912). *Pour la protection de la Nature en Belgique*. Bruxelles: Lamartin.

Masson, G. (1966). *Italian Gardens*. London: Thames and Hudson.

Mather, K. (1953). The genetical structure of populations. *Symposium of the Society for Experimental Biology* **7**: 66 – 95.

Mathiasen, P., Rovere, A. E. and Premoli, A. C. (2007). Genetic structure and early effects of inbreeding in fragmented temperate forests of a self-incompatible tree *Embothrium coccineum*. *Conservation Biology* **21**: 232 – 240.

Matocq, M. D. and Villablanca, F. X. (2001). Low genetic diversity in an endangered species: recent or historic pattern. *Biological Conservation* **98**: 61 – 68.

Matson, P. A., Parton, W. J., Power, A. G. and Swift, M. J. (1997). Agricultural intensification and ecosystem properties. *Science* **277**: 504 – 509.

Matsuoka, Y., *et al.* (2002). A single domestication for maize shown by multilocus microsatellite genotyping. *Proceedings of the National Academy of Sciences*, *USA* **99**: 6080 – 6084.

Matthes, M. C., Daly, A. and Edwards, K. J. (1998). Amplified fragment length polymorphism (AFLP). In: *Molecular Tools for Screening Biodiversity*. eds. A. Karp, P. G. Isaac and D. S. Ingram. pp.183 – 190. London: Chapman and Hall.

Mattiangelli, V., *et al.* (2006). A genome-wide approach to identify genetic loci with a signature of natural selection in the Irish population. *Genome Biology* **7**: article No.74.

Matyasek, R., *et al.* (2007). Concerted evolution of rDNA in recently formed tragopogon allotetraploids is typically associated with an inverse correlation between gene copy number and expression. *Genetics* **176**: 2509 – 2519.

Maughen, G. L. (1984). Survey of weed beet in sugar beet in England, 1978 – 1981. *Crop Protection* **3**: 315 – 325.

Maunder, M. (1992). Plant reintroduction: an overview. *Biodiversity and Conservation* **1**: 51 – 61.

Maunder, M. (1997). Botanic garden response to the biodiversity crisis: implications for threatened species management. Ph.D. thesis, University of Reading, UK.

Maunder, M., *et al.* (1999). Genetic diversity and pedigree for *Sophora toromiro* (Leguminosae): a tree extinct in the wild. *Molecular Ecology* **8**: 725 – 738.

Maunder, M., Higgens, S. and Culham, A. (2001a). The effectiveness of botanic garden collections in supporting plant conservation: a European case history. *Biodiversity and Conservation* **10**: 383 – 401.

Maunder, M., Lyte, B., Dransfield, J. and Baker, W. (2001b). The conservation value of botanic garden palm collections. *Biological Conservation* **98**: 259 - 271.

Maunder, M., Hughes, C., Hawkins, J. A and Culham, A. (2004). Hybridization in ex situ plant collections: conservation concerns, liabilities and opportunities. In: *Ex Situ Conservation: Supporting Species Survival in the Wild*. eds. E. O. Guerrant, K. Havens and M. Maunder. pp.325 - 364. Washington, DC, Covelo, CA and London: Island Press.

Maxted, N. (2001). Ex situ, in situ conservation. In: *Encyclopedia of Biodiversity*, Vol.2. ed. S. A. Levin. pp.683 - 695. San Diego, CA and London: Academic Press.

Maxwell, B. D. and Mortimer, A. M. (1994). Selection for herbicide resistance. In: *Herbicide Resistance in Plants: Biology and Biochemistry*. eds. S. B. Powlesand J. A. M. Holtum. pp. 1 - 26. Boca Raton and London: Lewis Publishers.

May, R. M. (1990). How many species? *Philosophical Transactions of the Royal Society of London*, B **330**: 293 - 304.

May, R. M., Lawton, J. H. and Stork, N. E. (1995). Assessing extinction rates. In: *Extinction Rates*. eds. J. H. Lawton and R. M. May. pp.1 - 24. Oxford: Oxford University Press.

Mayr, E. (1942). *Systematics and the Origin of Species*. New York: Columbia University Press.

Mayr, E. (1963). *Animal Species and Evolution*. Cambridge, MA: Harvard University Press.

Mayr, E. (1991). *One Long Argument: Charles Darwin and the Genesis of Modern Evolutionary Thought*. London: Allen Lane, The Penguin Press.

McCaskill, L. W. (1973). *Hold This Land. A History of Soil Conservation in New Zealand*. Wellington, Sydney and London: A. H. and A. W. Reed.

McCauley, D. E. and Wade, M. J. (1981). The population effect of inbreeding in *Trilobium*. *Heredity* **46**: 59 - 67.

McCollin, D., Moore, L. and Sparks, T. (2000). The flora of a cultural landscape: environmental determinants of change revealed using archival sources. *Biological Conservation* **92**: 249 - 263.

McCracken, D. P. (1997). *Gardens of Empire: Botanical Institutions of the Victorian British Empire*. London: Leicester University Press.

McCracken, A. R. (2001). Plant pathogens: importance, spread and correct identification. In: *Biological Collections and Biodiversity*. eds. B. S. Rushton, P. Hackney and C. R. Tyrie. pp. 199 - 207. Otley, UK: Linnean Society of London, Westbury Publishing.

McDonald, *et al*. (2009). An alternative to climate change for explaining species loss in Thoreau's woods. *Proceedings of the National Academy of Sciences*, USA **106**. On line E28 and E29.

McEachern, A. K., Bowles, M. L. and Pavlovic, N. B. (1994). A metapopulation approach to Pitcher's thistle (*Cirsium pitcheri*) recovery in southern Lake Michigan dunes. In: *Restoration of Endangered Species*. eds. M. L. Bowles and C. J. Whelan. pp.194 - 218. Cambridge: Cambridge University Press.

McGraw, J. B. and Furedi, M. A. (2005). Deer browsing and population viability of a forest understory plant. *Science* **307**: 920 - 922.

McKay, J. K., Christian, C. E., Harrison, S. and Rice, K. J. (2005). How local is local? Review of practical and conceptual issues in the genetics of restoration. *Restoration Ecology* **13**: 432 - 440.

McKechnie, S. W. and Geer, B. W. (1993). Microevolution in a wine cellar population: an historical perspective. *Genetica* **90**: 201 - 215.

McKibben, B. (1990). *The End of Nature*. London: Viking.

McKinney, M. L. and Lockwood, J. L. (1999). Biotic homogenization: a few winners replacing many losers in the next mass extinction. *Trends in Ecology and Evolution* **14**: 450 - 453.

McMillan, C. (1969). Survival patterns in four prairie grasses transplanted to central Texas. *American Journal of*

Botany **56**: 108 – 115.

McNeely, J. A. (1989). Protected areas and human ecology: how National Parks can contribute to sustaining societies of the twenty-first century. In: *Conservation for the Twenty-first Century*. eds. D. Western and M. Pearl. pp.150 – 157. New York: Oxford University Press.

McNeely, J. A. (1999). The great reshuffling: how alien species help feed the global economy. In: *Invasive Species and Biodiversity Management*. eds. O. T. Sundlund, P. J. Schei and Å. Viken. pp. 11 – 31. Dordrecht, Boston and London: Kluwer.

McNeill, J. R. (2000). *Something New Under the Sun*. London and New York: Allen Lane, The Penguin Press.

McNeilly, T. (1968). Evolution in closely adjacent populations. Ⅲ. *Agrostis tenuis* on a small copper mine. *Heredity* **23**: 99 – 108.

McNeilly, T. and Antonovics, J. (1968). Evolution in closely adjacent plant populations. Ⅲ. Barriers to gene flow. *Heredity* **23**: 99 – 108.

McVean, G. (2002). Chromosomes. In: *Encyclopedia of Evolution*. ed. M. Patel. pp.151 – 154. Oxford and New York: Oxford University Press.

Meerts, P. (1995). Phenotypic plasticity in the annula weed *Polygonum aviculare*. *Botanica Acta* **108**: 414 – 424.

Meffe, G. K. (1995). Genetic and ecological guidelines for species reintroduction programs: application to Great Lakes fishes. *Journal of Great Lakes Research* **21**: 3 – 9.

Meffe, G. K. and Carroll, C. R. (1994). *Principles of Conservation Biology* (1997, 2nd edn.). Sunderland, MA: Sinauer.

Meharg, A. A. (2003). The mechanistic basis of interactions between mycorrhizal associations and toxic metal cations. *Mycological Research* **107**: 1253 – 1265.

Meharg, A. A., Cumbes, Q. J. and Macnair, M. R. (1993). Pre-adaptation of Yorkshire Fog, *Holcus lanatus* L. (Poaceae) to arsenate tolerance. *Evolution* **47**: 313 – 316.

Mehrhoff, L. A. (1996). Reintroducing endangered Hawaiian plants. In: *Restoring Diversity*. eds. D. A. Falk, C. I. Millar and M. Olwell. pp.101 – 120. Washington, DC, Covelo, CA and London: Island Press.

Meilan, R., *et al.* (2002). The cp4 transgene provides high levels of tolerance to Roundup ® herbicide in field-grown hybrid poplars. *Canadian Journal of Forest Research* **32**: 967 – 976.

Meine, C. (2001). Conservation movement, historical. In: *Encyclopedia of Biodiversity*, Vol.1. ed. S. A. Levin. pp.883 – 896. London: Academic Press.

Melville, E. G. K. (1994). *A Plague of Sheep: Environmental Consequences of the Conquest of Mexico* (Paperback 1997). Cambridge: Cambridge University Press.

Menchari, Y., *et al.* (2006). Weed response to herbicides: regional-scale distribution of herbicide resistance alleles in the grass weed *Alopecurus myosuroides*. *New Phytologist* **171**: 861 – 874.

Mendel, G. (1866). Versuche über Planzenhybriden. *Verhandlungen des Naturforschenden Vereins in Brünn* **4**: 3 – 44.

Menges, E. S. (1990). Population viability analysis for a rare plant. *Conservation Biology* **5**: 158 – 164.

Menges, E. S. (1991). The application of minimum viable population theory to plants. In: *Genetics and Conservation of Rare Plants*. eds. D. A. Falk and K. E. Holsinger. pp.45 – 61. Oxford: Oxford University Press.

Menges, E. S. (2000). Population viability analysis for an endangered plant. *Conservation Biology* **4**: 52 – 61.

Menninger, H. L. and Palmer, M. A. (2006). Restoring ecological communities: from theory to practice. In: *Foundations of Restoration Ecology*. eds. D. A. Falk, M. A. Palmer and J. B. Zedler. pp.88 – 112. Washington, DC, Covelo, CA and London: Island Press.

Menzel, A., Sparks, T. H., Estrella, N. and Eckhardt, S. (2005). "SSW to NNE": North Atlantic Oscillation affects the progress of seasons across Europe. *Global Change Biology* **11**: 909 – 918.

Menzel, A., *et al*. (2006). European phenological response to climate change matches the warming pattern. *Global Change Biology* **12**: 1969 – 1976.

Mercer, D. (1995). *"A Question of Balance": Natural Resources Conflict Issues in Australia*. Sydney: Federation Press.

Mercer, K. L., *et al*. (2007). Stress and domestication traits increase the relative fitness of crop-wild hybrids in sunflower. *Ecology Letters* **10**: 383 – 393.

Merkle, S. A., *et al*. (2007). Restoration of threatened species: a noble cause for transgenic trees. *Tree Genetics and Genomes* **3**: 111 – 118.

Meyer, S. M. (2006). *The End of the Wild*. Cambridge, MA: Boston Review, MIT Press.

Michaels, S. D., He, Y. H., Scortecci, K. G. and Amasino, R. M. (2003). Attenuation of flowering locus C activity as a mechanism for the evolution of summer annual flowering behaviour in Arabidopsis. *Proceedings of the National Academy of Sciences*, USA **100**: 10102 – 10107.

Midgley, G. F. and Thuiller, W. (2005). Global environmental change and the uncertain fate of biodiversity. *New Phytologist* **167**: 638 – 641.

Miettinen, J., Langner, A. and Siegert, F. (2007). Burnt area estimation for the year 2005 in Borneo using multi-resolution satellite imagery. *International Journal of Wildland Fire* **16**: 45 – 53.

Mikkelsen, T. R., Anderson, B. and J.rgensen, R. B. (1996). The risk of transgenic spread. *Nature* **380**: 31.

Millar, D. I. and Libby, W. J. (1989). Disneyland or native ecosystem: genetics and the restorationist. *Restoration and Management Notes* **7**: 18 – 24.

Miller, J. R. (2006). Restoration, reconciliation, and reconnecting with nature nearby. *Biological Conservation* **127**: 356 – 361.

Miller, R. P. and Nair, P. K. R. (2006). Indigenous agroforestry systems in Amazonia: from prehistory to today. *Agroforestry Systems* **66**: 151 – 164.

Miller, W. P., McFee, W. W. and Kelly, J. M. (1983). Mobility and retention of heavy-metals in sandy soils. *Journal of Environmental Quality* **12**: 579 – 584.

Miller, G. H., *et al*. (2005). Ecosystem collapse in Pleistocene Australia and a human role in megafaunal extinction. *Science* **309**: 287 – 290.

Milne, R. I. and Abbott, R. J. (2000). Origin and evolution of invasive naturalized material of *Rhododendron ponticum* L. in the British Isles. *Molecular Ecology* **9**: 541 – 556.

Milner-Gulland, E. J. and Mace, R. (1998). *Conservation of Biological Resources*. Oxford: Blackwell.

Mittermeier, A. R., *et al*. (2003). *Wilderness: Earth's Last Wild Places*. CEMEX, S. A. de C. V.: Conservation International.

Mohan, J. E., *et al*. (2006). Biomass and toxicity responses of poison ivy (*Toxicodendron radicans*) to elevated atmospheric CO_2. *Proceedings of the National Academy of Sciences*, USA **103**: 9086 – 9089.

Montalvo, A. M. and Ellstrand, N. C. (2000). Transplantation of the subshrub *Lotus scoparius*: testing the home-site advantage hypothesis. *Conservation Biology* **14**: 1034 – 1045.

Montgomery, D. C. (1991). *Design and Analysis of Experiments*, 3rd edn. New York and Chichester: Wiley.

Mooney, H. A. and Cleland, E. E. (2001). The evolutionary impact of invasive species. *Proceedings of the National Academy of Sciences*, USA **98**: 5446 – 5451.

Mooney, H. A. and Drake, J. A. (eds.) (1986). *Ecology of Biological Invasions of North America and Hawaii*. New York: Springer-Verlag.

Mooney, H. A. and Hobbs, R. J. (eds.) (2000). *Invasive Species in a Changing World*. Washington, DC and Covelo, CA: Island Press.

Moran, G. F. and Hopper, S. D. (1983). Genetic diversity and the insular population structure of the rare granite rock species, *Eucalyptus caesia* Benth. *Australian Journal of Botany* **31**: 161 – 172.

Moran, G. F. and Marshall, D. R. (1978). Allozyme uniformity within and between races of the colonizing species *Xanthium strumarium* L. (Noogoora Burr). *Australian Journal of Biological Sciences* **31**: 283 – 292.

Morgan, T. H. (1910). Sex limited inheritance in *Drosophila*. *Science*, NY **32**: 120 – 122.

Morgan, J. W. (1997). The effect of grassland gap size on establishment, growth and flowering of the endangered *Rutidosis leptorrhynchoides* (Asteraceae). *Journal of Applied Ecology* **34**: 566 – 576.

Morgan, C. S. (2001). Systematics and the National Pinetum, Bedgebury. In: *Biological Collections and Biodiversity*. eds. B. S. Rushton, P. Hackney and C. R. Tyrie. pp.183 – 189. Otley, UK: Linnean Society of London, Westbury Publishing.

Morris, D. W. and Heidinga, L. (1997). Balancing the books on biodiversity. *Conservation Biology* **11**: 287 – 289.

Morrison, D. A., *et al.* (1996). Conservation conflicts over burning bush in south-eastern Australia. *Biological Conservation* **76**: 167 – 175.

Moss, S. R., Storkey, J., Cussans, J. W., Perryman, S. A. M. and Hewitt, M. V. (2004). The Broadbalk long-term experiment at Rothamsted: what has it told us about weeds? *Weed Science* **52**: 864 – 873.

Mount, C. (1992). The incidence of simazine resistant weeds in the streets and courts of Cambridge. *University of Cambridge BA project*.

Mousseau, T. A. and Fox, C. W. (eds.) (1998). *Maternal Effects as Adaptations*. New York and Oxford: Oxford University Press.

Muhly, J. D. (1997). Artifacts of the Neolithic, Bronze and Iron Ages. In: *The Oxford Encyclopedia of Archaeology in the Near East*, Vol.4. ed. E. M. Meyers. pp.5 – 15. New York and Oxford: Oxford University Press.

Müller-Stark, G. (1998). Isozymes. In: *Molecular Tools for Screening Biodiversity*. eds. A. Karp, P. G. Isaac and D. S. Ingram. pp.75 – 81. London: Chapman and Hall.

Müllerova, J., Pyšek, P., Jarošík, V. and Pergl, J. (2005). Aerial photographs as a tool for assessing the regional dynamics of the invasive plant species *Heracleum mantegazzianum*. *Journal of Applied Ecology* **42**: 1042 – 1053.

Mulligan, G. A and Frankton, C. (1962). Taxonomy of the genus *Cardaria* with particular reference to the species introduced into North America. *Canadian Journal of Botany* **40**: 1411 – 1425.

Munne-Bosch, S. and Alegre, L. (2002). Plant aging increases oxidative stress in chloroplasts. *Planta* **214**: 608 – 615.

Murdy, W. H. (1979). Effect of SO_2 on sexual reproduction in *Lepidium virginicum* L. originating from regions with different SO_2 concentrations. *Botanical Gazette* **140**: 299 – 303.

Murphy, C. E. and Lemerle, D. (2006). Continuous cropping systems and weed selection. *Euphytica* **148**: 61 – 73.

Murphy, S. D., Clements, D. R., Belaoussoff, S., Kevan, P. G. and Swanton, C. (2006). Promotion of weed species diversity and reduction of weed seedbanks with conservation tillage and crop rotation. *Weed Science* **54**: 69 – 77.

Murray, J. A. H., *et al.* (1961). *Oxford English Dictionary*. Oxford: Oxford University Press.

Musil, C. F., Schmiedel, U. and Midgley, G. F. (2005). Lethal effects of experimental warming approximating a future climate scenario on southern African quartz-field succulents: a pilot study. *New Phytologist* **165**: 539 – 547.

Myers, N. (1979). *The Sinking Ark: A New Look at the Problem of Disappearing Species*. Oxford: Pergamon Press.

Myers, N. (1988). Tropical forests and their species: going, going … ? In: *Biodiversity*. ed. E. O. Wilson. pp.28 – 35. Washington, DC: National Academy of Sciences.

Myers, N. (1997). The rich diversity of biodiversity issues. In: *Biodiversity* II. eds. M. L. Reaka-Kudla, D. E. Wilson and E. O. Wilson. pp.125 – 138. Washington, DC: Joseph Henry Press.

Myers, N. and Knoll, A. H. (2001). The biotic crisis and the future of evolution. *Proceedings of the National Academy of Sciences*, USA **98**: 5389 – 5391.

Nabhan, G. P. (1987). *The Desert Smells Like Rain: A Naturalist in Papago Indian Country*. San Francisco:

Northpoint Press.

Nadel, H., Frank, J. H. and Knight, R. J. (1992). Escapes and accomplices: the naturalization of exotic Ficus and their associated faunas in Florida. *Florida Naturalist* **75**: 29 – 38.

Nash, R. (1982). *Wilderness and the American Mind*, 3rd edn. New Haven: Yale University Press.

Nebel, B. and Fuhrer, J. (1994). Ozone sensitivity of species in semi-natural communities. In: *Critical Levels for Ozone*, UN-ECE Workshop Report Number 16. eds. J. Fuhrer and B. Achemann. pp.264 – 268. Siebfeld-Berm, Switzerland: Federal Research Station for Agricultural Chemistry and Environmental Hygiene.

Nei, M. (1987). *Molecular Evolutionary Biology*. New York: Columbia University Press.

Nelson, J. C. (1917). The introduction of foreign weeds in ballast, as illustrated by the ballast plants at Linnton, Oregon. *Torreya* **17**: 151 – 160.

Nelson, A. P. (1965). Taxonomic and eolutionary implications of lawn races in *Prunella vulgaris* (Labiatae). *Brittonia* **17**: 160 – 174.

Nelson, M. P. (1996). Rethinking wilderness: the need for a new idea of wilderness. *Philosophy in the Contemporary World* **3**: 6 – 9.

Nepstad, D. C., *et al.* (2002). The effects of partial throughfall exclusion on canopy processes above ground production, and biogeochemistry of the Amazon forest. *Journal of Geophysical Research: Atmospheres* **107** (D20), Art. No. 8085.

Nethercott, P. J. M. (1998). In: *The Conservation Status of Sorbus in the UK*. eds. A. Jackson and M. Flanagan. pp.40 – 43. Kew: Royal Botanic Gardens.

Nettencourt, D. de (1977). *Incompatibility in Angiosperms*. New York: Springer-Verlag.

Netting, R. M. (1981). *Balancing an Alp: Ecological Change and Continuity in a Swiss Mountain Community*. Cambridge: Cambridge University Press.

Neuffer, B. and Hurka, H. (1999). Colonization history and introduction dynamics of *Capsella bursa-pastoris* (Brassicaceae) in North America: isozymes and quantitative traits. *Molecular Ecology* **8**: 1667 – 1681.

Neuffer, B. and Linde, M. (1999). Capsella bursa-pastoris: colonisation and adaptation: a globetrotter conquers the world. In: *Plant Evolution in Man-made Habitats*. eds. L. W. D. van Raamsdonk and J. C. M. den Nijs. pp.49 – 72. Amsterdam: Hugo de Vries Laboratory.

Neumann, R. P. (1998). *Imposing Wilderness*. Berkeley, CA and London: University of California Press.

Newmark, W. D. (1995). Extinction of mammal populations in western North-American National Parks. *Conservation Biology* **9**: 512 – 526.

Newton, A. C. (2007). *Forest Ecology and Conservation*. Oxford: Oxford University Press.

Nicholson, M. (1970). *The Environmental Revolution. A Guide for the New Masters of the World*. London: Hodder and Stoughton.

Nilan, R. A. (1964). *The Cytology and Genetics of Barley*, *1951 – 1962*. Publication of Washington State University, USA.

Nisbet, E. G. (1991). *Leaving Eden: To Protect and Manage the Earth*. Cambridge: Cambridge University Press.

Noble, I. R. and Dirzo, R. (1997). Forests as human-dominated ecosystems. *Science* **277**: 522 – 525.

Noblick, L. (1992). Reassessment of the garden's *Syagrus* collection. *Fairchild Tropical Garden Bulletin* **47**: 31 – 35.

Norton, D. A., Lord, J. M., Given, D. R. and De Lange, P. J. (1994). Over-collecting: an overlooked factor in the decline of plant taxa. *Taxon* **43**: 181 – 185.

Noss, R. F. and Daly, K. M. (2006). Incorporating connectivity into broad-scale conservation planning. In: *Connectivity Conservation*. eds. K. R. Crooks and M. Sanjayan. pp.587 – 619. Cambridge: Cambridge University Press.

Novak, S. J. (2007). The role of evolution in the invasion process. *Proceedings of the National Academy of Sciences*,

USA **104**: 3671 - 3672.

Novak, S. J. and Mack, R. N. (1993). Genetic variation in *Bromus tectorum* (Poaceae): comparison between native and introduced populations. *Heredity* **71**: 167 - 176.

Novak, S. J. and Mack, R. N. (2001). Tracing plant introduction and spread: genetic evidence from *Bromus tectorum* (cheatgrass). *Bioscience* **51**: 114 - 122.

Novak, S. J., Mack, R. N. and Soltis, P. S. (1993). Genetic variation in *Bromus tectorum* (Poaceae): introduction dynamics in North America. *Canadian Journal of Botany* **71**: 1441 - 1448.

Nunn, P. D. (1994). *Oceanic Islands*. Oxford: Blackwell.

O'Dea, K. (1991). Traditional diet and food preferences of Australian Aboriginal hunter-gatherers. *Philosophical Transactions of the Royal Society of London*, B **334**: 233 - 241.

O'Donnell, K. and Cigelnik, E. (1997). Two divergent intergenomic rDNA ITS2 types within a monophyletic lineage of the fungus *Fusarium* are nonorthologous. *Molecular Phylogenetics and Evolution* **7**: 103 - 116.

Odling-Smee, F. J., Laland, K. N. and Feldman, M. W. (2003). *Niche Construction: The Neglected Process in Evolution*. Princeton, NJ: Princeton University Press.

Odum, E. P (2001). Concept of ecosystem. In: *Encyclopedia of Biodiversity*, Vol.2. ed. S. A. Levin. pp.305 - 310. San Diego and London: Academic Press.

Oelschlaeger, M. (1991). *The Idea of Wilderness: From Prehistory to the Age of Ecology*. New Haven: Yale University Press.

Ohlemüller, R., Gritti, E. S., Sykes, M. T. and Thomas, C. D. (2006). Quantifying components of risk for European woody species under climate change. *Global Change Biology* **12**: 1788 - 1799.

Oka, H. I. and Chang, W. T. (1959). The impact of cultivation on populations of wild rice *Oryza sativa* f. *spontanea*. *Phyton* **13**: 105 - 117.

Okubo, N., Taniguchi, H. and Motokawa, T. (2005). Successful methods for transplanting fragments of *Acropora formosa* and *Acropora hyacinthus*. *Coral Reefs* **24**: 333 - 342.

Oliver, F. W. (1913). Report of Meeting of the British Ecological Society at Manchester University, December 1913. *Journal of Ecology* **1**: 55 - 56.

Oostermeijer, J. G. B., den Nijs, J. C. M., Raijmann, L. E. L. and Menken, S. B. J. (1992). Population biology and management of the marsh gentian (*Gentiana pneumonanthe* L.), a rare species in the Netherlands. *Botanical Journal of the Linnean Society* **108**: 117 - 130.

Oostermeijer, J. G. B., Luijten, S. H., Ellis-Adam, A. C. and den Nijs, J. C. M. (2002). Future prospects for the rare, late-flowering *Gentianella germanica* and *Gentianopsis ciliata* in Dutch nutrient-poor calcareous grasslands. *Biological Conservation* **104**: 39 - 350.

Oreskes, N. (2004). The scientific consensus on climate change. *Science* **306**: 1686.

Oreskes, N., Shrader-Frechette, K. S. and Belitz, K. (1994). Verification, validation, and confirmation of numerical models in the earth sciences. *Science* **263**: 641 - 646.

Orr, J. C., *et al.* (2005). Anthropogenic ocean acidification over the twenty-first century and its impact on calcifying organisms. *Nature* **437**: 681 - 686.

OTA (Office of Technology Assessment, US Congress) (1993). *Harmful Non-indigenous Species in the USA*. OTA-F-565. Washington, DC: US Government Printing Office.

Ownbey, M. (1950). Natural hybridization and amphidiploidy in the genus *Tragopogon*. *American Journal of Botany* **37**: 487 - 496.

Ownbey, M. and McCollum, G. D. (1954). Cytoplasmic inheritance and reciprocal amphidiploidy in *Tragopogon*. *American Journal of Botany* **40**: 788 - 796.

Pacala, S. and Socolow, R. (2004). Stabilization wedges: solving the climate problem for the next 50 years with current technology. *Science* **305**: 968 – 972.

Page, C. N. and Gardner, M. F. (1994). Conservation of rare temperate rainforest conifer tree species: a fast-growing role for arboreta in Britain and Ireland. In: *The Common Ground of Wild and Cultivated Plants*. eds. A. R. Perry and R. G. Ellis. pp.119 – 143. Cardiff: National Museum of Wales.

Paine, R. (2002). Origins of agriculture. In: *Encyclopedia of Evolution*, Vol.1. ed. M. Pagel. pp.15 – 19. Oxford: Oxford University Press.

Paland, S. and Schmidt, B. (2003). Population size and the nature of genetic load in *Gentianella germanica*. *Evolution* **57**: 2242 – 2251.

Palmer, M., *et al*. (2004). Ecology for a crowded planet. *Science* **304**: 1251 – 1252.

Palumbi, S. R. (2001). *The Evolution Explosion: How Humans Cause Rapid Evolutionary Change*. New York and London: Norton.

Pammenter, N. W. and Berjak, P. (2000). Evolutionary and ecological aspects of recalcitrant seed biology. *Seed Science Research* **10**: 301 – 306.

Pappert, R. A., Hamrick, J. L. and Donovan, L. A. (2000). Genetic variation in *Pueraria lobata* (Fabaceae), an introduced, clonal, invasive plant of the southeastern United States. *American Journal of Botany* **87**: 1240 – 1245.

Parisod, C., Trippi, C. and Galland, N. (2005). Genetic variability and founder effect in the Pitcher Plant *Sarracenia purpurea* (Sarraceniaceae) in populations introduced into Switzerland: from inbreeding to invasion. *Annals of Botany* **95**: 277 – 286.

Parker, D. M. (1982). The conservation, by restocking, of *Saxifraga cespitosa* in North Wales. *Watsonia* **14**: 104 – 105.

Parker, I. M., Rodriguez, J. and Loik, M. E. (2002). An evolutionary approach to understanding the biology of invasions: local adaptation and general-purpose genotypes in the weed *Verbascum thapsus*. *Conservation Biology* **17**: 59 – 72.

Parmesan, C. (2005). Detection at multiple levels: *Euphydryas editha* and climate change. In: *Climate Change and Biodiversity*. eds. T. E. Lovejoy and L. Hannah. pp.56 – 60. New Haven and London: Yale University Press.

Parmesan, C. (2006). Ecological and evolutionary responses to recent climate change. *Annual Review of Ecology, Evolution and Systematics* **37**: 637 – 669.

Parsons, J. J. (1970). The Africanization of the new world tropical grasslands. *Tubinger Geographische Studien* **34**: 141 – 153.

Paterniani, E. (1969). Selection for reproductive isolation between two populations of Maize, *Zea mays* L. *Evolution* **23**: 534 – 547.

Paterson, A. H., *et al*. (2005). Ancient duplication of cereal genomes. *New Phytologist* **165**: 658 – 661.

Paton, D. C. (1997). Honeybees and the disruption of plant-pollinator systems in Australia. *Victorian Naturalist* **114**: 23 – 29.

Paton, D. C. (2000). Disruption of bird-plant pollination systems in southern Australia. *Conservation Biology* **14**: 1232 – 1234.

Paul, N. D. and Ayres, P. G. (1986). The impact of a pathogen (*Puccinia lagenophorae*) on populations of groundsel (*Senecio vulgaris*) overwintering in the field. *Journal of Ecology* **74**: 1085 – 1094.

Pauwels, M., Saumitou-Laprade, P., Holl, A. C., Petit, D. and Bonnin, I. (2005). Multiple origin of metallicolous populations of the pseudometallophyte *Arabidopsis halleri* (Brassicaceae) in central Europe: the cpDNA testimony. *Molecular Ecology* **14**: 4403 – 4414.

Pavlik, B. M. (1994). Demographic monitoring and the recovery of endangered plants. In: *Restoration of Endangered Species*. eds. M. L. Bowles and C. J. Whelan. pp.322 – 350. Cambridge: Cambridge University Press.

Pearce, F. (2001). Global green belt. *New Scientist*, 15 September 2001, 15.

Pellmyr, O. (2002). Microevolution. In: *Encyclopedia of Evolution*. ed. M. Patel. pp.731 – 732. Oxford and New York: Oxford University Press.

Perring, F. and Walters, S. M. (1962). *Atlas of the British Flora*. London: BSBI, Nelson. 2nd edn. (1976) Wakefield: EP Publishing for the BSBI; 3rd edn. (1982) London: BSBI.

Perring, F. H., Sell, P. D. and Walters, S. M. (1964). *A Flora of Cambridgeshire*. Cambridge: Cambridge University Press.

Perrow, M. R. and Davy, A. J. (2002). *Handbook of Ecological Restoration*. Cambridge: Cambridge University Press.

Peterken, G. F. and Montford, E. P. (1998). Long-term change in an unmanaged population of wych elm subjected to Dutch elm disease. *Journal of Ecology* **86**: 205 – 218.

Peters, R. L. (1992). Conservation of biological diversity in the face of climate change. In: *Global Warming and Biological Diversity*. eds. R. L. Peters and T. E. Lovejoy. pp.15 – 30. New Haven and London: Yale University Press.

Peters, G. B., Lonie, J. S. and Moran, G. F. (1980). The breeding system, genetic diversity and pollen sterility in *Eucalyptus pulverulenta*, a rare species with small disjunct populations. *Australian Journal of Botany* **38**: 559 – 570.

Peterson, D. L. (1994). Recent changes in the growth and establishment of subalpine conifers in western North America. In: *Mountain Environments in Changing Climates*. ed. M. Beniston. pp.234 – 243. London: Routledge.

Peterson, G. D., Cumming, G. S. and Carpenter, S. R. (2003). Scenario planning: a tool for conservation in an uncertain world. *Conservation Biology* **17**: 358 – 366.

Petty, A. M., *et al.* (2007). Savanna responses to feral buffalo in Kakadu National Park. *Ecological Monographs* **77**: 441 – 463.

Phillips, M. and Mighall, T. (2000). *Society and Exploitation Through Nature*. London: Prentice Hall.

Pickett, S. T. A., Parker, V. T. and Fiedler, P. L. (1992). The new paradigm in ecology: implications for conservation biology above the species level. In: *Conservation Biology*. eds. P. L. Fiedler and S. K. Jain. pp.65 – 88. New York and London: Chapman and Hall.

Pigott, C. D. and Huntley, J. P. (1981). Factors controlling the distribution of *Tilia cordata* at the northern limit of its geographical range. III. Nature and cause of seed sterility. *New Phytologist* **87**: 817 – 839.

Pimentel, D. and Pimentel, M. (2002). Agricultural production. In: *Encyclopedia of Life Sciences*, Vol.1. pp.260 – 272. London and New York: Macmillan.

Pimm, S. L. (1998). Extinction. In: *Conservation Science and Action*. ed. W. J. Sutherland. pp.20 – 38. Oxford: Blackwell Science.

Piniak, G. A. and Brown, E. K. (2008). Growth and mortality of coral transplants (*Pocillopora damicornis*) along a range of sediment influence in Maui, Hawai'i. *Pacific Science* **62**: 39 – 55.

Pires, J. C., *et al.* (2004). Molecular cytogenetic analysis of recently evolved *Tragopogon* (Asteraceae) allopolyploids reveal a karyotype that is additive of the diploid parents. *American Journal of Botany* **91**: 1022 – 1035.

Pivard, S., *et al.* (2008). Where do the feral oilseed rape populations come from? A large-scale study of their possible origin in a farmland area. *Journal of Applied Ecology* **45**: 476 – 485.

Plate, L. (1913). *Selektionsprinzip und Probleme der Artbildung: ein Handbuch des Darwinismus*. Leipzig and Berlin: Engelmann.

Podolsky, R. H. (2001). Genetic variation for morphological and allozyme variation in relation to population size in *Clarkia dudleyana*, an endemic annual. *Conservation Biology* **15**: 412 – 423.

Pollard, A. J. (1992). The importance of deterrence: responses of grazing animals to plant variation. In: *Plant Resistance to Herbivores and Pathogens*. eds. R. S. Fitz and E. L. Simms. pp.216 – 239. Chicago: University of Chicago Press.

Pollard, E., Hooper, M. D. and Moore, N. W. (1974). *Hedges*. London: Collins New Naturalist.

Pond, W. G. and Pond, K. R. (2002). *Introduction to Animal Science*. New York and Chichester, UK: Wiley.

Pons, T. L. (1991). Induction of dark dormancy in seeds: its importance for the seed bank in the soil. *Functional Ecology* **5**: 669 – 675.

Pontin, C. (1993). *A Green History of the World*. London: Penguin Books.

Poschlod, P. and Jackel, A. K. (1993). Untersuchungen zur Dyänamik von generativen Diasporenbanken von Samenpfanzen auf beweideten, gemähten, brachgefallenen und aufgeforsteten Kalkmagerrasenstandorten. *Verhandlungen Geselleschaft für Ökologie* **20**: 893 – 904.

Poschlod, P. and WallisDeVries, M. F. (2002). The historical and socioeconomic perspective of calcareous grasslands: lessons from the distant and recent past. *Biological Conservation* **104**: 361 – 376.

Possingham, H. P. (1996). Decision theory and biodiversity management: how to manage a metapopulation. In: *The Ecological Basis for Conservation: Heterogeneity, Ecosystems and Biodiversity*. eds. S. T. A. Pickett, R. S. Ostfeld, M. Shachak and G. E. Likens. pp.298 – 304. New York: Chapman and Hall.

Potvin, C. and Tousignant, D. (1996). Evolutionary consequences of simulated global change: genetic adaptation or adaptive phenotypic plasticity. *Oecologia* **108**: 683 – 693.

Pounds, J. A., Fogden, M. P. L. and Campbell, J. H. (1999). Biological response to climate change on a tropical mountain. *Nature* **398**: 611 – 615.

Powles, S. B. and Shaner, D. L. (2001). *Herbicide Resistance and World Grains*. Boca Raton, FL and London: CRC Press.

Prance, G. T. (2004). Introduction. In: *Ex Situ Plant Conservation*. eds. E. O. Guerrant, K. Havens and M. Maunder. pp.xxiii – xxix. Washington, DC, Covelo, CA and London: Island Press.

Prat, S. (1934). Die Erblichkeit der Resistenz gegen Kupfer. *Berichte der Deutschen Botanischen Gesellschaft* **102**: 65 – 67.

Pressey, R. L., Possingham, H. P. and Margules, C. R. (1996). Optimality in reserve selection algorithms: when does it matter and how much? *Biological Conservation* **76**: 259 – 267.

Preston, C. D. (1986). An additional criterion for assessing native status. *Watsonia* **16**: 83.

Preston, C. D. (2002). "Babingtonia pestifera": the explosive spread of *Elodea canadensis* and its intellectual reverberations. *Nature in Cambridgeshire* **44**: 40 – 49.

Preston, C. and Mallory-Smith, C. A. (2001). Biochemical mechanisms, inheritance, and molecular genetics of herbicide resistance in weeds. In: *Herbicide Resistance and World Grains*. eds. S. B. Powles and D. L. Shaner. pp.23 – 60. Boca Raton, FL: CRC Press.

Preston, C. D. and Sheail, J. (2007). The transformation of the riparian commons in Cambridge from undrained pastures to level recreation areas, 1833 – 1932. *Nature in Cambridgeshire* **4**: 70 – 84.

Preston, C. D., Pearman, D. A. and Dines, T. D. (2002). *New Atlas of the British and Irish Flora*. Oxford: Oxford University Press.

Primack, R. B. (1993). *Essentials of Conservtion Biology*. Sunderland, MA: Sinauer.

Prince, S. D. and Carter, R. N. (1985). The geographical distribution of prickly lettuce (*Lactuca serriola*). Ⅲ. Its performance in transplant sites beyond its distribution limit in Britain. *Journal of Ecology* **73**: 49 – 64.

Pringle, C. M. (2000). Threats to the U. S. Public Lands from cumulative hydrologic alterations outside of their boundaries. *Ecological Applications* **10**: 971 – 989.

Prins, H. H. T. (1998). Origins and development of grassland communities in northwestern Europe. In: *Grazing and Conservation Management*. eds. M. F. WallisDeVries, J. P. Bakker and S. E. Van Wieren. pp.55 – 106. Dordrecht:

Kluwer Academic Press.

Pritchard, T. (1960). Race formation in weedy species with special reference to *Euphorbia cyparissias* L. and *Hypericum perforatum* L. In: *The Biology of Weeds*. ed. J. L. Harper. pp.61 – 66. Oxford: Blackwell.

Pritchard, H. W. (1989). *Modern Methods in Orchid Conservation: The Role of Physiology, Ecology and Management*. London and New York: Cambridge University Press.

Prober, S. M. and Brown, A. D. H. (1994). Conservation of the grassy white box woodlands: population genetics and fragmentation of *Eucalyptus albens*. *Conservation Biology* **8**: 1003 – 1013.

Proctor, M. C. F., Yeo, P. F. and Lack, A. J. (1996). *The Natural History of Pollination*. London: Harper Collins.

Provine, W. B. (1986). *Sewall Wright and Evolutionary Biology*, 2nd edn. Chicago: University of Chicago Press.

Provine, W. B. (1987). *The Origins of Theoretical Population Genetics*. Chicago: Chicago University Press.

Purseglove, J. W. (1959). History and functions of botanic gardens with special reference to Singapore. *Gardeners' Bulletin, Singapore* **17**: 53 – 72.

Pyne, S. J. (1982). *Fire in America: A Cultural History of Wildland and Rural Fire*. Princeton, NJ: Princeton University Press.

Quintana-Ascencio, P. F. and Menges, E. S. (1996). Inferring metapopulation dynamics from patch-level incidence of Florida scrub plants. *Conservation Biology* **10**: 1210 – 1219.

Rabinowitz, D., Cairns, S. and Dillon, T. (1986). Seven forms of rarity and their frequency in the flora of the British Isles. In: *Conservation Biology: The Science of Scarcity and Diversity*. ed. M. E. Soulé. pp.182 – 204. Sunderland, MA: Sinauer Associates.

Rackham, O. (1975). *Hayley Wood: Its History and Ecology*. Cambridge: Cambridge and Isle of Ely Naturalists' Trust.

Rackham, O. (1980). *Ancient Woodland: Its History, Vegetation and Uses in England*. London: Edward Arnold. Second revised edition, (2003). Colvend: Castlepoint Press.

Rackham, O. (1986). *The History of the Countryside*. London: Dent.

Rackham, O. (1987). *The History of the Countryside*, Paperback edition. London: Dent.

Rackham. O. (1990). The greening of Myrtos. In: *Man's Role in the Shaping of the Eastern Mediterranean Landscape*. eds. S. Bottema, G. Entjes-Nieborg and W. van Zeist. pp.341 – 343. Rotterdam: Balkema.

Rackham, O. (1998). Implications of historical ecology for conservation. In: *Conservation Science and Action*. ed. W. J. Sutherland. pp.152 – 175. Oxford: Blackwell.

Rackham, O. (2001). Land-use patterns, historic. In: *Encyclopedia of Biodiversity*, Vol.3. ed. S. A. Levin. pp.675 – 687. San Diego, CA and London: Academic Press.

Rackham, O. (2006). *Woodlands*. London: New Naturalist, HarperCollins.

Rackham, O. and Moody, J. (1996). *The Making of the Cretan Landscape*. Manchester: Manchester University Press.

Radosevich, S., Holt, J. and Ghersa, G. (1997). *Weed Ecology: Implications for Management*, 2nd edn. New York and Chichester, UK: John Wiley and Sons.

Rafinski, J. N. (1979). Geographic variation of flower colour in *Crocus scepusiensis* (Iridaceae). *Plant Systematics and Evolution* **131**: 107 – 125.

Raijmann, L. E. L., Leeuwan, N. C., Kersten, R., Oostermeijer, J. R. B., den Nijs H. C. M. and Menken, S. B. J. (1994). Genetic variation and outcrossing rate in relation to population size in *Gentiana pneumonanthe* L. *Conservation Biology* **8**: 1014 – 1026.

Raimondo, D. C. and Donaldson, J. S. (2003). Responses of cycads with different life histories to the impact of plant collecting: simulation models to determine important life history stages and population recovery times. *Biological Conservation* **111**: 345 – 358.

Ralls, K. and Meadows. R. (1993). Conservation genetics: breeding like flies. *Nature* **361**: 689 – 690.

Ramakrishnan, P. S. (1996). Conserving the sacred: from species to landscapes. Nature and *Resources* **32**: 11 – 19.

Ramsey, M. M. and Stewart, J. (1998). Re-establishment of the lady's slipper orchid (*Cypripedium calceolus* L.) in Britain. *Botanical Journal of the Linnean Society* **126**: 173 – 181.

Randi, E. (2000). Mitochondrial DNA. In: *Molecular Methods in Ecology*. ed. E. A. J. Baker. pp.136 – 167. Oxford: Blackwell Science.

Randles, J. W. (1985). Exotic plant pathogens. In: *Pests and Parasites as Migrants*. eds. A. Gibbs and R. Meischke. pp.40 – 42. Cambridge: Cambridge University Press.

Randolph, L. F., Nelson, I. S. and Plaisted, R. L. (1967). Negative evidence of introgression affecting the stability of Louisiana Iris species. *Cornell University Agriculture Experimental Station Memoir* no. 398.

Raup, D. M. (1991). *Extinction. Bad Genes or Bad Luck?* Oxford: Oxford University Press.

Raven, P. H. (1981). Research in botanical gardens. *Botanische Jahrbücher für Systematik* **102**: 53 – 72.

Raven, P. H. (1988). Our diminishing tropical forests. In: *Biodiversity*. ed. E. O. Wilson. pp.119 – 122. Washington, DC: National Academic Press.

Raven, P. H. (2004). Foreword. In: *Ex Situ Plant Conservation*. eds. E. O. Guerrant, K. Havens and M. Maunder. pp.xiii – xv. Washington, DC, Covelo, CA and London: Island Press.

Ray, J. (1660). *Catalogus Plantarum circa Cantabrigiam nascentium*. Cambridge.

Raybould, A. F. (1995). Wild crops. In: *Encyclopedia of Environmental Biology*, Vol. 3. ed. W. A. Nierenberg. pp.551 – 565. San Diego, CA and New York: Academic Press.

Raybould, A. F., Gray, A. J., Lawrence, M. J. and Marshall, D. F. (1990). The origin and taxonomy of *Spartina* × *neyrautii* Foucaud. *Watsonia* **18**: 207 – 209.

Raybould, A. F., Gray, A. J., Lawrence, M. J. and Marshall, D. F. (1991a). The evolution of *Spartina anglica* C. E. Hubbard (Gramineae): origin and genetic variability. *Biological Journal of the Linnean Society* **43**: 111 – 126.

Raybould, A. F., Gray, A. J., Lawrence, M. J. and Marshall, D. F. (1991b). The evolution of *Spartina anglica* C. E. Hubbard (Gramineae): genetic variation and status of the parental species in Britain. *Biological Journal of the Linnean Society* **44**: 369 – 380.

Read, M. (1989). *Grown in Holland?* Brighton: Flora and Fauna Preservation Society.

Read, M. (1993). The indigenous propagation project: a search for co-operation and long-term solutions. In: *Species Endangered by Trade: A Role for Horticulture?* eds. M. Groves, M. Read and B. A. Thomas, pp.54 – 62. London: Fauna and Flora Preservation Society.

Read, M. I. and Thomas, B. A. (2001). Propagation not collection. In: *Biological Collections and Biodiversity*. eds. B. S. Rushton, P. Hackney and C. R. Tyrie. pp.101 – 110. Otley, UK: Linnean Society of London, Westbury Publishing.

Réale, D., McAdam, A. G., Boutin, S. and Berteaux, D. (2003). Genetic and plastic responses of a northern mammal to climate change. *Proceedings of the Royal Society of London*, B **270**: 591 – 596.

Reed, C. F. (1977). Economically important foreign weeds: potential problems in the United States. *United States Department of Agriculture Handbook*, No. 498.

Reed, D. H. (2005). Relationship between population size and fitness. *Conservation Biology* **19**: 563 – 568.

Reed, M., Mills, I. S., Dunning, J. B. *et al.* (2001). Emerging issues in population viability analysis. *Conservation Biology* **16**: 7 – 19.

Reed, D. H., Lowe, E., Briscoe, D. A. and Frankham, R. (2002). Inbreeding and extinction: effects of environmental stress and lineages. *Conservation Genetics* **3**: 301 – 307.

Rees, W. E. (2001). Ecological footprint, concept of. In: *Encyclopedia of Biodiversity*, Vol.2. ed. S. A. Levin. pp.229 –

244. London: Academic Press.

Regan, H. M. and Auld, T. D. (2004). Australian shrub *Grevillea caleyi*: recovery through management of fire and predation. In: *Species Conservation and Management*. ed. H. R. Akc.akaya, *et al*. pp.23 - 35. New York: Oxford University Press.

Reid, W. V. (1992). How many species will there be? In: *Tropical Deforestation and Species Extinction*. eds. T. C. Whitmore and J. A Sayer. pp.55 - 73. The World Conservation Union, London and New York: Chapman and Hall.

Reid, L. M. and Steyn, J. N. (1990). South Africa. In: *International Handbook of National Parks and Nature Reserves*. ed. C. W. Allin. pp.337 - 371. New York: Greenwood Press.

Reidy, M. M., Campbell, T. A. and Hewitt, D. G. (2008). Evaluation of electric fencing to inhibit feral pig movements. *Journal of Wildlife Management* **72**: 1012 - 1018.

Reiling, K. and Davison, A. W. (1992a). The response of native, herbaceous species to ozone: growth and fluorescence screening. *New Phytologist* **122**: 29 - 37.

Reiling, K. and Davison, A. W. (1992b). Spatial variation in ozone resistance of British populations of *Plantago major* L. *New Phytologist* **122**: 699 - 708.

Reiling, K. and Davison, A. W. (1994). Effects of exposure to ozone resistance at different stages of development of *Plantago major* L. on chorophyll fluorescence and gas exchange. *New Phytologist* **129**: 509 - 514.

Reiling, K. and Davison, A. W. (1995). Effects of ozone on stomatal conductance and photosynthesis in populations of *Plantago major* L. *New Phytologist* **129**: 587 - 594.

Reilly, M. (2007). Alien vine is public enemy number one. *New Scientist*, 11 August 2007, 13.

Reinhartz, J. A. and Les, D. H. (1994). Bottle-neck-induced dissolution of self-incompatibility and breeding systems consequences in *Aster furcatus* (Asteraceae). *American Journal of Botany* **81**: 446 - 455.

Reisch, C. and Poschlod, P. (2003). Intraspecific variation, land use and habitat quality: a phenologic and morphometric analysis of *Sesleria albicans* (Poaceae). *Flora* **198**: 321 - 328.

Rejmánek, M. (1996). A theory of seed plant invasiveness: the first sketch. Biological *Conservation* **78**: 171 - 181.

Remison, S. U. (1976). A study of root interactions among grass species. Ph.D. thesis, University of Reading, England.

Renfrew, J. M. (1973). *Paleoethnobotany: The Prehistoric Food Plants of the Near East and Europe*. London: Methuen.

Rhymer, J. M. and Simberloff, D. (1996). Extinction by hybridization and introgression. *Annual Review of Ecology and Systematics* **27**: 83 - 109.

Rich, T. C. G. and Houston, L. (2004). The distribution and population sizes of the rare English endemic *Sorbus wilmottiana* E. F. Warburg, Wilmott's Whitebeam (Rosaceae). *Watsonia* **25**: 185 - 191.

Rich, T. C. G. and Woodruff, E. R. (1992). Recording bias in botanical surveys. *Watsonia* **19**: 73 - 95.

Richards, A. J. (1986). *Plant Breeding Systems*. London: Allen and Unwin.

Richards, A. J. (1997). *Plant Breeding Systems*, 2nd edn. London: Chapman and Hall.

Richards, C. M., *et al*. (2007). Capturing genetic diversity of wild populations for ex situ conservation: Texas wild rice (*Zizania texana*) as a model. *Genetic Resources and Crop Evolution* **54**: 837 - 848.

Richardson, D. M. (1999). Commercial forestry and agroforestry as sources of alien invasive trees and shrubs. In: *Invasive Species and Biodiversity Management*. eds. O. T. Sandlund, P. J. Schei and A. Viken. pp.237 - 257. Dordrecht and Boston: Kluwer.

Richardson, D. M. and Bond, W. J. (1991). Determinant of plant distribution: evidence from pine invasions. *American Naturalist* **137**: 639 - 668.

Richardson, D. M. and Higgins, S. I. (1999). Pines as invaders in the southern hemisphere. In: *Ecology and Biogeography of Pinus*. ed. D. M. Richardson, pp.450 - 473. Cambridge: Cambridge University Press.

Richardson, D. M., Allsopp, N., D'Antonio, C. M., Milton, S. J. and Rejmánek, M. (2000). Plant invasions: the role of mutualisms. *Biological Reviews* **75**: 65 – 93.

Richens, R. H. (1947). Biological Flora of the British Isles. *Allium vineale* L. *Journal of Ecology* **34**: 209 – 226.

Ridley, H. N. (1930). *The Dispersal of Plants Throughout the World*. Ashford, Kent: Reeve.

Ridley, M. (2002). Natural selection. In: *Encyclopedia of Evolution*. ed. M. Patel. pp.797 – 804. Oxford and New York: Oxford University Press.

Rieger, R., Michaelis, A. and Green, M. M. (1968). *Glossary of Genetics and Cytogenetics*, 3rd edn. Heidelberg and New York: Springer Verlag.

Rieseberg, L. H. and Gerber, D. (1995). Hybridization in the Catalina Island mountain Mahogony (*Cerocarpus traskiae*): RAPD evidence. *Conservation Biology* **9**: 199 – 203.

Rieseberg, L. H. and Wendel, J. F. (1993). Introgression and its consequences. In: *Hybrid Zones and the Evolutionary Process*. ed. R. G. Harrison. pp.70 – 109. New York and Oxford: Oxford University Press.

Rieseberg, L. H. and Willis, J. H. (2007). Plant speciation. *Science* **17**: 910 – 914.

Rieseberg, L. H., Zona, S., Aberbom, L. and Martin, T. D. (1989). Hybridization in the island endemic Catalina Mahogany. *Conservation Biology* **3**: 52 – 58.

Rieseberg, L. H., *et al*. (2007). Hybridization and the colonization of novel habitats by annual sunflowers. *Genetica* **129**: 149 – 165.

Riley, H. P. (1938). A character analysis of colonies of *Iris fulva* and *Iris hexagona* var. *giganti-caerulea* and natural hybrids. *American Journal of Botany* **25**: 727 – 738.

Rindos, D. (1989). Darwinism and its role in the explanation of domestication. In: *Foraging and Farming: The Evolution of Plant Exploitation*. eds. D. R. Harris and G. C. Hillman. pp.27 – 41. London and Boston: Unwin Hyman.

Rinschede, G. (1988). Transhumance in European and American mountains. In: *Human Impact on Mountains*. eds. N. J. R. Allan, G. W. Knapp and C. Stadel. pp.96 – 115. Lanham, MD: Rowman and Littlefield.

Roach, D. A. and Wulff, R. D. (1987). Maternal effects in plants. *Annual Review of Ecology and Systematics* **18**: 209 – 235.

Roberton, A. W., Kelly, D., Ladley, J. J. and Sparrow, A. D. (1998). Effects of pollinator loss on endemic New Zealand mistletoes (Loranthaceae). *Conservation Biology* **13**: 499 – 508.

Robertson, K. R., Anderson, R. C. and Schwartz, M. W. (1997). The tallgrass prairie mosaic. In: *Conservation in Highly Fragmented Landscapes*. ed. M. W. Schwartz. pp.53 – 87. New York: Chapman and Hall.

Robertson, A., Newton, A. C. and Ennos, R. A. (2004). Multiple hybrid origins, genetic diversity and population structure of two endemic *Sorbus* taxa on the Isle of Arran, Scotland. *Molecular Ecology* **13**: 123 – 134.

Robichaux, R. H., Friar, E. A. and Mount, D. W. (1997). Molecular genetic consequences of a population bottleneck associated with reintroduction of the Mauna Kea silversword (*Argyroxiphium sandwicense* ssp. *sandwicense*, Asteraceae). *Conservation Biology* **11**: 1140 – 1146.

Robinson, W. (1894). *The Wild Garden*. London: The Scolar Press.

Robson, G. C. and Richards, O. W. (1936). *The Variation of Animals in Nature*. London and New York: Longmans.

Rojas, M. (1992). The species problem and conservation: what are we protecting. *Conservation Biology* **6**: 170 – 178.

Rolston, H. Ⅲ (2004). In situ and ex situ conservation: philosophical and ethical concerns. In: *Ex Situ Plant Conservation*. eds. E. O. Guerrant, K. Havens and M. Maunder. pp.21 – 39. Washington, DC, Covelo, CA and London: Island Press.

Roos, M. C. (1993). State of affairs regarding Flora Malesiana: progress in revision work and publication schedule. *Flora Malesiana Bulletin* **11**(2): 248 – 252.

Roos, M. C. (2000). Charting tropical plant diversity: Europe's contribution. In: *Systematics Agenda 2000: The Challenge for Europe*. eds. S. Blackmore and D. Cutler. pp.55 – 88. Cardigan, Wales: Published for the Linnean Society of London by Samara Publishing.

Roose, M. L. and Gottlieb, L. D. (1976). Genetic and biochemical consequences of polyploidy in *Tragopogon*. *Evolution* **30**: 818 – 830.

Root, T. L. MacMynowski, D. P., Mastrandrea, M. D. and Schneider, S. H. (2005). Human-modified temperatures induce species changes: joint attribution. *Proceeding of the National Academy of Sciences*, USA **102**: 7465 – 7469.

Rosenzweig, M. L (2001). Loss of speciation rate will impoverish future diversity. *Proceedings of the National Academy of Sciences*, USA **98**: 5404 – 5410.

Ross, M. A. and Lembi, C. A. (1985). *Applied Weed Science*. Minneapolis, MN: Burgess Publishing Company.

Rosser, E. M. (1955). A new British species of *Senecio*. *Watsonia* **3**: 228 – 232.

Ross-Ibarra, J., Morrell, P. L. and Gaut, B. S. (2007). Plant domestication, a unique opportunity to identify the genetic basis of adaptation. *Proceedings of the National Academy of Sciences*, USA **104**: 8641 – 8648.

Rothschild, M. and Marren, P (1997). *Rothschild's Reserves: Time and Fragile Nature*. Jerusalem: Balaban Press and Colchester: Harley Books.

Roughgarden, J. (1979). *Theory of Population Genetics and Evolutionary Ecology: An Introduction*. New York and London: Macmillan.

Roux, F., Touzet, P., Cuguen, J. and Le Corre, V. (2006). How to be early flowering: an evolutionary perspective. *Trends in Plant Science* **11**: 375 – 381.

Rowell, T. A. (1997). The history of Wicken Fen. In: *Wicken Fen: The Making of a Wetland Nature Reserve*. pp.187 – 212. Colchester: Harley Books.

Ruddiman, W. F. (2005). How did humans first alter global climate? *Scientific American*, March 2005, 34 – 41.

Rueda, J., Linacero, R. and Vázquez, A. M. (1998). Plant total DNA extraction. In: *Molecular Tools for Screening Biodiversity*. eds. A. Karp, P. G. Isaac and D. S. Ingram. pp.10 – 14. London: Chapman Hall.

Runte, A. (1997). *National Parks: The American Experience*, 3rd edn. University of Lincoln and London: Nebraska Press.

Russell-Smith, J., *et al*. (2007). Bushfires "down under": patterns and implications of contemporary Australian landscape burning. *International Journal of Wildland Fire* **16**: 361 – 377.

Rustad, L. E., *et al*. (2001). A meta-analysis of the response of soil respiration, net nitrogen mineralization, and aboveground plant growth to experimental ecosystem warming. *Oecologia* **126**: 543 – 562.

Ryan, G. F. (1970). Resistance of common groundsel to simazine and atrazine. *Weed Science* **18**: 614 – 616.

Rymer, J. M. and Simberloff, D. (1996). Extinction by hybridization and introgression. *Annual Review of Ecology and Systematics* **27**: 83 – 109.

Sage, R. F. (1995). Was low atmospheric CO_2 during the Pleistocene a limiting factor for the origin of agriculture? *Global Climate Change* **1**: 93 – 106.

Sakai, A. K., *et al*. (2001). The population biology of invasive species. *Annual Review of Ecology and Systematics* **32**: 305 – 332.

Sale, K. (1990). *The Conquest of Paradise: Christopher Columbus and the Columbian Legacy*. New York: Knopf.

Salisbury, E. J. (1943). The flora of bombed areas. *Proceedings of the Royal Institution of Great Britain* **32**: 435 – 455.

Salisbury, E. J. (1964). *Weeds and Aliens*, 2nd edn. London: Collins.

Salmon, A., Ainouche, M. L. and Wendel, J. F. (2005). Genetic and epigenetic consequences of recent hybridization and polyploidy in *Spartina* (Poaceae). *Molecular Ecology* **14**: 1163 – 1175.

Saltonstall, K. (2003). Cryptic invasion by a non-native genotype of the common reed, *Phragmites australis*, into North

America. *Proceedings of the National Academy of Sciences*, USA **99**: 2445 – 2449.

Sanderson, E. W., *et al*. (2002). The human footprint and the last of the wild. *Bioscience* **52**: 891 – 904.

Sandlund, O. T., Schei., P. J. and Viken, Å. (eds.) (2001). *Invasive Species and Biodiversity Management*. London: Kluwer Academic Publishers.

Sanz-Elorza, M., Dana, E. D., González, A. and Sobrino, E. (2003). Changes in the high-mountain vegetation of the Central Iberian Peninsula as a probable sign of global warming. *Annals of Botany* (*London*) **92**: 273 – 280.

Sarasan, V., *et al*. (2006). Conservation in vitro of threatened plants: progress in the past decade. In *Vitro Cellular and Developmental Biology-Plant* **42**: 206 – 214.

Sauer, C. O. (1950). Grassland climax, fire, and man. *Journal of Range Management* **3**: 16 – 21.

Sauer, C. O. (1958). Man in the ecology of tropical America. Proceedings of the Ninth *Pacific Science Congress*, 1957, 104 – 110.

Sauer, C. O. (1975). Man's dominance by use of fire. *Geoscience and Man* **10**: 1 – 13.

Saunders, D. A., Smith, G. T., Ingram, J. A. and Forrester, R. I. (2003). Changes in a remnant of salmon gum *Eucalyptus salmonophloia* and York gum *E. loxophleba* woodland, 1978 to 1997. Implications for woodland conservation in the wheat-sheep regions of Australia. *Biological Conservation* **110**: 245 – 256.

Sax, D. F., Stachowicz, J. J. and Gaines, S. D. (2006). *Species Invasions: Insights into Ecology, Evolution and Biogeography*. Sunderland, MA: Sinauer.

Scarre, C. (1996). Mines and quarries. In: *Oxford Companion to Archaeology*. ed. B. M. Fagan. pp.469 – 470. Oxford and New York: Oxford University Press.

Scavia, D. and Bricker, S. B. (2006). Coastal eutrophication assessment in the United States. *Biogeochemistry* **79**: 187 – 208.

Schama, S. (1995). *Landscape and Memory*. London: Fontana Press, HarperCollins.

Schat, H. and ten Bookum, W. M. (1992). Genetic control of copper tolerance in *Silene vulgaris*. *Heredity* **68**: 219 – 229.

Schat, H., Vooijs, R. and Kuiper, E. (1996). Identical major gene loci for heavy metal tolerances that have independently evolved in different local populations and subspecies of *Silene vulgaris*. *Evolution* **50**: 1888 – 1895.

Scherer-Lorenzen, M., Elend, A., Nöllert, S. and Schulze, E.-D. (2000). Plant invasions in Germany: general aspects and impact of nitrogen deposition. In: *Invasive Species in a Changing World*. eds. H. A. Mooney and R. J. Hobbs. pp.351 – 368. Washington, DC and Covelo, CA: Island Press.

Schindler, D. W. and Donahue, W. F. (2006). An impending water crisis in Canada's western prairie provinces. *Proceeding of the National Academy of Sciences*, USA **103**: 7210 – 7216.

Schmid, E. and Sinabell, F. (2007). On the choice of farm management practices after the reform of the Common Agricultural Policy in 2003. *Journal of Environmental Management* **82**: 332 – 340.

Schnoor, J. L., Licht, L. A., McCutcheon, S. C., Wolfe, N. L. and Carreira, L. H. (1995). Phytoremediation of organic and nutrient contaminants. *Environmental Science and Technology* **29**: 318 – 323.

Schoch-Bodmer, H. (1938). The proportion of long-, mid-and short-styled plants in natural populations of *Lythrum salicaria*. *Journal of Genetics* **36**: 39 – 43.

Schoner, C. A., Norris, R. F. and Chilcote, W. (1978). Yellow foxtail (*Setaria lutescens*) biotype studies: growth and morphological characteristics. *Weed Science* **26**: 632 – 636.

Schroder, D. (2004). Use of set-aside land according to the EU regulation and use of biotope sites according to the Federal German Nature Conservation Act for protecting the environment, soils, landscapes, nature, species and biotopes. *Berichte uber Landwirtschaft* **82**: 518 – 528.

Schrödinger, E. (1944). *What is Life?* Cambridge: Cambridge University Press.

Schullery, P. (1997). *Searching for Yellowstone*. Boston and New York: Houghton Mifflin.

Schwaegerle, K. E. and Schaal, B. A. (1979). Genetic variability and founder effect in the Pitcher Plant *Sarracenia purpurea*. *Evolution* **33**: 1210 – 1218.

Schwanitz, F. (1966). *The Origin of Cultivated Plants*. Cambridge, MA: Harvard University Press.

Schwartz, M. W. (1997). Introduction. In: *Conservation in Highly Fragmented Landscapes*. ed. M. W. Schwartz. pp. xiii – xvi. New York: Chapman and Hall.

Schwartz, M. W. and van Mantgem, P. J. (1997). The value of small preserves in chronically fragmented landscapes. In: *Conservation in Highly Fragmented Landscapes*. ed. M. W. Schwartz. pp. 379 – 394. New York: Chapman and Hall.

Schwartz, M. D., Ahas, R. and Aasa, A. (2006). Onset of spring starting earlier across the Northern Hemisphere. *Global Change Biology* **12**: 343 – 351.

Scott, R. H. (1944). Life history of the wild onion and its bearing on control. *Agriculture* **LI**: 162 – 170.

Scott, J. W. (1999). The incidence of triazine resistant *Senecio vulgaris* L. (common groundsel) in Cambridge. *University of Cambridge BA project*.

Scott, D. (2005). Integrating climate change into Canada's National Park System. In: *Climate Change and Biodiversity*. eds. T. E. Lovejoy and L. Hannah. pp. 342 – 345. New Haven and London: Yale University Press.

Scott, N. E. and Davison, A. W. (1985). The distribution and ecology of coastal species on roadsides. *Vegetatio* **62**: 43 – 440.

Scott, S. E. and Wilkinson, M. J. (1998). Transgenic risk is low. *Nature* **393**: 320.

Scribner, T. K. and Pearce, J. M. (2000), Microsatellites: evolutionary and morphological background and empirical applications at individual, population and phylogenetic levels. In: *Molecular Methods in Ecology*. ed. A. J. Baker. pp. 235 – 273. Oxford: Blackwell Science.

Searcy, K. B and Mulcahy, D. L. (1985a). Pollen-tube competition and selection for metal tolerance in *Silene dioica* (Caryophyllaceae), and *Mimulus guttatus* (Scrophulariaceae). *American Journal of Botany* **72**: 1695 – 1699.

Searcy, K. B and Mulcahy, D. L. (1985b). Pollen selection and gametophytic expression of metal tolerance in *Silene dioica* (Caryophyllaceae), and *Mimulus guttatus* (Scrophulariaceae). *American Journal of Botany* **72**: 1700 – 1706.

Searcy, K. B and Mulcahy, D. L. (1985c). The parallel expression of metal tolerance in pollen and sporophytes of *Silene dioica* (L.) Clairv., *Silene alba* (Mill) Krause and *Mimulus guttatus* (DC). *Theoretical and Applied Genetics* **69**: 597 – 602.

Seaward, M. R. D. and Richardson, D. H. S. (1990). Atmopheric sources of metal pollution and effects on vegetation. In: *Heavy Metal Tolerance in Plants: Evolutionary Aspects*. ed. A. J. Shaw. pp. 75 – 92. Boca Raton, FL: CRC Press.

Segarra-Moragues, J. G., Iriondo, J. M. and Catalán, P. (2005). Genetic fingerprinting of germplasm accessions as an aid for species conservation: a case study with *Borderea chouardii* (Discoreaceae), one of the most critically endangered Iberian plants. *Annals of Botany* **96**: 1283 – 1292.

Sellars, R. W. (1997). *Preserving Nature in the National Parks: A History*. New Haven and London: Yale Univerity Press.

Seymour, J. and Girardet, H. (1986). *Far from Paradise. The Story of Human Impact on the Environment*. Basingstoke, UK: Greenprint.

Shafer, C. L. (1990). *Nature Reserves: Island Theory and Conservation Practice*. Washington, DC and London: Smithsonian Institute Press.

Shafer, C. L. (1997). Terrestrial nature reserve design at the urban/rural interface. In: *Conservation In Highly Fragmented Landscapes*. ed. M. W. Schwartz. pp. 345 – 378. New York: Chapman Hall.

Shafer, C. L. (1999a). US national park buffer zones: historic, scientific, social, and legal aspects. *Environmental Management* **23**: 49 – 79.

Shafer, C. L. (1999b). National park and reserve planning to protect biological diversity: some basic elements. *Landscape and Urban Planning* **44**: 123 – 153.

Shafer, C. L. (2001). Inter-reserve distance. *Biological Conservation* **100**: 215 – 227.

Shah, J., et al. (2000). Integrated analysis for acid rain in Asia: policy implications and results of RAINS-ASIA model. *Annual Review of Energy and the Environment* **25**: 339 – 375.

Shapcott, A. (1994). Genetic and ecological variation in *Atherosperma moschatum* and the implications for conservation of its biodiversity. *Australian Journal of Botany* **42**: 663 – 686.

Shapcott, A. (1998). The genetics of *Ptychosperma bleeseri*, a rare palm from the Northern Territory, Australia. *Biological Conservation* **85**: 203 – 209.

Sharma, C. B. S. R. and Panneerselvam, N. (1990). Genetic toxicity of pesticides in higher plant systems. *Critical Reviews in Plant Sciences* **9**: 409 – 442.

Shaw, A. K. (ed.) (2001). *Heavy Metal Tolerance in Plants: Evolutionary Aspects*. Boca Raton, FL: CRC Press.

Sheail, J. (1976). *Nature in Trust*. Glasgow and London: Blackie.

Sheail, J. (1981). *Rural Conservation in Inter-war Britain*. Oxford: Clarendon Press.

Sheail, J. (1987). *Seventy-five Years in Ecology: The British Ecological Society*. Oxford: Blackwell.

Sheail, J. (1998). *Nature Conservation in Britain: The Formative Years*. London: The Stationery Office.

Sheail, J., Treweek, J. R. and Mountford, J. O. (1997). The UK transition from nature preservation to "creative conservation". *Environmental Conservation* **24**: 224 – 235.

Sheppard, P. M. (1975). *Natural Selection and Heredity*, 4th edn. London: Hutchinson University Library.

Sherratt, A. (1996). Central and Eastern European copper mines. In: *Oxford Companion to Archaeology*. ed. B. M. Fagan. p.471. Oxford and New York: Oxford University Press.

Shindo, C., Bernasconi, G. and Hardtke, C. S. (2007). Natural genetic variation in *Arabidopsis*: tools, traits and prospects. *Annals of Botany* **99**: 1043 – 1054.

Shoard, M. (1980). *The Theft of the Countryside*. London: Temple Smith.

Shoard, M. (1997). *This Land is Our Land*. London: Gaia Books.

Shrader-Frechette, K. S. and McCoy, E. D. (1993). *Method in Ecology*. Cambridge: Cambridge University Press.

Shugart, H. H. (2001). Phenomenon of succession. In: *Encyclopedia of Biodiversity*, Vol.5. ed. S. A. Levin. pp.541 – 552. San Diego, CA and London: Academic Press.

Simberloff, D. (1998). Flagships, umbrellas, and keystones: is single-species management passé in the landscape era. *Biological Conservation* **83**: 247 – 257.

Simberloff, D. (2001). Introduced species, effects and distribution of. In: *Encyclopedia of Biodiversity*, Vol.3. ed. S. A. Levin. pp.517 – 529. San Diego, CA: Academic Press.

Simmonds, N. W. (ed.) (1976). *Evolution of Crop Plants*. London: Longmans.

Simon, J., Bosch, M., Molero, J. and Blanché, C. (2001). Conservation biology of Pyrenean larkspur (*Delphinium montanum*): a case of conflict of plant versus animal conservation? *Biological Conservation* **98**: 305 – 314.

Simpson, G. G. (1961). *Principles of Animal Taxonomy. The Species and Lower Categories*. New York: Columbia University Press.

Simpson, D. A. (1984). A short history of the introduction and spread of *Elodea Michx* in the British Isles. *Watsonia* **17**: 121 – 132.

Simpson, M. (2001). Plant cataloguing in the National Trust. In: *Biological Collections and Biodiversity*. eds. B. S. Rushton, P. Hackney and C. R. Tyrie. pp.117 – 120. Otley, UK: Linnean Society of London, Westbury Publishing.

Singer, M. C., Thomas, C. D. and Parmesan, C. (1993). Rapid human-induced evolution of insect-host associations. *Nature* **366**: 681 – 683.

Sinskaia, E. N. and Beztuzheva, A. A. (1931). The forms of *Camelina sativa* in connection with climate, flax and man. *Trudy po Prikladnoi. Botanika Genetikei Selektsi* **25**: 98 – 200.

Skolmen, R. G. (1979). *Plantings on Forest Reserves of Hawaii, 1910 – 1960*. Honolulu: Institute of Pacific Island Forestry.

Silvertown, J., *et al*. (1994). Short-term effects and long-term after-effects of fertilizer application on the flowering population of the Green-winged orchid *Orchis morio*. *Biological Concervation* **69**: 191 – 197.

Slotte, T., Holm, K., McIntyre, L. M., Lagercrantz, U. and Lascoux, M. (2007). Differential expression of genes important for adaptation in *Capsella bursa-pastoris* (Brassicaceae). *Plant Physiology* **145**: 160 – 173.

Small, E. (1984). Hybridization in the domesticated-weed-wild complex. In: *Plant Biosciences*. ed. W. F. Grant. pp.195 – 210. Toronto: Academic Press.

Smirnov, Y. S. and Tkachenko, K. G. (2001). The Botanical Garden of the Komarov Botanical Institute of the Russian Academy of Science celebrates 285 years. In: *Biological Collections and Biodiversity*. eds. B. S. Rushton, P. Hackney and C. R. Tyrie. pp.109 – 115. Otley, UK: Linnean Society of London, Westbury Publishing.

Smith, R. I. L. (1994). Vascular plants as bioindicators of regional warming in the Antarctic. *Oecologia* **99**: 322 – 328.

Smith, H. (2007). WWF despair over Greek fire damage. *The Guardian*, 28 September 2007.

Smith, E. V. and Mayton, E. L. (1938). Nut grass eradication studies. Ⅱ. The eradication of nut grass *Cyperus rotundus* L. by certain tillage treatments. *Journal of the American Society of Agronomy* **30**: 18 – 21.

Smith, F. D. M., May, R. M., Pellew, R., Johnson, T. H. and Walter, K. R. (1993). How much do we know about the current extinction rate? *Trends in Ecology and Evolution* **8**: 375 – 378.

Smith, B. M., Diaz, A., Winder, L. and Daniels, R. (2005a). The effect of provenance on the establishment and performance of *Lotus corniculatus* L. in the re-creation environment. *Biological Conservation* **125**: 37 – 46.

Smith, G. C., Henderson, I. S. and Robertson, P. A. (2005b). A model of ruddy duck *Oxyura jamaicensis* eradication for the UK. *Journal of Applied Ecology* **42**: 546 – 555.

Snaydon, R. W. (1970). Rapid differentiation in a mosaic environment. Ⅰ. The response of *Anthoxanthum odoratum* populations to soils. *Evolution* **24**: 257 – 269.

Snaydon, R. W. (1976). Genetic changes within species. *An appendix to: The Park Grass Experiment on the effect of fertilisers and liming on the botanical composition of permanent grassland and the yield of hay* by J. M. Thurston, G. V. Dyke and E. D. Williams. Publication of Rothamsted Experimental Station.

Snaydon, R. W. (1978). Genetic changes in pasture populations. In: *Plant Relations in Pastures*. ed. J. R. Wilson. pp.253 – 269. Melbourne: CSIRO.

Snaydon, R. W. and Davies, M. S. (1972). Rapid differentiation in a mosaic environment. Ⅱ. Morphological variation in *Anthoxanthum odoratum*. *Evolution* **26**: 390 – 405.

Sniegowski, P. D. (2002). Mutation. In: *Encyclopedia of Evolution*. ed. M. Patel. pp.777 – 783. Oxford and New York: Oxford University Press.

Snogerup, S. (1979). Cultivation and continued holding of Aegean endemics in an artificial environment. In: *Survival or Extinction*. eds. H. Synge and H. Townsend. pp.85 – 90. Kew, UK: Bentham-Moxon Trust.

Snow, A. A., *et al*. (2003). A Bt transgene reduces herbivory and enhances fecundity in wild sunflowers. *Ecological Applications* **13**: 279 – 286.

Sobey, D. G. (1987). Differences in seed production between *Stellaria media* populations from different habitat types. *Annals of Botany* **59**: 543 – 549.

Sokal, R. R. and Rohlf, F. J. (1993). *Biometry: The Principles and Practice of Statistics in Biological Research*. New York: Freeman.

Solbrig, O. T. (1994). Biodiversity: an introduction. In: *Biodiversity and Global Change*. eds. O. T. Solbrig, H. M. van

Emden and P. G. W. J. van Oordt. pp.13 - 20. Wallingford, UK: CAB International.

Solecki, M. K. (1993). Cut-leaved and common teasel (*Dipsacus laciniatus* L. and *D. sylvestris* Huds.): profile of two invasive aliens. In: *Biological Pollution: The Control and Impact of Invasive Exotic Species*. ed. B. N. McKnight. pp.85 - 92. Indianapolis: Indiana Academy of Science.

Soltis, P. S. (2005). Ancient and recent polyploidy in angiosperms. *New Phytologist* **166**: 5 - 8.

Soltis, D. E. and Soltis, P. S. (1989). Allopolyploid speciation in *Tragopogon*: insights from chloroplast DNA. *American Journal of Botany* **76**: 1119 - 1124.

Soltis, P. S. and Soltis, D. E. (2000). The role of genetic and genomic attributes in the success of polyploids. *Proceedings of the National Academy of Sciences*, USA **97**: 7051 - 7057.

Soltis, P. S., Plunckett, G. M., Novak, S. J. and Soltis, D. E. (1995). Genetic variation in *Tragopogon* species: additional origins of the allopolyploids *T. mirus* and *T. miscellus* (Compositae). *American Journal of Botany* **82**: 1329 - 1341.

Soltis, D. E., *et al.* (2004). Recent and recurrent polyploidy in *Tragopogon* (Asteraceae): cytogentic, genomic and genetic comparisons. *Biological Journal of the Linnean Society* **82**: 485 - 501.

Somers, C. M., Yauk, C. L., White, P. A., Parfett, C. L. J. and Quinn, J. S. (2002). Air pollution induces heritable DNA mutations. *Proceeding of the National Academy of Sciences*, USA **99**: 15904 - 15907.

Sonneveld, A. (1955). Photoperiodic adaptations of grassland plants. *Proceedings* Ⅹ *th Internatinal Grassland Conference*, 711 - 714.

Soó, R. v. (1927). Systematische Monographie der Gattung *Melampyrum*. *Feddes Repert* **23**: 159 - 176, 385 - 397.

Sørenson, T. (1954). Adaptation of small plants to deficient nutrition and a short growing season. Illustrated by cultivation experiments with *Capsella bursa-pastoris* (L.) Med. *Botanisk Tidsskrift* **51**: 339 - 361.

Sorenson, J. C. (1991). On the relationship of phonological strategy to ecological success: the case of broomsedge in Hawaii. *Vegetatio* **95**: 137 - 147.

Sork, V. L., Nason, J., Campbell, D. R. and Fernandez, J. F. (1999). Landscape approaches to historical and contemporary gene flow in plants. *Trends in Ecology and Evolution* **14**: 219 - 224.

Soukup, J. and Holec, J. (2004). Crop-wild interaction within the *Beta vulgaris* complex: agronomic aspects of weed beet in the Czech Republic. In: *Introgression from Genetically Modified Plants into Wild Relatives*. eds. H. C. M. den Nijs, D. Bartsch and J. Sweet. pp.203 - 218. Wallingford, UK: CAB International.

Soulé, M. E. (1980). Thresholds for survival: maintaining fitness and evolutionary potential. In: *Conservation: An Evolutionary-Ecological Perspective*. eds. M. E. Soulé and B. A. Wilcox. pp.151 - 170, Sunderland, MA: Sinauer.

Soulé, M. E. (ed.) (1987). *Viable Populations for Conservation*. Cambridge: Cambridge University Press.

Soulé, M. E. and Simberloff, D. (1986). What do genetics and ecology tell us about the design of nature reserves? *Biological Conservation* **35**: 19 - 40.

Soulé, M., Gilpin, M., Conway, W. and Foose, T. (1986). The millennium ark: how long a voyage, how many staterooms, how many passengers? *Zoo Biology* **5**: 101 - 113.

Spence, M. D. (1999). *Dispossessing the Wilderness: Indian Removal and the Making of the National Parks*. New York and Oxford: Oxford University Press.

Spiers, A. G. and Hopcroft, D. H. (1994). Comparative studies of the poplar rusts *Melampsora medusae*, *M. laricipopulina* and their interspecific hybrid *M. medusae-populina*. *Mycological Research* **98**: 889 - 903.

Spurway, H. (1952). Can wild animals be bred in captivity? *New Biology* **13**: 11 - 30.

Spurway, H. (1955). The causes of domestication: an attempt to integrate some ideas of Konrad Lorenz with evolutionary theory. *Journal of Genetics* **53**: 325 - 362.

Stace, C. A. (1975). *Hybridization and the Flora of the British Isles*. London: Academic Press.

Stace, C. A. (1980). *Plant Taxonomy and Biosystematics* (2nd edn., 1989). London: Arnold.

Stace, C. A. (1991). *New Flora of the British Isles*. Cambridge: Cambridge University Press.

Stachowicz, J. J., Fried, H., Osman, R. W. and Whitlatch, R. B. (2002). Biodiversity, invasion resistance, and marine ecosystem function: reconciling pattern and process. *Ecology* **83**: 2575 – 2590.

Stapledon, R. G. (1928). Cocksfoot grass (*Dactylis glomerata*) ecotypes in relation to the biotic factor. *Journal of Ecology* **16**: 72 – 104.

Stearn, W. T. (1984). The introduction of plants into the gardens of Western Europe during 2000 years. *Supplement to The Australian Garden Journal*, April 1984, pp.1 – 7.

Stearns, S. C. (1976). Life history tactics: review of ideas. *Quarterly Journal of Biology* **51**: 3 – 47.

Stearns, S. C. (1992). *The Evolution of Life Histories*. Oxford: Oxford University Press.

Stebbins, G. L. (1950). *Variation and Evolution in Plants*. New York and London: Columbia University Press.

Stebbins, G. L. (1957). Self-fertilisation and population variability in higher plants. *American Naturalist* **41**: 337 – 354.

Stebbins, G. L. (1966). *Processes of Organic Evolution*. Englewood Cliffs, NJ: Prentice Hall.

Stebbins, G. L. (1971). *Chromosomal Evolution in Higher Plants*. London: Arnold.

Steinberg, E. K. and Jordon, C. E. (1998). Using molecular genetics to learn about the ecology of threatened species: the allure and the illusion of measuring genetic structure in natural populations. In: *Conservation Biology: For the Coming Decade*, 2nd edn. eds. P. L. Fiedler and P. M. Karieva. pp.440 – 460. New York: Chapman and Hall.

Steinmeyer, B., Wöhrmann, K. and Hurka, H. (1985). Phänotypenvariabilität und Umwelt bei *Capsella bursa-pastoris* (Cruciferae). *Flora* **177**: 323 – 334.

Stenstrom, A. and Jonsdottir, I. S. (2006). Effects of simulated climate change on phenology and life history traits in *Carex bigelowii*. *Nordic Journal of Botany* **24**: 355 – 371.

Stephens, P. A. and Sutherland, W. J. (1999). Consequences of the Allee effect for behaviour, ecology and conservation. *Trends in Ecology and Evolution* **14**: 401 – 405.

Stern, N. H. (2007). *The Economics of Climate Change: The Stern Review*. Cambridge: Cambridge University Press.

Sterneck, J. v. (1895). Beitrag zur Kenntnis der Gattung *Alectorolophus* All. *Österreichischer Botanische Zeitschrift* **63**: 195 – 303.

Stevens, C. J., *et al.* (2004). Impact of nitrogen deposition on the species richness of grasslands. *Science* **303**: 1876 – 1879.

Steward, J. M. (1934). Ethnography of the Owens Valley Paiute. *University of California Publications of American Archaeology and Ethnology* **33**: 233 – 240.

Stiling, P., Rossi, A. and Gordon, D. (2000). The difficulties of single factor thinking in restoration: replanting a rare cactus in the Florida Keys. *Biological Conservation* **94**: 327 – 333.

Stockwell, C. A., Hendry, A. P. and Kinnison, M. T. (2003). Contemporary evolution meets conservation biology. *Trends in Ecology and Evolution* **18**: 94 – 101.

Stockwell, C. A., Kinnison, M. T. and Hendry, A. P. (2006). Evolutionary restoration ecology. In: *Foundations of Restoration Ecology*. eds. D. A. Falk, M. A. Palmer and J. B. Zedler. pp.113 – 137. Washington, DC, Covelo, CA and London: Island Press.

Stokstad, E. (2005a). Experimental drought predicts grim future for rainforest. *Science* **308**: 346 – 347.

Stokstad, E. (2005b). Ecology — flying on the edge: bluebirds make use of habitat corridors. *Science* **309**: 35.

Stokstad, E. (2006). The case of the empty hives. *Science* **316**: 970 – 972.

Stork, N. E. (1997). Measuring global diversity and its decline. In: *Biodiversity* II. *Understanding and Protecting our Biological Resources*. eds. M. L. Reaka-Kudla, D. E. Wilson and E. O. Wilson. pp.41 – 68. Washington, DC: Joseph Henry Press.

Stork, N. E. (2007). World of insects. *Nature* **448**: 657 - 658.

Storme, V., *et al.* (2004). Ex situ conservation of Black poplar in Europe: genetic diversity in nine gene bank collections and their value for nature development. *Theoretical and Applied Genetics* **108**: 969 - 981.

Stott, P. (2001). Jungles of the mind. The invention of the tropical rain forest (and emergence of myths). *History Today* **51**: 38 - 44.

Stout, A. B. (1923). Studies of *Lythrum salicaria*. Ⅰ. The efficiency of self-pollination. *American Journal of Botany* **10**: 440 - 449.

Strid, A. (1971). Past and present distribution of *Nigella arvensis* L. *Botaniska Notiser* **124**: 231 - 236.

Stuart, S. N., *et al.* (2004). Status and trends of amphibium declines and extinctions worldwide. *Science* **306**: 1783 - 1786.

Sugii, N. and Lamoureux, C. (2004). Tissue culture as a conservation method: an empirical view from Hawaii. In: *Ex situ Plant Conservation*. eds. E. O. Guerrant Jr., K. Havens and M. Maunder. pp.189 - 205. Washington, DC, Covelo, CA and London: Island Press.

Sullivan, J. J., Timmins, S. M. and Williams, P. A. (2005). Movement of exotic plants into coastal native forests from gardens in northern New Zealand. *New Zealand Journal of Ecology* **29**: 1 - 10.

Sultan, S. E. (1987). Evolutionary implications of phenotypic plasticity in plants. *Evolutionary Biology* **21**: 127 - 178.

Sundlund, O. T., Schei, P. J. and Viken, A. (1999). *Invasive Species and Biodiversity Management*. Dordrecht, Boston and London: Kluwer.

Susaria, S., Medina, V. F. and McCutcheon, S. C. (2002). Phytoremediation: an ecological solution to organic chemical contamination. *Ecological Engineering* **18**: 647 - 658.

Sutherland, W. J. (1998). Managing habitats and species. In: *Conservation Science and Action*. ed. W. J. Sutherland. pp.202 - 219. Oxford: Blackwell.

Sutherland, W. J. and Hill, D. A. (eds.) (1995). *Managing Habitats for Conservation*. Cambridge: Cambridge University Press.

Sutherland, W. J., Pullin, A. S., Dolman, P. M. and Knight, T. M. (2004). The need for evidence-based conservation. *Trends in Ecology and Evolution* **19**: 305 - 308.

Sutton, W. S. (1903). The chromosomes in heredity. *Biological Bulletin*, *Marine Biological Laboratory*, *Woods Hole*, *MA* **4**: 231 - 248.

Svensson, R. and Wigren, M. (1983). A survey of the history, biology and preservation of some retreating synanthropic plants. *Acta Universitatis Upsaliensis Symbolae Botanicae Upsaliensis* **25**: 1 - 73.

Swensen, S. M., Allen, G. J., Howe, M., Elisens, W. J., Junak, S. A. and Rieseberg, L. H. (1995). Genetic analysis of the endangered island endemic *Malacothamnus fasciculatus* (Nutt.) Greene var. *nesioticus* (Rob.) Kearn. (Malvaceae). *Conservation Biology* **9**: 404 - 415.

Szaro, R. C. (1996). Biodiversity in managed landscapes: principles, practice and policy. In: *Biodiversity in Managed Landscapes. Theory and Practice*. eds. R. C. Szaro and D. W. Johnston. pp.727 - 770. New York and Oxford: Oxford University Press.

Taggart, J. B., McNally, S. F. and Sharp, P. M. (1989). Genetic variability and differentiation among founder populations of the pitcher plant (*Sarracenia purpurea* L.) in Ireland. *Heredity* **64**: 177 - 183.

Tansley, A. G. (1935). The use and abuse of vegetational concept terms. *Ecology* **16**: 284 - 307.

Tansley, A. G. (1945). *Our Heritage of Wild Nature: A Plea for Organized Nature Conservation*. Cambridge: Cambridge University Press.

Tansley, S. A. and Brown, C. R. (2000). RAPD variation in the rare and endangered *Leucadendron elimense* (Proteaceae): implications for their conservation. *Biological Conservation* **95**: 39 - 48.

Tattersall, F. and Manley, W. (eds.) (2003). *Conservation and Conflict: Mammals and Farming in Britain*. Otley, UK: Westbury Publishing.

Taylor, P. (2005). *Beyond Conservation: A Wildland Strategy*. London: Earthspan.

Taylor, G. E. Jr. and Murdy, W. H. (1975). Population differentiation of an annual plant species, *Geranium carolinianum*, in response to sulfur dioxide. *Botanical Gazette* **136**: 212–215.

Taylor, G. E. Jr., Pitelka, L. F. and Clegg, M. T. (eds.) (1991). *Ecological Genetics and Air Pollution*. New York and Heidelberg: Springer-Verlag.

Tedin, O. (1925). Vererbung, Variation, und Systematik in der Gattung *Camelia*. *Hereditas* **6**: 275–386.

Ter Borg, S. J. (1972). Variability of *Rhinanthus serotinus* (Schönh.) Oborny in relation to environment. Thesis, Rijksuniversiteit, Groningen.

Terborgh, J. (1999). *Requiem for Nature*. Washington, DC and Covelo, CA: Island Press.

Tewkesbury, J. J., *et al*. (2002). Corridors affect plants, animals, and their interactions in fragmented landscapes. *Proceedings of the National Academy of Sciences*, USA **99**: 12923–12926.

Teyssedre, A. and Couvet, D. (2007). Expected impact of agricultural expansion on the world avifauna. *Comtes Rendues Biologies* **330**: 247–254.

Thacker, C. (1979). *The History of Gardens*. London: Croom Helm.

Theaker, A. J. (1990). Life history variation in *Senecio vulgaris* L. Ph.D. dissertation, University of Cambridge.

Theaker, A. J. and Briggs, D. (1992). Genecological studies of groundsel (*Senecio vulgaris* L.). Ⅲ. Population variation and its maintenance in the University Botanic Garden, Cambridge. *New Phytologist* **121**: 281–291.

Theaker, A. J. and Briggs, D. (1993). Genecological studies of groundsel (*Senecio vulgaris* L.). Ⅳ. Rate of development in plants from different habitat types. *New Phytologist* **123**: 185–194.

Thomas, W. L. (1956). *Man's Role in Changing the Face of the Earth*. Chicago: University of Chicago Press.

Thomas, D. H. (1974). *Predicting the Past: An Introduction to Anthropological Archaeology*. New York: Holt, Rinehart and Winston.

Thomas, M. B. and Willis, A. J. (1998). Biocontrol — risky but necessary? *Trends in Ecology and Evolution* **13**: 325–329.

Thomas, C. D., *et al*. (2004). Extinction risk from climate change. *Nature* **427**: 145–148.

Thompson, P. A. (1973a). Effects of cultivation on the germination character of the corncockle (*Agrostemma githago* L.). *Annals of Botany* **37**: 133–154.

Thompson, P. A. (1973b). The effects of geographic dispersal by man on the evolution of physiological races of the corn cockle (*Agrostemma githago* L.). *Annals of Botany* **37**: 413–421.

Thompson, J. N. (2002). Coevolution. In: *Encyclopedia of Evolution*. ed. M. Patel. pp.178–183. Oxford and New York: Oxford University Press.

Thompson, K. and Grime, J. P. (1979). Seasonal variation in the seed banks of herbaceous species in ten contrasting habitats. *Journal of Ecology* **67**: 893–921.

Thompson, D. Q., Stuckey, R. L. and Thompson, E. B. (1987). Spread, impact and control of purple loosestrife (*Lythrum salicaria*) in North America. *Fish and Wildlife Research* **2**: 1–55.

Thompson, K., Bakker, J. P. and Bekker, R. M. (1997). *The Soil Seed Banks of North West Europe: Methodology, Density and Longevity*. Cambridge: Cambridge University Press.

Thomson, J. D., Herre, E. A., Hamrick, J. L. and Stone, J. L. (1991). Genetic mosaics in Strangler Fig trees: implications for tropical conservation. *Science* **254**: 1214–1216.

Thrall, P. H., Burdon, J. J. and Murray, B. R. (2000). The metapopulation paradigm: a fragmented view of conservation biology. In: *Genetics, Demography and Viability of Fragmented Populations*. eds. A. G. Young and

G. M. Clarke. pp.75 – 95. Cambridge: Cambridge University Press.

Thuiller, W., Lavorel, S., Araújo, M. B., Sykes, M. T. and Prentice, C. (2005). Climate change threats to plant diversity in Europe. *Proceedings of the National Academy of Sciences*, USA **102**: 8245 – 8250.

Thurston, J. M., Williams, E. D. and Johnston, A. E. (1976). Modern developments in an experiment on permanent grassland started in 1856: effects of fertilizers and lime on botanical composition and crop and soil analyses. *Annales Agronomique* **27**: 1043 – 1082.

Tienderen, P. H. van and Toorn, J. van der (1991a). Genetic differentiation between populations of *Plantago lanceolata* L. I. Local adaptation in three contrasting habitats. *Journal of Ecology* **79**: 27 – 42.

Tienderen, P. H. van and Toorn, J. van der (1991b). Genetic differentiation between populations of *Plantago lanceolata* L. II. Phenotypic selection in a transplant experiment in three contrasting habitats. *Journal of Ecology* **79**: 43 – 59.

Tollefson, J. (2008). Not your father's biofuels. *Nature* **451**: 880 – 883.

Towns, D. and Atkinson, I. (1991). New Zealand restoration ecology. *New Scientist* **130**: 36 – 39.

Townsend, D. W. H. (1977). Policies of micropropagation unit, progress and potential. In: *Technical Advances in Modern Botanic Gardens*, Abstract of papers for meeting 23 June 1977 at Royal Botanic Garden, Kew, pp.14 – 15. London: Ministry of Agriculture, Fisheries and Food.

Townsend, H. (1979). The potential and progress of the technical propagation unit at the Royal Botanic Gardens, Kew. In: *Survival or Extinction*. eds. H. Synge and H. Townsend. pp.189 – 193. Kew: Bentham-Moxon Trust.

Trebst, A. (1996). Molecular genetics and evolution of pesticide resistance. *ACS Symposium Series*, pp.44 – 51. Washington, DC: American Chemical Society.

Trimen, H. and Thiselton-Dyer, W. T. (1869). *Flora of Middlesex*. London: Robert Hardwicke.

Troup, R. S. (1952). *Silvicultural Systems*. Oxford: Clarendon Press.

Tudge, C. (1998). *Neanderthals, Bandits and Farmers. How Agriculture Really Began*. London: Weidenfeld and Nicolson.

Tull, J. (1733). *Horse-Hoeing Husbandry*. Dublin: Gunn, Risk, Ewing, Smith, Smith and Bruce.

Turelli, M., Barton N. H. and Coyne, J. A. (2001). Theory and speciation. *Trends in Ecology and Evolution* **16**: 330 – 343.

Turesson, G. (1930). The selective effect of climate upon plant species. *Hereditas* **14**: 99 – 152.

Turesson, G. (1943). Variation in the apomictic microspecies of *Alchemilla vulgaris* L. *Botaniska Notiser* **1943**: 413 – 427.

Turker, M. (2002). Ageing. In: *Encyclopedia of Life Sciences*. London: Macmillan.

Turnbull, P. C. B., *et al.* (2004). Vaccine-induced protection against anthrax in cheetah (*Acinonyx jubatus*) and black rhinoceros (*Diceros bicornis*). *Vaccine* **22**: 3340 – 3347.

Turner, I. M. (1996). Species loss in fragments of tropical rain forest. *Journal of Applied Ecology* **33**: 200 – 209.

Turner, I. M., *et al.* (1994). A study of plant species extinction in Singapore: lessons for the conservation of tropical biodiversity. *Conservation Biology* **8**: 705 – 712.

Turrill, W. B. (1959). *The Royal Botanic Gardens Kew: Past and Present*. London: Jenkins.

Tutin,T.G., *et al.* (1964 – 1980). *Flora Europaea*. Cambridge: Cambridge University Press.

Tyler, C., Pullin, A. S. and Stewart, G. B. (2006). Effectiveness of management interventions to control invasion by *Rhododendron ponticum*. *Environmental Management* **37**: 513 – 522.

Uhl, C., *et al.* (1990). Studies of ecosystem response to natural and anthropogenic disturbances provide guidelines for designing sustainable land-use systems in Amazonia. In: *Alternatives to Deforestation: Steps Towards Sustainable Use of Amazon Rain Forest*. ed. A. B. Anderson. pp.24 – 42. New York: Columbia University Press.

Umina, P. A., Weeks, A. R., Kearney, M. R., McKechnie, S. W. and Hoffmann, A. A. (2005). A rapid shift in a classic clinal pattern in *Drosophila* reflecting climate change. *Science* **308**: 691 – 693.

Underwood, E. C., Klinger, R. and Moore, P. E. (2004). Predicting patterns of non-native plant invasions in Yosemite National Park, California, USA. *Diversity and Distributions* **10**: 447 – 459.

Urbanska, K. M. (1994). Restoration ecology research above the timberline: demographic monitoring of whole trial plots in the Swiss Alps. *Botanica Helvetica* **104**: 141 – 156.

Urbanska, K. M. (1997). Safe sites: interface of plant ecology and restoration ecology. In: *Restoration Ecology and Sustainable Development*. eds. K. M. Urbanska, N. R. Webb and P. J. Edwards. pp. 81 – 110, Cambridge: Cambridge University Press.

Usher, M. B. (1986). Invasibility and wildlife conservation — invasive species on nature reserves. *Philosophical Transactions of the Royal Society of London Series B, Biological Sciences* **314**: 695 – 710.

Vacher, C., *et al.* (2004). Impact of ecological factors on the initial invasion of Bt transgenes into wild populations of birdseed rape (*Brassica rapa*). *Theoretical and Applied Genetics* **109**: 806 – 814.

Van Andel, J. and Aronson, J. (2006). *Restoration Ecology: The New Frontier*. Oxford: Blackwell.

Van Der Meijden, R., Plate, C. L. and Weeda, E. J. (1989). *Atlas van de Nederlandse Flora*, Vol. 3. Leiden: Rijksherbarium/Hortus Botanicus.

van Dijk, G. E. (1955). The influence of sward age and management on the type of timothy and cocksfoot. *Euphytica* **4**: 83 – 93.

Van Dijk, P. J. (2003). Ecological and evolutionary opportunities of apomixis: insights from *Taraxacum* and *Chondrilla*. *Philosophical Transactions of the Royal Society of London, Series B, Biological Sciences* **358**: 1113 – 1120.

van Dijk, H. (2004). Gene exchange between wild and crop in *Beta vulgaris*: how easy is hybridization and what will happen in later generations? In: *Introgression from Genetically Modified Plants into Wild Relatives*. eds. H. C. M. den Nijs, D. Bartsch and J. Sweet. pp. 53 – 61, Wallingford, UK: CAB International.

van Gemerden, B. S., Olff, H., Parren, M. P. E. and Bongers, F. (2003). The pristine rain forest? Remnants of historical human impact on current tree species composition and diversity. *Journal of Biogeography* **30**: 1381 – 1390.

van Keuren, R. W. and Davis, R. R. (1968). Persistence of birdsfoot trefoil, *Lotus corniculatus* L. *Agronomy Journal* **60**: 92 – 95.

Van Slageren, M. W. (2003). The Millennium Seed Bank: building partnerships in arid regions for the conservation of wild species. *Journal of Arid Environments* **54**: 195 – 201.

Van Treuren, R., Bijlmsa, R., Ouborg, N. J. and van Delden, W. (1993). The effects of population size and plant density on outcrossing rates in locally endangered *Salvia pratensis*. *Evolution* **47**: 1094 – 1104.

van Valen, L. (1976). Ecological species, multispecies, and oaks. *Taxon* **25**: 223 – 239.

Varley, J. A. (1979). Physical and chemical soil factors affecting the growth and cultivation of endemic plants. In: *Survival or Extinction*. eds. H. Synge and H. Townsend. pp. 199 – 205. Kew, UK: Bentham-Moxon Trust.

Vavilov, N. I. (1951). The Origin, Variation and Breeding of Cultivated Plants. *Chronica Botanica* **13**: 1 – 366.

Vegte, F. W. van der (1978). Population differentiation and germination ecology in *Stellaria media* (L.) Vill. *Oecologia* **37**: 231 – 245.

Vekemans, X, Schierup, M. H. and Christiansen, F. B. (1998). Mate availability and fecundity selection in multi-allelic self-incompatibility systems in plants. *Evolution* **52**: 19 – 29.

Velkov, V. V., Medvinsky, A. B., Sokolov, M. S. and Marchenko, A. I. (2005). Will transgenic plants adversely affect the environment? *Journal of Biosciences* **30**: 515 – 548.

Vera, F. W. M. (2000). *Grazing Ecology and Forest History*. Wallingford, UK: CABI Publishing.

Vergeer, P., Rengelink, R., Copal, A. and Ouborg, N. J. (2003). Interacting effects of genetic variation, habitat quality and population size on performance of *Succisa pratensis*. *Journal of Ecology* **91**: 18 – 26.

Vietmeyer, N. (1995). Applying biodiversity. *Journal of the Federation of American Scientists* **48**: 1 – 8.

Vighi, M. and Funari, E. (eds.) (1995). *Pesticide Risk in Groundwater*. Boca Raton, FL and New York: Lewis Publishers.

Vincent, C., Goettel, M. S. and Lazarovitis, G. (2007). *Biological Control: A Global Perspective: Case Histories from Around the World*. Cambridge, MA: CABI.

Viosca, P. Jr. (1935). The Irises of southwestern Louisiana: a taxonomic and ecological interpretation. *Bulletin of the American Iris Society* **57**: 3 – 56.

Virginia, R. A. and Wall, D. H. (2001). Ecosystem function, principles of. In: *Encyclopedia of Biodiversity*, Vol.2. ed. S. A. Levin. pp.345 – 352. San Diego, CA and London: Academic Press.

Vision, T., Brown, D. and Tanksley, S. (2000). The origins of genomic duplications in *Arabidopsis*. *Science* **152**: 2114 – 2117.

Visser, M. E., van Noordwijk, A. J., Tinbergen, J. M. and Lessels, C. M. (1998). Warmer springs lead to mistimed reproduction in great tits (*Parus major*). *Proceedings of the Royal Society of London*, B **264**: 1867 – 1870.

Vitousek, P. M. (1990). Biological invasions and ecosystem processes: towards an integration of population biology and ecosystem studies. *Oikos* **57**: 7 – 13.

Vitousek, P. M., Loope, L. L. and Adsersen, H. (eds.) (1995). *Islands: Biological Diversity and Ecosystem Function*. Berlin: Springer Verlag.

Vitousek, P. M., Mooney, H. A., Lubchenco, J. and Melillo, J. M. (1997). Human domination of the earth's ecosystems. *Science* **277**: 494 – 499.

Vogt, K., *et al.* (2001). Conservation efforts, contemporary. In: *Encyclopedia of Biodiversity*, Vol.1. ed. S. A. Levin. pp.865 – 881. San Diego, CA: Academic Press.

Vos, C. C. and Opdam, P. (1993). *Landscape Ecology of a Stressed Environment*. London: Chapman and Hall.

Wagner, M. (1868). *Die Darwinische Theorie und das Migrationsgesetz der Organismen*. Leipzig: Leopold Voss.

Wagner, M. (1889). *Die Entstehung der Arten durch räumliche Sonderung*. Basel: Benno Schwable.

Walker, N. F., Hulme, P. E. and Hoelzel, A. R. (2003). Population genetics of an invasive species *Heracleum mantegazzianum*: implications for the role of life history, demographics and independent introductions. *Molecular Ecology* **12**: 1747 – 1756.

Wallace, A. R. (1876). *The Geographical Distribution of Animals, with a Study of the Relations of Living Faunas as Elucidating Past Changes of the Earth's Surface*, Vol.1. New York: Harper and Brothers.

Wallace, A. R. (1895). *The Geographical Distribution of Animals*, Vol.1. London: MacMillan.

Wallace, A. R. (1910). *The World of Life*. London: Chapman and Hall.

Wallace, A. R. (1911). *The World of Life*. New York: Moffat, Yard.

Waller, D. M., O'Malley, D. M. and Gawler, S. C. (1987). Genetic variation in the extreme endemic *Pedicularis furbishiae* (Scrophulariaceae). *Conservation Biology* **1**: 335 – 340.

Walley, K. A., Khan, M. S. I. and Bradshaw, A. D. (1974). The potential for evolution of heavy metal tolerance in plants. I. Copper and zinc tolerance in *Agrostis tenuis*. *Heredity* **32**: 309 – 319.

WallisDeVries, M. F., Poschlod, P. and Willems, J. H. (2002). Challenges for the conservation of calcareous grasslands in northwestern Europe: integrating the requirements of flora and fauna. *Biological Conservation* **104**: 265 – 273.

Wallstedt, T. and Borg, H. (2003). Effects of experimental acidification on mobilisation of metals from sediments of limed and unlimed lakes. *Environmental Pollution* **126**: 381 – 391.

Walmsley, C. A. and Davy, A. J. (1997a). Germination characteristics of shingle beach species, effects of seed ageing and their implications for vegetation restoration. *Journal of Applied Ecology* **34**: 131 – 142.

Walmsley, C. A. and Davy, A. J. (1997b). The restoration of coastal shingle vegetation: effects of substrate composition on the establishment of seedlings. *Journal of Applied Ecology* **34**: 143 - 153.

Walmsley, C. A. and Davy, A. J. (1997c). The restoration of coastal shingle vegetation: effects of substrate composition on the establishment of container grown plants. *Journal of Applied Ecology* **34**: 154 - 165.

Walters, S. M. (1957). Distribution maps of plants: an historical survey. *Conference Report 1957 of BSBI*. pp.89 - 96. British Museum (Natural History), London: Botanical Society of the British Isles.

Walters, S. M. (1970). Dwarf variants of *Alchemilla* L. *Fragmenta Floristica et Geobotanica*, 91 - 98.

Walters, S. M. (1986). *Alchemilla*: a challenge to biosystematists. *Acta Universitatus Upsaliensis*, *Symbolae Botanicae Upsaliensis* XXVII: 193 - 198.

Walters, I. (1989). Intensified fishery production at Morton Bay, southeast Queensland, in the late Holocene. *Antiquity* **63**: 215 - 224.

Walters, S. M. (1993). *Wild and Garden Plants*. London: HarperCollins.

Walters, S. M. (1995). The taxonomy of European vascular plants: a review of the past half-century and the influence of the Flora Europea project. *Biological Reviews* **70**: 361 - 374.

Walters, C. (2004). Principles for preserving germplasm in gene banks. In: *Ex Situ Plant Conservation*. eds. E. O. Guerrant, K. Havens and M. Maunder. pp.113 - 138. Washington, DC, Covelo, CA and London: Island Press.

Walters, S. M., *et al*. (1984 - 2000). *European Garden Flora*. Cambridge: Cambridge University Press.

Walther, G.-C., *et al*. (2002). Ecological responses to recent climate change. *Nature* **416**: 389 - 395.

Walton, D. W. and Bridgewater, P. (1996). Of gardens and gardeners. *Nature and Resources* **32**: 15 - 19.

Wang, R. L., Wendel, J. F. and Dekker, J. H. (1995). Weedy adaptation in *Setaria* spp. II. Genetic diversity and population structure in *Setaria glauca*, *Setaria geniculata* and *Setaria faberii* (Poaceae). *American Journal of Botany* **82**: 1031 - 1039.

Wang, Z. Y., Hopkins, A. and Mian, R. (2001). Forage and turf grass biotechnology. *Critical Reviews in Plant Sciences* **20**: 573 - 619.

Wang, X. Y., *et al*. (2005). Duplication and DNA segmental loss in the rice genome: implications for diploidization. *New Phytologist* **165**: 937 - 946.

Wanless, R. M., *et al*. (2009). From both sides: dire demographic consequences of carnivorous mice and longlining for the critically endangered Tristan albatrosses on Gough Island. *Biological Conservation* **142**: 1710 - 1718.

Warren, C. (2002). *Managing Scotland's Environment*. Edinburgh: Edinburgh University Press.

Warren, M. S., *et al*. (2001). Rapid responses of British butterflies to opposing forces of climate and habitat change. *Nature* **414**: 65 - 69.

Warwick, S. I. (1980). The genecology of lawn weeds. VII. The response of different growth forms of *Plantago major* L., and *Poa annua* L. to simulated trampling. *New Phytologist* **85**: 461 - 469.

Warwick, S. I. (1990). Allozyme and life history variation in five northwardly colonizing North American weed species. *Plant Systematics and Evolution* **169**: 41 - 54.

Warwick, S. I. and Black, L. D. (1986). Genecological variation in recently established populations of *Abutilon theophrasti* (velvetleaf). *Canadian Journal of Botany* **64**: 1632 - 1643.

Warwick, S. I. and Black, L. D. (1994). Relative fitness of herbicide-resistant and susceptible biotypes of weeds. *Phytoprotection* **75**: 37 - 49.

Warwick, S. I. and Briggs, D. (1978a). The genecology of lawn weeds. I. Population differentiation in *Poa annua* L. in a mosaic environment of bowling green lawns and flowerbeds. *New Phytologist* **81**: 711 - 721.

Warwick, S. I. and Briggs, D. (1978b). The genecology of lawn weeds. II. Evidence for disruptive selection in *Poa annua* L. in a mosaic environment of bowling green lawns and flowerbeds. *New Phytologist* **81**: 725 - 737.

Warwick, S. I. and Briggs, D. (1979). The genecology of lawn weeds. III. Experiments with *Achillea millefolia* L.,

Bellis perennis L., *Plantago lanceolata*, L., *Plantago major*, L. and *Prunella vulgaris* L. collected from lawns and contrasting grassland habitats. *New Phytologist* **83**: 509 - 536.

Warwick, S. I. and Briggs, D. (1980a). The genecology of lawn weeds. Ⅳ. Adaptive significance of variation in *Bellis perennis* L. as revealed in a transplant experiment. *New Phytologist* **85**: 275 - 288.

Warwick, S. I. and Briggs, D. (1980b). The genecology of lawn weeds. Ⅴ. The adaptive significance of different growth habit in lawn and roadside populations of *Plantago major* L. *New Phytologist* **85**: 289 - 300.

Warwick, S. I. and Briggs, D. (1980c). The genecology of lawn weeds. Ⅵ. The adaptive significance of variation in *Achillea millefolium* L. as investigated by transplant experiments. *New Phytologist* **85**: 451 - 460.

Warwick, S. I. and Small, E. (1999). Invasive plant species: evolutionary risks from transgenic crops. In: *Plant Evolution in Man-made Habitats*. eds. L. W. D. van Raamsdonk and J. C. M. den Nijs. pp.235 - 256. Amsterdam: Hugo de Vries Laboratory.

Warwick, S. I., Thompson, B. K. and Black, L. D. (1984). Population variation in *Sorghum halepense*, Johnson grass, at the northern limits of its range. *Canadian Journal of Botany* **62**: 1781 - 1790.

Warwick, S. I., Thompson, B. L. and Black, L. D. (1987). Genetic variation in Canadian and European populations of the colonizing weed species, *Apera spica-venti*. *New Phytologist* **106**: 301 - 317.

Warwick, S. I., Beckie, H. and Small, E. (1999). Transgenic crops: new weed problems for Canada? *Phytoprotection* **80**: 71 - 84.

Warwick, S. I., *et al*. (2003). Hybridisation between transgenic *Brassica napus* L. and its wild relatives: *Brassica rapa* L., *Rhaphanus raphanistrum* L., *Sinapis arvensis* L., and *Erucastrum gallicum* (Willd.) OE Schultz. *Theoretical and Applied Genetics* **107**: 528 - 539.

Watkins, C. (1998). *European Woods and Forests*. Wallingford, UK: CAB International.

Watson P. J. (1970). Evolution in closely adjacent plant populations. Ⅶ. An entomophilous species, *Potentilla erecta*, in two contrasting habitats. *Heredity* **24**: 407 - 422.

Watson, J. D. and Crick, F. H. C. (1953). A structure of deoxyribose nucleic acid. *Nature* **171**: 737 - 738.

Weaver, S. E. and Warwick, S. I. (1983). Comparative relationships between atrazine resistant and susceptible populations of *Amaranthus retroflexus* and *A. powellii* from southern Ontario. *New Phytologist* **92**: 131 - 139.

Webb, D. A. (1985). What are the criteria for presuming native status? *Watsonia* **15**: 231 - 236.

Weber, B. H. (2005). The origins of Darwinism. *Nature* **438**: 287 - 287.

Weber, E. and Schmidt, B. (1998). Latitudinal population differentiation in two species of *Solidago* (Asteraceae) introduced into Europe. *American Journal of Botany* **85**: 1110 - 1121.

Webster, P. J., Holland, G. J., Curry, J. A. and Chang, H. R. (2005). Changes in tropical cyclone number, duration, and intensity in a warming environment. *Science* **309**: 1844 - 1846.

Weekes, R., *et al*. (2005). Crop-to-crop gene flow using farm scale sites of oilseed rape (*Brassica napus*) in the UK. *Transgenic Research* **14**: 749 - 759.

Weekley, C. W. and Race, T. (2001). The breeding system of *Ziziphus celata* Judd and D. W. Hall (Rhamnaceae), a rare endemic plant of the Lake Wales Ridge, Florida, USA: implications for recovery. *Biological Conservation* **100**: 207 - 213.

Wegener, A. (1915). *Die Entstehung der Kontinente und Ozeane*. Vieneg, Braunschweig. (English translation. 1925. *The Origin of Continents and Oceans*. London: Methuen).

Weir, J. and Ingram, R. (1980). Ray morphology and cytological investigations of *Senecio cambrensis* Rosser. *New Phytologist* **86**: 237 - 241.

Welch, R., Remillard, M. and Doren, R. F. (1995). GIS database development for South Florida's national parks and preserves. *Photogrammetric Engineering and Remote Sensing* **61**: 1371 - 1381.

Werth, C. R., Riopel, J. L. and Gillespie, N. W. (1984). Genetic uniformity in an introduced population of Witchweed (*Striga asiatica*) in the United States. *Weed Science* **32**: 645 – 648.

Western, D. (1989). Conservation without Parks: wildlife in the rural landscape. In: *Conservation for the Twenty-first Century*. eds. D. Western and M. Pearl. pp.158 – 165. New York: Oxford University Press.

Western, D. (2001). Human modified ecosystems and future evolution. *Proceedings of the National Academy of Sciences*, USA **98**: 5458 – 5465.

Wettstein, R. v. (1900). Descendenztheoretische Untersuchungen. Ⅰ. Untersuchen über den Saison-Dimorphismus im Pflanzenreich. *Denkschriften der Kaiserlichen Akademie der Wissenschaften Wien*, *Mathematische: Naturwissenschaftliche Klasse* **70**: 305 – 346.

Whitburn, T. (1898). My sanctuary. *Nature Notes* **9**: 24 – 25.

White, J. (1985). The census of vegetation. In: *The Population Structure of Vegetation*. ed. J. White. pp.33 – 88. Dordrecht: Junk.

White, P. S. (1996). Spatial and biological scales of reintroduction. In: *Restoring Diversity*, *Strategies for Reintroduction of Endangered Species*. eds. D. A. Falk, C. I. Millar and M. Olwell. pp.49 – 86. Washington, DC and Corvelo, CA: Island Press.

White, M. A., Diffenbaugh, N. S., Jones, G. V., Pal, J. S. and Giorgi, F. (2006). Extreme heat reduces and shifts United States premium wine production in the 21st century. *Proceeding of the National Academy of Sciences*, USA **103**: 11217 – 11222.

Whitehouse, H. L. K. (1973). *Towards an Understanding of the Mechanism of Heredity*, 3rd edn. London: Arnold.

Whitehouse, A. M. (2002). Tusklessness in the elephant population of the Addo Elephant National Park, South Africa. *Journal of Zoology* **257**: 249 – 254.

Whitfield, C. P., Davison, A. W. and Ashenden, T. W. (1997). Artificial selection and heritability of ozone resistance in two populations of *Plantago major*. *New Phytologist* **137**: 645 – 655.

Whitlock, M. C. and Michalakis, Y. (2002). Metapopulation. In: *Encyclopedia of Evolution*. ed. M. Patel. pp.724 – 727. Oxford and New York: Oxford University Press.

Whitmore, T. C. and Sayer, J. A. (1992). *Tropical Deforestation and Species Extinction*. London: Chapman and Hall.

Whitney, G, G. (1994). *From Coastal Wilderness to Fruited Plain: A History of Environmental Change in Temperate North America*, *1500 to the Present*. Cambridge: Cambridge University Press.

Whitton, J., *et al*. (1997). The persistence of cultivar alleles in wild populations of sunflowers five generations after hybridization. *Theoretical and Applied Genetics* **95**: 33 – 40.

Wickler, W. (1968). *Mimicry in Plants and Animals*. New York: McGraw-Hill.

Wiedemann, A. M. and Pickart, A. (1996). The Ammophila problem on the northwest coast of North America. *Landscape and Urban Planning* **34**: 287 – 299.

Wieland, G. D. (1993). *Guidelines for the Management of Orthodox Seeds*. St. Louis: Center for Plant Conservation.

Wilcock, C. C. and Jennings, S. B. (1999). Partner limitation and restoration of sexual reproduction in the clonal dwarf shrub *Linnaea borealis* L. (Caprifoliaceae). *Protoplasma* **208**: 76 – 86.

Wilcox, B. A. and Murphy, D. D. (1985). Migration and control of purple loosestrife (*Lythrum salicaria*) along highway corridors. *Environmental Management* **13**: 365 – 370.

Wiley, E. O. (1981). *Phylogenetics: The Theory and Practice of Phylogenetic Systematic*. New York: Wiley.

Wilkes, H. G. (1977). Hybridization of maize and teosinte in Mexico and Gutemala and improvement of maize. *Economic Botany* **31**: 254 – 293.

Wilkins, D. A. (1957). A technique for the measurement of lead tolerance in plants. *Nature*, **180**: 37 – 38.

Wilkins, D. A. (1960). *The Measurement and Ecological Genetics of Lead Tolerance in Festuca Ovina*. Report of the

Scottish Plant Breeding Station, pp.85 – 98.

Wilkins, D. A. (1978). The measurement of tolerance to edaphic factors by means of root growth. *New Phytologist* **80**: 623 – 634.

Willems, J. H. (1995). Soil seed bank, seedling recruitment and actual species composition in an old and isolated chalk grassland site. *Folia Geobotanica et Phytotaxonomica*, Praha **30**: 141 – 156.

Williams, R. (1976). *Keywords: A Vocabulary of Culture and Society*. London: Fontana, Croom Helm.

Williams, R. (1980). *Problems in Materialism and Culture*. London: Verso.

Williams, M. (1989). *Americans and their Forests*. Cambridge: Cambridge University Press.

Williams, M. (2006). *Deforesting the Earth: From Prehistory to Global Crisis*. An Abridgement. Chicago and London: University of Chicago Press.

Williams, S. L. and Davis, C. A. (1996). Population genetic analyses of transplanted eelgrass (*Zostera marina*) beds reveal reduced genetic diversity in southern California. *Restoration Ecology* **4**: 163 – 180.

Williams, D. A., Wang, Y. Q., Borchetta, M. and Gaines, M. S. (2007). Genetic diversity and spatial structure of a keystone species in fragmented pine rockland habitat. *Biological Conservation* **138**: 256 –268.

Williamson, M. H. (1996). *Biological Invasions*. London: Chapman and Hall.

Williamson, T. (1997). *The Norfolk Broads. A Landscape History*. Manchester and New York: Manchester University Press.

Williamson, M. H. and Brown, K. C. (1986). The analysis and modelling of British invasions. *Philosophical Transactions of the Royal Society of London*, Series B **314**: 505 – 521.

Williamson, M. H. and Fitter, A. (1996). The characteristics of successful invaders. *Biological Conservation* **78**: 163 – 170.

Willis, E. O. (1974). Populations and local extinctions of birds on Barro Colorado Island, Panama. *Ecological Monographs* **44**: 153 – 169.

Willis, K. J. and McElwain, J. C. (2002). *The Evolution of Plants*. Oxford: Oxford University Press.

Willis, K. J., Gillson, L. and Brncic, T. M. (2004). How "virgin" is virgin rainforest? *Science* **304**: 402 – 403.

Willis, C. G., *et al.* (2008). Phylogenetic patterns of species loss in Thoreau's woods are driven by climate change. *Proceedings of the National Academy of Sciences USA* **105**: 17029 – 17033.

Wilson, E. H. (1919). The romance of our trees: II. The ginkgo. *Garden Magazine* **30**: 144 – 148.

Wilson, E. O. (1988). The current state of biological diversity. In: *Biodiversity*. ed. E. O. Wilson. pp.3 – 18. Washington, DC: National Academic Press.

Wilson, E. O. (1992). *The Diversity of Life*. Cambridge, MA: Belknap Press.

Wilson, G. B and Bell, J. N. B. (1985). Studies on the tolerance to SO_2 of grass populations in polluted areas. III. Investigations on the rate of development of tolerance. *New Phytologist* **100**: 63 – 77.

Wilson, G. B. and Bell, J. N. B. (1986). Studies of the tolerance to sulphur dioxide of grass populations in polluted areas. IV. The spatial relationship between tolerance and a point source of pollution. *New Phytologist* **102**: 563 – 574.

Winston, M. L. (1997). *Nature Wars: People vs. Pest*. Cambridge, MA: Harvard University Press.

Wiser, S. K., Allen, R. B., Clinton, P. W. and Platt, K. H. (1998). Community structure and forest invasion by an exotic herb over 23 years. *Ecology* **79**: 2071 – 2081.

Wolff, K., Morgan-Richards, M. and Davison, A. W. (2000). Patterns of molecular genetic variation in *Plantago major* and *P. intermedia* in relation to ozone resistance. *New Phytologist* **145**: 501 – 509.

Woodland, D. J. (1991). *Contemporary Plant Systematics*. Engelwood Cliffs, NJ: Prentice Hall.

Woods, M. (2001). Wilderness. In: *A Companion to Environmental Philosophy*. ed. D. Jamieson. pp.349 – 361. Maiden, MA and Oxford, UK: Blackwell.

Woodward, F. I. (1987). *Climate and Plant Distribution*. Cambridge: Cambridge University Press.

World Conservation Monitoring Centre (WCMC) (1992). *Global Diversity: Status of the Earth's Living Resources*. Cambridge: WCMC.

Worster, D. (ed.) (1988). *The Ends of the Earth*. Cambridge: Cambridge University Press.

Worster, D. (1992). *Under Western Skies: Nature and History in the American West*. New York and Oxford: Oxford University Press.

Wright, R. G. (1999). Wildlife management in the national parks: questions in search of answers. *Ecological Applications* **9**: 30–36.

Wright, S. (1931). Evolution in Mendelian populations. *Genetics* **16**: 97–159.

Wright, S. (1951). The genetical structure of populations. *Annals of Eugenics* **15**: 323–354.

Wright, S. J., Zeballos, H., Domínguez, I., Gallardo, M. M., Moreno, M. C. and Ibáñnez, R. (2000). Poachers alter mammal abundance, seed dispesal, and seed predation in a neotropical forest. *Conservation Biology* **14**: 227–239.

Wu, L. (1990). Colonization and establishment of plants in contaminated sites. In: *Heavy Metal Tolerance in Plants: Evolutionary Aspects*. ed. A. J. Shaw. pp.269–284. Boca Raton, FL: CRC Press.

Wu, L. and Antonovics, J. (1976). Experimental ecological genetics in Plantago. II. Lead tolerance in *Plantago lanceolata* and *Cynodon dactylon* from a roadside. *Ecology* **57**: 205–208.

Wu., L., Bradshaw, A. D. and Thurman, D. A. (1975). The potential for evolution of heavy metal tolerance in plants. III. The rapid evolution of copper tolerance in *Agrostis stolonifera*. *Heredity* **34**: 165–187.

Wu, L., Till-Bottraud, I. and Torres, A. (1987). Genetic differentiation in temperature-enforced seed dormancy among golf course populations of *Poa annua* L. *New Phytologist* **107**: 623–631.

Wulff, E. V. (1943). *An Introduction to Historical Plant Geography*. Waltham, MA: Chronica Botanica Company.

Wyse Jackson, P. S. and Sutherland, L. A. (2000). *International Agenda for Botanic Gardens in Conservation*. Kew: Botanic Gardens Conservation International.

Yannic, G., Baumel, A. and Ainouche, M. (2004). Uniformity of the nuclear and chloroplast genomes of *Spartina maritima* (Poaceae), a salt-marsh species in decline along the Western European coast. *Heredity* **93**: 182–188.

Yates, C. J. and Ladd, P. G. (2005). Relative importance of reproductive biology and establishment ecology for persistence of a rare shrub in a fragmented landscape. *Conservation Biology* **19**: 239–249.

Young, A. (1995). Landscape structure and genetic variation in plants: empirical evidence. In: *Mosaic Landscapes and Ecological Processes*. eds. L. Hansson, L. Fahrig and G. Merriam. pp.153–177. London: Chapman and Hall.

Young, A. (1998). *Land Resources: Now and for the Future*. Cambridge: Cambridge University Press.

Young, A. G. and Clarke, G. M. (2000). *Genetics, Demography and Viability of Fragmented Populations*. Cambridge: Cambridge University Press.

Young, A. G., Brown, A. H. D., Murray, B .G., Thrall, P. H. and Miller, C. (2000). Genetic erosion, restricted mating and reduced viability in fragmented populations of the endangered grassland herb *Rutidosis leptorrhynchoides*. In: *Genetics, Demography and Viability of Fragmented Populations*. eds. A. G. Young and G. M. Clarke. pp.335–359. Cambridge: Cambridge University Press.

Zabinsi, C. and Davis, M. B. (1989). Hard times ahead for the Great Lakes forest: a climate threshold model predicts responses to CO_2 – induced climate change. In: *The Potential Effects of Global Climate Change on the United States*. eds. J. B. Smith and D. Tirpak. pp.5.1–5.19, Appendix D. Washington, DC: US Environmental Protection Agency.

Zapiola, M. L., *et al*. (2008). Escape and establishment of transgenic glyphosate-resistant creeping bentgrass *Agrostis stolonifera* in Oregon, USA: a 4 – year study. *Journal of Applied Ecology* **45**: 486–494.

Zar, J. H. (1999). *Biostatistical Analysis*, 4th edn. London: Prentice-Hall.

Zavaleta, E. S., Hobbs, R. J. and Mooney, H. A. (2001). Viewing invasive species removal in a whole-ecosystem context. *Trends in Ecology and Evolution* **16**: 454 – 459.

Zeder, M. A. (2006). Central questions in the domestication of plants and animals. *Evolutionary Anthropology* **15**: 105 – 117.

Zhang, D.-X. and Hewitt, G. M. (1998). Extraction of DNA from preserved specimens. In: *Molecular Tools for Screening Biodiversity*. eds. A. Karp, P. G. Isaac and D. S. Ingram. pp.41 – 45. London: Chapman Hall.

Zimdahl, R. C. (1999). *Fundamentals of Weed Science*. San Diego, CA and London: Academic Press.

Zimmerman, C. A. (1976). Growth characteristics of weediness of *Portulaca oleracea* L. *Ecology* **57**: 964 – 974.

Zinger, H. B. (1909). On the species of *Camelina* and *Spergularia* occurring as weeds in sowings of flax and their origin. *Trudy Botanicheskoy Imperatorskoi Akademii Nauk* **6**: 1 – 303.

Ziska, L. H. (2002). Influence of rising atmospheric CO_2 since 1900 on early growth and photosynthetic response of a noxious weed Canada thistle (*Cirsium arvense*). *Functional Plant Biology* **29**: 1387 – 1392.

Ziska, L. H. and Bunce, J. A. (2006). Plant responses to rising atmospheric carbon dioxide. In: *Plant Growth and Climate Change*. eds. J. I. L. Morison and M. D. Morecroft. pp.17 – 47. Oxford: Blackwell.

Ziska, L. H., Faulkner, S. and Lydon, J. (2004). Changes in biomass and root: shoot ratio of field grown Canada thistle (*Cirsium arvense*), a noxious invasive weed, with elevated CO_2: implications for control with glyphosate. *Weed Science* **52**: 584 – 588.

Ziska, L. H., Reeves, J. B. and Blank, B. (2005). The impact of recent increases in atmospheric CO_2 on biomass production and vegetative retention of Cheatgrass (*Bromus tectorum*): implications for fire disturbance. *Global Change Biology* **11**: 1325 – 1332.

Zoller, H. (1954). Die Arten der *Bromus erectus* Wiesen der Schweizer Juras. Veröffentlichungen des Geobotanischen Institute ETH. *Stiftung Rübel* **28**: 1 – 283.

Zolman, J. F. (1993). *Biostatistics: Experimental Design and Statistical Inference*. Oxford and New York: Oxford University Press.

Zopfi, H.-J. (1991). Aestival and autumnal vicariads of *Gentianella* (Gentianaceae): a myth? *Plant Systematics and Evolution* **174**: 139 – 158.

Zopfi, H.-J. (1993a). Ecotypic variation in *Rhinanthus alectorolophus* (Scopoli) Pollich in relation to grassland management. Ⅰ. Morphological delimitations and habitats of seasonal ecotypes. *Flora* **188**: 15 – 39.

Zopfi, H.-J. (1993b). Ecotypic variation in *Rhinanthus alectorolophus* (Scopoli) Pollich in relation to grassland management. Ⅱ. The genetic basis of seasonal ecotypes. *Flora* **188**: 153 – 173.

Zopfi, H.-J. (1995). Life history variation and infraspecific heterochrony in *Rhinanthus glacialis* (Scrophulariaceae). *Plant Systematics and Evolution* **198**: 209 – 233.

图书在版编目(CIP)数据

人类干扰生态系统中植物的微进化与保护/(英)大卫·布里格斯(David Briggs)著;李博等译. —上海:
复旦大学出版社,2021.9
(复旦大学进化生物学丛书)
书名原文:Plant Microevolution and Conservation in Human-influenced Ecosystems
ISBN 978-7-309-14137-5

Ⅰ.①人… Ⅱ.①大…②李… Ⅲ.①植物-进化-研究 ②植物保护-研究 Ⅳ.①Q941 ②S4

中国版本图书馆 CIP 数据核字(2019)第 014499 号

上海市版权局著作权合同登记号:图字 09-2015-796

人类干扰生态系统中植物的微进化与保护
(英)大卫·布里格斯(David Briggs) 著
李 博 等 译
责任编辑/林 琳

复旦大学出版社有限公司出版发行
上海市国权路 579 号 邮编:200433
网址:fupnet@ fudanpress.com http://www.fudanpress.com
门市零售:86-21-65102580 团体订购:86-21-65104505
出版部电话:86-21-65642845
浙江临安曙光印务有限公司

开本 850×1168 1/16 印张 28 字数 788 千
2021 年 9 月第 1 版第 1 次印刷

ISBN 978-7-309-14137-5/Q·108
定价:98.00 元